JN421224

로켓공학

로켓공학

초판 발행 2021년 4월 25일
2쇄 발행 2024년 1월 22일

지은이 구자예
펴낸이 최국주
펴낸곳 동명사
출판등록 1950년 11월 1일(제1-76호)
주소 (우 10881) 경기도 파주시 회동길 50(문발동)
전화 031-955-7200(대표)~2, 7203(편집부), 7204(물류)
팩스 031-955-7205
전자우편 webmaster@dmsbook.com
홈페이지 www.dmsbook.com

ISBN 978-89-411-8221-4 93550
값 35,000원

이 책의 내용 일부 또는 전부를 재사용하려면 저작권자와 도서출판 동명사의 동의가 반드시 필요합니다. 잘못 만들어진 책은 구입하신 서점에서 교환해 드립니다.

불법복사는 지적재산을 훔치는 범죄행위입니다.

저작권법 제136조 제1항에 따라 위반자는 5년 이하의 징역 또는 5천만 원 이하의 벌금에 처하거나 이를 병과할 수 있습니다.

머리말

로켓공학과 우주발사체는 공상과학소설에서 시작하여 달 탐사, 우주 탐사, 국제우주정거장, 우주여행 등에 이르기까지 비약적인 발전을 이루고 있으며, 최근에는 국가의 우주개발 인프라를 활용하지만 민간주도로 저비용 고효율 재사용 발사체를 개발하여 우리에게 보다 가까이 다가오고 있는 뉴스페이스 시대가 도래하였다.

지금도 신기술을 도입한 많은 로켓이 각국에서 개발되고 있다. 로켓과 발사체에 관한 기본 이론과 대표적인 화학로켓, 전기로켓을 예시 설명하고, 발사체와 우주비행체의 비행성능을 학습자 입장에서 학습할 수 있도록 하기 위하여 30여 년간의 로켓공학 강의와 연구 경험을 토대로 본 책이 만들어졌으며, 여러 문헌들을 참고하여 알기 쉽게 이해할 수 있도록 재구성한 것이며, 각 장마다 여러 예제를 제시하였다.

제1장에 우주 발사체나 비행체가 지나가고 머무르는 우주 공간에 대한 개략적인 설명과 어떻게 로켓이 우주 공간을 비행 할 수 있는지의 이유와 특징을 설명하였다. 또 각 발사체나 로켓의 분류 및 종류와 간략한 발달사를 다루었다. 제2장은 지구에서 행성까지 비행할 때 일어나는 로켓이나 발사체의 비행성능, 우주비행체의 궤도와 궤도 진입에 필요한 조건과 방법에 대하여 설명하였다. 제3장에서는 로켓공학을 이해하기 위한 압축성 유동을 포함하는 열·유체역학적 관련 이론과 관계식, 로켓의 추진이론과 성능지표들에 대하여 설명하였다. 3장의 열·유체역학 식은 중요한 몇 가지 항목만 복습한 후 뛰어 넘어가도 되리라 생각된다. 열·유체역학 식들을 생략하더라도 3장 이후의 학습에 필요하면 3장으로 돌아와서 기본적인 열·유체역학 지식을 다시 참고하면 되리라 생각한다. 또 3장에서는 CEA를 이용하여 로켓 추력과 비추력, 각종 성능을 계산하는 방법을 설명하였고 Rao노즐 설계방법도 소개하였으니 각종 로켓 설계 시에 활용하기 바란다.

제4장은 V−2 로켓부터 최신의 다단 사이클 액체로켓까지의 현황을 소개하였고, 액체로켓의 구동방식과 특징, 액체로켓의 성능해석, 액체로켓 추진제의 종류 및 특징도 설명하였다.

4장에서는 최근에 추력제어용으로 사용되는 핀틀인젝터도 소개하였고, 연소 불안정성에 대하여서도 다루었다. 액체로켓에서는 액체추진제를 공급하여야하는데 추진제를 공급하는 터보펌프의 특징과 조건, 펌프성능도 4장에서 다루었다. 제5장은 고체로켓의 구조와 현황, 고체로켓 추진제의 종류 및 특징을 설명하였다. 5장에서는 고체추진 모터의 내부유동과 연소특성, 그리고 고체로켓의 연소 불안정성에 대하여서도 소개하였다. 제6장은 액체로켓과 고체로켓의 장점을 취한 하이브리드로켓의 구조와 현황, 하이브리드로켓 추진제의 종류 및 특징을 설명하였다. 6장에서는 하이브리드로켓의 내부유동과 연소특성, 그리고 연소 불안정성에 대하여서도 소개하였다. 제7장은 전기추진이 화학로켓과 어떻게 다르며, 용도는 무엇이고, 어떤 종류의 전기추진로켓, 즉 추력기가 있는지와 각 추력기의 작동원리와 특징을 설명하였다.

날로 발전하는 우주추진공학에 비하여 뒤처진 내용이 아닐까 염려하고, 또 부족한 것이 많을 것으로 생각되지만 본 책을 통하여 로켓공학에 대한 기본 이론을 습득하고 실제 로켓엔진에 적용하거나 더욱 심도 있는 주제를 다룰 수 있는 기본지식을 습득하기를 바라고, 최신의 연구동향도 조망할 수 있기를 바란다.

이 책의 초안 작성에 도움을 주고, 질문과 토론으로 책의 적정성을 유지하도록 도움을 준 많은 학생들에게 감사드린다. 초고를 읽고 제안을 준 여러 학교 교수님과 항공우주연구원의 김철웅박사께도 감사드립니다.

2021년 3월

목차

머리말 003

목차 005

제1장
로켓 개론

1.1 개요 011

1.2 로켓의 종류 014

1.2.1 로켓 비행원리 015

1.2.2 액체 추진제 로켓 019

1.2.3 고체 추진제 로켓 022

1.2.4 하이브리드 로켓 023

1.2.5 전기 추진 025

1.2.6 태양 에너지 추진 027

1.2.7 핵반응 추진 027

1.3 우주발사체 027

1.3.1 우주발사체 개요 027

1.3.2 우주선 029

1.3.3 우주발사체와 대륙간탄도미사일 029

1.3.4 우주발사체의 종류 031

1.4 로켓 추진 역사 및 전망 033

1.4.1 로켓의 역사 033

1.4.2 국내 로켓의 개발 역사 045

1.4.3 우주 개발의 미래 049

연습문제 052

제2장

로켓 및 우주비행 성능

2.1 로켓 비행성능해석 053

2.1.1 발사체 및 우주비행체 궤도 053

2.1.2 비행 성능 인자 057

2.1.3 비행체 해석 060

2.1.4 다단 비행체 해석 066

2.2 우주비행역학 073

2.2.1 우주비행 이론 074

2.2.2 케플러 궤도 079

2.3 한국형 달 탐사 계획 095

2.3.1 달 탐사 발사체 095

2.3.2 달 탐사선 096

2.3.3 달 궤도 진입 기동 096

연습문제 102

제3장

로켓 추진 이론

3.1 열유체역학 기본이론 106

3.1.1 열역학 제1법칙 및 레이놀즈 수송 방정식 106

3.1.2 기체 상태방정식 111

3.2 압축성 유동 및 노즐 112

3.2.1 압축성 유동 관계식 112

3.2.2 이상 로켓 노즐 유동 115

3.3 화학반응유동 120

3.3.1 화학량론 120

3.3.2 혼합기체의 성질 121
3.3.3 단열화염온도 124
3.3.4 화학평형 125

3.4 로켓 추진원리 및 성능 133
3.4.1 추력 134
3.4.2 유효배기속도 136
3.4.3 비추력 137
3.4.4 특성속도 140
3.4.5 추력계수 142
3.4.6 기타 로켓 성능 인자 147
3.4.7. 로켓 엔진 스케일링 148

3.5 로켓 열전달 149
3.5.1 로켓 냉각 149
3.5.2 열전달 기초 153

3.6 연소실 및 노즐 설계 158
3.6.1 연소실 설계 158
3.6.2 노즐 설계 161

연습문제 173

제4장

액체 추진제 로켓

4.1 액체 추진제 로켓 일반 177
4.1.1 액체 추진제 로켓 엔진 현황 178
4.1.2 추진제 공급방식 185
4.1.3 엔진 사이클 188
4.1.4 로켓 성능 해석 197
4.1.5 추진제 탱크 200
4.1.6 클러스터드 엔진 및 추력방향제어 202

4.2 액체 추진제 일반 206
4.2.1 액체 추진제 분류 206
4.2.2 액체 연료 210
4.2.3 액체 산화제 215
4.2.4 젤 추진제 220
4.3 액체 추진제 연소실 222
4.3.1 추력실 구성 222
4.3.2 인젝터 227
4.4 액체 추진제 연소 불안정성 238
4.4.1 연소 불안정성 분류 243
4.4.2 연소 불안정성 해결방안 245
4.5 터보 펌프 251
연습문제 263

제5장

고체 추진제 로켓

5.1 고체 추진제 로켓 일반 269
5.1.1 고체 추진제 로켓의 구조 269
5.1.2 고체 추진제 로켓 현황 270
5.1.3 고체 추진제 로켓의 분류 273
5.1.4 후퇴율과 연소 속도 274
5.1.5 고체 추진제 내탄도 282
5.1.6 고체 추진제 그레인 287
5.1.7 고체 추진 모터 내부유동과 연소 불안정 294
5.2 고체 로켓 추진제 298
5.2.1 더블베이스 추진제 298
5.2.2 복합추진제 299
5.2.3 변형 복합추진제 302

5.2.4 그레인 제조 304

5.3 고체 추진제 연소 특성 306

5.3.1 더블베이스 추진제의 연소 특성 307

5.3.2 복합추진제의 연소 특성 309

5.3.3 점화 312

5.3.4 고체로켓 연소 불안정성 평가 방법 및 억제법 317

5.4 고체 추진제 로켓 구성 요소 321

5.4.1 모터 케이스 321

5.4.2 노즐 322

연습문제 325

제6장

하이브리드 로켓

6.1 개요 330

6.1.1 하이브리드 로켓의 적용 분야 331

6.1.2 하이브리드 로켓의 특징 331

6.2 추진제 333

6.2.1 액체 산화제 333

6.2.2 연료 그레인 335

6.3 하이브리드 연소 337

6.3.1 점화 방법 338

6.3.2 연소 특성 338

6.3.3 후퇴율 341

6.4 연소 불안정성 350

연습문제 354

제7장

전기 추진

7.1 개요 356

7.1.1 전기추력기의 분류 및 적용 분야 358

7.2 전열 가속형 전기 추진 365

7.2.1 전열 저항 추력기 365

7.2.2 아크 제트 366

7.3 정전 가속형 전기 추진 368

7.3.1 이온 추력기 369

7.3.2 전계 방사형 전기추력기 379

7.3.3 콜로이드 추력기 380

7.3.4 홀 추력기 381

7.4 전자기 가속형 추진 385

7.4.1 마그네토 플라즈마 다이나믹 추력기 386

7.4.2 펄스 플라즈마 추력기 388

7.4.3 헬리컨 플라즈마 추력기 389

7.5 전자기 유동장 지배 방정식 390

연습문제 392

부록 393

연습문제 해답 402

참고문헌 410

색인 420

로켓 개론

1.1 개요

추진력에 의해 우주 공간을 비행하는 물체를 로켓이라 하며, 특히 우주 공간의 목표 고도에 유효하중(페이로드)을 어떤 목표 속도벡터(크기와 방향)로 올려놓는 로켓을 발사체(launch vehicle)라고 부른다. 발사체는 우주 공간용 운송시스템이다. 추진(propulsion)력이란 유체를 후방으로 가속하여 밀어내고, 그 반작용에 의한 힘으로 물체를 전방으로 추진시키는 힘을 말한다. 항공우주 추진엔진은 이러한 작용 반작용의 원리를 이용하여 추력을 제공하는 엔진이며 추진엔진의 종류에 따라 운용 고도와 비행 마하수가 달라진다. 왕복 엔진을 장착한 항공기는 약 8km 이내의 대류권, 헬리콥터는 5km 이내의 대류권, 상업용 제트 엔진은 10~12km 이내의 대류권 계면, 우주발사체는 200km 이상의 우주 공간에서 운행된다. 왕복 엔진은 피스톤의 왕복 운동을 크랭크 샤프트의 회전력으로 동력을 발생하여 추진력을 얻고, 공기 흡입식 엔진은 대기의 공기를 흡입하여 유체에 큰 운동량을 가지도록 에너지를 가하고 배기 노즐에서 분출하여 추력을 얻는다. 공기 흡입식 엔진과는 달리 로켓엔진은 시스템 내부에 저장된 연료와 산화제로 구성된 자체 추진제만을 사용하여 추력을 발생하도록 설계하였기 때문에 공기가 희박하거나 없는 우주 공간을 비행할 수 있다. 제트 엔진이 대류권 계면 이상의 운용 고도를 가지지 못하는 이유는 공기의 밀도가 매우 낮으므로 이 이상의 고도에서는 흡입되는 공기 질량 유량이 적어 필요한 추력을 발생시키기에 충분하지 않기 때문이다. 그러나 로켓엔진은 추력을 발생시키는데 필요한 모든 추진제(연료+산화제)가 시스템 내부에 있으므로 외부 공기의 존재와는 관계없이 운용될 수 있고 우주로 향할 수 있는 유일한 동력장치이다. 로켓은 공기 흡입식 엔진보다 비추력은 낮지만 모든 비행 속도 범위에서 사용하고, 로켓의 무게 당 추력 비(F/W)가 제트 엔진의 F/W보다 크다. 로켓의 F/W는 약 75 정도이고 터보 제트의 F/W는 약 5 정도이다[1].

표 1.1 각종 추진 기관의 작동영역

추진 기관	작동영역
왕복기관(경비행기)	8km 이내의 대류권
헬리콥터	5km 이내
상업용 항공기	10～12km 이내 대류권 계면
터보제트 및 램제트 항공기	14km～17km(터보제트), 20km～45km(램제트)
사운딩 로켓	50～150km(과학 관측을 주목적으로 함)
인공위성 발사체	200～1,000km(저궤도 위성), 5,000～15,000km(중궤도 위성) 적도 상공 35,800km(정지궤도 위성)
우주왕복선	300～400km

표 1.1은 로켓엔진, 터빈엔진 등 각종 엔진의 작동영역을 나타내고 있다. 기상 풍선의 최고 고도는 약 40km 정도이며, 이보다 더 높은 고층 대기 관측을 위해서는 사운딩(관측) 로켓을 사용한다. 사운딩 로켓은 대기의 과학 관측이나 실험을 수행하기 위하여 장비를 탑재한 준궤도(sub－orbital) 로켓을 말한다. 관측 로켓의 탑재물인 과학장비 대신에 탄두에 폭탄을 넣으면 탄도 미사일이 된다. 우주비행체는 우주에서 궤도 비행을 할 수 있는 우주선 또는 인공위성을 말한다. 우주비행체를 우주 공간에 올리는 로켓이 발사체이다. 우주비행체는 고도 300~1,500km 범위에서 지구관측이나 기후관측용으로는 지구 저궤도(Low Earth Orbit, LEO)를 비행할 수 있으며, 우주정거장(ISS)과 우주왕복선도 지구 저궤도 비행을 하며, 수천 km 고도에서 통신, 네비게이션용으로 지구 중궤도(Medium Earth Orbit, MEO)를 비행할 수 있고, 정지궤도 위성을 발사하기 위해 지구 저궤도가 타원궤도의 근지점(perigee)이 되고, 지구 정지궤도의 한 곳이 원지점(apogee)이 되는 지구정지천이궤도(Geostationary Transfer Orbit, GTO)를 비행할 수 있다. 통신위성은 지상 35,786km의 지구 정지궤도(Geostationary Orbit, GEO)를 비행한다. 지구 정지궤도 중 정지위성 발사체를 위한 파킹 고도는 약 200~300km이다. **그림 1.1**은 지구의 대기 구조를 나타내는 것으로 고도에 따라 대기권, 중간층, 전리층, 반－알렌대, 외기권 등으로 구분할 수 있다.

대기권이란 지구를 둘러싸고 있는 대기의 층을 말하며 높이에 따른 온도 분포에 따라 대류권, 성층권, 중간권, 열권으로 분류한다. 대기권이 끝나는 곳이 우주의 시작으로 볼 수 있다. 우주산업에서 인정하는 우주는 약 100~120km 상공으로 헝가리 태생의 테오도르 폰 카르만은 이 정도 고도에서는 대기 밀도의 희박으로 항공기가 원하는 양력을 얻기 위한 빠른 속도로 갈 수 없다는 점에서 이러한 대기권 경계를 설정하였다. 각종 추진 엔진이 운용되는 지구의 대기구조와 지구 대기권의 온도 및 압력분포는 **그림 1.1**, **그림 1.2**와 같이 나타낼 수 있다.

대기권 중에서 대류권은 지표면에서 통상 11~12km까지이며, 열대지방은 고도 16~18km, 극지방은 10km 이내이다. 대류권에서는 고도가 올라갈수록 지구 복사 에너지가 적게 도달되

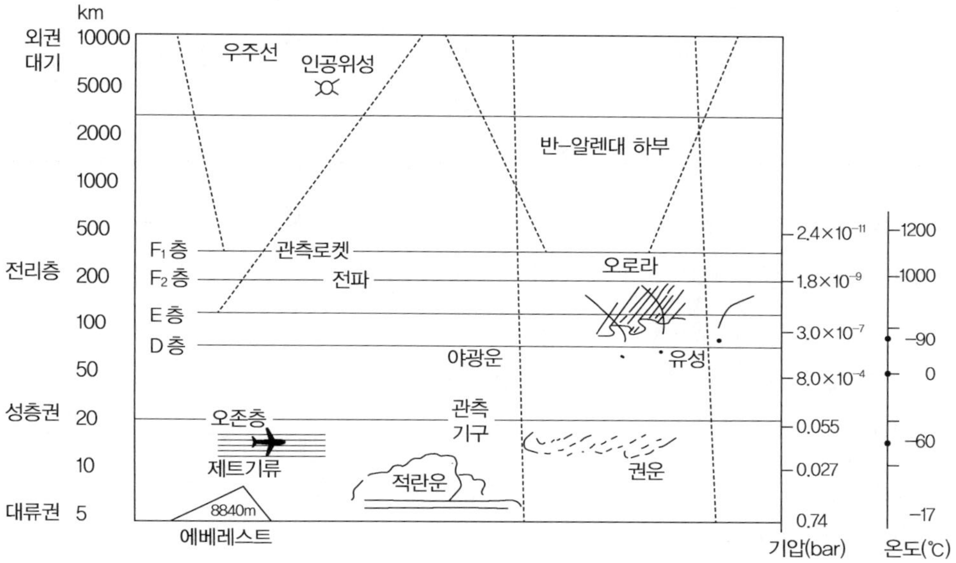

| 그림 1.1 | 지구의 대기 구조 [12]

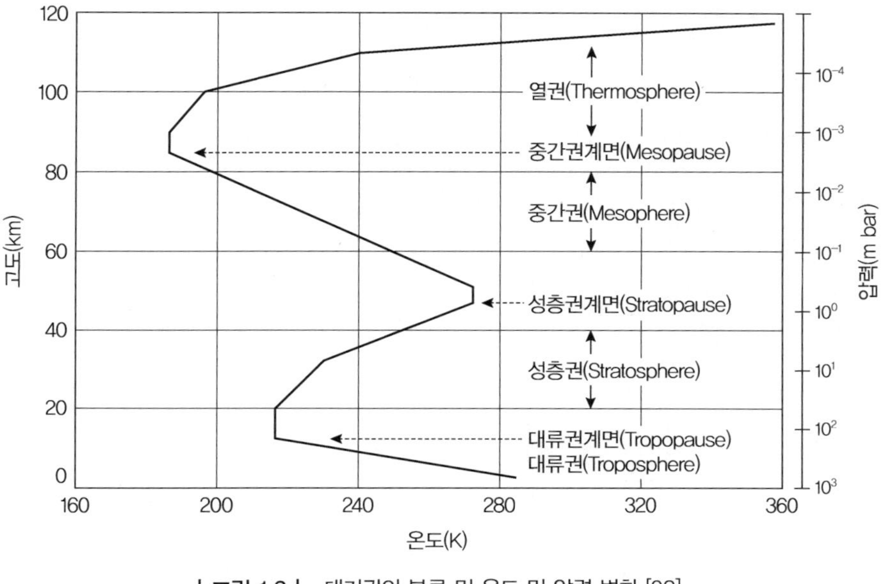

| 그림 1.2 | 대기권의 분류 및 온도 및 압력 변화 [38]

고 공기의 단열 팽창으로 온도가 낮아지는 특징이 있다. 대류권 내에서 지구 대기의 전체의 약 95%가 존재하며 여러 가지 기상 현상과 대류 현상이 존재한다. 성층권은 대류권 위부터 지상 약 50km까지이며 공기가 희박하며 그중 20~40km에 존재하는 오존층에서는 자외선을 흡수하고 적외선을 흡수 방출하기 때문에 고도가 높아질수록 온도가 높아진다. 중간층은 지상 50~80km이며, 지구 복사에너지의 감소와 상부에 존재하는 전리층의 존재로 태양의 장파를 흡수하기 때문에 고도가 높아질수록 온도가 낮아진다. 전리층은 지상 100~300km 이며 태양으로부터 온 자외선이나 X선에 의해 대기의 원자, 분자의 전리가 일어나고 많은 이온과 전자가 존재한다. 전리층 위쪽 전파는 반사되어 지상에 도달하지 않으므로 인공위성의 우주통신은 초단파 또는 마이크로파를 사용한다. 전리층은 태양 활동에 따라 두께도 달라지고 변동한다. GPS 위성에서 전파를 쏘아 지구 수신기에 도달할 때는 신호가 전리층(이온층)을 통과하며 이때 전파가 꺾이거나 속도가 변하게 되어 신호 오차가 발생할 수 있어 이를 보정하여 사용하여야 한다. 열권은 중간권 계면인 80km부터 약 500~1,000km 정도까지이며, 자외선을 흡수하기 때문에 고도가 높아짐에 따라 온도가 높아진다.

반-알렌대는 지상 약 3,000km(적도상)에서 수만 km 사이에서 양성자와 전자의 하전입자가 지구 자기장에 갇혀서 자력선 주위를 나선형 운동으로 남북으로 왕래하면서 2개의 고리를 만들고 있다. 고도 3,000km에서 고도 약 10,000km까지를 외기권이라 하며 지구 대기권의 최외곽이다. 외기권에서는 대기가 극히 희박하여 마찰력이 아주 적으며 인공위성이 궤도를 유지하며 지구 주위를 선회할 수 있다. 지구는 태양으로부터 1.496×10^8km 떨어져 있고, 달은 지구로부터 3.84×10^5km 떨어져 있다. 태양은 빛과 전파, 양성자와 전자의 혼합물인 플라즈마를 방출하고 지구 자기장은 태양 플라즈마에 눌려있다. 태양으로부터 방출된 하전입자는 반-알렌대에서 지구 자기장에 의해 구속되고, 자외선, X선 등은 전리층과 오존층에서 흡수된다. 많은 우주 활동이 반-알렌대의 영향 안에서 이루어지고 있다. 다양한 우주발사체 및 우주추진에 대한 자세한 내용은 문헌을 참고하기 바란다[1-12].

1.2 로켓의 종류

로켓은 엔진 시스템 내부에 추진제를 저장하여 추진하는 방식의 엔진이다. 추진제가 시스템 내부에 저장되기 때문에 진공에서도 추진이 가능하다는 특징이 있다. 추진제란 연료와 산화제를 총칭하는 말이며, 로켓엔진은 추진제가 반응하여 생성한 연소 가스를 배출하여 추진력을 얻는다. 단일 추진제는 하나의 추진제만 사용하고 열분해에 의해 고온 고압의 가스가 발생하며, 이원추진제는 연료와 산화제가 각각 사용된다. 로켓 추진은 추력 발생을 위하여 사용하는 에너지에 따라 화학 로켓(chemical rocket)과 비화학 로켓으로 구분된다. 연료와 산화제를 연소실에서 연소시켜 추력을 얻는 화학 로켓에는 고체 추진제 로켓(SRM, Solid propellant Rocket Motor)과 액체 추진제 로켓(LRE, Liquid propellant Rocket Engine) 그리고 하이브리드 로켓엔진(HRE, Hybrid Rocket Engine)으로 구분된다. 화학 반응이 수반되지 않는 에너지원을 이용하는 비화학 로켓에는 전기추진, 원자력 추진, 태양에너지 추진 등이 있다. 전기추진의 경우에는 정전기 가속을 이용하는 정전 가속형 전기추진과 열저항에 의해 추진제를 가열하여 작동 가스를 노즐을 통해 가속시키는 전열 가속형 전기추진, 그리고 로렌츠 원리를 통해 작동 유체를 전자기 가속으로 작동하는 전자기 가속형 전기추진 등이 있다[1－12]. **표 1.2**는 각종 로켓의 추력과 비추력의 대략적인 범위를 나타내고 있다.

표 1.2 각종 로켓의 추력과 비추력

로켓종류		추력(N)	비추력(sec)
고체로켓		$50\sim5\times10^6$	280～300
액체로켓		$5\sim5\times10^6$	300～450
냉가스 단일추진제 로켓		0.05～200	50～75
액체 단일추진제 로켓(N_2H_2, H_2O_2)		0.05～0.5	150～235
전기로켓	아크제트 추력기	0.2～1	450～1,500
	이온 추력기	$1\times10^{-5}\sim2.0$	2,000～8,000
	홀 추력기	$5\times10^{-6}\sim2.0$	1,500～2,200
	펄스플라즈마 추력기	$5\times10^{-6}\sim0.05$	600～2,000

1.2.1 로켓 비행원리

로켓이 이륙하기 위해서는 추력에 의한 중력 힘보다 커야 한다. 즉 이륙 시에는 $F > m_o g_o$ 이어야 하고, 이륙 시 초기 가속도(a_o)는 통상 g_o보다 1.1~1.5배 크다. 로켓이 우주로 날아가기 위해서는 지구 중력을 이겨 지구를 탈출할 만큼의 속도(예: 11.2km/s)가 있어야 하는데 이 로켓 비행체 운동에 관한 이론을 치올코프스키(1857~1935)가 수학적으로 수립하여 우주여행

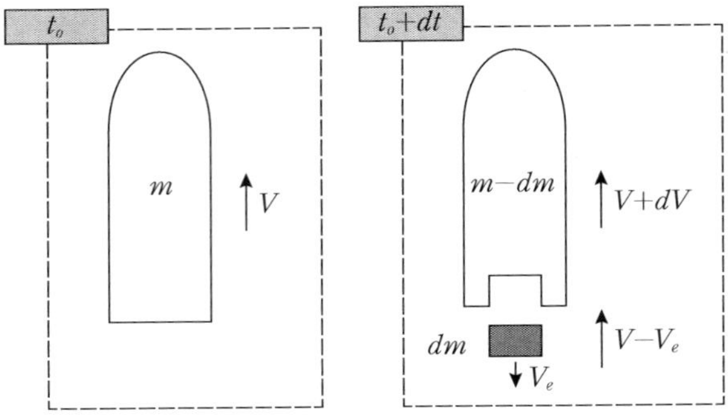

| 그림 1.3 | 중력과 항력이 없을 때 치올코프스키 로켓 방정식 유도를 위한 속도 변화

이 가능함을 보였다. 중력과 저항 등 외력이 작용하지 않을 때, **그림 1.3**과 같이 로켓엔진의 배출가스 속도와 로켓 자체의 속도변화 사이의 관계를 기술하는 로켓의 운동방정식, 즉 치올코프스키 로켓 방정식(Tsiolkovsky's rocket equation)을 최초로 유도하였다. 중력과 항력이 작용할 경우의 비행체 해석은 2장에 자세하게 설명되어 있다. 식 (1.9)로 표시되는 치올코스프키 로켓 방정식은 다음과 같은 과정으로 유도할 수 있다.

그림 1.3과 같이 임의의 시각 t에서 총 질량 m, 속도 V로 비행하는 로켓 비행체를 생각해 보자. 로켓의 추력은 노즐 출구에서 배출되는 배기가스와 비행체 간의 운동량 교환으로 생기는 운동량 추력과 노즐 출구 압력과 주위 대기압과의 압력 불균형으로 생기는 압력 추력에 의해 생기지만, 최적 노즐 설계에서는 운동량 추력만 생긴다. 여기서는 일단 최적 노즐 설계 가정하에 압력 추력은 무시한다. 최적 노즐이 아닌 압력 추력 항이 있는 일반적인 노즐의 유효배기속도는 c로 표기되며 3장에서 설명될 것이다. 시간 dt후인 $t+dt$시각에 추진제 질량 dm이 로켓 운동 방향과는 반대 방향으로 유효배기속도 V_e로 배출된다고 생각하자. 관찰자 좌표계에서 본 배기가스 속도는 $V-V_e$가 될 것이다. 이때 로켓의 속도는 $V+dV$, 비행체 질량은 $m-dm$이 된다. 외력이 작용하지 않으므로 운동량(모멘텀) 보존 방정식을 적용하자.

$$\text{초기시각 } t;\ \text{운동량 } P_1 = mV \tag{1.1a}$$

$$\text{시각 } t+dt;\ \text{운동량 } P_2 = \underbrace{(m-dm)(V-dV)}_{\text{로켓}}+\underbrace{dm(V-V_e)}_{\text{배기가스}} \tag{1.1b}$$

초기시각 t와 $t+dt$에서 운동량이 보존되므로 $P_1 = P_2$이고 미소항의 곱인 $dmdV$항을 무시하면 다음과 같이 된다.

$$mdV = -dmV_e \tag{1.2}$$

식 (1.2)를 시간에 대해 미분하면 다음과 같다.

$$m\frac{dV}{dt} = -\frac{dm}{dt}V_e = \dot{m}V_e \tag{1.3}$$

여기서 $\dot{m} = -\frac{dm}{dt}$이고, $m\frac{dV}{dt}$는 로켓을 가속시키는 힘인 추력에 해당하고, 배기가스의 반작용에 의한 추력은 $\dot{m}V_e$에 해당하므로 추력은 다음과 같이 나타낼 수 있다.

$$F = m\frac{dV}{dt} = \dot{m}V_e = -\frac{dm}{dt}V_e \tag{1.4}$$

식 (1.4)는 비행체에 작용하는 추력이 배기가스에 의해 생성된 힘과 같고 방향은 반대임을 나타낸다(뉴턴의 제3법칙). 즉 연소실에서 생성된 고온 고압의 가스가 노즐 목과 노즐을 통해 가속되고 이 가속된 배기가스가 노즐 출구를 통해 배출될 때 뉴턴의 제3법칙에 의해 배기가스가 비행체를 밀어내어 추력이 생기게 한다.

식 (1.4)에서 $dV = -V_e\frac{dm}{m}$임을 알 수 있으며 전체 비행시간 동안의 적분 식인 식 (1.5)로 나타낼 수 있다.

$$\int dV = -V_e\int\frac{dm}{m} \tag{1.5}$$

초기시간 t_0에서 속도 V_0이고 초기질량 m_0인 로켓이 임의시간 $\varDelta t$후인 t에서의 질량을 m이라 하고 그때 속도를 V라 할 때 식 (1.5)를 적분하면 식 (1.6), 식 (1.7)과 같다.

$$\int_{V_0}^{V} dV = -V_e\int_{m_0}^{m}\frac{dm}{m} \tag{1.6}$$

$$V - V_0 = V_e \ln\frac{m_0}{m} \tag{1.7}$$

임의 시각 t에서의 m은 $m_0 - \dot{m}\varDelta t$이므로 식 (1.8)과 같이 나타낼 수 있다.

$$\varDelta V = V_f - V_0 = V_e \ln\frac{m_0}{m_0 - \dot{m}\varDelta t} \tag{1.8}$$

추진제의 연소가 완료되는 최종시간을 t_f라 하고, 그때 추진제 질량을 m_f라 하면 비행체의 속도변화 식 (1.8)은 식 (1.9)와 같다.

$$\Delta V = V_e \ln\left(\frac{m_0}{m_f}\right) \tag{1.9}$$

로켓의 비추력(I_{sp})은 추진제 단위 중량당 추력으로 식 (1.10)과 같이 나타낼 수 있고, 로켓의 속도변화 식인 식 (1.9)는 식 (1.4)와 조합하면 식 (1.11)과 같이 나타낼 수 있다.

$$I_{sp} = \frac{F}{\dot{w}_p} = \frac{F}{\dot{w}_p g_o} = \frac{V_e}{g_o} \tag{1.10}$$

$$\Delta V = g_o I_{sp} \ln\frac{(m_0)}{(m_f)} \tag{1.11a}$$

항력과 중력을 고려할 때 식 (1.4)는 다음과 같다.

$$m\frac{dv}{dt} = mg_o I_{sp} - mg - D$$

식 (1.11a)를 적분하면 다음과 같이 된다.

$$\Delta V = g_o I_{sp} \ln\left(\frac{m_0}{m_f}\right) - \int_0^{t_b} g dt - \int_0^{t_b}\left(\frac{D}{m}\right)dt \tag{1.11b}$$

여기서 t_b는 연소시간이다. 항력이 무시되고 g_o가 일정할 때 다음과 같이 된다.

$$\Delta V = g_o I_{sp} \ln\left(\frac{m_0}{m_f}\right) - g_o t_b \tag{1.11c}$$

식 (1.9)는 로켓의 최종속도는 추력, 로켓엔진의 크기, 연소 시간 등에는 무관하고 노즐 유효배기가스 속도(V_e)와 로켓의 질량비(m_0/m_f)에 의해 결정되며 진공에서도 로켓 비행이 가능함을 이론적으로 보인 식이다. 위 식은 매우 간략화된 로켓의 운동을 다루고 있지만, 로켓 추진에 대한 핵심적인 내용을 내포하고 있다. 큰 속도의 증분를 얻기 위해서는 노즐 출구에서의 유효배기가스 속도를 증가시키거나, 초기질량 m_0을 증가시키거나, 최종질량 m_f를 감소시키는 설계가 요구된다. 로켓의 배기속도는 추진제 종류나 연소실 압력, 고도에 따라 달라진다. 액체 추진제 로켓의 추진제 중량은 전체 질량의 약 80~90% 정도이며, 로켓의 질량비는 5~10 정도이다. 식 (1.9)에서 추진제가 90%일 때 $\Delta V/V_e$은 $\ln 10 = 2.3$이 되어 최대 속도 증분은 배기속도의 약 2.3배임을 알 수 있다. 만약 해면 고도에서 케로신-액체산소 추진제의 배기가스 속도가 3,000m/s라고 할 때 속도 증분은 6.9km/s일 것이고, 액체수소-액체산소 추진제의 배기속도가 3,900m/s라고 할 때 속도 증분은 8.97m/s일 것이다. 실제 로켓의 속도 증분은 중력이나 공기 마찰 등 저항 때문에 계산 값보다는 줄어들 것이다. 액체산소-

케로신 추진제의 유효배기 속도는 약 3,000m/s 정도이다. 액체 산소-액체 수소 로켓의 유효배기가스 속도는 약 3,900~4,400m/s이다. 이와 같은 요구조건은 다음 장에서 기술될 노즐의 다단로켓 설계와 최적 설계에서 자세히 설명될 것이다.

로켓의 추력은 발사체의 중량보다 커야 하며 보통 약 1.2~2배 정도 더 크다. 나로호 발사체는 총중량이 140t이었으며 1단 추력은 170t이었고, 한국형발사체 KSLV-Ⅱ는 총중량이 약 200t이며, 1단 추력은 75t 4개를 클러스터링하여 총 300t이다. 추력이 300t(kgf)이라는 것은 SI단위로는 추력이 2,940kN이다.

예제 1.1 초기질량이 1,500kg인 로켓을 발사하고자 한다. 이 로켓의 평균 추력은 65,000N이고 로켓의 연소 시간은 30초이며, 발사 후 로켓의 최종 질량은 300kg이다. 비행체 운동 시 항력의 영향은 무시할 때 추진제 질량 유량, 비추력, 노즐 배기속도, 로켓의 최종 속도을 구하라. 해수면의 중력가속도는 9.81m/s^{2}이라 가정한다.

| 풀이 | ① 중력의 영향을 무시할 경우

추진제 질량유량: $\dot{m} = \dfrac{1{,}500 - 300}{30} = 40\text{kg/s}$

비추력: $I_{sp} = \dfrac{F}{\dot{m}g_0} = \dfrac{65{,}000}{40 \times 9.81} = 165.7\text{s}$

노즐의 배기속도: $V_e = \dfrac{F}{\dot{m}} = \dfrac{65{,}000}{40} = 1{,}625\text{m/s}$

초기속도 $V_0 = 0$이므로 최종속도는 다음과 같이 구할 수 있다.

$$\begin{aligned} \Delta V &= V_f - V_0 \\ &= V_f = V_e \ln\frac{m_0}{m_f} = 1{,}625 \times \ln\frac{1{,}500}{300} \\ &= 2{,}615.3\text{m/s} \end{aligned}$$

② 중력의 영향을 고려할 때

$$\Delta V = V_e \ln\frac{m_0}{m_f} - g_o t_b = 1625 \ln\frac{1{,}500}{300} - 9.81 \times 30 = 2321.0\text{m/s}$$

1.2.2 액체 추진제 로켓

액체 추진제 로켓은 추진제의 상(phase)이 액체인 로켓을 일컫는다. 연료와 산화제가 액체

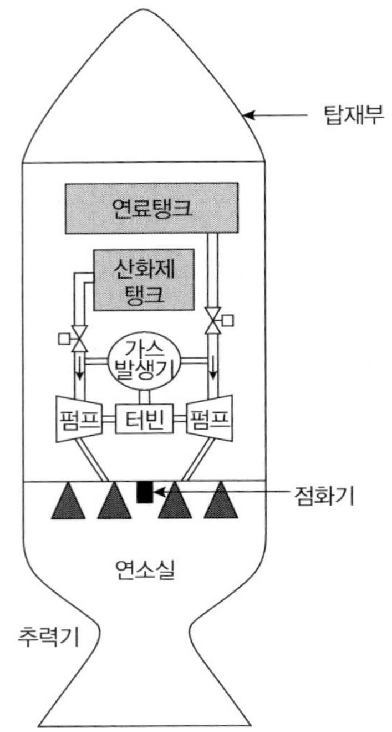

| 그림 1.4 | 액체 추진제 로켓(LRE) 구조

이기 때문에 **그림 1.4**와 같이 연소실로 추진제를 공급하는 추진제 공급 시스템이 필요하다. 추진제인 산화제와 연료를 공급하는 방법은 고압 압력을 사용하여 추진제를 연소실로 공급하는 가압식(gas pressure feed system)과 터보펌프방식(turbopump feed system)이 있으며 **그림 1.4**는 터보 펌프 방식의 개략도이다. 추력실은 연소실과 노즐로 구성되어 있으며 노즐을 빠져나가는 배기가스의 반작용에 의해 추력이 발생한다. 액체 추진제 로켓 시스템은 구조가 고체 추진제 로켓 모터에 비해 복잡하지만, 장시간 연소가 가능하고 높은 추력을 얻을 수 있다. 또한, 추진제 공급 조절을 통해 추력을 조절할 수 있고 재시동이 가능하다. 그러나 추진제의 누출 위험 때문에 폭발 위험성이 존재한다. 좋은 성능의 액체로켓을 설계하기 위해서는 액체 연료와 산화제의 혼합이 잘 되게 하고 빠른 연소가 효율적으로 잘 일어날 수 있게 설계하여야 한다.

1.2.2.1 액체 추진제 분류

액체 추진제는 종류에 따라 극저온 추진제(cryogenic propellant)와 탄화수소(hydrocarbon) 계열 추진제, 자발화 추진제(hypergolic propellant)로 구분된다. 극저온 추진제로는 액체 산소

(LOx, Liquid Oxygen), 액체 수소(LH_2, Liquid Hydrogen), 액체 메탄(LCH_4, Liquid Methane)이 사용된다. 극저온 추진제는 극저온에서 저장되어야 하므로 저장 탱크의 단열 문제가 중요하다. 액체 산소와 액체 수소를 사용하는 로켓의 연소생성물은 물이므로 친환경적인 연료이고 고성능의 추력과 비추력을 얻을 수 있다. 탄화수소 계열 추진제에서 연료는 주로 Jet A-1 혹은 RP-1(rocket propulsion-1, 케로신과 유사하나 밀도가 높음)과 같은 케로신이 사용되고 최근에는 액체 산소와 액체 메탄의 추진제가 연구 개발되고 있다. 자발화 추진제는 추진제가 촉매에 접촉하거나 두 물질이 만나서 점화되는 추진제로 점화장치가 필요 없다. 자발추진제의 예는 하이드라진(hydrazine)을 촉매제에 접촉시키면 일원 추진제로 활용할 수 있는 경우와 사산화질소(N_2O_4, Nitrogen tetroxide)+하이드라진(N_2H_4)이 만나서 자발 점화하는 경우의 예가 있다.

1.2.2.2 액체 추진제 로켓의 연소과정

액체 추진제 로켓은 일반적으로 연료와 산화제를 각각 연소실에 공급하는 이원추진제(bi-propellant) 시스템이 많이 사용된다. 이원추진제 공급시스템은 시스템이 복잡하고 비용이 많이 들지만 비교적 성능이 좋고 안정한 작동이 가능하다. 연료와 산화제는 각각 다른 탱크에 저장해두었다가 유량공급시스템에 의해 분사기(injector)를 통해 분사되어 연소실로 공급된다. 분사된 연료와 산화제는 연소실에서 혼합되고 연소되어 고온의 작동 가스가 형성된다.

1.2.2.3 액체 추진제 로켓의 장단점

액체 추진제 로켓은 비추력이 높고 추진제만 재주입하여 엔진을 재사용할 수 있다. 액체 추진제의 유량조절을 통해 추력 제어가 가능하고 펄스 동작도 가능하며, 비교적 장시간 동작이 요구되는 임무에 적합하다. 또한 연소 중에 열전달로 손실되는 에너지를 재생냉각(re-generative cooling)을 이용하여 열을 회수하고 재사용함으로써 벽면 냉각효과와 더불어 에너지를 효과적으로 이용할 수 있다. 반면, 액체추진제의 공급을 위해 터보 펌프, 밸브, 공압시스템 등 추가적인 부품으로 인해 추진제 공급계의 복잡성이 증가하고 이에 따라 엔진이 상대적으로 무겁고 시스템의 고장확률이 증가할 수 있으며 추진제 주입 시간도 오래 걸릴 수 있고 추진제 주입 후 장기간 저장할 수 없다. 일부 추진제 조합은 독성 및 폭발성이 있어 취급에 어려움이 있으며, 엔진의 개발 기간이 상대적으로 길다.

1.2.3 고체 추진제 로켓

고체 추진제 로켓은 **그림 1.5**와 같이 연소실에 고체 추진제를 충전시키고 연소시켜 추력을 발생시키는 방식이다. 케이스 내부에 충전한 고체 추진제를 그레인이라고 하며 그레인 내부에 연료와 산화제가 혼합되어서 자체연소가 가능하다. 고체 추진제 로켓은 구조가 매우 단순하여 시스템 구성비용이 낮고 신뢰성이 높다. 연소 면적이 넓기 때문에 짧은 시간에 단면적 당 높은 추력을 얻을 수 있고, 그레인 형상으로 케이스 내부에 적재되어 추진제의 누출 위험이 적다. 고체 추진제 로켓의 단점으로는 한 번 점화한 뒤로 작동 중 추력의 조절이 안 되고 재점화가 어렵다. 초기 온도에 민감하고 비추력이 낮은 단점이 있고 고체 추진제의 밀도가 높아 무겁다. 연소 시 모터 케이스가 견뎌야 할 압력은 아주 높으며 챔버 압력보다 약 20% 높다. 고체 추진제 모터는 짧은 시간에 추진제의 표면 온도를 점화 온도 이상으로 가열해 주어야 하고 연소실 내부의 압력 또한 일정 압력 이상으로 올려야 한다.

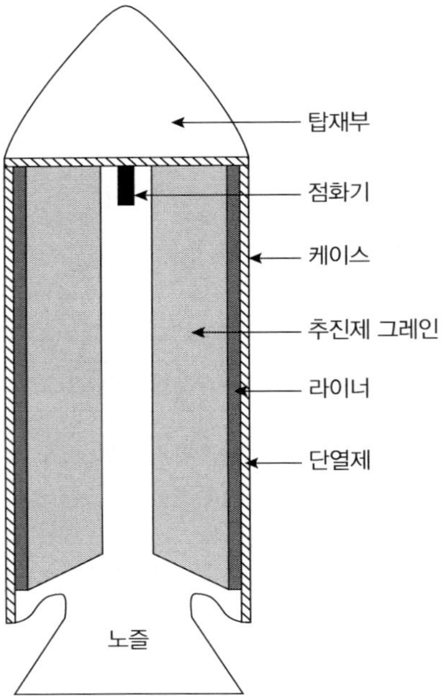

| 그림 1.5 | 고체 추진제 로켓 구조

1.2.3.1 고체 추진제 종류

고체 추진제는 균일 고체 추진제(homogeneous solid propellant)와 불균일 고체 추진제(heterogeneous solid propellant)로 구분된다. 균일 고체 추진제의 경우에 연료와 산화제가 분자 구조에서 결합되어 구별할 수가 없다. 균일 추진제로는 더블베이스 추진제로 NC(nitro−cellulose)와 NG(nitro−glycerine) 조합이 있다. 불균일 고체 추진제는 복합추진제이고 연료와 산화제가 기계적으로 혼합되어 있기 때문에 구별할 수 있다. 불균일 추진제는 산화제 AP(ammonium perchlorate)와 연료 결합재로 HTPB(hydroxyl−terminated polybutadiene)가 일정 비율로 혼합되어 제작된다.

1.2.3.2 고체 추진제 로켓의 연소과정

고체 추진제 로켓의 연소는 점화기로부터 시작되어 연소실 내부의 온도와 압력이 상승한다. 추진제의 점화 온도 이상으로 연소실 내부 온도가 상승하면 추진제 그레인 표면부터 연소가 시작된다. 추진제에 점화가 되면 화염이 형성되고 추진제 그레인 전 표면으로 확산이 된다. 이 화염은 추진제에 지속적으로 열을 공급하여 추진제가 연소되도록 열에너지를 공급하고 추진제는 연소 되면서 연소생성물과 열을 방출한다.

1.2.3.3 고체 추진제 로켓의 장단점

고체 추진제 로켓은 구조가 비교적 단순하고 개발 기간이 짧으며, 액체로켓에 비해 보관 및 취급이 상대적으로 용이하다. 단순한 구조로 인해 엔진의 신뢰성이 매우 높고(99% 이상) 2단 이상의 로켓을 조합한 다단로켓 구성에도 유리하다.

고체 추진제는 별도의 추진제 공급시스템이 없어 연소압력에 제한이 없고, 액체로켓보다 높은 연소압력을 사용할 수 있다. 단순한 구조로 인해 생산단가가 낮고 로켓의 크기도 동일 추력의 액체로켓에 비해 작다. 반면, 추진제의 특성상 비추력이 액체로켓보다 낮고 연소의 중단과 추력의 변조(modulation), 추력 벡터 제어(thrust vector control)가 어렵다. 고체 추진제는 보관은 용이하나 추진제의 크랙에 따른 폭발의 위험성으로 이동 및 취급에 어려움이 있다. 또한 연소기 및 노즐의 냉각이 어렵기 때문에 연소 시 발생하는 고온의 입자 등에 의해 내부 벽면이 삭마될 수 있으며, 이에 따라 추력 성능이 저하될 수 있다.

1.2.4 하이브리드 로켓

하이브리드 로켓은 액체 추진제 로켓과 고체 추진제 로켓을 혼합 적용하여 추력을 얻는 로켓이다. 하이브리드 로켓에는 다양한 상의 추진제 조합이 있지만, 일반적으로 **그림 1.6**과 같이 액체 산화제와 고체 연료를 연소시켜 추력을 얻는다. 액체 산화제 공급시스템, 전방혼합실, 연소실, 고체 추진제 그레인, 점화시스템, 후방혼합실, 노즐 등으로 구성되어 있으며 액체 산화제만 별도의 탱크에서 전방혼합실로 공급되고 기화되어 다공 고체 연료 포트로 들어가서 확산 연소가 일어난 후 연소 가스가 후방혼합실에서 합해져 노즐로 분사된다.

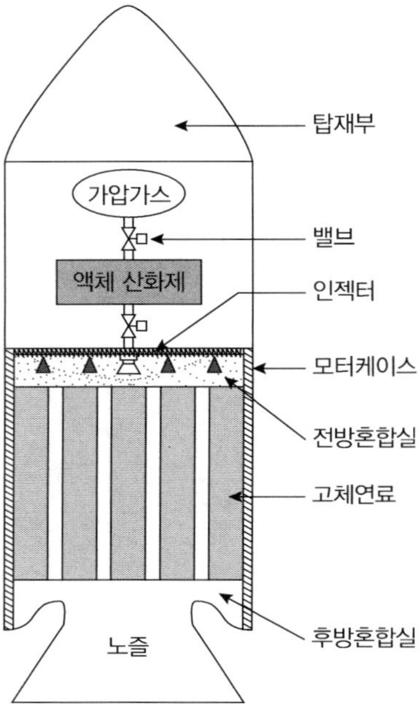

| 그림 1.6 | 하이브리드 로켓 구조

1.2.4.1 하이브리드 추진제 종류

하이브리드 로켓의 액체 산화제는 과산화수소(H_2O_2), 아산화질소(N_2O) 등 저장성 산화제와 액체산소 등 극저온 산화제가 사용된다. 고체 연료로는 HDPE(high－density polyethylene), HTPBPMMA(polymethyl methacrylate) 등의 비용융성 고체 연료나 후퇴율을 개선 시킨 파라핀(paraffin) 등이 사용된다.

1.2.4.2 하이브리드 추진제 로켓의 연소과정

가압 탱크에 보관된 추진제는 액체 추진제 로켓과 같이 분사기를 통해 미립화(atomization)되고 기화되어 고온 가스에 열 분해된 고체 추진제와 반응한다. 이후 연소과정은 고체 로켓과 유사하나 액체 추진제를 밸브로 제어할 수 있어 연소 중단 및 추력 제어가 가능하다. 따라서 액체로켓과 같이 추력 제어가 필요하거나 장시간 구동이 요구되는 임무에 적합하면서도 액체로켓보다 비용이 저렴하고 가볍고 구조가 간단하다. 군용 및 상업용 모두 사용 가능하며 최근에는 우주추진용의 가변추력용으로도 연구되고 있다.

1.2.4.3 하이브리드 추진제 로켓의 장단점

하이브리드 로켓은 액체 산화제와 고체 연료가 처음부터 섞여 있지 않기 때문에 의도하지 않은 점화가 불가능해 안정성이 있다. 액체 추진제의 유량 공급을 통해 추력 조절 및 재점화 및 소화가 가능하며 다양한 연료를 사용 가능하다는 장점이 있다. 또한 배출가스가 고체 로켓보다 독성이 약하고 환경친화적이다. 그러나 고체 연료의 후퇴율이 낮아 추력이 낮으며 연소 말기에 연소 되지 않은 잔류 연료가 남을 수 있다. 연소 중에 공연비(O/F비)가 지속적으로 변화하여 추력이 일정하지 않은 단점이 있다.

1.2.5 전기 추진

로켓엔진의 경우 화학 반응을 통한 열에너지로 수축-확대 노즐을 통해 출구의 배기가스 속도를 가속시켜 추진력을 얻는다. 화학 추진 로켓은 고온의 화학 반응을 일으키는 에너지원과 추진제가 동일하지만, 전기추진 등 비화학적 추진장치는 에너지원과 추진제가 다르다. 비화학 로켓의 에너지원에는 태양에너지 및 핵에너지로부터 발생한 전기에너지로부터 추진장치를 구동한다. 추진제의 작용-반작용 원리에 의해 비행체를 추진하는 것은 동일하나 추진제 가속에 대한 특유의 높은 효율성을 바탕으로 화학로켓에 비해 향상된 성능을 나타낸다. 그러나 전기 추진 로켓은 매우 작은 추력을 발생시키기 때문에 중력장 내에서는 사용에 제한이 있으며, 따라서 우주 공간에서 장기간의 추진으로 가속하는 추진시스템으로 활용되고 있다. 전기추진 원리에 따라 전열형, 전자 가속형, 전자기 가속형으로 구분되고, 더 구체적인 종류로는 **그림 1.7**에 나타난 바와 같이 아크 제트 추력기, 홀 추력기, 이온 추력기, 펄스 추력기, 자기 동적 추력기(MPD) 등이 있다.

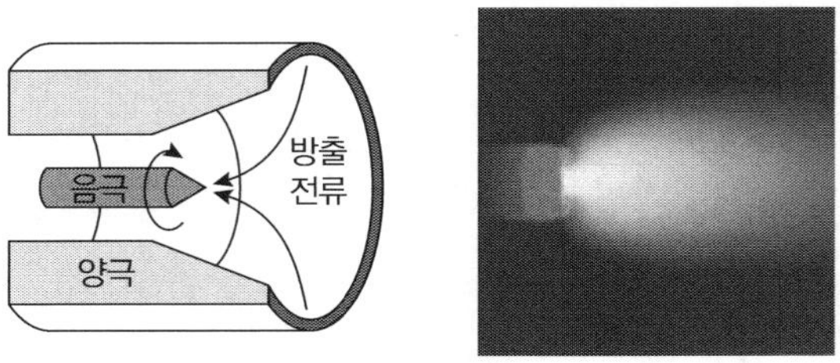

아크 제트 추력기

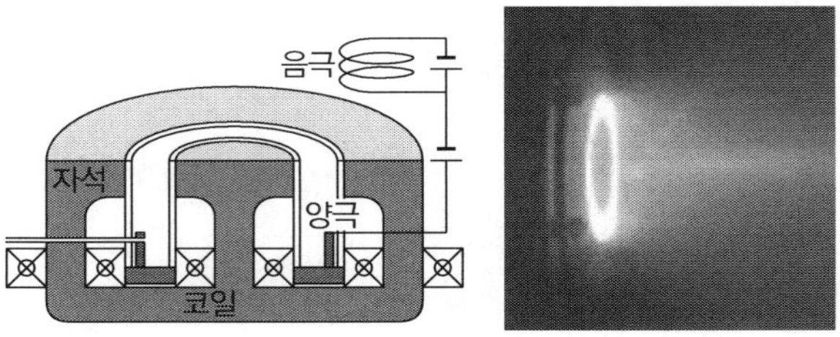

홀 추력기

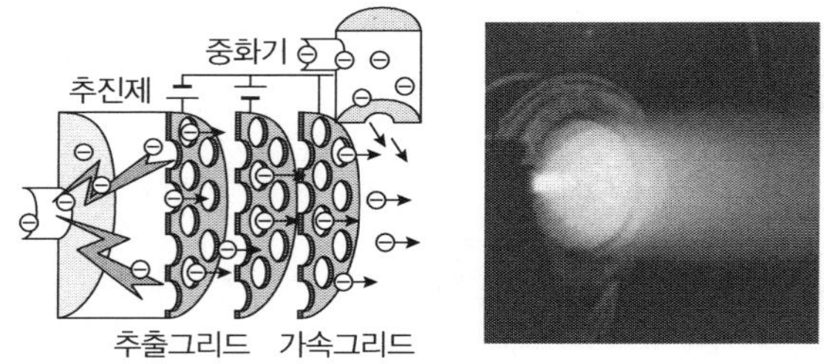

이온 추력기

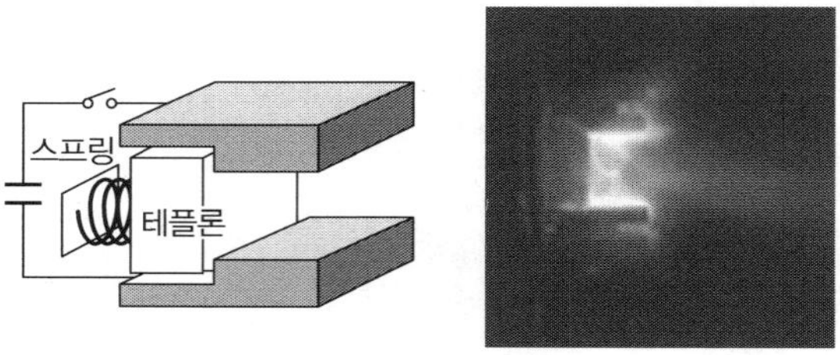

테플론 펄스 추력기

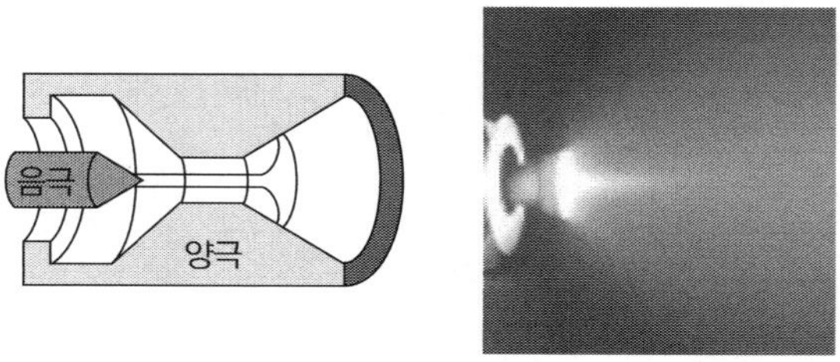

자기 동적 추력기(MPD)

| 그림 1.7 | 대표적인 전기추력기의 개략도와 추력 발생 사진

1.2.6 태양 에너지 추진

별도의 추진제 없이 우주 공간에서 무한대의 에너지원을 활용하는 방법으로써 태양에너지를 이용할 수 있으며, 태양전지, 태양열, 태양 돛 등의 추력기가 개발되고 있다. 태양전지 추진은 전지에 충전된 에너지를 이용하여 전기 추진기를 구동하는 방식으로써 전기추진로켓의 일종으로 분류할 수 있다. 태양열 추진은 태양의 복사에너지를 흡수하여 별도로 저장된 추진제(수소 등)를 가열시킨 후 노즐을 통해 열역학적 팽창과정으로 추력을 발생시킨다. 태양 돛 추진은 무동력 추진기로써 선박에 사용되는 돛과 같은 개념을 기반으로 태양에서 방사되는 입자를 돛에 충돌시켜 추력을 얻는다. 매우 미세한 추력 변화로써 유의할만한 추력을 얻기 위해서는 매우 오랜 시간이 필요하지만, 행성 간 여행 등 거리가 먼 탐사에 적합한 미래 추진으로 주목받고 있다.

1.2.7 핵반응 추진

핵에너지를 에너지원으로 하는 추진방법으로써 크게 전기추진과 열 추진으로 분류된다. 전자는 핵에너지를 전기에너지로 변환하여 전기추력기에 전원을 공급하는 방식이며, 후자는 핵에너지로부터 발생한 열에너지로 직접 추진제를 가열, 팽창시켜 이용하는 방식이다. 우주 추진장치에 핵에너지를 접목시키고자 하는 시도는, 핵연쇄반응(atomic chain reaction)이 제어 가능해진 1942년 처음 제안되었다. 높은 비추력과 장기간 동작이 가능하여 비행시간에 제약이 없는 장점이 있으나 기술적인 문제로 실용화에 어려움을 겪고 있다.

1.3 우주발사체

1.3.1 우주발사체 개요

로켓엔진을 이용해 인공위성이나 우주선을 우주로 실어 나르는 운반체를 우주발사체(Space Launch Vehicle, SLV)라 한다. 우주발사체는 보통 2~3단으로 구성되는 다단로켓을 사용한다. 발사체를 다단로켓으로 구성하는 이유로는 비행 중 사용되고 남은 추진제 통과 같은 필요

없는 구조물을 떨어뜨려 비행 성능을 높이기 위함이 있고, 또 처음 발사대를 벗어날 때 아주 큰 추력이 필요하지만, 발사 과정 중간 정도 이후에는 자세의 제어를 위해 너무 큰 가속도나 추력을 제한할 필요가 있기 때문이다. 발사체 1단에는 로켓 주 엔진과 추진제 탱크들이 있으며 최상단부는 우주로 실어 나르는 탑재물과 탑재물을 보호하는 노즈 페어링부, 지상과의 교신 및 데이터처리를 담당하는 전자 탑재부, 제어 탑재부, 자세 제어부 등이 있다. 고체로켓 부스터 또는 1단 로켓은 지구 중력과 밀도가 높은 대기로부터 벗어나 발사체가 상승하도록 하는 역할을 하며 1단은 고도를 계속 상승시키고 보통 약 50~80km에서 분리된다. 그 이후 2단이 점화되어 발사체 속도를 증가시키는데 2단 또는 3단은 보통 거의 진공 상태에서 작동한다고 생각할 수 있으며 연소 종료 후 분리된다. 지구정지궤도로 위성을 투입할 경우에는 200~300km의 주차궤도에서 타원천이궤도로 전이시키는 근지점에서 3단 로켓이나 킥모터가 사용되기도 한다. **그림 1.8**은 2단으로 구성된 우주발사체의 구조를 나타낸 개략도이다.

우주발사체의 역사는 고대 중국에서 화약이 발명되면서부터 시작되어 많은 발전을 거듭해 현재에 이르렀다. 오늘날 우주의 평화적 이용에 필수적인 로켓은 독일의 V-2 로켓 개발로 비약적인 발전이 시작되었고, 그 이후 2차 세계대전이 끝나고 냉전이 계속되며 러시아와 미국이 경쟁적으로 우주개발과 로켓 기술의 발전을 가속하였다.

인류는 우주개발을 통해 달이나 다른 행성에서 자원을 가져와 지구 자원의 고갈에 대비할 수 있게 되었으며, 우주에서의 무중력상태를 이용해 지구에서는 불가능한 실험을 할 수 있게 되었다. 또한, 인공위성을 통한 통신, 기상예측, 위성중계, 위치추적 등을 가능케 했다. 우주개발은 국방력 강화와 국가안보의 차원에서도 중요한 의미를 가지며, 인공위성을 이용

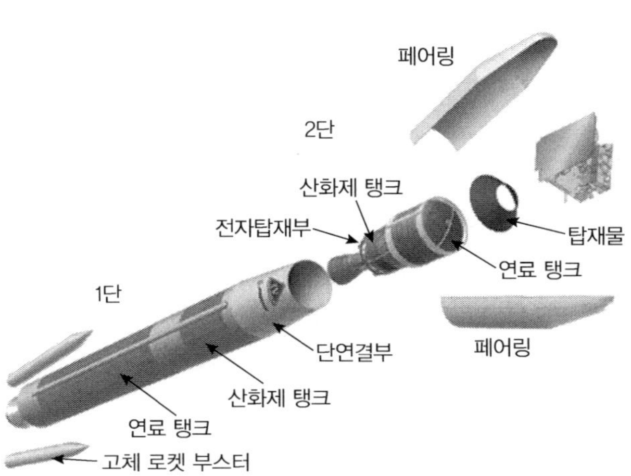

| 그림 1.8 | 우주발사체의 구조 [13]

한 군사·첩보 활동과 발사체 기술을 응용한 대륙간탄도 미사일(Intercontinental Ballistic Missile, ICBM)은 미래 국가 방위에 핵심적 요소이다.

우주개발은 고도의 과학적 연구가 요구되는 것이기에 항상 실패의 위험이 뒤따른다. 작은 결함이나 오차가 대형사고로 이어지고, 이에 따른 경제적 손해도 아주 크다. 큰 위험을 감수하면서도 우주개발에 도전하는 것은 다가올 우주시대의 미래를 대비하기 위해서이다. 우주개발을 통해 지구를 넘어 우주 시대를 맞이하게 될 것이다.

1.3.2 우주선

우주선(spacecraft)은 대기권 밖의 우주 공간을 항행하는 비행체로써 국제항공연맹에서 제정한 고도경계 100km 이상으로 비행하는 비행체를 의미한다. 우주에서는 저항이 없으므로 비행 추진이 감소되는 일이 없다. 그렇기 때문에 지속적으로 추력을 작용시키지 않아도 관성에 의하여 비행이 계속된다. 비행거리에 따라 지구 주위를 도는 인공위성과 우주정거장, 화성이나 금성 등 태양계 행성을 향한 탐사선과 우주선, 그리고 태양계를 벗어나 다른 은하나 우주로 비행하는 항성 간 우주선 등으로 분류할 수 있다.

1.3.3 우주발사체와 대륙간탄도미사일

일반적으로 위성을 실으면 우주발사체, 탄두를 실으면 대륙간탄도미사일이라고 생각한다. 그러나 두 발사체의 핵심기술에는 큰 차이가 있다. **그림 1.9**는 우주발사체와 대륙간탄도미사

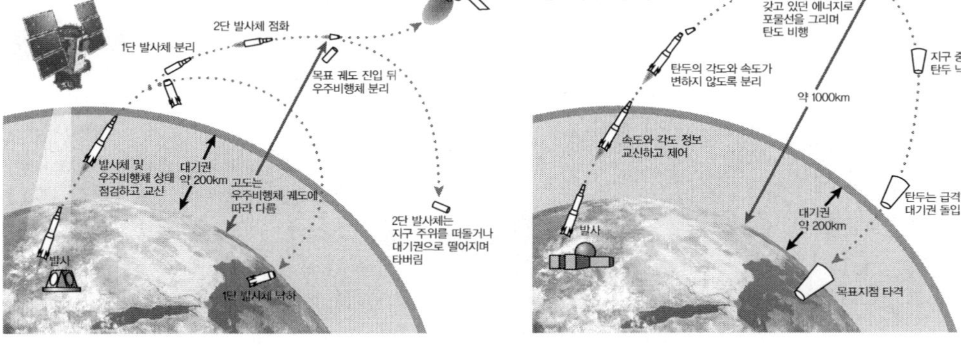

| 그림 1.9 | 우주발사체와 대륙간탄도미사일의 개념도 [14]

일의 특징을 비교한 개념도이다.

우주발사체와 대륙간탄도미사일의 가장 큰 차이는 탑재된 물체를 분리하는 기술이다. 인공위성이나 우주선은 방향이나 속도를 바꿀 수 있는 소형 로켓이 달려있다. 그러나 대륙간탄도미사일에서 탄두는 발사체와 분리된 뒤 한참을 홀로 날아올라 정점에 도달한 뒤에 땅으로 떨어지기 때문에 놓는 힘이 조금만 달라져도 각도나 속도가 바뀌어 목표 지점에서 먼 곳에 떨어질 수 있다. 따라서 대륙간탄도미사일의 발사체는 아주 정교하게 탄두를 분리해야 한다.

발사체에 실려 올라간 물체를 지구로 돌아오게 하는 기술도 다르다. 인공위성은 다시 돌아오는 일이 거의 없는 소모성이지만 유인우주선이나 탐사선은 안전하게 땅에 착륙해야 한다. 또 최근에는 발사체를 회수하여 다시 사용하기 위해 왕복 비행을 하는 재사용 발사체(reusable launch vehicle) 연구가 각광을 받고 있다. 재사용 발사체 등에서는 공기의 마찰열이나 충격을 적게 받으며 천천히 내려오도록 제작해야 한다. 이에 비하여 전술용 탄두는 정확한 지점에 최대한 빨리 내려와야 한다.

인공위성을 쏘아 올리는 우주발사체는 대개 액체 연료를 사용하지만, 대륙간 탄도 미사일은 보관과 발사에 용이한 고체 연료를 사용한다. **표 1.3**에 우주발사체와 대륙간탄도미사일의 주요 차이점을 정리하였다.

표 1.3 우주발사체와 대륙간탄도미사일의 차이점

구분	우주발사체	대륙간탄도미사일(ICBM)
연료	액체 연료를 주로 사용하며, 하단 부스터로 고체 연료도 사용하며, 대기권 통과 뒤 킥모터에는 고체연료가 사용되기도 하지만 정밀제어를 위해서는 액체로켓엔진이 사용됨	액체 연료 사용할 수도 있으나 보통 ICBM은 보관과 수송이 간편한 고체 연료를 사용.
교신 정보	탑재된 인공위성, 우주선 정보	속도 및 각도 정보
탑재체 분리	목표 궤도 근처에 도달하면 인공위성이나 우주선 분리되며 안전성이 중요	정확한 지점에서 탄두의 속도와 각도가 변하지 않도록 분리
탑재체 비행	추가적인 추진에너지를 이용해 목표 지점이나 궤도로 이동	분리될 때의 에너지를 가진 채 포물선을 그리며 탄도 비행
탑재체 낙하	재사용 비행용으로 수거하기 위해서 탑재체가 낙하할 경우 대기권에 완만한 각도로 돌입한 뒤 천천히 낙하 필요	지면과 급격한 각도로 빠르게 낙하하므로 공기와의 마찰로 열이 발생하여 탄두 보호 장치가 필요

1.3.4 우주발사체의 종류

우주발사체는 사용된 로켓엔진의 재사용 여부에 따라 재사용 발사체와 소모성 발사체로 구분된다. 예전에는 인공위성이나 우주 화물을 우주로 운반하기 위해서 소모성 발사체를 주로 사용했으나, 발사비용이 매우 높아 비경제적이었다. 이러한 문제점을 극복하기 위해 개발된 것이 재사용 발사체인 우주왕복선과 SpaceX 사의 Falcon－9 로켓이다[30－34]. 우주발사체는 임무에 따라 다양한 발사체가 사용된다. 크기가 작은 발사체는 낮은 탑재 하중으로 저궤도용으로 쓰이는 반면 대형발사체는 부착식 부스터(strap－on booster) 엔진을 사용하거나 여러 단으로 구성되어 더 무겁고 제작 비용이 비싸며, 높은 탑재 하중과 큰 임무속도를 갖는다. 부착식 부스터 엔진은 1단 추력 증강용으로 사용되며 보통 상승중 1~2분 정도 연소 후 주엔진에서 분리되어 떨어진다. 다단 로켓의 저단들도 사용 후에는 분리되어 떨어져 상승하는 발사체의 무게를 경감시킨다. 일반적으로 발사체 비용은 단의 수와 초기 발사체 질량에 따라 증가한다. **표 1.4**는 세계 각국의 최초 우주발사체 중량과 발사일을 비교한 것이다. **그림 1.10**은 대표적인 세계의 발사체의 크기를 비교한 것이며 더 자세한 제원은 부록 표 B－1, 표

표 1.4 세계 각국의 최초 우주발사체 비교

발사체	중량(ton)	국가	발사일	비고
V-2	12.5	독일	1942.03.16	로켓의 시작
스푸트니크 로켓	267	러시아	1957.10.04	첫 번째
주노 1호	29	미국	1958.02.01	두 번째
디아망 로켓	18.4	프랑스	1965.11.26	3번째
블랙 애로우	18	영국	1969.06.29	4번째
람다 4S	9.4	일본	1970.02.11	5번째
창정 1호	81	중국	1970.04.24	6번째
SLV	17	인도	1980.07.18	7번째
샤빗 로켓	30	이스라엘	1988.09.19	8번째
VLS-1	50	브라질	1997.11.02	실패
대포동 1호	21	북한	1998.08.31	실패
사피르 로켓	26	이란	2009.02.02	9번째
나로호	140	대한민국	2009.08.25	실패
은하 3호	91	북한	2012.12.12	10번째
나로호	140	대한민국	2013.01.30	11번째

B－2에 나타나 있다.

각국의 우주개발을 주도하고 있는 기관은 미국의 NASA, 러시아의 ROSCOSMOS, 유럽연합의 ESA, 중국의 CNSA, 일본의 JAXA, 인도의 ISRO 등이다. 현재 많이 사용되고 있는 발사체는 미국 NASA의 아틀라스 V, 델타 Ⅳ, Space X의 팰콘 9, 유럽연합의 아리안 5와 베가, 중국의 LM(또는 CZ), 일본의 H－Ⅱ, 러시아의 소유즈와 프로톤 M, 인도의 GSLV－3 등이다.

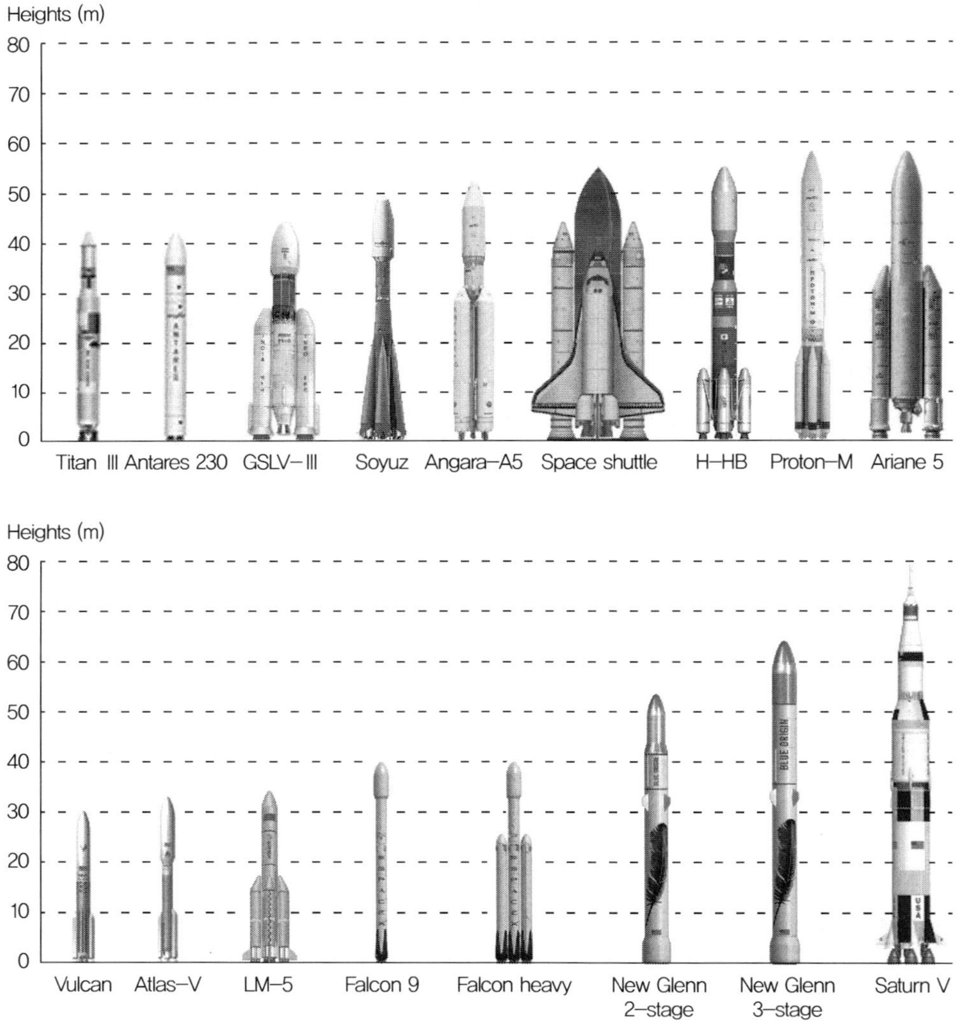

| 그림 1.10 | 세계의 발사체 비교 [27]

1.4 로켓 추진 역사 및 전망

1.4.1 로켓의 역사

1044년 중국의 무경총요(武經總要)에 흑색화약에 관한 제조법이 기록되어 있으며, 1232년 대나무 통에 흑색화약을 넣고 가는 대나무에 묶어 발사하는 세계 최초의 로켓인 화전(火箭)이라는 공성 무기를 이용해 몽고군을 공격했다. 이후 화전은 인도와 아라비아를 통해 유럽에 전파되었다. 화전이 개발된 것과 비슷한 시기에 이탈리아에서는 주화와 화전과 유사한 로케타(Rochetta)라는 무기가 사용되었는데, 이것이 현대 로켓의 어원이다. 19세기 초, 영국의 콩그리브(William Congreve)가 **그림 1.11**과 같이 로켓에 스핀(spin)을 주어 궤도를 안정화시키는 법을 고안해 비행 성능을 향상시켰고, 그 후 영국군에 정식으로 로켓 부대가 생겨 전투에 투입되었다. 19세기, 로켓은 프랑스의 과학 소설 작가인 쥘 베른(1828~1905)에 의해 1865년 발표된 공상과학 소설인 지구에서 달까지에 영감을 받은 쥘 베른 키드라고 불리는 고버트 고다드, 치올코프스키, 헤르만 오베르트, 폰 브라운에 의해 비약적 발전을 하게 된다.

러시아의 수학자인 치올코프스키(Konstantin E. Tsiolkovsky, 1857~1935)는 1879년 지구와 하늘의 꿈이라는 항행 우주 이론을 발표하였고 1903년에는 '작용·반작용 법칙을 이용한 우주 공간 탐험에 관한 연구'라는 논문을 발표하며, 현대 로켓공학의 원리적 기초를 확립하였으며, 치올코프스키 방정식은 식 (1.9)에 나타나 있다. 치올코프스키와 그가 구상한 로켓의 설계를 **그림 1.12**에 나타내었으며, 그는 이 시기에 이미 액체추진체 로켓과 다단로켓, 추력 제어 방식 등을 구상했다.

| 그림 1.11 | 콩 그리브 로켓 [15]

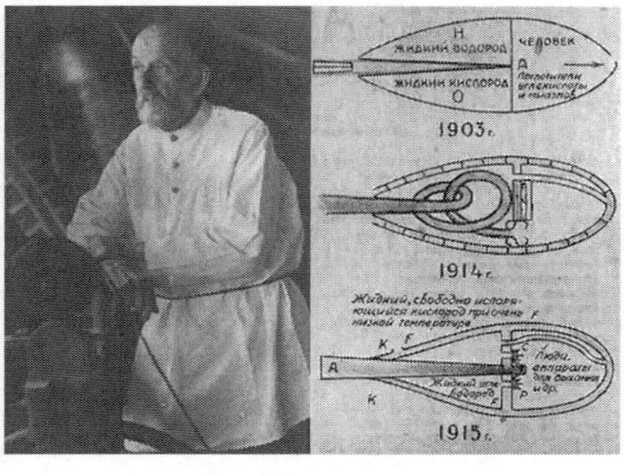

| 그림 1.12 | 치올코프스키와 그가 구상한 로켓설계도 [13, 16]

20세기 초부터 로켓 공학 연구로 알려지기 시작한 미국의 고다드(Robert H. Goddard, 1882~1945)는 가솔린과 액체산소를 추진제로 사용하는 액체 추진제 로켓을 직접 설계하고 제작했다. 고다드는 1919년 '고고도 도달 방법'이라는 논문으로 치올코프스키와는 독자적으로 로켓비행원리를 발표하였다. 고다드의 로켓은 1926년 3월 16일 메사츄세츠주 월체스터에서 실시한 시험비행에서 도달 고도 13m, 비행시간 2.5초에 불과했지만, 세계 최초의 현대적 액체로켓 발사로 기록되었다. **그림 1.13**은 1926년 3월 16일 고다드와 그가 설계하고 제작한 로켓의 모습이다. 1935년에는 고도 1,400m 평균 시속 880km/h에 달하는 자이로스코프가 달린 현대식 로켓을 발사하였다. 2차 세계대전 이후 독일 나치의 폰 브라운은 고다드의 이론을 더욱 발전시켜 V-2 로켓을 개발하였다.

루마니아 출신 독일 과학자 오베르트(1894~1989)는 로켓 물리학자로서 치올코프스키가 확립한 로켓 공학 원리를 토대로 우주 탐사를 위한 기초지식을 정립하였다. 그는 1929년 저서 '행성공간으로의 로켓'을 발간하며 우주에서의 비행 가능 원리를 나타내었고, 또 다단로켓을 설계하기도 하였다. 그의 제자로는 폰 브라운이 있으며 그와 함께 V-2 로켓 개발에 참여하여 이를 성공시켰다.

| 그림 1.13 | 고다드의 액체 추진제 로켓 [13]

1.4.1.1 근대식 로켓의 개발

로켓을 실용화한 근대식 로켓을 만드는 데 원동력이 된 사람은 독일의 폰 브라운(Wernher von Braun, 1912~1977)이다. 그는 1933년 독일 육군 로켓 연구소장 발터 도른베르거에 의해 영입되어 발트해 부근의 페네뮌데(Peenemunde)에서 1934년에 도달 고도가 2,000m에 달하는

A−2 로켓을 개발하였는데, 이 로켓은 알코올과 액체산소를 사용하는 액체로켓이다. 1942년에는 직경 1.65m, 길이 14m, 발사 질량 12.5톤, 속도 1600m/s의 1단식 A−4 로켓의 개발에 성공했다. 독일은 이 로켓을 '보복 병기(vergeltungswaffe)'라는 의미를 담아 V−2로 다시 명명하였으며, **그림 1.14**는 V−2 로켓의 사진이다.

V−2 로켓은 약 1톤의 탄두를 320km 지점까지 약 4km의 오차로 타격할 수 있었다. 1942년 시험 발사 성공 2년 후인 1944년 9월, V−2 로켓은 1945년 3월까지 영국 런던 폭격에 사용되었고, 큰 파괴력은 영국인들을 공포로 몰아넣었다. V−2 로켓은 근대 로켓 구조의 근원이 되며 V−2 로켓의 구조 및 추진제 시스템 개념도는 **그림 1.15**에 나타나 있다.

V−2 로켓은 액체로켓으로 연료는 75% 에탄올과 25% 물의 혼합물이며 산화제는 액체산소를 추진제로 사용한 탄화수소 계열의 엔진이며 터빈 구동의 펌프로 추진제를 공급하였다. 엔진의 추력은 245kN이며, 자세제어를 위해 자이로와 가속도계를 탑재하였고 분출 방향을 베인으로 바꾸어 로켓의 운동방향을 전환하는 방식을 사용하였다. V−2 로켓은 이렇게 정밀 타격을 위한 유도 제어장치, 자세제어 장치 등을 갖고 있으며 근대 액체로켓의 기본 요소를 모두 갖고 있다. 실제로 V−2 로켓은 미국과 러시아 등 모든 로켓의 기원이며 그 이후 로켓은 V−2 로켓을 기반으로 발전하였다. V−2 로켓은 1944년 9월 런던에 로켓을 발사한 이래, 1945년 3월 마지막 발사까지 약 5400기 이상을 발사하였고 발사 성공률은 약 85%이었다. 1945년 2차 세계대전에 진 페네뮌데 지역은 러시아군의 진로상에 있었으나 폰 브라운은 그의 팀 동료와 함께 페네뮌데를 떠나 하츠 산맥으로 장비와 문서를 이동시켰으며 미군에게 체포되어 미국으로 가게 되었다. 페네뮌데의 개발팀은 종전 후, 일부는 미국, 일부는 러시아로 연행되어 양국의 미사일과 로켓개발에 계속 참여하게 되었다.

| 그림 1.14 | 영국 폭격에 사용된 V−2 로켓 [17]

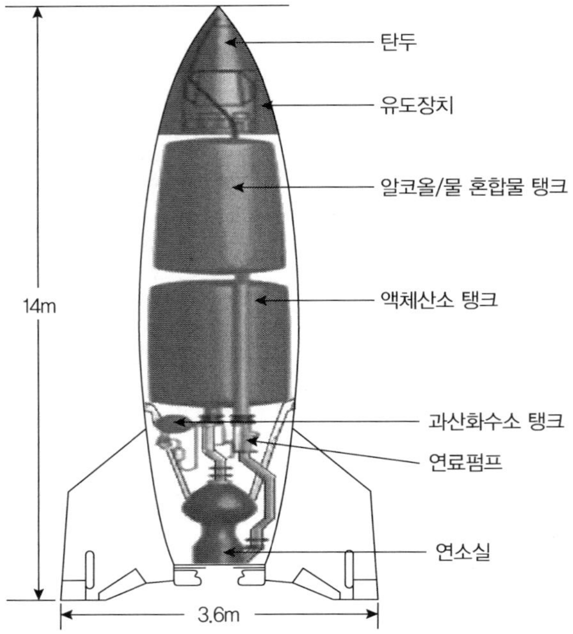

(a) 구조 개념도

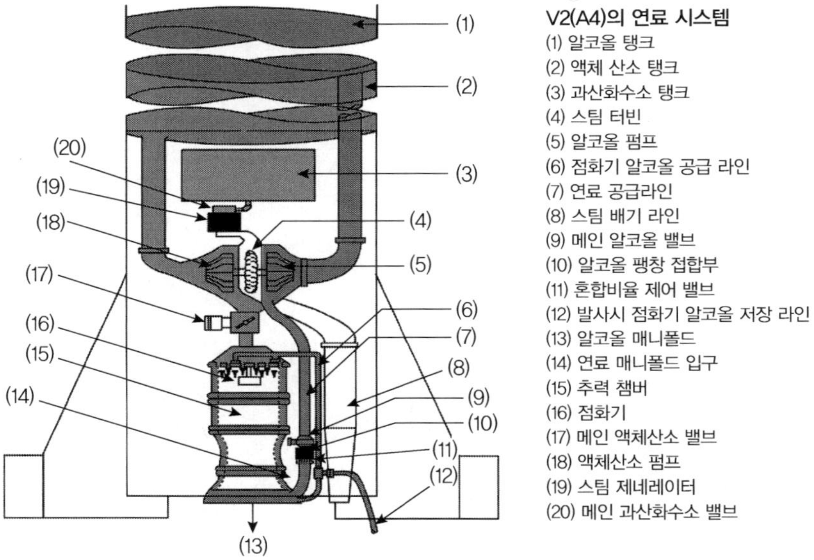

(b) 추진제 공급시스템 개념도

| 그림 1.15 | V-2 로켓의 구조 개념도(a)와 추진제 공급시스템 개념도(b) [17, 18]

그림 1.16은 V-2 로켓의 기술을 이어받아 미국과 러시아에서 발전시킨 주요 로켓의 계보를 나타내고 있다. 미국의 알라바마 헌츠빌 병기고로 건너간 폰 브라운은 그 후에 레드스톤(Redstone)이라는 단거리 탄도탄을 만들고, 이를 개량하여 중거리 탄도탄인 주피터(Jupiter)를 개발하였으며 미국 로켓개발의 주역이 되었다. 이 무렵 러시아는 코롤료프(Sergey P. Korolyov, 1907~1966)가 주도적으로 개발한 R-7 발사체를 이용하여 1957년 10월 4일, 인류 최초의 인공위성인 스푸트니크(Sputnik: 여행의 동반자라는 뜻) 1호의 발사에 성공하여 우주 시대의 개막을 알렸다. R-7 로켓 개발이전에 러시아는 독일의 V-2 로켓을 모방하여 개량한 RD-101, 102, 103 로켓 엔진을 만들었고, RD-103 엔진을 사용한 R-3 로켓을 1949년 발사하였다. 러시아는 로켓의 대형화를 위해 작은 연소실을 여러 개 다발로 묶고 대형 추진제 펌프를 개발하여 각 연소실에 추진제를 공급하는데 성공하여 R-7 로켓을 개발하였다. R-7 로켓은 원래 대륙간 탄도 미사일로 개발되었고 핵탄두 캡슐을 우주선으로 바꾼 것이며 케로신과 액체산소를 추진제로 사용하고 있다. R-7 로켓의 개량형은 스푸트니크 1호 및 유리 가가린이 탔던 보스토크 우주선을 발사하는데 사용되었으며, 미국(의회도서관)에서는 A-2라 부르며 소유즈 로켓이라고도 불린다. R-7 발사체는 2단 발사체이며 글루슈코(Valentin P. Glushko, 1908~1989)가 개발한 연소기 4개를 묶어 장착하여 가운데 1단 엔진인 메인(코어) 엔진(RD-108) 1개가 있고 주위에 보조 부스터 엔진인 버니어 엔진(RD-107) 4개가 부착식(strap-on) 형태로 총 20개의 연소실과 노즐이 있는 엔진을 가지고 있었다. R-7이 발사되면 로켓은 RD-108 1개, RD-107 4개에 의해 상승하다가 부스터엔진(1단)인 RD-107이 분리되고 코어(메인) 엔진인 RD-108이 계속 로켓을 추진한다. 러시아에서는 R-7 발사체의 보조 부스터 엔진을 1단 로켓, 1단 로켓을 2단 로켓이라 부르고 있다. 보조 부스터 엔진(러시아 1단)은 RD-107 엔

| 그림 1.16 | V-2 로켓 기술을 이어받은 미국과 러시아의 주요 로켓 계보

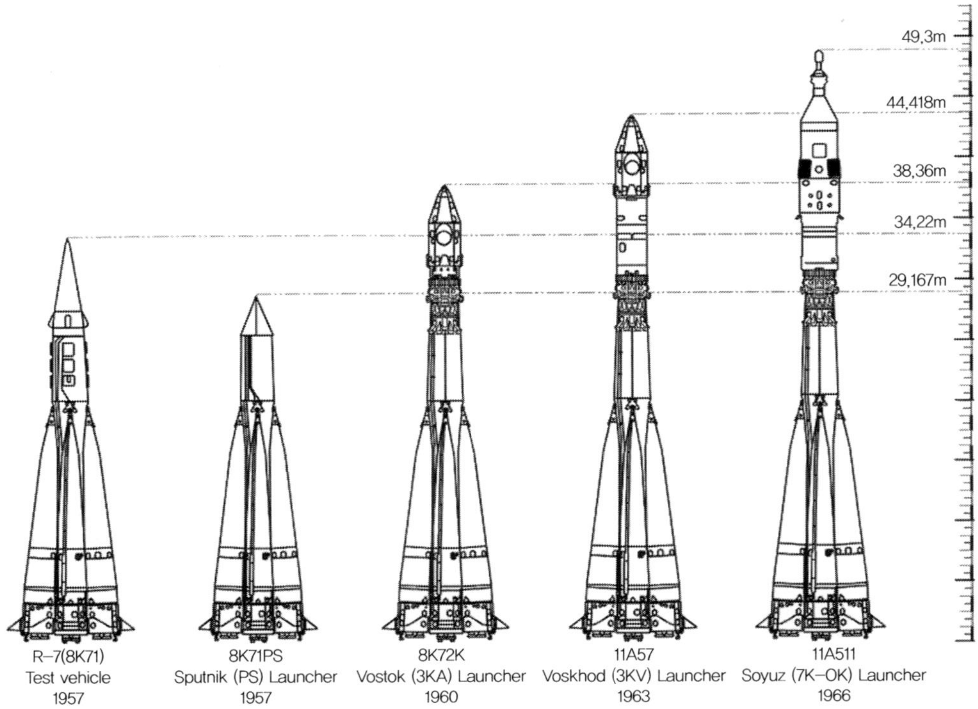

| 그림 1.17 | R-7 시리즈 로켓[37]

진이 주로 사용되었고, 1단(러시아 2단)은 RD-108 엔진이 사용되었다. 2단 엔진(러시아 3단)은 RD-0110 엔진이 사용되었고 이 위에는 소유즈 우주선이 탑재된다. RD-107은 해면추력 83.7톤, 진공추력 102톤, 해면비추력 236초, 진공비추력 313초, 연소압 60기압이며 RD-108 엔진은 해면추력 76톤, 진공추력 96톤, 해면비추력 248초, 진공비추력 315초, 연소압 52기압이다. RD-0110 엔진의 추력은 298kN이고 비추력은 약 330초이다. 러시아 1단 RD-107 엔진의 노즐은 고정되어 있으며 2개의 짐벌기구가 있고, RD-108 엔진노즐은 4개의 짐벌 엔진이 추가되어 이에 의해 로켓의 자세를 제어할 수 있다. R-7 계열은 다양한 버전을 갖고 있으며 2000년까지 1630기가 발사되었다[26]. R-7은 탑재물에 따라 다양한 명칭으로 불리며 **그림 1.17**은 스푸트니크, 보스토크, 보스호드, 소유즈 발사체의 다양한 버전을 나타내는 사진이다. 소유즈 ST 발사체는 부스터 단을 포함하여 3단으로 구성되어 있고, 1,400kg의 탑재물을 궤도에 올려 국제우주정거장과 랑데부하는데 사용된다. RD-107A 부스터 엔진은 118초 동안 연소된 후 분리되며, RD-108A 엔진은 RD-107A 부스터 엔진보다 172초 더 연소한 후 분리된다. RD-0110 엔진은 RD-108A의 연소가 끝난 후 2초 후에 점화되고, 240초 동안

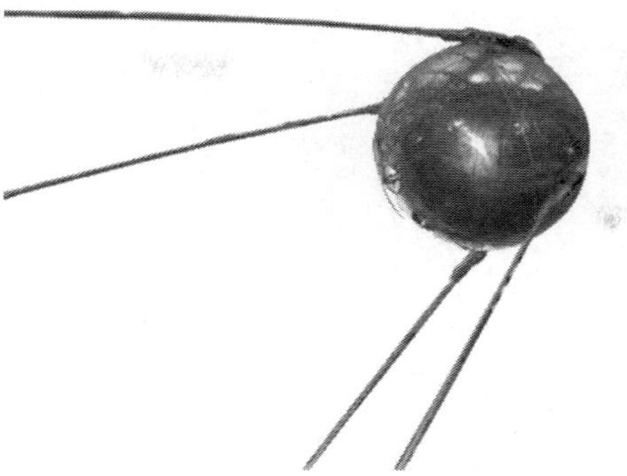

| 그림 1.18 | 세계 최초의 인공위성, 러시아의 스푸트니크 1호 [19]

연소한다. 소유즈는 1975년 5월에 퇴역하고 1970년부터는 소유즈-L, M, U으로 다양하게 발사되었고 2019년까지 소유즈-FG를 계속 발사하였으며, 또 2004년부터 소유즈-2를 발사하고 있고 2019년부터는 소유즈-FG 대신에 소유즈 우주선을 실어나르고 있다[37].

그림 1.18은 세계 최초의 인공위성, 스푸트니크 1호의 모습이며 직경 58cm, 무게 83.6kg의 동그란 모양에 4개의 안테나가 달려있다. 스푸트니크 1호의 임무는 지구 상층 대기의 정보를 얻는 것이었다. 스푸트니크 1호는 1958년 1월 4일까지 약 3개월간 사용되었다. 코롤료프가 설계하고 개발한 R 시리즈 로켓인 소유즈계열 로켓은 지금까지도 개선하고 개량하면서 가장 신뢰성 높은 로켓으로 자리 잡고 있다. 스푸트니크 1호 발사 한 달 뒤인 1957년 11월 3일에는 508kg의 스푸트니크 2호에 라이카(Laika)라는 이름의 개를 태워 우주로 발사하는 데 성공하여 생명체를 최초로 우주비행시켰다.

1.4.1.2 우주 시대의 개막

러시아의 첫 인공위성 발사에 커다란 충격을 받은 미국 정부는 폰 브라운을 주축으로 한 독일 출신의 로켓 연구팀에게 원래 계획되어 있던 위성 발사 계획을 최대한 앞당길 것을 요청하였다. 러시아의 스푸트니크 발사 후 약 4개월 뒤, 레드스톤(Redstone) 대륙간 탄도 미사일을 이용한 주피터(Jupiter-C)를 발사체로, 1958년 1월 31일 미국의 첫 인공위성인 익스플로러(Explorer) 1호를 발사하는 데 성공하였다.

이후 미국은 육·해·공군이 각각 추진해 온 로켓개발 역량을 집중하기 위해 1958년 10월 1일 미항공우주국(National Aeronautics and Space Administration, NASA)을 설립하고, 유인우주선 개발을 위한 머큐리 계획을 진행하였다. 러시아는 첫 인공위성을 우주에 보낸 지 불과

| 그림 1.19 | 아폴로 11호를 타고 달로 간 암스트롱과 올드린 [13]

3년 반 만인 1961년 4월 12일, 보스토크 로켓 선단에 탑재된 우주선 모듈 보스토크(Вocтóк) 1호에 인류 최초의 우주비행사인 유리 가가린(Yuri Gagarin, 1934~1968)을 태우고 1시간 29분의 유인 우주비행을 성공시켰다. 지구로 돌아온 가가린은 '지구는 푸르다'라고 한 말을 남겼다. 러시아는 1963년 6월 16일 최초의 여성 비행사 테레쉬코바(TereshKova, V. U)의 우주비행을 실현시켰고, 1964년 10월 12일에는 3명의 우주비행사를 태운 보스토크 우주선이 보스토크 로켓에 의해 발사되었다. 러시아의 유인 우주비행에 조급해진 미국도 유인 우주비행을 서둘렀고 1961년 5월 5일에 앨런 셰퍼드(Alan Sheppard)는 프리덤(Freedom) 7호로 약 16분 동안 최고 고도 187km의 탄도 비행을 하였고 1962년 2월 20일 아틀라스 로켓에 의해 발사된 머큐리 캡슐에 의해 미국은 글렌(Glenn) 비행사를 태우고 유인 우주비행을 성공시킬 수 있었다. 미국의 유인 우주비행 계획은 1963년 5월까지 총 6회의 유인 비행을 끝으로 종료되었다. 그 후 미국은 1965년 3월 23일 2인승 제미니 캡슐을 비행시킬 수 있었다.

미국의 존 F. 케네디 대통령은 1961년 5월 25일, "우리는 60년대 이내에 달에 갔다 올 것입니다. 그것이 쉽기 때문이 아니라 그것이 어렵기 때문입니다"라고 말하였고, 1960년대에 유인 달 탐사 비행을 성공시키겠다고 선언하였다. 이 계획은 불가능에 가까운 것이었지만 1969년 폰 브라운이 지휘하는 마샬 우주비행 센터(Marshall space flight center)에서 아폴로 프로그램의 일환으로 개발한 새턴-V(Saturn-V) 로켓은 아폴로 11호를 달까지 올려보내는데 성공하였다. **그림 1.19**는 1969년 7월 20일 아폴로 11호를 타고 달로 간 암스트롱(Amstrong, N. A.)과 올드린(Aldrin Jr, E. W.)의 달 착륙 장면이다.

성공적인 달 착륙과 귀환으로 명예를 회복하고 우주 경쟁에서 러시아를 앞지르기 시작

| 그림 1.20 | 창허 4호 달 뒷면 착륙 장면 [20]

한 미국은 재사용이 가능한 우주왕복선인 스페이스 셔틀의 개발에 박차를 가하였고 1981년 4월 발사에 성공하였는데 스페이스 셔틀은 발사체이면서 궤도선이고 재사용을 위한 귀환선이다. 미국의 우주왕복선 발사 성공을 본 러시아도 우주왕복선 개발을 시도하였다. 러시아는 Buran 우주왕복선을 개발하였고 1988년 11월 15일 시제기인 OK-1.01의 무인 우주비행을 성공적으로 마쳤다. 그러나 1990년대에 냉전이 종식되면서 비용이 많이 드는 지나친 우주개발을 지속할 수 없게 되었고, 러시아의 달 탐사 및 우주왕복선 계획은 중단되었다. 아폴로 11호의 달 착륙 이후, 우주개발의 역사는 많은 변화를 맞이하게 되었다. 1965년 11월, 프랑스가 자체 개발한 디아망(Diamant) 3단 로켓을 이용한 A1 발사체가 성공적으로 발사되면서, 미국과 러시아가 주도해 온 우주개발에 다른 국가들의 참여가 시작되었다. 세계 각국에서 개발한 각국의 최초 우주발사체는 **표 1.4**에 나타내었다. 현재는 미국과 러시아를 위주로 유럽연합과 아시아의 많은 국가들이 우주발사체 개발에 심혈을 기울이고 있다. 유럽연합은 아리안 5(Ariane 5)를 이용하여 상용 위성 발사 서비스를 하고 있다. 아리안 5는 남미에 위치한 프랑스령 기아나 우주센터에서 발사가 이루어지고 있다. 중국은 2018년 12월 7일 시창 위성발사센터에서 달 탐사 착륙선인 창어 4호를 성공적으로 발사하였으며, 창어 4호의 임무는 달 뒤편에서 오는 심우주의 저주파(0.1~40MHz)의 라디오파 관측과 창어 4호에 탑재된 달 탐사 로봇 '광밍'을 이용해 온실을 만들어 달 토양에 식물을 심는 것이다. '창어 4호'는 2019년 1월 3일 남극 에이트켄 분지의 본 카르만 크레이터에 착륙하였으며 세계 최초의 달 뒷면 착륙을 하였다. **그림** 1.20은 '창어 4호'가 달 뒷면에 착륙하는 장면이다.

1.4.1.3 우주정거장 및 재사용 발사체

우주정거장은 원래 화성 탐사 등의 장거리 우주 원정을 위해 고안되었으며, 장기간 우주에서 체류할 때 인체에 나타나는 변화를 연구한다. 구체적으로는 고정된 궤도를 선회하면서 과학관측실험, 우주선 연료 보급, 위성과 미사일 발사를 하기 위한 기지로 설계된 유인 인공위성을 말한다. 현재 국제우주정거장(International Space Station, ISS)은 지구 저궤도에 속하는 약 400km 고도에 떠있으며 시속 약 27,744km/h로 매일 지구를 15.7바퀴 돌고 있다. 우주정거장은 주요 추진 장비와 착륙설비가 없다는 점에서 우주선과 구분된다. 따라서 다른 우주선들이 우주정거장에 승무원과 화물을 실어 나른다.

국제우주정거장은 1998년 이후 미국, 일본, 유럽우주국(ESA), 캐나다 등 전 세계 여러 나라가 참여하여 2010년까지 1단계 완성되었고, 계속 모듈이 추가되고 있다. 그동안 미국의 우주왕복선과 러시아의 소유즈 화물선, 프랑스의 아리안 로켓 등에 실려 온 부품을 조립해 오늘의 모습으로 진화했다.

그림 1.21은 국제우주정거장의 사진이다. 국제우주정거장에 가장 활발하게 우주인과 화물을 실어나르는 발사체는 소유즈(Soyuz)이며, 여기에 장착된 엔진은 케로신 가스 발생기 사이클인 RD−107, RD−108 엔진이다. 최근에는 SpaceX사의 재사용 발사체인 Falcon 9의 크루 드래건을 타고 2020년 7월 14일 국제우주정거장에 갔다가 임무 수행 후 2020년 8월 3일 플로리다주 멕시코만으로 귀환하였다.

우주 공간은 지상 약 100km 이상의 공간으로 우주비행사들만 체험할 수 있었던 우주 공간을 현재는 수 분간의 무중력상태 체험과 우주 관광을 위한 민간 상업용 우주선의 개발도 추진되고 있다. 버진 갤럭틱은 민간 우주 기업으로 지구 준궤도 구간의 무중력 체험 관광사업을 진행하고 있다.

그림 1.22는 영국의 버진 갤럭틱(Virgin Galactic)에서 개발 중인 최초의 상업용 우주선 Spaceship 2의 비행 시험 장면이다. Spaceship 2는 모선을 타고 공항에서 이륙하여 일정 고도에 도달

| 그림 1.21 | 국제우주정거장(ISS) [1]

| 그림 1.22 | 버진 갤럭틱의 Spaceship 2 [21]

하면 모선으로부터 분리되고, 몇 초 뒤에 점화되어 대기권 밖으로 날아간다. 해발 90km 인근에서 승객들은 무중력 체험을 할 수 있고, 활강하여 공항 활주로에 착륙한다. 미국항공우주국은 국제우주정거장의 승무원과 화물, 보급품에 민간기업의 참여를 확대하는 상업용 궤도 운송서비스프로그램을 진행하여 SpaceX사와 Orbital Science사를 참여시키고 있다[29]. 민간 우주개발의 선두주자에는 인터넷 벤처기업 페이팔의 창업자인 엘론 머스크(Elon Musk)에 의해 2002년 설립된 SpaceX가 있다. SpaceX는 세계 최초로 민간 액체 추진제 로켓을 지구궤도에 도달시키고, 국제우주정거장에 우주선을 도킹한 최초의 민간기업이다. 2011년에는 재사용 가능한 로켓 발사 시스템의 개발을 발표하여 2015년 12월 발사체 팰컨9(Falcon 9)의 1단 추진제 로켓이 지상 착륙장에 성공적으로 착륙하였으며, 2016년에는 해상 드론선 위에 착륙하는데 성공하였다[22, 30－34].

이후 상용화된 발사체를 이용하여 다수의 민수용 또는 군수용 인공위성의 발사를 수행하고 있으며, 2018년 2월에는 팰컨9 발사체를 3대를 묶은 팰컨 헤비(Falcon heavy)를 시험 발사하여 **그림 1.23**과 같이 사이드 부스터 2개를 성공적으로 회수하였으나 코어 부스터는 착륙에 실패했다. 2018년 5월 12일, 팰컨9의 최종 버전인 블록 5의 첫 발사에 성공하였으며, 같은 해 8월 블록 5 재발사 및 1단 로켓 회수에 성공하였다. 이어 4달 후인 12월 4일, 블록 5의 세 번째 재발사 및 1단 로켓 회수를 성공하며, 사상 최초로 로켓 3번째 재발사에 성공하였다. 2020년 5월 30일에는 우주비행사 2명을 SpaceX의 크루드래건(Crew dragon)이라는 캡슐에 실어 국제우주정거장(ISS)에 보내는데 성공하였다. **그림 1.24**는 크루드래건의 발사부터 국제 우주선 도킹과 1단 로켓의 재사용 및 회수 과정을 나타내고 있다. SpaceX는 20~30년 이내에 인류를 화성으로 보내 최종적으로 식민지화하는 목표를 갖고 있으며 2030년대 Starship을 이용해 처음으로 민간인을 달에 보내는 것을 목표로 하고 있다.

| 그림 1.23 | SpaceX의 재사용 발사체 회수 [22]

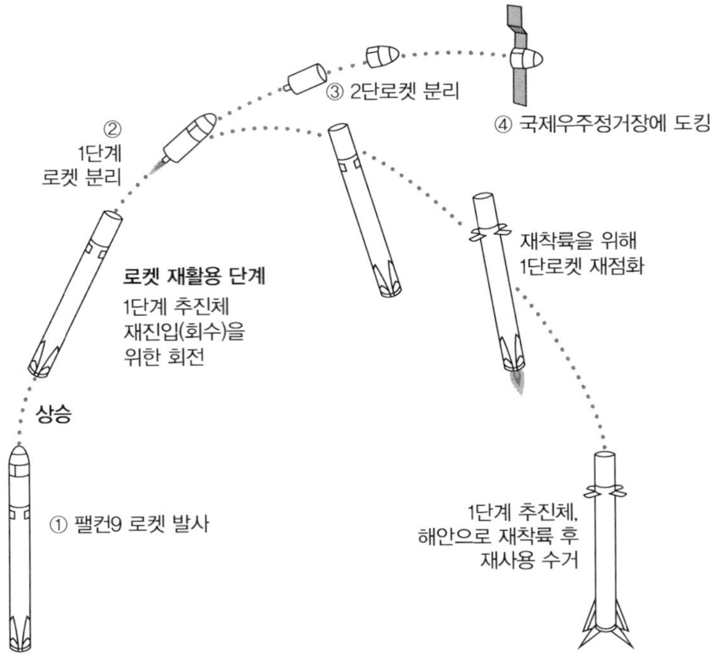

| 그림 1.24 | SpaceX 크루드래건의 발사부터 국제 우주선 도킹과 1단 로켓의 재사용 및 회수 과정

| 그림 1.25 | 아나시스 II를 싣고 우주로 향한 팰컨 9로켓의 발사 장면 [25]

크루드래건 발사 후, 회수된 팰컨 9로켓의 1단 엔진은 재사용되어 44일 만인 2020년 7월 14일 다시 크루드래건 캡슐에 민간 우주인을 실어 국제 우주정거장에 보내기 위해 지구 저궤도로 발사하는데 사용되었고, 그 후 62일 만에 크루드래건 우주비행사 2명은 지구로 귀환하였다. 또 7월 20일(한국 시간 7월 21일)에는 재사용발사체의 상단에는 우리나라 첫 군사 전용 통신위성 아나시스 II가 탑재되어 지구정지천이궤도에 올려졌고, 자체추진시스템으로 정지궤도에 올려졌다. **그림 1.25**는 아나시스 II를 싣고 우주로 향한 팰컨 9로켓의 발사 장면이다. SpaceX사는 수십 개~수백 개의 통신 위성을 재활용 로켓인 팰컨에 실어 올려 우주 인터넷 서비스를 공급하려는 스타링크 사업을 하고 있다.

1.4.2 국내 로켓의 개발 역사

우리나라의 로켓은 고려 우왕 3년(1377년)에 최무선이 개발한 화학 무기인 주화(走火)가 최초이며, 이것은 이후에 신기전(神機箭)이라 불렸다. 문종 때에는 중·소 신기전 100발을 꽂아 동시에 발사할 수 있는 이동식 로켓 발사대인 화차(火車)가 개발되었다. 본격적인 우주발사체용 로켓 기술의 개발은 1974년 국방과학연구소(Agency for Defense Development, ADD) 설치 이후 본격적으로 시작되었다. 1978년 최초의 국산 고체 로켓 '백곰' 개발에 성공하고, 후속 현무 시리즈를 양산하여 실전에 배치하였다. 그러나 현무 개발 직후 '한미 미사일 지침'에 의해 고체 로켓의 발사 거리 180km 제한과 탄두 중량 500kg의 제한을 받게 되었고, 그 후 1차, 2차, 3차에 걸쳐 미사일 지침이 개정되었고 3차 개정에서는 2017년 9월 4일 고체 로켓의 사거리 800km, 탄도 중량 무제한으로 미국과 합의하였다. 발사체 발사 시 1단에서 큰 추진력을 얻기 위해 고체 연료를 사용한 보조 추진체(고체부스터)를 활용하는 것이 세계적인 추세지만, 한미 미사일 협정 때문에 고체 연료사용에 제한이 있었다. 2020년 7월 28일 한미 미사일 지침이 개정(4차)에서 우주발사체에 대한 고체 연료사용 제한이 완전히 해제되었고, 대한민국에 있는 모든 기업과 연구소들은 기존의 액체 연료뿐 아니라 고체 연료와 하이브리드형 등 다양한 형태의 우주발사체에 대해 아무런 제한 없이 자유롭게 연구, 개발하고 생산, 보유할 수 있게 되었다. 우리나라는 자체개발 중인 누리호의 3단 액체로켓 이외에도 고체부스터를 추가로 사용하게 되면 로켓 발사체 개발 및 응용을 보다 광범위하게 할 수 있을 것이다[28].

1.4.2.1 한국형 과학관측로켓 시리즈(KSR Series)

1989년 말에 한국 항공우주 연구소가 창설되면서, 1990년 7월부터 다시 연구 개발이 시작되었다. 창설 이후 진행된 첫 번째 로켓개발 사업은 한국 과학 관측 로켓인 KSR-I(Korea Sounding Rocket, KSR) 프로젝트이다. KSR-I의 개발은 1987년 천문우주과학연구소의 제안에 의해 시작되었으며, 이때부터 과학 관측 로켓개발에 필요한 기초연구를 시작했다. 개발목표는 크기 6.721m, 직경 0.42m, 발사 직전의 무게는 1.4톤, 이륙 시 최대추력은 16톤의 1단형 고체 추진제 로켓으로, 200kg 미만의 탑재물을 싣고, 고도 35~75km의 대기층을 탐사할 수 있는 고체 과학 관측 로켓을 개발하여 한반도 상공의 오존층을 관측하는 것이었다. 1993년 9월 1일, 발사시험에서 고도 49km, 낙하 거리 101km, 비행시간 3분 33초를 기록하면서 오존층 분포를 성공적으로 관측하였으며, 모든 비행이 성공적으로 이루어지며 목적지에 착수하였다. 발사시험의 성공으로 항공우주연구원은 고체 추진제 로켓 모터의 설계기술을 검증하였고, 로켓의 비행 중 지상국과의 통신기술, 과학로켓의 발사방법 등도 확보할 수 있었다.

KSR-I의 성공 이후, 항공우주연구소의 과학로켓 개발팀은 1993년 2월 2단형 중형과학로켓(KSR-II)의 개발에 착수하였다. 150kg의 탑재물을 싣고 150km까지 도달할 수 있는 중형과학로켓을 개발·발사하여 한반도 상공의 이온층의 환경, 오존층의 분포 등을 측정하는 것이 개발목표였다. 주요제원은 총길이 11.1m(1단: 3.6m, 2단: 7.5m), 직경 0.42m, 발사 시의 무게는 2.1톤이다. 1단의 고체 추진제 모터는 국방과학연구소에서 개발한 국산 지대지 미사일인 '백곰'에 사용되었던 로켓 모터의 추진제를 한화에서 자체 개발한 추진제로 바꾸어 사용한 것이며, 2단에는 KSR-I에 사용되었던 로켓 모터를 사용했다. KSR-I과 비교해 2단형으로 그 크기가 커졌으며, 자세제어 시스템과 1, 2단 분리, 그리고 전방 노즈(nose)부 개방(fairing) 등 국내에서 최초로 시도되는 기능들이 추가됨으로써 각종 고공 관측 실험이 가능하게 되었다.

KSR-II 1호기의 발사시험은 1997년 7월 9일 서해안 국방부 종합시험장에서 실시되었으며 비행은 성공적이나, 발사 후 통신이 두절되어 실험 관측에는 실패하였다. 통신두절의 원인으론 2단 로켓 분리에 의한 충격으로 추정되었으며, 이후 충격 완화 장치 등 몇 가지 보완을 거친 후 1998년 6월 11일 오전, KSR-II 2호기가 서해안에서 성공적으로 발사되어 365.4초 동안 비행하면서 최대고도 137.2km까지 상승하여, 123.9km를 비행하고 서해 해상에서 낙하하였다.

우리나라는 70년대 초부터 미사일 개발에 많은 투자를 하여 고체 추진제 로켓 기술은 상당히 높은 수준이었다. 그러나 위성을 발사할 수 있는 급의 대형 고체 추진제 로켓은 곧바로 중거리 탄도탄 등 대형 미사일로 손쉽게 변환할 수 있기 때문에 국제적으로 많은 제한이 따른다. 실용 위성을 탑재할 대형 우주로켓을 하기 위해서는 군사용보다는 평화적인 목적에 더 적합한 고체부스터 로켓 없이 액체 추진제 로켓만 사용하여 개발을 시도하고 있다. KSR-III 액체 추진제 로켓은 총길이 14m, 직경 1m, 발사무게 6.048톤, 엔진 추력 12.5톤으로, 추진제로는 저렴하고 친환경적이며 고성능인 액체 연료인 케로신과 산화제로 액체산소를 사용하였다. KSR-III의 구성은 윗부분에는 탑재물을 싣는 탑재부와 이를 보호하는 원뿔형 기수(nose cone)가 있고 그 아래 고체 추진제 킥 로켓이 있다. 그 아래에는 유도조종장치, 자세 조종장치가 있으며 이어서 가압용 고압 가스탱크, 연료 탱크, 그리고 산화제 탱크가 있으며 제일 아래에는 액체로켓엔진이 부착되어 있다. 2002년 11월 28일 14시 52분, 한국 최초의 액체 추진제 로켓인 KSR-III가 서해안에 마련된 임시 발사장을 출발하여 231.8초 동안 79.5km를 성공적으로 비행하며, 비행궤적 및 자세제어, 액체엔진 시스템, 전자탑재 및 과학 관측 시스템, 비행 안전시스템 등을 시험하였다. 액체 추진제 로켓의 개발 도전은 국내 우주로켓 개발을 한 단계 도약시키는 계기가 되었으며, KSR-III 개발을 통하여 확보된 발사체 기반기술은 이후의 한국형 우주발사체 개발의 초석이 되었다.

1.4.2.2 한국형 우주발사체(Korea Space Launch Vehicle, KSLV Series)

우리나라 로켓 발사체는 **표 1.5**와 같이 개발되어 왔다. 우주개발계획에 따라 2002년 KSLV-I인 나로호와 첫 발사장인 나로우주센터(전남 고흥군)의 개발이 착수되었다. 나로호(KSLV-I)의 개발목표는 100kg급 과학위성을 근지점 고도 300km, 원지점 1500km의 지구저궤도에 진입시킬 수 있는 한국 최초의 위성 발사체를 개발하여 발사하는 것이었다.

나로호의 주요제원은 **표 1.6**에 나와 있으며, 총길이 33.5m(1단: 25.8m, 2단: 7.7m), 직경 2.9m,

표 1.5 국내 우주발사체 개발 현황 [23, 24]

	과학로켓 KSR-I	단분리형 과학로켓 KSR-II	액체추진 과학로켓 KSR-III	나로호 KSLV-1	한국형발사체 KSLV-2
발사연도	1993	1998	2002	2009, 2010, 2013	2021, 2022
길이(m)	6.7	11.1	14	33	47.5
직경(m)	0.42	0.42	1	2.9	3.5(1단), 2.9(2단), 2.6(3단)
무게(t)	1.25	2	6	140	200
비행거리 (km)	101	124	79.5	2750(1단)	
추력(t)	8.8	30.4	13	1단: 170톤급 액체엔진 2단: 8톤급 고체엔진	1단: 75톤급 액체엔진 4기 클러스터링 2단: 75톤급 액체엔진 1기 3단: 7톤급 액체엔진1기

표 1.6 나로호의 제원 및 특징 [24]

구분	1단 발사체(액체엔진)	2단 발사체(고체엔진)
제원	· 추력: 170톤급 · 연료: 케로신(kerosene) · 산화제: 액체산소(LOX) · 공급시스템: 터보펌프방식	· 추력: 8톤급 · 고체 킥모터
특징	· 액체상태의 연료 및 산화제를 연소실로 각각 분사한 후 혼합시켜 연소 · 구조가 비교적 복잡하여 소요 구성부품이 많음 · 대형발사체의 주엔진으로 많이 사용	· 연료와 산화제가 혼합된 고체 형태의 추진제 사용 · 부품수가 적고, 비교적 간단한 구조로 제작 성이 좋음 · 발사작업이 비교적 간단하며 신속성이 있음

발사무게는 140톤의 2단형 발사체이다. 1단 엔진은 러시아 흐루니체프(Khrunichev)사와 국제 협력하여 수입되어 사용되었고, 상단은 고체 킥모터를 사용하였다. 1단 엔진은 RD－170 엔진에 기반하여 개량한 RD－191 엔진의 추력을 다운한 RD－151 엔진이며 연료는 케로신이며 산화제로는 액체산소를 사용했으며, 비추력은 297s 정도로 170톤의 추력을 낼 수 있다. 2단 엔진은 8톤 추력을 낼 수 있게 고체 엔진을 사용한 킥모터로 개발되었다.

나로호는 2009년 8월 25일, 1차 발사에서 1단 엔진과 2단 킥모터는 모두 정상 작동되고 위성도 정상적으로 분리되었으나, 페어링(위성 보호 덮개)의 반쪽이 제때에 분리되지 않아 인공위성이 제 궤도에 오르지 못하고 실패하였다. 2010년 6월 10일 오후 5시 1분, 2차 발사시험에서는 이륙 후 137.19초까지는 정상적으로 비행했으나, 이후 지상추적소와의 통신이 끊겼고 발사 후 약 2분 28초 뒤에 폭발했다. 발사 실패 원인을 규명하기 위한 한국과 러시아의 조사가 진행되어 원인 규명과 함께 개선조치를 진행하였다. 2013년 1월 30일 오후 4시 정각에 3차 발사시험이 진행되었다. 발사 229초 후에 1단 로켓이 연소 종료되었고, 발사 232초 후 1단 로켓이 분리되었다. 발사 후 395초 시점에서 2단인 고체 킥모터가 점화되었고, 발사 후 약 9분이 되는 시점에서 위성이 분리되어 제 궤도에 안착하여 성공적인 발사가 이루어졌다.

누리호 한국형발사체(KSLV－II)는 2021년 10월 21일 우리나라의 독자 기술로 만들어 발사되었으며 위성이 700km 궤도에 도달하였지만 궤도 안착에는 성공하지 못하였으나 국내 최초의 태양 동기 궤도(600~800km) 실용 위성 발사용 로켓으로 1.5톤급의 실용 위성을 발사할 수 있는 3단 발사체이다. 누리호 한국형발사체의 주요제원(안)은 **표 1.7**에 나타내었으며. 주요제원으로는 길이 47.5m, 최대 직경 3.5m, 총중량 200톤이다.

1단 엔진의 추력은 75톤 4개를 클러스터링하여 총 300톤이며 2단의 엔진 추력은 75톤, 3단의 엔진 추력은 7톤이다. 1단과 2단은 75톤급 터보펌프식 엔진을 사용하며 1단에는 4기의 엔진을 클러스터링하여 사용된다. 3단은 7톤급의 터보펌프식 액체로켓을 사용한다. 2018년 11월 28일 고흥의 나로우주센터에서 75톤급 터보 펌프 엔진을 장착한 나로호 시험발사체를 성공적으로 발사하였고, 이를 통해 75톤급 엔진 정상 작동을 확인하였다. 총 151초간 연소하여 연소 목표치인 140초 이상을 초과 달성하였으며 209km의 최대 고도에 도달하였다. 누리호 한국형발사체의 발사체가 700km 상공까지 성공적으로 발사됨에 따라 1톤이상의 실용위성을 올릴 수 있는 중대형 발사체용 엔진 보유국이 되었다.

표 1.7 한국형 발사체의 제원 및 특징* [23, 24]

한국형 발사체의 제원		
단수	3단	
높이	47.5m	
직경	3.5m	
총중량	약 200톤	
건조중량	19.7톤	
연료탑재량	175.6톤	
연료/산화제	액체산소/케로신	
페이로드(600～800km SSO)	1.5톤	
페이로드(300km LEO)	2.6톤	
추력	300t(kgf) (2940kN)	
엔진(3단)	1단	해면 75톤급 엔진×4개
	2단	고공 75톤급 엔진×1개
	3단	7톤급 엔진×1개

*자료조사에 따라 다소 차이가 있을 수 있음.

1.4.3 우주 개발의 미래

우리나라는 우주개발을 위해 1996년 우주개발 중장기기본계획을 수립하였고, 우주개발 중장기기본계획은 2005년 우주개발 진흥 기본계획으로 명칭이 변경되었다. 우주개발 진흥 기본계획에는 발사체와 인공위성, 위성 활용, 우주 탐사, 우주산업 계획들이 포함되어 있으며, 세부목표는 **표 1.8**과 같고 발사체와 위성 분야의 우주개발 중장기계획 로드맵은 **그림 1.26**에 나타나 있다.

독자 우주개발 추진을 위한 자력 발사능력을 확보하기 위해 발사체 분야는 2021년까지 1.5톤급 실용 위성을 저궤도에 투입할 수 있는 한국형발사체 독자개발과 발사체 기술 자립을 목표로 하고 있다. 2030년까지 3톤급 실용 위성을 중궤도 및 정지궤도에 투입할 수 있는 중궤도 및 정지궤도 발사체 개발을 목표로 하고 있다.

인공위성 분야는 다양한 공공수요에 부응하는 인공위성의 지속적 개발을 통해 핵심기술 확보 및 위성 개발능력 자립화를 추진하고 있다. 인공위성 분야는 지구관측용 다목적 실용 위성과 표준형 및 수출전략형 차세대 중형위상, 우주과학 및 연구용 차세대 소형위성 개발에 집중하고 있다. 또한, 기상, 해양, 환경, 통신, 적외선 관측 및 보정 항법, 전파탐지 및 항법 개발 등 다양한 수요를 충족하기 위해 중궤도 및 정지궤도 위성 개발을 계획하고 있다. **그림 1.27**은 위성 정보 활용방안을 나타내고 있다.

글로벌 내비게이션 위성 시스템(Global Navigation Satellite System, GNSS) 중 대표적인 항법 위성 시스템인 GPS(Global Positioning System)는 미국에서 만든 항법 시스템이며, 각국에서는 오차를 줄이고 정확도를 높이기 위해 자국의 독자 항법 시스템을 개발하고 있으며, 유럽의 갈릴레오 러시아의 글로나스 등이 있다. 우리나라도 한국형 위성 항법 시스템인 KPS(Korea

표 1.8 우주개발 분야별 세부목표(안)* [24]

	2020년대	2030년대	2040년대
발사체	1.5톤급 한국형발사체 자력발사	3톤급 중궤도 · 정지궤도발사체 자력발사	6톤급 대형 정지궤도발사체 자력발사
위성	차세대중형위성, 방송통신위성	전파탐지위성, 항법위성 등	독자위성항법 시스템 구축
우주 탐사	달 탐사(궤도선/착륙선)우주망원경 국제공동개발	달 탐사(샘플귀환), 화성탐사(궤도선, 착륙선), 우주망원경 독자개발	소행성 및 심우주 탐사, 대형우주망원경 개발

*자료조사에 따라 로드맵(안)은 다소 차이가 있을 수 있음.

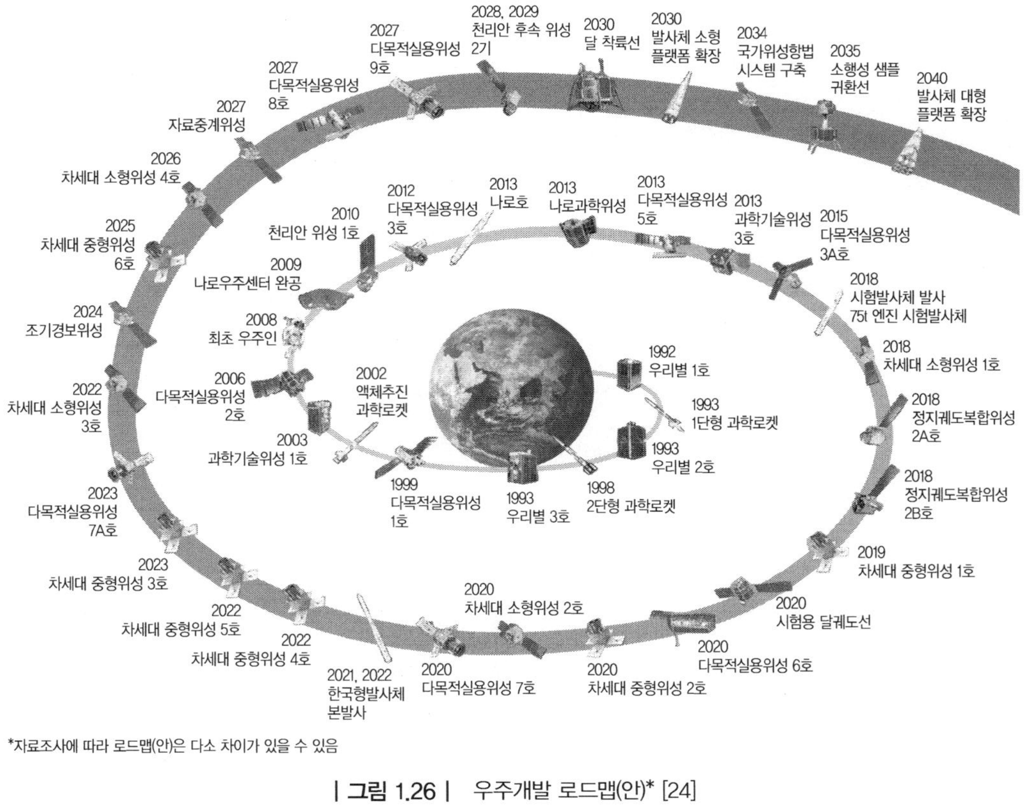

| 그림 1.26 | 우주개발 로드맵(안)* [24]

Positioning System)를 개발하고 있다. 수신기에 도달하는 GPS 위성 신호 3개로부터 동시에 신호를 받아 3각법으로 위치 정보를 알 수 있고, 시계의 시각 오차를 고려하면 4개의 GPS 위성이 필요하다. 실제는 수십 개의 위성이 운용되고 있다. 이러한 사업을 위해서는 독자 발사체 기술과 위성 다중 발사 능력을 갖추어야 할 것이다. 로켓과 발사체는 많은 부품을 사용하여 조립하여 제작되고 있는데 최근에는 3D 프린팅을 사용하여 복잡한 형상의 제품을 쉽게 생산할 수 있고 토폴로지 최적화를 통해 불필요한 중량도 줄일 수 있으며 부품을 모듈화하고 부품의 수를 단순화하고 작업 시간을 줄여 저비용 로켓을 제작할 수 있게 되었고 3D 프린팅 기술의 발전과 함께 더 많은 부품이 적층 제조로 제작될 것이다[35, 36]. 로켓을 비롯한 우주산업은 공공기관의 수요보다는 여러 민간 기관의 다품종 소량 생산으로 발전하고 있다. 국가의 우주개발의 인프라를 활용한 민간시장 주도의 뉴페이스 시대가 열리면서 민간 기업에 의한 우주 산업의 혁신이 기대되고 있고, 뉴페이스 시대에는 위성과 IT 데이터 활용을 통합하거나 연계한 사업이 확장되고 위성이나 로켓이 저비용 다품종, 소형화될 것이다.

미래 우주 활동영역 확보와 우주 위험 대비시스템 구축함으로써 우주 위험으로부터 국민과 우주 자산을 보호하기 위해 우주 탐사 분야 연구도 시도되고 있다. 우주 탐사 분야는 달, 화성, 소행성 등 태양계 탐사 및 우주 위험 대비시스템 구축을 목표로 추진되고 있다.

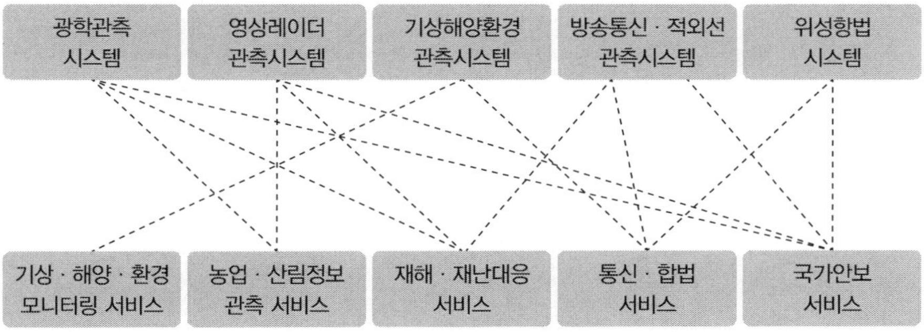

| 그림 1.27 | 위성 정보 활용 기반 방안 [24]

연 습 문 제

01 액체산소-액체수소 로켓의 노즐에서의 추진제가 모두 소모되었을 때 유효배기속도가 4000m/s이다. 이 로켓은 1단이며, 추진제 중량이 로켓 전체 중량의 85%이라면 최종 속도 증분과 비추력을 구하라.

02 한국형 발사체(KSLV-II) 1단 엔진과 소유즈 발사체 RD-107 또는 RD-108 엔진의 주요 제원 및 성능과 특징의 상사점과 차이점을 비교하라.

03 나로호 발사체(KSLV-I) 1단 엔진과 앙가라 1단인 RD-191 엔진의 주요 제원 및 성능과 특징을 비교하라.

04 재사용 우주 발사체 개발을 위한 기술 방안을 조사하라.

05 저비용 로켓과 적층 제조(3D 프린팅)기술을 로켓 발사체에 적용할 수 있는 방안에 대하여 조사하라.

로켓 및 우주비행 성능

2.1 로켓 비행성능해석

2.1.1 발사체 및 우주비행체 궤도

발사체는 유상 하중을 지구 저궤도나 지구 정지궤도에 올리거나 태양계의 다른 행성으로 운반하는데 사용되는 운송 수단이다. 발사체를 설계할 때는 각 단의 연소시간, 연소종료 시 가속도, 비행체의 동압 등을 고려하여야 한다. 지구 저궤도는 지표면 약 200km~1,500km 정도로 지구관측위성이나 첩보위성의 궤도로 사용된다. 너무 낮은 고도에서는 공기저항을 받고 1,500km 이상에서는 반 엘렌대로 인해 자기장의 영향을 받으므로 인공위성 측면에서는 주로 400~1,500km가 주로 사용된다. 국제우주정거장(ISS)은 지구 저궤도면에 속하는 고도 약 400km에 떠서 매일 지구를 15.7바퀴 돌고 있다. 우주왕복선도 지구 저궤도 비행을 한다. 지구 저궤도를 비행하는 위성체는 하루에 여러 번 지구를 회전한다. 고도가 지구 직경에 비해 작기 때문에 이심율이 제한되어 있으며, 궤도 경사각은 0~90°각을 가질 수 있으나 지구 반대 방향으로 위성이 회전하면 경사각은 90° 보다 커질 수 있다. 정찰위성과 지상위성은 높은 궤도각을 가지고 있다. 저궤도의 특수한 형태로 궤도면이 태양에 대하여 고정된 각을 유지하는 태양동기궤도(Sun-Synchronous Orbit, SSO)가 있다. 지구가 공전할 때 위성궤도면이 같은 주기로 즉 지구가 한 번 공전할 때 궤도면도 지구를 한 바퀴 돌므로 매 궤도 회전을 할 때마다 동일한 지역시간을 통과한다. 예를들면 태양동기궤도에서는 한반도 상공을 낮에 통과하는 위성은 항상 낮에 통과하게 된다. 가장 많이 사용되는 태양동기궤도는 경사각 98°, 고도 680km부근이다. 지구는 궤도 아래서 회전하기 때문에 위성은 매회전마다 지구지표면의 다른 위치를 보여주고 이 때문에 하루중 위성은 여러 회 지구를 회전하고 전 지구를 모두 커버할 수 있다. 극궤도위성은 고도 800~1500km에서 양극을 통과하여 지구를 회전하며 지구 표면을 자세하게 관측하는데 사용된다. 극궤도 기상위성에서는 정지궤도위성에 비해 고도가 낮아

기온분포 신호뿐만 아니라 신호가 약한 마이크로 복사 등도 측정가능하다. 극궤도는 북-남 방향이고 지구는 동-서 방향으로 자전하기 때문에 극궤도 위성은 지구 표면 전체를 관측할 수 있다. 극궤도 위성의 주기는 90~110분 정도이므로 하루에 2번 같은 장소를 측정할 수 있다. 위치정보위성(GPS)은 고도 20,000km에서 운용하며, 고도 약 1,500km~30,000km 사이를 중궤도(MEO)라 한다. 기상위성이나 통신위성은 지구 자전주기인 24시간과 동일한 공전주기로 운용될 수 있는 지구정지궤도(Geosynchronous Earth Orbit, GEO)에서 운용된다. 지구정지궤도는 지표면에서 35,786km 떨어져 있다. 특히 지구 저궤도인 주차궤도에서 지구정지궤도와 같은 더 높은 고도로 고도천이를 하는 궤도를 지구정지전이궤도(Geostationary Transfer Orbit, GTO) 또는 지구정지천이궤도라고 한다. 몰니야(Molniya)궤도는 적도상에 위치한 정지궤도위성과 통신할 수 없는 고위도 지방에서 통신이나 방송용으로 사용하기 위해 근지점은 남반구에 원지점은 북반구에 오도록 하면 북반구에서 남반구보다 훨씬 더 오래 머무를 수 있게 되어 러시아 등 고위도 국가에서 사용한다. 러시아에서 개발한 몰니야궤도는 경사각이 63°이고 주기가 12시간이어서 이중 8시간 정도는 북극지역을 커버할 수 있었고 위성 3기만 있으면 24시간 북극지역을 커버할 수 있어 북극지역을 비행하는 항공기의 통신에도 유용하게 사용된다.

발사체는 저고도의 지구궤도로밖에 올라가지 못하므로 정지궤도에 위성을 직접 진입시킬 수는 없다. 더 높은 고도를 비행하기 위해 먼저 발사체가 도달하는 지구 저궤도를 주차궤도라 하며, 위성을 주차궤도로부터 지상정지궤도에 올려놓는 방법은 다음과 같다. 발사체나 위성에는 작은 로켓모터가 부착되어 있어서 근지점에서 이 작은 로켓모터나 추력기를 사용하여 속도증분을 주어 타원 전이궤도에 위성을 투입한다. 이때 전이궤도의 원지점이 정지궤도의 고도와 비슷하도록 한다. 원지점에서는 다시 한번 추력기를 사용하여 속도증분을 주어 표류궤도에 투입시킨다. 위성은 표류궤도 운행 중에 여러 차례의 자세 변경과 궤도수정을 하면서 정지궤도의 원하는 위치에 접근 고정시킨다. 따라서 주차궤도에서 타원전이궤도로 전이시키는 근지점에서의 속도증분용 로켓이나 추력기를 사용하는데 발사체 상단용(예: 3단) 로켓이나 킥모터가 근지점 로켓모터가 될 수도 있고 또는 투입되는 위성에 소형 추력기가 부착될 수도 있다.

우주발사체는 우주비행체(위성)를 지구 저궤도(LEO)로 올려놓고 우주비행체나 위성은 지구 저궤도에서 추가적인 속도증분(ΔV)을 주어 타원궤도인 전이궤도(GTO)를거쳐 지구정지궤도(GEO)까지 도달한다. **그림 2.1**은 지구 표면에서 발사된 3단엔진을 가진 발사체와 위성이 어떻게 지구정지궤도에 투입되는지를 나타내는 한 예이다. 우주발사체는 보통 3단 로켓으로 구성

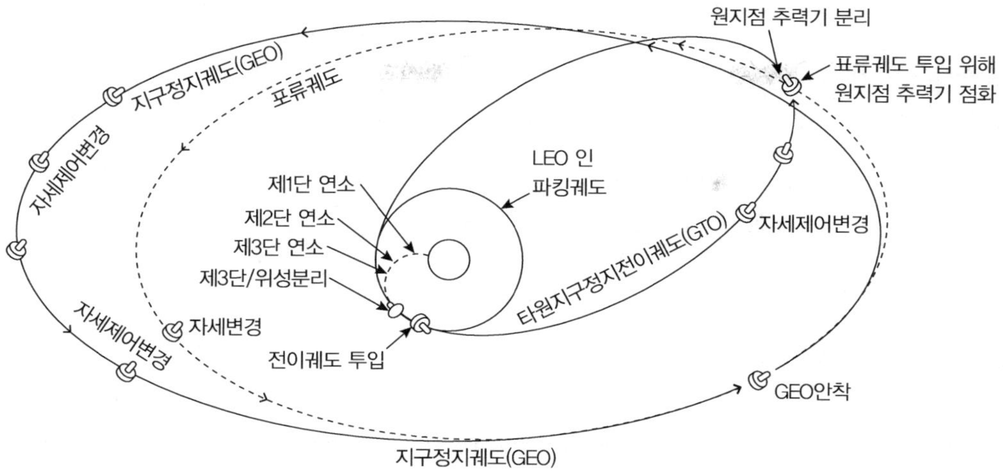

| 그림 2.1 | 지구 표면에서 발사된 발사체와 위성의 지구정지궤도 투입과정

되어 있으며, 제1단과 제2단 로켓은 비교적 저고도(200~300km 정도)의 원궤도인 파킹궤도로 진입시키는 데에 사용된다. 파킹궤도 투입속도는 약 7.7km/s이다.

위성이 원궤도의 고도에 도달하면 3단 로켓(또는 2단을 두 번째 점화 연소할 경우도 있음)을 사용하여 속도증분을 주어 위성을 타원전이궤도에 투입(transinjection)한다. 타원 전이 궤도 투입 속도는 약 10.2km/s이다. 이 투입지점은 타원궤도의 근지점(perigee)에 해당하고, 이 로켓을 근지점 킥모터라 부르기도 한다.

전이궤도 투입과 동시에 근지점 킥모터와 위성은 분리되어 위성만이 전이궤도를 따라서 이동한다. 위성에는 자세제어 모터인 소형 추력기를 사용하여 전이궤도 이동 중에 다음의 궤도 변환이 용이하도록 자세를 바꾼다. 위성이 전이궤도의 원지점(apogee)에 도달하면 위성에 부착된 또 다른 원지점 추력기(apogee motor)를 발사하여 정지궤도에 가까운 표류궤도(drift orbit)에 진입시키고 원하는 표류궤도에 진입되면 원지점 모터는 분리되어 떨어져 나간다. 표류 중에 인공위성은 자체의 소형 추력기를 조금씩 분사하여 가면서 위성의 사용 목적에 적합한 정상적인 자세로 바꾸며 궤도를 조금씩 수정하여 목표로 하는 정지위치로 유도하여 정착시킨다. 원지점 정지궤도 임무궤도 속도는 약 3.1km/s이다. 이상의 과정 예시는 **예제 2.7**에 나타내었다.

대부분의 우주선이나 인공위성이 지구 저궤도인 200~300km 높이에서는 약 7.8km/s(지표면 가까운 곳은 7.9km/s)로 원회전 운동하여야 하며, 지구탈출속도는 11.2km/s이다. 지구 중력에서 벗어나 위성을 지구정지궤도에 진입시키기 위해서는 우선 고도 200~300km에서 원

운동궤도가 되도록 발사체를 발사하여야 한다. 지구는 시계반대방향으로 자전하므로 적도에서 동쪽으로 발사하면 0.46km/s의 속도 효과를 얻을 수 있다. 만약 적도에서 7.34km/s로 정동 쪽으로 로켓을 쏘면 지구자전속도와 함께 7.8km/s의 속도를 얻을 수 있다. 인공위성이 지구회전방향 평면과 이루는 각을 궤도 경사각이라 하고, 적도를 따라 돌고 있는 인공위성은 궤도 경사각이 0°이고 자전축인 북극과 남극을 횡단하는 인공위성은 궤도 경사각이 90°이다.

국제우주정거장(ISS)은 궤도 경사각이 51.6°이며 북위 51.6°에서 남위 51.6° 사이(대부분의 인간 거주 지역)를 돌게 된다. 미국의 케이프커너배럴은 위도 28.5°이며 아폴로 우주선은 위도와 동일한 궤도 경사각이 28.5°이었다. 나로 우주센터는 경도 127.5°, 위도 34.4°이며 한국형발사체는 1.5톤급 실용위성을 고도 700km의 태양동기궤도(궤도 각 98°)를 투입한다. 러시아의 바이코누르 발사장은 위도 45.6°이지만 국제우주정거장은 정동 쪽보다는 약간 각을 두어 궤도 경사각이 51.6°이다. 프랑스령 기아나 발사장은 위도 5.6°에 위치하며 거의 적도상에 위치하고 있다.

고체로켓 부스터가 부착된 3단 로켓의 경우에 발사과정의 예를 나타내면 다음과 같은 순서로 된다. 1단 로켓이 고체 로켓 부스터보다 약간 먼저 시동된 후 고체 로켓 부스터와 거의 동시에 점화되어 추력을 발생하여 발사체를 지상에서 이륙시킨다. 고체 로켓 부스터는 고도 60~70km까지 약 100~120초 연소 종료 후 분리되며, 상부 페어링은 발사 후 약 200~250초 후 고도 120~150km 지점에서 분리된다. 제1단 엔진은 발사 후 약 350초 후 고도 약 200km 지점에서 연소 종료된 후 분리된다. 그 후 2단 엔진이 점화되고 발사 후 약 700초까지 작동하며 고도 약 300km에서 연소 종료 후 분리된다. 비행체는 그 후에는 관성에 의해 계속 비행하다가 발사 후 약 1,500초 후에 3단 엔진이 점화하여 비행체를 전이 궤도로 보낸다[19]. 또 다른 예로는 무궁화 5A위성이 Falcon 9 FT에 의해 발사될 때의 경우로써, 발사 후 138.5초에 1단 엔진 연소 종료가 일어나고, 143.5초에 1단이 분리되고, 148.5초에 2단 1차 점화가 있으며, 그 후 220초에 2단의 2차 점화(추력의 40%)가 일어나며 1,605초에 2단 2차 연소가 종료된다. 그 후 1,635초에 위성이 분리된다[20].

원하는 궤도(예: 정지궤도)에 진입된 위성이라 할지라도 중력권의 비대칭, 태양, 달 등의 중력섭동, 태양복사압 등의 영향으로 항상 궤도를 정확하게 따라 회전하는 것이 아니므로 궤도 수정을 해야 한다. 지구정지궤도를 돌고 있는 위성은 궤도 경사각은 달과 태양의 중력 때문에 1년에 0.8°~1.0°정도 변하므로 원하는 궤도상의 위치에 돌려놓기 위해서 3개월에 한 번 정도 남북 방향으로 궤도 수정을 해야 한다. 또 지구의 적도면이 정확한 원이 아니고 약간의 이심율이 있는 타원 비슷한데서 생기는 궤도의 변화가 있으며 한 달에 한 번 정도 동서방향으로 궤도 수정을 해야 한다.

2.1.2 비행 성능 인자

2장에서는 로켓의 효율과 추진 성능을 평가할 수 있는 여러 성능 인자를 알아보았다. 3장에서는 로켓 시스템 및 위성체의 비행 성능을 평가할 수 있는 성능 인자를 알아보고자 한다.

그림 2.2은 로켓 시스템의 질량 분포도를 나타내는 그림으로 로켓 시스템 질량은 로켓 구조물 질량(m_s), 로켓 페이로드(탑재체) 질량(m_{pl}), 추진제 질량(m_p)으로 이루어져 있으며 비행체 초기 질량(m_0)은 다음과 같이 나타낼 수 있다.

$$m_0 = m_{pl} + m_s + m_p \tag{2.1}$$

로켓 추진제의 연소 종료 후 로켓시스템의 로켓 시스템의 최종질량(m_f)은 다음과 같이 나타낼 수 있다.

$$m_f = m_{pl} + m_s = m_0 - m_p \tag{2.2}$$

m_{pl}은 탑재체(payload) 질량 또는 유효하중질량이며 다단로켓의 경우 i단을 생각할 때 i단

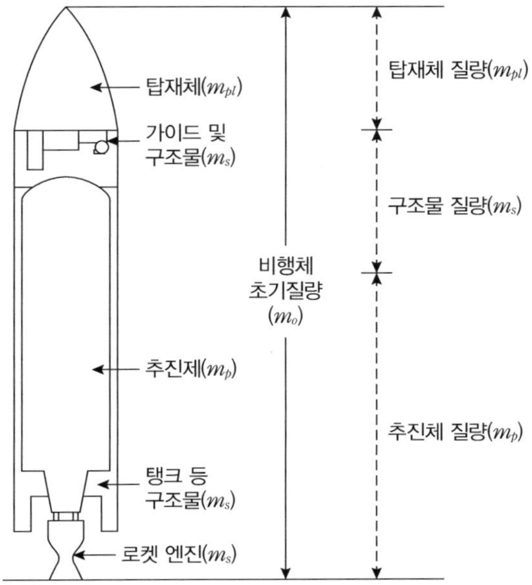

| 그림 2.2 | 로켓 시스템의 질량 분포

이후 모든 질량은 탑재체 질량으로 간주될 수 있다. m_f는 로켓 비행 초기 질량에서 모든 추진제를 사용한 후의 질량을 의미한다. 다단 로켓의 경우, 각 단의 추진제 질량을 소모한 뒤의 질량이다. 로켓 시스템의 질량비(mass ratio, R)는 비행체 초기 질량을 추진제를 모두 연소한 후의 최종 질량으로 나눈 비로 나타난다.

$$R = \frac{m_0}{m_f} \tag{2.3}$$

치올코프스키 식 식 (1.9)에서 속도증분 $\Delta V = V_e \ln (m_o/m_f) = V_e \ln R$임을 알 수 있다. 속도증분($\Delta V$)을 크게 하기 위해서는 유효배기속도($V_e$)를 크게 하고 질량비($R$)를 크게 하여야 한다. 질량비를 크게 하기 위해서는 추진제를 제외한 로켓시스템의 무게가 최소가 되어야 하고, 이렇게 되려면 경량구조물을 사용하거나 다단로켓을 사용하는 것이 좋다. 비행체 질량비(vehicle mass ratio, MR)는 연소 후 최종 질량(m_f)을 비행 초기 질량으로 나눈 비로 나타내며 질량비(R)의 역수이다.

$$MR = \frac{m_f}{m_0} = \frac{m_0 - m_p}{m_0} = \frac{1}{R} \tag{2.4}$$

하중비(payload ratio)는 탑재체의 질량을 로켓시스템에서 탑재체를 제외한 나머지 질량으로 나눈 비로 나타낸다.

$$\lambda = \frac{m_{pl}}{m_0 - m_{pl}} = \frac{m_{pl}}{m_s + m_p} \tag{2.5}$$

구조계수(structure coefficient)는 로켓 시스템 구조물의 질량을 탑재체를 제외한 질량으로 나눈 비로 정의된다.

$$\varepsilon = \frac{m_s}{m_0 - m_{pl}} = \frac{m_s}{m_s + m_p} \tag{2.6}$$

추진제 질량비(propellant mass ratio)는 비행 초기 질량대비 로켓 시스템에 추진제 질량이 얼마나 탑재되어 있는지를 의미하는 성능인자로 추진제 질량을 비행 초기 질량으로 나눈 비로 나타낸다.

$$\zeta = \frac{m_p}{m_0} \tag{2.7}$$

성능 인자 상호 간의 관계를 알아보자. 추진제 질량비(ζ)와 비행체 질량비(MR)는 합이 1인 관계로부터 $\zeta = 1 - MR$의 관계가 있고, 비행체 질량비(MR)와 질량비(R)는 역수 관계이므로, 하중비와 구조 계수로부터 $\frac{1}{MR} = R = \frac{1+\lambda}{\varepsilon+\lambda}$의 식이 유도된다. 질량비 R은 일반적으로 1보다 크며, 추진제 질량비 ζ와 구조계수 ε은 1보다 작다. 이때, 질량비 R이 클수록 (혹은 MR이 작을수록) 로켓 시스템 내부에 추진제의 질량이 많은 것을 의미하므로 더 많은 추진제로부터 더 오래 또는 더 큰 추력으로 비행할 수 있는 가능성이 높아 비행 성능이 좋아진다. **표 2.1**은 아폴로 새턴 V 각 단 엔진의 각 단별 질량비, 하중비, 구조계수, 추진제 질량비의 예를 나타낸다.

표 2.1 아폴로 새턴 V 엔진

	단		
	1단	2단	3단
엔진명	F–1	J–2	J–2
연료	RP–1	LH_2	LH_2
산화제	LO_2	LO_2	LO_2
엔진 수	5	5	1
총 추력(kN)	33,400	4,450	890
비추력(sec)	263	421	421
총 초기질량(kg)	2,780,000	677,000	215,000
추진제질량(kg)	1,997,000	429,000	109,000
엔진구조질량(kg)	106,000	32,600	25,700
구조계수	0.05	0.071	0.191
페이로드 질량(kg)	–	–	81,100
하중비(λ)	0.321	0.466	0.603

예제 2.1 해수면 상에서 로켓 시스템이 다음과 같은 요구조건으로 설계되었다. 로켓 시스템의 질량비(R), 비행체 질량비(MR), 하중비(λ), 추진제 질량비(ζ)와 유효배기속도, 초기, 최종 가속도, 전 충격량을 구하라. (배기가스는 노즐출구에서 완전 팽창한다고 가정한다.)

초기 질량(m_0)	3000kg
연소 후 질량(m_f)	700kg
탑재체 질량(m_{pl})	300kg
연소 시간(t_b)	50sec
평균 비추력($I_{sp,avg}$)	330sec

| 풀이 | 질량비(R): $R = \frac{3000}{700} = 4.286$

비행체 질량비(MR): $MR = \frac{700}{3000} = 0.233$

하중비(λ): $\lambda = \frac{300}{3000-300} = 0.111$

추진제 질량비(ζ): $\zeta = \frac{3000-700}{3000} = 0.767$

유효배기속도(c): $c = I_{sp,avg} \times g_o = 330 \times 9.81 = 3237.3\text{m/s}$

추력(F): $F = \dot{m}c = \frac{3000-700}{50} = 3237.3 = 148.916\text{kN}$

초기/최종 가속도: $a_0 = \frac{F}{m_0} = \frac{148916}{3000} = 49.64\text{m/s}^2 = 5.06g_0$

$a_f = \frac{F}{m_f} = \frac{148916}{700} = 212.737\text{m/s}^2 = 21.68g_0$

전 충격량(I_t): $I_t = F\Delta t = 148916 \times 50 = 7445.8\text{kN} \cdot \text{s}$

2.1.3 비행체 해석

발사체에 날개가 없으며 2차원 질점으로 가정될 때, 발사체에 작용하는 각종 힘은 **그림 2.3**과 같이 나타낼 수 있고 로켓에 작용하는 4가지 힘인 추력, 항력, 양력, 중력은 다음 식과 같이 나타낼 수 있다.

지구 중심에서 지표면까지 반경거리는 Re이고, 지구 표면에서 비행체까지 고도(높이)는 Z이다. 지구 중심에서부터 고도 R은 $R = Re+Z$ 고도이다.

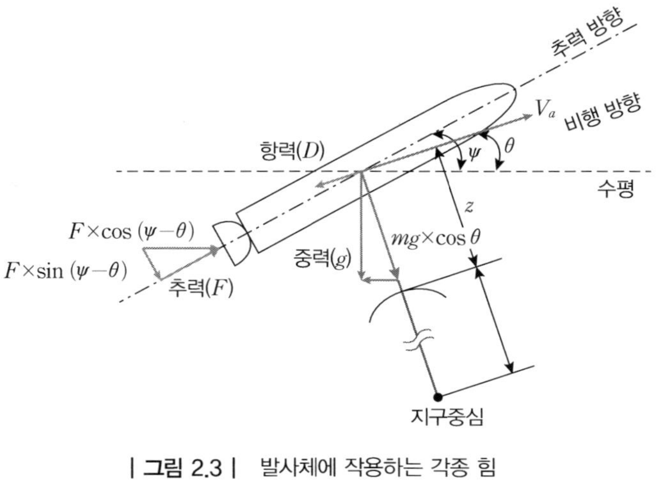

| 그림 2.3 | 발사체에 작용하는 각종 힘

$$추력(F):\ F = V_e\dot{m} + (P_e - P_a)A_e = I_{sp}\cdot\dot{w}\cdot g + (P_e - P_a)A_e \tag{2.8a}$$

$$항력(D):\ D = \frac{C_d}{2}\rho V_e^2 A_e \tag{2.8b}$$

$$양력(L):\ L = \frac{C_L}{2}\rho V_e^2 A_e \tag{2.8c}$$

$$중력(W):\ W = mg \tag{2.8d}$$

여기서 F는 추력, D는 항력, g는 중력가속도, C_D는 항력계수, C_L은 양력계수, V_a는 발사체의 속도, $\dot{m}$은 추진제의 질량유량, ρ는 대기밀도, A는 유효단면적이다. 고도(Z)에 따른 중력가속도의 변화는 다음과 같다.

$$g = \left(\frac{R_e}{R_e + Z}\right)^2 g_o = \frac{GM_e}{R^2} \tag{2.8e}$$

여기서 M_e는 지구질량, g_o는 해수면에서의 중력 값이다. 로켓의 좌표계에서의 비행방향과 일치하는 접선방향에는 뉴턴 2법칙을 적용하고(식 2.9a) 비행방향과 수직 방향의 수직성분에는 구심력과 원심력이 평형을 이룬다고 생각하면 운동방정식(식 2.9b)은 다음과 같이 나타낼 수 있다.

$$m\frac{dV_a}{dt} = F\cos(\psi - \theta) - \frac{C_D}{2}\rho V_a^2 A - mg\sin\theta \ \ (접선성분) \tag{2.9a}$$

$$mV_a\frac{d\theta}{dt} = F\sin(\psi - \theta) + \frac{C_L}{2}\rho V_a^2 A - mg\cos\theta \ \ (수직성분) \tag{2.9b}$$

여기서 θ는 비행경로각(flight path angle), ψ는 추력각도이다. 식 (2.9b)의 $mV_a\dfrac{d\theta}{dt}$는 구심력 $m\dfrac{V_a^2}{R}$과 같은 값이다. 식 (2.9)를 4차 Runge-Kutta방법을 사용하여 수치적분하면 발사체의 속도 V_a와 비행경로 각(θ)을 구할 수 있다.

더 간단한 2차원 해석을 위해서 지구자전효과를 무시하고 추력방향과 속도방향은 같고, 발사대 이탈 과정은 무시될 수 있고, 로켓의 좌표계에 대한 회전은 고려하지 않으며 관성계의 병진운동만을 고려한다고 가정한다. 날개가 없는 발사체는 이륙 후 중력에 의한 회전이 일어나게 되며 중력 회전 구간에서 공력이 크게 발생하게 된다. 이때 받음각은 매우 작으며 양력계수(C_L)의 영향은 항력계수(C_D)보다 작아서 무시할 수 있어 양력은 무시한다고 가정한다.

식 (2.9)의 식을 **그림 2.4**와 같이 비행경로각 θ와 추력각도 변화량 ψ이 같다고 가정할 때 비행경로각을 $\theta(\theta = \sin^{-1}\left(\dfrac{V_z}{V_a}\right))$라 하면 더 간단하게 해석할 수 있다.

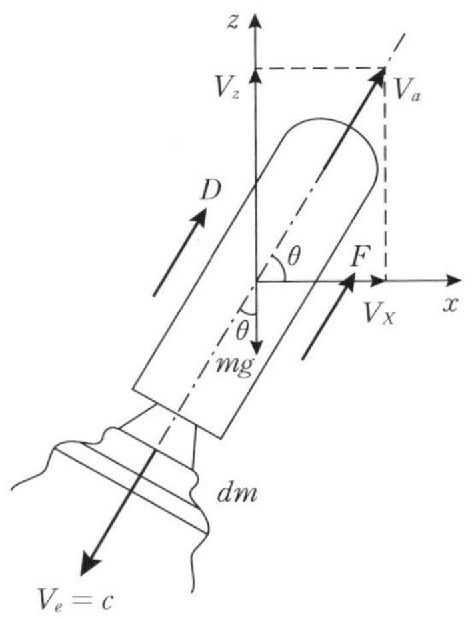

| 그림 2.4 | 발사체에 작용하는 단순 힘 해석

그림 2.4와 같은 로켓 좌표계(직교좌표계)에서의 운동방정식은 다음과 같이 된다. **그림 2.4**에서 θ는 비행경로각이며 $\cos\theta = V_x / V_a$이다.

$$m\frac{dV_x}{dt} = (F - D)\cos\theta \tag{2.10a}$$

$$m\frac{dV_z}{dt} = (F - D)\sin\theta - mg \tag{2.10b}$$

로켓비행 시 회전을 고려하지 않고 지구자전에 의한 코리올리 힘을 무시할 경우 로켓의 궤적식을 다음과 같이 나타낼 수 있다.

$$\frac{dV_x}{dt} = \frac{-D_x + F_x}{m(t)} \tag{2.10c}$$

$$\frac{dV_z}{dt} = \frac{-D_z + F_z}{m(t)} - g \tag{2.10d}$$

여기서 V_x는 x방향의 속도, V_z는 z방향의 속도, D_x는 x방향의 공기저항, D_z는 z방향의 공기저항, F_x는 x축 방향의 추력, F_z는 z축 방향의 추력, g는 중력, $m(t)$는 임의의 시간 t에서 로켓의 전체 질량을 의미하고 $m(t) = m_o - \dot{m}t$이다.

식 (2.8a), 식 (2.8b)식을 식 (2.10a), 식 (2.10b)에 대입하면 다음과 같은 식을 구할 수 있다.

$$\frac{dV_x}{dt} = \frac{\left(I_{sp} \cdot \dot{w} \cdot g + (P_e - P_a)A_e - \frac{C_d}{2}A_e V_a^2\right)}{m_0 - \dot{m}t} \times \cos\theta \tag{2.11a}$$

$$\frac{dV_z}{dt}=\frac{\left(I_{sp}\cdot\dot{w}\cdot g+(P_e-P_a)A_e-\frac{C_d}{2}A_eV_a^2\right)}{m_0-\dot{m}t}\times\sin\theta-\left(\frac{R_e}{R_e+Z}\right)^2 g_o \quad (2.11b)$$

여기서 R_e는 지구반지름이며 Z는 비행고도이다.

앞서 구한 미분방정식은 수치 적분 방법을 사용하여 운동방정식의 해를 구할 수 있다. 운동방정식의 해를 구하기 위해 사용하는 방법은 일반적으로 많이 사용되는 4차 Runge-Kutta 방법이다. 운동방정식의 해를 구하기 위한 식은 다음과 같다.

$$\frac{dX}{dt}=V_x \quad (2.12a)$$

$$\frac{dZ}{dt}=V_z \quad (2.12b)$$

$$\frac{dV_x}{dt}=\frac{I_{sp}\cdot\dot{w}\cdot g+(P_e-P_a)A_e-\frac{C_d}{2}A_eV^2}{m_0-\dot{m}t}\times\cos\theta \quad (2.12c)$$

$$\frac{dV_z}{dt}=\frac{I_{sp}\cdot\dot{w}\cdot g+(P_e-P_a)A_e-\frac{C_d}{2}A_eV^2}{m_0-\dot{m}t}\times\sin\theta-\left(\frac{R_e}{R_e+Z}\right)^2 g_o \quad (2.12d)$$

여기서 X는 비행거리이며, Z는 비행고도이다. $\frac{dV_x}{dt}=f$, $\frac{dV_z}{dt}=g$로 가정하였을 때 4차 Runge-Kutta 공식을 사용하여 V_x, V_z를 구할 수 있다.

4차 Runge-Kutta 공식은 다음과 같다.

$$\begin{aligned}
V_{x_{n+1}} &= V_{x_n}+1/6(k_1+2k_2+2k_3+k_4)\\
V_{z_{n+1}} &= V_{z_n}+1/6(m_1+2m_2+2m_3+m_4)\\
k_1 &= hf(t_n,\ V_{x_n},\ V_{z_n})\\
k_2 &= hf(t_n+h/2,\ V_{x_n}+k_1/2,\ V_{z_n}+m_1/2)\\
k_3 &= hf(t_n+h/2,\ V_{x_n}+k_2/2,\ V_{z_n}+m_2/2)\\
k_4 &= hf(t_n+h,\ V_{x_n}+k_3,\ V_{z_n}+m_3)\\
m_1 &= hg(t_n,\ V_{x_n},\ V_{z_n})\\
m_2 &= hg(t_n+h/2,\ V_{x_n}+k_1/2,\ V_{z_n}+m_1/2)\\
m_3 &= hg(t_n+h/2,\ V_{x_n}+k_2/2,\ V_{z_n}+m_2/2)\\
m_4 &= hg(t_n+h,\ V_{x_n}+k_3,\ V_{z_n}+m_3)
\end{aligned} \quad (2.13)$$

앞에서는 좌표축을 x, y 직교 좌표계를 사용하였지만, **그림 2.4**와 같이 중력장(g)내에서 비행하는 비행체가 존재한다고 가정하고 비행체 운동 방향으로 좌표계를 정하고 다음 비행체의 운동 방정식을 통해 로켓 시스템의 비행을 해석할 수도 있다.

그림에서 $\vec{V_a}$는 비행체의 속도, $\vec{F}$은 추력, $\vec{D}$는 항력, $\vec{V_e}$는 배기속도를 의미한다. 로켓이 가속하는 방향의 1축 방향으로 힘이 작용한다고 가정하면 다음의 식 (2.14a)과 같은 운동방정식이 유도된다.

$$F - D - mg\cos\theta = m\frac{dV_a}{dt} \tag{2.14a}$$

로켓 노즐이 완전팽창(perfect expansion)한다고 가정하면 배기속도 V_e는 유효배기속도 c와 같다. 따라서 추력 식 $F = \dot{m}c$으로 사용할 수 있다. 로켓 시스템의 질량이 감소하므로 질량 변화율은 $\dot{m} = -\dfrac{dm}{dt}$으로 나타낼 수 있으므로 식 (2.14b)와 같이 정리된다.

$$dV_a = -c\frac{dm}{m} - \frac{D}{m}dt - g\cos\theta dt \tag{2.14b}$$

여기에서 항력 D는 받음각과 비행체 속도, 질량의 함수이며 중력 가속도 g는 고도의 함수이다.

식 (2.14b)로부터 연소시간 t_b사이 동안 치올코프스키 방정식을 구하면 다음과 같다.

$$\Delta V = g_o I_{sp}\ln\left(\frac{m_0}{m_f}\right) - \int_0^{t_b} g\cos\theta dt - \int_0^{t_b}(D/m)dt \tag{2.14c}$$

로켓 시스템이 비행하는 여러 조건하에서 운동방정식을 가정을 통하여 해석할 수 있다. 첫 번째로 항력이 없고 수직상승하는 조건($\theta = 0$, $D = 0$)에서 운동 방정식 식 (2.14a)은 식 (2.14c)와 같이 정리될 수 있다.

$$F - mg = m\frac{dV_a}{dt} = ma \tag{2.14d}$$

로켓 시스템의 가속도를 구하면,

$$a = \frac{Fg_0}{W} = g_0 \tag{2.14e}$$

중력 가속도에 대한 가속도 비를 나타내면, $\dfrac{a}{g_0} = \dfrac{F}{W} - 1$으로 정리된다.

두 번째로 공기가 없어 항력이 작용하지 않고 중력의 영향이 미치지 않는 우주 공간($D = 0$, $g = 0$)의 조건에서는 운동 방정식은 식 (2.14e)로 간단히 나타내어진다.

$$dV_a = -c\frac{dm}{m} \tag{2.14f}$$

임의의 구간 1→W2에 대해서 적분하면,

$$V_{a,2} - V_{a,1} = -c\ln\frac{m_2}{m_1} \tag{2.14g}$$

일반화 하여 추진 이전의 시점을 0, 추진 이후의 시점에 대하여 식을 나타내면

$$V_a - V_{a0} = \varDelta V_a = -c\ln\frac{m}{m_0} = c\ln\frac{m}{m_0} \tag{2.14h}$$

이때, 유효배기속도 $c = gI_{sp}$이므로 상기의 식은 식 (2.14h)와 같이 정리된다.

$$\varDelta V_a = gI_{sp}\ln\frac{m_0}{m} \tag{2.14i}$$

혹은 질량에 대한 식으로

$$\frac{m_0}{m} = e^{\frac{\varDelta V_a}{c}} \tag{2.14j}$$

식 (2.14h), 식 (2.14i)으로부터 우주 공간에서 속도 변화($\varDelta V_a$)를 내기 위한 추진제의 질량 변화는 $\varDelta m = m_0 - m = m(e^{\frac{\varDelta V_a}{c}} - 1)$과 같이 나타낼 수 있다. 만약 정지한 상태에서 추진하여 연료 종료(burn out) 시점에서 속도를 구하면,

$$V_b = c\ln\frac{m_0}{m_f} = c\ln R = c\ln\frac{1}{MR} \tag{2.14k}$$

세 번째로는 공기 저항이 없고 중력장이 일정한 경우 운동방정식을 해석한 경우이다. 중력가 속도를 일정하다고 가정하여 $g\cos\theta$가 일정하다고 가정하면 다음과 같은 식으로 정리된다.

$$\begin{aligned} dV_a &= -c\frac{dm}{m} - \frac{D}{m}dt - g\cos\theta\, dt \\ \varDelta V_a &= -c\ln\frac{m}{m_0} - g\cos\theta\, t_b \end{aligned} \tag{2.14l}$$

여기서 t_b는 연소 시간을 의미한다. 수직 상승을 하는 경우($\theta = 0$), 식 (2.14k)은 다음과 같이 정리된다.

$$\varDelta V_a = -c\ln\frac{m}{m_0} - g\, t_b \tag{2.14m}$$

연소율이 일정할 때 임의의 시간 t에서의 비행체 질량은 $m = m_0 - \left(\frac{m_0 - m_f}{t_b}\right)t$가 되므로 식 (2.14l)로부터 임의의 시간에서의 비행 속도는 다음과 같은 식으로 나타낼 수 있다.

$$V_a = -c \ln \frac{m_0 - \left(\frac{m_0 - m_f}{t_b}\right)t}{m_0} - gt = -c \ln\left[1 - \left(1 - \frac{1}{R}\right)\frac{t}{t_b} - gt\right] \quad (2.14n)$$

연소 종료 시의 고도 H_b는 식 (2.14m)의 속도를 시간에 대해 적분하면,

$$H_b = \int_0^{t_b} V_a dt = -ct_b \frac{\ln R}{R-1} + ct_b - \frac{1}{2} g t_b^2 \quad (2.14o)$$

역학적 에너지 보존 법칙($\frac{1}{2} m_f V_b^2 + m_f g H_b = 0 + m_f g H_{max}$)으로부터 연소 종료 시의 비행체 최대 상승 고도 H_{max}를 구할 수 있다.

$$H_{max} = \frac{V_b^2}{2g} + H_b = \frac{c^2 \ln R}{2g} - ct_b\left(\frac{R \ln R}{R-1} - 1\right) \quad (2.14p)$$

식 (2.14o)에서 유추할 수 있듯 주어진 질량비 R(주어진 추진제 질량)에 대해서 연소 시간(t_b)이 작은 경우 즉 빠른 연소를 통해 큰 가속을 하는 경우 최대 상승 고도가 증가한다. 그러나 이는 구조적, 연소적 제한이 있다. 만약 지표면 근처에서의 비행체 해석이 아닌 지표면에서 멀리 벗어나 이를 해석한다면 중력가속도 g는 실제로는 고정된 값이 아닌 높이 H의 함수가 되고 H가 충분히 크다면 H가 증가할수록 g는 감소하므로 H_{max}는 더 증가될 수 있다.

2.1.4 다단 비행체 해석

식 (1.11)의 치올코프스키 로켓 식에서 속도증분(ΔV)은 배기노즐속도(V_e)와 질량비(m_o/m_f)에 따라 달라진다. 배기속도가 빠르면 속도증분을 크게할 수 있다. 액체산소와 액체수소를 추진제로 사용하는 로켓의 배기속도는 약 4,500m/s이고 보통 추진제의 무게는 로켓전체무게의 80%정도 차지한다고 생각하면 질량비($R = m_o/m_f$)는 5가 되며, 이때 로켓의 속도증분은 7.24m/s가 된다. 중력이나 항력을 고려하면 실제 로켓속도증분은 더 작아진다. 그런데 지상 200km 상공에서 지구궤도를 원형으로 공전하기 위한 속도는 7.78km/s이고, 지구궤도를 탈출하기 위한 속도는 11.0km/s이다. 실제 중력, 항력, 추력 손실을 고려하면 필요한 공전궤도속도는 9.8~10.2km/s이고, 지구탈출속도는 12.9km/s가 된다. 고고도에서는 이 값이 다소 작아질 수 있다. 앞에서 언급한 1단 로켓의 속도증분 7.24m/s는 지구탈출속도에 미치지 못

하기 때문에 다단로켓을 사용하여 속도증분을 계속 증가시켜야 한다. 다단로켓을 사용할 때는 전 단의 로켓 연소 종료 후 새로운 단에서 다시 연소를 시작하면 추가적인 속도증분(ΔV)을 얻을 수 있다. 다단로켓에서 1단은 지상에서 초기 발사체를 위로 올려야하므로 추력을 중량으로 나눈 T/W가 커야하고, 상단엔진은 비추력 I_{sp}가 더 중요시 되고 있다.

일반적으로 로켓 시스템은 다단(Multi-stage)으로 구성된다. 다단식 로켓은 오베르트(Hermann J. Oberth, 1894~1989)에 의해 고안되었으며 대형로켓 위에 소형의 로켓을 장착하여 목표 고도에 도달하였을 때, 대형로켓이 소형로켓과 분리할 때 반작용으로 인해 소형로켓은 다시 한번 가속되고 추가적인 추진력을 얻게 된다. 단단식 로켓(Single stage)의 경우 목표 고도에 도달하기 위한 추진제 질량이 많이 필요하고 이를 저장할 탱크 및 시스템의 구조 규모가 크다. 따라서 단단식 로켓 시스템은 큰 구조 질량(m_s)을 상승시킬 추진제의 질량이 필연적으로 증가하여 운반 능력의 감소와 효율 저하를 수반하게 된다. 따라서 질량비($R = \frac{m_0}{m_f}$)을 비현실적으로 크게 하지 않으면서(운반능력을 감소시키지 않으면서) 높은 고도에 도달하기 위해서는 다단 로켓 시스템이 유리하다. 즉 다단로켓을 사용하면 로켓 시스템 구조 질량(m_s)이 감소하지 않고 질량비(R)와 연소 종료 속도(V_b)가 증가하여 최종적으로 최대 상승 고도(H_{max})가 증가하게 된다. 실제로는 2~4단 로켓이 많이 사용한다. **그림 2.5**는 아폴로 프로그램에 사용된 Saturn V엔진의 3단엔진을 나타내고 있다. 1단에는 LOx/RP-1을 사용하는 F-1엔진 5개, 2단에는 LOx/LH_2를 사용하는 J-2 엔진 5개, 3단에는 LOx/LH_2를 사용하는 J-2엔진 1개를 사용하고 있다.

다단식 로켓의 종료 속도(V_f)는 각 단에서 얻어지는 속도를 V_i로 하면 다음과 같다.

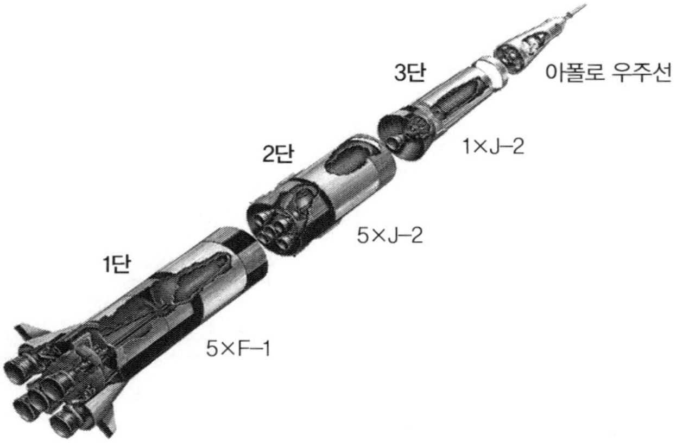

| 그림 2.5 | 아폴로 Saturn-V 다단 발사체 구조[2]

$$V_f = \sum_{i=1}^{n} V_i = V_1+V_2+V_3+\cdots+V_i \tag{2.15}$$

공기 저항이 없으며 지구 중력장이 미치지 않고 유효배기속도가 일정하다고 가정할 때 다단로켓에서 각 단의 속도증분 $\Delta V_i = c \ln \frac{m_{0i}}{m_{fi}} = c \ln R_i$을 더하면 속도는 계속 증가할 것이다. 즉 초기 속도가 0일 때 n단의 로켓 시스템의 최종 연소 속도는 다음과 같이 나타날 수 있다.

$$V_n = \sum_{i=1}^{n} c \ln R_i = c \ln (R_1 \times R_2 \times R_3 \cdots R_n) \tag{2.16}$$

여기서 $R_i = \frac{m_{0i}}{m_{fi}} = \frac{1+\lambda_i}{\varepsilon+\lambda_i}$이다. 각 단의 하중비 λ와 구조 계수 ε가 서로 같다면 질량비 R은 같은 값이 되며, 식 $R = \frac{1+\lambda}{\varepsilon+\lambda}$이 되고, 이들 단은 서로 유사하다고 하며, 다단 로켓의 식은 다음과 같이 간단해진다.

$$\frac{V_n}{c} = n \ln R = n \ln \frac{1+\lambda}{\varepsilon+\lambda} \tag{2.17}$$

다단 로켓 시스템에서 i단을 생각할 때 i단 이상의 모든 질량을 탑재체(Payload)로 간주하여 해석한다. i단의 구조계수는 다음과 같다.

$$\varepsilon_i = \frac{m_{si}}{m_{0i} - m_{0(i+1)}} \tag{2.18}$$

i단 추진제가 완전히 연소되었을 때 구조계수는 다음과 같이 된다.

$$\varepsilon_i = \frac{m_{si} - m_{0(i+1)}}{m_{0i} - m_{0(i+1)}} \tag{2.19}$$

i단의 하중비는 다음과 나타낼 수 있다.

$$\lambda_i = \frac{m_{0(i+1)}}{m_{0i} - m_{0(i+1)}} \tag{2.20}$$

이를 질량에 대하여 정리하면 다음과 같이 나타난다.

$$\frac{m_{0i}}{m_{0(i+1)}} = \frac{1+\lambda_i}{\lambda_i} \tag{2.21}$$

각 단의 하중비를 나열하면 $\frac{m_{01}}{m_{02}} = \frac{1+\lambda_1}{\lambda_1}$, $\frac{m_{02}}{m_{03}} = \frac{1+\lambda_2}{\lambda_2}$, $\cdots$, $\frac{m_{0n}}{m_{0n}} = \frac{1+\lambda_n}{\lambda_n}$가 된다. i단의 탑재체와 $i+1$단의 초기 질량이 동일하므로 각 단을 모두 곱하면 $\frac{m_{01}}{m_{pl}} = \left(\frac{1+\lambda}{\lambda}\right)^n$가

되고 λ에 대하여 정리하면 $\lambda = \dfrac{1}{\left(\dfrac{m_{01}}{m_{pl}}\right)^{\frac{1}{n}} - 1} = \dfrac{1}{\phi^{\frac{1}{n}} - 1}$가 된다.

여기서 $\phi = \dfrac{m_{01}}{m_{pl}}$으로 비행체 1단의 초기질량과 탑재체의 질량비를 나타낸다. 식 (2.20)을 식 (2.17)에 대입하여 정리하면 다음과 같다.

$$\frac{V_n}{c} = n \ln\left[\frac{1+\dfrac{1}{\phi^{\frac{1}{n}}-1}}{\varepsilon+\dfrac{1}{\phi^{\frac{1}{n}}-1}}\right] \tag{2.22}$$

1단 로켓에 대한 n단 로켓의 속도비를 나타내면 다음과 같이 된다.

$$\frac{V_n}{V_1} = \frac{n \ln\left[\dfrac{\phi^{\frac{1}{n}}}{\varepsilon(\phi^{\frac{1}{n}}-1)+1}\right]}{\ln\left[\dfrac{\phi}{\varepsilon(\phi-1)+1}\right]} \tag{2.23}$$

일반적으로 구조계수 ε는 고체 추진제 로켓에서 약 0.2, 액체 추진제 로켓에서는 약 0.1로 알려져 있다.

그림 2.6는 여러 가지 $\dfrac{m_{pl}}{m_{01}}$에 대하여 단수변화에 따른 초기 속도와 다단 로켓 시스템의 최종 연소 종료 속도의 비를 나타낸다. 다단 로켓 시스템의 연소 종료 속도는 단수가 증가함에 따라 향상되는 경향을 보이며 이로부터 단단 로켓 시스템보다 효율적인 운용이 가능하다. 그러나 단 수를 증가시키는 대로 계속적인 향상은 이루어지지 않고 단 수 증가에 따른 속도 성

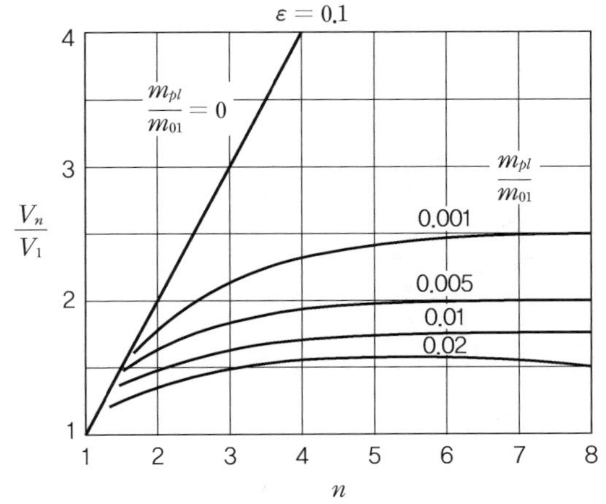

| 그림 2.6 | 다단 로켓의 연소 종료 속도와 단의 개수 관계 [1, 21]

능 향상률은 저하되며 다단로켓에 대한 시스템 복잡성, 무게 등을 고려하면 대부분의 로켓 시스템은 3단이 가장 효율적이다.

표 2.2은 세계 각국의 다단 발사체 현황을 나타낸 것이다. 중형급 위성 발사체의 경우 대부분 액체 2단 또는 3단으로 제작되고 있다. 고추력 엔진의 개발이 어려운 경우 1단 로켓에 최대 5개의 엔진을 사용하는 경우가 있고 일반적으로는 4개가 가장 많이 사용된다. 또, 중형 발사체중에는 2단형으로 개발되고 있는데 2단 발사체의 경우 시스템이 상대적으로 간단하여 개발과 제작, 시험 운용에 드는 비용과 시간이 적고 발사체의 신뢰성이 높아지게 되는 장점이 있다.

표 2.2 세계 각국의 다단 로켓 발사체 예

국가	발사체	구성	SSO 투입성능(톤)	이륙중량(톤)
미국	Athena II	고체 3단	1.2	121
	Delta II 732x	고체 부스터 3개+액체 2단	1.7	164
	Delta II 792x	고체 부스터 9개+액체 2단	3.2	233
	Delta IV	고체 1단+액체 2단		
	Atlas V	고체 1단+액체 2단		
	Taurus	고체 4단	0.86	73
러시아	Soyuz U	액체 부스터 4개+액체 3단	4.3	310
	Angara1,2	액체 2단	2.3	171
	Kosmos 3M	액체 2단(2단 재점화)	0.77	109
	Rockot	액체 3단(3단 재점화)	1.0	108
우크라이나	Cyclone 2K	액체 3단	1.5	184
	Cyclone 4	액체 3단	3.8	198
중국	LM-2C	액체 2단+AKM	1.6	233
	LM-4B	액체 3단	2.8	249
인도	PSLV	고체 부스터 6개+고체 2단+액체 2단	1.4	294
	GSLV MK III	고체 2단+액체 2단		
유럽	Vega Arian V	고체 3단+AKE 고체 부스터 1단+액체 2단		137
일본	GX	액체 2단	2.0	210
	M-V	고체 3단+KM	0.96	137
	H-IIA	고체 부스터 1단+액체 2단	4.1	
한국	KSLV-2	액체 3단	1.5	

예제 2.2 다단 로켓의 성능을 평가하기 위해 다단로켓에서의 다단 로켓에 대한 초기속도 비율을 해석하고자 한다. 로켓 시스템의 초기 질량은 2000kg, 탑재체의 질량은 250kg이다. 구조계수를 0.2로 가정한다. 이러한 시스템을 단단 혹은 다단 로켓으로 설계했을 때 각각의 다단 로켓 시스템에 대하여 초기속도에 대한 다단 로켓 속도 향상비를 구하고 다단 로켓의 성능을 평가하라.

| 풀이 | $\phi = \dfrac{m_0}{m_{pl}} = \dfrac{2000}{250} = 8$

식 (2.22)으로부터

2단 로켓의 속도 향상 비 $\dfrac{V_2}{V_1} = \dfrac{2\ln\left[\dfrac{8^{0.5}}{0.2(8^{0.5}-1)+1}\right]}{\ln\left[\dfrac{8}{0.2(8-1)+1}\right]} = 1.2094$

3단 로켓의 속도 향상비 $\dfrac{V_3}{V_1} = \dfrac{3\ln\left[\dfrac{8^{\frac{1}{3}}}{0.2(8^{\frac{1}{3}}-1)+1}\right]}{\ln\left[\dfrac{8}{0.2(8-1)+1}\right]} = 1.2728$

4단 로켓의 속도 향상비 $\dfrac{V_4}{V_1} = \dfrac{4\ln\left[\dfrac{8^{0.25}}{0.2(8^{0.25}-1)+1}\right]}{\ln\left[\dfrac{8}{0.2(8-1)+1}\right]} = 1.3025$

위의 결과로부터 단단식 로켓 시스템을 설계할 때보다 다단식 로켓 시스템을 구성할 경우 속도 향상비가 증가하는 것을 확인할 수 있다. 따라서 다단식 로켓 시스템이 단단식보다 좋은 성능을 나타낸다.

예제 2.3 1단 로켓으로 유효배기속도 3,048m/s를 얻기 위한 설계를 하고자 한다. 이 로켓의 초기 질량은 15,000kg, 유효하중질량은 1,000kg, 구조질량은 2,000kg이다. 항력과 중력은 무시한다.

① 구조계수와 하중비를 구하라.

② 비행체 최종속도를 구하라.

③ 초기질량, 구조질량, 유효하중을 동일하게 유지하면서 2단 로켓의 각 단의 유효하중비와 구조계수는 동일하다고 가정한다. 2단 로켓의 유효 하중비를 구하라. 또, 각 단의 구조질량을 구하고, 각 단의 구조계수를 구하라. 2단 로켓의 최종속도를 구하라.

| 풀이 | ① 구조계수 ε은 다음과 같다.

$$\varepsilon = \frac{m_s}{m_o - m_{pl}} = \frac{2,000}{15,000 - 1,000} = 0.143$$

하중비 λ는 다음과 같다.

$$\lambda = \frac{m_{pl}}{m_o - m_{pl}} = \frac{1,000}{15,000 - 1,000} = 0.0714$$

② 비행체의 최종 속도는 다음과 같다.

$$\Delta V = V_e \ln R = V_e \ln \frac{1+\lambda}{\varepsilon+\lambda} = (3,048)\ln \frac{1+0.0714}{0.143+0.0714} = 4,903\text{m/s}$$

③ 2단 로켓의 하중비는 동일하다.

$$\lambda_1 = \frac{m_{02}}{m_{01} - m_{02}},\ \lambda_2 = \frac{m_{pl}}{m_{02} - m_{pl}}$$

$$\lambda_1 = \lambda_2,\ m_{pl} = 1,000\text{kg},\ m_{01} = 15,000\text{kg}$$

위 식을 풀면, $m_{02} = 3,873\text{kg}$이고, $\lambda_1 = \lambda_2 = 0.348$이 된다.

위 식을 만족하는 값을 구하면,

$$m_{s1} = 1,589\text{kg},\ m_{s2} = 411\text{kg},\ \varepsilon = \varepsilon_1 = \varepsilon_2 = 0.143$$

2단 로켓의 질량비 R은

$$R = \frac{1+\lambda}{\varepsilon+\lambda} = \frac{1+0.348}{0.143+0.348} = 2.745$$

따라서 2단 최종 속도는

$$V_2 = \Delta V = 2\,V_e \ln R = (2\times 3,048)\ln 2.745 = 6,156\text{m/s}$$

이 값을 요약하면 아래 표와 같다.

	1단 로켓	2단 로켓	
		1단	2단
초기질량, m_0(kg)	15,000	15,000	3,873
유효하중질량, m_{pl}(kg)	1,000	3,873	1,000
구조질량, m_s(kg)	2,000	1,589	411
구조계수, ε	0.143	0.143	0.143
구조비, λ	0.0714	0.348	0.348
질량비, R	5	2.75	2.75
속도증분, ΔV(m/s)	4,970	3,080	3,080
최종속도(m/s)	4,970		6,160

예제 2.4 스페이스셔틀은 2개의 고체로켓과 3개의 SSME으로 구성되어 있으며, 고체로켓은 2분간 작동하고 SSME는 8분간 작동하며 아래와 같은 데이터를 가지고 있다.

엔진	고체로켓	스페이스셔틀 주 엔진
엔진 수	2	3
연소시간(min)	2	8
총 추력(kN)	24,000	6,300
총 추진제 질량유량(kg/s)	8,410	1,496
비추력(sec)	292	428

질량	시간(분)			
	0	2−	2+	8
2개의 고체로켓 질량(kg)	1,170,000	164,000	0	0
외부 연료탱크 질량(kg)	750,000	571,000	571,000	32,000
셔틀 귀환기 및 유효하중질량(kg)	86,400	86,400	86,400	86,400
총 질량(kg)	2,010,000	820,000	660,000	118,000

① 고체로켓이 작동한 2분 동안의 속도 증분을 구하라.

② SSME가 작동한 8분 동안의 속도 증분을 구하라.

③ 최종 속도증분을 구하라.

| 풀이 | ① m_{01}을 1단에서의 총 질량, m_{b1}을 연소 후의 1단에서의 총 질량이라고 하면, 속도 증분은 다음과 같다.

$$\Delta V|_0^2 = V_e \ln \frac{m_{01}}{m_{b1}} = (9.81 \times 292) \ln \left(\frac{2,010,000}{820,000} \right) = 2,568.29\text{m/s}$$

② m_{02}을 2단에서의 총 질량, m_{b2}을 연소 후의 2단에서의 총 질량이라고 하면, 속도 증분은 다음과 같다.

$$\Delta V|_2^8 = V_e \ln \frac{m_{02}}{m_{b2}} = (9.81 \times 428) \ln \frac{660,000}{118,000} = 7,230\text{m/s}$$

③ $\Delta V = \Delta V|_0^2 + \Delta V|_2^8 = 9,970\text{m/s}$

이는 고도 200~300km 원궤도에의 탈출속도가 7.6km/s임을 고려했을 때, 속도 증분 9.97km/s는 원궤도를 벗어나기에 충분하다.

2.2 우주비행역학

비행체가 우주에서 임무를 수행하기 위해서는 비행궤도 해석이 필요하고, 로켓 시스템이 지구 대기권을 벗어나더라도 우주 공간에서 천체의 중력장으로부터 인력이 작용하므로 이를 고려하여야 한다. 우주공간에서 로켓 시스템이 추진할 때 발사체의 비행 역학을 알아보자.

2.2.1 우주비행 이론

우주비행 역학은 16~17세기 코페르니쿠스, 갈릴레오, 케플러, 뉴턴 등에 의해 연구되었다. 라플라스에 의해 해석적 해가 연구되었으며 천체의 궤도 변환, 유지, 예측에 비행역학이 사용되었다. 공기저항과 태양복사압과 같은 중력 외의 비보존력을 포함하여 정교한 지구 중력장 해석이 가능하도록 발전하였다.

2.2.1.1 에너지 보존 법칙

질량을 가진 두 물체 사이에는 인력이 작용하며, 중력도 인력의 일종이다. 중력이 작용하는 공간인 중력장 내부에 질량을 가진 물체는 중력이 작용하기 마련이며 로켓 시스템이나 우주비행체도 중력을 극복하거나 이용하여 원하는 목표에 도달할 수 있다. 영국의 아이작 뉴턴(Isaac Newton, 1642~1727)의 〈Principia〉에 의하여 정립된 만유인력 법칙을 통해서 자연계에서 인력으로 인해 발생하는 운동 현상들을 파악할 수 있게 되었다.

그림 2.7과 같이 질량 m_1, m_2를 가진 두 물체가 각 질량 중심에서부터 $|\vec{r}|$만큼 거리가 떨어져 있다고 생각해보자. 예를 들어 질량 m_1인 천체 인력의 영향을 받으면서 비행하는 위성체 질량 m_2인 비행체를 생각할 때 만유인력의 법칙으로부터 질량 m_2의 위성체에 작용하는 질량 m_1인 천체의 인력은 반경방향 r방향으로 작용하며 그 인력은 다음과 같다.

$$\vec{F_g} = -\frac{Gm_1m_2}{|\vec{r}|^2}\vec{r} \tag{2.24}$$

식 (2.24)에서 볼 수 있듯이 만유인력 법칙에서 작용하는 인력의 부호는 음이다. 이는 만유인력의 위치에너지(PE) 기준점을 거리가 무한대 멀어진 위치인 무한원점을 위치에너지 0인 지

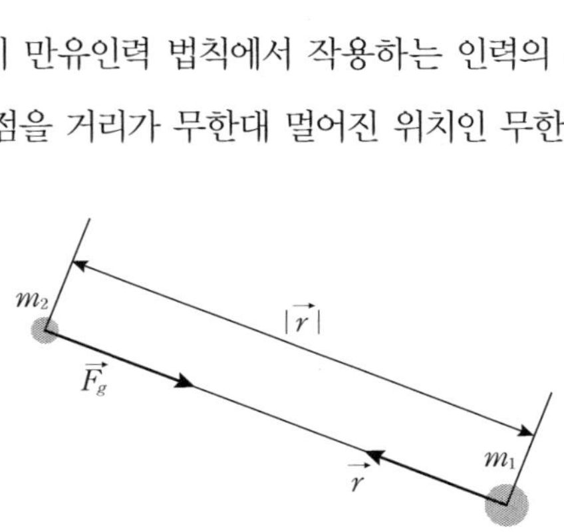

| 그림 2.7 | 두 물체간의 인력의 작용

점으로 잡고 지구를 향하는 방향이 +이기 때문이다.

거리가 무한대(∞)인 곳에서의 위치에너지는 0이고 지구중심에서 위치에너지는 $-\infty$가 된다. 또한 어떤 한 물체를 기준으로 잡고 만유인력에 의한 인력을 계산할 때 다른 한 물체에 작용하는 인력의 방향은 처음 기준으로 잡았던 물체를 향해 작용하므로 이는 방향이 음이 된다. 이는 만유인력의 법칙에서 정의하는 위치에너지의 계산이 중력에 의한 위치에너지를 계산할 때 지구의 표면을 기준으로 두고 계산하는 것과는 다르다는 것을 보여준다. G는 만유인력상수로 $6.670\times10^{-11}(m/s^2)$의 값을 가진다. 지구의 중력장에 대해 법칙을 적용할 때, 지구의 질량이 필요한데 그 값은 $m_{earth} = 5.97219\times10^{24}$kg이다. 여기서 만유인력 상수 G와 질량을 곱한 값을 중력 변수로 따로 정의한다.

$$\mu = Gm_1 = Gm_e \tag{2.25}$$

식 (2.25)으로부터 지구의 중력변수(μ)의 값은 $3.986\times10^5 km^3/s^2$으로 주어진다. 다른 천체의 중력 변수는 아래 표와 같이 구해진다.

표 2.3 태양계 천체들의 중력 변수 [4]

천체	μ (m^3s^{-2})
태양	$1.327\ 124\ 400\ 18(9)\times10^{20}$
수성	$2.203\ 2(9)\times10^{13}$
금성	$3.248\ 59(9)\times10^{14}$
지구	$3.986\ 004\ 418(9)\times1^{14}$
달	$4.904\ 869\ 5(9)\times10^{2}$
화성	$4.282\ 8(9)\times10^{13}$
세레스	$6.263\ 25\times10^{10}$
목성	$1.266\ 865\ 34(9)\times10^{17}$
토성	$3.793\ 118\ 7(9)\times10^{16}$
천왕성	$5.793\ 939(9)\times10^{15}$
해왕성	$6.836\ 529(9)\times10^{15}$
명왕성	$8.71(9)\times10^{11}$
에리스	$1.108(9)\times10^{12}$

지구 표면에서 작용하는 중력은 $F_g = mg_0 = \dfrac{\mu_{earth}m}{R_0^2}$이므로, $\mu_{earth} = R_0^2 g_0$의 관계식을 구할 수 있다. 마찬가지로 중력가속도에 관한 식을 유도하면 $g = g_0\left(\dfrac{R_0}{R}\right)^2$으로 지구의 고

도에 따라 중력가속도는 값이 달라지며 g_0는 지구 표면에서의 표준 중력가속도를 의미하고 $9.80665\text{m}/\text{s}^2$의 값을 갖는다.

위치에너지(PE)는 질량 m인 물체를 위치 ∞인 곳에서 위치 r까지 움직이는데 필요한 일이며, 중력장 내부에서 작용하는 중력은 보존력으로 에너지 보존 법칙이 성립한다. 만유인력 법칙으로부터 위치에너지(PE)는 다음과 같다.

$$\begin{aligned} PE &= \int -\vec{F}_g \, d\vec{r} = \int_{\infty}^{r} \frac{Gm_1m_2}{r^2} dr = Gm_1m_2\left(\frac{1}{r}\right)\Big|_{\infty}^{r} \\ &= -\frac{Gm_1m_2}{r^2} = -\frac{\mu m_2}{r} \end{aligned} \tag{2.26}$$

식 (2.26)은 m_1의 중력장에서 거리 r 떨어진 m_2의 위치에너지라 생각할 수 있으며 r이 ∞일 때 $PE = 0$이다.

유한한 위치 r에서 운동하는 질량 m인 위성체를 생각하면 운동에너지의 경우 $KE = \frac{1}{2}mV^2$으로 정의되므로 역학적 위성체의 궤도에너지 E는 다음과 같다.

$$E = K.E.+P.E = \frac{1}{2}mV^2 - \frac{\mu m}{r} \tag{2.27a}$$

혹은 위성체 단위질량당 에너지의 식으로 표현하면 다음과 같이 된다.

$$\varepsilon = \frac{1}{2}V^2 - \frac{\mu}{r} \tag{2.27b}$$

원운동에서 $E = 0$이므로 $V = \sqrt{\frac{2\mu}{r}}$가 된다.

2.2.1.2 운동 방정식

우주를 비행하는 비행체에 작용하는 힘은 보존력인 중력뿐 아니라 다양한 힘이 작용한다. 비행체에 작용하는 힘들은 **그림 2.8**에 나타냈다.

여러 힘을 기술해보면 다음과 같이 나타낼 수 있다.

$$\sum \vec{F}_{external} = \vec{F}_s + \vec{F}_{ns} + \vec{F}_{drag} + \vec{F}_{sr} + \vec{F}_{er} + \vec{F}_{th} + \cdots$$

여기서 $\vec{F}_s$는 지구를 완전 구면체로 가정했을 때의 중력, $\vec{F}_{ns}$는 지구의 비구면 형상에 의한 중력, $\vec{F}_{drag}$는 대기에 의한 공기저항력, $\vec{F}_{sr}$는 태양 복사압, $\vec{F}_{er}$는 지구 복사압, $\vec{F}_{th}$는 비행체의 추진력이고, 이외에도 태양, 달 혹은 혹성등으로부터의 중력인 제3물체인력 등 다양한 힘이 비행체에 작용한다. 이러한 복합 힘이 작용하는 경우에 해석적 해를 구하기 위해 여러 가정을 통해 문제를 단순화시킨다. 첫 번째로 고려하는 두 천체(중심천체, 우주비행체)외에 태양, 달과 같은 인근 천체에 의한 중력은 무시한다. 또한 중심 천체(central body)의 질량이 우주비행체에 비해 훨씬 커서 우주비행체에 의한 중심 천체의 변위 발생은 무시한다. 즉 중심천체의 위치는 고정된 것으로 가정한다. 또한 공기 저항과 태양 복사압, 지구 복사압 등에 의한 영향을 무시하고 중심천체와 우주비행체를 질점(material point)으로 가정한다.

이러한 경우에 중심 천체(m_1)와 우주비행체(m_2) 사이에 두 물체 운동 방정식(two-body problem)을 세울 수 있다. **그림 2.9**는 두 물체 운동의 개략도를 나타내고 있으며 질량 m_1에서 질량 m_2까지의 변위 $\vec{r}$을 $\vec{r} = \vec{R_2} - \vec{R_1}$로 표현하면, 가속도 $\ddot{\vec{r}} = \ddot{\vec{R_2}} - \ddot{\vec{R_1}}$로 나타낼 수 있다. 두 물체 운동에서 두 물체간 작용하는 인력은 $\vec{F}_{gravity} = -\frac{\mu m}{r^2}\frac{\vec{r}}{r} = m\vec{a} = m\ddot{\vec{r}}$이므로 양변을 m으로 나누고 정리하면 다음과 같은 두 물체 방정식(two body equation)을 얻을

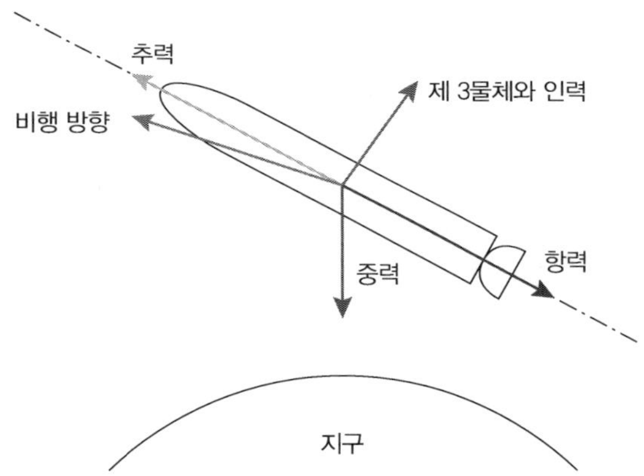

| 그림 2.8 | 우주비행체에 작용하는 여러 가지 힘

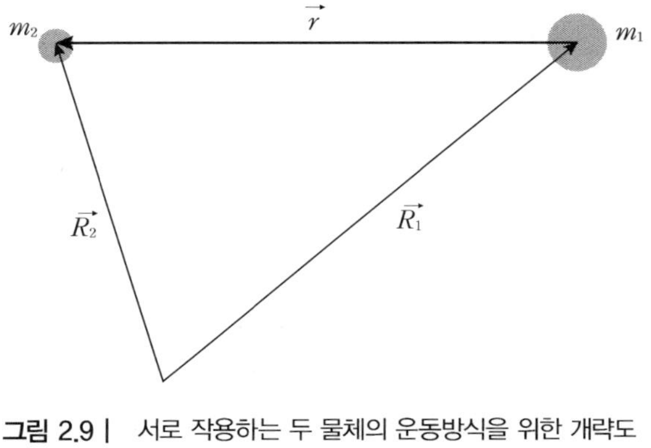

| 그림 2.9 | 서로 작용하는 두 물체의 운동방식을 위한 개략도

수 있다.

$$\ddot{\vec{r}} + \frac{\mu}{r^2}\frac{\vec{r}}{r} = 0 \tag{2.28}$$

여기서 μ는 중력변수이고 $\mu = Gm_e$이다.

또 인력의 법칙으로부터 $\vec{F} = m_i\ddot{\vec{R_i}} = \frac{Gm_im_j}{r^2}\hat{r}$이므로 각각의 질량 m_1, m_2에 대해서 적용하면 다음 식과 같다.

$$m_1\ddot{\vec{R_1}} = \frac{Gm_1m_2}{r^2}\vec{r}$$
$$m_2\ddot{\vec{R_2}} = \frac{Gm_1m_2}{r^2}\vec{r} \tag{2.29}$$

식 (2.29)로부터 상대가속도 식은 다음과 같이 유도된다.

$$\ddot{\vec{r}} = \ddot{\vec{R_2}} - \ddot{\vec{R_1}} = -\left(\frac{Gm_1}{r^2}\vec{r} + \frac{Gm_2}{r^2}\vec{r}\right) = -\frac{G(m_1+m_2)}{r^2}\vec{r} \tag{2.30}$$

여기서 $\vec{r}$은 중심천체(m_1)에서 위성체(m_2)로 향하는 벡터방향이 +방향이고 위치에너지는 중심천체(m_1)로 향하는 방향이 +방향이다.

우주비행체(m_2)의 질량이 중심 천체(m_1)에 비해 매우 작을 때, $m_1+m_2 \simeq m_1$으로 근사 시킬 수 있고 이로부터 $G(m_1+m_2) \simeq Gm_1 = \mu$로 정리할 수 있다. 따라서 중심천체($m_1$)에 대한 우주비행체($m_2$)의 상대 운동 방정식은 다음 식으로 유도된다.

$$\ddot{\vec{r}} = -\frac{\mu}{|\vec{r}|^2}\vec{r} \tag{2.31}$$

식 (2.31)은 비행체의 운동에 기본이 되는 운동방정식으로 추가적인 분석은 2.2.2절의 케플러 궤도에서 설명하도록 한다.

2.2.1.3 임무속도

임무속도(mission velocity)는 우주에서 임무 수행에 있어 필요한 에너지를 나타내는 속도로 임무 수행을 위한 목표 도달하기까지의 모든 속도의 합으로 정의한다. 단일 화학 로켓의 임무속도는 약 4~13km/s, 2단 화학 로켓의 임무속도는 약 12~22km/s를 갖는다. 섭동(perturbation)은 주요한 힘의 작용에 의한 운동이 다른 부차적인 힘의 영향으로 교란되는 현상을 말하며 섭동의 주요 원인으로는 대기에 의한 공기항력, 태양 광자가 비행체 표면에 충돌해서 발생하는 태양 복사압, 중력변화, 자기장, 비행체 내부의 질량 가속 등이 있다. 회전이나 섭동에 의한 속도 변화는 임무속도에 포함시키지 않으나 이러한 교란에 의한 외란을 교정하기 위해 여분의 추진제를 탑재하며 이를 반응제어시스템(RCS, Reaction Control System)이라고 한다. 같은 유상 하중을 실었을 때 큰 비행체 일수록 높은 임무속도를 요구하게 된다. 지구 주변의 인공위성 속도 및 탈출속도 등의 임무속도를 **표 2.4**에 나타내었다.

표 2.4 비행체의 임무속도[5]

	이상속도(m/s)	실제속도(m/s)
발사에서 지구 저궤도	7620～8230	8840～9140
지구 주변의 인공위성 궤도(비귀환)	7,900～10,000	9310～12500
지구 탈출속도(비귀환)	11,200	12950
지구에서 달까지(달에 연착륙, 비귀환)	13100	15200
달 탈출속도	2300	2600
지구에서 달까지(달착륙, 지구귀환)	15,900	17700
지구에서 화성까지(연착륙)	17,500	20000
지구에서 화성까지(화성착륙, 지구귀환)	22,900	27000

2.2.2 케플러 궤도

케플러(1571~1630)는 독일의 천문학자로 덴마크의 천문학자인 티코브라헤(Tycho Brahe, 1546~1601)의 제자로 그가 남겨놓은 관측기록을 통해 천체의 타원궤도 해석에 근간이 되는 3가지 경험적인 법칙인 행성운동의 법칙을 제안하였다. 그 이후 뉴턴(1643~1727)에 의해 우주와 지구 모두에 적용가능한 만유인력의 법칙이 생길 수 없도록 길을 닦아 놓았다. 뉴턴은 행성의 운동법칙을 중력법칙, 운동법칙 등에 의해 이론적으로 설명하였다. 행성의 경로가 직선이 아니고 타원으로 구부러지게 되는 것은 중력 때문이다. 케플러의 행성 운동의 법칙은 다음과 같다.

① 1법칙(타원궤도의 법칙): 행성은 항성인 태양을 초점으로 하는 타원궤도를 그린다. 그러나 행성들은 이심률이 작아서 원에 근접한 타원 운동을 한다.

② 2법칙(면적속도 일정의 법칙): 태양과 행성을 잇는 가상의 선이 같은 시간 간격동안 쓸고 지나가는 면적은 항상 같다.

③ 3법칙(조화의 법칙): 행성의 공전주기의 제곱은 타원궤도의 장반경의 세제곱에 비례한다.

아래에서 자세하게 설명하겠지만 인력(중력)의 법칙과 각 운동량 법칙의 미분방정식을 풀면 방정식의 해는 타원궤도 공식을 얻을 수 있다. 그러나 이것은 결과에서 유추된 것이며 왜 행성이 타원궤도를 돌며 운행되는 지를 다시 한번 생각해보라. 이 법칙들은 지구를 도는 각각의 위성들의 운동에도 적용된다. 본 절에서는 위성궤도를 설명에 사용되는 용어와 행성의 위치와 속도로부터 궤도 요소를 구하기 위한 필수적인 방정식을 설명한다. 또한 지구와 위성이 균일한 구형의 질량으로 가정함으로써 위성의 위치와 속도를 예측할 방법도 설명할 것이다.

그림 2.10은 2차원으로 표시된 케플러 법칙에 사용된 타원궤도의 주요 요소를 나타낸다. 여기서 M은 타원궤도의 한 초점에 위치한 중심천체이고 m은 타원궤도상의 위성이며, 타원궤도의 장반경은 a이고 단반경은 b이고 위성이 임의의 근이점각(true anomaly) θ에 있을 때 위치 벡터는 $\vec{r}$이다.

위성의 위치(r, θ)와 속도(v)에 대한 해석은 뉴턴에 의해 다음과 같은 가정을 하고 운동방정식이 식 (2.32)와 같이 유도되었다.

위성은 하나의 천체의 영향을 받으며 움직임이 결정되며, 위성체는 중심천체와 비교하여 질량이 무시할 만하고, 천체와 위성은 대칭이며 구형이라는 가정을 하였다.

$$m\ddot{\vec{r}} = -\frac{GMm}{r^2} \tag{2.32}$$

여기서 G는 만유인력상수 또는 중력 보편상수($= 6.67\times10^{-17}\mathrm{N\cdot km^2/kg^2}$)이며, M은 초점에 위치한 천체의 질량이고 m은 타원궤도를 하는 위성체의 질량이다. 만약 지구와 위성간의 궤

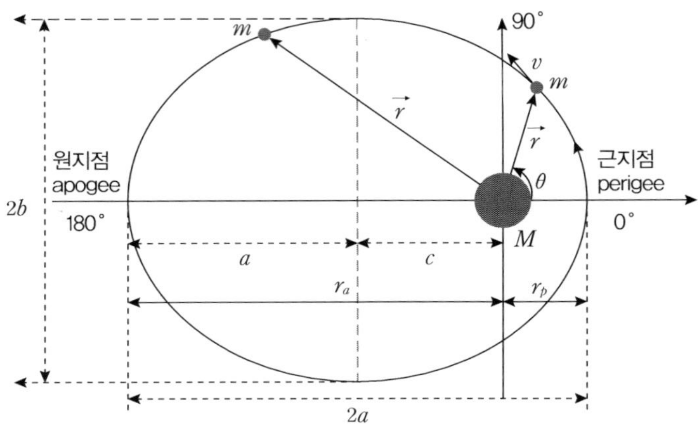

| 그림 2.10 | 2차원으로 표시된 케플러 법칙에 사용된 타원궤도 요소

도 움직임을 나타낸다고 하면 M은 지구의 질량이 되고 m은 우주비행체 또는 위성의 질량이다.

계산을 간편화하기 위해 μ인 중력상수를 정의할 것이며 $\mu = GM$, $\mu = 398{,}600\text{km}^3/\text{s}^2$의 값을 가진다. 이때의 천체-위성간 극좌표계의 운동방정식은 다음과 같이 얻어진다. 행성의 위치벡터를 $\vec{r}$이라하고 극좌표계에서 단위벡터를 $\hat{e}_r$, $\hat{e}_\theta$라 하자. 행성의 속도 $\dot{\vec{r}}$와 가속도 $\ddot{\vec{r}}$는 다음과 같다.

$$\dot{\vec{r}} = \dot{r}\hat{e}_r + r\dot{\theta}\hat{e}_\theta \tag{2.33a}$$

$$\ddot{\vec{r}} = \ddot{r}\hat{e}_r + 2\dot{r}\dot{\theta} + r\ddot{\theta}\hat{e}_\theta - r\dot{\theta}^2\hat{e}_r = (\ddot{r} - r\dot{\theta}^2)\hat{e}_r + (r\ddot{\theta} + 2\dot{r}\dot{\theta})\hat{e}_\theta \tag{2.33b}$$

면적속도 일정의 법칙을 생각하자. $dA = \frac{1}{2}|\vec{r} \times d\vec{r}|$에서 면적속도는 $\frac{dA}{dt} = \frac{1}{2}|\vec{r} \times \frac{d\vec{r}}{dt}| = \frac{1}{2}|\vec{r} \times \dot{\vec{r}}|$이다. $\vec{r} \times \dot{\vec{r}}$가 일정하다는 것을 보이기 위해서는 시간미분 했을 때 0이 됨을 보이면 된다. $\frac{d}{dt}|\vec{r} \times \dot{\vec{r}}| = |\dot{\vec{r}} \times \dot{\vec{r}} + \vec{r} \times \ddot{\vec{r}}|$에서 평행한 벡터 외적은 0이므로 $\dot{\vec{r}} \times \dot{\vec{r}} = 0$이고 또 행성에 작용하는 힘은 초점에 향하기 때문에 위치벡터와 가속도 벡터도 평행하므로 $\vec{r} \times \ddot{\vec{r}} = 0$이다. 따라서 $\frac{d}{dt}|\vec{r} \times \dot{\vec{r}}| = 0$이다. 즉 $\frac{dA}{dt} = 0$이므로 $A =$ 일정이다. 운동량 보존은 다음과 같이 나타낼 수 있다. 각 운동량을 l이라 하자.

$$\vec{l} = \vec{r} \times (m\vec{v}) = m(\vec{r} \times \vec{v}) = m(\vec{r} \times \dot{\vec{r}}) \tag{2.34a}$$

같은 방법으로 $\frac{d\vec{l}}{dt} = 0$을 유도할 수 있고 각운동량은 보존된다.

$$\text{즉, } l = mr^2\dot{\theta} = \text{일정} \tag{2.34b}$$

각운동량(l) 보존식을 통해 다음의 식을 얻을 수 있다.

$$\begin{aligned} &\frac{d}{dt}(r^2\dot{\theta}) = 0 \\ &2r\dot{r}\dot{\theta} + r^2\ddot{\theta} = 0 \end{aligned} \tag{2.35}$$

식 (2.33)의 $\hat{e}_r$성분과 식 (2.35)를 식 (2.32)에 대입하면 다음과 같은 식을 얻을 수 있다.

$$m\ddot{r} - mr\dot{\theta}^2 = -\frac{GMm}{r^2} = -\frac{\mu m}{r^2} \tag{2.36}$$

위 식에 식 (2.34)를 고려하면 다음 식을 얻을 수 있다.

$$m\ddot{r}-\frac{l^2}{mr^3}=-\frac{GMm}{r^2} \tag{2.37}$$

또 에너지는 운동에너지와 위치에너지의 에너지 합이므로 에너지 방정식을 구할 수 있다.

$$\begin{aligned} E &= KE+PE=\frac{m}{2}V^2-\frac{\mu m}{r}=\frac{m}{2}\left[\dot{r}^2+(r\dot{\theta})^2\right]-\frac{\mu m}{r} \\ E &= \frac{1}{2}\dot{r}^2m+\frac{l^2}{2mr^2}-\frac{\mu m}{r} \end{aligned} \tag{2.38}$$

이것은 식 (2.37)에 $\dot{r}$을 곱하고 시간에 대하여 적분하고 적분상수를 E로 둔 것과 같다. 여기서 E는 위성의 궤도상에너지를 의미한다. 미분방정식을 풀이하기 위해 θ의 함수인 r을 $u(\theta)=1/r$로 대체할 것이다. 이에 $\dot{r}$과 $\ddot{r}$은 다음과 같이 얻어진다.

$$\begin{aligned} \dot{r} &= \frac{dr}{dt}=\frac{d\theta}{dt}\frac{dr}{d\theta}=-\frac{\dot{\theta}}{u^2}\frac{du}{d\theta}=-\frac{l}{m}\frac{du}{d\theta} \\ \ddot{r} &= \frac{d}{dt}\dot{r}=\frac{d\theta}{dt}\frac{d\dot{r}}{d\theta}=-\frac{l\dot{\theta}}{m}\frac{d^2u}{d\theta^2}=-\frac{l^2u^2}{m^2}\frac{d^2u}{d\theta^2} \end{aligned} \tag{2.39}$$

위 식을 통해 식 (2.37)은 다음과 같이 표현할 수 있다.

$$\frac{d^2u}{d\theta^2}+u=\frac{GMm^2}{l^2} \tag{2.40}$$

u는 적분법칙에 의해 다음과 같이 표현된다.

$$u=\frac{1}{r}=A\cos(\theta-\theta_0)+\frac{GMm^2}{l^2} \tag{2.41}$$

A는 적분상수이며, $r=r_{min}$인 곳 $\theta=0$에서 $\frac{d}{d\theta}\left(\frac{1}{r}\right)=0$이 되므로 적분상수는 식 (2.38)에 의해 다음과 같이 얻을 수 있다.

$$\frac{l^2}{2m^2}A^2=\frac{G^2M^2m^2}{2l^2}+\frac{E}{m} \tag{2.42}$$

식 (2.41)은 조화함수로 r에 대한 해를 구하면 다음과 같이 타원 방정식이 된다.

$$r(\theta)=\frac{a(1-e^2)}{1+e\cos\theta} \tag{2.43}$$

여기서 e는 이심률, a는 반장축, θ는 근지점으로부터 위성까지의 각도인 근점이각이며 식 (2.42)과 식 (2.43)을 조합하면 e, $1-e^2$, $a(1-e^2)$를 다음과 같이 구할 수 있다. e가 0이면 원궤도이며, $0 < e < 1$, $a > 1$이면 타원궤도(대부분 위성궤도), $e = 1$, $a = \infty$이면 포물선궤도(지구탈출시 사용), $e > 1$, $a < 0$이면 쌍곡선궤도가 된다. 타원궤도의 $e < 1$일 때는 $KE < PE$이고, 포물선궤도의 $e = 1$일 때는 $KE = PE$, 쌍곡선궤도의 $e > 1$일 때는 $KE > PE$이다.

$$e = \frac{l^2 A}{GMm^2} = \sqrt{1 + \frac{2El^2}{G^2 M^2 m^3}} \tag{2.44a}$$

$$1 - e^2 = -\frac{2El^2}{G^2 M^2 m^3} \tag{2.44b}$$

$$a(1 - e^2) = \frac{l^2}{GMm^2} \tag{2.44c}$$

식 (2.44a)의 주어진 중심천체 질량 M과 위성체 질량 m의 운동궤도는 궤도에너지 E와 운동량 l에 의해 결정됨을 알 수 있다. **표 2.5**는 태양주위를 돌고 있는 행성과 지구 주위를 도는 달에 관한 질량, 직경, 궤도반경, 이심률, 주기를 나타내고 있다.

표 2.5 태양주위를 도는 행성의 제원

행성	질량*	평균직경*	궤도반경(km×10^{-6})	이심률	주기(년)
태양	332,488.	109.15	–	–	–
수성	0.0543	0.38	57.9	0.2056	0.241
금성	0.8136	0.967	108.1	0.0068	0.615
지구	1.0000	1.000	149.5	0.0167	1.000
화성	0.1069	0.523	227.8	0.0934	1.881
목성	318.35	10.97	777.8	0.0484	11.862
토성	95.3	9.03	1426.1	0.0557	29.458
천왕성	14.58	3.72	2869.1	0.0472	84.015
해왕성	17.26	3.38	4495.6	0.0086	164.788
명왕성	<0.1 ?	0.45	5898.9	0.2485	247.697
달	0.0123	0.273	0.3844	0.0549	27.322(일)

*지구질량 = 5.975×10^{24}kg, 지구평균직경 = 12,742.46km

식 (2.44b)와 식 (2.44c)의 $1 - e^2$와 $a(1 - e^2)$를 서로 나누어주면 다음과 같은 식을 얻을 수 있다.

$$\frac{E}{m} = -\frac{GM}{2a} = -\frac{\mu}{2a} \tag{2.45}$$

식 (2.45)는 에너지를 단순화하기 위해 쓰일 것이다. 케플러의 면적 스위프 속도(area sweep rate)는 다음의 관계식을 통해 결정된다.

$$\frac{dA}{dt} = \frac{1}{2} r^2 \dot{\theta} = \frac{l}{2m} \tag{2.46}$$

위 식에 식 (2.34)을 대입하여 공전주기 T를 사용하여 적분하면 다음과 같은 관계식을 얻을 수 있다.

$$A = \frac{l}{2m} T = \int_0^T \frac{dA}{dt} dt = \pi ab = \pi a^2 \sqrt{1-e^2} \tag{2.47}$$

식 (2.44)에서 식 (2.47)까지의 관계를 풀면 다음과 같이 케플러 제2법칙과 3법칙을 확인할 수 있다.

$$T = \frac{2m}{l} \pi a^2 \sqrt{1-e^2} = \frac{2ma}{l} \pi a^2 (1-e^2)/\sqrt{1-e^2}$$

$$T = \sqrt{2}\, a\pi \sqrt{-\frac{m}{E}}$$

$$T = 2\pi \sqrt{\frac{a^3}{\mu}} \tag{2.48a}$$

$$T^2 = \frac{4\pi^2}{\mu} a^3 \tag{2.48b}$$

식 (2.48)은 케플러 제3법칙인 공전주기(T)의 제곱이 장반경(a) 세제곱에 비례한다는 것을 나타내고 있다. 식 (2.47)은 궤도를 도는 위성체의 에너지 식을 나타내었다. 식 (2.47)의 에너지 식을 다음 방법으로도 구할 수 있다. 타원궤도의 장반경 a는 근지점(r_p)와 원지점(r_a)에 대한 $a = (r_p + r_a)/2$의 식으로 나타낼 수 있다. 또한 근지점과 원지점에서의 r에 대한 변화율, 즉 $\dot{r}$은 0이다. 이를 식 (2.37)에 대입하여 풀면 다음과 같이 나타난다.

$$\begin{aligned} &\frac{l^2}{2m^2 r^2} - \frac{\mu}{r} = \frac{m}{E} \\ &Er^2 + \mu m r - \frac{l^2}{2m} = 0 \end{aligned} \tag{2.49}$$

식 (2.49)의 r에 대한 이차방정식을 통해 r_p와 r_a의 합을 구할 수 있고 $r_p + r_a = -\mu m/E = 2a$, 즉 $E/m = -\mu/2a$임을 확인할 수 있다.

따라서 단위질량당 총 에너지 방정식은 다음과 같이 나타낼 수 있고 이것은 식 (2.26)과 동일하다.

$$\varepsilon \equiv \frac{1}{2}V^2 - \frac{\mu}{r} = -\frac{\mu}{2a} \tag{2.50}$$

식 (2.50)를 속도 V에 대한 식으로 나타내면 다음과 같이 되고 위치에 따른 속도를 알 수 있다.

$$V = \sqrt{\mu\left(\frac{2}{r} - \frac{1}{a}\right)} \tag{2.51}$$

예제 2.5 지구표면고도 200km에서 원운동하는 위성의 속도와 주기를 구하라. 또 지구정지궤도의 높이를 지표면에서부터 정지궤도까지 구하고 위성의 속도를 구하라.
만유인력상수 $G = 6.67\times10^{-11}\text{m}^3/\text{kgs}^2$이고 지구질량 $M_e = 5.974\times10^{24}$kg이고, 지구반경은 6,378km이다. 지구의 자전주기는 23시간 56분 04초이다.

| 풀이 | ① 지구표면고도 200km에서 원운동하는 위성의 속도는 다음과 같다.

$$V = \sqrt{\frac{\mu}{r}} = \sqrt{\frac{G\times M_e}{r}} \sqrt{\frac{6.67\times10^{-11}\times5.974\times10^{24}}{(6378+200)\times10^3}}$$

$$= 7783\text{m/s}$$

$$= 7.78\text{km/s}$$

이때 위성의 주기는 다음과 같다.

$$T = \frac{2\pi r}{V} = 2\pi\left(\frac{r^3}{\mu}\right)^{\frac{1}{2}} = 2\pi\left(\frac{\{(6378+200)\times10^3\}^3}{6.67\times10^{-11}\times5.974\times10^{24}}\right)^{\frac{1}{2}}$$

$$= 5310\text{sec} = 1.475\text{hr}$$

② 지구정지궤도 주기가 24시간이 되려면 $T = 86164$sec되는 반경을 찾는다.

$$T = \frac{2\pi r}{V} = 2\pi\left(\frac{r^3}{\mu}\right)^{\frac{1}{2}} = 2\pi\left(\frac{1}{6.67\times10^{-20}\times5.974\times10^{24}}\right)^{\frac{1}{2}} r^{\frac{3}{2}}$$

$$86164 = 9.95\times10^{-3}\times r^{\frac{3}{2}}$$

$$r = 42159\text{km}$$

이때 지표면에서 지구정지궤도 높이는 다음과 같다.

$$h = 42159 - 6378 = 35781\text{km}$$

③ 지구정지궤도에서의 위성의 속도는 다음과 같다.

$$V = \sqrt{\frac{\mu}{r}} = \sqrt{\frac{6.67\times10^{-11}\times5.974\times10^{24}}{42159\times10^3}} = 3074\text{m/s} = 3.10\text{km/s}$$

2.2.2.1 원궤도 및 타원궤도

지구에 떨어지지 않고 위성이 지구 주위를 움직일 수 있는 궤도는 원궤도이거나 포물선 궤도이다. 파킹궤도는 원궤도를 사용하고 지구 저궤도는 타원궤도를 사용한다. 지구 주위를 원궤도로 공전할 때는 원심력과 중력이 평형할 때이며 또 식 (2.51)에서 원궤도일 때 $a = r$이므로 $V = \sqrt{\frac{\mu}{r}}$이고 지표면 바로 위에서는 $V = 7.9\text{km/s}$이다. 각속도는 $w = \sqrt{\frac{\mu}{r^3}}$이고 원운동 주기는 다음과 같다.

$$\tau = \frac{2\pi r}{V} = 2\pi\sqrt{\frac{r^3}{\mu}}$$

태양을 도는 모든 행성과 대부분의 비행체는 타원궤도를 따라 움직인다. 타원궤도의 기하학적인 형상은 **그림 2.10**과 같으며 그림에 주요 요소들을 나타내었다. 타원은 두 초점으로부터 거리가 일정한 점의 집합이며 **그림 2.10**에서는 일정한 거리는 $2a$가 되며 $2a = r_a + r_p$이다.

타원궤도에서 행성의 위치는 θ의 함수이며 r은 앞서 구한 바와 같이 식 (2.43)과 같이 표기된다.

$$r(\theta) = \frac{a(1-e^2)}{1+e\cos\theta}$$

여기서 $e = \frac{\sqrt{a^2-b^2}}{a} = \frac{c}{a}$의 값을 가지며 이에 따라 근지점($r_p$), 원지점($r_a$)은 다음과 같다.

$$r_p = a(1-e)$$
$$r_a = a(1+e) \tag{2.52}$$

타원궤도에서는 다음과 같은 관계가 성립한다.

$$a = \frac{(r_p+r_a)}{2},\ e = \frac{c}{a} = \frac{r_a - r_p}{r_a + r_p},\ a^2 = b^2 + c^2 \tag{2.53}$$

타원궤도에서 a가 ∞로 되면 위성이 지구궤도를 벗어나므로 지구탈출 궤도의 하나가 되고 지표면 위에서의 지구탈출 속도는 $V = \sqrt{\frac{2\mu}{r}}$이 되고 지표면 위에서는 11.2km/s가 된다. 고고도에서는 이 값들이 더 작아진다. 지구탈출 속도는 지구공전 속도의 $\sqrt{2}$배임을 알 수 있고, 일단 지구 공전궤도에 들어가면 지구탈출은 공전궤도에 들어가는 것보다 용이함을 알 수 있다. 또 지구 탈출을 위해서는 공전궤도에서 평행한 접선 속도 증분이 가능함을 알 수 있다.

2.2.2.2 포물선 궤도와 쌍곡선 궤도

e가 1이라면 비행체 속도에너지는 지구중력권을 벗어날 수 있는 최소속도인 포물선궤도가

될 수 있고 e가 1보다 크게 되면 속도에너지가 포물선 유지 속도(11.2km/s)보다 더 크게 되어 쌍곡선 궤도로 되어 지구를 벗어날 수 있다. 행성 간 비행을 더 직선적으로 하기 위해 지구를 출발하는 비행체의 궤도 즉 지구를 탈출하는 궤도는 타원궤도 이상의 쌍곡선 궤도가 필요하다. 쌍곡선 궤도의 형상은 **그림 2.11**에 나타내었다. 일반적으로 쌍곡선 궤도상의 비행체는 탈출궤적을 그리며 따라서 비행체는 타원궤도상의 비행체보다 빠른 속도를 가지고 있다. 쌍곡선 궤도상의 비행체 위치는 타원궤도상의 비행체와 같이 r과 θ에 의해 결정된다.

$$r = \frac{a(1-e^2)}{1+e\cos\theta}$$

그림 2.11에 표기된 쌍곡선 궤도의 주요요소는 타원궤도의 요소들과 비슷하지만 추가적인 설명을 하면 다음과 같다. r_p는 근지점 반경이며 $r_p = a(e-1)$와 같다. a는 장반경으로 원중심으로부터 근지점까지의 거리를 의미한다. b는 단반경으로 점근선에서 천체를 통과하는 평행선까지의 거리를 의미한다. c는 원 중심으로부터 초점까지의 거리를 의미하며 e는 이심률로 쌍곡선궤도에선 1이상의 값을 가진다. β는 점근선의 각도이며, θ_a는 점근선의 근점이각이다. θ_a인 점근선의 근점이각은 다음과 같은 값을 가진다.

$$\theta_a = \pi \pm \beta \tag{2.54}$$

점근선의 근점이각 θ_a는 이심률 e와 다음과 같은 관계를 가진다.

$$\cos\theta_a = -1/e \tag{2.55}$$

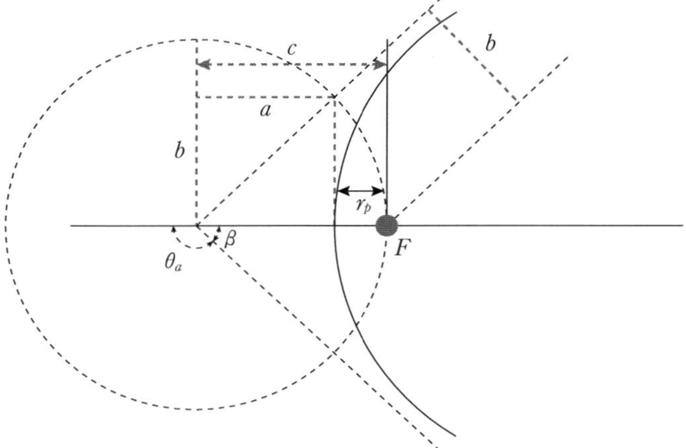

| 그림 2.11 | 쌍곡선 궤도의 형상

쌍곡선 궤도상의 임의 지점의 속도는 다음과 같이 나타난다.

$$V=\sqrt{\frac{2\mu}{r}+\frac{\mu}{a}} \tag{2.56}$$

반지름(r)은 무한대의 값을 가지므로 식 (2.56)은 다음과 같다.

$$V_{\infty}=\sqrt{\frac{\mu}{a}},\ (\because r\rightarrow\infty) \tag{2.57}$$

따라서 V_{∞}의 쌍곡선 초과 속도(hyperbolic excess velocity)라고 불리며 이것은 탈출속도(escape velocity)를 초과하는 속도를 가진다.

2.2.2.3 동일 평면상 궤도 천이

궤도 기동(orbit maneuvering)은 위성의 궤도를 바꾸기 위해 위성의 속도 벡터를 조정하여 기동하게 된다. 궤도 기동은 임의의 지점에서 위치와 속도에 의해 결정되는 궤도에 의한 기초 이론에 기반한다. 위성은 속도 증분을 통해 궤도 기동을 하게 되며 초기 파킹 궤도에서 임무 궤도까지 기동하게 된다.

동일 평면상 궤도 천이(coplanar orbit transfer)는 동일 평면상의 궤도의 크기 및 에너지를 변화시켜주는 가장 흔한 방법이다. 동일 평면상에서 전기추력기와 같은 저추력을 사용할 때는 나선천이궤도(spiral transfer orbit)를 사용하기도 한다. **그림 2.12**와 같은 궤도 천이는 보통 저고도의 궤도에서 정지궤도와 같은 고고도의 임무 궤도에 올리기 위해 사용된다. 초기궤도와 최종궤도 사이에 가로지르는 궤도가 없기 때문에 기동에는 천이궤도가 필요하게 되고 2개의 원궤도 사이에서 궤도천이 시 단기간에 최소에너지를 주는 궤도를 호만천이(Hohmann

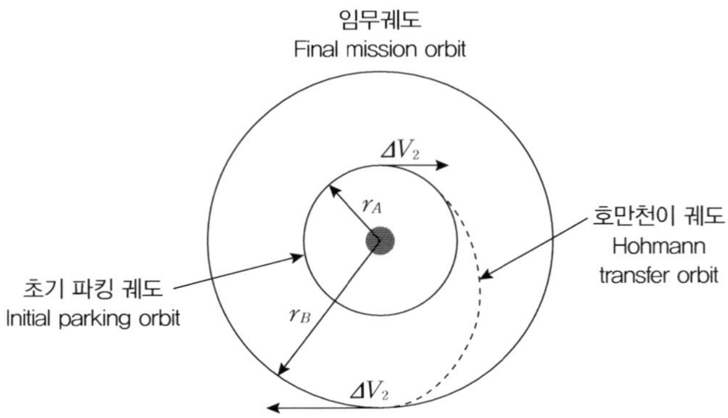

| 그림 2.12 | 동일평면상 궤도천이 방법

transfer) 궤도라 부른다. 이 궤도 천이는 **그림 2.12**에 나타내었다. 호만천이 궤도에서 모든 속도벡터는 궤도에 접선 방향이고 초기궤도와 최종궤도를 각각 근지점과 원지점으로 가지는 타원궤도를 가지므로 속력은 선형이다. 이론적인 호만천이 궤도에서는 속도증분이 즉각적으로 이루어진다고 가정하지만 실제에서는 가속에 시간이 걸리므로 그만큼 속도증분이 더 필요하다.

궤도 기동을 위한 속도증분 ΔV는 다음과 같은 방법을 통해 구할 수 있다. 초기 궤도의 반지름을 r_A, 최종 임무 궤도의 반지름을 r_B라고 해보자. 호만천이 궤도는 초기궤도와 임무궤도를 각각 근지점, 원지점으로 가지므로 근지점을 r_A, 원지점을 r_B라 할 수 있다. 식 (2.49)를 통해 초기궤도, 즉 원궤도의 r_A의 속도를 구하면 다음과 같다.

$$V_A = \sqrt{\frac{\mu}{r_A}} \tag{2.58}$$

원형궤도에서 타원궤도로 진입하는 속도를 구해보자. 호만 천이 궤도는 타원궤도를 이루므로 근지점 r_A에서의 속도 V_{TA}는 식 (2.50)으로부터 다음과 같이 구할 수 있다.

$$V_{TA} = \sqrt{\frac{2\mu}{r_A} - \frac{2\mu}{r_A + r_B}} \tag{2.59}$$

따라서 근지점 위치에서의 필요한 속도증분 ΔV_1은 다음과 같이 나타낼 수 있다.

$$\Delta V_1 = V_{TA} - V_A = \sqrt{\mu}\left[\sqrt{\frac{2}{r_A} - \frac{2}{r_A + r_B}} - \sqrt{\frac{1}{r_A}}\right] \tag{2.60}$$

위와 같은 방법을 통해 원지점 r_B에서 타원궤도에서 원궤도(반경 r_B)로 진입하는 필요한 속도증분 ΔV_2을 다음과 같이 구할 수 있다.

$$\Delta V_2 = V_B - V_{TB} = \sqrt{\mu}\left[\sqrt{\frac{1}{r_B}} - \sqrt{\frac{2}{r_B} - \frac{2}{r_A + r_B}}\right] \tag{2.61}$$

총 속도 증분 ΔV_{total}은 ΔV_1과 ΔV_2의 합으로 다음과 같다.

$$\begin{aligned} \Delta V_{total} &= \Delta V_1 - \Delta V_2 \\ &= \sqrt{\mu}\left[\sqrt{\frac{2}{r_A} - \frac{2}{r_A + r_B}} - \sqrt{\frac{1}{r_A}}\right] + \left[\sqrt{\frac{1}{r_B}} - \sqrt{\frac{2}{r_B} - \frac{2}{r_A + r_B}}\right] \end{aligned} \tag{2.62}$$

예제 2.6 파킹고도 250km의 위성이 호만 천이를 통하여 지구 정지궤도로 기동하고자 한다. 지구 반경이 6,371km이고 지표면에서 지구 정지 궤도의 높이가 35,786km라 할 때 호만 천이 시 필요한 속도 증분을 구하라. (여기서 $\mu = 398{,}600\text{km}^3/\text{s}^2$)

| 풀이 |

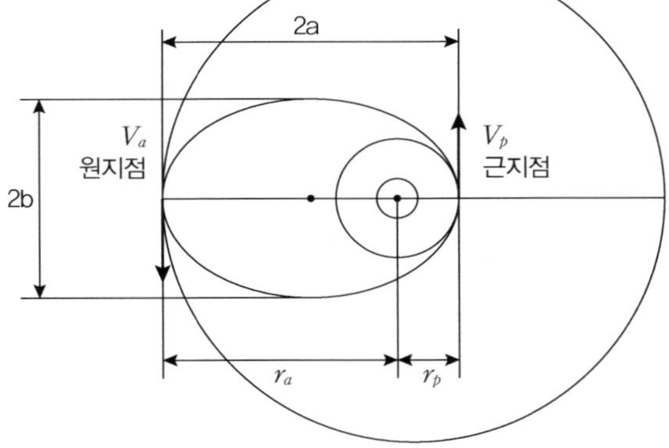

호만 천이 궤도의 타원 장반경(a)는 다음과 같다.

$$r_a + r_p = 2a = (6371+35786)+(6371+200) = 48728\text{km}$$

$$a = 24364\text{km}$$

초기 원궤도 V_1 속도(V_p)는 다음과 같다. 여기서 r은 지구중심부터의 거리이다.

$$V_p = V_1 = \sqrt{\frac{\mu}{r_p}} = \sqrt{\frac{398600}{6371+200}} = 7.79\text{km/s}$$

임무궤도의 원궤도 V_2 속도(V_a)는 다음과 같다.

$$V_a = V_2 = \sqrt{\frac{\mu}{r_a}} = \sqrt{\frac{398600}{6371+35786}} = 3.07\text{km/s}$$

호만 천이 궤도 근지점에서의 속도 V_{T1}는 다음과 같다.

$$V_{T1} = \sqrt{\mu\left(\frac{2}{r_p} - \frac{1}{a}\right)} = \sqrt{398600\left(\frac{2}{6371+200} - \frac{1}{24364}\right)} = 10.25\text{km/s}$$

호만 천이 궤도 원지점에서의 속도 V_{T2}는 다음과 같다.

$$V_{T2} = \sqrt{\mu\left(\frac{2}{r_a} - \frac{1}{a}\right)} = \sqrt{398600\left(\frac{2}{6371+35786} - \frac{1}{24364}\right)} = 1.60\text{km/s}$$

필요한 속도증분 ΔV_1은 다음과 같다.

$$\Delta V_1 = V_{T1} - V_1 = 10.25 - 7.79 = 2.46\text{km/s}$$

필요한 속도증분 ΔV_2은 다음과 같다.

$$\Delta V_2 = V_2 - V_{T2} = 3.07 - 1.60 = 1.47\text{km/s}$$

총 속도 증분은 다음과 같다.

$$\Delta V_{total} = \Delta V_1 + \Delta V_2 = 3.93\text{km/s}$$

2.2.2.4 궤도면 전환

동일 평면상 궤도 천이가 아니고, 위성의 궤도면 자체를 바꾸어야 할 경우에도 궤도평면 바깥에서 속도증분(ΔV)을 주어 궤도면을 바꿀 수 있다. 필요한 ΔV의 크기와 방향은 초기 궤도속도 V_1과 궤도평면 전환각 α에 따라 달라진다.

그림 2.13은 궤도면 전환을 나타내는 그림이고, V_1은 초기 궤도면에서의 속도, α는 궤도면 전환각이고, V_2는 궤도면 전환 후의 속도이고, 필요한 속도 $V_2 - V_1 = \Delta V$이다. 궤도면 전환을 나타내는 그림에서 V_1과 V_2는 크기는 같고 방향만 다르다고 가정하면 속도 삼각형 윗 꼭지각은 α이고 아래쪽 각은 각각 $90 - \frac{\alpha}{2}$가 된다. 삼각형 법칙에서 $\frac{|\Delta V|}{\sin\alpha} = \frac{|V_1|}{\sin\left(90 - \frac{\alpha}{2}\right)}$ 이므로 삼각함수공식을 이용하면 필요한 속도증분값(ΔV)에 대한 다음 식을 얻는다.

$$\Delta V = 2V_1 sin\frac{\alpha}{2} \tag{2.63}$$

또는 다른 방법으로 코사인 법칙에서 $(\Delta V)^2 = V_1^2 + V_2^2 - 2V_1 V_2 \cos\alpha$가 된다. $V_2 = V_1$이므로 이를 고쳐 다시 쓰면 $(\Delta V)^2 = V_1^2\left[2(1-\cos\alpha)\right]$가 되고 $1-\cos\alpha = 2\sin^2\frac{\alpha}{2}$인 관계를 사용하면 $(\Delta V)^2 = V_1^2\left(4\sin\frac{\alpha}{2}\right)$가 되어 동일한 다음 식을 얻을 수 있다.

$$\Delta V = 2V_1 sin\frac{\alpha}{2} \tag{2.63}$$

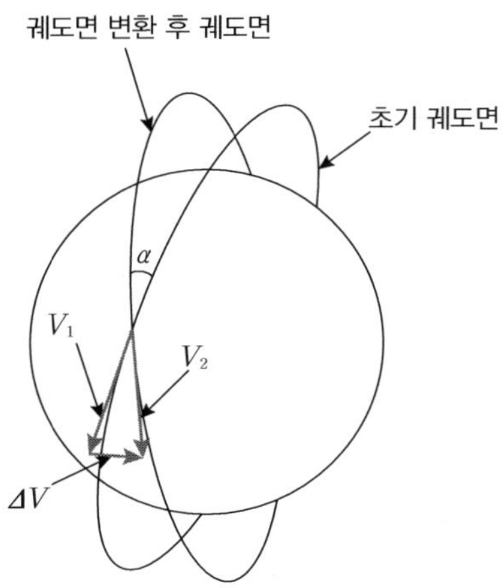

| 그림 2.13 | 위성 궤도면 전환

2.2.2.5 2-타원궤도 천이

2-타원궤도 천이(bi-elliptical transfer)는 초기 궤도와 최종 임무궤도간의 거리가 상당히 멀 때 사용한다. 또한 호만 천이 궤도를 수행하기 어려운 상황에서도 사용될 수 있다. 예를 들어 호만 천이 궤도상 유해한 것이 있을 때 임무 궤도 밖으로 천이 기동했다 다시 임무 궤도로 내로 복귀하게 한다. 2-타원궤도 천이 방법은 **그림 2.14**에 나타냈다.

2-타원궤도 천이 방법은 호만천이에서 임무 궤도 기동을 위해 하나의 타원궤도를 이용하는 것과 달리 2개의 타원궤도를 이용하여 기동한다. 따라서 세 번의 속도증분을 하게 되는데 총 속도증분 ΔV_{total}은 ΔV_1, ΔV_2, ΔV_3의 합으로 나타낼 수 있다. ΔV_1와 ΔV_3는 동일 평면상 궤도 천이방법과 같이 구할 수 있으며 다음과 같다.

$$\Delta V_1 = V_{TA} - V_A = \sqrt{\mu}\left[\sqrt{\frac{2}{r_A} - \frac{2}{r_A + r_T}} - \sqrt{\frac{1}{r_A}}\right] \tag{2.64}$$

$$\Delta V_3 = V_B - V_{TB} = \sqrt{\mu}\left[\sqrt{\frac{1}{r_B}} - \sqrt{\frac{2}{r_B} - \frac{2}{r_A + r_T}}\right] \tag{2.65}$$

ΔV_2는 두 개의 타원궤도를 공유하기에 다음과 같이 나타낼 수 있다.

$$\Delta V_2 = V_{TB} - V_{TA} = \sqrt{\mu}\left[\sqrt{\frac{2}{r_B} - \frac{2}{r_B + r_T}} - \sqrt{\frac{2}{r_A} - \frac{2}{r_A + r_T}}\right] \tag{2.66}$$

호만 궤도 천이와 2-타원궤도 천이의 속도증분 비교는 **예제 2.7**을 통해 나타내었다.

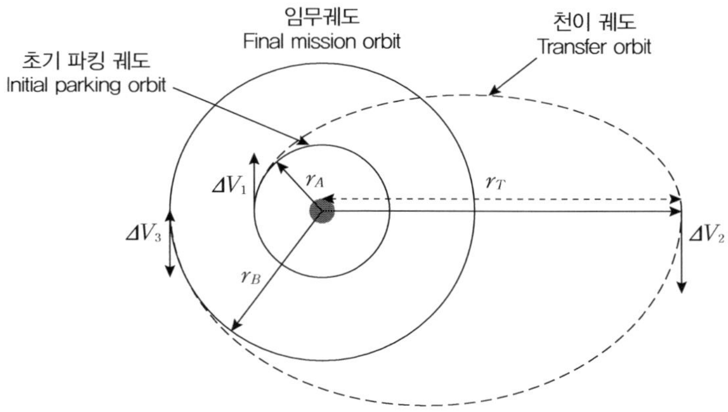

| **그림 2.14** | 2-타원궤도 천이 방법

예제 2.7 원형의 지구 저궤도 $r_0 = 6{,}700$km에서 기동하는 위성이 있다. 이 위성이 새로운 원궤도인 $r_1 = 10r_0 = 67{,}000$km로 천이 기동하고자 한다. 호만 천이 기동을 통해 기동을 하고자 할 때 각 단계에서의 속도증분을 구하고 총 속도증분을 구하라.(여기서 $\mu = 398{,}600\text{km}^3/\text{s}^2$이다.)

| 풀이 | 호만 천이 기동(**그림 2-7**을 볼 것)

① 호만 천이 궤도의 타원 장축($2a$) 길이

$$r_0 + r_1 = 2a = 73{,}700\text{km}$$

② 초기 원궤도 V_1속도

$$V_1 = \sqrt{\frac{\mu}{r_0}} = 7.71\text{km/s}$$

③ 임무궤도의 원궤도 V_2속도

$$V_2 = \sqrt{\frac{\mu}{r_1}} = 2.43\text{km/s}$$

④ 호만 천이 궤도 근지점에서의 속도 V_{T1}

$$V_{T1} = \sqrt{\frac{2\mu}{r_0} - \frac{2\mu}{r_0 + r_1}} = 10.40\text{km/s}$$

⑤ 호만 천이 궤도 원지점에서의 속도 V_{T2}

$$V_{T2} = \sqrt{\frac{2\mu}{r_1} - \frac{2\mu}{r_0 + r_1}} = 1.04\text{km/s}$$

⑥ 근지점 속도증분 ΔV_1

$$\Delta V_1 = V_{T1} - V_1 = 2.67\text{km/s}$$

⑦ 원지점 속도증분 ΔV_2

$$\Delta V_2 = V_2 - V_{T2} = 1.39\text{km/s}$$

⑧ 총 속도증분

$$\Delta V_{total} = \Delta V_1 + \Delta V_2 = 4.06\text{km/s}$$

예제 2.8 예제 2.7과 같은 동일위치의 위성이 같은 임무궤도 천이를 위해 2-타원궤도 기동을 하려고 한다. 이때 장반경 $r_2 = 30r_0 = 201{,}100$km를 가지는 타원궤도로 천이 후 임무 궤도로 천이하고자 한다. 이때의 각 단계에서의 속도 증분을 구하고 총 속도증분을 구하라. (여기서 $\mu = 398{,}600\text{km}^3/\text{s}^2$ 이다.)

| 풀이 | 2-타원궤도 천이

① 초기 원궤도 V_1속도

$$V_1 = \sqrt{\frac{\mu}{r_0}} = 7.71\text{km/s}$$

② 임무궤도의 원궤도 V_2속도

$$V_3 = \sqrt{\frac{\mu}{r_2}} = 1.4082\text{km/s}$$

③ 타원 첫궤도 근지점에서의 속도 V_{T1}

$$V_{T1} = \sqrt{\frac{2\mu}{r_0} - \frac{2\mu}{r_0 + r_2}} = 10.73\text{km/s}$$

④ 타원 첫궤도 원지점에서의 속도 $V_{T2,1}$

$$V_{T2,1} = \sqrt{\frac{2\mu}{r_2} - \frac{2\mu}{r_0 + r_2}} = 0.36\text{km/s}$$

⑤ 타원 첫궤도 원지점에서의 속도 $V_{T2,2}$

$$V_{T2,2} = \sqrt{\frac{2\mu}{r_2} - \frac{2\mu}{r_1 + r_2}} = 1.00\text{km/s}$$

⑤ 타원 첫궤도 원지점에서의 속도 V_{T3}

$$V_{T3} = \sqrt{\frac{2\mu}{r_1} - \frac{2\mu}{r_1 + r_2}} = 2.99\text{km/s}$$

⑦ 속도증분 ΔV_1

$$\Delta V_1 = V_{T1} - V_1 = 3.02\text{km/s}$$

⑧ 속도증분 ΔV_2

$$\Delta V_2 = V_{T2,2} - V_{T2,1} = 0.64\text{km/s}$$

⑨ 속도증분 ΔV_3

$$\Delta V_3 = V_{T3} - V_3 = 0.56\text{km/s}$$

⑩ 총 속도증분

$$\Delta V_{total} = \Delta V_1 + \Delta V_2 + \Delta V_3 = 4.22\text{km/s}$$

호만궤도 천이와 2-타원궤도 천이 속도증분을 비교해 보면 호만궤도 천이가 속도 증분측면에서 더 효율적인 것을 볼 수 있다. 하지만 실제 임무 원궤도의 반지름(r_1)이 더 길어진다면 2-타원궤도 천이가 속도증분 측면에서 더욱 효율적일 수도 있다.

2.3 한국형 달 탐사 계획

달은 지구의 위성으로 지구중심으로부터 달까지의 평균거리는 384,400km로 지구지름의 약 30배이며 지구에서 태양까지의 거리의 약 1/389이다. 달의 지름은 지구의 약 1/4, 달의 부피는 지구의 약 1/50, 달표면에서 중력은 지구중력의 약 17%정도이다. 지구 자전축은 황도면을 기준으로 23.44° 기울어져 있고 달은 황도면을 기준으로 5.14° 기울어져 있다. 달의 이심률은 0.0549이며 달의 근지점은 362,000km, 원지점은 405,400km이다. 달은 자전주기와 공전주기가 27.321일로 동일하기 때문에 지구에서 달을 볼 때는 항상 같은 면만 볼 수 있다. 지구－달－태양의 위치변화는 29.5일을 주기로 달라진다. 1959년에 발사된 루나1호에 의해 최초로 달 탐사가 시작되었으며, 아폴로 11호에 의해 1969년 7월 20일 첫 번째로 인류가 달에 착륙하였다. 아폴로 계획은 1972년까지 계속되었다. 중국은 2019년 1월 3일에 창어 3호가 달 뒷면에 착륙하였다. 한국은 2022년에 달궤도선을 발사할 예정이다.

2.3.1 달 탐사 발사체

한국형 달 궤도선은 저궤도 실용위성 발사용 로켓인 한국형 발사체(KSLV－2)에 탑재된다. KSLV－2는 98.2도의 궤도 경사각을 가진 700km 태양 동기 궤도에 1,500kg의 탑재체 질량인 페이로드(payload)를 올릴 수 있도록 개발되지만 달 탐사 발사체는 태양 동기궤도로 달 탐사 위성의 파킹고도로 사용하면 손실이 크므로 다른 발사체와 유사하게 고도 300km 지구 저궤도에 경사각 80도인 원궤도를 가지며 2,600kg의 페이로드를 올릴 수 있도록 설계된다. KSLV－2에 탑재되는 달 궤도선은 중량이 550kg에 달하고, 탑재된 달 궤도선을 나로우주센터(경도 127.5°, 위도 34.4°)에서 목표 고도 300km에 경사각 80°인 원궤도에 투입시키기 위해 방위각 170도로 발사한다. 기존의 달 탐사위성의 주차궤도 경사각은 달궤도면과 비슷한 약 30도가 많지만 나로우주센터 여건을 고려하여 80°로 정한다. KSLV－2 발사체는 75t급 추력 엔진 4기가 클러스터링 된 1단 로켓과 75t급 추력 엔진 1기로 구성된 2단 로켓, 7t급 추력 엔진 1기로 구성된 3단 로켓으로 구성되어 있다. 그러나, 기존의 3단으로는 필요한 속도 증분을 얻을 수 없으므로, 킥 모터를 장착하여, 4단으로 구성할 계획이다. 장착되는 킥 모터는 크게 고체 부스터를 활용하는 방안과 액체 부스터를 활용하는 방안이 고려되고 있다[6].

2.3.2 달 탐사선

달 탐사 기술을 검증하기 위한 목적의 시험용 달 궤도선의 총 중량은 550kg이며, 양쪽에 2개의 태양 전지를 가지고 있다. 또한, 단일 추진제(연료량 약 230kg)를 이용한 온보드 추력기를 탑재할 계획이다. 달 궤도선은 KSLV−2 상단부인 TLI(Trans Lunar Insertion) Stage에 부착되어 페어링으로 보호되어 있다. 발사체와의 접속을 위해서 937mm 직경의 클램프밴드를 채택된다[7]. 550kg급 달 궤도선은 고흥 나로우주센터에서 발사 후 지구 저궤도에 진입하며, 발사체 상단을 이용하여 임무에 가장 적합한 시점에 지구−달 전이궤도(lunar transfer orbit)로 투입된다. 달 비행궤도 투입을 위해 속도증분이 필요한데 가장 큰 속도증분을 요구하는 단계는 달 천이 궤도 진입이다. 이러한 속도증분을 구현하기 위해서는 단시간에 높은 추력을 발생시킬 수 있는 추진방식이 요구된다. 기본적으로 한국형발사체의 3단인 액체연료 킥 모터를 사용하여 달 천이 궤도에 진입한다. 지구−달 천이궤도를 지나 달 궤도에 근접한 궤도선은 달 궤도에 진입하기 위해 달 궤도 진입(LOI) 기동을 수행해야 한다[7].

2.3.3 달 궤도 진입 기동

달 궤도 진입 방식에는 크게 직접 천이방식, 위상궤도천이방식, WSB(준안정경계면) 천이방식, 나선형 천이방식(또는 저추력 천이방식)이 있으며 **그림 2.15**에 나타내었다. 직접 천이방식은

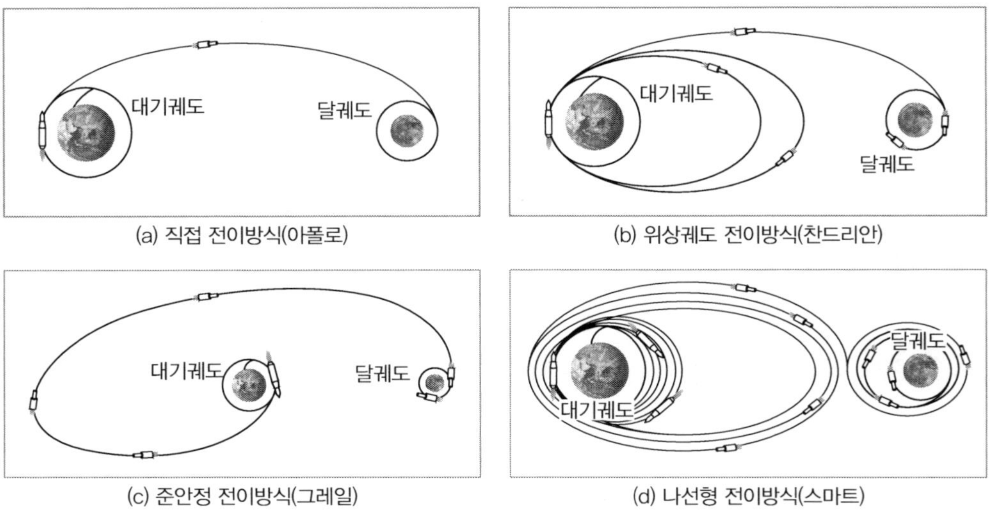

| 그림 2.15 | 여러 가지 달 궤도 진입 기동 방식

가장 단순한 방식으로 지구에서 달 탐사선이 달까지 가는데 4~5일 정도 소요된다. 직접 천이 방식으로 천이 기동을 수행하려면 1톤급 이상의 추력을 내는 로켓 엔진이 필요하며 이 방식은 초기 달 탐사 프로그램부터 지금까지 사용되어져 왔고, 대표적으로 아폴로 프로그램에 적용되었다. 위상궤도 천이방식은 발사 가능 시간을 넓게 확보하는 방식으로 달까지 가는 시간이 12일에서 30일 정도 소요된다. 위상궤도천이방식을 이용하면 기존의 정지궤도 위성용 킥모터 등을 이용하면 되기 때문에 새로운 로켓 엔진 개발이 필요 없을 수 있다. 이러한 방식을 사용한 탐사선은 중국의 창어 1, 2호와 인도의 찬드라얀 탐사선이 있다. 준안정천이방식은 지구와 태양 사이의 에너지를 이용하는 방법으로 지구에서 출발해 달까지 3개월 정도 소요된다. 나선형 천이방식은 전기추력기와 같이 추력이 낮은 엔진을 이용하여 달까지 1년 이상의 시간이 걸리며, 유럽의 Smart−1 탐사선이 그 대표적인 예이다. 다양한 달 궤도 진입 기동에 대한 비교가 **표 2.6**에 나타나 있다.

표 2.6 달 궤도 천이방식 비교[14]

특징	직접달궤도 천이방식 (Direct Insertion)	위상궤도 천이방식 (Phasing Loop)	WSB 천이방식 (Weak Stability Boundary)	나선형 천이방식 (저추력 천이방식)
발사체 투입궤도	지구 저궤도 또는 달천이 궤도	고타원궤도	Lagrangian Point 부근의 WSB	지구 저궤도
달궤도 진입시간	1주 이내	2～3주	2～4달	1년 이상
임무설계 특징	단순 임무설계	단순 임무설계	높은 목표정확도 및 비행경로제어 필요	복잡한 천이궤도 설계
추진제중량 대 탐사선중량 비율	30～50%	50～60%	30～40%	30%
탐사선 추진시스템	고체 킥모터+단일 추진제 또는 단일 추진제	이원추진제 또는 이중모드	단일추진제 또는 이원추진제	전기추진
반알렌대 통과 횟수	1회	2～3회	1회	다수(수주일간)
단점	발사일 선택폭 제한	복잡한 궤도운영 추진제 추가 소모	통신요구조건 확장	태양전지 손상위험
달 탐사 적용 사례	아폴로, 루나 프로스펙터, 달궤도 탐사선(LRO)	클레멘타인, 셀레네, 창어-1호, 찬드라얀-1호	그레일, 히텐	스마트-1호

2.3.3.1 직접 천이법

직접 천이법은 타원궤도 형태를 가지며, 지구에서 달까지 가는 이동경로가 가장 짧으며 최소의 ΔV를 필요로 하는 호만 천이(Hohmann Transfer) 궤도를 이용한다. **그림 2.16**은 호만 궤도를 이용한 직접 천이법을 나타내고 있다.

지구와 달 사이 평균거리인 약 384,000km에 근접한 40만km를 한 번에 직접적으로 날아가려면 상대적으로 큰 추력이 필요하고 소요시간은 3~5일 걸려서 달에 도달할 수 있다. 소요시간이 짧으므로 방사선 노출이 최소화되어 유인 탐사에 적합하지만 직접천이 킥모터의 점화, 추력상승, 추력하강, 추력변동 등에 대한 궤도 수정에 다소 많은 추진제가 필요하고 달 궤도에 진입할 때 많은 연료가 필요하다. 아폴로 11호는 직접천이궤도를 사용하였다. 최근에

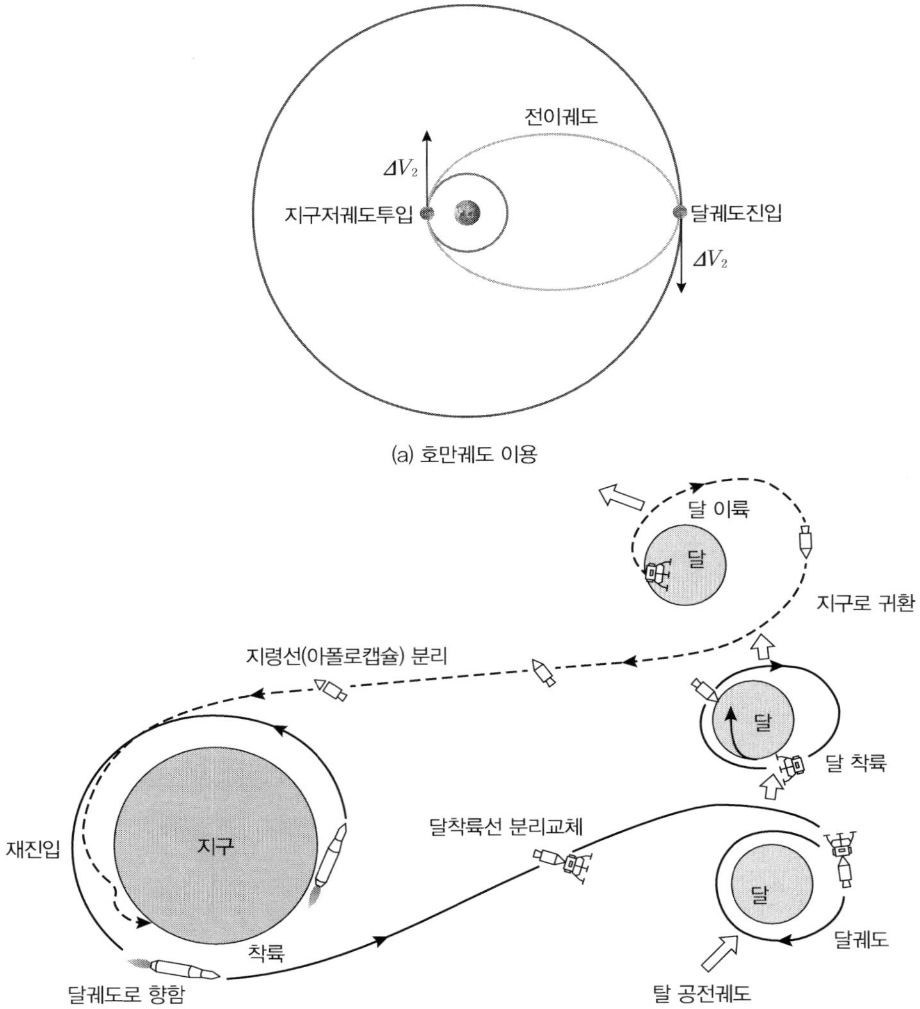

(a) 호만궤도 이용

(b) 아폴로 11호 비행궤도

| 그림 2.16 | 호만 궤도를 이용한 직접 천이법과 아폴로11호 비행궤도 [15]

는 미국의 달 궤도선인 LRO의 천이궤도로도 사용되었다. 달 궤도선이 지구 궤도인 고도 약 300km 원궤도에 투입된 후 달 궤도 진입을 위해 약 3.106km/s 속도가 필요하다. 이러한 속도 증분은 다음 식으로부터 계산되었다.

$$\Delta V_1 = V_{LTO,p} - V_{c,LEO} = \sqrt{\mu\left(\frac{2}{r_{LTO,p}} - \frac{1}{a}\right)} - \sqrt{\frac{\mu}{r_{LEO}}} \tag{2.67}$$

ΔV_1은 LTO(Lunar Transfer Orbit) 원지점에 따라 변하며, 특히 달 궤도 반지름과 지구로부터 달 도착에 걸리는 시간에 따라 변한다. 달 궤도에 진입하기 위해서는 또 다른 속도 ΔV_2가 필요하며, 달의 궤도 속도와 원지점에서의 달 궤도선의 속도 차이에 의해 약 0.83km/s가 필요하다.

$$\Delta V_2 = V_{Moon} - V_{LTO,o} = \sqrt{\mu\left(\frac{2}{r_{LTO,a}} - \frac{1}{a}\right)} - \sqrt{\frac{\mu}{r_{LEO}}} \tag{2.68}$$

달 궤도 진입에 필요한 ΔV_2는 지구와 달의 거리에 따라 역시 변하며 그 값은 0.813km/s에서 0.849km/s 사이 값을 취한다. 따라서, 타원궤도의 원지점 길이에 따라 ΔV_2값이 큰 영향을 받게 된다. 이로부터, 직접 천이법을 통해 필요한 총 ΔV는 약 3.936km/s이다. 지구에서 달까지 비행하는데 걸리는 시간은 식 (2.48)으로부터 식 (2.69)으로 표현된다.

$$T = 2\pi\sqrt{\frac{a^3}{\mu}} \tag{2.69}$$

천이 비행시간(TOF, Time Of Flight)를 줄이기 위해서는 ΔV_1를 증가시키면 되지만, 달 궤도 진입 시 ΔV_2가 크게 필요하다. 직접 천이법의 발사시각은 발사 장소의 위도(λ)와 지구 적도축(d)에 대한 달의 적위 차이에 의해 결정되며, 지구 적도축에 대한 달의 적위는 $d = 23.44^\circ \pm 5.145^\circ$ 내에서 변한다[11].

한국형 달 궤도선은 나로우주센터(경도 127.5° 위도 34.4°)에서 방위각 170도로 발사되어 목표 고도 300km에 투입된다. 지구에서 달까지 직접 천이 궤적을 선택하면 300km에서 일정시간 공전한 후 달 궤도 변환(TLI, Trans Lunar Insertion)를 통해 달로 향하게 되고 지구에서 달까지의 천이 비행시간은 2~6일 정도 소요된다. 달 궤도선은 달 근처에서 달 궤도 진입(LOI, Lunar Orbit Insertion)를 통해 궤도경사각 90도, 달 고도 100km에 진입하게 된다. 달 궤도선은 직접천이를 고려함에 따라 연료의 무게가 감소되고 이로 인해 탑재체에 할당된 중량이 늘어나게 된다[11, 18].

2.3.3.2 위상 궤도 천이법

위상 궤도 천이법은 직접천이법 다음으로 많이 사용하는 천이궤적으로, 지구에서 쏘아올린 달 탐사선이 여러 번(2~5번) 타원궤도를 공전한 후 직접 전입 방법과 같이 달 궤도로 직접 천이하는 방식이다. 주로 2.5 위상 궤도 천이법, 3.5 위상 궤도 천이법이 사용되는데 이는 타원궤도의 개수에 따라 구분된다. 위상 궤도 천이법은 직접 천이법과 비교하여 타원궤도의 주기를 변경함으로써 하루에 발사 할 수 있는 발사창을 상대적으로 길게 확보할 수 있는 장점이 있으나, 상대적으로 비행시간이 약 20일~30일정도 걸리는 단점이 있다. 궤도시간이 길므로 궤도선에서 발생할 수 있는 여러 가지 오류를 수정할 수 있는 충분한 시간을 가지는 장점이 있어 처음으로 달 탐사하는 국가에서 많이 채택하는 방식이다. 일본의 달궤도선 셀레네와 인도의 찬드리안 1호, 2호가 위상궤도 천이법을 사용하였다.

달 궤도선 달 궤도 진입 기동을 고려하여 해외 달 탐사선 중에서 찾아보면 총 무게와 임무 측면에서 한국형 달 탐사선과 유사한 위성은 NASA의 Lunar Prospector(LP)라고 볼 수 있다. LP는 100km의 근월점 고도(periselene altitude)를 기준으로 약 3 회의 달 궤도 진입 기동을 수행한 후 달의 임무궤도에 진입하였다. 한국형 달 궤도선도 LP와 같이 3회의 궤도를 지나, 궤도 위상을 천이 시키어 달 궤도에 진입하도록 계획된다. 이후, 100km의 근월점 달 고도를 직접 이용하거나, 혹은 달의 중궤 궤도에 먼저 진입한 후 100km의 임무 궤도에 진입하는 방법도 계획 중이다. 한국형 달 궤도선은 무게 당 추력비가 낮게 설계되었기 때문에 순간 추력 모델과 같이 단 한 번의 달 궤도 진입 기동으로 달 궤도에 진입하는 것은 불가능하다. 따라서 LP와 같이 총 3회의 달 궤도 진입 기동을 통해 진입할 수 있는데, 온보드 추진계의 추력이 적어질수록 달 궤도 진입 기동을 수행하는 데 요구되는 가 적어진다. 이는 궤도선의 무게 대 비추력이 적기 때문에 그만큼 추력기의 분사 시간이 길어지고, 이로부터 분사손실(loss burn)이 발생하기 때문이다. 달 궤도 진입 기동을 수행하는데 근월점 이각을 일정하게 유지하고 분사 손실로 인한 근월점의 고도 증가를 최소화하기 위해서는 추력이 80N 이상 되어야 된다고 분석되었다[7].

2.3.3.3 WSB 천이 방식

달 탐사선이 태양, 지구, 달 등 주변 천체의 중력효과를 활용하는 스윙바이로 우주선을 가속화하여 연료사용을 최소한 한 채 달에 가는 방법으로 태양 쪽으로 멀리 간 다음 다시 달로 돌아가는 방식이다. 달까지 직접 가거나 지구의 중력만을 활용하는 궤도와는 다르게

WSB 궤도는 태양의 중력까지도 활용한다. 지구와 태양사이의 평형점에 궤도선을 보냄으로써 달궤도 진입에 요구되는 에너지를 줄일 수 있다. 궤도선이 평형점에 도달하면 아주 약한 힘으로도 태양으로 가거나 지구로 되돌아 올 수 있기 때문에 안정성이 약한 경계면(WSB) 또는 준안정 경계면이라 한다. 평형점에서 지구로 되돌아오는 궤적이 설계된다면 달궤도에 진입하기 위한 에너지를 기존궤적보다 약 25% 감소시킬 수 있다. WSB 천이 방식은 지구로부터 최대 120~190만km까지의 심우주를 돌아가야 하는 방식으로 총 비행거리는 240~380만km이고 전이기간은 2~4달 걸린다. 탐사선이 지구에서 멀리 이동하므로 장거리 및 심우주 통신계의 보강이 필요하다.

2.3.3.4 나선형 궤도 천이법(저추력 천이방식)

주로 추력이 낮고, 비추력이 높은 전기추진시스템을 주 추진력으로 사용하여 낮은 고도로부터 나선형 계단처럼 수십~수백 번의 타원형 궤도를 그리면서 달 쪽으로 천이해가는 방식이다. 매우 긴 시간동안 분사시켜 궤도를 서서히 천이시키는 방식으로 궤도 천이 기동을 통해 달 궤도 진입 시까지 1년 이상의 긴 비행시간이 소요된다. 나선형 천이법을 이용한 선례는 현재 유럽의 제논을 추진제로 사용하는 이온 추력기에 의한 SMART-1의 경우가 그 예이다.

연 습 문 제

01 초기 질량(m_0) 1500kg, 연소 후 질량(m_f) 452kg, 탑재체 질량(m_{pl}) 200kg, 연소 시간(t_b) 30sec, 평균 비추력($I_{sp,avg}$) 324sec인 완전팽창하는 로켓 시스템이 있다. 로켓 시스템의 질량비(R), 비행체 질량비(MR), 하중비(λ), 추진제 질량비(ζ)와 유효배기속도, 초기 및 최종 가속도, 전 충격량을 구하라.

02 초기 로켓 총질량은 137톤, 구조물 질량은 14톤, 페이로드는 3톤, 유효배기가스는 2700m/s인 로켓을 생각하자. 1단로켓, 2단로켓, 3단로켓으로 각각 설계할 때 각 경우에 대하여 속도증분을 구하라. 다단로켓에서 구조물과, 추진제는 각각 균등배분된다고 가정하라.

03 아폴로 로켓 엔진의 각 단의 제원은 다음과 같다.

	단		
	1단	2단	3단
엔진명	F–1	J–2	J–2
연료	RP–1	LH_2	LH_2
산화제	LO_2	LO_2	LO_2
엔진 수	5	5	1
총 추력(kN)	33,400	4,450	890
비추력(sec)	263	421	421
총 초기질량(kg)	2,780,000	677,000	215,000
추진제질량(kg)	1,997,000	429,000	109,000
엔진구조질량(kg)	106,000	32,600	25,700
구조계수		0.071	0.191
페이로드 질량(kg)	–	–	81,100
하중비(λ)		0.466	0.603

① 다음 표와 같은 아폴로 엔진의 1단에서의 구조계수와 하중비를 구하라.

② 각 단에서의 속도 증분과 최종속도증분을 구하라.

③ 각 단의 하중비와 구조계수가 모두 동일하다고 가정했을 때의 하중비와 구조계수를 구하라.

04 다음과 같은 2단 로켓이 있다. 로켓의 질량은 로켓 구조물질량 m_s, 페이로드질량 m_{pl}, 추진제질량 m_p로 구성되어 있으며, 비행체 질량은 구조물질량, 추진제질량, 페이로드질량을 합한 총 질량이다. (2단 로켓 점화시 1단 로켓은 분리되어 없어진다고 생각한다.)

제1단 구조물 질량 $m_{s1}=18,000$kg, 제1단 추진제 질량 $m_{p1}=80,000$kg,
제1단 엔진 비추력 $I_{sp1}=260$s,
제2단 구조물 질량 $m_{s2}=7,000$kg, 제2단 추진제 질량 $m_{p2}=32,000$kg,
제2단 엔진 비추력 $I_{sp2}=440$s,
페이로드(인공위성) $m_{pl}=3,000$kg.

아래 사항을 구하라.

① **제1단 로켓의** 점화전 초기 로켓의 비행체 질량, 연소 종료후 로켓의 비행체 질량, 비행체 질량비, 등가배기가스속도

② **제2단 로켓의** 점화전 초기 로켓의 비행체 질량, 연소 종료후 로켓의 비행체 질량, 비행체 질량비, 등가배기가스속도

③ 이 로켓의 최종속도(m/s)를 구하라.

④ 중력과 공기 저항을 고려한 속도 손실은 각각 얼마인지 기술하고 이 로켓을 평가하라.

05 인공위성이 파킹 궤도 160km에서 해면고도 42,200km의 최종궤도로 호만천이에 따라 천이한다. 단, 지구는 둥글며 지구반경(R_0)은 6371km이다. 단, 지구중력상수 $\mu=3.98600\times10^{14}\mathrm{m^3/sec^2}$이다.

① 호만궤도를 그림으로 나타내고 호만궤도의 물리적 중요성을 설명하라.

② 호만궤도의 장축 반지름을 구하라.

③ Parking 원궤도 속도와 최종 원궤도 속도를 각각 구하라.

④ 타원궤도에서 근지점 속도와 원지점 속도를 각각 구하라.

⑤ 호만궤도 천이에 필요한 속도증분은 몇 번 필요한지 나타내고, 각 곳에서의 속도증분을 구하라.

06 어느 2단로켓의 로켓전체 무중력 상태에서 비행속도 증가는 6200m/sec이고 로켓전체 비추력 I_{sp}는 310sec이며, 로켓전체 유효배기속도(c)는 3038m/sec이고, 로켓전체 초기 발사체 질량은 4500kg이며, 각단의 추진체 질량비율(ζ)은 0.880|고, 각단의 구조 질량비($1-\zeta$)는 0.12이다.

① 2단로켓을 스케치하여 그림에 변수를 나타내고, 로켓전체의 비행체 질량비(MR)을 구하라.

② 각 단의 초기 질량 및 추진제 질량이 같다고 할 때 유효하중(payload)의 질량을 구하라.

③ 각 단의 초기 질량 및 추진제 질량이 같다고 할 때 각단의 초기질량 및 추진제 질량을 구하라.

④ 2단 로켓과 같은 이륙 질량 및 추진제 질량을 가진 1단 로켓의 유효하중를 구하라.

⑤ 문 ②, ④의 결과를 비교 분석하라.

07 구조계수(ε) = 0.1, 비추력 350s를 갖는 액체추진로켓이 400kg의 유효하중(payload)을 담당하면서 로켓의 가속도는 6g를 넘지 않도록 설계되어 있다. 추진제의 질량은 1000kg이다.

① 구조물의 질량 m_s를 구하라.

② 등가배기속도 V_{ep}를 구하라.

③ 질량비 $R = \dfrac{m_o}{m_f}$를 구하라.

④ 위 조건을 만족시키는 로켓의 최소연소시간 t_b를 구하라. (최소연소시간은 가속이 최대일 때 일어난다.)

⑤ 이 로켓이 도달할 수 있는 최대 높이를 구하라.

08 지구의 자전주기가 23시간 56분 04초이라면 지구정지궤도 높이와 그때 위성체의 속도를 구하라.

09 고체로켓과 액체로켓이 있는데 두 로켓 모두 유효하중 질량은 10,000kg이며 비행체의 최초질량(m_o)는 510,000kg이다. 고체로켓의 비추력은 280sec이고, 액체로켓의 비추력은 고체로켓보다 60% 크다. 액체로켓의 비행체 구조물질량(m_s)는 고체로켓 구조물질량보다 30%무겁다. 고체로켓의 구조계수(ε)는 0.080이다. 이륙 시 초기 비행속도는 0이라고 가정하며, 비행체에 작용하는 평균 중력가속도는 9.5m/s^{2}라고 가정한다.

① 고체로켓과 액체로켓 각각의 구조물 무게를 구하라.

② 고체로켓과 액체로켓 각각의 질량비(R)를 각각 구하라.

③ 연소종료 시 고체로켓과 액체로켓 각각의 최종속도를 구하라.

④ 액체로켓과 고체로켓의 속도 증가비율비, 즉 $\dfrac{(\Delta v)_{liq}}{(\Delta v)_{solid}}$를 구하라.

10 구조계수(ε) $=$ 0.1, 비추력 350s를 갖는 액체추진로켓이 400kg의 유효하중(payload)을 담당하면서 로켓의 가속도는 6g를 넘지 않도록 설계되어 있다. 추진제의 질량은 1000kg이다.

① 구조물의 질량 m_s를 구하라.

② 등가배기속도 V_{eq}를 구하라.

③ 질량비 $R = \dfrac{m_o}{m_f}$를 구하라.

④ 위 조건을 만족시키는 로켓의 최소연소시간 t_b를 구하라.

⑤ 이 로켓이 도달할 수 있는 최대 높이를 구하라.

로켓 추진 이론

3.1 열유체역학 기본이론

열유체 시스템은 특정조건의 경계를 가지는 공간 또는 구역 내 고정된 특성을 가지는 물질의 조합으로 정의될 수 있다. 시스템의 경계는 경우에 따라 움직일 수 있거나 고정될 수 있으며, 에너지는 열 또는 일의 형태로 경계를 출입할 수 있고 주위와 상호작용한다. 로켓 엔진의 경우 열유동해석은 추진제가 시스템으로 유입되고 연소 후의 배기가스가 시스템으로부터 배출되는 개방 시스템으로 간주하여 해석한다.

로켓엔진의 내부유동을 해석하고자 하는 경우에는 **그림 3.1**와 같이 연소실과 노즐을 제어체적(control volume)으로 생각하여 열유체역학 기본관계식을 적용한다. 추진제의 화학반응은 연소실에서 일어나며 연소생성물은 노즐을 통과하여 팽창하며 속도가 증가하면서 노즐출구로 배출된다.

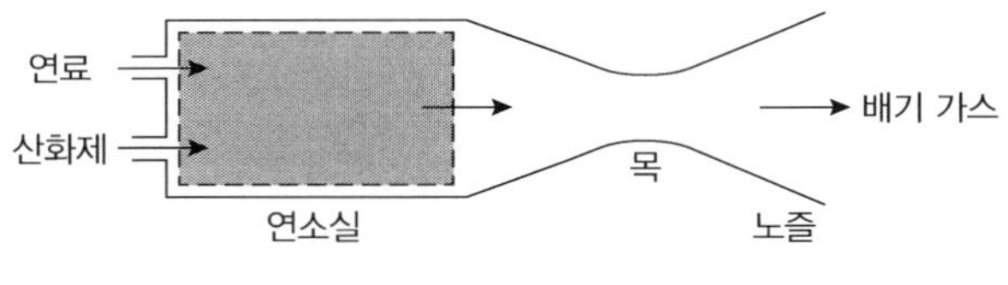

| **그림 3.1** | 로켓엔진의 유동과 제어체적

3.1.1 열역학 제1법칙 및 레이놀즈 수송 방정식

로켓 시스템은 연료와 산화제가 유입되고 연소배기가스가 노즐을 통해 유출되는 개방 시스템으로 볼 수 있다. 제어체적의 경계면을 통해 질량의 유입과 유출이 있는 개방시스템의 경우 레이놀즈 연속방정식, 운동량 방정식, 에너지보존식을 일반화하여 수송 정리(Reynolds transport theorem)로 만들 수 있고, 제어체적에 관한 보존 방정식을 나타낼 수 있다. 레이놀즈 수송 정리의 일반식은 다음과 같다.

$$\frac{dX_{sys}}{dt} = \frac{d}{dt}\int_{CV} x\rho dV + \int_{CS} x\rho(\vec{V}\cdot\vec{n})dA \tag{3.1}$$

여기에서 X_{sys}는 시스템의 물리량을 의미하며, x는 물리량을 질량으로 나눈 값으로 $\frac{dX_{sys}}{dm}$과 같다. $\vec{n}$은 경계면의 밖으로 향하는 법선벡터이다. 이를 물리적으로 해석하면 좌변의 $\frac{dX_{sys}}{dt}$은 밀폐계의 물리량 변화율은 우변의 제어체적 내부의 물리량의 시간 변화율 $\frac{d}{dt}\int_{CV} x\rho dV$과 검사체적의 경계면을 통과하는 물리량 선속 $\int_{CS} x\rho(\vec{V}\cdot\vec{n})dA$의 합과 같다.

레이놀즈 수송 정리로부터 연속방정식(질량 보존)의 방정식을 나타내면 X_{sys}에 시스템의 질량 m을 대입하면 $x = \frac{dX_{sys}}{dm} = 1$이 되므로

$$\frac{dm_{sys}}{dt} = \frac{d}{dt}\int_{CV} \rho dV + \int_{CS} \rho(\vec{V}\cdot\vec{n})dA = 0 \tag{3.2}$$

윗 식에서 $\frac{dm_{sys}}{dm}$는 밀폐계의 질량 보존 법칙으로부터 0이 된다. 즉, 제어체적 내부의 질량 변화율은 경계면에서의 순 질량 유출과 같음을 의미한다.

뉴턴의 제2법칙으로부터 질량이 m인 물체에 힘 $\vec{F}$가 가해질 때 물체의 운동량의 시간에 대한 변화율은 다음과 같이 나타난다.

$$\vec{F} = \frac{D(m\vec{V})}{Dt} \tag{3.3}$$

마찬가지로 레이놀즈 수송 정리에서 물리량 X_{sys}에 선운동량 mV_g를 대입하면 $x = \frac{d}{dx}(m\vec{V}) = \vec{V}$가 되고, 다음과 같은 검사체적에 대한 운동량 보존 방정식이 유도된다.

$$\sum \vec{F} = \frac{d(m\vec{V})m_{sys}}{dt} = \frac{d}{dt}\int_{CV} \rho\vec{V}dV + \int_{CS} \rho\vec{V}(\vec{V}\cdot\vec{n})dA \tag{3.4}$$

식 (3.4)의 물리적 의미는, 검사체적에 작용하는 모든 힘은 검사체적 내부의 운동량의 시간 변화율과 검사체적의 경계면에서의 운동량 선속의 합과 같다. $\sum \vec{F}$는 외부에서 작용하는 모든 힘의 합으로 힘의 작용에 따라 체적력(body force)과 표면력(surface force), 축력(shaft force)으로 크게 구분된다. 체적력은 중력과 전자기장과 같이 체적 전체에 작용하는 힘이고 표면력은 수직력인 압력과 전단응력인 점성력과 같이 물리적 경계면에서 발생하는 힘을 의미한다.

각운동량을 생각해 보면, $X = \vec{r}\times m\vec{V}$, $x = \frac{d}{dx}(m\vec{r}\times\vec{V}) = \vec{r}\times\vec{V}$가 되므로 식 (3.1)은 다음과 같이 정리될 수 있다.

$$\sum \vec{T} = \frac{d}{dt}\int_{CV} \vec{r}\times\vec{V}\rho dV + \int_{CS} \vec{r}\times\vec{V}(\rho\vec{V}\cdot\vec{n})dA$$

마지막으로 물리량 X_{sys}에 시스템 에너지 E_0를 대입하면 다음과 같은 검사체적에 대한 식이 나타난다. 또 $x = \frac{dE_0}{dm} = e_0 = e + \frac{V}{2} + gz$가 되므로

$$\frac{dE_0}{dt} = \frac{dQ}{dt} - \frac{dW}{dt} = \frac{d}{dt}\int_{CV} e_0\rho dv + \int_{CS} e_0\rho(\vec{V}\cdot\vec{n})dA \tag{3.5}$$

여기서 $e_0 = e + e_k + e_p$이며 e는 내부 에너지를 의미한다. 참고로 열역학에서는 $e = u + e_k + e_p$로 표시하며 e가 총에너지, u가 내부에너지를 뜻한다.

또한 위 식에서

$$\frac{dW}{dt} = \dot{W} = \dot{W}_{shaft} + \dot{W}_{pressure} + \dot{W}_{viscous} + \dot{W}_{body\ force} \tag{3.6}$$

이며 우변의 각 항들은 다음과 같다.

$$d\dot{W}_{press} = -(PdA)V_n = -P(-\vec{V}\cdot\vec{n})dA \tag{3.7}$$

$$\dot{W}_{press} = \int_{CS} P(\vec{V}\cdot\vec{n})dA = \int_{CS} Pv\cdot\rho(\vec{V}\cdot\vec{n})dA \tag{3.8}$$

$$\dot{W}_{vs} = -\int_{CS} \vec{\tau}\cdot\vec{V}dA \tag{3.9}$$

여기서는 식 (3.6)에서 우변의 마지막 항인 체적력은 무시하였다. 열역학적 상태량의 정의에서 $v\rho = 1$임과 식 (3.6)를 이용하여 식 (3.5)를 정리하면 다시 다음과 같이 나타낼 수 있다.

$$\dot{Q} - \dot{W}_s - \dot{W}_{vs} = \frac{\partial}{\partial t}\int_{CV} e_0\rho dV + \int_{CS} (e_0 + Pv)\rho(\vec{V}\cdot\vec{n})dA \tag{3.10}$$

또한 엔탈피의 정의에서 $h = e + Pv$이므로 식 (3.5)는 다음과 같이 되며 이를 에너지 방적식이라 한다.

$$\dot{Q} - \dot{W}_{shaft} - \dot{W}_{viscous} = \frac{\partial}{\partial t}\int_{CV} e_0\rho dV + \int_{CS} (h + e_k + e_p)\rho(\vec{V}\cdot\vec{n})dA \tag{3.11}$$

이와 같이 나타낼 수 있으며 이를 에너지 방정식이라 한다.

열역학 제1법칙은 에너지의 양에 대한 법칙이며 열역학 2법칙은 에너지의 질에 대한 법칙이다. 열역학 제2법칙은 에너지 변환이 특정한 방향으로만 이루어질 수 있음을 나타낸다. 즉, 시스템과 주위의 총 엔트로피(entropy)가 증가하는 방향으로 변할 수 있다는 법칙이며 엔트로

피는 다음과 같이 정의된다.

$$ds = \left.\frac{\delta q}{T}\right)_{rev} \tag{3.12}$$

여기서 δq_{rev}는 가역적으로 전달되는 열량을 나타낸다. 가역 단열과정에서는 엔트로피의 변화가 없는 등엔트로피 과정이지만 시스템의 등엔트로피 과정은 반드시 가역단열과정이 아니다. 외부에서 시스템으로부터 열을 주위로 빼앗아간다면 시스템 내부의 엔트로피는 감소할 수 있으며 이때 시스템은 고립시스템이 아니다. 시스템과 주위를 하나의 고립시스템으로 보면 총 엔트로피는 같거나 증가한다. 시스템에서 열을 빼앗음으로써 시스템 내부의 엔트로피 증가를 상쇄시켜 등엔트로피를 만들 수 있으나 주위는 엔트로피가 증가하고 시스템과 주위의 총 엔트로피는 증가한다. 실제 단열 과정에서 엔트로피는 항상 증가하게 된다.

엔트로피 정의식을 이용하면 매우 유용한 Gibbs 방정식을 얻을 수 있다. 먼저 가역과정에서 일과 열전달량은 다음과 같다.

$$\delta w_{rev} = Pdv, \quad \delta q_{rev} = Tds$$

그러므로 가역과정에서 열역학 제1법칙을 통해 다음과 같은 Gibbs 방정식을 얻을 수 있다.

$$Tds = du + Pdv \tag{3.13}$$

위의 식들로부터 엔트로피 변화를 다음과 같이 나타낼 수 있다.

$$ds = c_v \frac{dT}{T} + R\frac{dv}{v} \tag{3.14}$$

임의의 상태 1과 2 사이에서 엔트로피 변화는

$$s_2 - s_1 = \int_1^2 c_v \frac{dT}{T} + R\frac{dP}{P} \tag{3.15a}$$

정적 비열 c_v가 일정할 때는 다음과 같이 표현할 수 있다.

$$s_2 - s_1 = c_v \ln\frac{T_2}{T_1} + R\ln\frac{v_2}{v_1} \tag{3.15b}$$

엔탈피의 정의를 통하여

$$Tds = dh + vdP \tag{3.16}$$

$$ds = c_p\frac{dT}{T} - R\ln\frac{P_2}{P_1} \tag{3.17}$$

$$s_2 - s_1 = \int_1^2 c_p\frac{dT}{T} - R\ln\frac{P_2}{P_1} = \int_0^2 c_p\frac{dT}{T} - \int_0^1 c_p\frac{dT}{T} - R\ln\frac{P_2}{P_1} \tag{3.18}$$

$\int_0^T c_p\frac{dT}{T}$는 온도만의 함수이므로 이를 $s_T{}^0 = f(T) = \int_0^T c_p\frac{dT}{T}$로 정의하면

$$s_2 - s_1 = s_2{}^0 - s_1{}^0 - R\ln\frac{P_2}{P_1} \tag{3.19}$$

로 표기할 수 있다. 정압비열 c_p가 일정할 경우에는

$$s_2 - s_1 = c_p\ln\frac{T_2}{T_1} - R\ln\frac{P_2}{P_1} \tag{3.20}$$

로 표기할 수 있다. 또, $c_p - c_v = R$이고 $c_p/c_v = \gamma$이므로 $c_p = \frac{\gamma}{\gamma-1}R$이고, $c_v = \frac{1}{\gamma-1}R$인 관계식을 이용하고 등엔트로피 과정에서는 $\Delta s = s_2 - s_1 = 0$이므로 $P/T^{\frac{\gamma}{\gamma-1}} =$ 일정 또는 $Pv^{\gamma} =$ 일정인 관계식을 얻을 수 있다. 즉, $\frac{T_2}{T_1} = \left(\frac{p_2}{p_1}\right)^{\frac{\gamma}{\gamma-1}}$인 관계가 있다. 이 식들은 가역과정에서 유도된 식이지만 과정에 관계없는 상태량으로만 이루어진 식이므로, 모든 과정에 적용될 수 있다.

개방형 시스템에 대한 열역학 2법칙을 표현하면 다음과 같다.

$$\dot{S}_{gen} = \left(\frac{ds}{dt}\right)_{total} = \sum_{exit}\dot{m}s - \sum_{inlet}\dot{m}s + \left(\frac{ds}{dt}\right)_{sys} - \sum_k\frac{\dot{Q}_k}{T_k} \geqq 0 \tag{3.21}$$

이를 적분형으로 표현하면

$$\int_{CS}\frac{\dot{Q}_k}{T_k}dA \leqq \frac{d}{dt}\int_{CV}\rho s dV + \int_{CS}s\rho(\vec{V}\cdot\vec{n})dA \tag{3.22}$$

등엔트로피 과정은 가역단열과정에서의 이상과정으로 자주 거론되는 과정에 속한다. 비열이 일정하다고 가정할 때, 등엔트로피 과정에 대해 다시 쓰면 다음과 같다.

$$Tds = 0 = dh - vdP = c_p dT - vdP$$

$$\frac{\gamma}{\gamma-1}RdT = \frac{RT}{P}dP$$

위 식을 상태 1과 2 사이에서 적분하면 다음과 같은 등엔트로피 관계식을 얻는다.

$$Pv^{\gamma} = const \tag{3.23}$$

이를 이상기체 상태 방정식을 이용하면

$$\frac{T_2}{T_1} = \left(\frac{P_2}{P_1}\right)^{\frac{\gamma}{\gamma-1}} = \left(\frac{v_1}{v_2}\right)^{\gamma-1} = \left(\frac{\rho_2}{\rho_1}\right)^{\gamma-1} \tag{3.24}$$

3.1.2 기체 상태방정식

로켓엔진의 연료와 산화제는 고체, 액체, 기체의 다양한 상으로 사용되며, 실제 측정된 액체 및 고체의 상태량은 상태방정식으로 표현가능하다. 하지만 이를 단순화하기 위해 연소 직전 액체 및 고체상태의 추진제는 기화하여 기체상태로 혼합 후 연소한다고 가정할 수 있다. 또한 기체의 상태량은 이상기체가정을 도입하여 해석할 수 있으며 연소시스템에서는 기체상태의 혼합물 또한 이상기체로 다룰 수 있다, 이상기체는 이상기체 상태방정식을 만족하는 기체로 구성 분자들이 모두 동일하고 분자의 체적을 무시하며 분자 간 상호가정이 없다고 가정한다. 실제 기체는 이상기체와 괴리가 있으나 충분히 낮은 압력과 높은 온도에서 이상기체와 유사한 거동을 한다.

$$Pv = RT \tag{3.25a}$$

또는 다음과 같이 표기 될 수 있다.

$$PV = mRT,\ PV = NR_uT,\ P\bar{v} = R_uT \tag{3.25b}$$

이상기체 상태 방정식은 식 (3.25)과 같으며 P는 압력, v는 비체적, R은 기체 상수, T는 온도를 의미한다. Gibbs의 상법칙에 의해 단순 압축성 계에서 두 개의 독립인 상태량이 결정되면 나머지 열역학적 싱태량은 정해진다[2]. 윗 식에서 기체 상수 R은 각 기체의 고유값으로 다음과 같은 식에 의해서 구해진다.

$$R = \frac{R_u}{M_w} \tag{3.26}$$

여기서 R_u은 표준 기체상수로 8.314J/K·mol이고, M_w은 기체의 분자량이다. 실제기체는 여러 가정에 의해 실제 기체 분자간의 상호작용 등이 무시된 이상기체와는 거동이 다르다. 실제기체의 거동을 나타내기 위해 반데르발스 방정식(Van der Waals Equation), Soave－Redlich－Kwong(SRK) 상태방정식, Peng－Robinson(PR) 상태방정식 등의 방정식이 사용되거나 실제 기체의 이상 기체로부터의 편향을 나타내는 계수인 압축성 인자를 사용하여 실제 기체의 물성치를 구해서 사용할 수 있다.

3.2 압축성 유동 및 노즐

3.2.1 압축성 유동 관계식

기본적으로 기체는 압축성 물질이다. 고체와 액체와는 달리 기체 분자간 거리가 충분히 멀어 일정한 압력이 작용할 때 기체는 압축될 수 있다. 로켓과 제트기관 같은 추진기관 내부에서는 공기의 압축성 효과가 나타나고 이러한 압축성 효과는 작동가스의 물성치에 영향을 준다. 기본적으로 압축성 효과는 작동가스의 감속으로 동압이 정압으로 전환되면서 정압과 온도가 올라가는 효과가 나타난다. 압축성 효과를 나타내는 지표는 마하수(M, Mach number)이다. 마하수는 다음과 같은 식으로 정의된다.

$$M \equiv \frac{V}{a} \tag{3.27}$$

여기서 V는 유동의 실제 속도이며, a는 음속을 의미한다. 음속은 등엔트로피 조건에서 다음과 같은 식으로 정의된다.

$$a = \sqrt{\left(\frac{\partial P}{\partial \rho}\right)_s} \tag{3.28}$$

이때 이상기체, 등엔트로피 조건에서 등엔트로피 관계식으로부터 음속 $a = \sqrt{\gamma RT}$의 식으로 표현된다. 일반적으로 마하수가 0.3 이하의 경우에 압축성 효과가 약 1~2% 정도로 그 영향이 매우 작아 비압축성으로 간주할 수 있다. 그러나 이보다 더 큰 경우에는 압축성 효과가 점차 커지므로 현상을 해석할 때 압축성 효과를 고려해야 한다.

정체 상태량(stagnation properties)은 에너지 보존 관점에서 물리량을 표현할 수 있다는 장점이 있다. 특정 지점에서의 상태량을 알고 있다면 그 정체 상태량은 가상적으로 속도가 0일 때 등 엔트로피 감속할 때의 상태량을 의미한다. 정체엔탈피(stagnation enthalpy) 혹은 전엔탈피(total enthalpy)는 작동가스의 내부 에너지(u)와 유동일(Pv)을 함께 나타낼 수 있는 엔탈피와 운동에너지의 합으로 표현된다.

$$h_0 \equiv h + \frac{1}{2}V^2 \tag{3.29}$$

이상기체에서 엔탈피는 온도만의 함수로 $h = c_p T$이므로 전온도 혹은 정체온도 T_0 (Stagnation temperature)는 식 (3.29)에서 양변을 정압비열 c_p로 나눠주면 T_0 물리량이 나타난다.

$$T_0 \equiv T + \frac{V^2}{2c_p} \tag{3.30}$$

양변을 다시 온도 T로 나눠주면 다음과 같이 식이 정리된다.

$$\frac{T_0}{T} \equiv 1 + \frac{V^2}{2c_p T} = 1 + \frac{\gamma - 1}{2}\frac{V^2}{\gamma RT} \tag{3.31}$$

등엔트로피 관계식으로부터 다음과 같은 정체 압력, 정체 밀도의 관계식이 유도 된다.

$$\frac{P_0}{P} = \left(\frac{T_0}{T}\right)^{\frac{1}{\gamma-1}} = \left[1 + \frac{\gamma - 1}{2}M^2\right]^{\frac{\gamma}{\gamma-1}} \tag{3.32}$$

$$\frac{\rho_0}{\rho} = \left(\frac{T_0}{T}\right)^{\frac{1}{\gamma-1}} = \left[1 + \frac{\gamma - 1}{2}M^2\right]^{\frac{1}{\gamma-1}} \tag{3.33}$$

정체 상태량은 에너지 보존 관점에서 유동장에 전 영역에서 마찰 혹은 열전달에 의해 달라질 수 있다. 단열과정이고 정체 엔탈피가 보존된다면 정체 온도는 보존 되고 마찰이 있는 경우 전압은 감소하게 된다.

예제 3.1 이상기체 유동에서 마하수 3.4, 정압 101.3kPa, 정온 273K에서 각각의 정체 상태량(정체 압력, 정체 온도)를 각각 구하라. (단, 비열비는 1.4로 가정한다.)

| 풀이 |

$$T_0 = T\left(1 + \frac{\gamma - 1}{2}M^2\right) = 273 \times 3.312 = 904.176\text{K}$$

$$P_0 = P\left(1 + \frac{\gamma - 1}{2}M^2\right)^{\frac{\gamma}{\gamma-1}} = 101.3 \times 66.1174 = 6697.698\text{kPa}$$

단면적이 변화하는 덕트(duct)에서 임의의 단면에서 연속 방정식을 적용하면 ρAV = 일정이고 양변에 로그를 취하여 미분하면 다음과 같은 식으로 정리된다.

$$\frac{d\rho}{\rho}+\frac{dV}{V}+\frac{dA}{A}=0 \tag{3.34}$$

유동에 마찰이 없을 경우, 등엔트로피 조건에서 오일러 식을 기술하면,

$$VdV=-\frac{d\rho}{\rho}=-\frac{dP}{d\rho}=-a^2\frac{d\rho}{\rho} \tag{3.35}$$

마하수를 이용해서 다시 식을 정리하면 다음과 같은 식으로 나타난다.

$$\frac{d\rho}{\rho}=-M^2\frac{dV}{V} \tag{3.36}$$

정리된 식을 다시 식 (3.34)의 연속방정식에 대입하면 유동 속도와 면적의 관계식이 나타난다.

$$\frac{dV}{V}=-\frac{1}{1-M^2}\frac{dA}{A} \tag{3.37}$$

식 (3.37)에서 볼 수 있듯이 마하수 M에 따라 면적과 속도가 정반대 관계가 나타난다. 아음속($M<1$)일 때에 유동 면적이 줄어들 때 유동 속도는 증가하고, 면적이 증가할 때 속도는 감소한다. 반대로 초음속($M>1$)일 때에 이와는 반대로 유동 면적이 증가할 때 유동 속도도 증가하고 면적이 감소할 때 속도 역시 감소하게 된다. 로켓과 같이 출구배기노즐 속도를 초음속으로 만들기 위해서는 아음속 영역에서는 면적이 감소하는 축소 형상을, 초음속 영역에서는 면적이 증가하는 확대 형상을 가져야 한다.

그림 3.2는 로켓 시스템의 수축-확대 형상의 노즐을 나타내고 있다. 연소실에서 연소한 고온, 고압의 작동유체는 축소 면적 구간에서 아음속에서 가속되어 노즐 목에서 마하수 1에 도달하며 이후에 확대 면적 구간에서 초음속으로 가속되게 된다. 연소실의 열역학적 상태량

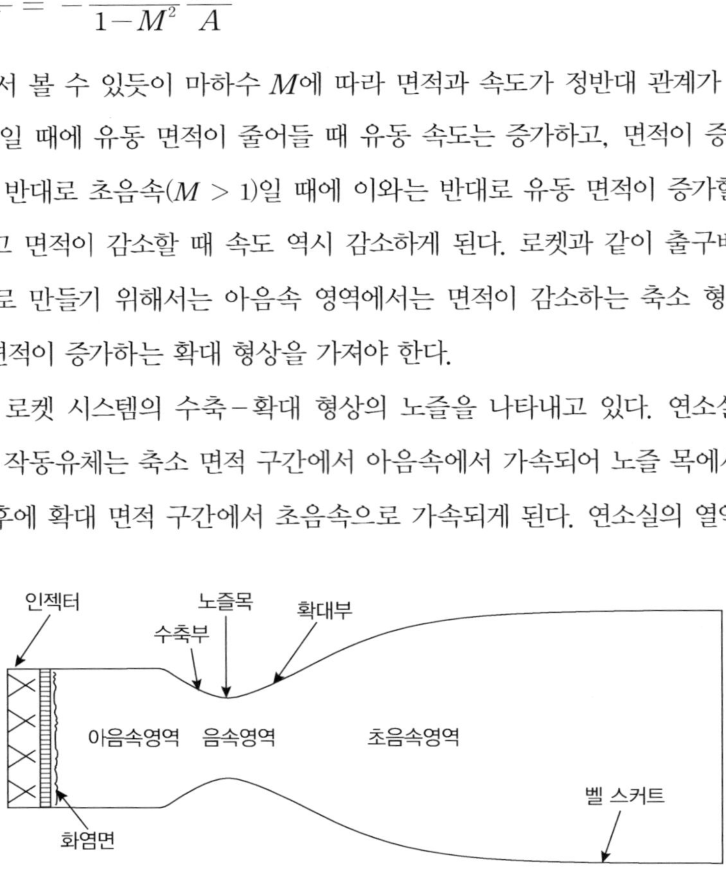

| 그림 3.2 | 로켓의 수축-확산 노즐

을 나타낼 때는 하첨자 0또는 c를 붙인다. 연소실 전압과 전온도를 P_0, T_0로 나타내거나 P_c, T_c로 나타내기도 한다. 노즐목의 경우는 P_t, T_t와 같이 하첨자 t, 그리고 노즐 출구 끝단에서는 P_e, T_e와 같이 하첨자 e를 사용하고, 주위 외부 대기는 a를 사용한다.

3.2.2 이상 로켓 노즐 유동

실제 로켓 내부의 유동은 마찰과 열전달, 유동 박리 현상 등이 있는 3차원의 매우 복잡한 현상이 나타난다. 노즐 유동을 단순화하여 해석하기 위해 단열, 가역과정과 같은 여러 가정들을 통해 유동 현상을 쉽게 해석할 수 있다. 다음과 같은 가정을 만족하는 로켓을 이상로켓이라고 한다. 이상로켓을 만족하는 가정으로는 노즐 벽으로부터의 열전달이 없는 단열조건과 마찰 손실이 없어 유동이 가역적인 등엔트로피 유동을 만족하고 작동유체가 균질(homogeneous) 기체 상태이다. 그리고 추진제 유동은 정상유동이고 출발, 정지와 같은 과도(transient) 응답은 무시한다. 노즐 배출구에서 속도 분포 역시 균질하여 노즐 축과 같은 방향의 속도를 가지며 노즐 축에 수직한 면에서의 압력, 온도, 밀도와 같은 상태량은 동일한 것으로 가정한다. 또한, 작동 가스의 화학적 평형은 모두 연소실 내부에서 이루어지며 노즐 유동을 거치면서 화학적 구성변화가 없고 경계층 효과도 역시 무시한다. 등엔트로피 조건에서 유동 과정에서 충격파와 불연속 유동은 존재하지 않는 것으로 가정한다. 이러한 여러 가정을 통하여 이상 로켓으로 해석한 결과는 실제 로켓과는 아주 큰 오차가 발생하지 않으므로 실제 로켓의 거동을 유용하게 예측할 수 있다.

이상로켓해석에서 유동의 전체 영역에서 정체 엔탈피는 보존되며 연속방정식으로부터 질량유동 역시 일정하다. 질량 보존의 연속방정식과 에너지 보존식, 이상기체 상태방정식과 압축성 관계식을 고려하여 노즐유동을 해석해 보자. 정체 엔탈피 정의 식 (3.31)로부터 노즐 내부의 임의의 위치에서 유동속도는 다음과 같은 식으로 나타낼 수 있다.

$$V=\sqrt{2c_pT_0\left(1-\frac{T}{T_0}\right)}=\sqrt{2\left(\frac{\gamma}{\gamma-1}R\right)T_0\left[1-\left(\frac{P}{P_0}\right)^{\frac{\gamma-1}{\gamma}}\right]} \tag{3.38a}$$

식 (3.38)로부터 노즐 출구에서의 속도는 다음과 같이 된다.

$$V_e=\sqrt{\frac{2\gamma}{\gamma-1}RT_0\left[1-\left(\frac{P_0}{P_e}\right)^{\frac{\gamma-1}{\gamma}}\right]}=\sqrt{\frac{2\gamma}{\gamma-1}RT_0\left[\left(\frac{P_0}{P_e}\right)^{\frac{\gamma-1}{\gamma}}-1\right]} \tag{3.38b}$$

$$M_e = \frac{V_e}{a_e} = \sqrt{\frac{2}{\gamma-1}\left[\left(\frac{P_0}{P_e}\right)^{\frac{\gamma-1}{\gamma}}\right]} \tag{3.38c}$$

만약 P_e가 0이 되도록 팽창하는 노즐이 있다면 $V_e = \sqrt{\frac{2\gamma}{\gamma-1}\frac{R_u T_0}{M_w}}$ 가 될 것이다. 노즐 출구 배기속도는 로켓의 크기에는 관계가 없고 추진제의 물성치와 분자량 그리고 노즐팽창비에 따라 달라진다. 노즐 출구에서의 속도는 γ가 1에 가까이 갈수록 커지며, 가스의 분자량이 작을수록 커짐을 알 수 있다.

노즐 목에서 마하수가 1이 되므로 노즐 목 각각의 상태량은 $\frac{P_t}{P_0} = \left(\frac{2}{\gamma+1}\right)^{\frac{\gamma}{\gamma-1}}$, $\frac{T_t}{T} = \left(\frac{2}{\gamma+1}\right)$이다. 마찬가지로 노즐 목에서의 속도는 $V_t = a^* M_t = a = \sqrt{\gamma R T_t}$와 같이 나타난다. 노즐 목에서의 상태량을 기준으로 노즐 임의의 위치에서의 상태량 비를 표현하면 다음과 같다.

$$\frac{V}{V_t} = \sqrt{\frac{\gamma+1}{\gamma-1}R\left[1-\left(\frac{P}{P_0}\right)^{\frac{\gamma-1}{\gamma}}\right]} \tag{3.39}$$

$$\frac{\rho}{\rho_t} = \left(\frac{\gamma+1}{2}\right)^{\frac{1}{\gamma-1}} = \left(\frac{P_0}{P_t}\right)^{\frac{1}{\gamma}} \tag{3.40}$$

이때 연속방정식에서부터 $\frac{\dot{m}}{A} = \rho V$의 관계식이 있다. 여기에 $\rho = \rho_0\left(\frac{P}{P_0}\right)^{\frac{1}{\gamma}}$, 식 (3.36)을 대입하면

$$\frac{\dot{m}}{A} = \frac{P_0}{RT_0}\left(\frac{P}{P_0}\right)^{\frac{1}{\gamma}}\sqrt{2\left(\frac{\gamma}{\gamma-1}R\right)T_0\left[1-\left(\frac{P}{P_0}\right)^{\frac{\gamma-1}{\gamma}}\right]} \tag{3.41a}$$

$$= P_0\sqrt{\frac{2\gamma}{(\gamma-1)RT_0}\left(\frac{P}{P_0}\right)^{\frac{2}{\gamma}}\left[1-\left(\frac{P}{P_0}\right)^{\frac{\gamma-1}{\gamma}}\right]}$$

$$= P_0 M\sqrt{\frac{\gamma}{RT_0}}\left(\frac{1}{1+\frac{\gamma-1}{2}M^2}\right)^{\frac{\gamma+1}{2(\gamma-1)}} \tag{3.41b}$$

마찬가지로 노즐목 면적 A_t를 기준으로 유량을 구하기 위해 마하수 $M = 1$을 대입하여 정리하면 다음과 같은 식으로 정리된다.

$$\frac{\dot{m}}{A} = P_0\sqrt{\frac{\gamma}{RT_0}}\sqrt{\left(\frac{1}{\gamma+1}\right)^{\frac{\gamma+1}{\gamma-1}}} \tag{3.42}$$

임의의 위치의 면적 A에 대해서 노즐 목 면적에 대한 비로 나타내면

$$\frac{A_t}{A} = \left(\frac{\gamma+1}{2}\right)^{\frac{1}{\gamma-1}}\left(\frac{P}{P_0}\right)^{\frac{1}{\gamma}}\sqrt{\frac{\gamma+1}{\gamma-1}\left[1-\left(\frac{P}{P_0}\right)^{\frac{\gamma-1}{\gamma}}\right]} \tag{3.43a}$$

$$\frac{A_t}{A} = \frac{\sqrt{\gamma\left(\frac{2}{\gamma+1}\right)^{\frac{\gamma+1}{\gamma-1}}}}{\sqrt{\frac{2\gamma}{(\gamma-1)}\left(\frac{P}{P_0}\right)^{\frac{2}{\gamma}}\left[1-\left(\frac{P}{P_0}\right)^{\frac{\gamma-1}{\gamma}}\right]}} \tag{3.43b}$$

식 (3.41)과 식 (3.43)을 이용하면 다음과 같이 마하수와 면적의 관계를 나타낼 수 있다.

$$\dot{m} = P_0 MA\sqrt{\frac{\gamma}{RT_0}}\left(\frac{1}{1+\frac{\gamma-1}{2}M^2}\right)^{\frac{\gamma+1}{2(\gamma-1)}} \tag{3.44a}$$

목에서 $A = A_t$, $M = 1$이므로

$$\dot{m}_t = P_0 A_t\sqrt{\frac{\gamma}{RT_0}}\left(\frac{2}{\gamma+1}\right)^{\frac{\gamma+1}{2(\gamma-1)}} = P_0 A_t\sqrt{\frac{\gamma}{RT_0}\left(\frac{2}{\gamma+1}\right)^{\frac{\gamma+1}{\gamma-1}}} \tag{3.44b}$$

따라서 $$\frac{A}{A_t} = \frac{1}{M}\sqrt{\left(\frac{2}{\gamma+1}\right)^{\frac{\gamma+1}{\gamma-1}}\left(1+\frac{\gamma-1}{2}M^2\right)^{\frac{\gamma+1}{\gamma-1}}} \tag{3.45a}$$

$$\frac{A_e}{A_t} = \frac{1}{M_e}\sqrt{\left(\frac{2}{\gamma+1}\right)^{\frac{\gamma+1}{\gamma-1}}\left(1+\frac{\gamma-1}{2}M_e^2\right)^{\frac{\gamma+1}{\gamma-1}}} \tag{3.45b}$$

특히 노즐 출구에서의 면적일 때 즉, $\frac{A_e}{A_t}$를 노즐 면적 팽창비 ε라고 하며 팽창비는 연소실 압력 혹은 노즐 출구의 마하수에 의해 정해진다. 일반적인 설계에서 해면고도 팽창비는 3~35, 100km 이상의 고고도에서는 40~100 정도로 설계한다.

그림 3.3는 수축–팽창 노즐의 내부 유동을 나타낸 것이다. 각각의 배압에 따른 경우에 따라 노즐 유동은 다음과 같다. a의 경우에 노즐목에서 음속이 도달하지 못한 경우로 노즐 전체에서 아음속 유동이다. b는 노즐 목에서는 음속 상태에 도달하나 이 이하의 압력에서는 노즐 목 상류 유동은 하류의 변화에 반응하지 않는다. 노즐 목을 통과하는 질량 유량이 더 이상 증가하지 않는 초킹 상태에 도달한다. c, d의 경우 확산부 초기에는 유동이 초음속이지만 노즐 내부의 수직 충격파(normal shock)에 의해 배압으로 수정된다. e는 노즐 내부에는 충격파가 없지만 출구 바깥 면에서 경사 충격파(oblique shock)이 발생한다. f는 충격파의 발생이 없으며 유동이 가속되므로 수축, 확산 노즐의 설계 조건이 되고 이때를 완전 팽창(perfect expansion)되었다고 한다. g는 배압이 더욱 낮아질 경우 노즐 출구면 바깥에서 경사 팽창파(expansion wave)가 발생한다.

그림 3.4은 초과 팽창과 부족 팽창을 나타내는 배기노즐 출구 이후의 팽창파 및 압축파를 다시 그린 도식도와 쉴리렌 사진이다. 배기 노즐 끝단에서 배압에 따라 경사 충격파가 발생하거나, 완전 팽창하거나 또는 경사 팽창파가 발생하는 것을 살펴보았다.

그림 3.5은 배압에 따른 초과, 부족 팽창의 관계를 나타낸 것이다. 배압보다 출구 압력이 작은 경우($P_e < P_a$)를 초과 팽창 노즐이라 하며 작동 가스가 노즐에서 과도하게 팽창되는 경우로 노즐 출구에서 유동 박리가 일어날 수 있다. 출구 속도(V_e)는 초과 팽창을 통해 충분히 증가하지만 압력이 배압으로 수정되어야 하므로 출구에서 경사 충격파가 발생하거나 유동의 박리가 생겨 손실을 가져오기 때문에 유효 추력은 오히려 감소하게 된다. 부족 팽창은 출구 압력이 배압보다 큰 경우($P_e > P_a$)로 작동 가스가 노즐에서 부족 팽창하여 출구 속도가 충분하게 증가하지 못한 경우이다. 따라서 가스는 고압 배출 후에 노즐 밖에서 경사 팽창파를 통해 팽창하게 된다. 부족 팽창은 배기 압력이 배압보다 크므로 압력 추력 성분이 존재하나 최적 팽창 시에 모멘텀 추력의 증가 가능한 추력보다는 크지 않게 된다.

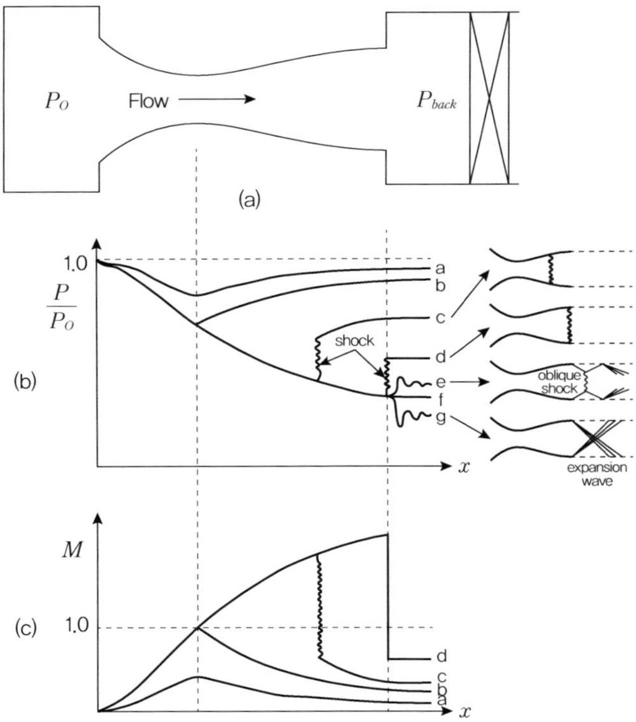

| 그림 3.3 | 수축-팽창 노즐 내부 유동[1]

일반적으로 해면에서 최적 설계된 노즐은 고공에서 부족 팽창이 되며 고공에서 최적 설계된 노즐은 해면에서 초과팽창이 된다. 발사 시에 초과 팽창인 경우에 유동 박리에 의해 로켓 발사체에 진동이 야기될 수 있으므로 출구 압력을 배압보다 약간 크게 설계하는 것이 좋을

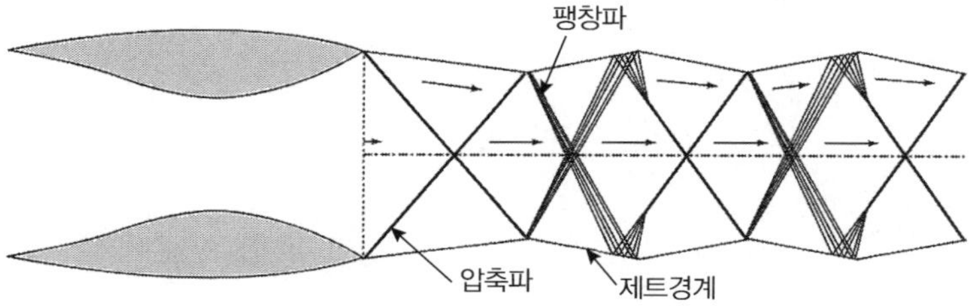

(a) 초과 팽창($P_e < P_b$)

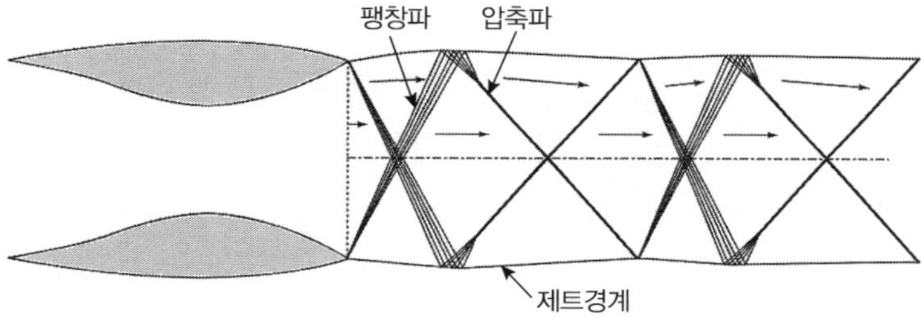

(b) 부족 팽창($P_e > P_b$)

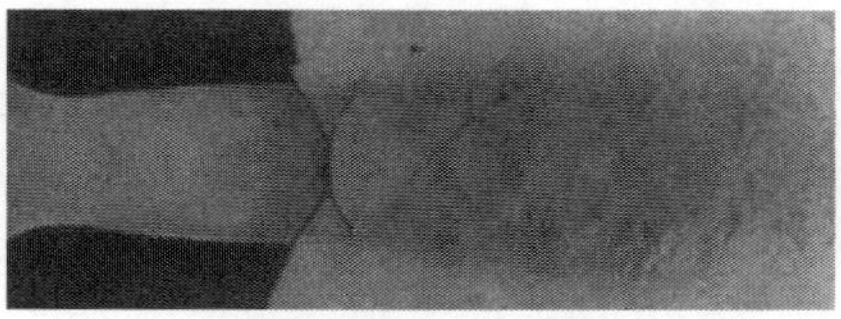

(c) 초과 팽창 쉴리렌 사진

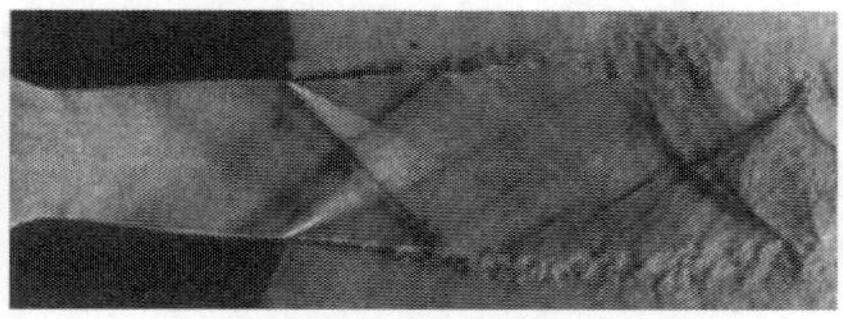

(d) 부족 팽창 쉴리렌 사진

| 그림 3.4 | 초과 팽창 및 부족 팽창 도식도와 쉴리렌 사진[5]

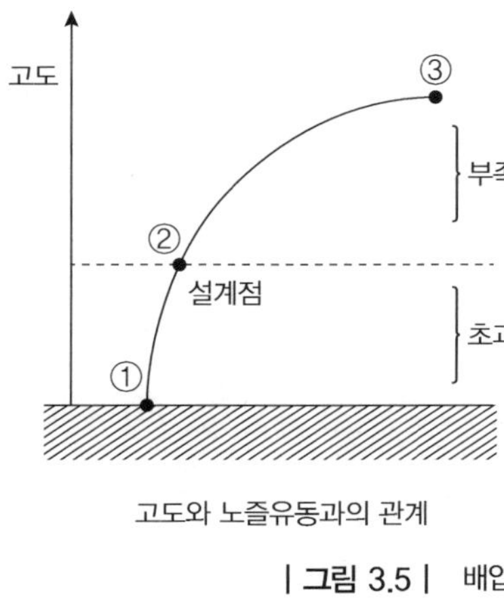

고도와 노즐유동과의 관계

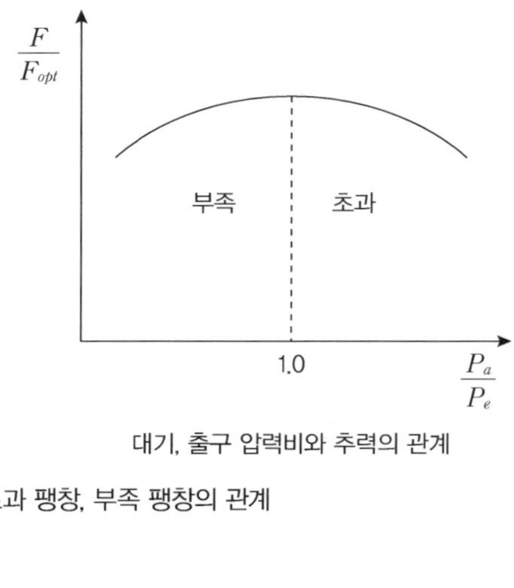

대기, 출구 압력비와 추력의 관계

| 그림 3.5 | 배압에 따른 초과 팽창, 부족 팽창의 관계

것 같으나, 실제 설계에서는 노즐 내부에 충격파가 생기지 않도록 하는 범위에서 노즐 출구 압력을 배압보다 약간 작게 하는 약간 초과 팽창을 하여 비행 시 추력손실을 최소화되도록 한다. 로켓에 따라 최적 팽창 설계는 다르지만 독일의 V-2 로켓의 경우 160km 이상의 상승 성능을 가지고 있지만 최적 팽창 설계 고도는 1.6km이다.

3.3 화학반응유동

3.3.1 화학량론

로켓엔진은 추진제가 연소하면서 화학반응을 통해 고온, 고압의 연소가스를 생성한다. 화학반응에서는 일정량의 연료를 완전히 연소시키기 위해 투입되어야 하는 산화제의 양에 대한 질량비를 화학량론(stoichiometry)으로 표현할 수 있다. 화학량론은 1792년 독일의 화학자 예레미야 벤자민 리히터(Jeremias Benjamin Richter)에 의해 사용되었으며, 어원은 원소(element)를 뜻하는 그리스어 stoicheion과 계량하다(measure)를 뜻하는 metron으로부터 기원한다. 즉, 화학량론의 문자적 의미는 화학 반응에서 원소의 계량으로 번역될 수 있다. 화학반응에서 연료와 산화제가 남김없이 완전히 반응하는 이론 반응비(stoichiometric ratio)를 계산하기 위해 각 원소의 균형을 맞추는 과정이 필요하다.

수소와 산소의 연소반응을 예로 들면 식 (3.46)과 같이 나타낼 수 있으며, 수소와 산소가 반응하여 물을 생성하고 열에너지를 방출하게 된다.

$$H_2 + \frac{1}{2}O_2 \rightarrow H_2O + \Delta H_R \tag{3.46}$$

$$(2g) + (16g) \rightarrow (18g)$$

1몰의 수소는 1/2몰의 산소와 반응하여 1몰의 물을 생성하며, 이 식에서 수소원자와 산소원자의 균형이 유지되었다. 반응물(reactant)인 2g의 수소와 16g의 산소는 총 18g의 물을 생성하였으며, 이는 질량이 보존됨을 의미한다. 반면에 몰수는 보존되지 않는다. 위와 같은 반응은 이론반응(stoichiometric reaction)의 예시다. 일정량의 연료를 모두 연소시키기 위해 필요한 산소량의 비는 화학량론으로 정의할 수 있으며 식 (3.46)에서 산화제와 연료의 이론 반응비(O/F비), m_{ox}/m_{fuel}는 8이다. 실제 연소에서는 산화제와 연료의 비는 이론 반응비를 따르지 않을 수도 있다. 이론 반응비보다 산화제량을 초과하여 투입하여 연소하는 경우를 산화제 과잉 또는 희박연소 혼합물(lean mixture)이라고하고, 반대로 연료가 산화제보다 많은 경우를 연료과잉(또는 연료농후)연소라고 한다.

임의의 탄화수소 연료는 C_xH_y와 같이 표현할 수 있으며 산소와의 완전연소 시 이론 반응식은 식 (3.47)과 같이 나타낼 수 있다.

$$C_xH_y + \left(x + \frac{y}{4}\right)O_2 \rightarrow xCO_2 + (y/2)H_2O \tag{3.47}$$

따라서 이론 반응비(O/F비)는 다음과 같이 나타낼 수 있으며, 로켓엔진에서는 산소를 산화제로 사용하는 경우 식 (3.48)과 같이 O/F 비를 사용한다.

$$(O/F)_{stoic} = \left(\frac{m_{ox}}{m_{fuel}}\right) = \left(x + \frac{y}{4}\right)\left(\frac{M_{ox}}{M_{fuel}}\right) \tag{3.48}$$

여기서 M_{ox}와 M_{fuel}은 각각 산소와 연료의 분자량이다. 식 (3.48)을 통해 모든 탄화수소 연료의 이론 반응비를 계산할 수 있으며, 메탄의 이론 반응비는 약 4.0이고 등유(kerosene)계열의 연료인 RP−1의 경우에는 약 3.4이다.

산화제와 연료의 비를 나타내는 더 유용한 변수로써 당량비(equivalence ratio)를 사용하며 식 (3.49)과 같이 정의한다.

$$\phi = \frac{(F/O)_{actual}}{(F/O)_{stoic}} = \frac{(O/F)_{stoic}}{(O/F)_{actual}} \tag{3.49}$$

당량비는 연료−산화제비로 표현되는 무차원 수이며, 당량비를 이용하면 연료와 산화제 혼합물의 과농 및 희박 상태를 정량적으로 표현할 수 있다. 식 (3.49)로부터 알 수 있듯이 혼합물의 조건이 이론반응비와 같은 경우에 당량비는 1이며 당량비가 1보다 큰 경우에는 연료과농, 1보다 작은 경우에는 연료희박 조건이다. 이론적으로 완전한 연소반응이 일어나는 조건은 당량비가 1인 조건이지만, 실제 로켓엔진에서는 추력성능 및 냉각 최적화를 위해 당량비 약 1.1~1.4인 조건에서 구동된다.

3.3.2 혼합기체의 성질

기체 혼합물의 총 몰 수는 각 구성물질의 몰수들의 총 합과 같다. 즉, k개의 각각의 기체에 대해 총 몰수는

$$n_m = n = \sum_{i=1}^{k} n_i \tag{3.50}$$

이와 같이 나타낼 수 있다. 여기서 n의 단위는 몰(mole)로서 1mole = 6.02×10^{23}개의 입자를 포함하는 물질의 양을 의미한다. 또한 각 구성성분에 대해서 몰분율(mole fraction)을 다음과 같이 정의하여 사용할 수 있다. 각 구성성분에 대해,

$$x_i = \frac{n_i}{n} \tag{3.51}$$

여기서, 몰분율의 총 합은 1이다. 즉,

$$\sum_{i=1}^{k} x_i = 1 \tag{3.52}$$

이와 같이 나타낼 수 있다. 또 각 구성성분의 질량은 그 구성성분의 몰수와 분자량의 곱과 같다. 즉,

$$m_i = n_i M_w \text{ 또는 } M_w = \frac{m_i}{n_i} \tag{3.53}$$

혼합기체를 나타내고 이 절에서 M은 마하수가 아니고 분자량(molecular weight)임을 주의하라. 따라서 혼합물의 분자량은 다음과 같이 나타낼 수 있다.

$$M_w = \frac{m}{n} = \frac{1}{n}\sum m_i = \frac{1}{n}\sum n_i M_w = \sum \frac{n_i}{n} M_w = \sum x_i M_w \tag{3.54}$$

기체 혼합물의 상태량을 정의하는 법칙 중에 유명한 Dalton의 법칙과 Amagat의 법칙이 있다. Dalton의 법칙은 같은 온도와 체적에서 기체 혼합물의 총 압력은 각 구성성분의 압력의 합과 같다는 법칙으로 다음과 같이 표현할 수 있다.

$$P = \sum_{i=1}^{k} P_i \tag{3.55}$$

여기서 P_i는 $P_i = P_i(T, v)$로서 같은 온도와 체적에서 측정한 구성성분 i의 압력을 의미한다.

또 Amagat의 법칙이라는 것이 있는데 이는 동일한 압력과 온도에서 각 구성성분의 체적의 합은 총 체적과 같다는 법칙이다. 즉,

$$V = \sum_{i=1}^{k} V_i \tag{3.56}$$

여기서 V_i는 각 구성성분의 체적으로서 $V_i = V_i(T, P)$이다.

이상기체에서는 어떠한 구성성분의 몰분율은 부분 압력비와 부분 체적비와 같으며 다음과 같이 나타낼 수 있다.

$$x_i \equiv \frac{n_i}{n} = \frac{P_i}{P} = \frac{V_i}{V} \tag{3.57}$$

이상기체 혼합물의 상태량은 Gibbs－Dalton 법칙을 적용하여 각 기체로부터 구할 수 있다. 임의의 검사체적 내에 포함된 기체 혼합물을 가정하자. 혼합물은 m_A의 질량를 가진 화학종 A, m_B의 질량을 가진 화학종 B, m_i의 질량을 가진 i번째 화학종을 포함한다. 이때, 혼합물 전체 질량 m_{mix}은 식 (3.58)과 같이 나타낼 수 있다.

$$m_{mix} = m_A + m_B + \cdots + m_i \tag{3.58}$$

식 (2.22) 양변을 전체 혼합물의 질량 m_{mix}로 나누면

$$1 = y_A + y_B + \cdots + y_i \tag{3.59}$$

여기서 $y_A = m_A / m_{mix}$는 화학종 A의 질량분율(mass fraction)이며, 각 화학종 질량분율의 총 합은 1이다. 유사한 방법으로 혼합물의 몰수를 식 (3.60)과 같이 나타낼 수 있으며, 전체 몰수로 나눈 몰분율(mole fraction)은 식 (3.61)과 같다.

$$n_{mix} = n_A + n_B + \cdots + n_i \tag{3.60}$$

$$1 = x_A + x_B + \cdots + x_i \tag{3.61}$$

여기서 $x_A = n_A / n_{mix}$는 화학종 A의 몰분율이며, 몰분율의 합도 1임을 알 수 있다. 몰분율과 질량분율은 다음과 같은 관계를 가지며 m_i는 i번째 화학종의 분자량이다.

$$y_i \equiv \frac{m_i}{m_{mix}} = \frac{n_i M_{w,i}}{n_{mix} M_w} = X_i \frac{M_{w,i}}{M_w} \tag{3.62}$$

혼합물의 분자량 M_{mix}은 화학종의 몰분율 또는 질량분율을 이용하여 다음과 같이 계산할 수 있다.

$$M_w = \sum_i x_i M_w = \frac{1}{\sum_i y_i / M_w} \tag{3.63}$$

혼합물의 전체 압력은 혼합물에 포함된 화학종을 이용하여 식 (3.64)와 같이 표현할 수 있으며, 여기서 P_i는 화학종 i의 분압이다.

$$P_{mix} = P_A + P_B + \cdots + P_i = \sum_i P_i = \sum_i \frac{n_i R_u T}{V} \tag{3.64}$$

단, Dalton의 분압의 법칙에 따라 혼합물 내의 각 화학종은 혼합물과 같은 온도 및 같은 체적 내에 있다고 가정한다. 또한 분압은 혼합물의 전체압력과 식 (3.65)와 같은 관계를 가진다.

$$P_i = x_i P_{mix} \tag{3.65}$$

혼합물의 내부에너지(internal energy)는 Gibbs 정리를 도입하여 식 (2.30)과 같이 각 성분의 내부에너지의 합으로 표현할 수 있다.

$$\bar{u}_{mix} = \sum_i x_i \bar{u}_i \tag{3.66a}$$

$$u_{mix} = \sum_i y_i u_i \tag{3.66b}$$

여기서 $\bar{u}_i$는 i번째 화학종의 단위 몰당 내부에너지이며, u_i는 i번째 화학종의 단위 질량당 내부에너지이다. 혼합물의 엔탈피도 식 (3.67)과 같이 나타낼 수 있으며 각 화학종의 엔탈피는 식 (3.68)과 같이 표현된다.

$$\bar{h}_{mix} = \sum_i x_i \bar{h}_i \tag{3.67a}$$

$$h_{mix} = \sum_i y_i h_i \tag{3.67b}$$

$$h^0_{i,T}(T) = h^0_{f,298} + \int_{298}^{T} c_{p,i} dT \tag{3.68}$$

각 화학종의 엔탈피는 표준생성엔탈피(standard enthalpy of formation)와 감지엔탈피(sensible enthalpy)로 구성되어 있으며, 유사한 관계를 이용하여 엔트로피(s), Gibbs 자유에너지(Gibbs free energy, g), 비열(specific heat, c_p) 등을 얻을 수 있다.

3.3.3 단열화염온도

로켓엔진의 성능평가를 위해서 특정 연료-산화제 혼합물의 연소과정 중의 이론적 화염온도를 계산해야할 필요가 있다. 여기서 특정량의 연료와 산화제가 특정비율로 혼합되어 고정된 압력과 단열 조건 내에서 완전히 반응이 종료된(또는 평형상태를 이루는) 연소기를 가정하자. 이때 시스템에서 도달한 최종온도를 단열화염온도(adiabatic flame temperature, T_{ad})라고 정의한다. 단열화염온도는 초기 압력 P, 반응 전 혼합물의 온도 T_u, 반응물의 구성에 따라 결정된다. 이때 반응을 통한 최종 생성물(product)의 구성을 알고 있다면 열역학 제1법칙을 이용하여 단열화염온도의 계산이 가능하다. 이러한 조건 내에서 열역학 제1법칙은 식 (3.69)과 같이 나타낼 수 있다.

$$H_{prod}(T_{ad}P) = H_{reac}(T_uP) \tag{3.69}$$

여기서 H_{prod}는 생성물의 엔탈피, H_{reac}은 반응물의 엔탈피이며 각각 식 (3.70)와 식 (3.71)와 같이 표현된다.

$$H_{reac} = \sum_{i=reac} n_i\bar{h}_i = \sum_{i=reac} n_i\left[\overline{h^0_{f,i}} + \int_{298}^{T_u} c_{p,i}(T)dT\right] \tag{3.70}$$

$$H_{prod} = \sum_{j=prod} n_j\bar{h}_j = \sum_{j=prod} n_j\left[\overline{h^0_{f,j}} + \int_{T_u}^{T_{ad}} c_{p,j}(T)dT\right] \tag{3.71}$$

위의 식에서와 같이 단열화염온도 계산을 위해서는 모든 생성물의 성분을 알고 있어야 하며, 적절한 생성물의 비열이 적용되어야 한다. 하지만 생성물의 비열은 단열화염온도에 크게 의존하며, 이에 따라 직접적으로 단열화염온도를 계산할 수 없다. 따라서 단열화염온도의 적절한 초기가정을 통해 생성물의 비열을 계산하고 이를 통해 새로운 단열화염온도를 계산하는 반복 계산법을 사용하면 된다. 주요 기체연료와 산소 혼합물의 단열화염온도는 **표 3.1**과 같다.

표 3.1 주요 연료와 산소의 단열화염온도(ϕ = 1.0, 1기압, 283K)

연료의 종류	단열화염온도(K)
수소	2537
메탄	2246
에탄	2238
프로판	2263
케로신	2376

3.3.4 화학평형

이전 절에서는 화학반응이 완전히 종결되었다고 가정하고 연소과정을 해석하였다. 하지만 실제 로켓엔진 연소과정에서는 연소가스가 높은 온도와 압력 조건에 놓여 있기 때문에, 안정된 O_2, H_2, H_2O, CO_2 등이 다음과 같은 과정에 의해 해리(dissociation) 된다.

$$2CO_2 \rightleftarrows 2CO+O_2$$
$$H_2 \rightleftarrows H+H$$
$$O_2 \rightleftarrows O+O$$
$$2H_2+O_2 \rightleftarrows 2H_2O$$

이와 같은 해리반응은 강력한 흡열반응(endothermic reaction)이며 단열화염온도에 직접적으로 영향을 미친다. 또한 해리반응의 역반응인 재결합반응도 일어나며 화학평형(chemical equilibrium)의 척도에 의해 반응의 방향이 결정된다.

화학평형 조성물은 온도와 압력의 변화에 크게 의존한다. 따라서 고정된 온도 및 압력 조건에서 평형상태의 척도를 도입할 필요가 있다. 우선적으로 열역학 제2법칙과 관련된 엔트로피 이론을 고려해 볼 수 있다. 하지만 엔트로피 이론은 단열 시스템이 아닌 로켓엔진의 특성상 적용하기가 어렵다. 따라서 비(非)단열 반응시스템의 평형상태를 판별할 수 있는 다른 척도가 필요하다.

특정 온도 T와 압력 P의 조건에 놓여 있는 간단한 압축성 고정질량 시스템을 생각하자. 열역학 제1법칙과 제2법칙을 이용하여 다음과 같은 식을 얻을 수 있다.

$$dU+PdV-TdS \leq 0 \tag{3.72}$$

또한 Gibbs 함수(Gibbs function)는 다음과 같다.

$$G = H-TS \tag{3.73}$$

일정한 압력 및 온도 조건에서 식 (2.40)을 미분하면,

$$\begin{aligned}(dG)_{T,P} &= dH-TdS-SdT \\ &= (dU+PdV+VdP)-TS \\ &= dU+PdV-TdS\end{aligned} \tag{3.74}$$

이때, $dT = 0$이며 $dP = 0$이기 때문에 결과적으로 $(dG)_{T,P} \leq 0$과 같은 관계를 얻을 수 있으며, 이러한 결과는 $(dG)_{T,P} > 0$와 같은 과정은 물리적으로 불가능하다는 사실을 나타낸다.

즉, 반응과정은 **그림 3.6**와 같이 Gibbs 함수가 최소점에 도달할 때까지 감소하는 방향으로만 진행된다. Gibbs 자유에너지가 최소점에 도달하게 되면 화학반응은 열역학 제2법칙을 위배하기 때문에 Gibbs 함수가 증가하는 방향으로 진행할 수 없다. 따라서 Gibbs 함수가 최소점에 있을 때에 화학종의 변화가 더 이상 일어나지 않으며 이때에 화학적으로 평형상태에 있다고 한다. 즉 화학평형조건에서 $(dG)_{T,P}=0$이 된다.

고정된 압력과 온도 조건에서 A, B, C, D의 네 종류 화학종이 균질(homogeneous)하게 혼합된 시스템을 고려하자. 네 종류의 화학종간의 화학반응은 다음과 같이 표현할 수 있다.

$$\nu_A A+\nu_B B \Leftrightarrow \nu_C C+\nu_D D \tag{3.75}$$

여기서 ν는 이론반응계수(stoichiometric coefficient)이다. 화학종 i의 Gibbs 함수는 식 (3.76)과 같이 주어지며, 이상기체 혼합물의 Gibbs 함수는 식 (2.44)와 같다.

$$\bar{g}_{i,T}=\bar{g}^0_{i,T}+R_u T\ln(P_i/P^0) \tag{3.76}$$

$$G_{mix}=\sum n_i \bar{g}_{i,T}=\sum n_i\left[\bar{g}^0_{i,T}+R_u T\ln(P_i/P^0)\right] \tag{3.77}$$

n_i는 화학종 i의 몰 수이며, 앞서 기술한 바와 같이 화학평형 조건에서 다음이 성립한다.

$$dG_{mix}=\sum \bar{g}^0_{i,T}\,dn_i=0 \tag{3.78}$$

식 (3.75)의 반응식에서 각 화학종의 몰수는 각각의 이론반응계수에 비례한다. 따라서 임의

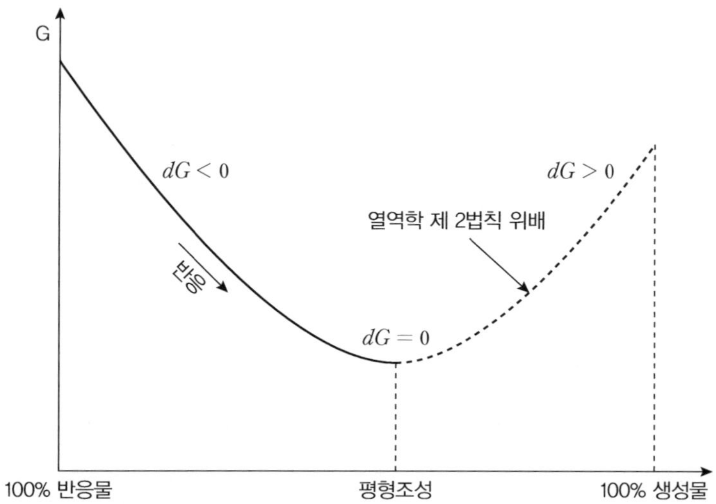

| 그림 3.6 | Gibbs 함수에 따른 화학평형 개략도

의 비례상수 $\varkappa$를 이용하여 몰수의 변화량을 다음과 같이 표현할 수 있다. 단 여기서 음수는 A와 B가 반응하여 감소하는 방향으로 진행됨을 의미한다.

$$dn_A = -\varkappa\nu_A,\ dn_B = -\varkappa\nu_B,\ dn_C = -\varkappa\nu_C,\ dn_D = -\varkappa\nu_D \tag{3.79}$$

식 (3.79)을 식 (3.78)에 대입하여 정리하면,

$$\begin{aligned}\Delta G_T^0 &= \nu_C\bar{g}_{C,T}+\nu_D\bar{g}_{D,T}-\nu_A\bar{g}_{A,T}-\nu_B\bar{g}_{B,T} \\ &= R_uT\ \ln\left[\frac{(P_C/P^0)^{\nu_C}(P_D/P^0)^{\nu_D}}{(P_A/P^0)^{\nu_A}(P_B/P^0)^{\nu_B}}\right]\end{aligned} \tag{3.80}$$

여기서 좌변의 ΔG_T^0는 표준상태 Gibbs 함수의 변화량(standard state gibbs function change)라고 정의하며, 자연로그함수 안의 인수를 평형상수(equilibrium constant, K_P)로 식 (3.81)과 같이 정의할 수 있다. 여기서 X_i는 화학종 i의 몰분율이다.

$$K_P = \frac{(P_C/P^0)^{\nu_C}(P_D/P^0)^{\nu_D}}{(P_A/P^0)^{\nu_A}(P_B/P^0)^{\nu_B}} = \frac{X_C{}^{\nu_C}X_D{}^{\nu_D}}{X_A{}^{\nu_A}X_B{}^{\nu_B}}(P/P^0)^{\nu_C+\nu_D-\nu_A-\nu_B} \tag{3.81}$$

평형상수를 이용해 식 (3.80)은 다음과 같이 나타낼 수 있다.

$$\Delta G_T^0 = R_uT\ \ln K_P \tag{3.82}$$

$$K_P = \exp\left(\frac{-\Delta G_T^0}{R_uT}\right) \tag{3.83}$$

지금까지의 평형상수 정의는 두 가지 반응물과 두 가지 생성물을 이용한 간단한 반응식으로부터 유도되었으나, 더 많은 수의 반응물과 생성물이 포함된 반응식도 유사한 방식으로 나타낼 수 있다. 식 (3.83)의 평형함수 정의로부터 ΔG_T^0가 음수일 경우 평형상수는 1보다 큰 값을 가지게되고 이는 생성물 쪽으로 반응이 진행됨을 의미한다. 반대로 ΔG_T^0가 양수일 경우에는 평형상수는 1보다 작은 값을 가지며, 반응물 쪽으로 반응이 진행될 것이라고 해석가 능하다.

CEA(Chemical Equilibrium with Applications)는 Gibbs 에너지를 최소화하여 화학 평형 상태를 계산하기 위해 NASA가 개발한 프로그램이다. CEA는 여러 가지 연소해석을 수행할 수 있고, 충격파 해석, 데토네이션 해석, 로켓해석을 수행할 수 있다[8].

CEA 프로그램에서는 특히 로켓 내부의 복잡한 현상을 해석하고 화학 평형 구조와 복합 혼합물의 성질을 계산할 수 있다. 로켓을 설계하거나 성능해석에 필요한 물성치는 대표적으

로 연소실 압력, 팽창비, 연료와 산화제의 종류, 그리고 공연비가 있다. 이를 CEA 프로그램에 입력하여 화학평형과정을 계산하면 결과 값으로는 연소실 온도, 이론 비추력, 이론 특성속도, 추력계수, 최적 노즐 팽창비 등을 얻을 수 있다. **그림 3.7**은 CEA 계산과정예시를 나타낸다. 먼저 CEA에서 로켓 문제 해석을 위해 rkt를 선택하고, 다음으로는 연소압력과 배압 혹은 팽창비를 입력한 후, 연료와 산화제를 선택하며, 마지막으로 출력할 항목을 지정한 후 계산을 수행한다. **그림 3.7**의 예시에서 배압 0.83bar는 고도 1.6km일 때의 주위 대기압이다.

그림 3.8은 CEA를 사용하여 LOx/RP−1, LOx/LCH_4, LOx/LH_2의 계산결과를 나타내고 있으며 혼합비(O/F)에 따른 연소실온도, 특성속도, 비추력, 비열비 변화를 알 수 있다.

그림 3.9는 연소실 압력 변화에 따른 연소실온도, 비추력, 특성속도 변화를 나타내고 있다. 연소실압력이 높아질수록 비추력도 증가함을 알 수 있다.

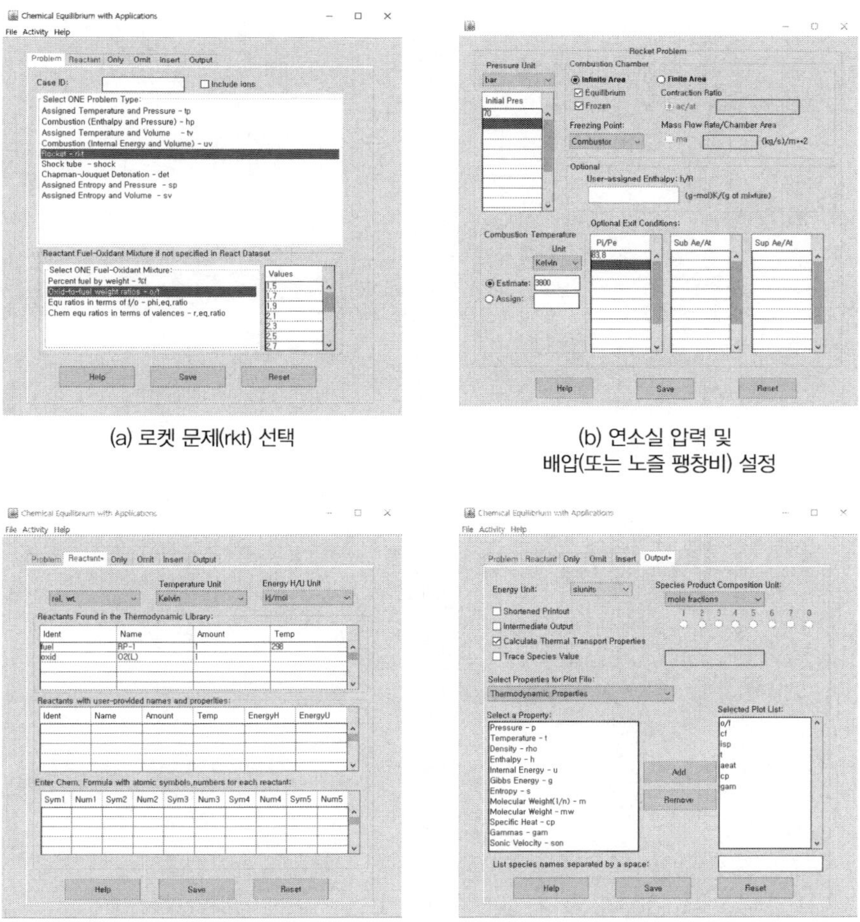

(a) 로켓 문제(rkt) 선택

(b) 연소실 압력 및 배압(또는 노즐 팽창비) 설정

(c) 연료 및 산화제 선정

(d) 출력 항목 선정

| 그림 3.7 | CEA 계산 과정 예시

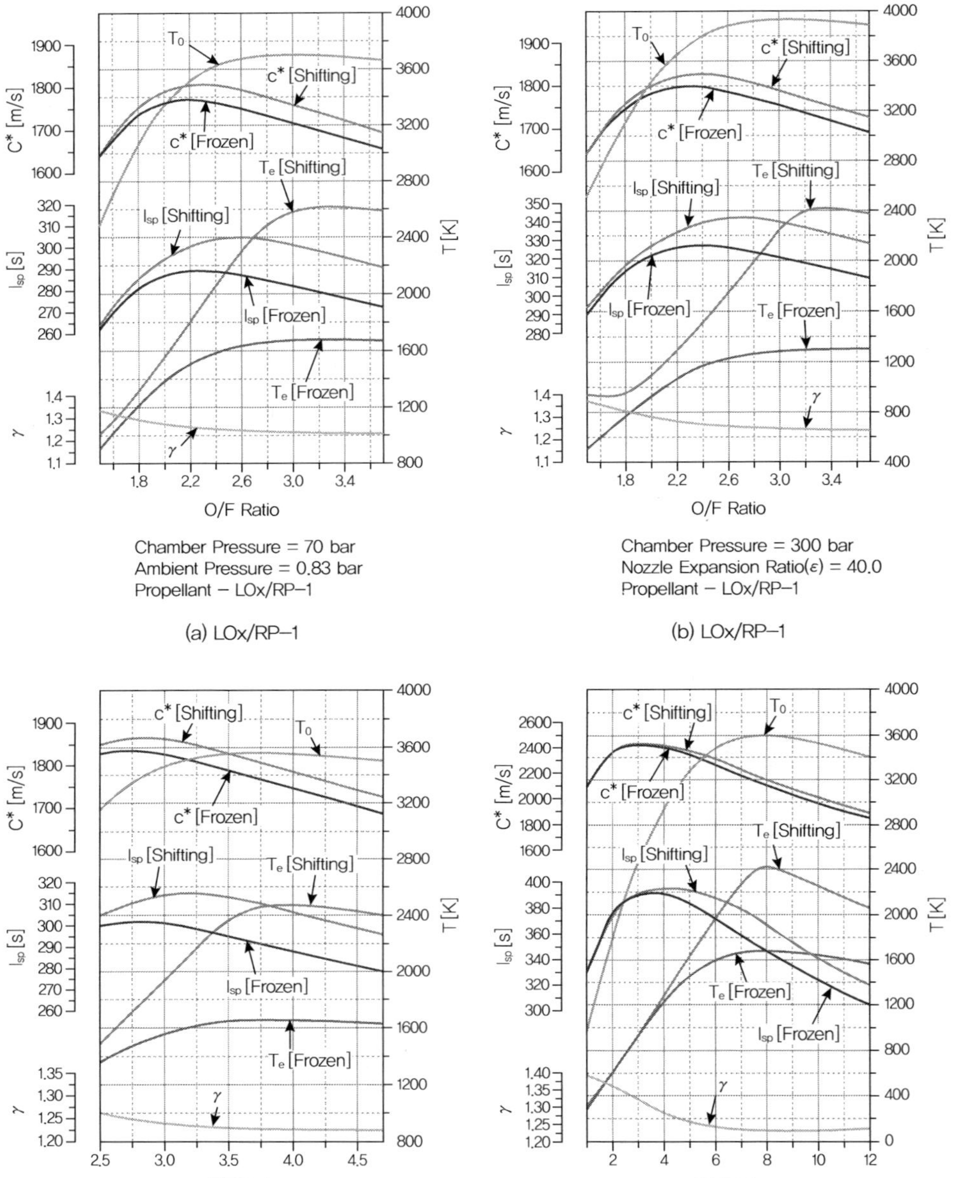

Chamber Pressure = 70 bar
Ambient Pressure = 0.83 bar
Propellant – LOx/RP–1

(a) LOx/RP–1

Chamber Pressure = 300 bar
Nozzle Expansion Ratio(ε) = 40.0
Propellant – LOx/RP–1

(b) LOx/RP–1

Chamber Pressure = 70 bar
Ambient Pressure = 0.83 bar
Propellant – LOx/LCH_4

(c) LOx/LCH_4

Chamber Pressure = 70 bar
Ambient Pressure = 0.83 bar
Propellant – LOx/LH_2

(d) LOx/LH_2

| 그림 3.8 | CEA 계산을 통한 LOx/RP–1, LOx/LCH_4, LOx/LH_2 계산 결과

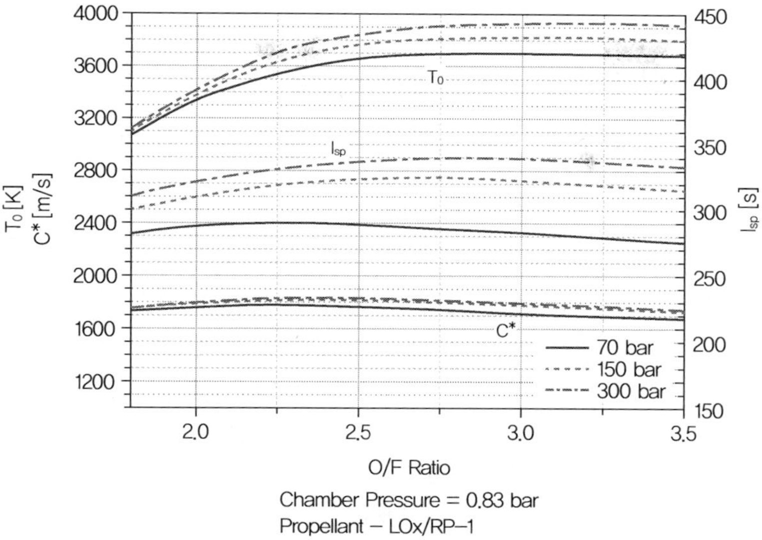

| 그림 3.9 | 연소실 압력변화에 따른 연소실 온도, 비추력 특성속도 변화

예제 3.2 다음과 같은 조건에서 최적 팽창 액체로켓의 노즐 목면적, 노즐팽창비, 유효배기 속도를 구하라.

추진제 종류	LOx/케로신
요구 진공 추력	75t
O/F비	2.6
요구진공 비추력	305초
연소 압력	70×10^5Pa
작동 고도 배압	0.83×10^5Pa
비열비	1.15

| 풀이 | ① 질량유량을 구하자.

$I_{sp} = \dfrac{F}{\dot{m}g_0}$에서

$$F = 75[\mathrm{t}]\times1000[\mathrm{kg/t}]\times9.81[\mathrm{m/s^2}] = 735{,}750[\mathrm{N}]$$

$$305[s] = \frac{735{,}750[\mathrm{N}]}{\dot{m}\times9.81[\mathrm{m/s^2}]}$$

따라서 추진제 질량유량($\dot{m}$)은 다음과 같은 값을 얻을 수 있다.

$$\dot{m} = 245.9[\mathrm{kg/s}]$$

O/F 비가 2.60이므로 연료와 산화제의 질량유량은 다음과 같다.

$$\dot{m}_f = 68.3[\text{kg/s}],\ \dot{m}_{ox} = 177.6[\text{kg/s}]$$

② 이론적 추력계수 계산하자.

$\gamma = 1.15$, 연소실 압력 70×10^5Pa에 배압이 0.83×10^5Pa이므로,

$$C_F = \sqrt{\frac{2\gamma^2}{\gamma-1}\left(\frac{2}{\gamma+1}\right)^{\frac{\gamma+1}{\gamma-1}}\left[1-\left(\frac{P_e}{P_0}\right)^{\frac{\gamma-1}{\gamma}}\right]} = 1.657$$

③ 목면적을 구하자.

추력은 $F = C_F\times P_0\times A_t$로 표현되므로 목면적은 다음과 같다.

$$A_t = \frac{F}{C_F\times P_0} = \frac{735{,}750[\text{N}]}{1.657[-]\times70\times10^5[\text{Pa}]} = 0.063[\text{m}^2]$$

④ 노즐팽창비(ε)를 구하자.

노즐 출구의 면적을 먼저 계산해 보자.

$P_0 = 70\times10^5$Pa이며, $P_e = 0.83\times10^5$Pa이므로

$$\frac{P_0}{P_e} = \left(1+\frac{\gamma-1}{2}M_e^2\right)^{\frac{\gamma}{\gamma-1}}$$

$83.8 = (1+0.075M_e^2)^{7.67}$에서 M_e를 구하면

$$M_e = 3.23$$

노즐 팽창비(ε)는 다음과 같다.

$$\varepsilon = \frac{A_e}{A_t} = \frac{1}{M_e}\left(\frac{2+(\gamma-1)M_e^2}{\gamma+1}\right)^{\frac{\gamma+1}{2(\gamma-1)}}$$

$$= \frac{1}{3.23}\left(\frac{2+(0.15)(3.23)^2}{2.15}\right)^{7.17} = 11.6$$

따라서 $A_e = 0.73[\text{m}^2]$이 된다.

⑤ 유효배기속도를 구하자.

최적팽창 가정시 압력항이 모두 사라지고, $F = \dot{m}V_e$로 표현 가능하므로 $V_e = \dfrac{F}{\dot{m}}$이다.

따라서 $V_e = \dfrac{735{,}750\text{N}}{245.9\text{kg/s}} = 2992\text{m/s}$가 된다.

예제 3.3 0.1MPa의 압력 조건에서 다음과 같은 수소의 해리반응을 고려하자.

$$H_2 \Leftrightarrow 2H$$

주위 온도가 3,000K인 경우와 298K인 경우에 평형상수 K_P를 각각 계산하고 그 결과를 비교하라.

| 풀이 | ① 3,000K인 경우

식 (3.80)을 열역학 물성치 표를 이용하여 구하면

$$\Delta G_T^0 = 2\bar{g}_H^0 - \bar{g}_{H_2}^0 = 2\times46.007-0 = 92.014\text{kJ/mol}$$

식 (3.83)으로 평형상수를 구하면

$$K_P = \exp\left(-\frac{\Delta G_T^0}{R_u T}\right) = \exp\left(-\frac{92014}{8.314/3000}\right) = 0.0249$$

② 298K인 경우

같은 방법으로 구하면

$$K_P = \exp\left(-\frac{\Delta G_T^0}{R_u T}\right) = \exp\left(-\frac{406580}{8.314/298}\right) = 5.37\times10^{-72}$$

위의 결과에서 주위온도가 298K인 경우의 평형상수는 3,000K인 경우에 비해 매우 작은 값을 보인다. 고온의 경우에는 수소의 해리반응을 고려하여야하고 저온에서는 무시할 수 있다.

3.4 로켓 추진원리 및 성능

추진력은 작용－반작용의 법칙을 통해 물체에 주어진 항력을 이겨내는 추력을 발생시켜 가속 혹은 주어진 목표 속도를 유지하는 힘을 말한다. 공기흡입식 엔진과는 달리 로켓 시스템은 내부에 연료와 산화제를 저장하고 이 추진제를 연소하여 추력을 발생시킨다. 로켓의 추력을 발생시키는 추력실을 구성하는 부분은 연소실과 노즐이다. 추진제가 연소실에서 연소반응 통해 고온, 고압의 작동가스가 형성이 된다. 이 작동가스가 노즐을 지나면서 연소가스의 배기속도가 증가되게 되고 고속으로 분출된다. 이러한 작동가스의 반작용으로 로켓은 앞으로 나아가게 되는데 이러한 힘을 추력이라 한다.

예제 3.4 해수면에서 작동하는 이상 로켓 엔진이 있다. 작동 가스의 비열비는 1.4이고 노즐 출구에서의 마하수와 온도는 각각 2.45, 2000K이다. 노즐에서 작동가스는 최적 팽창을 한다고 가정할 때, 연소실 온도(T_0)와 압력(P_0), 노즐 팽창비($\frac{A_e}{A_t}$), 유효배기속도(c)를 각각 구하라. (단, 작동가스의 기체상수는 225J/kg−K이다.)

| 풀이 | 연소실 온도와 압력은 각각 식 (3.32), 식 (3.33)으로부터 구할 수 있다.

$$T_0 = T_e\left(1+\frac{\gamma-1}{2}M_e^2\right) = 2000\times2.2005 = 4401\text{K}$$

$$P_0 = P_e\left(1+\frac{\gamma-1}{2}M_e^2\right)^{\frac{\gamma}{\gamma-1}} = 101.3\times15.8061 = 1601.158\text{kPa}$$

노즐 팽창비($\frac{A_e}{A_t}$)는 식 (3.45)로부터

$$\frac{A_e}{A_t} = \frac{1}{M}\sqrt{\left(\frac{2}{\gamma+1}\right)^{\frac{\gamma+1}{\gamma-1}}\left(1+\frac{\gamma-1}{2}M^2\right)^{\frac{\gamma+1}{\gamma-1}}} = 2.5168$$

최적팽창 노즐일 경우 출구 속도와 유효배기 속도는 같으므로,

$$c = V_e = M_e a = M_e\sqrt{\gamma RT_e} = 2.45\times\sqrt{1.4\times225\times2000} = 1944.63\text{m/s}$$

3.4.1 추력

연소실에서 형성된 고온, 고압의 작동가스는 배압과의 압력차가 발생하게 된다. 이 압력차는 작동가스가 노즐을 지나면서 가스의 압력은 속도로 변환된다. 즉, 작동가스의 운동량 변화로부터 추력이 발생하게 된다. **그림 3.10**은 로켓엔진의 연소실과 연소된 기체가 배출되는 노즐의 개략도이다. 위의 개략도로부터 추력식을 유도해보자. 로켓 시스템을 정상상태, 정지상태로 가정하여 운동량 방정식을 사용한다.

운동량 방정식으로부터,

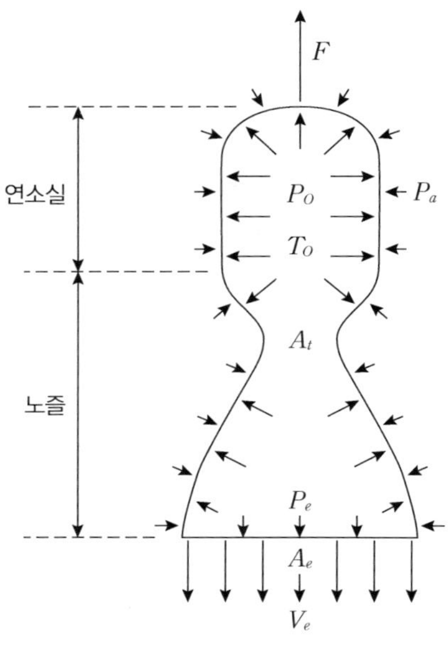

| 그림 3.10 | 로켓엔진 연소실과 노즐의 개략도

$$\sum \vec{F} = \frac{d\vec{mv}}{dt} = \frac{\partial}{\partial t}\int_{CV} \rho\vec{V}dV + \int_{CS} \rho\vec{V}(\vec{V}\cdot\vec{n})dA \tag{3.84}$$

이때, 정상상태, 축 방향의 힘만 고려하면 다음과 같은 식으로 정리된다.

$$\sum \vec{F_x} = \int_{CS} \rho\vec{V_x}(\vec{V_x}\cdot\vec{n})dA \tag{3.85}$$

위의 로켓 추력실을 제어체적으로 잡아 제어체적에 작용하는 압력을 계산하면, 다음과 같다.

$$\sum \vec{F_x} = F + A_e(P_a - P_e) \tag{3.86}$$

검사체적의 운동량 변화량 $\int_{CS} \rho\vec{V_x}(\vec{V_x}\cdot\vec{n})dA = \dot{m}V_e$으로부터, 로켓의 추력은 식 (3.87)로 유도된다.

$$F = \dot{m}V_e + A_e(P_a - P_e) \tag{3.87}$$

로켓엔진의 추력은 노즐 출구로 배출되는 연소가스에 의해 발생된 반작용 힘과 노즐 출구에서의 배기가스압력과 대기압의 차에 의해 발생된 반작용의 힘의 합으로 해석할 수 있다. 여기서 $\dot{m}$은 시간당 분사되는 연소가스의 질량을 나타내며, P_a는 비행체 주위에 작용하는 압력, P_e는 노즐출구에서의 연소가스 압력, V_e는 연소가스의 배기속도, A_e는 노즐출구 면적을 나타낸다. 식 (3.87)에서 첫 번째의 항을 모멘텀 추력(momentum thrust), 두 번째의 항을 압력추력(pressure thrust)이라고 한다. 그리고 노즐 유동 관계식에서 출구 속도(V_e)에 대해 식 (3.38)을 이용하면 다음과 같은 추력 식이 유도된다.

$$F = \dot{m}\sqrt{2\left(\frac{\gamma}{\gamma-1}R\right)T_0\left[1-\left(\frac{P_e}{P_0}\right)^{\frac{\gamma-1}{\gamma}}\right]} + A_e(P_e - P_a) \tag{3.88a}$$

$$= A_t P_0 \gamma \sqrt{\left(\frac{2}{\gamma-1}\right)\left(\frac{2}{\gamma+1}\right)^{\frac{\gamma+1}{\gamma-1}}\left[1-\left(\frac{P_e}{P_0}\right)^{\frac{\gamma-1}{\gamma}}\right]} + A_e(P_e - P_a) \tag{3.88b}$$

추력에 크게 영향을 미치는 것은 식 (3.87)의 첫 번째 항인 모멘텀 추력이다. 연소 가스가 노즐을 통해 분출되는 속도를 배기속도라 하며, 추력을 높이기 위해서는 배기속도가 높도록 노즐을 설계하여야 한다. 고공에서는 주위압력이 상대적으로 낮으므로 노즐 출구면적을 크게 하여 유동을 팽창시켜 속도에너지를 증가시킨다. 노즐 출구 면적(A_e)을 노즐 목 면적(A_t)으로 나눈 값인 팽창비(ε)라하며 $\varepsilon = \frac{A_e}{A_t}$로 정의 된다. 노즐이 최적으로 설계되어 노즐 출구의 압력(P_e)과 주변 대기의 압력(P_a)이 같을 경우, 즉 $P_e = P_a$일 때 노즐이 최적 설계되었다고 하며, 이때 최대추력이 발생된다. 로켓 노즐이 최적 팽창(perfect expansion)하였을 때의 추력식은 식 (3.89)와 같다.

$$F = \dot{m}V_e \tag{3.89}$$

한국형발사체(KSLV-Ⅱ)1단 로켓엔진은 75톤급 4개 엔진을 클러스터링하여 총 300톤의 추력을 발생한다. 이때 300톤 추력이란 300×10^3kg이며 $300\times10^3\times9.8$N이 됨을 의미한다.

3.4.2 유효배기속도

실제 로켓노즐 출구에서의 배기가속도는 벽면에서는 0이되고 가운데에서 속도가 가장 큰 속도 형상을 가지게 되지만 해석의 편의상 완전 팽창 노즐의 경우 출구에서의 속도가 모든 영역에서 균일하다고 가정한 등가배기속도를 유효배기속도(effective exhaust velocity, c)라 한다.

그림 3.11은 노즐 출구에서 실제배기속도와 유효배기속도를 나타내고 있다. 완전 팽창 노즐이 아닐 때 즉, 압력추력이 있을 때 유효배기속도는 로켓 엔진의 추력 F를 추진제 질량 유량 $\dot{m}$로 나눈 값이며 $c = F/\dot{m}$이다.

즉, 추력식 식 (3.88)에서 양변을 추진제 질량 유량 $\dot{m}$으로 나누면 다음과 같이 정리된다.

$$c = \frac{F}{\dot{m}} = V_e + \frac{A_e(P_e - P_a)}{\dot{m}} \tag{3.90}$$

최적 설계된 노즐일 경우, 노즐 출구 압력 P_e와 배압 P_a가 같으므로, 유효 배기 속도(c)는

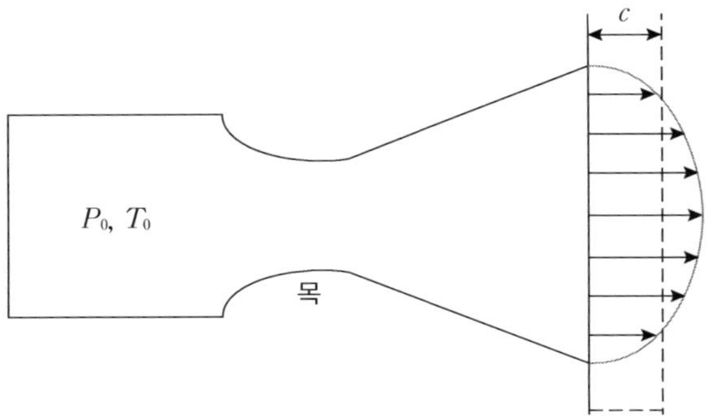

| 그림 3.11 | 유효배기속도의 정의

노즐 출구의 평균 배기속도(V_e)와 같게 된다. 즉, 최적설계된 노즐에서 $c = V_e$가 된다. 고체 추진제 로켓의 유효배기속도는 약 2.1~3.2km/s, 액체 추진제 로켓의 유효배기속도의 경우 2.9~4.5km/s 정도이다.

3.4.3 비추력

로켓의 성능을 결정하는 중요한 인자를 다루어 보자. 이러한 성능 인자로부터 로켓 엔진이 얼마나 효율적으로 작동하고 큰 추력을 발생시킬 수 있는지 해석할 수 있다. 우선 몇가지 기본적인 물리적 사항을 생각해보자. 충격량(impulse)이란 모멘텀의 변화량이며 다음과 같이 표기 된다.

$$\vec{I}(t) = \vec{P}(t+\Delta T) - \vec{P}(t) \tag{3.91a}$$

여기서 $\vec{P} = m\vec{V}$이다. 또 힘은 모멘텀의 시간 변화율이며 다음과 같이 표기된다.

$$\vec{F} = \frac{\Delta\vec{P}}{\Delta t}$$

$$\vec{I}(t) = \vec{P}(t+\Delta T) - \vec{P}(t) = \int_t^{t+\Delta t} \frac{\Delta\vec{P}}{\Delta t}\,dt = \int_t^{t+\Delta t} \vec{F}dt = \vec{F}dt \tag{3.91b}$$

로켓의 성능을 평가하는 가장 중요한 인자 중의 하나인 비추력(I_{sp}, specific impulse)은 추진제의 단위 중량당 전충격량으로 정의한다. 전충격량(total impulse)의 정의로부터, $I_t = \int_0^t Fdt$이고, 추력 F가 일정하다고 가정할 때, 전충격량은 $I_t = F\Delta t$의 식을 만족하게 된다. 즉 비추력의 식은 다음과 같이 정의된다.

$$I_{sp} = \frac{\int_0^t Fdt}{g_0\int_0^t \dot{m}dt} = \frac{F\cdot t}{g_0 m_p} = \frac{F}{g_0\dot{m}_p} = \frac{F}{\dot{w}_p} = \frac{V_e}{g_0} = \frac{c}{g_0} = \frac{c^* C_F}{g_0} \tag{3.92}$$

여기서 g_0는 지구 중력가속도를 나타내며, c는 유효배기가스속도이며 m_p는 로켓 작동 시간 동안 소모한 추진제 질량을 나타낸다. 비추력의 단위는 $[I_{sp}] = \frac{[F]}{[\dot{m}][g_0]} = \frac{\text{kg}\cdot\text{m/s}^2}{\text{kg/s}\cdot\text{m/s}^2} = \text{sec}$으로 시간의 단위임을 알 수 있다. 비추력의 물리적 의미는 단위 질량(1kg)의 추진제가 연소하여 생기는 충격량으로 단위 추력(1kgf)을 지속시킬 수 있는 시간 또는 단위 시간(1sec)에 단위 추진제(1kg)가 소비되면 발생할 수 있는 추력(kgf)의 크기를 의미한다. 비추력은 추진제 소모율(SPC, Specific Propellant Consumption)의 역수임을 알 수 있으며, 비추력이 크다는 것은 단위 추력당 추진제 소모율이 작다는 것을 의미한다. 즉, 비추력이 높을수록 단위 모멘텀을 얻는데 필요한 추진제가 적게 소모된다. 비추력은 1초 동안 단위 추진제 1kg이 소비될 때의 발생하는 추력(kgf)의 의미로도 해석할 수 있다. 예를 들어 비추력이 450s이면 1초에 1kg의 추진제가 연소할 때 450kgf(4410N)의 추력이 발생함을 의미한다. 다양한 로켓 엔진의 비추력을 **표 3.2**에서 나타내었다.

표 3.2 각종 엔진의 비추력 비교

종류	비추력(I_{sp})[sec]
제트 엔진	약 2,000～3,000
고체 추진제 로켓	약 250～300
액체 추진제 로켓	약 300～450
전기추력기(이온 추력기 등)	약 1,000～2,000

노즐 유동 관계식에서 출구 속도(V_e)에 대해 식 (3.38)을 이용하면 다음과 같은 비추력 식이 유도된다.

$$I_{sp} = \frac{F}{\dot{m}_o g_0} = \frac{1}{g_0}\sqrt{2\left(\frac{\gamma}{\gamma-1}\frac{R_u}{M_w}\right)T_0\left[1-\left(\frac{P_e}{P_0}\right)^{\frac{\gamma-1}{\gamma}}\right]} + \frac{c^*\varepsilon}{g_0 P_0}(P_e - P_a) \quad (3.93a)$$

여기서 R_u는 일반기체 상수이고 M은 분자량이다. 비추력은 추진제 특성(M), 연소실 가스 물성치(γ), 연소실 온도(T_0), 연소실 압력(P_0), 노즐출구압력(P_e)에 의해 결정된다. 분자량이 작은 연료를 사용하거나 연소실의 온도를 높이면 비추력을 증대시킬 수 있음을 알 수 있다. 추진제 이론 O/F 추진제(혼합비)에서 최대에너지를 방출할 것이지만 최적 I_{sp}는 반드시 최대 I_{sp}가 생기는 추진제 혼합비에서 설정하는 것은 아님을 유의하라. 이 문제는 4장에서 더 자세하게 설명할 것이다. 또 노즐 출구 압력(P_e)은 배압과 노즐면적비(ε)에 따라 달라진다.

뒤에 나올 특성속도(c^*)를 이용하여 식 (3.93a)를 다시 표현하면 다음과 같다.

$$I_{sp} = \frac{c^*\gamma}{g_0}\sqrt{\left(\frac{2}{\gamma-1}\right)\left(\frac{2}{\gamma+1}\right)^{\frac{\gamma+1}{\gamma-1}}\left[1-\left(\frac{P_e}{P_0}\right)^{\frac{\gamma-1}{\gamma}}\right]} + \frac{c^*\varepsilon}{g_o P_0}(P_e - P_a) \quad (3.93b)$$

만약 노즐 효율을 η_n이라 하면 실제 비추력은 $I_{sp,actual} = \eta_n I_{sp}$가 된다.

$$I_{sp,actual} = \eta_n\left\{\frac{c^*\gamma}{g_0}\sqrt{\left(\frac{2}{\gamma-1}\right)\left(\frac{2}{\gamma+1}\right)^{\frac{\gamma+1}{\gamma-1}}\left[1-\left(\frac{P_e}{P_0}\right)^{\frac{\gamma-1}{\gamma}}\right]} + \frac{c^*\varepsilon}{g_o P_0}(P_e - P_a)\right\} \quad (3.93c)$$

비추력에 추진제의 밀도를 곱한 성능 인자를 밀도비추력(density impulse)이라고 정의하며 식 (2.78)과 나타낸다.

$$I_d = I_{sp} \times \rho_p \tag{3.94}$$

밀도 비추력은 추진제의 단위 부피당 비추력의 개념으로 밀도 비추력이 크다면 단위 크기당 연소 속도가 빨라 짧은 시간 동안 큰 추력을 내는 것으로 해석할 수 있다. 일반적으로 고체 추진제 로켓의 밀도 비추력이 가장 크므로 탄도탄의 추진제나 우주 발사체의 이륙 보조용 부스터 로켓으로 주로 사용된다. 추진제 별 밀도 비추력을 비교하면 다음과 같다.

$$(I_d)_{SRM} = (I_d)_{Hybrid} \times (I_d)_{LRE}$$

예제 3.5 같은 작동시간에 같은 추력을 발생시키는 고체 추진제 로켓과 액체 추진제 로켓을 설계하고자 한다. 고체 로켓 엔진의 비추력은 275sec라 가정하고, 액체로켓의 비추력은 375sec라 가정하고, 고체 추진제의 밀도는 1750kg/m^3, 액체 추진제 밀도는 320kg/m^{3}이다. 각각의 비추력과 밀도 비추력을 비교 설명하고, 필요한 추진제의 질량과 체적을 비교 설명하라.

| 풀이 | 고체 추진제 비추력을 275sec, 액체 추진제 비추력을 375sec일 때, 각각의 밀도 비추력은 다음과 같이 된다.

$$I_{d,solid} = 275 \times 1750 = 481250\text{kg}\cdot\text{s/m}^3$$
$$I_{d,liquid} = 375 \times 320 = 120000\text{kg}\cdot\text{s/m}^3$$

고체 추진제 로켓이 약 4배의 밀도 비추력 크기를 갖는다.

그리고 식 (3.92)에서 $I_{sp} = \dfrac{F\Delta t}{g_0 m_p}$으로 같은 추력, 작동시간을 가질 때,

$I_{sp,solid} \times m_{p,solid} = I_{sp,liquid} \times m_{p,liquid}$의 등식이 성립한다.

따라서, $\dfrac{I_{sp,solid}}{I_{sp,liquid}} = 0.7333 = \dfrac{m_{p,liquid}}{m_{p,solid}}$

이때, 질량 $m_p = \rho_p \times V_p$이므로(V_p는 체적), 식을 정리하면,

$$\frac{m_{p,liquid}}{m_{p,solid}} = \frac{\rho_{p,liquid} \times V_{p,liquid}}{\rho_{p,solid} \times V_{p,solid}} = \frac{320 \times V_{p,liquid}}{1750 \times V_{p,solid}} = 0.7333$$

즉, $V_{p,liquid} = 4.01\, V_{p,solid}$로 액체 추진제의 경우 4배에 달하는 체적이 필요하게 된다. 밀도 비추력 관점에서도 간단하게 확인할 수 있다. 고체 추진제 로켓이 같은 추력을 발생하기 위한 밀도당 추력이 4배 크고, 반대로 액체 추진제 로켓에 비해 $\frac{1}{4}$에 해당하는 작은 체적으로도 동일 추력을 발생시킬 수 있는 장점이 있다.

3.4.4 특성속도

추진 성능과 관련한 속도를 나타내는 인자로 특성속도(characteristic velocity)가 있다. 이는 로켓 시스템에서 **그림 3.12**와 같이 노즐이 없고 연소실과 목만 있는 가상적 로켓에서 노즐 목에서 속도가 c^*으로 균일하다고 가정할 때의 배기가스속도를 나타낸다. 특성속도는 연소실 압력이 연소실 목면적에 작용하는 단위질량당의 가상추력을 의미하며 이때 추력 $F = P_0 A_t$이다. 특성속도는 연소실에서 일어나는 현상에 의해 영향을 받는다. 연소실 압력이(P_0)이 노즐 목 면적(A_t)에 작용하는 힘은 노즐목에서 특성속도 c^*가 나타내는 추력과 같으므로 특성속도는 다음과 같이 나타낼 수 있다.

$$c^* = \frac{P_0 A_t}{\dot{m}} \tag{3.95}$$

여기서 P_0는 연소실 압력, A_t는 노즐 목 면적을 나타낸다. 특성속도 c^*는 유효배기속도 c가 노즐의 형상이나 조건에 따라 변하는 것과는 달리 노즐의 형상과 조건에 무관하며 연소실 내 추진제의 연소가스 특성만이 특성속도에 영향을 미친다. 특성속도는 연소실의 압력, 추진제의 연소효율에 따라 달라진다. 특성속도는 서로 다른 추진엔진이나 추진제의 성능 비교 시 평가에 이용된다. 특성 속도는 연소실의 온도가 증가할수록 비열비가 감소할수록 증가하는 경향이 있으며 특정 추진제의 특성속도가 크다는 것은 그 추진제의 추력 발생 능력이 좋고 연소효율이 좋다는 것을 의미한다. 식 (3.44b)의 노즐 유동 관계식 $\frac{\dot{m}}{A_t} = \sqrt{\frac{\gamma}{RT_0}} P_0 \sqrt{\gamma\left(\frac{2}{\gamma+1}\right)^{\frac{\gamma+1}{\gamma-1}}}$를 식 (3.95)에 대입하면 특성속도는 다음과 같은 식으로 표현된다.

$$c^* = \frac{\sqrt{RT_0}}{\sqrt{\gamma\left(\frac{2}{\gamma+1}\right)^{\frac{\gamma+1}{\gamma-1}}}} = \frac{\sqrt{T_0 R_u}}{\sqrt{\gamma\left(\frac{2}{\gamma+1}\right)^{\frac{\gamma+1}{\gamma-1}} M_w}} \tag{3.96a}$$

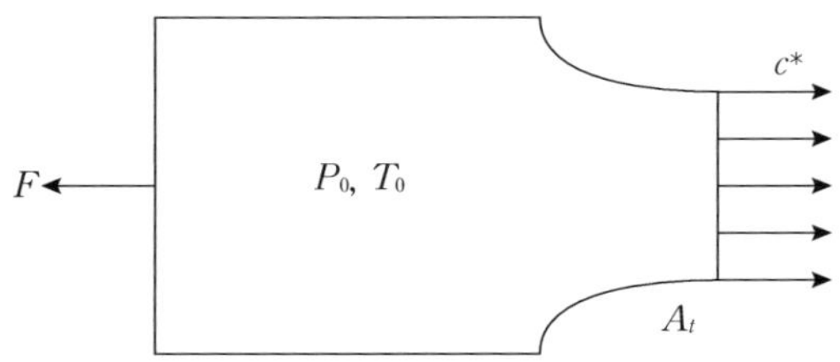

| **그림 3.12** | 특성속도의 정의

여기서 R은 배기가스의 기체상수, R_u는 일반 기체상수이고, M_w는 분자량이다. 만약 연소실에서 c^*와 연소효율(η_{c^*})이 주어지면 실제 $c^*_{actual} = \eta_{c^*}c^*$가 된다. 여기서 η_{c^*}는 c^*효율이라 부르고 $\eta_{c^*} = c^*_{actual}/c^*_{ideal}$이다. (3.95)와 식 (3.96a)로부터 목면적은 다음과 같은 식이 된다.

$$c^* = \frac{\dot{m}c^*}{P_0} = \frac{\dot{m}\sqrt{\gamma R_u T_0}}{\eta_{c^*}P_0\sqrt{\gamma\left(\frac{2}{\gamma+1}\right)^{\frac{\gamma+1}{\gamma-1}}}}$$

$\Gamma = \sqrt{\gamma\left(\frac{2}{\gamma+1}\right)^{\frac{\gamma+1}{\gamma-1}}}$ 로 정의하면 식 (3.96a)은 다음과 같이 된다.

$$c^* = \frac{1}{\Gamma}\left(\frac{R_u T_0}{M_w}\right) = \frac{\sqrt{RT_0}}{\Gamma} \tag{3.96b}$$

비열비가 일정할 때 c^*는 T_0/M_w에 비례하여 증가함을 알 수 있고 이것을 나타내면 **그림 3.13**과 같다. 액체 추진로켓의 특성속도는 약 2,000m/s내외이다. 액체산소-액체수소 추진제로켓의 경우 T_0/M_w는 약 16이고, 고체 로켓의 경우 T_0/M_w는 약 10정도이다.

특성속도로부터 연소 상황이나 효율을 판단할 수 있다. 식 (3.95)는 실험적으로 연소실 압력, 추진제 연소율과 노즐의 단면적으로부터 구할 수 있고 식 (3.96)은 이론적 특성속도 값을 구해낼 수 있다. 이론적 특성속도 대비 실험적 특성속도의 비로써 η_{c^*} 연소효율을 정의하고 구할 수 있다. 각 추진제의 특성속도 예를 **표 3.3**에 나타내었다. 주어진 O/F비에서 LOx/LH_2의 c^*는 약 2,400m/s이며, LOx/RP-1의 c^*는 약 1,800m/s이고, LOx/CH_4의 c^*는 약 1850m/s이다.

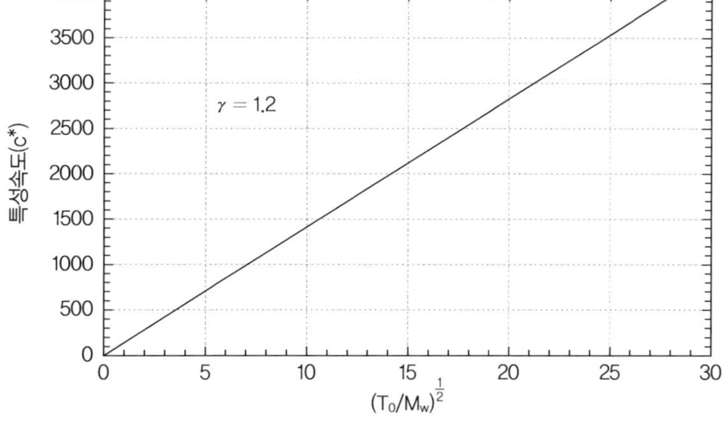

| 그림 3.13 | 배기가스 분자량당 연소실온도 변화에 따른 특성온도

표 3.3 각종 추진제의 특성속도

산화제	연료	O/F비	T_0(K)	밀도(kg/m³)	c*(m/s)	V_e
O_2	H_2	4.83	3,251	320	2,386	4,550
O_2	RP1	2.77	3,701	1,030	1,783	3,580
O_2	CH_4	3.45	3,560	830	1,840	
N_2O_4	MMH	2.37	3,398	1,200	1,724	3,420
N_2O_4	N_2O_4+UDMH	2.15	3,369	1,200	1,731	3,420

3.4.5 추력계수

노즐의 역할은 작동가스의 정압을 동압으로 변환시켜 가속시키는 역할을 한다. 로켓의 추력은 배기속도와 직접적인 연관이 있으므로 노즐은 추력을 증가시키는 역할을 한다. **그림 3.14**과 같이 연소실 압력에 의해서 로켓 노즐확산부 없는 노즐 목에 작용하는 가상추력 대비 노즐 확산부로 인해 가속되어 증가되는 추력의 비율을 추력계수(thrust coefficient)고 한다. 추력계수의 정의는 다음과 같다.

$$C_F = \frac{F}{A_t P_0} \tag{3.97}$$

식 (3.88)의 추력 관계식을 식 (3.97)에 대입하면 추력계수는 다음과 같이 구할 수 있다.

$$C_F = \sqrt{\frac{2\gamma^2}{\gamma-1}\left(\frac{2}{\gamma+1}\right)^{\frac{\gamma+1}{\gamma-1}}\left[1-\left(\frac{P_e}{P_0}\right)^{\frac{\gamma-1}{\gamma}}\right]} + \frac{A_e}{A_t}\left(\frac{P_e}{P_0}-\frac{P_a}{P_0}\right) \tag{3.98}$$

추력식에서 볼 수 있듯 추력계수는 비열비, 노즐 팽창비(ε)와 주위 압력인 배압에 따라 달라진다. 배압이 일정할 때 최대값을 가지는 추력계수 값을 가지는 노즐출구압력을 구하기 위해 $\frac{P_e}{P_0}$에 대해서 미분하면, 즉 $\left(\frac{\partial C_F}{\partial\left(\frac{P_e}{P_0}\right)}\right) = 0$일 경우, 최적팽창조건($P_e = P_a$)일 때에 최대

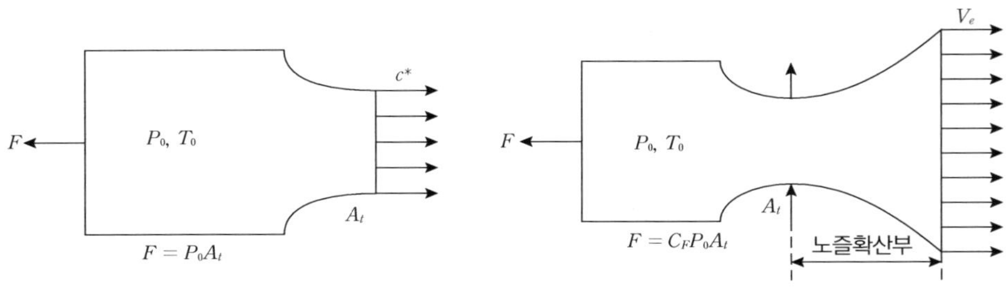

| 그림 3.14 | 노즐의 역할 및 추력계수

추력계수를 갖게 된다.

그림 3.15와 **그림 3.16**은 비열비 $\gamma = 1.2$와 1.3일때 추력계수식 (3.98)을 P_0/P_a와 γ변화에 따라 나타내었다. 이 그림은 노즐이 최적팽창이 아닐 경우 ($P_e \neq P_a$)에도 적용가능하며 노즐 내부의 마찰과 유동박리 등 손실은 고려되지 않았다. **그림 3.17**은 최적 팽창노즐의 경우 ($P_e = P_a$) 노즐압력비(P_0/P_e), 노즐팽창비(ε), 비열비(γ)변화에 따른 C_F변화를 나타내고 있다. 추력계수는 P_0/P_a가 증가하면 증가하고, P_e/P_a가 무한대로 갈 경우 즉, P_a가 0이 되도록

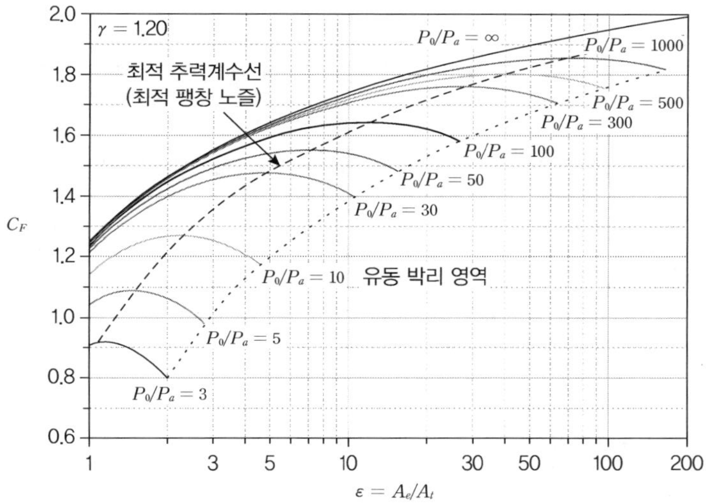

| 그림 3.15 | 노즐 면적비 변화에 따른 추력계수(비열비 $\gamma = 1.2$)

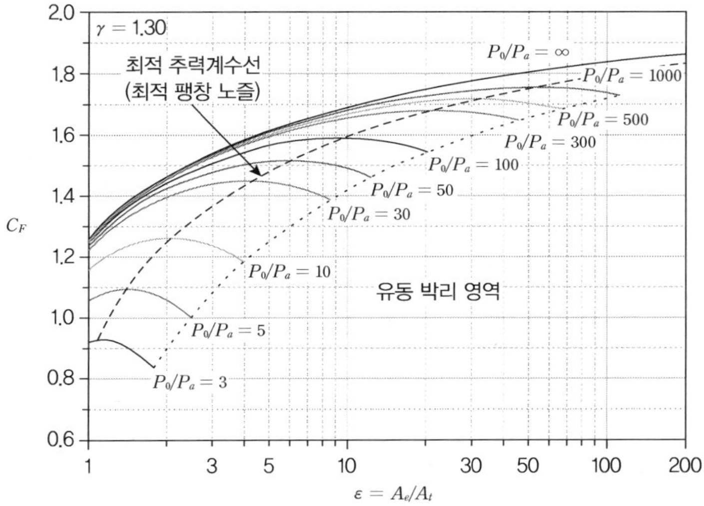

| 그림 3.16 | 노즐 면적비 변화에 따른 추력계수(비열비 $\gamma = 1.3$)

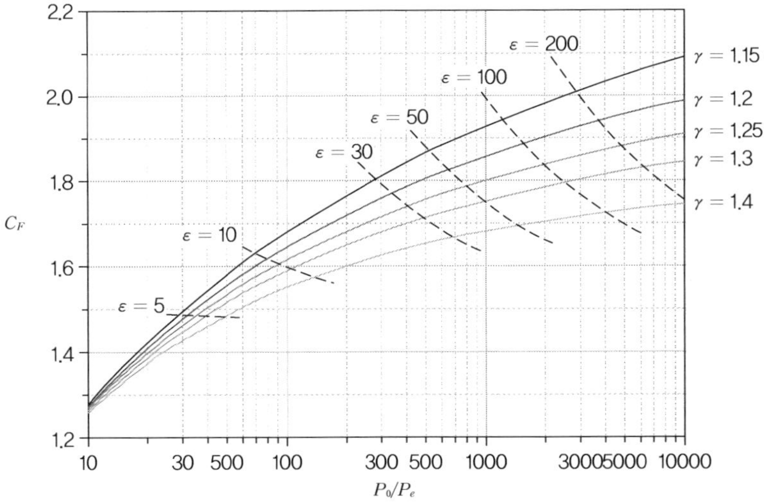

| 그림 3.17 | 최적팽창($P_e = P_a$)노즐의 압력비, 노즐팽창비, 비열비 변화에 따른 C_F의 변화

될 경우는 최대로 됨을 알 수 있다.

이 경우의 추력계수를 $C_{F,max}$라 표기하면

$$C_{F,max} = \sqrt{\frac{2\gamma^2}{\gamma-1}\left(\frac{2}{\gamma+1}\right)^{\frac{\gamma+1}{\gamma-1}}}$$

예를 들어 $\varkappa = 1.1,\ 1.2,\ 1.3,\ 1.4$일때 $C_{F,max}$는 각각 2.937, 2.246, 1.964, 1.812가 된다.

특성속도(c^*)는 연소실의 온도, 가스의 분자량, 비열비에 따라 달라지며 연소실의 연소 상태를 판단하는 특성값으로 노즐의 형상과는 관계가 없다. 추력계수(C_F)의 경우는 노즐의 형상($\frac{A_e}{A_t}$)과 고도(P_a) 등의 외부 환경의 영향을 받는다. 이 두 성능 변수 간에는 다음과 같은 관계가 있다.

$$c^* = \frac{P_0 A_t}{\dot{m}} = \frac{I_{sp} g_0}{C_F} = \frac{c}{C_F} \tag{3.99}$$

따라서 추력식은 다음과 같이 다양하게 나타낼 수 있다.

$$F = \dot{m}c = C_F P_0 A_t = C_F \dot{m} c^* \tag{3.100}$$

예제 3.6 연소실 압력 2.068MPa, 연소실 온도 2222K, 추진제 소모율 $\dot{m} = 1$kg/s, $\gamma = 1.3$, $R = 345.7$ J/kg-K인 해면 조건($P_a = 0.1013$MPa)에서 작동 중인 완전 팽창 로켓이 있다. 이때 로켓의 비추

력과 추력 그리고 특성속도와 추력 계수를 계산하라. 이로부터 노즐 목 면적을 구하라.

| 풀이 | $I_{sp} = \frac{1}{g_0}\sqrt{2\left(\frac{\gamma}{\gamma-1}R\right)T_0\left[1-\left(\frac{P_e}{P_0}\right)^{\frac{\gamma-1}{\gamma}}\right]} = 186.249\text{sec}$

추력은 $F = I_{sp}\times g_0\times\dot{m} = 1827.1\text{N}$, 특성 속도는

$$c^* = \frac{\sqrt{\gamma RT_0}}{\gamma\sqrt{\left(\frac{2}{\gamma+1}\right)^{\frac{\gamma+1}{\gamma-1}}}} = 1313.48\text{m/s}$$

$$C_F = \sqrt{\frac{2\gamma^2}{\gamma-1}\left(\frac{2}{\gamma+1}\right)^{\frac{\gamma+1}{\gamma-1}}\left[1-\left(\frac{P_e}{P_0}\right)^{\frac{\gamma-1}{\gamma}}\right]} = 1.3910$$

식 (3.97)에서 $A_t = \frac{F}{C_F P_0} = 0.000635\text{m}^2$

예제 3.7 연소실 온도 3000K, 연소실 압력 6MPa인 곳에서 수축-확산 노즐을 통과하는 가스의 분자량은 25kg/kmol이고, 비열비는 1.25이다. C-D노즐의 목직경은 81cm이다. 노즐 출구압력(P_e)은 5.5 kP_a이다. 가역 단열과정이라 가정하라. 출구 마하수, 노즐을 통과하는 최대 질량 유량, 노즐 출구 면적을 구하라.

| 풀이 | ① 노즐 출구 마하수는

$$M_e = \sqrt{\frac{2}{\gamma-1}\left[\left(\frac{P_0}{P_e}\right)^{\frac{\gamma-1}{\gamma}}-1\right]} = \sqrt{\frac{2}{0.25}\left[\left(\frac{6000}{5.5}\right)^{0.2}-1\right]} = 4.94$$

노즐 출구 배기속도는

$$V_e = M_e\sqrt{\gamma RT_0}$$

가역 단열 과정이므로

$$T_e = T_0\left(\frac{P_e}{P_0}\right)^{\frac{\gamma-1}{\gamma}} = 3000\times\left(\frac{5.5}{6000}\right)^{0.2} = 740.56\text{K}$$

따라서 노즐 출구 배기 가스 속도는

$$V_e = M_e\sqrt{\gamma RT} = 4.94\times\sqrt{(1.25\times8314\times740.56)/25} = 2740.92\text{m/s}$$

② 최대 유속을 가질 때는 노즐 목에서 초킹될 때이고 이때 $M_t = 1$이다.

$$\dot{m}_t = \rho^* A^* V^* = \rho^* A^* \sqrt{\gamma RT^*}$$

초킹될 때 밀도는

$$\rho^* = \left(\frac{2}{\gamma+1}\right)^{\frac{1}{\gamma-1}}\frac{P_0}{RT_0} = \left(\frac{2}{1.25+1}\right)^{\frac{1}{1.25-1}}\frac{6000\times1000\times25}{8314\times3000} = 3.75\text{kg/m}^3$$

또 초킹될 때 목에서 온도는

$$T^* = \left(\frac{2}{\gamma+1}\right)T_0 = 2666.7\text{K}$$

초킹될 때 목에서의 속도는

$$T^* = a^* = \sqrt{\gamma R T^*} = \sqrt{(1.25\times 8314\times 2666.7)/25} = 1052.88\text{m/s}$$

$$\dot{m}_t = \rho^* A^* V^* = 3.75\times 0.515\times 1052.88 = 2033.37\text{kg/s}$$

③ 이상기체 법칙으로부터 $\rho = \dfrac{P}{RT} = \dfrac{PM}{R_u T}$를 사용하면

$$\rho_e = \frac{5.5\times 10^3\times 25}{8314\times 740.56} = 0.0223\text{kg/m}^3$$

목과 노즐 출구에서는 같은 질량이 통과하므로

$\dot{m}_e = \rho^* A^* V^* = \rho_e A_e V_e$의 관계가 성립하고 이로부터

$$A_e = \frac{\rho^* A^* V^*}{\rho_e V_e} = \frac{3.75\times 0.515\times 1052.88}{0.0223\times 2740.92} = 33.2672\text{m}^2$$

예제 3.8 로켓이 수축-확산 노즐을 통해 대기로 배기가스가 배출되며 최적팽창되고 있다. 연소실의 온도는 3000K, 압력은 6MPa이고 주위 대기 압력은 15kPa이고 비열비는 1.25이다. 이 로켓노즐이 해면상에서 사용될 때 추력계수는 얼마나 변하는가?

| 풀이 | 최적팽창될 때 $\dfrac{A_e}{A_t} = \dfrac{(2/[\gamma+1])^{\frac{\gamma+1}{2(\gamma-1)}}\sqrt{\gamma}}{\sqrt{\dfrac{2\gamma}{\gamma-1}\left(\dfrac{P_e}{P_0}\right)^{\frac{2}{\gamma}}\left[1-\left(\dfrac{P_e}{P_0}\right)^{\frac{\gamma-1}{\gamma}}\right]}}$

$$= \frac{(2/[1.25+1])^{\frac{1.25+1}{2(1.25-1)}}\sqrt{1.25}}{\sqrt{\dfrac{2\times 1.25}{(1.25-1)}\left(\dfrac{15}{6000}\right)^{\frac{2}{1.25}}\left[1-\left(\dfrac{15}{6000}\right)^{\frac{1.25-1}{1.25}}\right]}} = 30.05$$

또 $C_{F,opt} = \sqrt{\dfrac{2\gamma^2}{(\gamma-1)}\left(\dfrac{2}{\gamma+1}\right)^{\frac{\gamma+1}{\gamma-1}}\left[1-\left(\dfrac{P_e}{P_0}\right)^{\frac{\gamma-1}{\gamma}}\right]}$

$$= \sqrt{\frac{2\times 1.25^2}{(1.25-1)}\left(\frac{2}{1.25+1}\right)^{\frac{1.25+1}{1.25-1}}\left[1-\left(\frac{15}{6000}\right)^{\frac{1.25-1}{1.25}}\right]} = 1.74$$

만약 로켓이 해면에 놓일 때 $P_e = P_a = 101.325\text{kPa}$이다. 이때 추력계수는 식 (3.98)으로부터

$$C_{F,sea\ level} = \sqrt{\frac{2\gamma^2}{(\gamma-1)}\left(\frac{2}{\gamma+1}\right)^{\frac{\gamma+1}{\gamma-1}}\left[1-\left(\frac{P_e}{P_0}\right)^{\frac{\gamma-1}{\gamma}}\right]} + \frac{A_e}{A_t}\left(\frac{P_e-P_a}{P_0}\right)$$

$$= \sqrt{\frac{2\times 1.25^2}{(1.25-1)}\left(\frac{2}{1.25+1}\right)^{\frac{1.25+1}{1.25-1}}\left[1-\left(\frac{15}{6000}\right)^{\frac{1.25-1}{1.25}}\right]} + 30.05\left(\frac{15-101}{6000}\right)$$

$$= 1.31$$

따라서 추력은 $\dfrac{1.74-1.31}{1.74} = 24.7\%$증가한다.

3.4.6 기타 로켓 성능 인자

추진제 소모율은 단위 추력을 발생시키는 데 사용되는 추진제 중량의 소비율을 말한다. 추진제 소모율은 식 (3.101)과 같이 정의된다.

$$\frac{\dot{w}}{F}=\frac{\dot{w}g_0}{F}=\frac{1}{I_{sp}} \tag{3.101}$$

식 (3.101)과 같이 추진제 소모율은 비추력의 역수의 관계에 있다.

질량비는 로켓 시스템 작동 전의 총 질량 대비 로켓이 작동하여 모든 추진제를 사용한 후의 질량의 비를 나타낸 것이다. 식 (3.102)는 질량비에 관한 식을 나타낸 것이다.

$$R=\frac{m_f}{m_o} \tag{3.102}$$

여기서 m_f는 모든 추진제를 소모한 뒤의 질량이고, m_o는 로켓 작동 이전의 총질량을 의미한다. m_p를 로켓 시스템 내부의 추진제 질량이라고 할 때, $m_f=m_o-m_p$의 관계가 있다.

추진제 질량 분율(propellant mass fraction)은 로켓 작동이전의 총 질량과 추진제 질량의 비를 나타낸 인자이다. 식 (3.103)과 같이 정의된다.

$$\zeta\equiv\frac{m_p}{m_o}=\frac{m_o-m_f}{m_o}=\frac{m_p}{m_p+m_f} \tag{3.103}$$

중량당 전충격량(impulse to weight)은 전충격량의 초기 중량에 대한 비를 나타낸 인자로 식 (3.104)과 같이 정의된다. 이 성능 인자의 값이 높을수록 효율적인 설계가 이루어졌음을 의미한다.

$$\frac{I_t}{w_o}=\frac{I_t}{(m_p+m_f)g_o}=\frac{I_{sp}}{\frac{m_f}{m_p}-1} \tag{3.104}$$

중량당 추력(thrust to weight, $\frac{F}{w_o}$, F/W)는 지구 중력가속도 대비 물체의 가속도를 나타내며 로켓 엔진이 시스템 중량에 대해서 얼마나 큰 가속도를 낼 수 있는 지에 대한 성능인자이다. 액체로켓의 F/W는 보통 70이상으로 새턴-V 1단엔진인 F-1은 약 94, 2단엔진인 J-2는 약 73이며, 최근의 저비용 재사용 발사체로 사용될 SpaceX Raptor는 F/W가 200이 넘기도 한다. 일정한 추력이 발생할 때, 최대값은 모든 추진제가 소모되는 연소 종류 시점에서 최대 가속도가 발생한다. **그림 3.18**은 화학/비화학의 다양한 로켓 엔진의 유효배기속도를 비교한

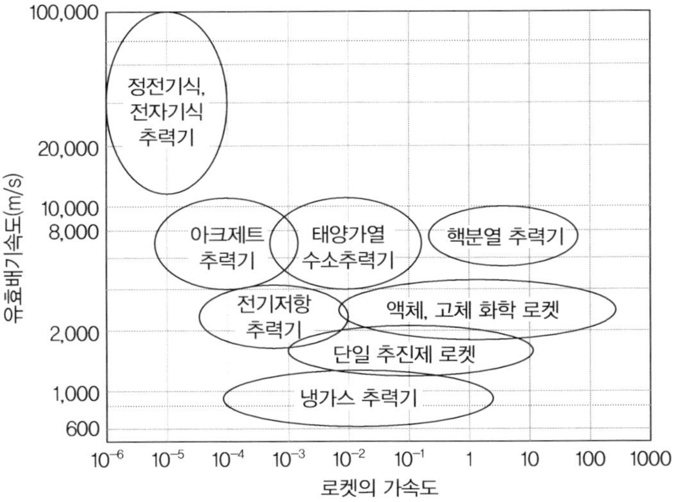

| 그림 3.18 | 여러 가지 로켓의 유효배기 속도[5]

선도이다. 가로축은 지구 중력가속도 대비 발생하는 로켓 엔진의 가속도를 나타낸 것이며, 세로축은 유효배기속도이며, 중력가속도 g_o로 나누면 비추력 성능인자를 나타낸다. **그림 3.18** 로부터, 전기로켓은 비추력이 매우 높지만, 지구 중력가속도 대비 10^{-6}~10^{-4} 정도의 매우 낮은 가속도를 낼 수 있어 지구 중력장 내부에서는 작동하기 힘들다. 따라서 전기추력기는 효율적인 비추력을 바탕으로 중력이 작용하지 않는 우주 공간에서 주로 작동된다. 고체, 액체 추진제의 화학 로켓은 전기로켓보다 상대적으로 비추력이 낮으나 중량당 추력이 지구 중력가속도에 비해 약 100배까지 설계될 수 있어 지구 중력권을 탈출할 때 사용된다.

3.4.7. 로켓 엔진 스케일링

식 (3.100)에서 설명되듯이 로켓추력(F)은 노즐 목 면적(A_t)에 비례하게 되고 면적은 로켓 제원의 길이의 제곱에 비례하게 된다. 이를 식으로 표기하면 $F \propto A_t \propto L^2$이 된다. 로켓의 중량은 부피에 비례하게 되며 또 중량은 길이의 3승에 비례하게 되고 $W \propto V \propto L^3$이 된다. 따라서 중량당 추력비 F/W는 길이에 반비례하게 되고 $F/W \propto 1/L$이 된다. 위의 관계식을 생각할 때 $F/W \propto F^{-1/2}$이 되고 $F/W \propto W^{-1/3}$이 되며, $W \propto T^{3/2}$이 되고 $T \propto W^{2/3}$이 됨을 알 수 있다. 러시아의 RD-107, RD-108, RD-170엔진은 하나의 터보펌프로 추진제를 4개의 연소실에 공급하며, 연소실 4개를 묶어 하나의 엔진으로 간주하고 있다. 또 미국의 Saturn V는 5개의 F－1엔진을 묶어 1단에 사용하고 있다. 기본엔진 선정 후 크기를 1/2로 축소하면 노즐 목면적이나 출구면적은 1/4로 줄어들고 추력도 1/4 줄어든다. 이때 체적은 1/8로 줄어들고 엔진중량도 1/8 줄어든다. 크기를 1/2로 축소한 엔진 4개 묶음은 기본엔진과 동일한 추력을 발생할 수 있지만 중량은 1/2 감소하기 때문에 중량당 추력비(F/W)를 2배로 증가시킬 수 있다. 실제에는 축소엔진을 여러 개 사용하면 개별적인 밸브 등 구성품의 증가로 무게 감소 효과는 그리 크지 않을 수도 있다. 비행체의 속도 증분 식 (2.14c)에서 나타나는 항력항은 $D/m \propto L^2/L^3 \propto 1/L$이 된다. 비행체를 크게할 때 $D/m \propto 1/L$이 되므로 항력은 덜 중요한 요소가 된다.

엔진의 고성능과 추력을 크게 하기 위해서는 연소실 압력(P_0)을 높이거나 엔진을 크게 하여야 한다. 동일한 추력을 내면서 연소실 압력(P_0)을 높이면 노즐 목 면적(A_t)을 작게 할 수 있고, 이와 비례하여 연소실 및 추력실 등 엔진 크기는 작아질 수 있다. 저추력 엔진에서 연소실 압력을 너무 높이면 연소기, 터보펌프 등의 부품이 너무 작아지게 되어 제작과 운용에 어려움이 있을 수 있기 때문에 저추력 엔진에서는 제작성 등의 이유로 연소실 압력을 낮게 한다. 동일한 연소실 압력에서 추력을 크게 하기 위해 엔진을 크게 하면 연소실이 커지고 이것은 동공(cavity)이 커진 것과 같은 역할을 하여 연소 불안정을 크게 할 염려가 있기 때문에 허용 범위 내에서 연소실 압력을 높이는 것이 좋을 수 있다. 연소실 압력을 높이려면 인젝터의 분사압력이 높아야하므로 이에 수반하여 터보 펌프 시스템의 압력도 높여야 한다.

3.5 로켓 열전달

3.5.1 로켓 냉각

로켓 엔진의 열방출은 30,000MW/m^{3}정도로 상당히 높다. 화학 로켓의 연소가스온도는 3000K~4500K에 정도로 높기 때문에 대부분의 금속을 녹이기에 충분한 온도이다. 이 때문에 로켓은 여러 가지 열전달을 통한 냉각을 하고 있으며 이러한 로켓 엔진의 냉각방법에는 재생 냉각, 막/증발 냉각, 복사 냉각, 융제 냉각 등의 방식이 있으며 **그림 3.19**에 개략도를 나타내었다. 액체 로켓에서는 연소실 및 노즐의 전체 벽면이 고온의 연소가스에 노출되지만, 극저온의 액상 연료가 분사장치에서 연소실로 분사되기 전에 관을 통해 추력실 벽면을 감아

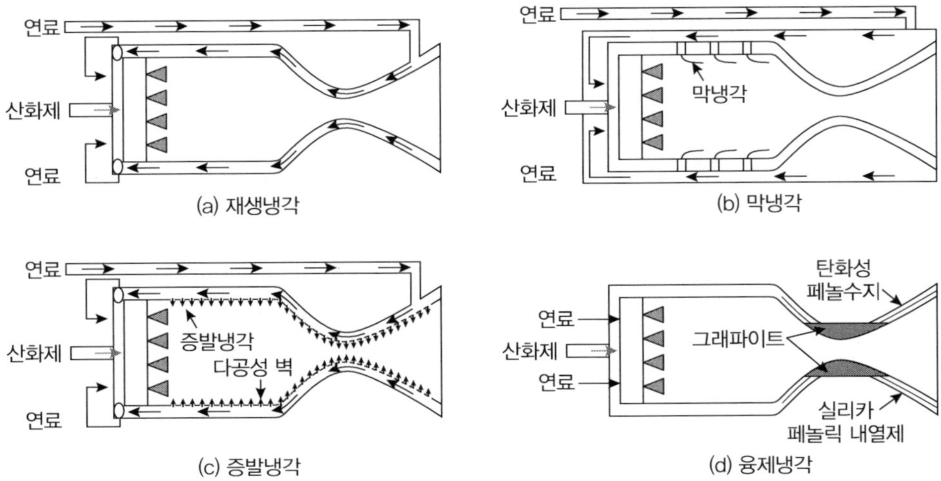

| 그림 3.19 | 로켓 냉각방식

돌면서 재생냉각을 하고 내부는 필름냉각을 하기도 하여 벽면온도를 낮춘다. 작동시간이 비교적 짧은 로켓에서는 연소가스에 접촉하는 추력실 벽면을 냉각하지 않고 벽면구조를 열흡수체(heat sink)로서 작용시켜 연소 종료시까지 한계 온도 안에서 온도를 억제할 수 있다. 고체추진 로켓의 경우는 추진제 자체가 연소가스로부터 연소실 벽면을 보호하는 장점이 있으나 노즐목은 고온이 연소가스에 노출되므로 삭마현상이 일어날 수 있으므로 특수 내열재질을 사용하거나 삭마(ablation)를 일으키는 재료에서 발생된 가스를 밖으로 방출하여 열의 침입을 방지하기도 한다. 노즐 목 열유속(heat flux)은 V−2 엔진의 경우 약 3~4MW/m^{2}이고 F−1 엔진의 경우는 약 9MW/m^2, 스페이스 셔틀의 주엔진은 약 100MW/m^{2}으로 연소실 압력의 상승에 따라 열유속이 증가하고 있다. 액체추진 로켓의 배기 플륨에는 알루미늄과 같은 입자상 물질이 없기 때문에 복사가열은 심각하지 않지만 고체추진 로켓의 입자상 물질이 배기 플륨에 있기 때문에 복사 가열을 고려하여야 한다.

재생 냉각의 경우에는 연료 분사 전에 노즐 벽이 냉각 자켓을 순환시켜서 대류의 열전달 방법으로 연소실의 열을 냉각수로 흡수하여 온도를 낮추는 방식이다. **그림 3.19 (a)**는 재생냉각의 개략도이다. 연소실에 추진제를 분사하기 전에 추진제를 추력실 벽 속의 관로를 통해 벽면을 냉각하므로 연소가스로부터 유체에 유입된 열은 연소가스의 엔탈피에 포함되기 때문에 재생이라는 표현이 사용되었다. 고온 유체에서 격벽을 통과하여 저온 유체로 이루어지는 전체 열전달에서 냉각제는 비열이 높은 액체 상태이므로 열전달 특성이 좋다. 온도 경계층 내의 온도강하는 연소 가스 측에 비해 냉각제 측이 매우 작다. 재생냉각에 사용되는 추진제는 주로 액체수소나 액체메탄 등 연료이다. 만약 냉각 관로에 균열이 조금이라도 있으면 LOx는 균열을 더 악화시킬 수 있으므로 재생냉각제로 사용하지 않는다. 케로신 연료를 재생냉각제로 사용할 경우에는 냉각유로 내부에 탄소층이 쌓이는 코킹현상이 발생할 수 있으며, 코킹층은 단열재 역할을 하여 냉각효율을 떨어지게 한다. 재생냉각유로를 지나는 추진제에 기포가 있으면 열전달계수가 감소하므로 재생냉각 연료는 초임계 상태로 이 영역을 지나도록 압력도 충분히 높아야 한다. 재생냉각 채널재료는 제조측면이나 열전도도 측면에서 스테인레스스틸보다 구리가 선호된다.

막냉각은 **그림 3.19 (b)**와 같이 농후 연료를 연소실 벽면에 분사하여 작동가스와 연소실간의 직접적 열 교환을 차단하고 농후 연료의 기화 잠열로 인한 냉각 방식이다. 결과적으로 막냉각을 통해 뜨거운 연소가스로부터 벽면의 온도를 낮게 유지시켜준다. 하지만 과도한 연료 분사는 벽면에서 연료가 떨어져 나와서 연소 불안정을 야기할 수도 있기 때문에 적절한 연료량을 분사하는 것이 중요하다.

다공성 벽을 이용한 막냉각인 증발냉각은 **그림 3.19 (c)**와 같다. 막냉각의 효과는 냉각유체인 연료의 유량, 속도, 한 열의 냉각 홀의 개수에 영향을 미친다. 막냉각에서 냉각 효과를 높이기 위해 연료 분사 속도를 높이게 되면 연소 불안정을 야기할 수 있기 때문에 이를 해결하기 위해 증발냉각이 고안되었다. 다공성 벽면을 통해 냉각유체는 벽면에 스며들게 되며 뜨거운 연소공기로부터 연소실의 온도를 낮춰주는 역할을 한다. 증발냉각은 다른 냉각과 비교하여 가장 효과적이지만 연소실에서의 고온, 고압의 환경을 견딜 수 있는 다공성 재질을 찾기 어려운 한계점이 있다. 또한 높은 냉각률을 위해 다공성 벽면의 구멍은 작아야하지만 연소에 의한 수트(soot) 또는 다른 물질에 의해 막힐 가능성도 있다.

복사 냉각은 내열 금속으로 구성된 노즐 벽으로부터 주위 공간으로 복사의 열전달 형태로 냉각하는 방식이다. 주로 고공에서 작동하는 엔진의 경우 사용하는데 이러한 엔진은 노즐 팽창비가 크기 때문에 노즐 사이즈가 크다. 노즐 확장부에 재생냉각 방식을 적용할 경우 큰 노즐 사이즈만큼 냉각 자켓의 크기도 커져야 하기 때문에 무게가 증가하는 문제가 있다. 따라서 압력과 온도가 상대적으로 낮은 고공에서는 주로 복사 냉각 방식을 사용하며 고온에서 재료가 견뎌야 하기 때문에 열적, 기계적 안정성을 갖는 복합재료나 니오븀 합금(Nb alloy) 혹은 Haynes 25와 같은 초내열 합금을 사용한다. 복사 냉각 방식은 주로 단일 추진제 추력기 및 노즐 확장부에 적용한다. 융제냉각(ablative cooling)은 **그림 3.19 (d)**와 같으며, 노즐 벽면을 흡열 분해되는 물질로 구성시키어 엔진 작동 시에 물질이 삭마되면서 흡열, 냉각시키는 방식이다. 벽면에 설치된 융제 재료는 용융 증발되어 열을 흡수하고 동시에 발생한 가스가 저온의 경계층을 형성하며 열전달률이 낮아 외부 구조 재료에 대한 과대한 열전달을 억제한다. 이러한 융제 재료에는 에폭시, 불포화 폴리스터 실리카 또는 탄화계 페놀수지 등의 복합재료가 있으며 로켓엔진에 사용된다. 이 중 탄화성 페놀수지와 실리카 페놀릭이 많이 사용되고 있으며 약 1100℃까지 융제할 수 있다. 최근에는 실리카 페놀릭이 더욱 선호되고 있으며 이는 고온의 차폐성과 산화제의 저항성이 높기 때문이다. 융제 냉각을 사용하는 연소실의 안쪽 벽면에는 뜨거운 가스로부터 외벽을 보호하기 위해 내열재를 사용한다. 이러한 방식의 특징으로 1회용 사용으로 초단위에서 수분에 걸쳐 유효하게 사용되나 제한적이며 장시간 구동할 경우 냉각효과가 점차 없어진다. 따라서 융제냉각은 고체 추진제 로켓에서 주로 사용되며 짧은 시간동안 저압의 챔버를 운용하는 로켓에서 사용되고 있다.

표 3.4은 앞에서 설명한 냉각 방식을 정리한 표이다. 액체 로켓의 경우에 재생 냉각 또는 막 냉각 방식을 통해 벽면 온도를 낮추는 방식을 택하고 있다. 연소 시간이 짧은 로켓에서는 냉각을 하지 않고 연소실 벽면 구조를 열 흡수체(heat sink)로 작용시켜 열파괴 한계 이내로 온도를 억제하기도 한다. 고체 로켓의 경우에 노즐의 팽창비가 낮아 재생 냉각의 효과를 보기에는 노즐의 크기가 너무 작다. 따라서 재생 냉각을 적용시키기가 어렵다. 따라서 연소실 벽면은 연료가 보호하고 노즐 목은 고온의 가스에 의해 삭마를 통해 냉각한다. 이때에 삭마 냉각에서 배기가스에 입자상 물질이 있기 때문에 복사 가열을 고려해야 한다. 또한 고속 비행하는 로켓의 경우에 선단부 같은 곳에서 속도 에너지가 마찰에 의하여 열에너지로 변환되

표 3.4 로켓에 적용되는 다양한 냉각 방식

냉각방법	기본원리	냉각열유속(W/cm^2)	작동시간	적용엔진
재생냉각 (Regenerative Cooling)	연료분사 전에 노즐벽의 냉각자켓을 순환시켜 대류에 의한 열흡수.	160～16,000	길다	중대형로켓
막냉각 (Film Cooling)	액체연료 또는 차가운 가스를 벽면을 따라서 분사시킴. 성능 저하 우려 있음.	160～16,000	길다	대형 유닛
복사냉각 (Radiation Cooling)	내열금속으로 구성된 노즐벽으로부터 주위 공간으로 복사	8～65	길다	노즐 확장, 단일추진제 추력기
금속열흡수냉각 (Metal Heat Sink)	냉각이 없는 두꺼운 금속으로 구성된 노즐벽으로부터 열 흡수 저비용	8～1,150	매우 짧다	무거운 실험 유닛
융제냉각 (Ablative Cooling)	노즐벽면이 흡열분해되는 물질로 구성됨.	16～1,600	제한적이다	소형 추력기 대형 유닛의 노즐확장부

어 벽면 온도가 올라가는 공력 가열(aerodynamic heating) 현상이 일어날 수 있다. 공력 가열 현상으로부터 열전달이 과도하면 표면이 파괴되기도 한다.

3.5.2 열전달 기초

열전달은 전도, 대류, 복사와 같은 방식으로 열이 이동하는 현상을 일컫는다. 로켓 시스템은 열 추진제 연소로 인한 막대한 열방출에 의해 연소실은 3,000K~4,500K에 달하는 높은 열부하에 노출되게 된다. 로켓 연소실 온도에서는 재료의 물성 한계로 인해 용융 및 파단 등이 발생할 수 있기 때문에 로켓 엔진에서의 냉각은 필수적이다.

전도열전달은 물질의 내부의 온도차에 의해서 입자운동의 결과로 열이 이동하는 현상을 말한다. 전도 열전달을 해석하는 열 유속은 푸리에 법칙(Fourier's law)에 의해 설명된다. 전도 열유속은 다음과 같다.

$$\overrightarrow{q''} = -k\nabla T \ [\mathrm{W/m^2}] \tag{3.105}$$

여기서 비례상수 k는 열전도율이다.

대류 열전달는 유체의 유동에 의한 열전달이다.

$$\overrightarrow{q''} = h(T_\infty - T_w) \ [\mathrm{W/m^2}] \tag{3.106}$$

여기서 h는 대류 열전달 계수이며 T_∞는 유동의 온도, T_w는 벽면의 온도이다. 실제 h를 구하기 위해서는 벽면에서의 에너지평형 관계식을 이용하여 다음과 같이 구한다.

$$h = \frac{-k\left[\dfrac{dT}{dt}\right]_{x=0}}{T_w - T_\infty}$$

벽면으로부터 속도와 온도 경계층이 형성된다. 대류 열전달 계수 h는 유체의 물성뿐 아니라 유동장, 온도장의 조건에 따라 변하게 되며 누셀 수(Nusselt Number)를 통해 무차원으로 표시될 수 있다. 누셀 수는 대류 열전달 계수를 무차원화 한 변수로 다음과 같이 표현된다.

$$Nu = \frac{hl}{k} \tag{3.107}$$

여기서 l은 특성길이이며, h는 대류열전달계수, k는 전도열전달계수이다. 또, 누셀수는 레이놀즈수와 프란틀 수로 다음과 같이 표시될 수 있다.

$$Nu = CRe^m \mathrm{Pr}^n$$

복사 열전달은 전자기장 형태의 복사에너지를 발하여 열전달하는 방식으로 매질이 필요 없다. 로켓 추력실의 온도는 매우 높아 대류 열전달 뿐 아니라 복사 열전달의 열전달도 고려해야 한다. 복사 열전달이 큰 경우에는 벽면에서의 총 열전달량의 25% 정도까지 이르기도 한다. 특히 고공에서는 복사 열전달의 형태로 냉각 방식을 채택하기도 한다. 로켓 추력실 내에서의 복사 열전달은 다음과 같이 스테판-볼츠만 법칙에 의해 설명된다.

$$\overrightarrow{q''} = \varepsilon\sigma(T_g^4 - T_w^4)\ [\mathrm{W/m^2}] \tag{3.108}$$

여기서 ε은 흑체 대비 복사에너지 방사율을 의미하며 0에서 1사이의 값을 가지고, σ는 스테판-볼츠만 상수로 $5.67\times10^{-8}\mathrm{W/m^2 \cdot K^4}$의 값을 가진다.

추력실 벽면과 연소 가스 사이의 열전달 메커니즘은 강제 대류와 복사 열전달이 존재하지만 일반적으로 대류 열전달을 더 중요시한다. 불균일 유동장 내에서 고부하 연소가 이루어지는 로켓엔진의 연소실 내의 유동은 강한 난류 상태이다. 따라서 추력실 내부의 열전달 계수는 벽면 경계조건과 유동 특성에 따라 수시로 변화하기 때문에 특정한 해석식이 존재하지 않는다. 따라서 엔진의 실험식을 따로 구하거나 기존의 실험식을 통해 열전달량을 근사하여 해석한다.

노즐 벽면에서의 대류 열전달은 가스 유동이 상당히 큰 고속 유동임을 고려해야 한다. 따라서 노즐목 부분의 열전달 계수는 목 부분의 경계층이 대단히 얇고 하류로 진행함에 따라 성장한다고 가정하여 평행평판 난류 열전달 실험식으로부터 근사값을 얻을 수 있다.

$$\frac{hx}{k} = 0.0296Re_x^{0.8}\mathrm{Pr}^{\frac{1}{3}} \tag{3.109}$$

x는 목에서 하류까지의 거리이고 Reynolds 수는 $Re = \dfrac{Ux}{\nu}$의 관계식을 갖는다. 또한 D. R. Bartz는 노즐 축 방향 임의의 위치에 대한 벽면의 열전달 계수를 실험식으로 제안하기도 하였다[4]. 일반적인 가정으로 국소 열전달 계수는 주로 단위면적당 국소 질량 유량에 주로 영향을 받는다. 따라서, 다음과 같은 비례 관계가 있다.

$$h \sim (\rho U)^k \tag{3.110}$$

경계층 해석의 결과, 직접적인 표면 마찰 관계식의 영향 지수는 0.8로 계산된다. 곡률효과를 보정하고 식 (3.110)을 무차원화하여 Prandtl 수(Pr)을 곱하게 되면 다음과 같은 로켓 목에 적용가능한 누셀수 관계식이 얻어진다.

$$Nu = C(Re)_D^{0.8}\mathrm{Pr}^{0.4}\left(\frac{D_t}{R}\right)^{0.1} \tag{3.111a}$$

여기서 노즐목 곡률계수보정을 위해 $\left(\frac{D_t}{R}\right)^{0.1}$이 사용되었다. 만약 목에서 원호가 아니면 평균곡률($R = 0.5(R_1+R_2)$)을 사용하면 된다. 식 (3.111a)를 풀어쓰면 다음과 같다.

$$h = C(Re)_D^{0.8}\mathrm{Pr}^{0.4}\left(\frac{D_t}{R}\right)^{0.1} \tag{3.111b}$$

이때, Reynolds 수는 특성길이인 직경 D에 따라 달라지며 Karman－Prandtl 수정식(Karman－Prandtl correction)에 의해 Prandtl수는 1 근처에 해당하는 값을 가진다. 노즐 형상과 조건에 따라 임의의 상수인 C의 값은 변하게 되나 그 편차는 크지 않다. 통상 노즐 목에서의 조건에서 0.026의 값을 갖는다고 알려져 있다. 따라서

$$h = 0.026(Re)^{0.8}\mathrm{Pr}^{0.4}\left(\frac{D_t}{R}\right)^{0.1} \tag{3.111c}$$

여러 관계식을 거쳐 대류 열전달 계수는 다음과 같이 Bartz에 의해 제안되었다[3,9].

$$h = \left[\frac{0.026}{D_t^{0.2}}\left(\frac{\mu^{0.2}c_p}{\mathrm{Pr}^{0.6}}\right)_{ns}\left(\frac{(P_c)_{ns}g}{c^*}\right)^{0.8}\left(\frac{D_t}{R}\right)^{0.1}\right]\left(\frac{A_t}{A}\right)^{0.9}\sigma \tag{3.112}$$

σ는 마하수의 영향을 나타내는 항으로 다음의 관계식을 갖는다.

$$\sigma = \frac{1}{\left[\frac{1}{2}\frac{T_w}{(T_c)_{nc}}\left(1+\frac{\gamma-1}{2}M^2+\frac{1}{2}\right)^{0.68}\left(1+\frac{\gamma-1}{2}M^2\right)^{0.12}\right]} \tag{3.113}$$

M는 주 유동의 마하수이며, $(T_c)_{ns}$는 노즐 입구 정체점 온도, T_w는 벽면온도이다. Prandtl 수는 $\mathrm{Pr} = \frac{4x}{9x-5}$, 점성계수는 $\mu = (46.6\times10^{-10})M_w^{0.5}T_g^{0.6}$의 관계식을 갖는다. M_w은 분자량(lb/mol), T_g는 주 유동 가스온도(°R)이다. Bartz의 제안식은 열전달 계수가 연소실 압력의 0.8승에 비례하여 증가함을 보이고 있다. 노즐 목에서 상수 C의 값을 설정하였음에도 노즐 전체에서 난류 경계층 해석 결과에 잘 맞으며 정확도 또한 비교적 높고 사용하는 데에 편리한 형태로 정리되어 있어 널리 사용되고 있다.

그림 3.20은 추력실의 축 방향 열전달 분포 선도이다. 선도에서와 같이 열 유속 분포 측정

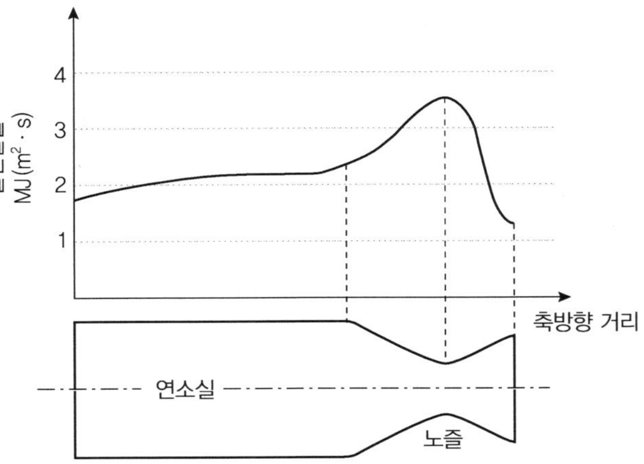

| 그림 3.20 | 연소실–노즐 축 방향의 열전달율 분포

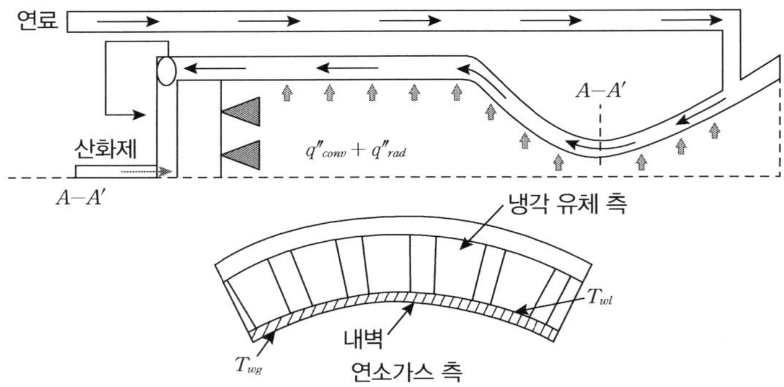

| 그림 3.21 | 재생냉각을 사용하는 연소실 단면도

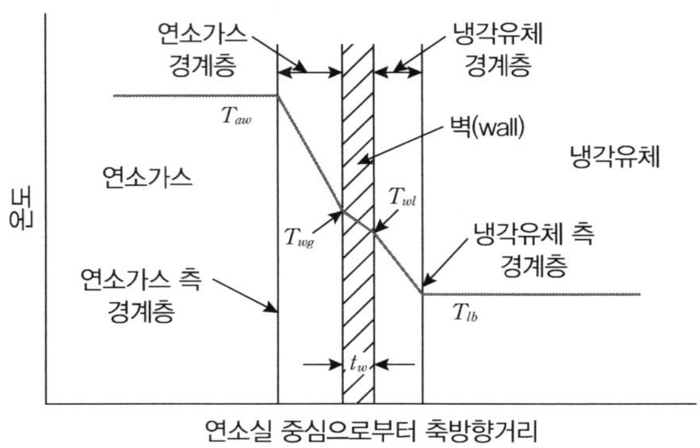

| 그림 3.22 | 재생냉각 시 연소가스로부터 냉각 유체로의 열전달 과정

결과에 의하면 로켓 엔진의 초음속 노즐 내의 벽면에서 열 유속 및 열 전달율은 목 부근으로 진행함에 따라 열전달율이 증가하고 목 부근에서 최대가 되는 것으로 알려져 있다. 따라서 노즐 목 부근에 내열성이 강한 재료로 설계하여 노즐의 삭마를 방지해야 한다.

액체로켓은 연소실에 추진제를 분사하기 전에 추진제를 추력실 벽속의 관로를 통해 흘려 추력실을 냉각하는 재생냉각 방법을 사용하고 있다. 재생냉각을 사용하는 연소실의 예를 통해 열전달 분석 방법을 알아보자. 재생냉각을 사용하는 연소실의 단면도는 **그림 3.21**와 같이 나타낼 수 있다.

재생냉각의 열전달은 서로 다른 방향으로 움직이는 유체의 열전달로 생각되어 질 수 있다. 또한 내벽을 기준으로 양 유체사이에 경계층이 있다고 보면 **그림 3.22**과 같이 열전달 과정을 나타낼 수 있다.

전체 열 유속(total heat flux)은 연소가스의 열 유속, 내벽의 열 유속, 냉각유체의 열 유속과 같으므로 다음의 식과 같이 나타낼 수 있다.

$$\begin{aligned}\overrightarrow{q''}_{Tot} &= \overrightarrow{q''_g} = \overrightarrow{q''_w} = \overrightarrow{q''_l} \\ &= h_g(T_{aw} - T_{wg}) = \frac{k}{t_w}(T_{wg} - T_{wl}) = h_l(T_{wl} - T_{lb})\end{aligned} \tag{3.114}$$

먼저 연소가스의 열 유속을 통해 열전달 과정을 알아보자. 연소가스의 열 유속은 열 대류항과 열 복사항으로 표현할 수 있으며 다음과 같다.

$$q''_g = q''_{g,conv} = q''_{g,rad} \tag{3.115}$$

연소가스의 열 대류항은 식 (3.106)을 통해 다음과 같이 표현할 수 있다.

$$q''_{g,conv} = h_g(T_{aw} - T_{wg}) \tag{3.116}$$

연소실에서의 연소가스 벽면 단열온도(T_{aw})는 다음의 식을 통해 구할 수 있다.

$$T_{aw} = T_c\left[\frac{1+\gamma\left(\frac{\gamma-1}{2}\right)M^2}{1+\gamma\left(\frac{\gamma-1}{2}\right)M^2}\right] \tag{3.117}$$

여기서 T_c는 연소가스 온도이며, γ은 연소가스를 난류흐름으로 가정했을 때의 회복계수(recovery factor)이며 $\gamma = (\mathrm{Pr})^{0.33}$으로 구할 수 있다. 여기서 Pr은 프란틀 수이다. h_g와 σ는 식 (3.112)와 식 (3.113)을 통해 구할 수 있으며 Ciniaref와 Dobrovoliski[7]의 실험관계식을 통해서도 h_g를 구할 수 있다. Ciniaref와 Dobrovoliski의 실험관계식은 다음과 같다.

$$h_g = \frac{k_g}{d} 0.0162 \, \mathrm{Pr}_g^{0.82} Re_g^{0.82} \left(\frac{T_{aw}}{T_{wg}} \right) \tag{3.118}$$

로켓의 연소가스는 2000~4500K의 온도범위를 가지며 열복사를 통한 연소실 벽면 전체 열전달의 3~40%에 해당된다. 연소가스의 열복사는 반응 가스의 구성과 연소실 크기, 형상, 온도 등에 따라 크게 변하게 되며, 따라서 로켓 추진 시스템의 열 복사항의 값을 구하는 것은 매우 어렵다. 연소가스의 복사 열유속항은 앞서 언급한 식 (3.108)을 통해 대략적으로 구할 수 있다[4].

연소기벽은 전도 항이 지배적이지만 냉각유체 측면의 열전달은 대류 항이 지배적이며 냉각유체의 대류 열 유속은 다음의 식을 통해 구할 수 있다.

$$q''_{c,conv} = h_l(T_{wl} - T_{lb}) \tag{3.119}$$

냉각유체의 열전달 계수(h_l)를 결정하는 인자는 다양하다. 냉각유체의 정확한 열전달 계수를 구하기 위해 실험이 수행되어야 하며 약 170.4~5680W/m^{2}K의 범위를 가진다.

3.6 연소실 및 노즐 설계

3.6.1 연소실 설계

로켓의 추력실은 연소실과 노즐로 이루어져있으며 연소실은 추력기에서 추진제가 연소가 일어나는 부분이고 노즐은 연소가스가 팽창하여 배기속도를 증가시키는 부분이다. 보통의 추진제 연소 온도는 연소실 벽면 재료의 녹는점보다 높기 때문에 냉각이 필수적이다. 연소실에서는 추진제의 혼합과 연소가 잘 일어나야 한다. 또 화학반응은 인젝터 플레이트로부터 너무 멀지 않는 약 60mm 이내에서 일어나는 것이 적절하다. 연소실의 체적과 형상은 여러 요구조건을 고려하여 결정한다. 우선 연소실 내에서의 완전한 연소를 위해 연소실은 적절히 커야하나 연소실 체적이 클수록 열전달 효과는 줄어들고, 연소실 체적이 작을수록 열전달 효과는 커진다. 따라서 이를 고려한 연소실 체적의 선정과 이에 알맞은 냉각 방식이 필요하다. 추력실의 질량은 추력실 형상과 내부압력, 노즐 팽창비, 냉각방법의 함수이므로 연소실 내의 모든 부품의 질량을 최소로 해야 한다. 또한 제조 과정의 편의를 위해 되도록 간단한 구조와 낮은 가격, 간단한 제조 방법으로 설계되어야 한다. 그리고 연소실의 길이는 전체 로켓의 길이를 좌우하므로 적절한 길이를 선정하는 것이 중요하다. 마지막으로 같은 추력에서 연소실 압력을 증가시킨다면 체적을 줄일 수 있어 전체 로켓 성능을 향상시킬 수 있다.

그림 3.23과 같이 추력실 및 노즐의 형상은 다양하다. 다양한 연소실의 설계하는 방법을 다뤄보자. 연소실의 체적은 실린더 형태의 연소실과 노즐목으로 연결되는 부분을 포함하여 구한다.

$$V_C = A_C L + A_C L_C \left(1+\sqrt{\frac{A_t}{A_C}}+\frac{A_t}{A_C}\right) \tag{3.120}$$

여기서 V_C는 연소실 체적, $\frac{A_t}{A_C}$는 연소실 축소비, L은 연소실 길이, L_n은 노즐 길이를 의미한다. 액체로켓의 연소실 설계방법은 4장(4.3.2)에 자세하게 설명되어 있다.

그림 3.24와 같은 로켓 형상에서 연소실을 생각해 보자.

연소실의 체적은

$$V_c = A^*[L_c\varepsilon_c + \frac{1}{3}(\varepsilon_c + \sqrt{\varepsilon_c} + 1)] \tag{3.121}$$

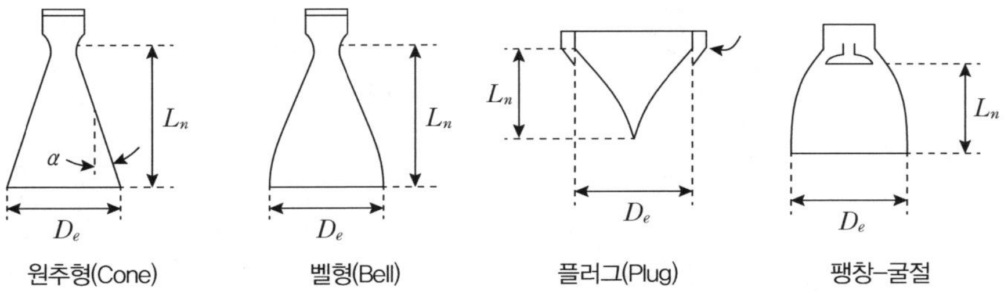

| 그림 3.23 | 다양한 추력실과 노즐의 형태

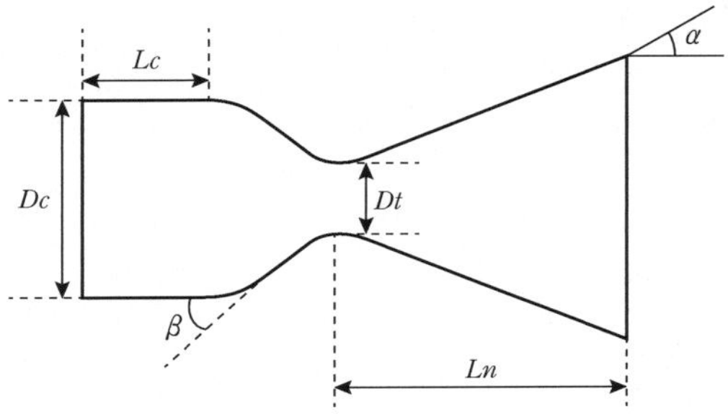

| 그림 3.24 | 추력기의 주요 설계인자

연소실 특성길이는 같은 연소실 체적을 갖는 수축부가 없는 곧은 원통형 연소실의 길이로 정의된다. 즉, $L^* = \dfrac{V_c}{A_t}$의 식으로 정의되며 다음과 같은 식이 된다.

$$L^* = \frac{V_c}{A_t} = t_s\sqrt{\frac{\gamma R_u T_0}{M}}\left(\frac{2}{\gamma+1}\right)^{\frac{\gamma+1}{\gamma-1}} \tag{3.122}$$

추진제가 연소실 내에 체류하는 시간인 t_s는 다음과 같다.

$$t_s = \frac{\rho_o V_c}{\dot{m}} = \frac{\rho_c V_c}{C_d A_t P_0} = \frac{\rho_o V_c}{A_t P_0}\sqrt{\frac{R_u T_0}{\gamma M_w}}\left(\frac{\gamma+1}{2}\right)^{\frac{\gamma+1}{2(\gamma-1)}}$$

여기서 V_c는 연소실 체적, ε_c는 연소실 수축비로 $\varepsilon_c \equiv \dfrac{V_c}{A_t}$로 정의된다.

연소실 특성길이는 추진제에 따라 특성길이가 달라지며 추진제 조합에 따른 특성길이는 **표 4.13**에 나타나 있다.

예제 3.9 아래와 같은 조건을 가지는 LO_2/RP-1 액체로켓의 추력계수, 목 면적, 연소실 체적, 연소실 길이를 구하라.

추진제 조합	LO_2/RP-1
엔진 추력	75×10^3kgf
노즐 출구 압력	101.3kPa
비추력	260sec
공연비	2.2
연소실 압력	7.0MPa
연소 효율	97%
노즐 팽창비	12
비열비	1.25
유효배기속도	1730m/s
특성길이	1.02m
연소실 직경	303mm

| 풀이 | 최적 팽창으로 가정하였을 때 비열비와 압력을 이용하여 추력 계수를 구하면,

$$C_F = \sqrt{\frac{2\gamma^2}{\gamma-1}\left(\frac{2}{\gamma+1}\right)^{\frac{\gamma+1}{\gamma-1}}\left[1-\left(\frac{P_e}{P_0}\right)^{\frac{\gamma-1}{\gamma}}\right]} = 1.573$$

연소효율이 97%이므로, 실제 유효배기속도와 비추력은 각각

$$C_{actual} = 1730\times0.97 = 1678.1\text{m/s}$$

$$I_{sp} = 260\times0.97 = 252.2\text{sec}$$

추력은 연소효율에 비례하므로, $F = \zeta C_F P_0 A_t$(여기서 ζ는 연소효율)

이로부터 $D_t = \dfrac{F}{\zeta C_F F_0} = \dfrac{75\times10^3\times9.8}{0.97\times1.573\times7\times10^6} = 0.0688\text{m}^2$

따라서 노즐목 직경은 $D_t = \sqrt{\dfrac{4A_t}{\pi}} = 0.296\text{m}$

노즐 출구 면적과 직경은 노즐 팽창비로부터

$$A_e = A_t\times\varepsilon = 0.8256\text{m}^2,\ D_e = 1.025\text{m}$$

연소실의 체적은 연소실 성능과 크기 사이의 최적화가 필요하다. 이는 여러 실험을 통해 경험적으로 산출하여야 하며 액체산소/RP-1의 연소실 특성길이는 약 1.02m로 알려져 있다.

연소실의 형태를 단순 원통형이라고 가정하면 식 (4.5)로부터,

$$V_c = L^*\times A_t = 0.0701\text{m}^3$$

연소실 길이는

$$L_c^* = \frac{V_c}{A_c} = \frac{0.0701}{\pi\times0.303^2/4} = 0.97\text{m}$$

3.6.2 노즐 설계

그림 3.25은 여러 가지 노즐의 종류를 나타낸 개략도이다. 통상 원추형 노즐(conical nozzle)과 벨형 혹은 포물선형 노즐(bell shaped nozzle) 그리고 플러그 노즐(plug nozzle)로 분류한다. 원추형 노즐의 원추(cone) 형상의 노즐을 말하며 노즐 길이 방향으로 긴 형태를 갖는다. 따라

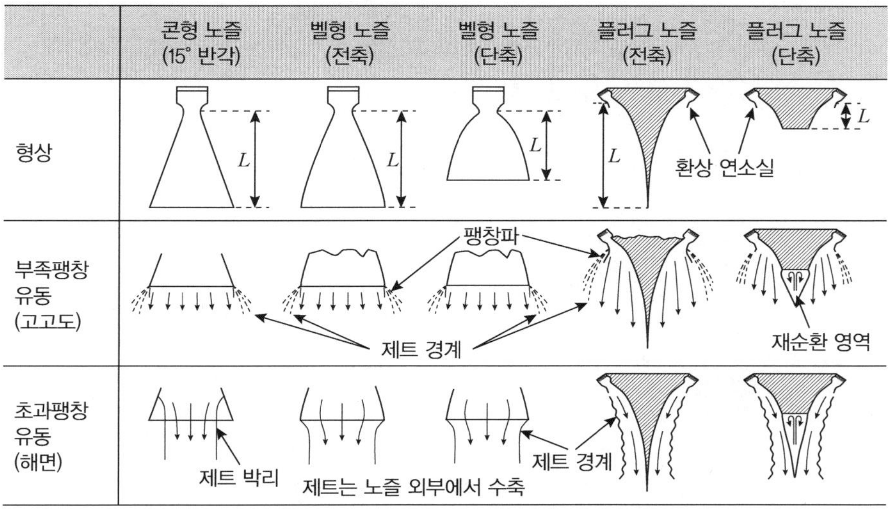

| 그림 3.25 | 노즐의 종류[4]

서 원하는 팽창비에 도달하기 위하여 매우 길어져야 한다는 특징이 있다. 원추형 노즐의 경우 특정 팽창비 도달에 필요한 길이가 길어 무게가 증가한다는 단점이 있으므로 소형 로켓에 주로 적용한다. 이상 로켓에서 작동유체가 모두 축방향, 같은 속도로 노즐유동을 한다고 가정한다. 그러나 원추형 노즐에서는 작동유체가 노즐 축 방향과 동일한 방향의 속도로만 진행하지 않으므로 노즐의 출구에서 속도 성분 중 노즐 출구에 수직한 성분만을 고려해야만 1차원이 아닌 2차원이나 실제 추력을 구할 수 있다. 이러한 과정에서 추력 수정 계수(correction factor, λ)를 도입하여 보정한다. 원추형 노즐의 형상은 **그림 3.26**과 같다. 원추형 노즐에서 노즐 목으로 수축하는 각도(β)는 통상 20~45°정도이며 노즐 목에서 확산하는 각도(α)는 약 통상 약 15°정도이다. 벨형 노즐에서는 확산 각이 30~40°전후까지 커질 수 있으며 노즐 끝단에서는 약 5~15°까지 변한다. 노즐 팽창비(ε)는 노즐목면적에 대한 노즐출구면적비이다.

즉 추력 수정 계수는 축 방향 속도 성분이 아닌 배기 속도를 축방향 속도로 교정하기 위한 수정 계수이다. 물리적으로 다음과 같은 의미를 가진다.

$$\lambda = \frac{\text{실제 노즐에서의 축 방향 운동량}}{\text{모든 배기가스가 축방향이라 가정하는 이상적 운동량}} \tag{3.123}$$

α는 노즐의 확산 각도이며, 작은 각도에서는 대부분의 모멘텀이 축방향이고 높은 비추력을 주게 되지만 요구 팽창비를 만족하기 위해 노즐이 과도하게 길어져 무게가 증가할 수 있다는 단점이 있다. 큰 각도에서는 반면에 확산각을 크게하여 길이를 줄일 수 있으므로 노즐의 무게, 벽면과의 마찰에 의한 손실을 줄여 공기저항과 구조 중량 측면에서 유리하다. 그러나 추력 발생에 무효한 반경 방향의 속도 성분이 증가하게 되어 성능이 떨어지게 된다. 또한 확산각이 너무 크게 되면 노즐 내부에서 박리(separation)이나 난류(turbulent)가 생겨 중대한 추력 손실이 발생할 수 있다. 원추형노즐의 확산각은 통상 약 15°정도를 사용한다. 확산손실(divergence loss)는 배출 작동 유체의 반경 방향 성분에 의한 추력 손실을 일컫는다.

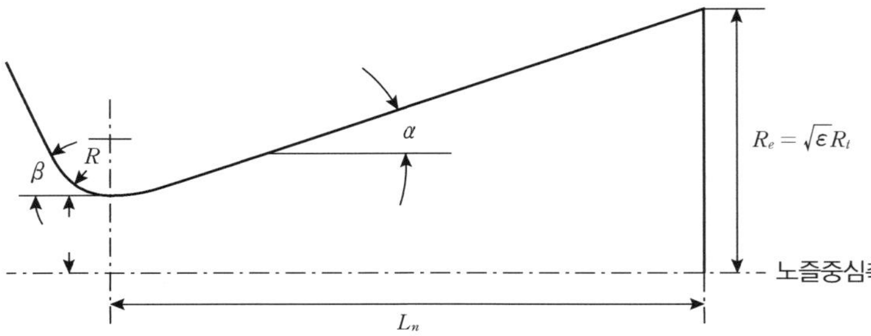

| 그림 3.26 | 원추형 노즐의 형상

그림 3.27과 같이 1차원 단열 유동으로 가정하고 계산하면 노즐 출구에서 작동 유체가 갖는 노즐 축방향 속도 V_x는 $V_e\cos\theta$이다. 기하학적 형상에 의하여 $\sin\alpha = \dfrac{R_e}{l}$를 만족한다. 최적 팽창에서 추력은 다음과 같다.

$$F = \int_{A_e} V_x d\dot{m} + (P_e + P_a)A_e = \int_{A_e} V_x d\dot{m} \tag{3.124}$$

여기서 $R = l\sin\theta$이므로, $dR = ld\theta$이고 $l = \dfrac{R_e}{\sin\alpha}$이므로 $d\dot{m} = \rho V_e dA = \rho V_e(2\pi R dR)$ $= 2\pi\rho V_e\left(\dfrac{R_e}{\sin\alpha}\right)^2 \sin\theta d\theta$로 유도된다. 확산각 θ에 대하여 0에서 확산각 α까지 적분하면,

$$\begin{aligned}\dot{m} &= \int_0^\alpha d\dot{m} = \int_0^\alpha \left[2\pi\rho V_e\left(\frac{R_e}{\sin\alpha}\right)^2 \sin\theta\right] d\theta \\ &= 2\pi\rho V_e\left(\frac{R_e}{\sin\alpha}\right)^2 \int_0^\alpha \sin\theta d\theta \\ &= 2\pi\rho V_e\left(\frac{R_e}{\sin\alpha}\right)^2 (1-\cos\alpha)\end{aligned} \tag{3.125}$$

따라서 추력 F는 식 (2.108)에 의해

$$\begin{aligned}F &= \int V_x d\dot{m} = \int_0^\alpha (V_e\cos\theta)\left[2\pi\rho V_e\left(\frac{R_e}{\sin\alpha}\right)^2 \sin\theta\right] d\theta \\ &= 2\pi\rho V_e\left(\frac{R_e}{\sin\alpha}\right)^2 \int_0^\alpha \sin\theta d\theta = \dot{m}V_e\left(\frac{1+\cos\alpha}{2}\right) = \dot{m}V_e\lambda\end{aligned} \tag{3.126}$$

원추형 노즐의 수정계수(λ)는 다음과 같이 된다.

$$\lambda = \frac{1+\cos\alpha}{2} \tag{3.127}$$

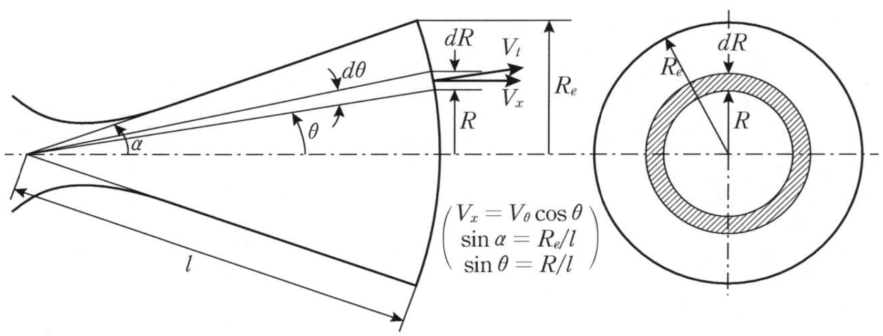

| 그림 3.27 | 원추형 노즐의 세부 형상

실제 노즐에서는 추력수정계수 λ 이외에도 이상노즐 유동속도에 대한 실제노즐의 노즐 속도계수(C_V)를 고려하여야 한다.

$$C_V = \frac{V_e}{V_{ideal}} \tag{3.128}$$

또 $\eta_n = \frac{V_e^2}{V_{ideal}^2}$이므로 $C_V = \sqrt{\eta_n}$인 관계가 성립한다.

연소실에서 노즐로 가스가 팽창한다고 생각할 때 노즐 출구의 온도는 다음과 같이 구할 수 있다.

$$\frac{T_e}{T_0} = (1-\eta_n)+\eta_n\frac{T_e'}{T_0} = (1-\eta_n)+\eta_n\left(\frac{P_e}{P_0}\right)^{\frac{\gamma-1}{\gamma}} \tag{3.129}$$

또, 노즐가스 유량이 측정될 때 실제 측정된 질량유량은 이상질량유량에 유량계수(C_d)를 곱하여 구할 수 있고 다음 관계식이 성립한다.

$$\dot{m}_{measured} = C_d\dot{m}_{ideal}$$

노즐 직경(D_t)과 길이(L_n)의 관계는 다음과 같이 구할 수 있다.

D_t를 노즐목 직경이라고 하면 $\varepsilon = \frac{A_e}{A_t} = \left(\frac{D_t+2L_n\tan\alpha}{D_t}\right)^2$이고 이 식으로부터

$$\frac{L_n}{D_t} = \frac{\left[\sqrt{\frac{A_e}{A_t}}-1\right]}{2\tan\alpha} \tag{3.130}$$

벨형 노즐의 경우 원추형 노즐에 비해 짧은 길이로 요구하는 팽창비를 만족시킬 수 있다는 특징이 있다. **그림 3.28**은 벨형 노즐과 포물선외각 근사에 의한 벨형 노즐의 개략도이다. 벨형 노즐은 노즐 목을 지난 초기 팽창 영역에서 반경유동의 빠른 팽창을 유도하여 노즐 출구에서는 반경 속도 성분 없이 균일한 축 방향 속도 성분만 있게 하고 경사충격파를 방지하는 벨 형상을 갖는 노즐이다. 노즐 목 부근의 외곽은 호 N−T−M으로 이루어지고 호 NT의 반경은 약 $0.5R_t$이고 호 TM의 반경은 약 $0.382R_t$이다. 호 TME는 팽창부이다. 초기팽창은 호 TM에서 일어나고 호 ME에서는 유동이 충격파 없이 축방향으로 되도록 점차적으로 변한다. 벨노즐은 노즐팽창부의 초음속 유동해석으로 더 정확하게 나타낼 수 있다. Rao는 벨형 노즐에 거의 유사하게 접근할 수 있는 포물선 외형에 의한 작도 방안을 제시하였다[5].

액체 로켓이나 대형 로켓에 실제적으로 포물선 근사 벨 형상 노즐을 주로 적용한다. 포물선 근사 벨형 노즐의 경우 노즐 출구의 확산 각도가 작아 노즐 출구 속도가 노즐 축 방향에

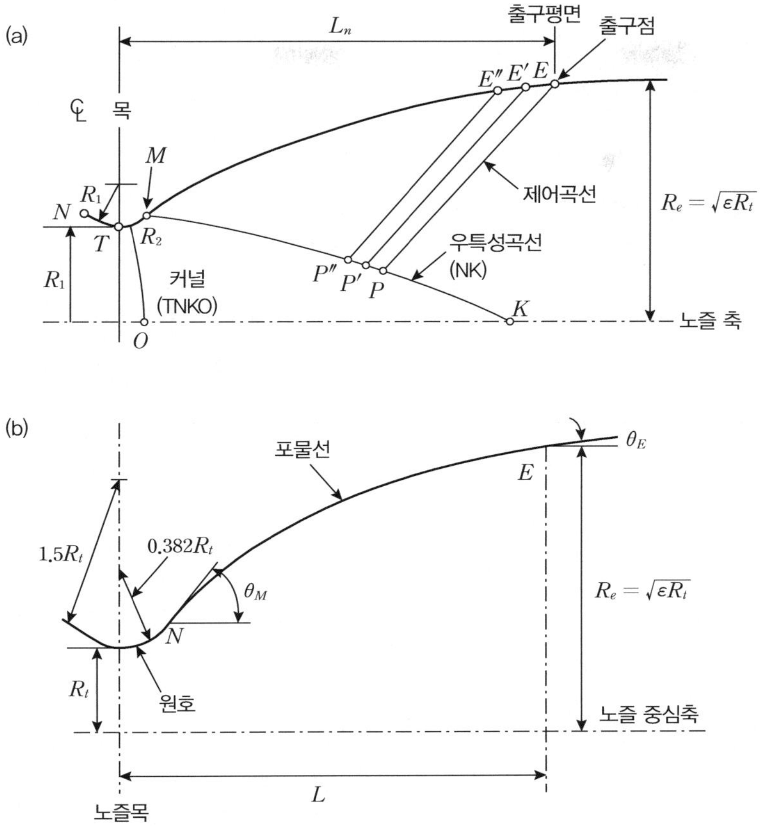

| 그림 3.28 | 벨형 노즐(a)과 포물선 근사 벨형 노즐(b) 형상[10]

거의 평행하다. 따라서 수직 성분의 속도가 거의 없어 추력 손실이 작다. 내부에서 충격파(shock)가 발생할 수 있으나 $0.382R_t$의 연결이 부드럽고 $\dfrac{dR}{dx}$가 연속적이면 충격파 발생이 거의 없다. 만약 제조상의 문제로 충격파가 발생할 가능성이 있을 경우 중심축과 부딪히지 않고 노즐 출구와 부딪히게 설계해야 한다. 플러그 노즐의 경우 노즐 확산부 구조가 따로 존재하지 않으며 중심부에 플러그 형태의 구조로만 이루어진 노즐이다. 플러그 노즐의 경우에는 작동유체가 노즐 구조에 제한 받지 않고 광범위한 범위에서 높은 공기역학적 효율성으로 팽창할 수 있어 고도에 따른 추력 조절이 용이한 노즐이다. 작동 가스의 팽창이 등엔트로피로 팽창이 이루어지기 때문에 노즐의 효율이 높고 노즐을 매우 짧게 할 수 있다는 장점이 있다. 플러그노즐은 추력 계수가 높으나 중심부 구조에 열 유속이 증가해 열전달의 문제가 있다. 주로 우주에서 사용한다.

노즐의 수축부(convergent section)에서는 작동 유체의 운동에너지가 상대적으로 작고 손실이 적으므로 적당한 형상을 가지면 된다. 그러나 확산부(divergent section)에서는 주어진 팽창비를 얻기 위해 형상이나 각도를 잘 고려해서 설계해야 한다는 어려움이 있다.

팽창 노즐의 설계는 최대 팽창을 통한 최대 추력의 발생과 직결되어 있기 때문에 적절히 설계하는 것은 매우 중요하다. Rao 노즐은 1960년 G.V.R. Rao에 의해 추력 성능을 최적화할 수 있는 노즐 형상에 근접한 단순 노즐 설계 기법이 제안되었다[5].

그림 3.29는 Rao 노즐의 작도법을 나타내며, 설계 작도 기법을 설명하면 다음과 같다. 우선 중앙선을 그어 중앙선을 기준으로 노즐 목의 반경 R_t와 노즐 출구 반경 R_e를 결정한다. 15°의 원추형 노즐을 100%로 가정할 때, 이를 기준으로 Rao 노즐의 길이 L_e를 결정하여 원추형 노즐의 길이를 설계한다. Rao 노즐의 길이는 원추형 노즐 길이(L_{cone})의 %비율로 다음의 식으로 계산된다.

$$\text{원추형 노즐: } L_{cone} = \frac{R_e - R_t}{\tan\theta} \tag{3.131}$$

$$\text{Rao 노즐: } L_e = L_{cone} \times (\quad)\% \tag{3.132}$$

벨형 노즐을 사용하면 원추형 노즐에 비해 노즐 길이를 20~40% 줄일 수 있고 노즐 출구 유동속도를 거의 축 방향으로 만들 수 있어 추력 효율 증대에도 기여할 수 있다. **그림 3.29 (c), (d)**에서 노즐 팽창비(ε)와 노즐 길이비(L/R_t)에 따른 θ_M과 θ_E를 구할 수 있다.

노즐 목의 중심을 원점으로 하여 $x-y$ 좌표 평면상에 $(0, R_t)$와 (L_e, R_e)의 위치를 찍는다. 노즐 목의 상류 부근으로 $1.5R_t$의 호를 그려 연소기와 부드럽게 연결한다. 그리고 노즐 목의 하류 부근에 $0.382R_t$의 호를 그린다. **그림 3.29 (c), (d)**의 선도를 참고하여 θ_M과 θ_E를 결정한다. $0.382R_t$의 호가 θ_M에 이르는 지점을 점 M으로 설정하여 M으로부터 θ_M의 각을 이루도록 직선을 긋는다. **그림 3.28 (b)**에서 (L_e, R_e) 점을 점 E로 설정하여 θ_E의 각을 이루도록 직선을 긋는다. 그리고 두 직선이 만난 지점을 점 Q로 설정하여 MQ와 EQ를 각각 $N+1$ 등분한다. 이때 N이 클수록 정교한 형상이 작도된다. 예를 들어 3등분을 할 때, MQ는 내부에 a,b,c 점으로 나타내어질 수 있고 QE점은 e,f,g 점으로 나타내어질 수 있다. 이 등분점을 각각 $a-e$, $b-f$, $c-g$로 선분을 긋고 만난 교점을 부드럽게 연결하여 포물선 형상으로 근사화된 벨형 노즐인 Rao 노즐을 작도할 수 있다[5].

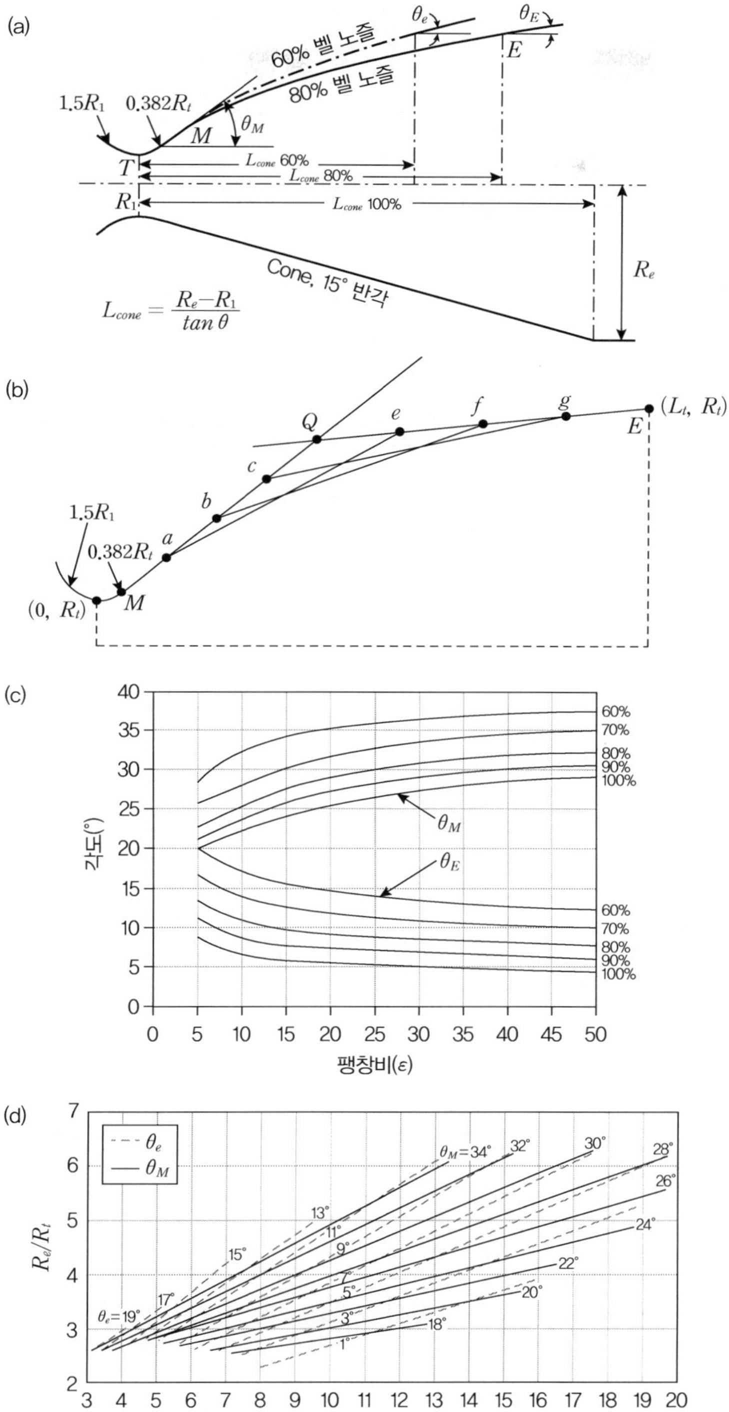

| 그림 3.29 | 원추형노즐과 벨형노즐의 비교와 작도법 (a), (b), 노즐 팽창비와 노즐 길이에 따른 θ_M과 θ_E (c), (d)[4]

예제 3.10 등엔트로피 팽창으로 최적설계 된 노즐을 가진 로켓의 지상 25km에서 5000N의 추력을 발생하도록 설계하고자 한다. 이때 연소실의 온도는 2800K, 연소실의 압력은 2.068MPa이다. (비열비는 1.3, $R = 355\text{J/kg}\cdot\text{K}$) 노즐목에서 마하수가 1이 되는 1차원 유동으로 고려하여 ① 노즐 출구에서의 유효배기가스 속도, ② 비추력, ③ 질량유량, ④ 목 면적, ⑤ 출구면적, ⑥ 추력계수, ⑦ 실제 추력이 4900N이라면 노즐 확산부 원뿔 반각을 구하라.

| 풀이 | 최적 설계 노즐을 가정하면 ($P_e = P_a$)

① 유효배기가스 속도

$$c = \sqrt{\frac{2\gamma RT_0}{\gamma-1}\left[1-\left(\frac{P_e}{P_0}\right)^{\frac{\gamma-1}{\gamma}}\right]}$$

$$= \sqrt{\frac{2(1.3)(355.4)(2800)}{0.3}\left[1-\left(\frac{(0.101)(0.025)}{2.068}\right)^{\frac{0.3}{1.3}}\right]}$$

② 비추력

$$I_{sp} = \frac{c}{g} = \frac{2608.81}{9.81} = 265.63(\text{sec})$$

③ 질량유량

$$\dot{m} = \frac{F}{c} = \frac{5000}{2605.81} = 1.92(\text{kg/sec})$$

④ 노즐목 면적

$$\dot{m} = \frac{P_0 A_t}{c^*} = P_0 A_t \gamma \frac{\sqrt{\left(\frac{2}{\gamma+1}\right)^{\frac{(\gamma+1)}{(\gamma-1)}}}}{\sqrt{\gamma RT_0}}$$

$$= (2.068)(10^6)A_t(1.3)\frac{\sqrt{\left(\frac{2}{2.3}\right)^{\frac{2.3}{0.3}}}}{\sqrt{(1.3)(355.4)(2800)}}$$ 에서 $\dot{m}$을 구하면

$$A_t = 0.0013866\text{m}^2 = 13.87\text{cm}^2$$

⑤ 노즐 출구 면적

$$\frac{P_0}{P_e} = \frac{(0.101)(2.068)}{0.101} = \left(1+\frac{0.3}{2}M_e^2\right)^{1.3/0.3}$$ 의 식으로부터

노즐 출구의 마하수를 구하면 $M_e = 4.968$

$$\varepsilon = \frac{A_e}{A_t} = \frac{1}{4.968}\sqrt{\left[\frac{1+\frac{0.3}{2}(3)^2}{\frac{2.3}{2}}\right]^{(2.3)/(0.3)}} = 44.49$$

노즐 출구의 면적은

$$A_e = \varepsilon A_t = (0.0013866)(44.49) = 0.061692\text{m}^2 = 616.92\text{cm}^2$$

⑥ 추력계수

$$C_F = \frac{F}{P_0 A_t} = \frac{5000}{(2.068)(10^6)(0.0013866)} = 1.74$$

⑦ 노즐 확산각

$$\lambda_F = \frac{F_{real}}{F_{ideal}} = \frac{4900}{5000} = 0.98$$

$$\frac{1+\cos\alpha}{2} = 0.98$$

$$\alpha = 16.26°$$

예제 3.11 케로신/액체산소 로켓을 설계하고자 한다. 연소실의 온도와 압력은 3600K, 10MPa이다. O/F비는 2.80이며 가스평균분자량은 24.00이고 비열비는 1.230이며 일정하다. 출구 압력은 96.5kPa이며 주위 압력은 68.9kPa이다. 측정된 배기질량유량은 250kg/s이고 노즐유량계수는 0.950이다. 노즐의 확산각은 15°이고 노즐 효율은 90%이다. 로켓의 추력, 추력계수, 출구마하수, 유효배기가스속도, 노즐팽창비, 비추력을 구하라.

| 풀이 | 연소가스의 기체상수는 다음과 같다.

$$R = \frac{R_u}{M_w} = (8.3145\text{kJ/kmolK})(24\text{kg/mol})$$
$$= 0.346\text{kJ/kg} = 346\text{m}^2/\text{s}^2\text{K}$$

특성속도는 다음과 같다.

$$c^* = \frac{\sqrt{\gamma R T_0}}{\gamma\sqrt{\left(\frac{2}{\gamma+1}\right)^{\frac{\gamma+1}{\gamma-1}}}} = \frac{\sqrt{1.23\times346\times3600}}{1.23\sqrt{\left(\frac{2}{1.23+1}\right)^{\frac{1.23+1}{1.23-1}}}} = 1706\text{m/s}$$

측정된 질량유량에서 이론질량유량을 구하려면 $\dot{m} = \frac{\dot{m}_{measured}}{C_d}$ 을 이용하며 노즐목 면적은 다음과 같다.

$$A_t = \frac{c^*\dot{m}}{P_0} = \frac{c^*(\dot{m}/C_d)}{P_0} = \frac{250\text{kg/s}\times1706\text{m/s}}{0.95\times10^7\text{N/m}^2} = 0.0449\text{m}^2$$

$$D_t = 0.76\text{m}$$

노즐팽창비는 $\varepsilon = \frac{A_e}{A_t} = \frac{0.595}{0.0449} = 13$

추력수정계수는 $\lambda = 0.5(1+\cos15°) = 0.983$이며 노즐속도계수는 $C_V = \eta_n^{1/2} = 0.949$이며 정압비열은 $c_p = \gamma R/(\gamma-1) = 1.850\text{kJ/kgK} = 1850\text{m}^2/\text{s}^2\text{K}$이다. 노즐출구배기속도는 다음과 같다.

$$V_e = C_V\lambda\sqrt{2c_pT_0\left(1-\left(\frac{P_e}{P_0}\right)^{\frac{\gamma-1}{\gamma}}\right)}$$

$$= 0.949 \times 0.983 \sqrt{2 \times 1850 \times 3600 \times \left(1 - \left(\frac{96.5}{10000}\right)^{\frac{1.23-1}{1.23}}\right)} = 2593\text{m/s}$$

노즐효율을 고려할 때 T_e를 구하면 다음과 같다.

$$\frac{T_e}{T_0} = (1-\eta_n) + \eta_n \frac{T_e'}{T_0} = 0.1 + 0.9\left(\frac{P_e}{P_0}\right)^{\frac{\gamma-1}{\gamma}} = 0.478$$

$$T_e = 0.478 \times T_e = 0.478 \times 3600 = 1721\text{K}$$

노즐출구면적은 다음과 같다.

$$A_e = \frac{\dot{m}RT_e}{P_e V_e} = \frac{(250\text{kg/s})(346\text{m}^2/\text{s}^2\text{K})(1721\text{K})}{(96500\text{N/m}^2)(2593\text{m/s})} = 0.595\text{m}^2$$

추력은 다음과 같다.

$$F = \dot{m}V_e + A_e(P_e - P_0)$$

$$= (250\text{kg/s})(2593\text{m/s}) + 0.595(96500 - 68900)\text{N/m}^2 = 664672\text{N}$$

추력수정계수는 다음과 같다.

$$C_F = \frac{F}{P_0 \times A_t} = \frac{664672\text{N}}{(10^7\text{N/m}^2)(0.0449^2)} = 1.48$$

노즐 출구 마하수는 $M_e = V_e/a_e$이고 노즐 출구 음속은 다음과 같다.

$$a_e = \sqrt{\gamma R T_e} = \sqrt{1.23(346\text{m}^2/\text{s}^2\text{K})(1721\text{K})} = 856\text{m/s}$$

따라서 $M_e = 3.03$이고 비추력은 다음과 같다.

$$I_{sp} = \frac{F}{\dot{m}g} = \frac{664672\text{N}}{(250\text{kg/s})(9.807\text{m/s}^2)} = 271\text{s}$$

예제 3.12 다음 표와 같은 특성을 가지는 로켓이 있다.

변수	값
연소 압력(bar)	60
추진제 유량(kg/s)	243.6
연소실 수축비	3
노즐 팽창비	12

위 로켓의 1단에 사용될 노즐에 대하여 이상로켓이론과 Rao노즐 작도를 통해 80% 벨형 노즐을 설계하라. 단, 로켓은 완전팽창하며 추진제의 기체 상수는 369.529J/kg-K, 작동 고도에서 배압 $P_a = 699.08$hPa라고 가정하며, 혼합비는 2.450이며 이때 연소실 온도는 3600K이다. 비열비 $\gamma = 1.3$으로 가정하라.

| 풀이 | 이상로켓이론을 통해 노즐 목에서는 $M_t = 1.0$으로 가정하여 노즐 목 변수를 계산하면,

① 노즐목 압력, $P_t = P_0\left(\frac{2}{\gamma+1}\right)^{\frac{\gamma}{\gamma-1}}$ 식에서 $P_t = 32.7437\text{bar}$

② 노즐목 온도, $T_t = \frac{2}{\gamma+1}T_0$ 식에서 $T_t = 3130.43\text{K}$

③ 노즐목 속도, $V_t = \sqrt{\frac{2\gamma}{\gamma+1}RT_0}$ 식에서 $V_t = 1226.3\text{m/s}$

④ 연소실 비체적, $v_0 = \frac{RT_0}{P_0}$ 식에서 $v_0 = 0.2217\text{m}^3/\text{kg}$

⑤ 노즐목 비체적, $v_t = v_0\left(\frac{\gamma+1}{2}\right)^{\frac{1}{\gamma-1}}$ 식에서 $v_t = 0.3532\text{m}^3/\text{kg}$

⑥ 노즐목 단면적, $\dot{m} = \frac{A_t V_t}{\nu_t}$ 식에서 $A_t = \frac{\dot{m}\nu_t}{V_t}$ 이고, $\therefore A_t = 0.07018\text{m}^2$

⑦ 노즐목 직경, $D_t = \sqrt{\frac{4A_t}{\pi}}$ 식에서 $D_t = 0.298925\text{m}$

으로 각각의 변수를 계산할 수 있다. 여기서 하첨자 t는 노즐 목의 변수를 의미하고, 하첨자 0는 연소실의 변수를 의미한다.

노즐목 직경으로부터

⑧ 연소실 직경, $D_c = \sqrt{3.00D_t^2} = 0.517753\text{m}$

⑨ 배기 노즐 직경, $D_e = \sqrt{12D_t^2} = 1.03551\text{m}$

⑩ 15° 원추형 노즐 설계로부터,

원추형 노즐 요구조건: $D_c = 517.75\text{mm}$, $D_t = 298.92\text{mm}$,

$D_e = 1035.51\text{mm}$, $\alpha = 15°$

$$\frac{L_n}{D} = \frac{\sqrt{\frac{A_e}{A_t}} - 1}{2\tan\alpha} = 4.598$$

즉, 노즐 길이, $L = 4.59808D_t = 1374.46\text{mm}$

원추형 노즐 설계로부터, 계산한 노즐 형상 변수는 다음과 같다.

$R_t = 149.96\text{mm}$

$R_e = 519.48\text{mm}$

$L = 1374.46\text{mm}$

요구 조건으로부터, $\frac{R_e}{R_t} = 3.464$, $\frac{L}{R_t} = 7.332$이고 **그림 3.29**의 선도로부터 $\theta_M = 27°$, $\theta_E = 10°$를 선정하였다.

노즐 형상에서 M점과 E점을 각각의 기울기로 직선을 그려 직선 교차점에서부터 10등분($N = 10$)하였다. 다음 그림은 Rao 노즐 작도를 통한 노즐 형상 설계이다.

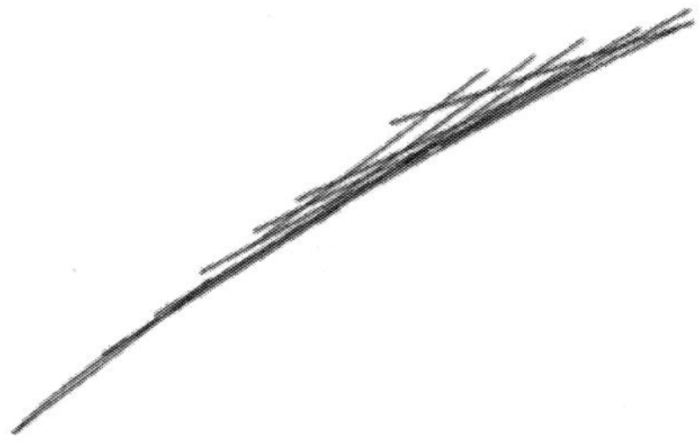

80% 벨형 노즐 RAO 설계(10등분)

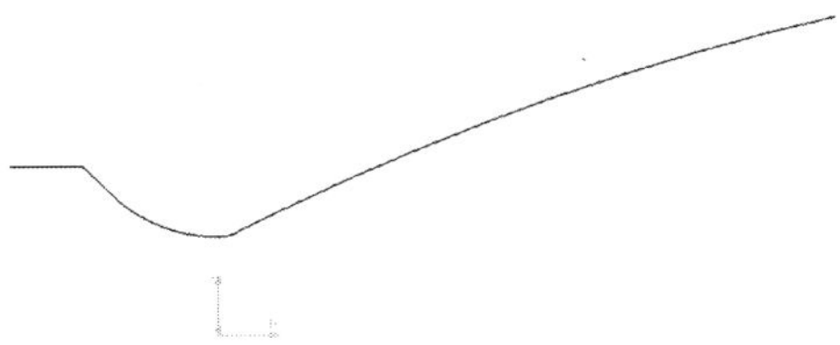

부드러운 포물선으로 작도

80% Rao Nozzle 형상

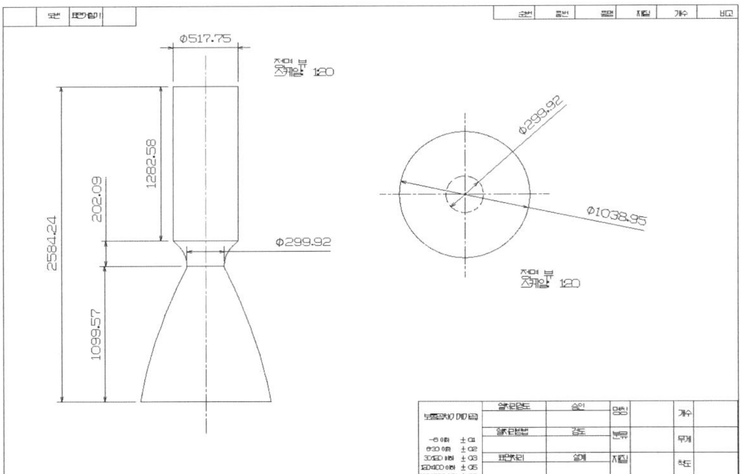

80% Rao Nozzle 도면

연 습 문 제

01 연소실에서 온도 3400K, 압력 6.0MPa인 추진제 연소가스가 로켓노즐을 통해 외부로 배출된다. 연소실 수축부 및 노즐 면적이 다음과 같은 함수로 주어질 때 연소실 수축부 및 노즐 내부 축 방향 위치에 따른 압력, 온도, 밀도, 속도, 마하수 변화를 그래프로 나타내라.

가스는 완전팽창되며 가스의 비열비는 1.3으로 가정하라.

언소실 수축부 및 노즐 면적 함수: $A(x) = 1+(2x-1)^2$

여기서 $x = 0.5$는 노즐목이며, $x = -0.207$은 연소실 수축부 시작점을 나타내고 연소실 수축비는 3이다. $x = 2.158$은 노즐 출구를 나타내고 노즐팽창비는 12이며 완전팽창된다고 가정하라.

02 다음의 3가지 추진제를 사용하는 액체로켓에 대한 최적 추진제 혼합비를 결정하라. 필요하면 CEA를 사용하라.

① LH_2/LOx추진제를 사용하는 액체로켓 연소실에서 연소실 압력이 7.0MPa, 10MPa, 20MPa일 때 각각의 경우에 대하여 O/F비를 4~10까지 바꿀 때(가로축) 연소실의 온도, 연소가스의 분자량, 비추력 변화를 나타내는 그래프를 나타내고 최적 O/F는 어느 값이 적정한지 선정하라. 노즐의 팽창비 40이라 가정하라.

② RP-1/LOx추진제를 사용하는 액체로켓 연소실에서 연소실 압력이 7.0MPa, 10MPa, 20MPa일 때 각각의 경우에 대하여 O/F비를 2.2~3.6까지 바꿀 때(가로축) 연소실의 온도, 연소가스의 분자량, 비추력 변화를 나타내는 그래프를 나타내고 최적 O/F는 어느 값이 적정한지 선정하라. 노즐의 팽창비 40이라 가정하라.

③ CH_4/LOx추진제를 사용하는 액체로켓 연소실에서 연소실 압력이 7.0MPa, 10MPa, 20MPa일 때 각각의 경우에 대하여 O/F비를 2.6~4.0까지 바꿀 때(가로축) 연소실의 온도, 연소가스의 분자량, 비추력 변화를 나타내는 그래프를 나타내고 최적 O/F는 어느 값이 적정한지 선정하라. 노즐의 팽창비 40이라 가정하라.

03 다음과 같은 요구조건을 가지는 액체 추진 로켓을 CEA를 이용하여 O/F비 3.5에서 비추력을 구하고, 로켓의 목 면적, 노즐 팽창비(ε)를 구하라.

추진제 종류	LOx/LCH_4
요구 진공 추력	75t
요구 진공 비추력	353sec
연소 압력	70bar
작동 고도 배압	0.4436
비열비	1.23

04 연소실 온도 2800K, 연소실 압력 5.75MPa인 곳에서 수축-확산 노즐을 통과하는 가스의 분자량은 25kg/kmol이고, 비열비는 1.25이다. C-D노즐의 목면적은 0.5m^{2}이다. 가역 단열과정이라 가정하라. 출구 마하수, 노즐을 통과하는 최대 질량 유량, 노즐 출구 면적을 구하라.

05 로켓이 수축-확산 노즐을 통해 대기로 배기가스기 배출되며 최적팽창되고 있다. 연소실의 온도는 3000K, 압력은 5.4MPa이고 주위 대기 압력은 15kPa이고 비열비는 1.2이다. 이 로켓노즐이 해면상에서 사용될 때 추력계수는 얼마나 변하는가?

06 액체수소/액체산소 로켓을 설계하고자 한다. 연소실의 온도는 3270K, 압력은 7.0MPa이다. O/F비는 5.33이며 가스평균분자량은 11.7이고 비열비는 1.25이며 일정하다. 노즐 출구 압력은 96.5kPa이며 주위 압력은 68.9kPa이다. 측정된 배기질량유량은 250kg/s이고 노즐유량계수는 0.95이다. 노즐의 확산각은 10°이고 노즐 효율은 90%이다. 로켓의 추력, 추력계수, 출구마하수, 유효배기가스속도, 노즐팽창비, 비추력을 구하라.

07 LOx/LH_2를 추진제로 사용하는 액체로켓을 설계하고자 한다. O/F = 5.5에서 작동하며, 이때 $c^* = 2410$m/s, $M_w = 12.5$kg/kJ·mol, $T_0 = 3570$K, $\gamma = 1.2$, $\dot{m}_p = 500$kg/s, $C_F = 1.80$이다. 연소실의 압력, 비추력, 추력을 구하라.

08 해면상에서 500kN의 추력과 300sec의 비추력이 요구되는 로켓이 있다. 이 로켓의 연소실 전온도는 3300K이다. 작동유체의 분자량은 15이며, 주위온도에서의 작동기체는 완전가스라 가정하며, 비열비는 1.4이다. 일반기체상수(R_u)의 값은 8.3143kJ/kmol·K이고 중력가속도는 9.81m/s^{2}이다. 해면상 주위 압력은 0.1MPa이다.

① 연소실에서 연소가스의 정체압력을 구하라.

② 로켓노즐의 목(throat) 면적을 구하라.

③ 노즐출구에서 배출가스의 마하수를 구하라.

④ 로켓을 빠져나가는 질량유량($\dot{m}$)을 구하라.

⑤ 로켓출구의 직경을 구하라.

⑥ 추력계수를 구하라.

로켓의 연소실조건(정체 압력과 정체온도)과 목면적, 추진제가 위와 동일하면서 다음조건을 변경시킬 때 답하라.
⑦ 위 로켓이 주위 압력이 0.03MPa인 어떤 고도에 있다면 추력은 얼마인가?

⑧ 이 경우 로켓은 어떤 팽창상태인지 설명하라.

⑨ 주위압력 0.03MPa에서 로켓노즐이 최적설계 되도록 할 때 로켓의 추력을 구하라.

09 등엔트로피 팽창노즐을 가진 로켓이 지상 25km에서 5000N의 추력을 발생하도록 설계하고자 한다. 이때 연소실의 온도는 2800K, 연소실의 압력은 2.068MPa이다. 25km 고공에서 가스의 비열비는 1.3이며 주위 공기 온도는 222K이며 압력은 2.5324kPa, atm, 밀도는 0.040kg/m^{3}이다. 노즐을 통과하는 가스는 완전팽창하고, 가스의 기체상수 $R_{air} = 355.4$J/kg-K이다. 노즐목에서는 마하수가 1.0이되는 1차원유동으로 가정하라. 노즐출구에서 유효배기가스속도, 비추력, 노즐을 통과하는 mass flow rate, 목면적, 출구면적, 추력계수, 실제 추력이 4900N이면 노즐 확산부 원뿔반각을 구하라.

10 해면상에서 5MN의 추력이 발생되도록 최적설계된 로켓이 있다. 이 로켓의 연소실 압력은 7MPa이고 연소실 온도는 2800K이다. 작동유체는 주위온도에서의 공기이며 공기는 완전가스라 가정한다. 단, 공기의 비열비는 1.4이며 기체상수 $R = 0.287$kJ/kg·K이다.
① 비추력(I_{sp})를 구하라.

② 로켓을 빠져나가는 질량유량($\dot{m}$)을 구하라.

③ 로켓목(throat)의 직경을 구하라.

④ 로켓출구의 직경을 구하라.

⑤ 추력계수를 구하라.

⑥ 추력계수의 물리적 의미를 설명하라.

⑦ 고도 30km에서 주위압력이 1185.5Pa이라면 이 로켓의 30km에서의 추력을 구하라.

⑧ 고도 30km에서 이 로켓의 노즐은 부족팽창인가 또는 초과팽창인가?

⑨ 해면고도에서 연소실 압력만 21MPa로 증가시킬 때 추력을 구하라.

⑩ 해면고도에서 연소실온도만 3600K로 증가시킬 때 추력을 구하라.

11 등엔트로피 팽창하는 노즐을 가진 로켓이 9,500N의 추력을 발생하도록 설계하고자 한다. 이때 연소실의 온도는 3,400K, 연소실의 압력은 6.0MPa이며 고공(어떤 고도)에서 공기 온도는 222K이며 압력은 0.025atm이고 밀도는 0.040kg/m^{3}이며 공기의 비열비는 1.3이고 $R = 355.4$J/kg·K이다. 하첨자 t는 throat, e는 exit이다.
비추력 I_{sp}, 질량유량, 노즐목 면적, 노즐출구 면적, 추력계수를 구하라.

액체 추진제 로켓

4.1 액체 추진제 로켓 일반

소련의 〈로켓에 의한 우주 공간의 탐구〉를 통하여 작용-반작용 원리를 이용한 로켓의 개념을 정립한 치올코프스키(Konstantin Eduardovich Tsiolkovskii)는 로켓의 유용함을 이론적으로 설명하였다. 미국의 로버트 고다드(Robert Goddard)는 액체로켓엔진 실험을 최초로 수행하였다. 제2차 세계대전에서 V-2 로켓이 운용되면서 종전 이후 세계적으로 로켓 개발이 치열해졌다. 액체로켓은 구성이 복잡하고, 취급하기에 위험성이 있다. 또한, 추진제를 주입하는 시간이 필요하여 즉시 로켓을 발사하기 쉽지 않고 추진제 주입 후 오래 보관할 수 없다. 그러나 엔진의 비추력 등의 성능이 높고 연소 시간이 길며 연소의 제어가 가능하다는 장점이 있어 현재 우주 발사체 및 우주 왕복선의 주 엔진으로 사용되고 있다. 액체 추진제 로켓은 주엔진뿐만 아니라 궤도 조정 시스템이나 자세 제어용 추력기에도 사용되고 있다.

액체 추진제 로켓의 구성은 크게 연료 및 산화제를 저장하는 추진제 탱크, 연료와 산화제의 연소실 주입을 위한 추진제 공급장치, 추진제 배관 장치, 밸브와 같은 추진제 유량 조정장치, 인젝터와 같은 추진제 분사기, 연소실과 노즐로 이루어진 추력실, 냉각장치 등의 매우 복잡한 구조를 가지고 있다. 추진제 공급시스템은 추진제 탱크로부터 추력실로 추진제를 공급하는 시스템이며, 가압식 추진제 공급시스템, 터보 펌프시스템, 전기 펌프시스템으로 구분된다. 추력실은 공급받은 추진제를 주 연소실로 주입하는 분사기(인젝터)와 추진제의 연소가 이루어지는 주연소실, 그리고 연소된 작동 가스의 압력을 동압으로 바꾸어 배기속도를 증가시키는 노즐로 구성된다. 액체로켓시스템은 구조가 복잡한 만큼 제작 및 개발 비용이 많이 들며 배관과 밸브 등은 시간이 지남에 따라 지속적인 유지/보수를 필요로 한다.

액체추진제는 단일 추진제가 촉매의 도움으로 열분해하여 노즐에서 팽창하여 추력을 내는 단일 추진제(mono-propellant) 로켓과 연료와 산화제가 각각 연소실로 공급되어 연소하여 배기가스가 노즐을 지나면서 추력을 내는 이원 추진제(bi−propellant) 로켓으로 구분될 수 있고, 점화방식에 따라 추진제가 외부 점화원 없이 점화를 시작할 수 있는 자발점화 연소방식(hypergolic propellant combustion)과 외부 점화연소방식으로 나눌 수 있다. 이원 액체 추진제 로켓에서 점화 시 각 추진제의 혼합비, 공급압력, 온도에 따라 예연소기, 주연소기에서 각 추진제를 공급하는 시퀀스(sequence)에 주의하여야 한다.

4.1.1 액체 추진제 로켓 엔진 현황

독일의 폰 브라운 박사가 개발한 V−2 로켓에 사용된 액체 추진제 로켓에 대한 개념은 당시로서는 혁신적 기술이었으며 최근의 액체로켓 시스템의 모든 구성 요소를 포함하고 있다. 2차 세계대전 후 미국과 러시아(구소련)에서 개발된 모든 액체로켓의 근간은 V−2 로켓에 근거하고 있으며 그 개념과 원리는 현대의 로켓과 크게 다르지 않다. 액체로켓 시스템뿐만 아니라 목표 타겟에 도달하기 위한 자세제어, 유도 시스템(guidance system), 자이로스코프 등

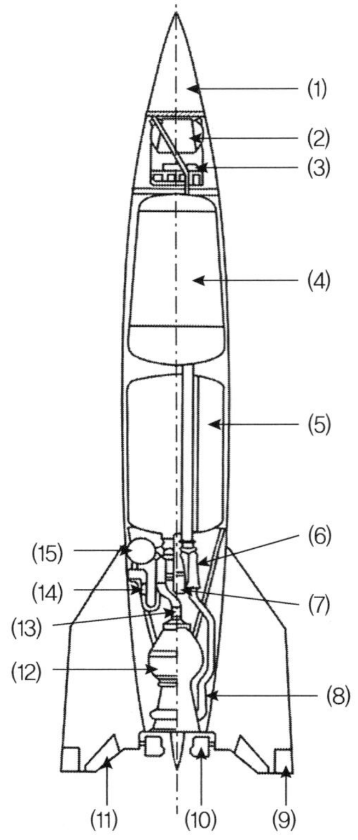

V2(A4)의 구성
(1) 작약
(2) 유도장치
(3) 유도 전파와 지령 수신기
(4) 알코올 탱크
(5) 액체 산소 탱크
(6) 추진제 공급 터보펌프
(7) 터보펌프 구동 가스 배출구
(8) 알코올 주 밸브
(9) 공기력 방향타
(10) 제트 판(배기 방향키)
(11) 안테나
(12) 추진력 엔진 연소실
(13) 액체산소 주 밸브
(14) 터보펌프 구동용 가스 발생기
(15) 과산화수소 탱크

| 그림 4.1 | V−2 액체 추진제 로켓의 개념도[1]

유도 장비가 없던 시절에 자세 안정 기술까지 도입한 로켓이었다. V-2 로켓의 개략도는 **그림 4.1**에 나타냈다.

V-2 로켓은 적재실에 위치한 자이로스코프 및 여러 제어장치를 통해 속력, 방향 및 고도 등을 감지할 수 있었으며, 연료 공급장치의 펌프 등을 제어함으로써 연료 분사량을 조절하여 로켓의 추진력을 변화시킬 수 있었다. 또한, V-2 로켓의 하단에 장착된 핀을 제어함으로써 로켓의 방향을 조절할 수 있었다. 당시 기존 로켓들은 고체 연료를 사용한 반면 V-2 로켓의 경우는 액체 연료방식을 사용하였다. V-2 로켓의 경우 에탄올과 물의 혼합연료와 액체산소로 추진되는 1단 로켓이며 로켓 분사의 경우 알코올(75%의 에틸과 25%의 물)과 액체산화제의 배합방식으로 추진제를 사용하였다. 스팀터빈에 의해 작동되는 두개의 로터리 터빈에 의해 알코올과 액체 산소가 연소실로 수송되는 형태로 각각의 용기는 로켓의 축 상에 일렬로 배치되었다. V-2 로켓의 중심부는 액체산소 탱크와 알코올 탱크로 구성되어 있으며 각각의 탱크의 외피의 경우 실린더의 형태에 끝단은 반구의 형식으로 되어있다. 이 시스템은 연소 초기에 약 24,947kgf(55,000lbf)의 추력을 내고 최고 속도에 이르렀을 때 추력은 72,547kgf(16,000lbf)에 이른다. 보통 60초 동안 연소를 하며, 속도 약 1341m/s, 고도 83~93km, 321~362km의 사정거리를 갖는다.

액체로켓의 부스터 엔진 또는 1단 엔진은 아주 큰 추력이 요구되고 지상에서 보통 1~3분 정도 작동하며 발사체를 지상에서 이륙하게 만든다. 액체로켓의 주 엔진 또는 2단 엔진은 지상의 발사대에서 점화하여 거의 진공이 되는 고도에서 엔진 작동이 멈추며 고도가 변화하면서 약 400~500초 정도 작동하며 추력은 1단보다 낮은 약 700~2,000kN 정도이다. 2단 엔진은 추력보다 비추력이 더 중요시 된다. 3단 엔진인 고공엔진은 통상 추력이 30~200kN 정도이며 비추력은 2단보다 노즐 팽창비가 크므로 더 크다. 액체산소와 액체수소를 추진제로 사용하는 3단 엔진의 비추력은 약 460초까지 될 수 있다. 원지점 추력기나 위성 자세제어용 추력기는 위성 수명이 다할 때까지 오랜 기간 궤도에서 사용된다. 원지점 추력기는 통상 500N 정도이고, 위치나 자세제어 추력기는 연속모드나 펄스모드로 사용될 수 있으며 통상 10N 정도의 추력이 사용된다. **표 4.1**은 다양한 액체 추진제 로켓의 추진제 및 각종 성능을 나타내는 표이다.

표 4.2는 아폴로 달 탐사선의 새턴(Saturn)-V엔진의 주요제원을 나타내고 있다.

표 4.1 액체 추진제 로켓의 추진제, O/F비, 추력, 비추력 등 성능

엔진	추진제	연소실 압력 [bar]	O/F	추력 (진공) [kN]	추력 (해면) [kN]	비추력 (진공) [s]	비추력 (해면) [s]	질량 [kg]	DE [m]	노즐 팽창비	C_F (진공)	C_F (해면)
Vulcain	LO_2/LH_2	105	5.2	1,075	815	431	310	1,300	2.0	45	1.87	1.44
Vulcain2	LO_2/LH_2	116	6.1	1,350		434	318	2,040	2.15	58.5		
SSME	LO_2/LH_2	204	6.0	2,323	1,853	455	363	3,177	2.4	78	1.91	1.53
RS68	LO_2/LH_2	96	6.0	3,312	2889	410	365	6,597	2.46	21.5		
HM7 B	LO_2/LH_2	36	5.14	62		445	310	155	0.99	83		
Vinci	LO_2/LH_2	60	5.8	180		465		550	2.15	240		
RL 10	LO_2/LH_2	24	5.0	68		410		131	0.90	40	1.76	
RL 10A-4-1	LO_2/LH_2	39	5.5	99		451		168	1.53	84		
J-2	LO_2/LH_2	53	5.5	1,052		425	200	1,438	2.1	28		
F-1	LO_2/Kerosene	70	2.27	7,893	6,880	304	265	8,391	2.0	16	1.82	1.59
RS 27	LO_2/Kerosene	48	2.25	1,043	934	295	264	1,027	1.1	8	1.60	
XLR 105-5	LO_2/Kerosene	48		370	250	309	215	460	31	25	1.74	1.22
11D-58	LO_2/Kerosene	78		850		348		300	1.2	189		1.82
RD-170	LO_2/Kerosene	245	2.63	8.060	7887	337	309	9,750	4.2	37		
RD-180	LO_2/Kerosene	253	2.72	4150	3830	338	310			39		
Viking 5C	N_2O_4/UDMH	58	1.70	725	678	278	248	826	0.99	10.5	1.67	1.56
RD 253	N_2O_4/UDMH	147		1,670	1,410	316	267	1,280	1.5	26	1.62	1.37
Aestus	N_2O_4/UDMH	11	2.05	29		324		1,200	1	80	1.87	
YF-20	N_2O_4/UDMH	74		760		259						
RD-107	LO_2/Kerosene	59		810		257						
RD-108	LO_2/Kerosene	51		780		248						
RD-191	LO_2/Kerosene	256		2050		337						
RD-0120	LO_2/LH_2	206		1450								
LE7	LO_2/LH_2	145		840		443						
YF-75	LO_2/LH_2	37		79		440						
YF-100	LO_2/Kerosene	180	2.6	1200	1340	335	300			35		
LE-5	LO_2/LH_2	38		122		452						

표 4.2 새턴-V에 사용된 엔진의 주요제원

단	직경 [m]	높이 [m]	중량 [kg]	엔진	추진제	추력 [톤]	연소 시간 [s]	노즐 팽창비	O/F	F/W
1단	10.1	42.1	2,280,000(추진제 적재) 131,000(추진제 없을 때)	5×F-1	액체산소 (1,500,000kg, 1,300m^3) RP-1(케로신) (647,000kg, 806m^3)	3470	161	16	2.27	94.07
2단	10.1	24.9	480,000(추진제 적재) 36,000(추진제 없을 때)	5×J-2	액체산소 (373,000kg, 325m^3) 액체수소 (72,000kg, 1,070m^3)	525	475	28	5.5	73.18
3단	6.6	17.8	118,000(추진제 적재) 11,000(추진제 없을 때)	1×J-2	액체산소 (87,000kg, 76m^3) 액체수소 (20,000kg, 294m^3)	93	475	28	5.5	73.18

아폴로 프로그램은 제 1단에 F-1 엔진과 제 2단과 3단에 J-2 엔진을 장착하여 성공적으로 인류 최초로 달에 발자국을 새긴 업적을 남길 수 있었다. 1960년대 아폴로 프로그램에서 달 탐사를 위한 새턴(Saturn)-V 발사체에 장착된 엔진인 F-1 엔진은 1968년부터 1972년까지 사용되었고 현재까지 개발된 액체로켓 엔진 중 가장 높은 추력을 가진 엔진이다.

그림 4.2는 F-1 엔진의 사진이다. 1단에서 5개의 엔진이 클러스터링 되어 운용되었으며 충돌식 인젝터를 사용하였고, 노즐 배기속도는 2.65km/s에 달한다. 추진제는 RP-1(Rocket

| 그림 4.2 | F-1 엔진[1]

Propellant−1)과 액체산소를 사용하였고 F−1엔진 1개의 해수면 기준 추력은 694톤, 해수면 비추력은 265sec, 고공(진공)추력은 790톤, 고공(진공)비추력은 304sec이고, 연소실 압력은 7MPa의 성능을 가지고 있다. 아폴로 프로그램의 2단, 3단에 각각 5개, 1개 장착된 J−2 엔진이 있다. J−2 엔진의 노즐 배기속도는 4.21km/s에 달하며 추진제는 액체수소와 액체산소를 사용하였다. J−2엔진의 상단 고공(진공) 추력은 약 105톤, 고공(진공) 비추력은 475sec, 연소실 압력은 5.3MPa의 성능을 가지고 있다. 아폴로 프로그램의 우주선에는 복사냉각 방식과 N_2O_4/Aerozine50(50%의 MMH와 50%의 UDMH혼합물)의 자발점화 추진제가 사용되었으며, 달착륙선에는 추력비 10:1의 가변추력이 가능한 핀틀 인젝터가 사용되었다. 다단 발사체에서 1단은 중량당 추력비(F/W)가 비추력(I_{sp})보다 더 중요하고, 2단 이상의 상단에서는 비추력이 중량당 추력비보다 더 중요하다. 따라서 1단 로켓인 F−1 엔진은 RP−1/액체산소 추진제 조합이 사용되었으며, 상단 엔진인 J−2에서는 액체수소/액체산소 추진제 조합이 선정되었다. SSME는 액체수소/액체산소를 사용하는 엔진이며 이를 개량하여 기본 형태는 비슷하지만 부품수를 줄여 원가를 낮추고 추력은 약 40% 증가시키면서 60~80% 추력조절이 가능하면서 성능을 향상시킨 RS−68엔진이 있으며 델타 IV 발사체에 사용된다.

1985년 러시아 NPO 에네르고마쉬는 F−1엔진보다 12.9%나 더 강력한 RP−1/LOx를 추진제로 사용하는 RD−170을 개발하였다. RD−170은 다단연소 사이클로 4개의 연소기를 클러스터링하여 사용하며 추력은 770톤이고 비추력은 309초(진공 비추력 338초)이다. RD−170은 산화제 과잉 연소 방식이며 주연소실 압력은 26.1MPa로 가스 발생기 방식의 F−1엔진의 연소실 압력 7MPa보다 훨씬 높다. RD−170은 터보펌프 1기로 4개 연소기의 연료와 산화제를 공급한다. 러시아 NPO 에네르고마쉬와 미국의 PW사의 공동회사인 유나이티드 얼

| 그림 4.3 | 아틀라스 V 발사체에 사용된 RD−180 엔진[1]

라이언스(United Alliance)가 RD-170을 이용해서 RD-180 엔진을 공동 개발을 하여 미국의 우주 발사체 아틀라스 III, 아틀라스 V의 1단 코어 엔진으로 사용하였다. RD-180 엔진은 RD-170에서 연소기를 2개로 줄인 엔진으로 액체산소와 케로신을 사용하는 추력 400톤급의 액체 연료 로켓 엔진으로 F/W는 약 78정도이다. 해수면 기준 비추력은 311초, 진공 비추력은 338초, 연소실 압력은 25.7MPa에 달한다. **그림 4.3**은 RD-180 엔진 사진이다. 러시아는 2008년부터 RD-180을 또 반으로 줄인 단일 연소실의 RD-191 엔진을 개발하여 차세대 우주발사체 앙가라 엔진으로 사용 개발하고 있다. RD-191 엔진 추력은 195.7톤이지만, RD-191엔진을 한국의 나로호 1단에 사용될 때에는 추력을 170톤으로 줄여 사용하였으며 이를 RD-151 엔진이라고 부른다.

최근 미국의 SpaceX 사를 필두로 저비용 로켓의 개발이 진행되고 있으며 **표 4.3**에 팰컨 9의 로켓 엔진 형상과 제원을 나타내고 있다. Merlin 1D 엔진은 액체산소와 케로신을 추진제로 사용하고 있고, Raptor 엔진은 액체산소와 메탄을 추진제로 사용하고 있다. SpaceX사의 엔진 개발은 추력은 크지 않지만, 효율을 극대화한 설계, 혁신적인 기술의 도입, 부품 재사용, 경량부품 사용, 생산공정의 자동화 등으로 T/W를 190이상 정도로 높여 무게절감과 비용절감을 이루었다. 테슬라 창업자인 엘론 머스크가 이끄는 SpaceX사의 재사용 로켓 Falcon 9을

표 4.3 SpaceX 팰컨 9 1D와 Raptor 로켓 엔진

엔진명	Merlin 1D	Raptor
추진제	LOx/케로신	LOx/CH_4
진공 추력	981kN	1900kN
해면 추력	845kN	1700kN
인젝터	핀틀 인젝터	동축 인젝터
진공 비추력	311s	380s
해면 비추력	282s	330s
연소실 압력	9.7～10.8MPa	30MPa
추진제 무적제 공중량	22,200kg	
추진제 총중량	411,000kg	
액체산소 중량	287,430kg	
케로신 또는 메탄 중량	123,570kg	
추진제 공급방식	가스 발생기 사이클	완전유동 다단 사이클
혼합비	2.375	
노즐 팽창비	16:1(해수면; 1단) 165:1(진공; 2단)	40:1

2017년 1월 15일 미국 캘리포니아 반덴버그 공군기지에서 성공적으로 발사되었다. 이륙 59분 뒤 팰컨 9 로켓에서 통신위성 10개가 15분에 걸쳐 성공적으로 우주 궤도에 올랐다. 본 발사 목적인 로켓 회수에도 성공하였으며 팰컨 9의 1단 로켓은 2단과 분리된 뒤 남은 추진제로 역추진하여 약 7분 49초 후에 태평양 해상의 무인 바지선에 안착하였다. 팰컨 9의 개발 비용은 NASA의 고유 방식으로 개발할 경우의 약 1/10배 규모로 저비용으로 개발되었으며 추진제와 로켓이 재사용될 경우 발사비용을 최대 100분의 1까지도 축소 시킬 수 있다는 장점이 있어서 활발히 연구 중이다. 재사용 발사체 연구는 70년대부터 시작되었다. 우주 왕복선(space shuttle) 역시 중앙의 연료탱크를 제외한 나머지 부분이 재사용 가능한 발사체였지만 SpaceX의 경우에는 발사체 모든 부분이 완전히 재사용 가능한 발사체를 개발하고 있다. 2018년 2월, 팰컨 헤비를 시험 발사하여 사이드 부스터 2개를 성공적으로 회수하였으나, 코어 부스터는 착륙에 실패했다. 그러나 같은 해 8월, 팰컨 9의 최종 버전인 블록 5가 재발사 및 1단 로켓 회수에 성공하였고, 12월에 블록 5가 세 번째로 발사되면서 사상 최초로 3번째 재발사에 성공하게 되었다. 2020년 5월에는 우주비행사 2명을 크루드래건 캡슐에 실어 국제우주정거장(ISS)에 보내었고, 1단 로켓 회수에 성공하였다. 이후 1단 엔진은 재사용되어 44일 만에 다시 크루드래건 캡슐에 민간 우주인을 실어 국제우주정거장에 보내기 위해 지구정지궤도로 발사하는데 사용되었다. 또한, 2020년 7월 20일에 재사용 발사체인 팰컨 9의 상단에 우리나라 첫 군사 전용 통신위성 아나시스 Ⅱ가 탑재되어 지구정지궤도에 올려졌다. 액체로켓엔진의 향후 연구분야 및 기술전망은 참고문헌에 기술되어 있다.[33]

한국의 액체로켓 개발은 KSR 계열 액체로켓을 통해 액체로켓 기술을 자체 개발을 시작하였다. 나로호(KSLV−1)는 2013년 발사 성공하였고 이후 2021년을 발사 목표로 한국형 발사체(KSLV−2)를 개발 중에 있다.

표 4.4는 한국형 발사체(KSLV−2)엔진의 단별 제원을 나타낸 표이다[22−25]. 2013년 발사 성공한 나로호(KSLV−1)은 약 33.5m 높이, 140t 규모의 2단형 로켓이다. 1단의 경우 러시아 국적의 발사체 개발 회사와 협력 연구를 통해 개발하였으며 2단의 경우 민간 회사에서 만든 고체 엔진을 사용하였다. 한국형 발사체(KSLV−2)의 경우 3단형 로켓으로 액체로켓 원천 기술을 국산화하여 획득하는 데 그 목적이 있으며 75t급 엔진과 7t급 엔진을 사용한다. 높이는 약 50m, 중량은 200t에 달하며 1.5t 규모의 위성을 궤도에 올리는데 그 임무가 있다.

한국형 발사체의 이륙 중량은 200t으로 이륙 추력은 300톤, 이륙 가속도는 1.3g의 성능을 가진다. 1단과 2단의 액체로켓 엔진은 동일한 엔진이나 1단은 75톤급 엔진을 4개 클러스터링

표 4.4 KSLV-2 발사체 엔진의 단별

	1단	2단	3단
각 단 총 중량(kg)	150,000	36,000	11,500
추진제 중량(kg)	135,000	31,500	9,700
구조+잔류 추진제 중량(kg)	15,000	4,500	1,800
추진제 유량(kg/s)	256.3	256.3	22
산화제 유량(kg/s)	176.1	176.1	14.8
연료 유량(kg/s)	80.2	80.2	6.72
혼합비	2.2	2.2	2.2
구조비	0.100	0.125	0.157
진공 추력(ton)	300(75t×4)	80	7
연소실 압력(bar)	60	60	70
연소 시간(sec)	134	134	502
진공 비추력(sec)	298	315	325
노즐 팽창비	12	25	95
속도 증분(m/s)	3,260	3,100	3,970

※ 표 4.4는 여러 논문 및 자료의 발표를 종합정리한 것이며 개발과정이므로 발표자료마다 다소 차이가 있음.

하여 총 추력 300t을 발생시킨다. 2단의 경우 고공에서 추진하기 때문에 노즐 팽창비가 크게 설계되어 진공 비추력이 높다. 3단의 경우 추력 7t급 엔진을 별도 개발하여 사용한다.

4.1.2 추진제 공급방식

액체 추진제 로켓은 추진제로 액체 연료와 액체 산화제를 사용하므로 추력실에 추진제를 공급하는 추진제공급시스템이 필요하다. 추진제 공급방식에 따라 가압식(gas pressure feed system)과 터보 펌프식(turbo pump feed system), 전기펌프식(electric pump feed system)으로 분류된다.

가압식의 경우에는 연료에 따라 달라지나 질소(N_2)나 헬륨(He)과 같은 추진제와 반응하지 않는 불활성 기체를 사용하여 가압하며 추진제를 공급하는 방식이다. 시스템의 구조가 간단하여 추진제공급시스템의 총 중량이 적게 나가고 신뢰성이 높아 주로 연구용이나 상단용 소형로켓에 사용하기도 한다. 일반적으로 고압가스의 압력은 10~35MPa의 범위이다. 가압식 추진제 공급시스템의 개략도는 **그림 4.4**와 같다.

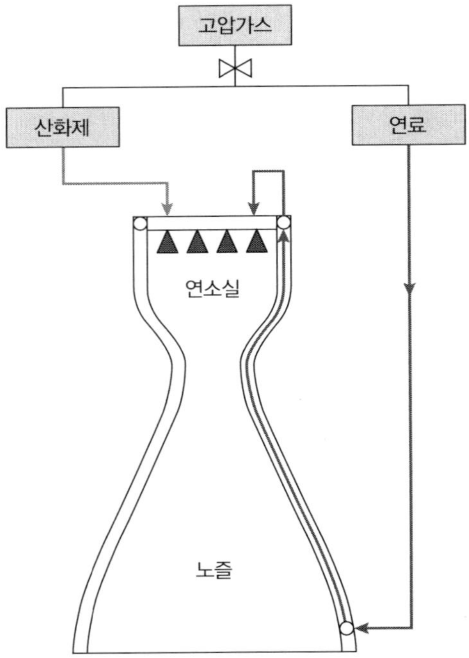

| 그림 4.4 | 가압식 추진제 공급시스템

가압식 추진제 공급시스템은 고압가스 탱크, 역류 방지 밸브(check valve), 추진제 밸브, 압력 레귤레이터, 추진제 탱크, 추진제 공급라인으로 구성된다. 가압식 공급방식에 사용되는 기체의 요구조건은 다음과 같다. 사용되는 가스의 분자량이 되도록 작아 로켓을 중량을 줄일 수 있어야 하며 저장 상태에서 밀도가 높아 동일 체적에 많은 양을 저장할 수 있게 하여 고압 탱크의 질량을 작게 할 수 있어야 한다. 또한, 불활성 성질로부터 추진제 및 추진제 탱크 벽면과의 화학적 간섭이 없어야 하며 추진제로의 용해성이 없어야 한다. 이로부터 일반적으로 가압용 가스는 불활성 기체인 헬륨(He)을 사용한다. 사용하는 연료, 산화제에 따라 가압용 가스는 달라진다. 한 예로, 액체산소를 가압하는 경우 질소를 사용하면 응축과 용해가 일어나기 때문에 헬륨과 같은 저 응고점의 가스를 사용한다.

터보 펌프식 추진제 공급시스템은 가스터빈으로 구동되는 펌프를 이용하여 추진제를 연소실로 공급하는 방법이다. 가스터빈과 펌프가 추진제 공급시스템에 적용이 되므로 시스템이 복잡하여 총중량이 많이 나가고 시스템 구성이 복잡하지만, 추진제 공급량을 크게할 수 있고, 작동시간이 길어 대형 액체로켓에 주로 사용된다. 터보 펌프 시스템을 구동하는 배기가스는 전체 추력의 효율에 영향을 미치며, 배기가스의 펌프 구동 방식에 따라 여러 엔진 사이

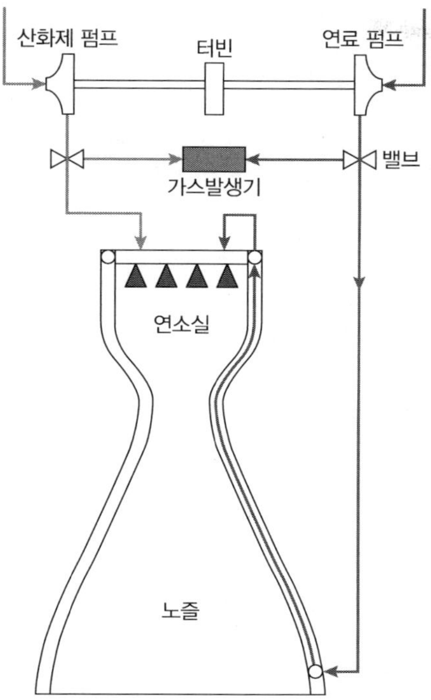

| 그림 4.5 | 터보 펌프식 추진제 공급시스템

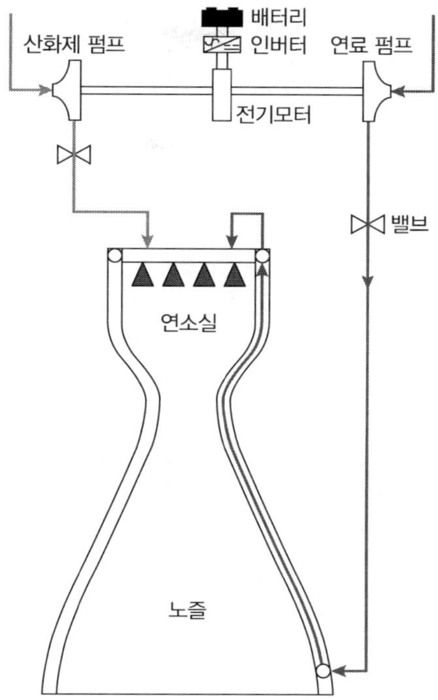

| 그림 4.6 | 전기 펌프식 추진제 공급시스템

클로 구분되며 이는 다음 엔진 사이클 절에서 자세히 설명하도록 한다.

그림 4.5는 터보 펌프식 추진제 공급시스템의 개략도이다. 터보 펌프시스템은 추진제를 공급하는 펌프와 동력을 생산하는 터빈, 터빈으로부터 펌프에 구동 동력을 전달하는 축으로 구성되어 있다. 터보 펌프 추진제 공급 시스템의 작동원리는 일부의 추진제의 연소를 통해 작동 가스를 형성하고, 이 작동가스로부터 터빈을 통해 시스템의 동력을 생산하여 펌프를 구동한다. 가압식의 경우 즉시 시동이 가능하나 터보 펌프식은 터보 펌브 시스템의 정상 작동까지 약간의 시간이 소요된다.

그림 4.6은 전기펌프식 추진제 공급시스템 개략도이다. 개략도에서 볼 수 있듯 전기펌프식 추진제 공급시스템은 전기 펌프에 의해 작동을 한다. 전기펌프식 추진 공급시스템은 가압을 위한 약간의 가압가스와 산화제 탱크 및 연료 탱크, 펌프, 전기 모터와 인버터, 배터리로 구성되어 있다. 전기 펌프식 추진제 공급시스템은 전기 펌프를 사용하는데 이는 추진제를 저압의 연료탱크로부터 고압의 연소실로 보내주기 위해 가압하는데 사용된다. 배터리와 인버터를 통해 전기 모터를 작동시키며 작동된 전기 모터를 통해 펌프를 제어할 수 있다. 현재 전기

펌프식 추진제 공급시스템은 터보 펌프식에 비해 상대적으로 낮은 성능을 보이지만, 점차 배터리의 성능이 향상되고 무게가 감소함에 따라 효율이 비약적으로 높아질 수 있는 잠재성이 있다. 또한, 구조적으로 상대적 간편성을 띄고 있고 고온으로 작동하는 부분이 적으며, 특히 터보펌프 시스템의 터빈 입구 온도 제약이 줄어들며, 전기제어를 통해 제어가 쉽다는 장점이 있다. 또 가스발생기의 점화 및 안정화 과정이 필요없으므로 점화가 신속하고 재점화에도 유리하다[19]. 가압식 추진제 공급시스템과 터보 펌프 추진제 공급시스템, 전기 펌프 추진제 공급시스템을 비교하면 **표 4.5**와 같다.

표 4.5 가압식/터보/전기 펌프식 추진제 공급시스템 비교

	가압식 추진제 공급시스템	터보 펌프 추진제 공급시스템	전기 펌프식 추진제 공급시스템
구조	간단	복잡	간단
추진제 공급방식	가압식	터보 펌프	전기 펌프
추력	낮은 추력	높은 추력	적정 추력
중량	낮은 중량	높은 중량	모터와 배터리 때문에 높은 중량
특징	빠른 시동 가능	높은 연소실 압력 가능	가스 발생기와 터빈 불필요하고 가스 발생기의 점화 및 안정화 과정 불필요. 모터의 전기적 제어로 추진제 유량, 혼합비, 시동순서 개발 가능하여 시험이 간단하고 신속함.

4.1.3 엔진 사이클

추진제 공급방식과 유량 흐름에 따라 액체로켓 엔진을 여러 사이클로 구분할 수 있으며 **그림 4.7**은 분류표로 나타낸다. 추진제 공급방식에 따라 가압식, 터보 펌프식, 전기펌프식으로 구분한다. 그리고 터보 펌프식에서는 터보 펌프의 구동 방식에 따라 엔진 사이클이 달라진다. 터빈을 구동한 작동 가스가 외부로 배출되는지 또는 주연소실로 주입되는지에 따라 개방 사이클과 밀폐 사이클로 구분할 수 있다.

4.1.3.1 개방 사이클

개방 사이클은 분리 유동 사이클(separate flow cycle)이라고도 하며 터빈을 통과한 작동 유체가 터빈 노즐에서 팽창한 후에 외부로 배출되거나 추력실 노즐 팽창부 하단으로 유입되어 노즐 출구로 배출되는 사이클을 말한다. 가스 발생기 사이클, 연소 가스 추출 방식 사이클이 이 분류에 속한다. 개방 사이클의 큰 특징은 터빈의 배기가스가 비교적 낮은 압력으로 팽창한다는 점과 터빈 구동에 사용된 추진제는 연소실에 재사용되지 않고 외부대기로 버려지거

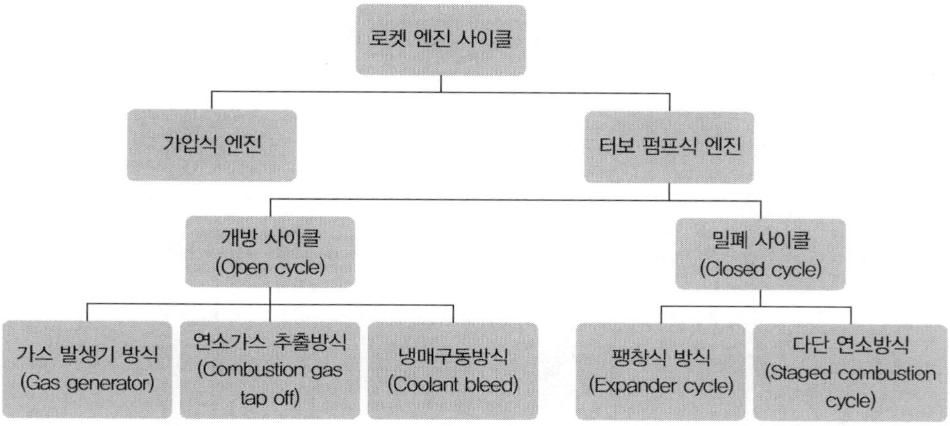

| 그림 4.7 | 엔진 사이클의 분류

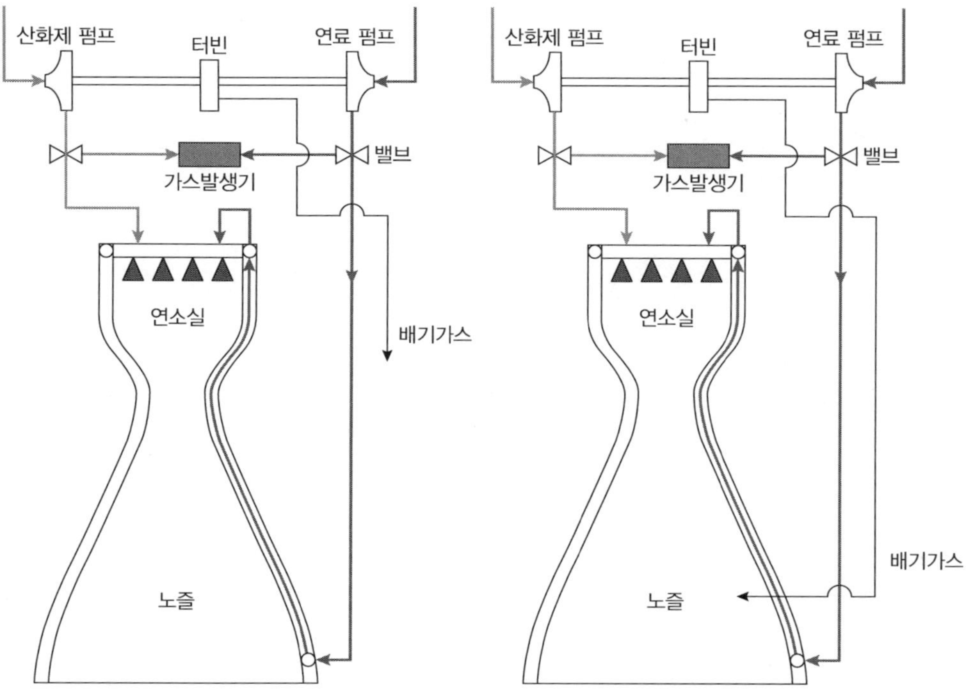

(a) 배기가스를 외부로 배출

(b) 배기가스를 노즐 확산부로 배출

| 그림 4.8 | 가스 발생기 사이클

나 노즐목 이후 하부로 공급되므로 터빈 구동 가스 에너지가 주연소실에서 재사용 되지 않는다. 개방 사이클에는 가스 발생기, 연소 가스 추출 방식, 냉매 구동 방식 사이클이 있다.

가스 발생기 사이클은 가스 발생기(gas generator)를 이용하여 터빈 구동용 가스를 발생시켜 터빈을 구동시키고 터빈에 연결된 연료펌프 및 산화제 펌프를 구동하여 추진제를 연소실로 공급한다. 가스 발생기에 유입되는 산화제와 연료 유량은 전체 유량의 1~5% 정도가 추진제 각 펌프에서 밸브를 통해 추출되어 사용된다. 터빈은 산화제 펌프와 연료펌프를 구동하고 각 펌프는 추진제를 주 연소실로 이송한다.

그림 4.8은 가스 발생기 사이클의 개략도인데 **그림 4.8 (a)**는 펌프를 작동한 배기가스를 외부로 배출하는 방식이며, **그림 4.8 (b)**는 배기가스를 노즐 확산 부로 배출하는 방식이다. 배기가스를 노즐 확산 부로 배출하는 경우 배기가스가 벽면을 따라 흐르게 되어 열 차단 효과가 있다. 가스 발생기의 터빈은 구조상 강제 냉각이 어렵기 때문에 터빈 입구 온도(TIT, Turbine Inlet Temperature)를 낮게 해야 한다. 가스 발생기 사이클의 추진제는 산화제 과잉(oxidizer rich)이나 연료과잉(fuel rich) 방법을 이용하여 가스 발생기 출구 온도를 800K에서 1100K 정도로 낮추어 사용한다. 가스 발생기 사이클의 장점은 시동이 간단하고, 펌프와 연소실 사이

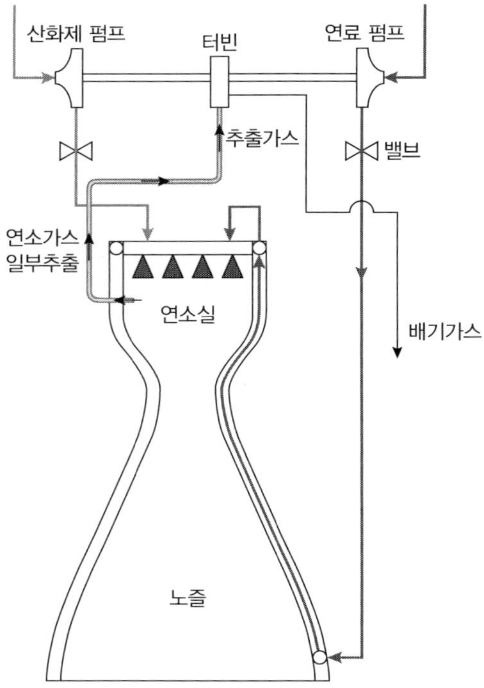

| 그림 4.9 | 연소 가스 추출 방식 사이클

의 압력 강하가 비교적 작으며, 터빈 배기가스와 연소가 독립되어 있으므로 터보 펌프와 연소기를 별도로 개발할 수 있는 이점이 있고 구조가 간단하여 개발 과정이 상대적으로 쉽다. 그러나 배기가스가 밖이나 노즐 확산부로 배출되므로 비추력이 낮다. 적용 엔진으로는 미국의 F-1 엔진, J-2 엔진, 일본의 H-1 엔진의 1단 엔진인 MB-3, H-1 엔진의 2단 엔진인 LE-5 엔진, 아리안 1단 Valcain 엔진 등이 있다.

연소 가스 추출 방식 사이클(tapped-off cycle)은 주 연소실에서 보조기구를 통해 추출하여 터빈을 구동한다. 추출되는 연소 가스의 온도는 주연소 가스 온도의 절반 정도의 낮은 온도이다. **그림 4.9**는 연소 가스 추출 방식의 개략도이다. 주연소기에서 추출된 가스가 터빈을 구동하므로 가스 발생기가 없다. 연소 가스 추출 방식은 가스 발생기를 사용하지 않아 사이클이 간단하다는 이점이 있으나 주 연소실에서 일부의 연소 가스를 추출하여 터빈을 구동하므로 터빈 출력이 다른 방식에 비해 비교적 작다. Saturn 발사체에 사용된 J-2S 엔진은 터빈 구동 가스를 노즐의 경계층에서 추출하여 하류 위치에서 재분사하는 방식으로 설계하였다.

냉매 구동 방식 사이클(coolant bleed cycle)은 연소기를 재생 냉각 방식으로 냉각한 연료의 일부를 분사 전에 분리하여 터빈 구동 작동 가스로 사용하는 방식이다. 연소 가스 추출 방식과 마찬가지로 가스 발생기는 없으며 분리된 재생 냉각 가스의 온도가 낮고 높은 압력을 가할 수 없어 터빈의 구동에 제한이 있어 대형엔진에 사용하기가 적합하지 않다.

4.1.3.2 밀폐 사이클

개방 사이클과는 다르게 터빈을 통과한 작동 유체를 주 연소실 내로 분사시켜서 터빈 구동 작동 유체(배기가스)의 잔류에너지를 효과적으로 사용하는 사이클로 팽창식 사이클과 다단 연소 사이클이 있다. 밀폐 사이클에서 터빈 구동 가스는 주 연소실에서 팽창하므로 추진 효율을 높이는데 유효하게 사용된다. 팽창식 사이클은 터빈구동용 예연소기가 없으며, 다단 연소 사이클은 터빈 구동용 예연소기(pre-burner)가 있다. 개방 사이클에서 터빈 구동용 예연소기를 가스 발생기(gas generator)라고 하는 것은 로켓 가스 발생기에서 발생한 작동 유체가 터빈을 구동시키고 배기가스가 외부로 배출되기 때문이다.

팽창식 사이클(expander cycle)은 냉각 재킷을 통해 연소실을 냉각한 연료는 모두 가스화 되고 연소실로부터 에너지를 흡수한 상태로, 이 흡열된 열에너지로부터 터빈을 구동시키고 터빈 구동 후의 배기가스는 전량 주 연소실로 공급되는 사이클이다. 팽창식 사이클의 비추력은 상대적으로 좋으며 극저온 추진제만 사용할 수 있다. 팽창식 사이클의 특성상 저장성 추진제인 케로신 사용은 불가능하고 LH_2나 LCH_4는 가능하다.

산화제와 터빈을 통과한 추진제는 모두 주 연소실에서 반응하여 노즐에서 팽창되기 때문에 엔진시스템의 비추력이 향상되는 장점이 있다. **그림 4.10**은 팽창식 사이클의 개략도와 RL-10A-4-1엔진을 나타낸 것이다. 팽창식 사이클에는 예연소기나 가스 발생기가 없어 구조가 단순하고 시스템 중량이 작다. 그러나 터빈 구동 열에너지는 냉각 채널을 통과한 재생 냉각한 연료의 온도에 의해 공급되는 열량이 결정되므로 가스 온도에 상한이 있을 수 있고 터빈 출력이 제한된다. 또한, 연소실 압력을 7~8MPa 정도로 크게 높이기 어렵다. 팽창식 사이클은 높은 비추력을 얻을 수 있으나 터빈 구동 에너지가 제한되어 연소실의 압력을 높일 수 없으므로 소형 고성능 엔진 설계에 적합한 사이클로 상단엔진에서 사용한다. 러시아의 RD-0146(액체수소/액체산소 사용) 엔진, 델타(Delta) 로켓의 상단엔진인 RL-10(액체수소/액체산소 사용) 엔진, 아틀라스상단의 RL-10-10A-4-1엔진과 아리안6의 상단엔진 중 HM7을 대체한 Vinci 엔진이 팽창기 사이클을 채택하고 있다. 터빈을 구동한 가스를 모두 주 연소실로 공급하므로 개방 사이클의 냉매 구동 방식 사이클보다 고성능의 엔진이다. 미국 NASA의 CECE프로그램에서는 상단엔진으로 추력 66.7N, 비추력 약 350sec인 액체산소/액체메탄 추진제를 사용하는 팽창기 엔진을 개발하고 있다.

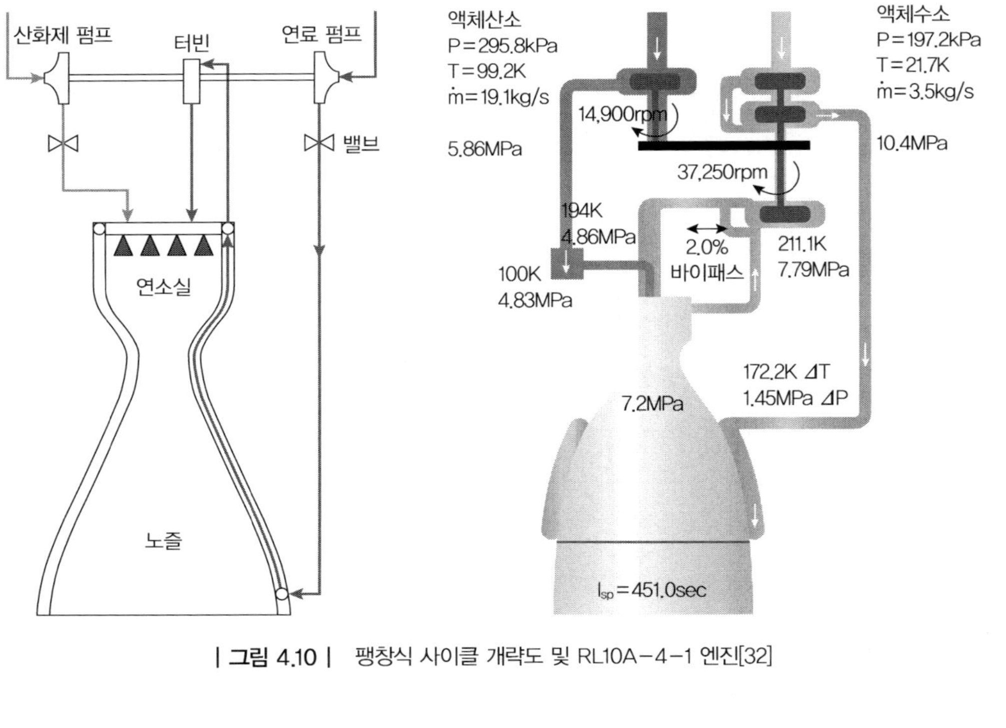

| 그림 4.10 | 팽창식 사이클 개략도 및 RL10A-4-1 엔진[32]

다단 연소 밀폐 사이클에서는 작동 유체가 터빈을 구동한 후 다시 주연소기에서 사용되므로 터빈 구동용 연소기를 예연소기라고 부른다. 예연소기의 연소 후 이 작동 가스가 주연소기에서 다시 연소하므로 다단연소 사이클(staged combustion cycle)이라 부른다. 터빈 배기가스가 주연소실로 들어가므로 터빈 배기가스압력은 주연소실 압력보다 높아야 한다. 예연소기의 크기는 주 연소실보다 작게 만들고 터빈 구동 압력강하와 터빈 배기가스가 주연소기보다 높은 압력을 유지해야하므로 예연소기 압력을 보다 높여 연소시킨다. 예연소기의 연소압력은 주연소기 연소압력의 약 2배이다. 다단연소기는 시스템 전체 압력이 높기 때문에 개발이 쉽지 않다. 밀폐 사이클은 개방 사이클에 비해 효율이 높고 비추력이 향상된다. 또 예연소기에서 터빈을 구동하는 가스를 얻기 때문에 재생 냉각식 터빈 유입 가스 온도가 제한되는 팽창식 사이클에 비해 대형 엔진 제작이 가능하다. 그러나 개방 사이클에 비해 구조적으로 더 복잡하고 고온, 고압의 요구조건으로 열적 하중 설계가 어렵다.

다단 연소 사이클은 예연소실과 주 연소실에서 순차적으로 추진제를 연소시키는 방식의 사이클을 말한다. 액체수소 연료의 단열 화염온도는 약 3000K에 달하고 탄화수소계열 연료의 단열 화염온도는 약 2400K에 달한다. 과도한 열전달로 냉각기가 없는 터빈은 재료 한계의 문제가 발생하고 이에 따라 터빈입구 온도의 한계가 있다. 일반적으로 터빈 입구 온도(TIT, Turbine Inlet Temperature)는 900~1000K로 제한된다. 터빈 입구 온도를 낮추기 위해 이론 혼합비 당량비에서 연소하는 대신 연료 과잉 혹은 산화제 과잉 혼합기 연소를 통해 예연소기(pre-burner)의 연소 온도를 낮춘다. 다단 연소 사이클은 터빈에서 배출되는 작동유체가 기체이며 이것이 주연소기를 들어가서 연소하므로 주연소기에서는 액체/기체 추진제의 조합이 되고 연소가 비교적 안정적이다. 액체산소와 액체수소를 추진제로 사용할 경우에는 연료 과잉 다단 사이클을 사용하고 액체산소와 케로신을 추진제로 사용할 때는 산화제 과잉 다단 사이클을 사용한다. 다단 연소 사이클은 터빈에서 배출되는 작동가스가 기체이며 이것이 주 연소기로 들어가서 주 연소기의 추진제가 액체와 기체의 조합으로 연소되므로 연소가 비교적 안정적이다. 다단 연소 사이클은 연료과잉 또는 산화제 과잉에 따라 작동 구성품과 과정이 다소 다르다. **그림 4.11 (a), 그림 4.11 (b), 그림 4.11 (c)**는 각각 연료 과잉 다단 연소 사이클, 산화제 과잉 다단 연소 사이클, 전유동 다단 연소 사이클의 개략도를 나타낸다.

연료과잉 다단 연소 시스템에서는 주 연소실로 들어가는 연료 라인이 없다. 연료 펌프에서 공급된 연료는 냉각 채널을 통과한 후 예연소기로 공급되고, 예연소기를 통과한 배기가스는 연료 과잉이기 때문에 이것이 전부 주연소실로 유입되고, 산화제는 산화제 펌프로부터 공급되어 일부는 예연소실로 유입되고 나머지는 모두 주 연소실로 유입된다. 예연소실에서는 연료 과잉 연소를 하게 되며 발생한 연소 가스는 터빈을 구동하고 주 연소실에서 다시 한번 산화제와 연소하게 된다. 큰 추력이 필요한 고성능 엔진에 사용되며 미국의 우주 왕복선의 주 엔진인 SSME(Space Shuttle Main Engine)은 액체산소와 액체수소를 추진제로 사용하고 있고 연료 과잉 다단 연소 사이클에 속한다.

다단 연소 사이클 엔진에서 케로신을 연료로 사용하는 연료과잉의 경우에는 케로신 연료 성분 자체의 탄소 때문에 수트가 발생하여 주연소기 인젝터를 통과할 때 문제가 생기기 때문에 산화제 과잉을 사용한다. **그림 4.11 (b)**의 산화제 과잉 사이클에서는 주 연소실로 직접 공급되는 산화제 라인이 없다. 산화제 과잉 사이클에서는 터빈을 구동하기 위해 공급되는 연료 중 일부 연료만 예연소기로 보내지고 나머지 대부분 연료는 주 연소실로 유입된다. 산화제는 모두 예연소실로 들어가서 산화제 과잉 연소를 하며 발생한 연소 가스는 터빈을 구동하고 전부 주 연소실로 유입되어 연료와 함께 다시 한번 주연소실에서 연소된다. 러시아의 RD-170, RD-180, RD-191과 나로호 1단 엔진인 RD-151엔진, 중국의 YF-100이 산화제 과잉 단계 연소 사이클에 해당한다. 다단 연소 밀폐 사이클에서 케로신 연료를 사용할 때는 수트 때문에 산화제 과잉 사이클을 사용하나, 산화제의 강한 산화력으로 인하여 금속이 산화되기 쉽기 때문에 산화제 과잉 사이클에 적합한 고압터보펌프와 내산화성 재료 및 코팅 기술이 요구된다. 케로신과 액체산소를 추진제로 사용하는 러시아 로켓이 산화제 과잉

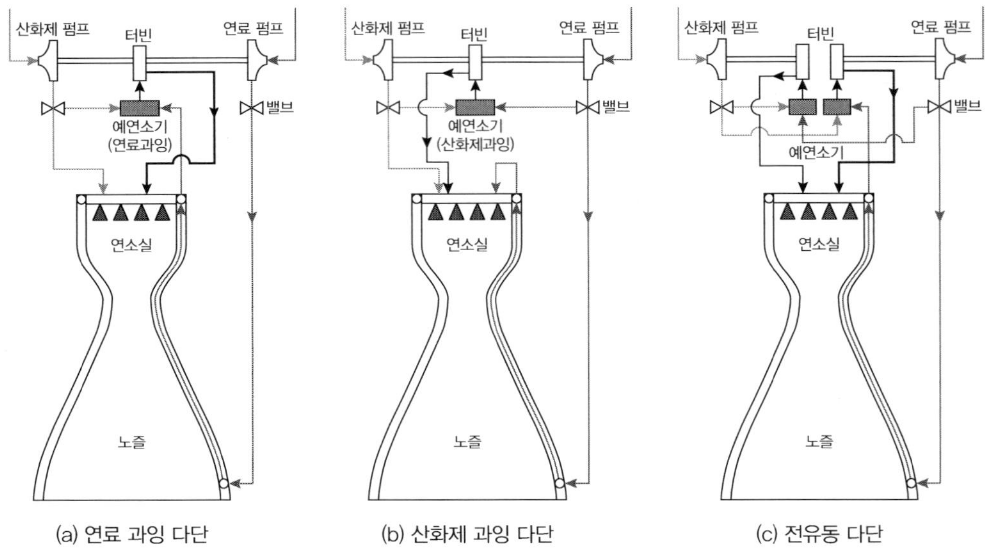

| 그림 4.11 | 연료 과잉, 산화제 과잉, 전 유동 다단 연소 사이클

사이클을 많이 채택하고 있다. 다단 연소 사이클은 예연소실의 압력을 높게 설계할 수 있어 주 연소실의 압력 역시 높다. 따라서 고온 고압의 주 연소실로부터 높은 비추력의 엔진 성능을 기대할 수 있는 장점이 있다. 주 연소실의 압력이 높아 소형 경량화 역시 가능하고 다양한 사이클을 설계할 수 있으며 가스의 유동에 의해 추진제 혼합, 미립화가 잘 되어 연소효율이 높다. 그러나 예연소실, 주 연소실, 터보 펌프와 같은 복잡한 사이클 설계로 고도의 기술이 요구된다. 엔진의 시동 과정 역시 복잡해지고 또한 예연소실과 터빈에 의한 압력 강하로 추가적인 펌프의 요구압력이 증가한다. 고온의 열 유속이 연소실과 인젝터, 노즐 벽에 큰 열 하중을 가하는 단점이 있다. 실제 엔진 사이클의 개략도를 살펴보며 다단 연소 사이클을 더 자세히 알아보자. **그림 4.11 (c)**는 전유동 다단 사이클(full－flow staged combustion cycle)로 1개의 산화제 과잉 예연소기와 1개의 연료 과잉 예연소기를 각각 사용하여 분리된 각각의 터빈을 구동하여 각각의 펌프를 통해 산화제와 연료를 공급한다. 2개의 터빈에서 나온 배기가스는 산화제 과잉 가스와 연료 과잉 가스 상태로 주연소실로 공급된다. SpaceX사의 Raptor 엔진이 전유동 다단 사이클을 사용하고 있다.

그림 4.12는 연료 과잉 다단 사이클이 채택되었던 SSME 엔진의 개략도를 나타낸 것이다. SSME 엔진의 경우 액체 연료로는 액체수소, 산화제로는 액체산소가 사용되었다. SSME 엔진에서는 예연소기로 모든 연료 유량이 공급되고 일부의 산화제만 공급되는 추진제 라인이

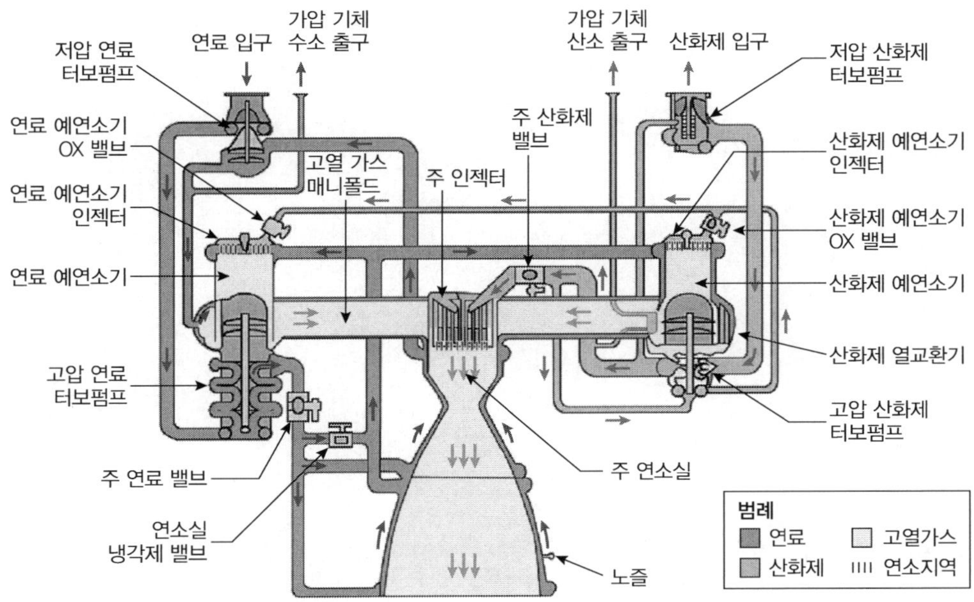

| 그림 4.12 | SSME (RS－25) 엔진 개략도[1]

설계되었음을 확인할 수 있다.

그림 4.13은 RD−180 엔진의 개략도를 나타내고 있으며 산화제 과잉 다단 연소 사이클이다. 연료로는 케로신과 산화제로는 액체산소를 사용하고 있다. **그림 4.13**에서 보는 바와 같이 액체산소는 예연소기로 전부 공급되고 연료의 일부가 공급되고 있다. 주연소기로는 예연소

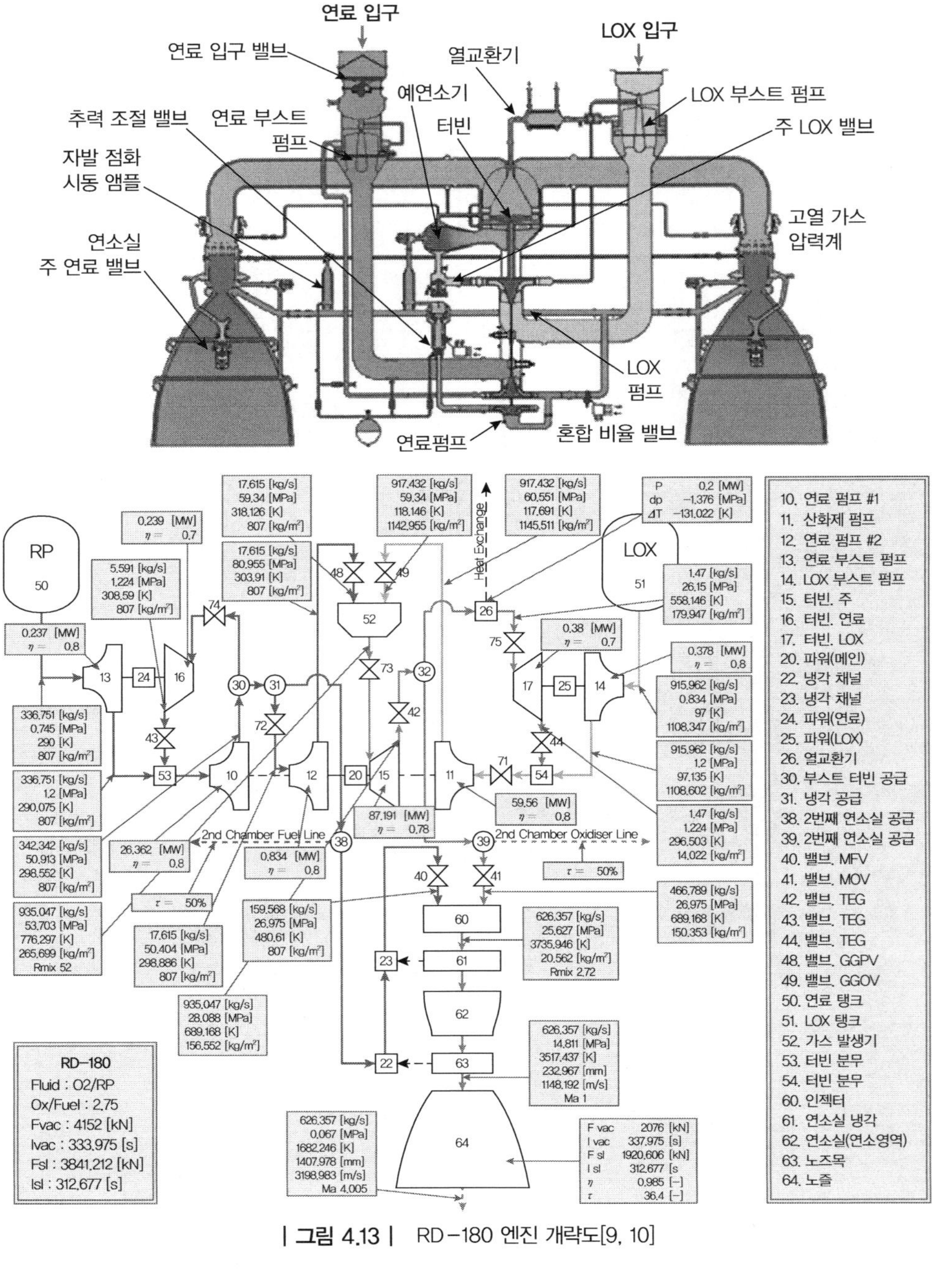

| 그림 4.13 | RD−180 엔진 개략도[9, 10]

실의 산화제 과잉 배기가스가 공급되고, 또다른 일부의 연료가 공급되어 주연소실에서 연소가 일어난다.

주연소기와 예연소기의 차이점에 대해 알아보자. 주연소기와 예연소기(또는 가스 발생기)는 모두 추진제의 화학적 에너지를 열에너지로 변환하지만 주연소기의 목적은 연소를 통한 작동 가스가 노즐을 통해 팽창하여 추력을 발생시키는 데에 있지만 예연소기(또는 가스 발생기)는 터보 펌프의 터빈 구동에 그 목적이 있다. 예연소기(또는 가스 발생기)는 터빈의 구조적 한계로 인하여 연료 과잉이나 산화제 과잉을 통해 연소 최고 온도를 낮추는데에 반하여 주연소기는 최대 추력과 최대 효율을 내도록 하기 위해 이론 혼합비 근방에서 연소한다. 주 연소기는 높은 연소 효율과 높은 비추력의 성능 설계가 필요한 반면, 예연소기(또는 가스 발생기)는 연소실 내부 연소 온도의 균일성과 보염에 대한 고려가 필요하다.

4.1.4 로켓 성능 해석

액체 추진제 로켓 시스템의 로켓 성능을 해석하기 위해서는 목표 궤도에 페이로드를 올리기 위한 요구조건인 추력을 계산하고 필요한 추진제 유량, 추진제 공급방식을 결정해야 한다. 더 자세한 액체로켓엔진 시스템 개발과정과 설계 및 해석은 참고문헌 [27]을 참고하기 바란다. 실제 액체로켓 시스템의 추진제 유량 결정을 위해서는 압력 강하, 추진제의 연소효율과 열전달 효과 등을 고려하여야 한다. 이원 추진제(bi-propellant) 로켓 시스템의 경우에 혼합비는 아래 식과 같이 산화제 유량과 연료 유량 비율을 정의한다.

$$O/F = r = \frac{\dot{m}_{ox}}{\dot{m}_f} \tag{4.1}$$

여기서 r은 추진제 혼합비, $\dot{m}_{ox}$는 산화제 질량 유량, $\dot{m}_f$는 연료의 질량 유량이다. 총 추진제 유량을 $\dot{m}_p$라 하면,

$$\dot{m}_{ox} = \dot{m}_{ox} + \dot{m}_f \tag{4.2}$$

식 (4.1)과 식 (4.2)로부터 산화제와 추진제 각각의 질량 유량 식을 구할 수 있다.

$$\begin{aligned} \dot{m}_{ox} &= \frac{r}{r+1}\dot{m}_p \\ \dot{m}_f &= \frac{1}{r+1}\dot{m}_p \end{aligned} \tag{4.3}$$

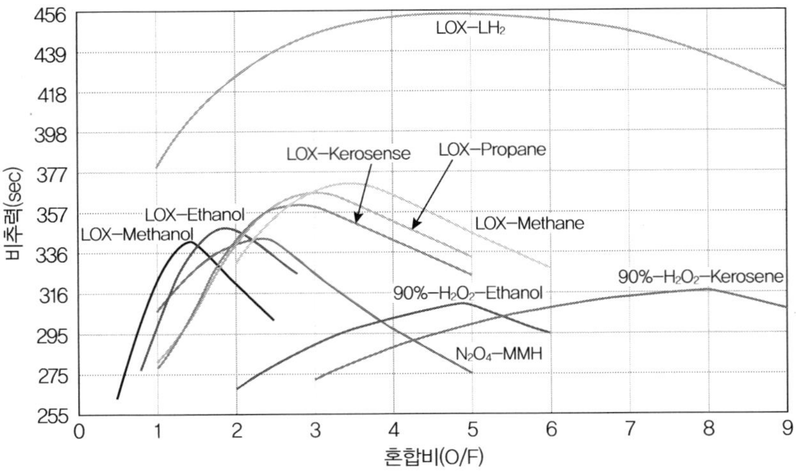

| 그림 4.14 | 혼합비 변화에 따른 비추력[28]

이론 혼합비에서 연소실 온도는 최고가 되어 에너지 발생이 최대가 되어 비추력이 클 것으로 생각되지만 연소가스 성분 중에 분자량이 낮은 생성물이 포함되는 것이 유효배기속도를 증가시키고 비추력을 크게 할 수 있다. 예를 들어 액체수소와 액체산소 추진제 조합의 경우 이론 혼합비는 8이지만, 비추력이 최대가 되는 혼합비는 약 3.5~4 정도이다. 추진제 탱크 부피 때문에 혼합비 선정에서는 추진제의 비중량(또는 밀도)도 고려해야 한다. 추진제의 탱크 부피나 중량을 고려하여 통상 액체수소/액체산소 로켓의 혼합비는 5~6 정도로 설정한다. 실제로 **표 4.1**에서 SSME의 혼합비는 6.0 이고 J−2 엔진의 혼합비는 5.5 임을 알 수 있다. **그림 4.14**는 연소실 압력 100기압, 노즐 팽창비 45인 액체로켓엔진에서 각종 추진제 조합의 혼합비 변화에 따른 비추력을 나타내고 있다.

예제 4.1 추력이 800kN인 액체산소/액체수소 추진제 로켓을 설계하고자 한다. 연소실 온도는 3,400K, 연소실 압력은 11.0MPa, 혼합비(O/F, r)는 5.2이다. 액체산소와 액체수소 로켓의 연소 가스의 평균 분자량은 8.9kg/kmol, 비열비는 1.26이다. 노즐은 외부압력 10.9kPa에서 최적설계 된다. 외부압력이 10.9kPa일 때 노즐 목 면적, 노즐 출구 면적, 연료와 산화제 질량 유량, 체적 유량을 구하라. 또한, 2분간 작동 시 필요한 총 추진제의 질량과 탱크 부피를 구하라. (실제 비추력은 이론 비추력의 96%라고 가정하고, 시작과 정지시 각각 1초간의 추가연료가 사용된다고 가정하라. 또한 액체산소와 액체수소의 밀도는 각 1141kg/m^3, 70.8kg/m^{3}으로 가정하라.)

| 풀이 | 배기속도는

$$V_e = \sqrt{2\left(\frac{\gamma}{\gamma-1}\frac{R_u}{M_w}\right)T_0\left[1-\left(\frac{P_e}{P_0}\right)^{\frac{\gamma-1}{\gamma}}\right]}$$

$$= \sqrt{2\left(\frac{1.26}{1.26-1}\frac{8.314\times10^3}{8.9}\right)\times3400\left[1-\left(\frac{10.9}{11000}\right)^{\frac{1.26-1}{1.26}}\right]} = 4837\text{m/sec}$$

이론 비추력 $I_{sp,theory} = \frac{V_e}{g_0} = \frac{4837}{9.81} = 493\text{sec}$ 가정으로부터,

$\frac{I_{sp,actual}}{I_{sp,theory}} = 96\%$이므로, 실제 비추력은

$$I_{sp,theory} = 0.96\times493 = 473.3\text{sec}$$

최적 팽창할 때($P_a = P_e$) 추력 계수는

$$C_{F,theory} = \sqrt{\frac{2\gamma^2}{\gamma-1}\left(\frac{2}{\gamma+1}\right)^{\frac{\gamma+1}{\gamma-1}}\left[1-\left(\frac{P_e}{P_0}\right)^{\frac{\gamma-1}{\gamma}}\right]} = 1.791$$

마찬가지로 실제 추력계수 역시 이론 추력계수의 96%으로 생각한다.

$$C_{F,actual} = C_{F,theory}\times0.96 = 1.719$$

노즐목 면적은 다음과 같이 구할 수 있다.

$$A_t = \frac{F}{C_F P_0} = \frac{800\times10^3}{1.719\times11\times10^6} = 0.042\text{m}^2$$

등엔트로피 유동 공식을 이용하여 노즐 목 출구 면적을 계산할 수 있다.

$$A_e = \frac{A_t}{\left(\frac{\gamma+1}{2}\right)^{\frac{1}{\gamma-1}}\left(\frac{P_e}{P_0}\right)^{\frac{1}{\gamma}}\sqrt{\frac{\gamma+1}{\gamma-1}\left[1-\left(\frac{P_e}{P_0}\right)^{\frac{\gamma-1}{\gamma}}\right]}}$$

$$= \frac{0.0369}{\left(\frac{2.26}{2}\right)^{\frac{1}{0.26}}\left(\frac{10.9\times10^3}{11\times10^6}\right)^{\frac{1}{1.26}}\sqrt{\frac{2.26}{0.26}\left[1-\left(\frac{10.9\times10^3}{11\times10^6}\right)^{\frac{0.26}{1.26}}\right]}}$$

$$= \frac{0.0369}{1.6\times0.0041\times2.57} = 2.491\text{m}^2$$

추진제 질량 유량은

$$\dot{m}_p = \frac{F}{I_{sp,actual}\times g_0} = \frac{800\times10^3}{473.3\times9.81} = 172.3\text{kg/sec}$$

식 (4.3)으로부터 각각의 산화제, 연료 질량 유량은

$$\dot{m}_{ox} = \frac{r}{r+1}\dot{m}_p = \frac{5.2}{5.2+1}\times172.3 = 144.51\text{kg/sec}$$

$$\dot{m}_f = \frac{1}{r+1}\dot{m}_p = \frac{1}{5.2+1}\times172.3 = 27.79\text{kg/sec}$$

시작과 정지 시간을 고려하여 2초를 작동시간에 포함시켜 총 122초 동안 작동한다고

할 때, 필요한 총 추진제의 질량은 다음과 같다.

$$m_{ox} = \dot{m}_{ox} \times 122 = 17630.2\text{kg}$$

$$m_f = \dot{m}_f \times 122 = 3390.4\text{kg}$$

액체 상태의 산소와 수소의 밀도는 각각 $\rho_{ox} = 1141\text{kg/m}^3$, $\rho_{H_2} = 70.8\text{kg/m}^3$이므로 체적은 각각

$$V_{ox} = m_{ox}/\rho_{ox} = 15.4\text{m}^3$$

$$V_f = m_f/\rho_f = 47.9\text{m}^3$$

계산 결과와 같이 액체수소의 밀도가 산소보다 훨씬 작아 필요 질량유량이 더 적음에도 필요 탱크 용량은 약 3배 정도 큼을 알 수 있다.

4.1.5 추진제 탱크

추진제 탱크(propellant tank)는 연료 및 산화제를 저장하는 구조물로써 자체 압력과 외부의 압력 및 발사 시의 진동 등 여러 내력과 외력을 견딜 수 있는 강도 및 형상을 가져야 한다. 추진제 탱크의 형상은 필요 추진제를 저장하되 자체 중량은 최소가 되는 형상이며, 내압을 견딜 수 있도록 설계되어야 한다. 구형의 경우에 중량이 최소가 되고 내압에 의한 응력도 가장 작아지나 구조의 직경 제한을 받게 되어 일반적으로 원통형이 많이 사용된다. 탱크의 소재는 합성 합금이나 강도와 경도를 고려한 합금이 주로 사용되고 있으나, 합성수지를 적층하거나 복합 합성수지를 압출하여 제작하기도 한다. 추진제 탱크는 작은 공간 안에 효율적으로 탑재해야 하므로 **그림 4.15**와 같이 구조 내부에 격벽을 만들어 연료와 산화제를 나누어 저장하는 내부 연결형, 연료 및 산화제를 각각의 탱크에 저장하는 외부 연결형, 그리고 액체 연료 탱크와 산화제 탱크를 로켓 하단 부에 원형으로 배치하는 주로 대형 액체 추진제 로켓에 적용하는 다발 연결형이 있다.

로켓이 발사하여 비행하는 도중에는 추진제가 지속적으로 분사되므로 추진제 탱크의 질량은 감소하기 시작한다. 비행 각도와 외란, 질량 감소에 따른 무게 중심의 변동, 진동에 의한 연료의 와류 발생, 비정상적인 고압 작용 등 비행 중 추진제 탱크 내부에는 여러 현상이 발생하게 되므로 추진제를 추력실로 안정적으로 공급할 수 있도록 설계되고 제어되어야 한다. 추진제 저장탱크 및 공급방식에서 고려되어야 주요 사항은 다음과 같다.

첫째, 얼러지(ullage)는 추진제가 탱크 내에 탑재된 공간 이외의 여유 공간을 말하는 것으

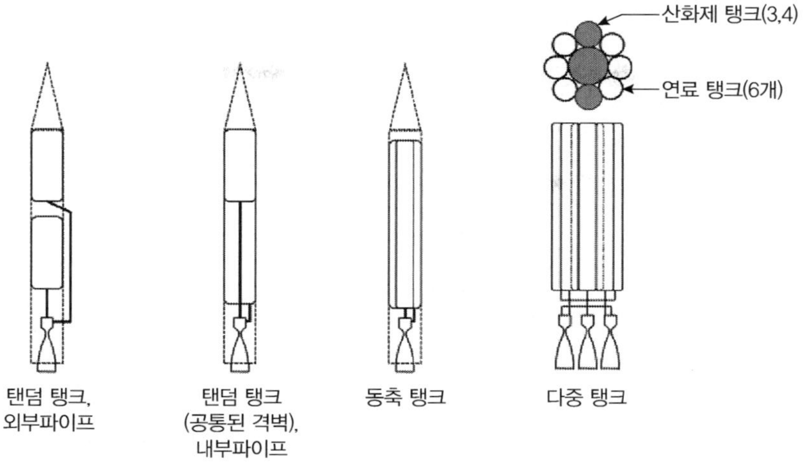

| 그림 4.15 | 추진제 탱크의 연결 방식[1]

로, 추진제의 열팽창이나 증발할 경우에 가스 방출을 위해 필요한 공간이며, 탱크 용량의 3~10% 정도의 비율이다. 얼러지 공간은 추진제 탱크 내부 온도와 압력에 따라 로켓 작동 중 끊임없이 변한다. 얼러지 공간에 헬륨(He)을 채우면 헬륨은 LOx에 용해될 수 있고 관로 중에 증기가 생길수도 있으며 터보펌프에서 케비테이션의 원인이 될 수도 있다. 둘째, 배관이나 밸브, 추진제 탱크 벽면에 표면장력과 같은 현상으로 추진제가 잔류할 수 있는데, 잔류하여 사용할 수 없는 추진제는 손실로 작용하게 되며 구조 질량에 더해져 비행체 질량비를 감소시켜 성능을 낮추게 된다. 셋째, 슬로싱(sloshing)으로 비행 중의 기동, 진동이나 관성력에 의해 추진제가 출렁거리는 현상을 말한다. 슬로싱이 격렬하게 되면 비행체 운동이 그 영향을 받아 구조물에 별도의 하중을 가하게 된다. 또 슬로싱 발생 시에는 추진제 공급이 원활하지 않게 될 수 있어 연소 불안정성이 발생할 수 있다. 추진제 탱크 내부에는 이를 방지하기 위해 일반적으로 칸막이 형태의 배플(baffle)이 사용되고 있다. 넷째, 무중력 상태에서는 추진제가 추진제 탱크 내부에서 빈공간으로 부유하게 되므로 공급이 원활히 이루어지지 않는다. 이를 방지하기 위해서 능동 배출 장치(positive explulsion device), 표면장력 장치(surface tension device), 스월 저감 장치(swirl suppressor) 등을 사용한다. 능동배출장치는 연료 탱크 내에 설치된 장치로 연료가 어떠한 상태에 있더라도 강제적으로 연소실로 이송할 수 있도록 하는 피스톤 장치나 밸브 시스템을 일컫으며 가동 피스톤(movable piston)혹은 가소성 막(flexible diaphrams)을 적용한 방식이며 **그림 4.16 (a)**에 장치를 나타내었다. 표면장력 장치는 비행체 가속이 있을 때 연료가 파이프 쪽으로 모이는데 초기에 가속이 없을 때 표면장력 스크린을 이용해

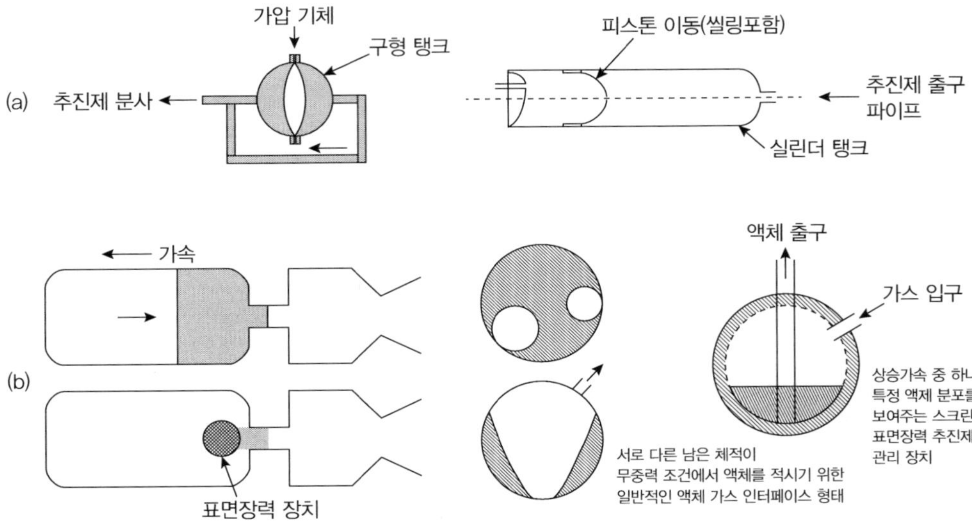

| 그림 4.16 | 무중력에서의 능동배출장치 및 가속상태에서 표면장력이용 연료 배출 장치[1]

서 연료를 파이프 쪽으로 모이게 하는 장치이며 **그림 4.16 (b)**에 나타내었다. 다섯째, 극저온 추진제를 사용하는 경우 추진제 탱크 벽면 단열이 충분하지 않으면 외부벽 온도가 낮아지고 벽면 외부에 수증기의 응결과 얼음이 형성하게 되고 무게가 증가하게 된다. 또 이러한 습기의 응결 혹은 응고는 분사기나 밸브를 막아 작동이 중지될 수 있다. 또한, 비행 중 극저온 추진제를 저장한 탱크가 외기권에 노출될 경우 고온의 직접적인 영향을 받게 된다. 고온에 노출되어 증발한 추진제의 폭발 가능 위험성도 존재하므로 극저온 추진제를 사용하는 경우 추진제 탱크의 열 차단 문제가 다루어져야 하며 극저온 물질이 증발하거나 기화할 수 없도록 탱크뿐만 아니라 연료 공급 계통에 단열 차단이 필요하다.

4.1.6 클러스터드 엔진 및 추력방향제어

탑재물의 무게가 증가하면 그만큼 높은 추력이 요구된다. 고추력을 얻기 위한 방법으로 고추력 엔진 1기를 사용하거나 낮은 추력의 엔진 여러 기를 클러스터링하는 방법이 있다. 클러스터드 엔진은 현재 개발 중인 또는 개발한 신뢰할 수 있는 엔진을 여러 개를 모아서 사용하기 때문에 고추력 단일 엔진 자체 개발보다는 비용을 절감할 수 있으나 클러스터링을 함으로서 발생되는 신뢰성 및 안정성 문제에 대해서는 주의를 기울여야 한다. 3장에서 설명한 바와 같이 원래 기준 엔진보다 치수를 1/2로 축소하면 노즐 목 면적은 1/4이 줄어들고, 추력

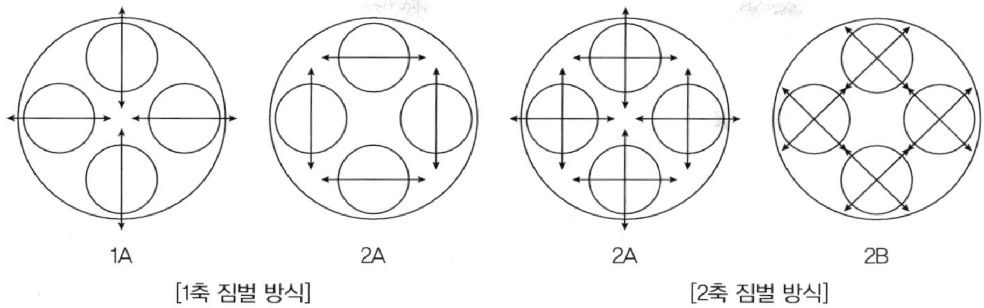

| 그림 4.17 | 클러스터링 엔진 김벌 방식[10]

은 1/2로 줄어들며, 이때 체적은 1/8로 줄어들기 때문에 엔진 중량은 1/8로 줄어든다. 크기를 1/2로 축소한 엔진 4개를 클러스터링 하면 동일한 추력을 발생시킬 수 있지만 중량은 1/2로 감소하기 때문에 중량당 추력비(F/W)는 2배로 증가한다. 러시아의 RD-107, RD-108, RD-170, RD-180 엔진들은 터보펌프 1개에 여러 개의 작은 연소기를 연결하여 보다 큰 추력을 내는 엔진의 예이지만 클러스터드 엔진과는 구별된다. 기존의 클러스터드 엔진을 적용한 발사체로는 NASA의 Little Joe, Saturn I, Saturn V, ESA의 Arian 4, Space X의 Falcon 9 등이 있다. 한국에서 개발 중인 KSLV II도 클러스터드 엔진을 적용하고 있다 KSLV II 1단은 75톤급 개방형 사이클 엔진시스템 4기를 클러스터링하여 약 300톤급의 추력을 얻게 된다.

일반적으로 클러스터드 엔진은 낮은 추력의 엔진을 4~9기로 구성된다. 엔진 배치 방법은 **그림 4.17**과 같이 일렬로(parallel), 클러스터(cluster), 부스터와 중심부 엔진(boosters center sustainer) 등으로 구성된다. 다량의 엔진을 묶어 구성된 클러스터드 엔진은 불안정한 점화시스템, 추력 균형 등의 문제가 발생할 수 있지만 보통 1단에는 4개 이상의 클러스터링 된 클러스터드 엔진이 사용되는 추세에 있다. 설계 시 첫 번째로 고려되어야 할 사항으로는 균일한 추력 조건이 있다. 불균일한 추력은 안정적인 자세제어를 방해하여 발사체가 경로를 이탈의 원인이 된다. 또한, 모든 엔진들은 서로 충분히 근접하게 위치해야 한다. 발사체의 안정성과 추력으로부터 발생한 진동의 감쇠를 위해 각 엔진의 중심부들의 거리는 연소실 길이의 10% 이하여야 한다.

클러스터드 엔진의 회전운동을 구현하기 위해서는 엔진 김벌 마운트의 구조물이 필요하다. **그림 4.17**은 클러스터드 엔진의 전형적인 1축 및 2축 김벌 패턴을 나타낸다. 1축 김벌 방식은 제어축이 하나인 방식이며 2축 김벌 방식은 pitch와 yaw 등 2축 회전운동 제어가 가능하다. KSLV II는 **그림 4.17**의 2축에 해당되는 김벌 패턴으로 제어를 수행하게 되며, 1축에 비해

2축 김벌 방식은 제어성이 증가하며 노즐이 같은 방향으로 제어되어 노즐 사이의 클리어런스를 작게 할 수 있다는 장점을 가진다. 하지만, 비정상 상황에서 노즐이 반대 방향으로 작동할 경우 서로 간의 간섭이 이루어지지 않게 하는 설계가 필요하다.

클러스터드 엔진에서 각 엔진 간의 간섭을 제거하고 엔진을 배치하기 위한 엔진 지지부의 방식은 크게 동체형 엔진 지지부와 트러스형 엔진 지지부로 나뉜다. **그림 4.18**는 대표적인 엔진 지지 구조를 나타낸다. 트러스형 엔진 지지부의 경우, **그림 4.18 (a)**와 같이 주로 러시아에서 개발된 발사체에 적용되는 방식으로 1개의 터보 펌프와 다수의 연소기로 구성된다. 트러스 구조로 인해 접근성은 뛰어나지만, 구조물에 의해 탑재성이 낮다는 단점이 있다. 속도 및 자세의 미세 조종을 위해서는 버니어 엔진이나(vernier engine), 추력 벡터 제어를 사용하기도 한다.

동체형 엔진 지지부는 **그림 4.18 (b)**와 같이 Ariane 4 및 Saturn V에 적용되었고 각 엔진들의 김벌링을 통해 추력 벡터 제어를 수행한다. 각 엔진들이 동체에 직접 조립되는 방식이기 때문에 공간의 활용도가 트러스형보다 높은 장점이 있지만, 동체 외부로 돌출된 엔진을 보호하기 위한 카울의 크기가 커지는 단점이 있다. 엔진시스템을 엔진 지지부에 장착하는 데 있어 터보 펌프를 분리하여 기체에 장착할 수도 있지만, 분리 후 재조립 과정에서 시스템에 대한 추가적인 인증이 필요하기 때문에 터보 펌프와 연소기를 동시에 엔진 지지부에 장착하는 방법이 고안되어야 한다. 트러스 형태의 지지대에 터보 펌프를 장착하는 방식으로 엔진을 모듈화하였다. 터보 펌프 분리 시 재조립하는 과정을 거치는 기존의 방식과는 달리 동체와의 조립 시에 터보 펌프를 분리하여 재조립할 필요가 없는 방식이다.

(a) 트러스형 엔진 지지 구조

(b) 동체형 엔진지지 구조

| 그림 4.18 | 대표적 엔진 지지구조 형태[10]

4.1.6.1 추력방향 제어시스템

로켓이 임무 궤도에 도달하기 위해 추력 방향을 정확히 제어하는 것이 필요하다. 추력 방향 제어를 위해 추진 시스템은 추력 벡터 제어 메커니즘을 가지고 있다. 추력 방향 제어는 단일 노즐이나 추력기로 할 수도 있고 여러 개의 노즐이나 추력기를 사용할 수 있다. 추력 벡터 제어 메커니즘은 노즐 또는 추력실의 기계적인 장치에 의한 제어, 배기 제트 내 내열성 움직이는 물체 삽입을 통한 제어, 확산 노즐부 내 측면 유체 삽입 제어, 추력 기구 분산 제어 메커니즘 등이 사용되고 있다. **그림 4.19**는 대표적인 추력 벡터 제어 메커니즘을 나타내고 있다.

그림 4.19 (a)는 김벌(gimbal) 또는 힌지(hinge)를 통한 추력 벡터를 제어하는 방식이다. 김벌은 유니버설 조인트(universal joint)가 필수적으로 있어야 하며, 힌지는 오직 축을 기준으로 한 회전만 허용된다. 김벌, 힌지를 통한 추력 벡터 제어 방식은 구조가 간단하며 안정적인 기술이다. 작은 토크와 추력을 가지며 추진제 공급에 의한 제어가 가능하고 최대 약 ±10°의 벡터 제어를 할 수 있다. 또한, 매우 작은 추력손실을 가져온다는 장점이 있다. 그러나 굽힘이 가능한 파이프가 필요하며, 높은 관성을 가지고 있고 높은 값의 출력 전압의 최대 변화율(slew rate)을 위해 큰 작동장치(actuator)와 동력 공급장치가 필요하다.

그림 4.19 (b)는 제트 배인(jet vane)을 사용하는 추력 벡터 제어 메커니즘이다. 제트 배인은 기술적으로 입증되었고, 낮은 작동 동력과 높은 스루율, 단일 노즐을 통한 롤(roll) 방향 제어

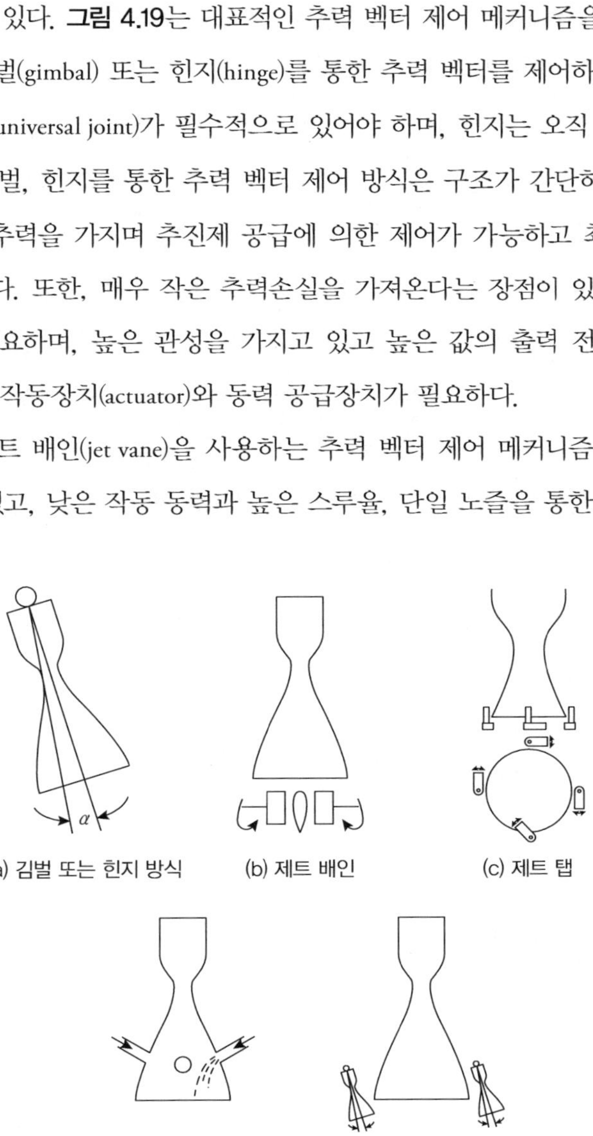

(a) 김벌 또는 힌지 방식　(b) 제트 배인　(c) 제트 탭

(d) 측면 분사　(e) 소형 추력제어 연소실

| 그림 4.19 | 추력벡터 제어시스템의 여러 가지 방식[2]

가 가능하며, 최대 ±9°의 벡터 제어가 가능하다. 반면 0.5~3% 정도의 추력손실이 발생하며, 제트 배인의 부식과 제한된 수명과 로켓 길이가 길어진다는 단점이 있다.

그림 4.19 (c)는 제트 탭(jet tabs)을 이용한 추력 벡터 제어 메커니즘이다. 제트 탭 방식 역시 기술적으로 입증되었으며, 높은 슬루율과, 낮은 작동 동력, 집약적으로 로켓 길이가 짧아질 수 있는 장점이 있다. 그러나 추력의 손실이 발생하고 탭의 부식으로 제한된 수명을 가지고 있다.

그림 4.19 (d)는 노즐 확산부 내 다른 유체를 순간적으로 분사하는 측면 분사(side injection) 추력 벡터 제어 메커니즘이다. 분사 유체는 액체와 뜨거운 가스가 있다. 액체 측면 분사 역시 입증된 기술이다. 분사되는 액체의 비추력은 무게에 대한 단점을 보완하며, 높은 슬루율, 다양한 모터에 쉽게 적용 가능하고, 발사 전 검사가 가능하며, 부품이 재사용 가능하다는 장점이 있다. 또한, 액체 공급을 통해 제어 가능하며 최대 ±6°의 벡터 제어가 가능하다. 그러나 구조가 복잡하고, 추가적인 유지보수가 필요하다는 단점이 있다. 독성 추진제의 누수와 독성 가스 분출로 인해 취급에 각별한 주의가 필요하며, 제한된 추력 벡터 각도를 가지고 있다. 뜨거운 가스를 이용한 추력 벡터 제어는 가볍고 작은 동체와 낮은 작동 동력, 고 슬루율, 성능 손실이 적다는 장점이 있다. 뜨거운 가스를 사용함으로 인해 가스 밸브의 고온 실링(sealing)이 필요하고 파이프의 팽창을 주의해야 하며 제한된 수명을 가지고 있다. 이는 기술적으로 입증되지 않았으며 계속해서 연구가 진행되고 있다.

그림 4.19 (e)은 보조 소형 추력실을 통한 추력 제어방법이다. 소형 추력실에는 주 터보 펌프를 사용하여 추진제를 공급하며 낮은 성능 손실을 가지고 있다. 기술 집약적이며 낮은 작동 동력을 필요로 하고 주 추력실 표면에 뜨거운 유체가 이동하지 않기 때문에 높은 수명을 가지고 있다. 그러나 추가적인 부품들과 구조적 복잡함의 단점이 있으며 동체에 작용하는 관성력이 작아 현재는 잘 사용되지 않고 있다.

4.2 액체 추진제 일반

4.2.1 액체 추진제 분류

액체 추진제란 로켓 엔진의 작동에 사용되는 연료와 산화제를 총칭하는 개념으로 연소실에서 화학 반응을 통해 고온, 고압의 작동 가스를 만들어 내는 역할을 한다. 액체 추진제는 추진제의 상(phase)이 액체인 추진제를 일컫으며 단일 추진제(mono-propellant)와 이원 추진제(bi-propellant)로 구분된다. 단일 추진제는 연료와 산화제 구분없이 하나의 물질이 촉매나 가열과 가압 등에 의해 추진제가 반응하여 작동 가스를 발생하는 액체 혼합물이다. 촉매에 반응하거나 특정 조건을 만족할 대 추진제에서 열에너지가 발생하기 때문에 별도의 점화원이 필요하지 않을 수도 있다. 보통의 실온에서 액체로 존재하므로 극저온 추진제처럼 연료탱크의 부피를 크게 고려하지 않아도 되는 장점이 있다. 단일 추진제 로켓 엔진은 추진제 공급이 간단하여 시스템이 비교적 간단하다. 그러나 추진제 자체로서의 성능은 낮은 편이므로 주로 저 추력의 추력기(thruster)에서 활용되고 있다. 하이드라진(hydrazine)과 같은 추진제의 경우 독성이 매우 심하므로 취급 시 극도의 주의가 필요하다. 단일 추진제로 사용하는 추진제로는 과산화수소, 하이드라진, 산화에틸렌, 니트로메탄 등이 있다.

이원 추진제의 경우는 연료와 산화제를 각각 분리 공급하여 연소 반응을 일으키는 추진제이다. 각각의 추진제 저장 탱크와 공급시스템이 갖추어져야 하므로 시스템이 다소 복잡하지만, 성능이 좋은 로켓 엔진을 설계할 수 있다. 이원 추진제의 저장성에 따라 극저온 추진제(cryogenic propellant)와 저장성 추진제(storable propellant)로 구분된다. 극저온 추진제는 매우 낮은 온도의 추진제를 액체 상태로 저장하여 사용하는 추진제로 대표적으로 액체수소(LH_2)를 연료로, 액체산소를 산화제로 사용한다. 연료의 저장 탱크는 액체수소 끓는점인 −253℃, 산화제는 산소의 끓는점인 −183℃ 근처까지 냉각하여야 하고, 극저온 상태로 탱크 온도를 유지해야 하므로 열전달의 문제로 인하여 오랜 시간 저장이 어렵다. 반면 저장성 추진제는 케로신, 사산화질소, 질산 등과 같이 상온에서 액체인 상태로 저장 가능한 추진제를 뜻한다. 저장성 추진제는 발사준비를 빨리할 수 있기 때문에 2차 세계대전 이후 탄도미사일 개발 초기에 많이 사용되었다. 액체로켓의 임무에 따라 추진제가 다양하게 선택될 수 있으나 주로 사용되는 저장성 연료로는 발사체 목적에 맞게 정제된 케로신인 RP-1(Rocket Propellant-1) UDMH, MMH 등이 사용된다. 저장성 산화제로는 N_2O_4와 질산이 사용된다. 저장성 추진제(연료 및 산화제 모두)를 사용한 예는 러시아의 프로톤 발사체에 사용된 RD-253엔진, 유럽연합의 아리안 발사체에 사용한 바이킹 엔진과 중국의 CZ-5 발사체에 사용된 YF-25엔진 등이 있다. 저장성 연료와 저장성 산화제의 추진제 조합은 독성이 있으므로 최근에는 산화제는 액체산소를 사용하고 연료는 수소나 케로신으로 사용하는 무독성 추진제 조합이 사용되고 있다. 그 예로는 아리안 5의 Vulcain 엔진은 액체산소/액체수소로 변경되었고 CZ-5의 YF-100엔진은 액체산소와 케로신을 추진제로 사용하고 있다. 저장성 연료인 케로신을 비롯한 연료는 극저온 연료인 수소를 사용할 경우보다 비교적 낮은 비추력이 나오나, 단일 추진제에 비해서는 높은 비추력을 얻을 수 있다.

표 4.6은 대표적인 액체로켓의 이원 추진제의 산화제와 연료의 특정한 혼합비에서 추진제 밀도, 연소 온도, 특성 배기속도(c^*), 진공중 추력, 유효배기속도 등의 성능 특성을 나타내는 표이다. 사용된 로켓은 연소실 압력이 6.89MPa, 팽창비가 40이라 가정하였다. 혼합비(O/F비)가 달라지고 연소실 압력이나 팽창비가 달라지면 배기가스의 분자량과 비열비도 달라지고 성

표 4.6 대표적인 액체로켓 추진제의 성능 특성

산화제	연료	혼합비 (O/F)	추진제 평균밀도 (kg/m^3)	연소 온도 (K)	특성 배기속도 (m/s)	비추력 (진공) (s)	유효 배기속도 (m/s)	사용 예
액체산소 (O_2)	수소(H_2) 49% / 베릴륨(Be) 51%	0.91	0.24	2862	2850	540	5390	
	액체수소(H_2)	6	0.36			381		
		4.83	0.32	3251	2386	455	4550	아틀라스 2단, 아리안V 1단
		4	0.28	2999	2432	389		
	메탄(CH_4)	3.45	0.83	3563	1838	369	3680	
		3.0	0.80	3526	1835	311		
	케로신계연료($CH_{1.97}$)	2.77	1.03	3701	1783	358	3580	델타, 아틀라스 1단
		2.4	1.02			299		
		2.2	1.01	3571	1774	285		
사산화질소 (N_2O_4)	하이드라진(N_2H_4)	1.42	1.22	3266	1770	344	3435	아리안IV, 타이탄 1, 2단
	하이드라진(N_2H_4) 50%/ UDMH 50%	2.15	1.20	3369	1731	342	3420	
	MMH	2.37	1.20	3398	1724		3420	
불소 (F_2)	수소(H_2) 60.7%/ 리튬(Li) 39.3%	1.08	0.21	2247	2656	515		
	수소(H_2)	9.74	0.52	4258	2530	479	4790	
적연질산 (IRFNA)	MMH	2.58	1.31	3220	1680	331	3306	
	UDMH	3.12	1.29	3250	1662	329	3220	
과산화수소 (H_2O_2)	MMH	3.71	1.24	2707	1714		3366	
	하이드라진(N_2H_4)	3.31	1.25	2645	1744		3373	

MMH: mono-methyl hydrazine(단일메틸하이드라진)

UDMH: unsymmetrical dimethyl hydrazine(비대칭메틸하이드라진)

능도 달라진다. 예를 들어 액체산소/액체수소가 혼합비 4.0에서 연소할 때 배기가스 분자량은 약 10.0정도이고, 비열비는 1.26이며, 액체산소/케로신이 혼합비 2.24에서 연소할 때 배기가스 분자량은 약 21.9정도이고 비열비는 1.24, 사산화질소/하이드라진이 혼합비 1.42에서 연소할 때 배기가스 분자량은 19.5정도이고 비열비는 1.26이다.

좋은 액체 추진제란 저비용으로 대량 사용 가능한 연료의 경제적 요소가 중요하고, 또 발열량이 크고, 높은 비추력, 높은 추진제 밀도, 저장 탱크의 열전달 성능이 좋아야 한다. 높은 비추력은 평균 배기속도(V_e)가 높을수록 성능이 뛰어나게 되므로 고온에서 연소가 일어나고 연소 생성물의 분자량이 작아야 한다. 높은 추진제의 밀도는 밀도가 낮은 추진제의 경우는 동일 질량 대비 더 큰 추진제 체적을 요구하게 되어 비행체 질량을 증가하게 되므로 추진제 밀도가 높아야 한다. 저장 탱크의 온도는 극저온 추진제를 사용할 경우 열전달의 문제를 해결해야 한다. 따라서 추가적인 단열재로 인한 질량 증가를 고려해야 한다. 대부분의 재생냉각 채널을 갖는 연소기에서 연료는 냉각제로 사용되는데 재생 냉각 연료는 비열과 열 전도성, 열 확산율이 좋아야 하고 비등점(boiling point)이 높아야 한다. 또한, 추진제와 저장 탱크 간의 내부식성, 추진제의 독성을 고려해야 한다. 화재 위험 없이 저장되기 위해서는 인화점(flash point)이 높아야 하고 증기압(vapor pressure)이 낮아야 배관이나 펌프에서 기화가 잘되지 않아 취급이 용이하다. 증기압은 추진제 종류와 온도에 따라 달라지며 증기압이 높은 추진제는 기화에 주의해야 하고, 특히 액체수소와 액체산소는 저온으로 보관하여야 하므로 추진제 탱크와 배관에 단열이 필요하다. 좋은 추진제의 물리적 특성은 저장 탱크의 체적이 작고 추진제 밀도가 크며, 우주 공간의 저온 환경에서의 사용을 고려할 수 있어야 하고 동결온도(freezing point)가 낮아야 한다. 또한, 요구하는 저장 기간에 안정되어야 하고 온도 변화에 따라 물성이 변하지 않아야 한다. 밀도가 큰, 즉 비중이 높은 추진제를 사용하면 탱크는 작아지고, 따라서 로켓 전체의 중량을 경감하는 것이 가능하다. 액체수소와 액체산소의 조합은 큰 비추력을 얻지만, 액체수소의 비중이 아주 낮기 때문에 로켓 전체가 커지게 된다. 산화제의 비중을 δ_{ox}, 연료의 비중을 δ_f, 산화제-연료의 혼합비를 r이라 하면 추진제의 평균 비중 δ_{AV}는

$$\delta_{AV} = \frac{\delta_{ox}\delta_f(1+r)}{r\delta_f+\delta_{ox}}$$

로 주어진다. 밀도를 고려한 밀도 비추력은 다음과 같이 주어진다.

$$I_d = \delta_{AV} I_{sp}$$

산화제와 연료의 혼합비(r)를 결정할 때는 반드시 화학적 당량비 혼합비도 아니고 밀도 비추력이 최대인 점을 선정하는 것도 아니며, 비추력도 고려하여 설정된다.

4.2.2 액체 연료

액체로켓의 연료로는 액체산소, 케로신, 메탄, 하이드라진 계열의 연료가 있으며 물성치는 **표 4.7**에 나타내었다.

표 4.7 대표적인 액체 추진제 로켓 연료

추진제	케로신(RP-1) $CH_{1.97}$	액체수소 LH_2	메탄 CH_4	하이드라진 N_2H_4	모노메틸 하이드라진 CH_3NHNH_2	비대칭 이메틸 하이드라진 $(CH_3)_2NNH_2$
분자량	175	2.02	16.03	32.05	46.07	60.10
녹는점*(K)	225	14.0	90.5	274.6	220.7	216
끓는점(K)	460～540	20.4	111.6	386.6	360.6	336.5
기화열(kJ/kg)	246	446	510	1256	709	584(298K)
비열(kcal/kg · K)	0.46(293K)	1.75(20.4K)	0.830(111.6K)	0.736(293K) 0.758(338K)	0.688(293K) 0.725(393K)	0.649(293K)
비중량**	0.58(422K) 0.807(289K)	0.071(20.4K) 0.076(14K)	0.424(111K) 0.445(93.1K)	1.023(293K) 0.951(350K)	0.8788(293K) 0.8627(311K)	0.611(228K) 0.850(244K)
점성(cP)	1.826(280K) 0.620(360K)	0.024(14.3K) 0.013(20.4K)	0.144(100K) 0.106(110K)	0.97(293K) 0.58(330K)	0.855(293K) 0.40(344K)	0.550(293K) 0.49(300K)
증기압(MPa)		0.090(20K) 0.804(30K)	0.088(110K) 0.368(130K)		0.00214(300K)	

*또는 어는점

**비중량 1.0은 1000kg/m^3이다.

4.2.2.1 케로신(RP-1)

가장 많이 사용되는 탄화수소계열 연료인 케로신과 이를 고도로 정제된 전용 연료인 미국의 케로신인 RP-1과 러시아의 케로신인 RG-1(또는 Naphtyl)이 널리 사용되고 있다. RP-1(Rocket Propellant-1) 연료는 1950년대 중반 연소 부산물이 적게 나오는 케로신 계열의 개선 필요성이 부각 되면서 MIL-P-25576 프로그램으로 개발이 시작되었다. 케로신과 거의 동일한 특성을 가지고 있으며 여러 종류의 포화, 불포화 탄화수소의 혼합물로 상온 저장이 가능하다. RG-1은 RP-1보다 비중량이 다소 높은 0.832이고 다른 물성치는 RP-1과 비슷하다.[34] 고분자 탄화수소계열의 연소 불안정성의 문제로 연소효율(η_c)이 낮다는 단점이 있으나 저가로 대량 사용할 수 있다. **표 4.8**은 혼합비 2.77에서 케로신 계열 연료와 액체산소 조합의 연소 특성을 나타낸 표이다.

케로신-액체산소 추진제는 액체수소-액체산소 추진제 조합보다 비추력이 낮으나 RP-1의 밀도가 높아 액체수소를 연료로 사용하였을 경우보다 밀도비추력과 추력이 높다. 발사 초기 단계(1단)에서 액체산소/액체수소 추진제로 사용하는 것보다 액체산소/케로신 추진제를 사용하는 로켓이 더 효과적이며 따라서 대형 로켓의 1단용 연료로 케로신이 많이 사용되었다. 미국의 아틀라스 V(RD-180엔진이 사용됨)와 델타 II 로켓의 1단 부스터로 사용되었으며 새턴 IB와 새턴 V의 1단 부스터에도 사용되었다. 케로신을 재생냉각으로 사용할 때는 액체수소를 재생냉각으로 사용하는 것보다 냉각효율이 떨어지기 때문에 막냉각을 함께 사용하기도 한다. 케로신 재생냉각에서는 케로신 연료의 탄소성분이 열분해되어 생기는 수트 및 고형물질이 재생냉각 유로벽면에 층을 만들고 달라붙는 코킹현상이 생기고 이 내부벽면 코킹층은 단열재 역할을 하므로 냉각성능이 낮아지는 현상이 발생할 수도 있다.

표 4.8 액체산소/케로신(RP-1) 추진제 로켓 성능 예시[4]

진공 팽창, ε(팽창비) = 40, 연소실 압력 6.89MPa	
최대 비추력 [s]	358
혼합비	2.77
연소실 온도 [K]	3700
평균밀도 [kg/m^3]	1030
특성속도 [m/s]	1838
배기속도 [m/s]	3510

4.2.2.2 액체수소

액체수소는 로켓 연료로 사용하는 연료 중 가장 가볍고 극저온에서 저장되어 사용하는 연료이다. 액체수소의 분자량은 작고 단위 질량당 에너지 밀도는 142MJ/kg으로 케로신의 단위 질량당 에너지 밀도(46MJ/kg)의 약 3배에 이를 만큼 매우 커서 높은 비추력을 얻을 수 있다. 케로신에 비해 밀도 비추력이 낮지만 비추력이 높기 때문에 1단보다는 2단 이상의 고성능 상단 로켓엔진(예를 들어 J-2 , RL-10)에 사용하는 것이 더 효과적이다. 액체산소와 반응할 경우 연소효율이 99.9% 정도로 매우 높은 장점이 있으며 매우 낮은 온도에서 저장되어 냉각에 효과적으로 사용될 수 있어 재생 냉각제로도 사용된다. 연소 부산물은 유해성이 없는 친환경 연료이다. 주로 대형 로켓에서 액체산소와 조합하여 사용되며 발사체 상단 로켓이나 부스터 단계에 적용되며 SSME(Space Shuttle Main Engine)인 RS−25엔진에 사용되었다. 액체수소는 RP−1보다 밀도가 낮아 밀도 비추력이 낮게되어 발사 초기 하단엔진에서는 추력이 효과적으로 발생하지 않는 단점이 있고 또, 액체수소는 RP−1 연료와 동일한 에너지를 내기 위해 약 7배의 부피가 필요하므로 연료 탱크의 크기가 커지는 단점이 있다. SSME, 아리안5, 아리안6, H−Ⅱ, H−Ⅲ등과 같이 액체수소 연료를 1단에 사용할 때는 부스터 엔진을 사용하면 공력 저항이 늘어나는 단점이 있을 수 있지만, 별도의 부스터 엔진을 사용하기도 한다. 액체수소는 극저온을 유지해야 하므로 특수 재료를 사용하거나 진공 구조의 열차폐를 적용한 연료 탱크를 사용하며 폭발의 위험성과 연소 불안정성으로 특별한 주의가 요구된다. **표 4.9**는 혼합비 4.83 에서 액체수소 연료와 액체산소 조합의 연소 특성을 나타낸 표이다.

표 4.9 액체산소/액체수소 추진제 로켓 성능 예시[4]

진공 팽창, ϵ(팽창비) = 40, 연소실 압력 6.89MPa	
최대 비추력 [s]	453
혼합비	4.83
연소실 온도 [K]	3251
평균밀도 [kg/m^3]	320
특성속도 [m/s]	2386
배기속도 [m/s]	4450

4.2.2.3 메탄

메탄(methane, CH_4)은 액체수소와 케로신의 중간적 특성을 가진 연료로 두가지 연료에 대한 상대적인 장점 때문에 최근에 활발히 개발되고 있다. 액체 메탄은 케로신에 비하여 비추력이 높고, 냉각 채널에서의 압력 강하가 적다. 액체수소보다 밀도가 높고 밀도 비추력이 높기 때문에 연료 탱크의 부피가 상대적으로 작아 발사체의 질량을 낮출 수 있다는 장점이 있다. 또한, 액체산소와 메탄 조합의 추진제는 저분자 탄화수소계열의 완전 연소 가능성이 높아 연소 찌꺼기가 거의 없고 독성이 없는 친환경 연료이다. 액체 메탄의 끓는점(111K)은 산화제인 액체산소(90K)와 비슷하여 단열 시스템 구성 난이도가 낮아 발사체 운영 비용도 저감할 수 있으며, 액체수소나 케로신에 비해 저렴하다. 케로신에 비해 비열이 약 75% 이상 높아 재생 냉각 추진에 효율적이고, 이외에도 코킹 한계 온도가 950K으로 높아 냉각 채널을 지나는 연료 라인 벽면에 고착되는 탄화수소가 적어 재사용 발사체 연료로 적합하고, 분자량이 낮아 비추력이 크며 끓는점이 액체산소와 비슷하여 메탄과 액체산소 사이의 열 차단이 필요가 없다는 장점이 있다[4]. 또 화성탐사 발사체에는 현지 자원의 활용가능성이 높다.

표 4.10은 혼합비 3.45 에서의 액체산소/메탄 조합의 로켓 성능 예시이다. 최대 비추력은 케로신에 비해 높은 성능을 나타내는 반면 밀도는 작다. 액체 메탄을 활용한 발사체 기술은 활발히 연구 중이며 미국의 SpaceX 사의 Raptor 로켓이 액체 메탄을 사용하여 개발 중에 있다. 유럽연합에서는 혁신적 기술이 적용된 100톤급 첨단 저비용 프로메테우스(Prometheus) 메탄엔진을 개발하고 있다.

표 4.10 액체산소/메탄 추진제 로켓 성능 예시[4]

진공 팽창, ε(팽창비) = 40, 연소실 압력 6.89MPa	
최대 비추력 [s]	369
혼합비	3.45
연소실 온도 [K]	3560
평균밀도 [kg/m^3]	830
특성속도 [m/s]	1783
배기 속도 [m/s]	3620

표 4.11 Raptor 로켓 제원[1]

제조사	SpaceX
로켓 추진 방식	다단 추진
추진제	액체산소 / 액체 메탄
공연비	3.8
엔진 사이클	다단 연소 방식
제원	
연소실 수	1
노즐 팽창비	40
성능	
진공 추력	3,285kN
해수면 추력	3,050kN
연소실 압력	30MPa
$I_{sp,vac}$	361s
$I_{sp,s/l}$	334s

표 4.11은 Raptor 로켓의 제원과 성능이다. 산화제-연료비(O/F 비)는 3.8로 액체산소와 액체 메탄을 추진제로 사용하고 있다. 진공 비추력은 361sec 정도로 같은 탄화수소계열 연료인 케로신에 비해 비추력이 높고 액체수소보다는 약간 작다.

4.2.2.4 하이드라진 계열 연료

하이드라진(hydrazine)은 로켓 연료로 사용되는 액체 화학물질로 화학식은 N_2H_4이다. 발연성이 높아 연료로 사용된다. 하이드라진계열 연료는 고온 공기에 노출되면(특히 여름) 쉽게 자연 발화하므로 용기는 밀봉하고, 차가운 곳에 보관하여야 한다. 하이드라진은 무색의 독성 액체이며, 응고 온도가 비교적 높은 274.3K이므로 우주 공간에서는 탱크를 보온하기 위한 히터가 필요하다. 산화제인 질산 및 사산화질소와 접촉할 경우 순간적으로 발화하며 하이드라진 증기는 공기와 혼합할 시 폭발성의 혼합가스를 만든다. 하이드라진을 로켓 연료로 사용할 때는 적당한 촉매를 통해 촉매반응으로 NH_3, N_2, H_2 등의 혼합가스로 분해되어 발열이 일어난다. 하이드라진은 단일추진제로도 사용될 수 있고 이원추진제로도 사용될 수 있다. 하이드라진의 분해과정은 다음과 같이 나타낼 수 있다.

$$3N_2H_{4(l)} \rightarrow 4NH_{3(g)} + N_{2(g)} \qquad \Delta H = -518.3\text{kJ}$$

일반적으로 시동에는 약간의 예열이 필요하며 촉매 물질의 종류와 반응실 내의 체류 시간에 의해 생성 가스의 조성 및 온도가 다소 달라진다.

로켓 연료로는 순수 하이드라진으로만 추진제를 구성하지 않고 하이드라진 계열의 UDMH(비대칭 메틸 하이드라진, Unsymmetrical Di-Methyl-Hydrazine, $(CH_3)_2NNH_2$)이나 MMH(단일 메틸 하이드라진, Mono-Methyl-Hydrazine, CH_3NHNH_2)를 혼합하여 사용한다. UDMH와 MMH는 하이드라진에 비해 안정된 온도 범위가 넓어 하이드라진 대용 혹은 혼합하여 사용하고 있다. 그러나 산화제와 혼합되어 연소된 경우 비추력은 순수 하이드라진을 연소시킨 경우 보다 약간 감소한 성능을 보인다. 유럽연합의 아리안1, 러시아 Proton 발사체의 RD-253, 중국의 장정1호에서 4호까지 발사체는 사산화질소(N_2O_4)인 NTO와 UDMH를 추진제로 사용하였다. 유럽연합의 아리안 1, 러시아 Proton 발사체의 RD-253, 중국의 장정 1호에서 4호까지 발사체는 사산화질소(N_2O_4) 및 NTO와 UDMH를 추진제로 사용하였다.

UDMH의 연료로서의 특성은 다음과 같다. 밀도가 높고 고성능이며 상온 액체 상태로 존재하므로 저장 가능한 액체 연료이나 발암 물질이다. UDMH를 취급할 때는 보호복과 방독

마스크를 반드시 착용하고 취급에 주의하여야 한다. 마찰이나 충격에 민감하지 않으며 하이드라진, 물, 낮은 분자량의 알코올과 어떤 비율로도 잘 혼합된다. 재생 냉각 엔진에도 사용되기도 한다. 다음으로 우주 추진에서 많이 사용되는 MMH의 경우는 역시 상온 안정성이 있어 저장 가능한 액체 연료이며 물과 에탄올, 대부분의 석유 연료와도 잘 혼합된다. 그러나 독성이 강하며 공기 중에 노출될 경우 수분을 흡수하는 성질이 있다. 실용적으로 사용되는 연료로는 Aerojet사에서 제작하여 타이탄이나 델타 로켓 상단에 사용한 A−50 연료가 있다. A−50 연료는 UDMH 50%와 MMH 50%를 조합한 연료로써 점성 성능이 향상되어 저온 저장이 가능한 것이 장점이다. 순수 하이드라진만 사용할 때보다 더 안정하며 밀도가 높기 때문에 UDMH보다 끓는점이 높다. A−50은 산화제인 사산화질소와 혼합하여 자발 추진제(hypergolic propellant)의 연료로 사용하나 비추력은 순수 하이드라진을 사용할 때보다 약간 감소한다.

4.2.2.5 알코올

알코올(alcohol)은 로켓 초창기에 사용되었던 물질로 독일의 V−2 로켓을 비롯해서, 미국의 레드스톤(Redstone)에 액체산소/에탄올(CH_3CH_2OH) 추진제로 사용되었다. 에탄올만 사용할 경우 연소실의 온도가 지나치게 증가하게 되고 이를 방지하기 위해 물에 희석시켜 주입하였으나 낮은 성능으로 이후 다른 탄화수소 연료로 대체되었다.

4.2.3 액체 산화제

액체로켓에 사용되는 산화제는 액체산소(LOx), 질산(NHO_3), 과산화수소(H_2O_2), 사산화질소(N_2O_2), 아산화질소(N_2O) 등이 있으며, 대표적인 산화제의 물성치를 **표 4.12**에 나타내었다.

4.2.3.1 액체산소

액체산소는 끓는점이 −183℃이므로 대기압하에서 이 온도에 증발하고 비중은 1.14이고 기화열은 213kJ/kg이다. 액체산소는 극저온 추진제로 저온에서 부식성과 독성이 없는 담청색의 액체이다. 높은 성능을 보여주는 산화제로 가장 널리 사용되고 있으며 유기물질과 혼합될 경우 충격, 가열 등에 의해 격렬한 폭발을 일으킨다. 이러한 문제를 방지하기 위해 액체산소에 접촉하는 재료는 미리 청정(degreasing) 과정을 거쳐야 하며 증발 손실을 작게 하기 위해 탱크 및 공급시스템을 단열하여야 한다. 액체산소의 낮은 비등점과 높은 증기압 때문에 액체산소를 주입한 채로 장기간 대기 상태로 유지하기는 쉽지 않다. 로켓의 본체는 단열부품이 거의 없으므로 액체산소는 발사 직전에 충전하고 만약 증발분이 있으면 보충하여 발사한다. 액체산소(LOx)와 액체수소(LH_2)를 추진제로 사용하는 조합에서는 각각의 비중이 1.14와

표 4.12 액체로켓 산화제 물성치[1, 16]

추진제	액체산소 LOx	질산 HNO_3	사산화질소 N_2O_4	아산화질소 N_2O	과산화수소 H_2O_2(%)			
					70	90	95	100
분자량	32.00	63.01	92.01	44	34			
녹는점*(K)	54.4	231.6	261.9	182.35	233.15	261.65	268.05	272.15
끓는점*(K)	90.0	355.7	294.3	184.65	398.15	414.15	419.15	423.15
기화열(kJ/kg)	213	480(298K)	413					
비열 (kcal/kg · K)	0.460(90.0K)	0.042(311K) 0.163(373K)	0.368 (293K)		0.738	0.663	0.663	0.625
분해 온도(K)					511	1012	1140	1269
비중량	1.14(90.4K) 1.23(77.6K)	1.549(273K) 1.476(313K)	1.447(293K) 1.37(322K)					
점성(cP)	0.264(80.0K) 0.19(90.4K)	0.946(293K)	0.423(293K) 0.32(315K)					
증기압(MPa)	0.099(90K) 0.543(110K)			5.08(293K)	0.0066	0.0030	0.0024	0.0019

*또는 어는점

표 4.13 액체산소 사용 로켓 엔진 및 제원[1]

로켓 엔진	추진제	혼합비(O/F)	추력 [kN]	비추력 [s]	질량 [kg]	D_E [m]	P_0 [MPa]	C_F
Vulcane	LO_2/LH_2	5.2	1,075	431	1,300	2.0	105	1.87
Vulcane2	LO_2/LH_2	6.1	1,350	434	2,040	2.15	116	
SSME	LO_2/LH_2	6.0	2,323	455	3,177	2.4	204	1.91
RS 68	LO_2/LH_2	6.0	3,312	420	6,597	2.46	96	
HM7 B	LO_2/LH_2	5.14	62	445	155	0.99	36	
Vinci	LO_2/LH_2	5.8	180	465	550	2.15	60	
RL 10	LO_2/LH_2	5.0	68	410	131	0.90	24	1.76
J-2	LO_2/LH_2	5.5	1,052	425	1,438	2.1	30	
F-1	LO_2/LH_2	2.27	7,893	304	8,391	2.0	70	1.82
RS 27	LO_2/Kerosene	2.25	1,043	295	1,027	1.1	48	1.60
RD 170	LO_2/Kerosene	2.63	8,060	337	9,750	4.2	245	

0.07로 크게 차이나기 때문에 혼합비 설정 시에는 성능뿐만 아니라 탱크의 체적과 중량도 고려하여야 한다. 혼합비에 따라 연소실의 온도, 생성물, 가스의 비열비가 달라지며, 비추력이 달라진다. 액체산소와 액체수소의 화학 반응의 이론공연비는 8이지만, 비추력은 연소 가스 분자량이 낮고 배기속도가 클 때 증가하므로 혼합비를 낮추어 수소가 불완전 연소되어 연소 가스 내에 남아있는 것이 비추력을 증가시킨다. 따라서 혼합비가 액체산소/액체수소 연소의 경우 O/F 비 약 3.5~4 근처에서 가장 최대의 비추력을 얻을 수 있다. 추진제의 비중을 고려하여, 이 수준에서 혼합비를 정확하게 맞추기보다는 수소와 산소탱크의 균형을 고려하여 혼합비를 약간 높여 5~6으로 설정하면서 중량과 성능의 최적화를 기한다.

이와 같이 일반적으로 이원 추진제에서는 이론 화학 당량비보다는 낮은 분자량의 연소 생성물을 발생시키도록 혼합비를 설정하고 탱크의 부피도 고려하여야 한다. 액체산소를 사용하는 여러 가지 엔진과 각 엔진의 성능은 **표 4.13**과 같다.

4.2.3.2 과산화수소

과산화수소(H_2O_2)는 무색의 산소와 수소의 화합물이다. 과산화수소는 부식성이 있는 산화제이지만, 연소 부산물이 친환경적이다. 과산화수소는 단독으로 폭발성을 가지고 있기 때문에 촉매금속, 온도 충격파에 폭발하지 않도록 주의하여야 한다. 과산화수소는 로켓 역사 초기에 V-2 로켓의 터보 펌프용 가스 발생기에 사용되었고 2차 세계대전 이후 초기에 V-2 로켓 기반 로켓들의 터보 펌프 가스 발생기에 사용되었지만, 자연분해 특성으로 인한 저장성의 문제점 때문에 사용이 급격히 감소하였다가 고농도 과산화수소의 개발로 친환경 추진제로 주목받아 위성이나 로켓 상단의 자세 제어용 소형추력기로 사용되고 있다. 과산화수소는 단일 추진제로 사용될 수도 있고, 이원 추진제로도 사용될 수 있다. 액체로켓 산화제로 사용되는 대표적인 추진제의 물성치는 **표 4.12**에 나타내었다. 과산화수소는 촉매접촉을 거친 후 연소실 내에서 다음과 같은 화학 반응을 통해 분해되어 발열반응을 일으키면서 과열 수증기와 산소를 발생시킨다.

$$H_2O_2 \rightarrow H_2O + \frac{1}{2}O_2 + \text{heat}$$

이때 분해된 산소는 알코올과 하이드라진 등의 유기 연료를 연소시키는 산화제 역할을 한다. 90%농도의 과산화수소의 발열은 1012K이고 농도에 따라 발열이 다르다. 일반적으로 로켓에는 70~99%의 농도가 사용되며 비추력이 약 150s(90% H_2O_2)정도로 비교적 작은 특징을

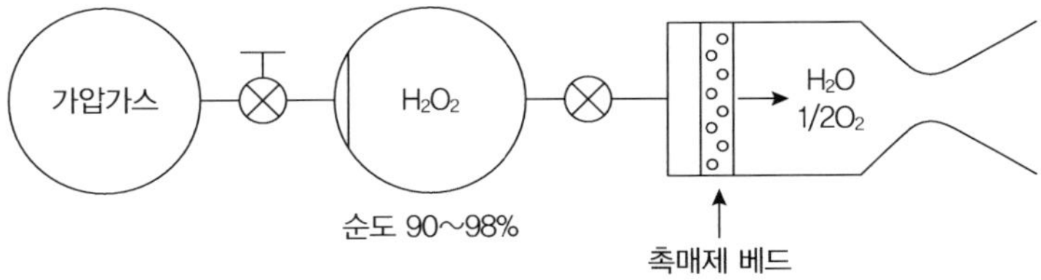

| 그림 4.20 | 단일 추진제 과산화수소 로켓 개략도

가지고 있다. 시판되는 과산화수소는 보통 농도가 약 30% 정도이며 이 농도는 로켓에 사용할 수 없다. 90% 농도의 과산화수소의 녹는점은 −11.9℃로 상온에서 액체로 존재한다. 강한 산화력 때문에 철, 구리, 알루미늄, 니켈, 아연, 크롬과 같은 금속과 반응하며 산화망간과는 특히 극렬한 반응을 일으킨다. 과산화수소는 단일 추진제 혹은 이원 추진제 로켓의 산화제로 사용되고 있다. **그림 4.20**은 단일 추진제로 과산화수소를 사용한 로켓을 나타낸 것이다. 단일 추진제의 경우 촉매반응으로 분해, 발열반응을 일으키므로 점화기가 필요 없어 그림과 같이 촉매, 반응실, 노즐만 존재하면 로켓 시스템을 구성할 수 있으므로 구조가 매우 단순해지게 된다. 촉매로는 과망간산칼륨, 과망간산나트륨, 과망간산칼슘, 이산화망간, 백금 등이 사용되며 촉매에서 열분해가 일어난다. 촉매를 지날 때 추진제는 6~15기압의 압력강하가 있을 수 있으며 촉매의 수명이나 효율을 높이는 연구가 필요하다.

과산화수소 추력기는 우주 공간에서 위성의 자세제어나 로켓 상단에 사용된다. 과산화수소는 자연 상태에서 분해되므로 저장 탱크 내에 가득 채우지 않고 90~98% 정도만 저장한다. 과산화수소의 경우 오랜 시간 실험한 결과 데이터가 풍부하고 신뢰성이 높다. 실온에서 액체로 저장이 용이하고 액체산소나 하이드라진보다 밀도가 높아 추진제 탱크의 부피를 줄일 수 있다. 또한, 비열이 높아 재생 냉각의 냉각제로도 사용 가능한 특징이 있다. 단일추진제 과산화수소가 열분해한 후에는 산소가 존재하므로 과산화수소에 탄화수소계열 연료를 추가하면 전반적인 성능이 증가한다. 과산화수소가 하이드라진과 함께 사용될 경우에는 자발 점화 추진제(hypergolic propellant)가 된다.

4.2.3.3 기타 산화제

아산화질소(nitrous Oxide, N_2O)는 산화제 혹은 단일 추진제로 모두 사용된다. 액체와 고체 모두 무색이며 물이나 알코올에 상당히 잘 녹고 상온에서 안정하다. 현재 주로 사용되고 있는 맹독성의 하이드라진을 대체하기 위한 단일 추진제로 연구되고 있다. 아산화질소의 연료로서의 장점은 저장성이 용이하고 자체 가압 특성으로 추가적인 추진제 공급시스템을 요구하지 않는다. 또한, 취급이 용이하고 비용을 절감할 수 있으며 고온의 산소 생성으로 로켓 점화기, 동력 발생 장치, 이원 추진제 및 하이브리드 로켓의 자연 점화 장치등 다양한 추진 장치에 응용될 수 있다. 아산화질소와 과산화수소 모두 촉매반응을 통해 분해되는데 아산화질소는 1573K인데 반해, 과산화수소는 1022K로 아산화질소의 발열량이 더 많다. 따라서 연료 점화에 유리하며 기화된 가스로 자체 가압이 되어 별도의 가압 가스탱크가 요구되지 않는다. 그러나 아산화질소는 정상적인 촉매반응을 위하여 수백 도에 달하는 예열 과정이 필요한 단점이 있으나 과산화수소는 촉매대를 가열하지 않고도 바로 정상적인 촉매반응이 일어날 수 있는 냉간 시동(cold－start)이 가능하며 저장성 추진제로 고유량 공급에 무리가 없는 장점이 있다.

질산(nitric acid, NHO_3)은 1940~1965년도에 자주 사용되었던 산화제로 최근에는 잘 사용되지 않는다. 순수한 질산은 무색의 흡습성이 높은 액체이며, 질산은 보통 수분이 최대 2% 정도 포함되어 있으며 공기 중에서는 백색 연기를 발생하기 때문에 백연질산이라한다. 농후 질산에 5~20% 이산화질산(NO_2)을 용해한 질산은 적색 연기를 발생시키기 때문에 적연질산이라 부르고, 이것은 고에너지를 갖고 있으며 안정적이기 때문에 로켓의 산화제로 사용된다. 부식성이 강하므로 배관이나 밸브는 스테인레스를 사용하고 특히 1% 이하의 불화수소(HF)를 혼합하면 재료의 표면에 금속불화물의 층을 만들기 때문에 부식방지에 도움이 된다. 불화수소를 첨가한 적연질산을 IRFNA(Inhibited Red Fuming Nitric Acid)라 부른다. 질산은 산화력이 강하고 부식이 잘 일어나며 독성이 강하고 낮은 성능을 보이며 하이드라진 기반 연료와 함께 자발 점화하는 추진제이다. 북한의 로켓(대포동)에 사용되었으며 적색 질산은 은하 로켓(3호)의 추진제로 사용되었다.

사산화질소(nitrogen tetroxide, N_2O_4)는 어는점이 261.9K, 끓는점이 294.3K로 쉽게 얼고 쉽게 증발하며 사용온도범위가 좁고, 비등점이 비교적 낮은 적갈색 또는 황갈색의 고밀도 액체이다. 비중은 1.44정도로 추진제 연료 및 일반 유기재료와 접촉할 경우 순간적으로 자발점화 한다. 사산화질소는 21.1℃에서 기화하고 －11.2℃에서 고체가 되며, 그 사이 온도에서는 액체인 저장 가능한 산화제이나, 상온에서 증기압이 비교적 높아 탱크에 내압 주의가 필요하다. 독성이 강하고 사용범위가 좁은 단점이 있으나 하이드라진계열 연료와 자발 점화하며, 촉매가 있는 경우에는 단일 추진제로도 사용 가능하며 주로 우주용 산화제로 사용된다. 사산화질소(N_2O_4)가 추진제로 쓰일 때는 단순히 Nitrogen Tetroxide로 불리며 약자로

NTO가 사용되기도 한다. 사산화질소의 생성물 중 O_2는 부식성이 강하므로 NTO에 소량의 NO(nitrgen oxide)가 첨가되어 사용되면 티타늄합금의 응력부식으로 인한 균열손상을 방지할 수가 있는데, 이러한 추진제로 사용되는 NTO를 MON(Mixed Oxides of Nitrogen)이라 한다. 대부분의 우주비행체에서는 NTO 대신 MON을 사용한다. 예를 들어 MON3는 무게기준 3%의 NO를 포함하는 NTO이다.

4.2.4 젤 추진제

고체 및 액체 추진제의 단점을 보완하고 장점을 살린 추진 장치 개발을 위해서, 젤 추진제(gel propellants)가 고안되어 연구되고 있으며 젤 추진제 추진 장치는 제어가 가능하여 다양한 작동 조건에서 사용될 수 있으며, 로켓 추진 장치뿐만 아니라 공기 흡입식 추진 장치에도 사용될 수 있다. 추진제에 비반응성 물질인 겔화제(gellant)를 첨가하여 유체성질을 변화시킨다.

표 4.14 젤화제-추진제 조합[11]

추진제		젤화제	첨가제
연료	MMH	Hydroxy propyl cellulose(<5%)	Al(0～40%)
		HEC(7%)	
	RP-1	SiO_2(3.5～6.5%)	Al(0～55%)
	Kerosene	Organophilic clay cellulose complex 및 propylene glycol(6～7%), copolymers of polyethylene	Al(30～40%)
	Hydrazine(N_2H_4)	Carbopol	Al
		Collodial silica	
	UDMH	Methyl cellulose(2～4%)	Al(5～40%)
		HEC(5.57%)	Mg(5～40%)
		Hydroxy propyl cellulose(7%)	
		Agar-agar(0.64～12%)	
		SiO_2(5%)	
	N_2H_4/UDMH	Hydroxy propyl cellulose ethers	Al(10～40%), Be, Boron
	H_2	BTMSE	Al(60%)
산화제	IRFNA	SiO_2(3～4%)	$LiNO_3$(28%)
	RFNA	Sodium silicate(4.25%)	AP(0～30%)
		Colloidal silica(4%)	
	H_2O_2	SiO_2(3.5%)	Boron carbide(19.3%)

젤 추진제는 보관 시에는 고체 추진제의 성질을 가지고 있고 사용 시에는 액체 추진제의 성질을 가지고 있다. 젤 추진제는 연속 액상 안에 고체 성질의 물질이 포함되어 있으며 젤 추진제는 시간에 따라 변하는 비뉴턴 유체성질인 요변성(thixotropy)의 성질을 가지고 있어 장기간 보관 시 고체의 형태를 띄고 있지만, 전단응력을 가할 경우 액체의 형태를 띄게 된다. 이러한 성질로 인하여 대기 중 또는 비행하는 비행체의 고체 및 액체 추진제의 많은 단점을 극복할 수 있다. 젤화제는 비반응성 물질로 아주 미세한 입자이고 젤화제가 미량 혼합되더라도 젤 추진제의 비추력은 액체 추진제 자체에 비해 약 2~5% 정도 감소한다. 젤 추진제의 비추력을 증가시키기 위해 금속 입자를 첨가하기도 한다. **표 4.14**는 여러 가지 추진제와 젤화제 및 첨가제의 조합을 나타내었다. MMH는 어는점이 낮아 탄도미사일 젤 추진제에 주로 사용될 수 있고, MMH 연료에 흔히 사용되는 젤화제는 셀룰로스이며 여기에 Al 금속 입자를 첨가하면 밀도 비추력을 증가시킬 수 있지만, Al 입자의 과도한 첨가는 배기플룸의 성분을 변화시키므로 유의하여야 한다. 고밀도 연료인 탄화수소계 연료인 RP−1, IP−10, 케로신 등이 젤 추진제 연료로도 사용될 수 있으며, 이때 젤화제는 SiO_2나 셀룰로스 복합물이 사용되고, 또 밀도 비추력을 높이기 위해 Al 금속 입자를 첨가할 수도 있다.

4.2.4.1 젤 추진제의 장점

젤 추진제는 고체 및 액체의 성질을 띄며, 각각의 단점을 보완할 수 있다. 젤 추진제는 액체 추진제에 비하여 추진제의 밀도를 증가시킬 수 있으므로 밀도 비추력을 증가시킬 수 있고, 낮은 전단응력이 없는 상태에서는 유동 흐름이 없고 고체 성질을 가지고 있다. 젤 추진제는 보관상태에서 겉표면이 고체화하여 액체 추진제에 비해 보관 시 또는 추진제 공급 시 발생할 수 있는 누설량을 상대적으로 줄일 수 있다. 젤 추진제가 누설되더라도 액체 추진제에 비해 독성의 기화 물질이 적기 때문에 사고로부터 비교적 안전하다. 또한, 고체 추진제에 비해 디플레그레이션(deflagration), 데토네이션(detonation), 폭발(explosion) 등에 덜 민감하여 안전성이 좋다. 액체 추진제의 성질을 가진 젤 추진제는 연소를 제어하는데 용이하다. 젤 추진제는 액체 추진제와 비슷하지만 약간 감소한 비추력을 가지며, 첨가제에 의해 밀도 비추력이 약간 증가하고, 금속 입자를 첨가함으로써 비추력과 밀도 추력를 더욱 향상 시킬 수 있다. 보관 시 10년이 넘는 기간 동안 저장할 수 있는 장점이 있다.

4.2.4.2 젤 추진제의 단점

젤 추진제는 각각의 고체 및 액체 추진제가 가지는 단점에 비해 몇 가지 단점을 가지고 있다. 우선 젤 추진제를 공급하기 위해서 고체화한 추진제에 액화를 시키기 위해 강한 전단응력을 가해야 한다. 따라서 고체 및 액체 추진제보다 높은 압력을 가해주어야 한다. 또한, 젤 추진제는 비뉴톤유체(non-newtonian fluid)이기 때문에, 미립화하는데 어려움이 있으며 이에 따라 연소실의 길이가 길어지게 된다. 증발률이 낮은 단점이 있으며 연소효율이 액체 추진제보다 낮게 나타난다. 또한, 상대적으로 고체 및 액체 추진제에 비해 가격이 높다. 젤 추진제가 사용되는 다양한 조건 특히 온도 범위가 -40℃~40℃에서 유동특성이 달라지고 이에 따라 질량 유량이 달라지게 되면 O/F비도 달라지게 되므로 적절한 O/F비를 유지하기 위해서는 온도 변화에 따른 젤 추진제의 유동특성도 고려하여 추진제 공급시스템을 설계하여야 한다. 젤 추진제 추진기관의 연소실 설계 시에는 연료와 산화제의 미립화 및 혼합물을 고려하여야 하고, 연소실의 냉각이나 추진제의 입자가 있으므로 노즐 재료 등에도 유의하여야 한다.

4.3 액체 추진제 연소실

액체로켓에 작동에 필요한 열에너지는 추진제 화학 반응으로부터 발생한다. 이러한 연소반응이 일어나는 곳을 연소실(combustion chamber)라고 하며 연소실과 인젝터, 노즐을 합쳐 추력실(thrust chamber)이라 한다. 엔진이나 추력의 크기에 따라 이름이 다르게 불리기도 하는데 액체 및 고체 로켓 엔진에서는 연소실 하단부를 추력실이라 부르고, 추력이 약 5kN 이하인 저추력에서는 로켓 엔진 자체를 추력기라 부른다.

4.3.1 추력실 구성

그림 4.21은 원추형 노즐을 가진 추력실의 구조를 나타낸 것이다. 추력실은 인젝터, 연소실, 노즐로 구성되어 있다. 추진제는 추진제 공급시스템으로부터 인젝터로 주입된다. 인젝터로부터 추진제는 연소실로 분사되면서 미립화와 증발이 일어나고 가스 단계에서 연료와 산화제의 혼합이 일어난다. 이후에 가연 조건을 만족하여 연소가 발생하여 작동가스를 형성하고 노즐을 지나면서 팽창하게 된다.

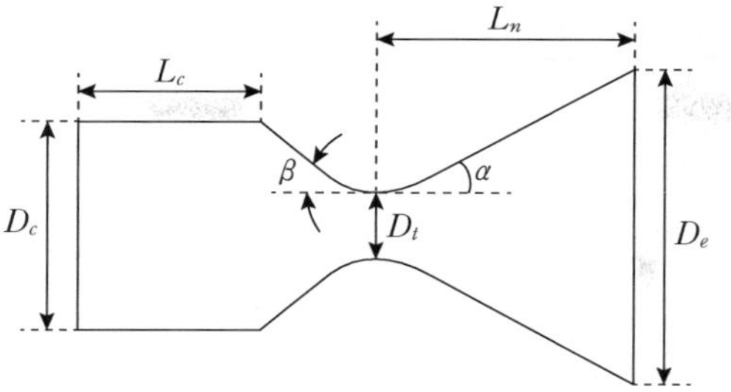

| 그림 4.21 | 원추형 노즐을 가진 추력실 구조

연소실 체적이 충분히 크지 않으면 연소가 불완전 연소한 상태로 가스가 배출되므로 연소 효율이 좋지 않다. 반대로 연소실 체적이 크면 연소실이 무겁게 되고 로켓 전체의 성능에 영향을 미친다. 연소실에서 연소가스의 유동속도(U_c)는 보통 마하수 0.1~0.6 정도이며, 연소실 길이(L_c)와 직경(D_c)의 비율에 따라 유동속도는 달라지며, 보수적으로 잡아도 마하수 0.1 정도의 속도를 가지는 유동이 흐른다. 연소실 길이와 직경 비(L_c/D_c)는 보통 0.5~2.5 정도이다. 액체로켓엔진의 연소실에서 압력과 온도는 매우 높으며, 체류시간은 10ms 이하로 작으며 연소실에서의 열발생률은 가스터빈 연소기의 약 100배 정도이다.

보통 연소온도는 연소실 벽면재료의 녹는점보다 높기 때문에 냉각이 필요하고 연소실 체적에 따라 알맞은 냉각을 선택하여야 하고, 연소실의 압력을 증가시키면 연소실 체적이 줄어들고, 연소실 체적의 감소는 연소실 길이의 감소를 의미하며 전체 로켓 성능이 향상될 수 있다. 연소실에서 완전히 연소가 일어날 만큼 연소실길이는 적절히 길어야 하며 연소실에서 체류시간(stay time)을 t_s라 하면 $t_s = L_c/U_c = \rho_c A_c L_c/\dot{m}$이 된다. 연소실에서의 체류시간은 보통 2~7ms 정도이다.

또 $\dot{m} = P_0 A_t/c^*$이고 $\rho_o = P_0 RT_0$이므로 t_s은 다음과 같다.

$$t_s = \frac{c^*}{RT_0}(A_c L_c/A_t) = \frac{c^* L^*}{RT_0} = \frac{\rho_o c^* L^*}{P_0} \tag{4.4}$$

여기서 $c^* = \dfrac{\sqrt{RT_0}}{\Gamma}$이고 또 $\Gamma = \sqrt{\gamma\left(\dfrac{2}{\gamma+1}\right)^{\frac{\gamma+1}{\gamma-1}}}$이다. 주어진 추진제와 연소실 상태에서 c^*가 일정하다고 가정하면 t_s는 L_c에 비례하게 된다. 연소실 길이와 연소실 단면적을 곱한 연소실 체적(V_c)은 연소실 특성길이와 목면적을 곱한 값과 같게 특성길이를 정의한다.

$$V_c = L_c A_c = L^* A_t = \Gamma^2 t_s A_t \tag{4.5}$$

표 4.15 액체 추진제에 대한 연소실 특성 길이(L^*)[5]

추진제조합	연소실 특성길이(L^*), cm
액체산소/RP-1	102～127
액체산소/액체수소(LH_2 분사)	76～102
액체산소/액체수소(GH_2 분사)	56～71
과산화수소/RP-1	105～107
사산화질소/하이드라진계 연료	76～89
액체불소/액체수소(LH_2 분사)	64～76
액체불소/액체수소(GH_2 분사)	56～66
액체불소/하이드라진	61～71
삼불화염소/하이드라진계 연료	76～89

특성길이(L^*)는 연소실 체적을 노즐 목 면적으로 나눈 것으로 정의되며 식 (3.44b)를 이용하면 식 (4.6)과 같이 구해질 수 있다.

$$L^* = \frac{V_c}{A_t} = \frac{\dot{m}t_s}{A_t\rho_0} = t_s\sqrt{\frac{\gamma R_u T_0}{M_w}\left(\frac{2}{\gamma+1}\right)^{\frac{\gamma+1}{(\gamma-1)}}} = t_s c^* \gamma\left(\frac{2}{\gamma+1}\right)^{\frac{\gamma+1}{(\gamma-1)}} \tag{4.6}$$

표 4.15는 각종 추진제에 따른 연소실 특성 길이를 나타낸다. 특성길이(L^*)는 분사 시스템뿐만 아니라 연소실 단면적 축소비(chamber contraction ratio, $\varepsilon_c = \frac{A_c}{A_t}$) 에 따라서도 달라진다. 연소실 축소비는 식 (3.45a)에서 연소실에서의 유동마하수 M_c를 넣으면 구할 수 있다. 최소 연소실 길이를 설정하려면 적정 단면적이 있을 수 있다. 연소실 축소비(ε_c)는 추력이 증가할수록 감소한다. 예를 들어 추력이 100톤급이면 ε_c는 1.2~2이고, 10톤급이면 2~3, 1톤급이면 3~4의 값을 갖는다.

연소실의 체적은 다음 식으로 나타낼 수 있다.

$$\begin{aligned} V_c &= A_t\left[L_c\varepsilon_c + \frac{1}{3}(\varepsilon_c + \sqrt{\varepsilon_c} + 1)\right] \\ &= A_t\left[L_c\varepsilon_c + \frac{1}{3}\sqrt{\frac{A_t}{\pi}}\cot\beta(\varepsilon_c^{1/3} - 1)\right] \end{aligned} \tag{4.7}$$

여기서 $\varepsilon = \frac{A_e}{A_t}$, $\varepsilon_c = \frac{A_c}{A_t}$, β는 연소실 수축각도이다.

동일한 추력을 낼 때 연소실 압력(P_0)을 높이면 노즐 목 면적(A_t)을 작게 할 수 있고 이와 비례하여 추력실의 크기를 작게 할 수 있다.

원추형 노즐길이는 기하학적으로 구하면 다음과 같다[5].

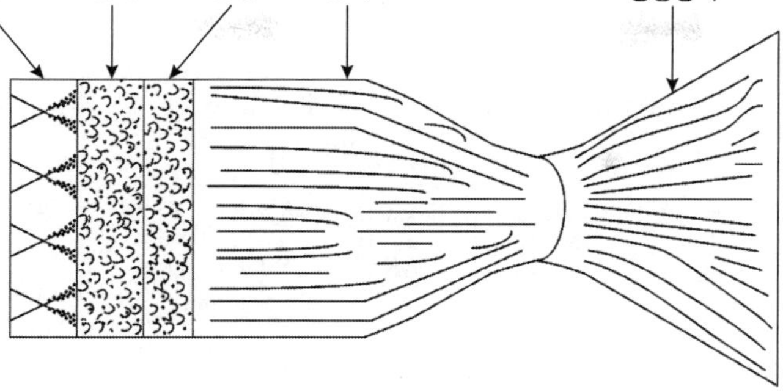

| 그림 4.22 | 액체 추진제 미립화, 증발, 혼합, 연소과정[1]

$$L_n = \frac{R_t(\sqrt{\varepsilon} - 1) + R(\sec\alpha - 1)}{\tan\alpha} \tag{4.8}$$

여기서 R은 원추형 노즐의 노즐목 곡률 반경이며 Rt는 목의 반경이고, α는 확산 반각이다.

이때 A는 인젝터 면적을 제외한 연소실의 내부 면적이다. 노즐목 면적대비 노즐 출구 면적비를 노즐확대비 ε라하고 연소실 원통부 단면적과 노즐 목 단면적의 비를 수축비(contraction ratio, ε_c)라 하고, 1.3~1.6의 값을 가진다. 위성의 자세 제어용의 추력실에서는 연소실 직경이 노즐 목 직경에 비해 크기 때문에 수축비가 큰 엔진이 많다.

액체 추진제의 연소과정을 상세하게 살펴보면 **그림 4.22**와 같다. 인젝터로부터 연소실로 주입된 추진제는 인젝터 특성에 의해 미립화(atomization)이 진행된다. 이후 미립화된 액적이 증발하게 되고 연료와 산화제의 혼합 가스가 형성이 된다. 이후 가연 조건을 만족하는 영역에서 연소영역이 형성되어 추진제가 연소된다.

예제 4.2 액체로켓 엔진에서 연소실로 공급되는데 연소실의 압력과 온도는 각각 3.9MPa, 3500K이다. 체류시간이 0.5ms 일 때, 원통형 연소실의 길이를 구하라. 연소는 순간적으로 발생한다고 가정하고 연소실 출구(노즐 입구)는 마하 0.2의 유동을 생성한다. $\gamma = 1.218$이고, 생성 가스의 분자량은 12.8이다.

| 풀이 | 특성속도는 다음과 같다.

$$c^* = \frac{\sqrt{RT_0}}{\Gamma} = \frac{\sqrt{(8314/12.8)\times 3500}}{0.652003} = 2312.5\text{m/s}$$

여기서, $\Gamma = \sqrt{\gamma\left(\frac{2}{\gamma+1}\right)^{\frac{\gamma+1}{\gamma-1}}} = \sqrt{1.218\left(\frac{2}{2.218}\right)^{\frac{2.218}{0.218}}} = 0.652003$이다.

식 (4.4)로부터

$$\frac{L^*}{c^*} = \frac{P_0 t_s}{\overline{\rho_0} c^{*2}} = \frac{3.9\times10^6\times0.5\times10^{-3}}{1.72\times2312.5^2} = 2.1209\times10^{-4}$$

여기서 이상기체로 가정할 때, $\overline{\rho_g}$는 다음과 같이 구할 수 있다.

$$\overline{\rho_0} = \frac{P_0}{RT_0} = \frac{P_0 M_w}{R_u T_0} = \frac{3.9\times10^6\times12.8}{8314\times3500} = 1.72\text{kg/m}^3$$

따라서 $\frac{A_c}{A_t}$는 다음과 같다.

$$\frac{A_c}{A_t} = \frac{1}{M_c}\left[\frac{2}{\gamma+1}\left(1+\frac{\gamma-1}{2}M_c^2\right)\right]^{\frac{(\gamma+1)}{2(\gamma-1)}}$$

$$= \frac{1}{0.2}\left[\frac{2}{2.218}\left(1+\frac{0.218}{2}(0.2)^2\right)\right]^{\frac{2.218}{2(0.218)}} = 3.02$$

연소실 길이 L_c는 다음과 같다.

$$L_c = \frac{V_c}{A_c} = \frac{V_c}{A_t}\frac{A_t}{A_c} = L^*\frac{A_t}{A_c} = \frac{L^*}{c^*}c^*\frac{A_t}{A_c}$$

$$= \frac{2.1209\times10^{-4}\times2312.53}{3.02} = 0.1624\text{m}$$

예제 4.3 연소실 압력 $P_0 = 7.0$MPa, 추력 70,000N, 노즐 면적비 95, 추진제 혼합비 2.2인 액체산소-케로신 로켓의 연소실을 설계하고자 한다. 노즐 목면적, 연소실의 각종 제원, 노즐출구직경, 노즐길이를 구하라. 노즐추력계수 $C_F = 1.7$, 특성길이 $L^* = 1.0$m, 연소실 단면적 축소비는 2.0이고 노즐 길이는 원추형 노즐의 80%이다. 또 동일 추력을 내면서 연소실 압력을 2배, 3배 올릴 때 연소실 크기는 어떻게 변화하는가? 연소실 압력을 높일 때 고려해야 할 추진제 공급 시스템에 대하여 생각해 보라.

| 풀이 | ① 추력실 노즐 목 면적 A_t는

$$A_t = \frac{F}{C_F P_0} = \frac{70{,}000}{1.7\times7.0\times10^6} = 5.88\times10^{-3}\text{m}^2$$

따라서 노즐 목 직경은

$$D_t = \sqrt{\frac{4A_t}{\pi}} = \sqrt{\frac{4\times5.88\times10^{-3}}{\pi}} = 0.0866\text{m}$$

② 연소실의 체적 V_c는 L^*가 1.0m이므로

$$V_c = A_t L^* = 5.88\times10^{-3}\text{m}^3$$

연소실 단면적 A_c는 축소비를 2.0으로 하면 연소실의 단면적은

$$A_c = A_t\varepsilon_c = 5.88\times10^{-3}\times2.0 = 1.18\times10^{-2}\mathrm{m}^2$$

연소실 직경은

$$D_c = D_t\sqrt{\varepsilon_c} = 0.0866\times\sqrt{2.0} = 0.122\mathrm{m}^2$$

③ 노즐 출구 직경 D_e는 노즐 팽창비 $\varepsilon = 45$이므로

$$D_e = \sqrt{\frac{4\varepsilon A_t}{\pi}} = \sqrt{\frac{4\times45\times5.88\times10^{-3}}{\pi}} = 0.58\mathrm{m}$$

노즐 길이는 원추형 노즐의 80%이므로,

$$L_n = 0.8\times\frac{R_t(\sqrt{\varepsilon}-1)+R(\sec\alpha-1)}{\tan\alpha}$$

$$= 0.8\times\frac{2\times0.0433\times(\sqrt{45}-1)+0.382\times0.0433(\sec15^\circ-1)}{\tan15^\circ}$$

$$= 0.8\times\frac{0.5}{0.2679} = 1.48\mathrm{m}$$

④ $F = C_FP_0A_t$에서 동일 추력 조건에서 P_0를 크게 하면 A_t가 줄어들 것이고 이에 비례하여 추력실 크기도 감소할 것이다.

⑤ ΔP_{inj}은 P_0의 약 20%정도이므로 P_0가 크게 되면 추진제 공급 터보 펌프의 공급 압력이 커야 한다.

4.3.2 인젝터

인젝터는 필요한 양의 추진제를 연소실로 분사하여 미세한 액적으로 만들어 추진제가 잘 혼합되고 증발되어 연소 가능한 가연성 혼합 기체가 될 수 있도록 한다. 즉 액체 추진제를 연소실로 분사하여 작은 액적으로 미립화 시키고 기화를 빠르게 이루어지게 하는 장치이다. **그림 4.23**은 액체로켓에 장착된 다수의 인젝터 형상과 분무사진을 나타낸 그림으로 분사된 액체가 충돌하면서 미립화된 액적을 형성하는 것을 확인할 수 있다. 인젝터 상류의 압력

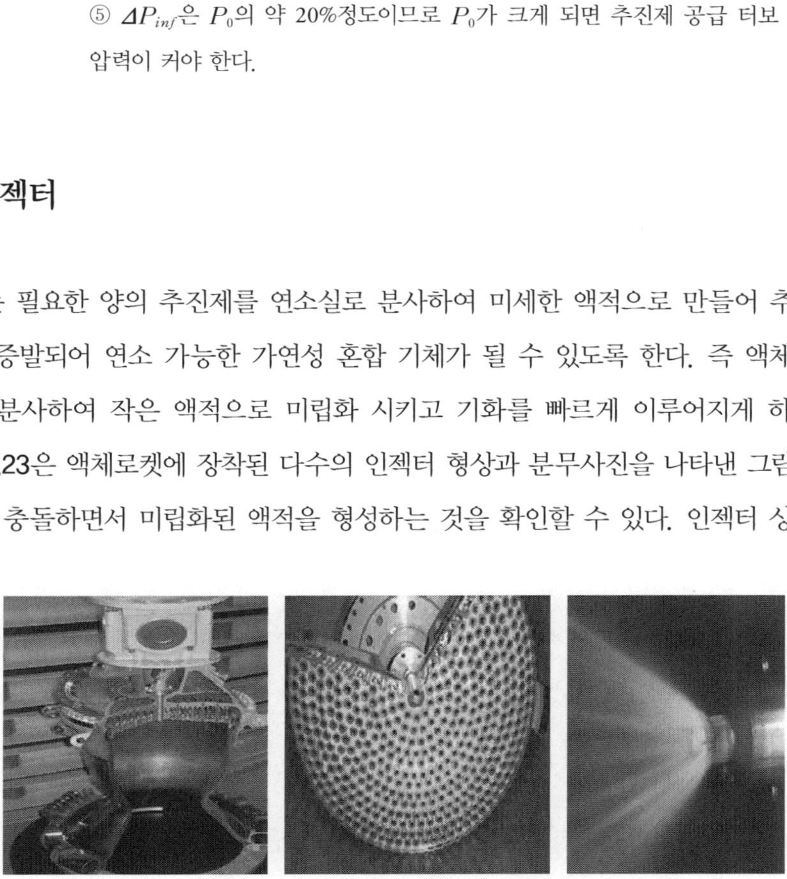

| 그림 4.23 | 액체로켓 내 인젝터 및 분무[6]

은 연소실의 압력(P_0)보다 높아야 하며, 이 압력 차이를 ΔP_{inj}라 하면 스로틀 되지 않는 엔진에서는 대략적으로 $\Delta P_{inj} = 0.2P_0$, 스로틀 엔진에서는 $\Delta P_{inj} = 0.3P_0$, 핀클 엔진에서는 $\Delta P_{inj} = 0.05P_0$가 된다[31].

인젝터의 설계에서 미립화된 액적의 직경이 적절히 연소실내에 분포되는 것이 중요하다. 인젝터에서 분사된 액체의 미립화된 액적 직경을 나타내는 변수로는 SMD(Sauter Mean Diameter)가 있다. SMD는 여러 다른 액적 크기가 있을 때 각 개별 액적 표면적당 체적비가 전체 분무의 표면적당 체적비와 같은 균일한 크기로 이루어진 가상의 액적 크기(직경)를 의미하고 다음과 같이 나타낸다.

$$SMD = d_{32} = \frac{\sum d_i^3}{\sum d_i^2} \tag{4.9}$$

여기서 d_i^3는 액적의 체적을, d_i^2은 액적의 표면적을 의미한다. 분무에서는 SMD가 적절하여야 공간에서 분무 침투거리가 적절하고 액적이 잘 분포되고 증발이 잘 일어날 수 있다. 통상 연소 측면에서 SMD는 약 20~50μm가 적당하나 액체로켓에서는 인젝터 분사 이후에 바로 추진제가 연소하면 인젝터 플레이트가 열에 견디지 못한다. 따라서 실제로는 인젝터 플레이트의 열전달을 고려하여 100~200μm의 SMD 값이 되도록 인젝터를 설계하여 인젝터 플레이트에서 조금 떨어져서 연소가 일어나게 하여야 하지만 미립화, 증발, 혼합, 연소 모든 과정을 인젝터 플레이트에서 너무 떨어진 곳이 아닌 곳에서 완료되어야 한다.

인젝터는 엔진 사이클이나 주연소실 또는 예연소기 등 적용하는 곳에 따라 충돌식 인젝터, 전단 동축 인젝터 또는 스월 동축 인젝터가 선택적으로 사용되며 또 인젝터로 들어가는 산화제나 연료의 상이 액체 또는 기체로 들어가기도 하고 동축의 내경과 외경에 들어가는 산화제나 연료의 선택이 달라진다. NTO와 UDMH와 같은 자발 추진제가 사용되는 곳에서는 두 추진제가 빨리 접촉하여 진행하면서 자발점화가 일어나도록 충돌식 인젝터가 사용되며, 추진제의 혼합이 중요한 곳에서는 스월 동축 인젝터가 사용된다.

4.3.2.1 인젝터의 분류

인젝터는 추진제를 분사하는 방식에 따라 분류할 수 있다. 추진제를 분사하는 방식에 따라 액체의 미립화 방법이 달라지게 된다. 인젝터는 추진제 제트의 충돌 방식에 따라 충돌형 인젝터, 전단 동축 인젝터, 스월 동축 인젝터, 핀틀 인젝터로 구분할 수 있으며, **그림 4.24**는 각 인젝터의 분무형상의 개략도를 나타내고 있다.

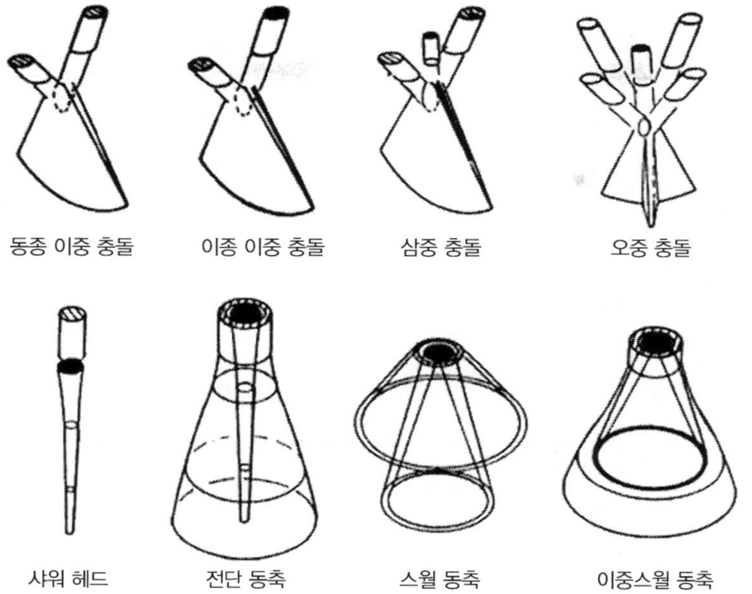

| 그림 4.24 | 인젝터 종류에 따른 분무형상 개략도[20]

충돌형 인젝터(impinging jet injector)는 액체 연료와 액체 산화제를 오리피스를 통해 분사하면서 충돌시켜 미립화 시키는 방식이다.

동축인젝터(coaxial injector)는 연료와 산화제의 분사 속도와 밀도를 조절하여 전단응력 차이를 이용해 미립화 시키는 방식으로 스월 유무에 따라 전단 동축 인젝터와 스월 동축 인젝터로 구분할 수 있다. 연료와 산화제는 각각 액체일 수도 있고, 액체나 기체의 조합일 수도 있다. 핀틀 인젝터(pintle injector)는 가변 핀틀로 유동 면적을 가변식으로 조절하여 유량을 제어하여 추력을 조절할 수 있다. 로켓시스템 내에 핀틀 인젝터를 1개만 설치하여도 되기 때문에 구조가 간단하여 저비용으로 설계할 수 있는 장점이 있다.

인젝터의 성능에 영향을 미치는 인자로는 추진제의 혼합, 인젝터 오리피스의 형태와 크기, 압력 특성, 인젝터 플레이트로의 열전달, 구조적 특성과 연소 안정성 등이 있다.

4.3.2.2 충돌식 인젝터

그림 4.25는 다양한 종류의 충돌형 인젝터의 개략도를 나타낸 것이다. 인젝터 제트 충돌수에 따라 이중 충돌식(더블렛: doublet), 삼중 충돌식(트리플렛: triplet)으로 구분된다. 이중 충돌식에서는 액체 연료와 액체 연료 혹은 액체 산화제와 액체 산화제를 분사하여 충돌시키는 동종 충돌식(likely impinging injector 혹은 self impinging injector)과 액체 연료와 액체 산화제를 분

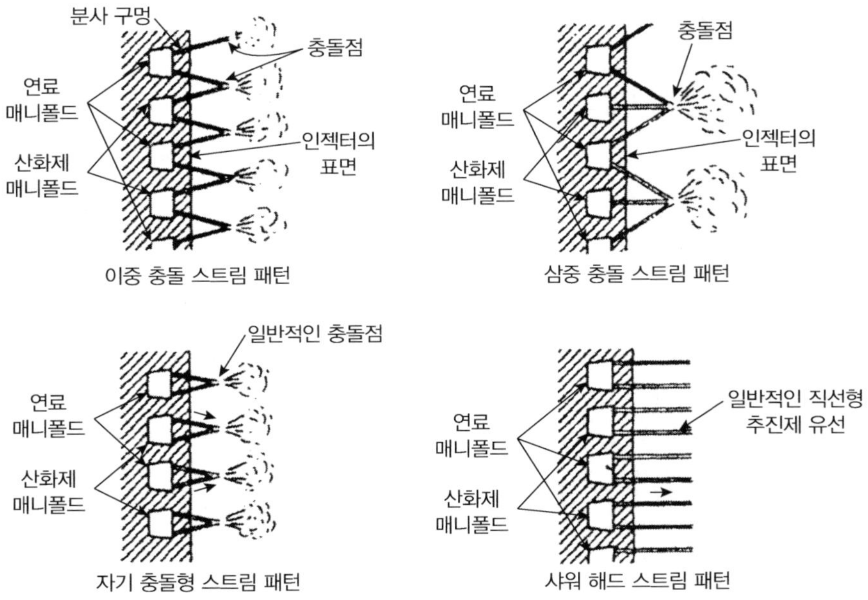

| 그림 4.25 | 충돌식 인젝터의 분류[1]

사하여 충돌시키는 이종 충돌식(unlikely impinging injector)으로 구분된다. 삼중 충돌식의 경우에는 2개의 액체 산화제 분사와 1개의 액체 연료를 충돌시키는 방식이 널리 사용되고 있다.

추진제를 충돌시켜 미립화시키는 충돌식 인젝터의 경우에는 추진제를 분사하는 각도, 즉, 충돌각이 성능에 중요한 변수로 작용한다. **그림 4.26**은 충돌식 인젝터의 개략도를 나타낸 것이다.

산화제 오리피스 직경과 분사 각도를 각각 d_o, γ_o 연료 오리피스 직경과 분사 각도를 각각 d_f, γ_f라고 하면 운동량 보존 법칙으로부터 식 (4.10)이 유도된다.

$$\tan\delta = \frac{\dot{m}_o \nu_o \sin\gamma_o - \dot{m}_f \nu_f \sin\gamma_f}{\dot{m}_o \nu_o \cos\gamma_o + \dot{m}_f \nu_f \sin\gamma_f} \tag{4.10}$$

여기서 δ는 충돌 이후의 제트의 각도를 의미하고 $\dot{m}_o$, $\dot{m}_f$는 각각 산화제, 연료의 유량, ν_o, ν_f는 각각 산화제, 연료의 속도를 의미한다. 따라서 충돌형 인젝터 설계에서 각각의 오리피스 직경과 분사 각도는 설계에서 중요한 변수로 작용한다. 또한 **그림 4.26**에서 l은 추진제가 부딪히는 충돌 거리이며, l이 너무 작아 충돌되는 지점이 인젝터 플레이트와 너무 가까우면 화염에 의한 열전달 문제가 발생할 수 있다. 그러나 l이 너무 길어지면 엔진의 길이가 길어지므로 적절한 충돌 위치를 선정하여야 한다. 그리고 충돌 후의 혼합 제트의 흐름은 축방향이 되어야 한다. 즉 $\delta = 0$이어야 한다. 이는 그렇지 않을 경우 수많은 인젝터가 교차하여 연

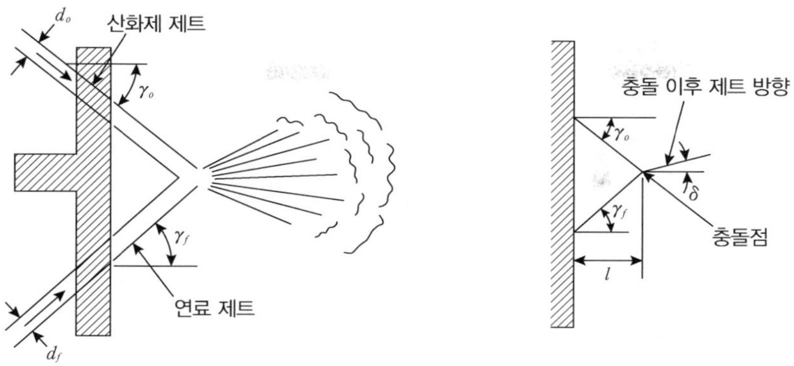

| 그림 4.26 | 충돌식 인젝터 개략도

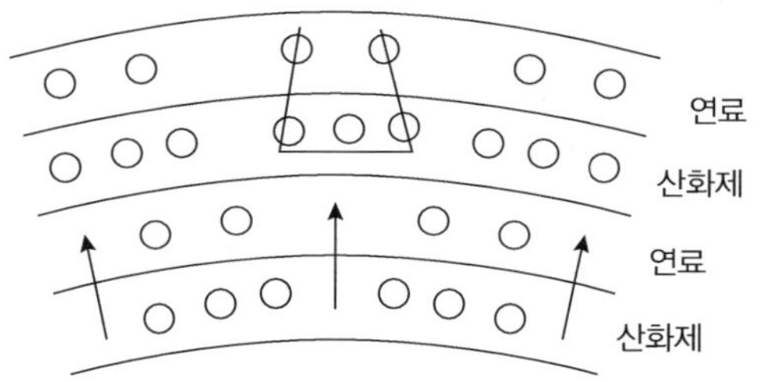

| 그림 4.27 | F−1엔진의 충돌식 인젝터 5U 오리피스 구조

소 불안정성이 발생할 수 있기 때문이다. 따라서 식 (4.10)에서 충돌 후 제트 각도가 0일 때, $\dot{m}_o \nu_o \sin\gamma_o = \dot{m}_f \nu_f \sin\gamma_f$을 만족한다. 인젝터 출구에서의 속도는 식 (4.11)과 같이 연소실과 인젝터 상단부와의 압력 차 ΔP로부터 유도할 수 있다.

$$V_{inj} = C_d \sqrt{\frac{2\Delta P}{\rho}} \tag{4.11}$$

C_d는 유량계수를 의미하며 일반적으로 0.7~0.9 사이의 값을 가진다. 통상 인젝터의 속도는 약 15~100m/s의 속도를 가진다. 충돌식 인젝터는 사산화질소와 하이드라진 또는 NTO와 UDMH와 같은 자발 추진제가 사용되는 곳에 사용되었을 뿐만 아니라 LOx/RP−1추진제에도 사용되었다. F−1엔진은 LOx/RP−1 추진제를 사용하는 충돌식 인젝터를 채택하였으며 각 인젝터당 유량은 1.9kg/s 추력은 4.6kN이고 총 추력은 6.9MN이다. 충돌식 다중 인젝터를 사용할 경우에 연소실 벽에 가까운 제일 바깥쪽 링은 막냉각 효과를 이용한 열차단을 위해 과잉 연료 혼합으로 설계할 수 있다. 실제로 충돌식 인젝터를 가진 F−1 엔진에서 **그림 4.27**과 같이 5개의 인젝터가 U자 형상을 가진 5U 형상 인젝터로 배열 설계되었으며 벽면 가까이 외부링은 연료라인의 충돌식 인젝터를 분포시켰다.

4.3.2.3 동축 인젝터

전단 동축 인젝터는 액체 연료와 산화제의 유동 속도를 다르게 하여 속도차에 의한 전단 응력으로부터 추진제를 미립화하는 방식이다. 인젝터는 엔진 사이클이나 주연소실 또는 예연소실 등 적용하는 곳에 따라 산화제나 연료가 동축의 안쪽 내경이나 바깥쪽 외경으로 어느 한 곳으로 들어가기도 하고, 또 그때의 상(phase)도 달라진다.

표 4.16은 개방 사이클과 밀폐 사이클의 동축 인젝터에 들어가는 추진제의 종류를 나타내고 있으며, 몇 가지 경우의 개방 사이클과 밀폐 사이클의 동축 인젝터에 들어가는 연료와 산화제의 상(phase)의 예를 나타내고 있다. **그림 4.28**은 분사 방식에 따른 전단 동축, 스월 동축 인젝터의 분무 형상을 나타내고 있다.

그림 4.29는 전단 동축 인젝터 개략도와 극저온 추진제 분무 및 연소과정의 예를 나타낸다. 중심부 액체 제트는 높은 속도의 주위 기체 사이에서의 속도차와 밀도차에 의해 미립화, 증발, 혼합되어 산화제와 화염 전단면을 형성하고 산화제 포스트에 화염이 부착하고 연소가 시작된다. 예를 들어 기화된 액체 연료인 수소는 재생냉각채널을 통과한 후 가스화되어 약 300K의 온도에서 약 330m/s의 빠른 유동 속도를 가지고 액체 산화제인 산소는 100K의 온도에서 액체상태*로 약 33m/s의 낮은 유동 속도를 가지고 있다. 빠른 속도의 가스상 연료와 상대적으로 느린 속도의 액상 산화제 사이에 속도 차이와 밀도 차이가 발생하게 되고 이에 따라 전단응력이 작용하고 미립화가 일어난다.

그림 4.29에서 성능 변수에 크게 영향을 미치는 변수는 추진제 유동을 구분하는 LOx 포스트(post) 판의 두께 δ와 리세스 길이 l(recess length), 포스트 끝단 각(α)이다. 이들 변수는 화염 부착에 영향을 미치며(주로 δ) 화염 부착이 잘되어야 화염 안정성이 있다. LOx 포스트 두께 δ에 의해서 화염부착(anchoring)과 화염안정성이 달라지며 통상적으로 약 1mm 정도로 설계한다. 리세스 길이 l에 따라 분무 및 화염형상이 달라진다. 리세스 길이가 짧으면 화염이 빨리 퍼지고 연소효율도 좋다. 그러나 화염이 인젝터 가까이에 퍼지게 되면 인젝터에 열전달이 발생하므로 적절한 리세스 길이를 선정하는 것이 중요하다. 적절한 끝단 각(α)은 LOx를 팽창시켜 두 유체(LOx와 $H_{2(g)}$)를 잘 접촉하게 한다. 동축 인젝터의 작동 조건은 중심부와 주위부 유동제트의 운동량 모멘텀비인 $q = \frac{(\rho_2 u_2^2)_{H_2}}{(\rho_1 u_1^2)_{LOx}}$와 LOx/$H_2$ 온도에 따라 달라지고 액체 제트에 작용하는 전단응력은 두 제트의 모멘텀비에 의해서 달라진다. 액체산소 온도는 단열

---

* 산소의 끓는 점은 90K이지만 압력이 높을 때는 100K에서도 액체상태임.

표 4.16 동축 인젝터 추진제 종류[11]

엔진 형태		연료	산화제
밀폐 사이클	예연소기(산화제 과잉)	액체	액체
	주연소기	액체 공급되지만 재생 냉각 후 기체	기체
개방 사이클	가스 발생기(연료 과잉)	액체	액체
	주연소기	액체 공급되지만 재생 냉각 후 기체	액체

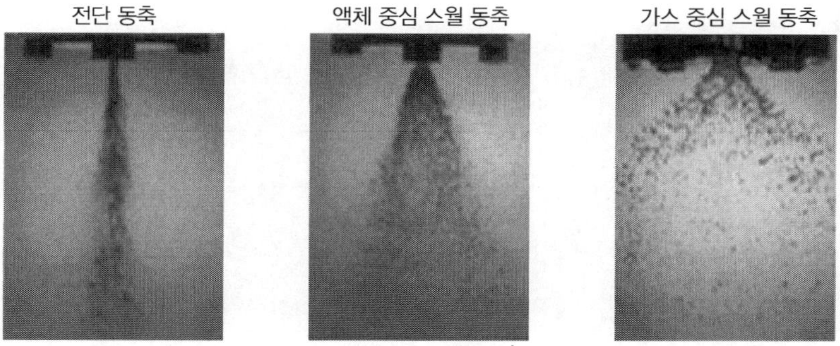

| 그림 4.28 | 다양한 동축 인젝터의 분무 사진

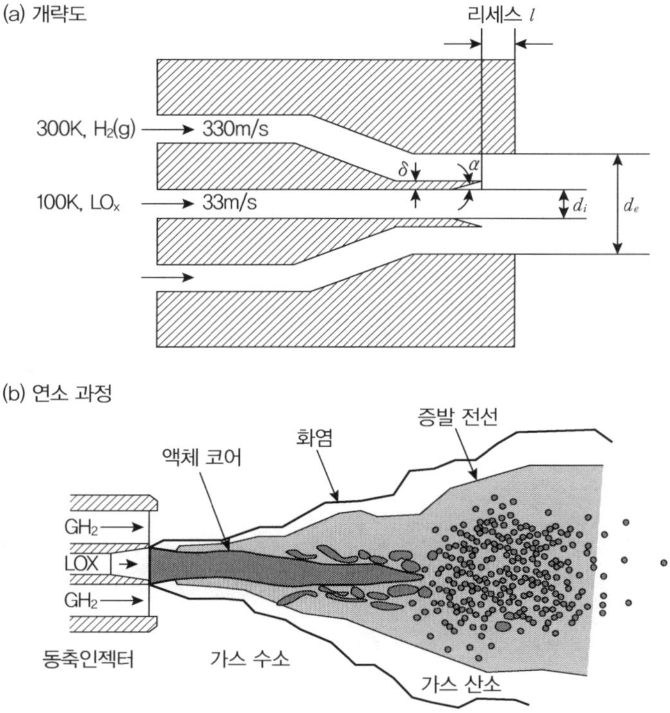

| 그림 4.29 | 전단 동축 인젝터의 개략도와 연소과정[30]

문제로 인하여 100K 정도가 적당하며 H_2는 기준 온도(300K)보다 높으면 연소 안정성이 좋고 H_2 온도가 낮으면 기화가 잘 안되어서 불안정하다. 인젝터에 들어오는 수소의 온도는 중요한 설계변수이다. 수소의 온도 변화로 밀도에 변화가 생기고 이로부터 모멘텀비의 변화가 생기고 미립화 변화가 생겨 궁극에는 추력 변화가 유도되기 때문이다. 전단 동축 인젝터의 경우 압력손실이 낮고 신뢰성이 높고 설계가 단순하다는 장점이 있으나 혼합이 완전하지 않고 추력 변화에 민감하다는 단점이 있다. 전단 동축 인젝터를 적용한 엔진으로는 SSME(RF−25), Vulcan, LE−7 등의 엔진이 있다.

그림 4.30은 스월 동축 인젝터의 개략도를 나타내고 있다. 액체 중심 스월 인젝터의 경우 내경에서 액체를 분사하고 외경에서 기체를 분사하는 방식을 의미하여, 가스 중심 스월 인젝터는 내경에서 가스를 분사하고 외경에서 액체를 분사하는 방식이다. 스월 동축 인젝터의 경우는 스월 방향 유동을 주어 분사기가 향상된 미립화 특성과 혼합 효율이 향상된다는 장점이 있으나 제작하기가 쉽지 않고, 영역에 따른 작동 특성을 알맞게 해주어야하는 단점이 있다. 액체 중심 스월 동축 인젝터로는 RL−10 계열과 RD−107 엔진들이 있고 가스 중심 스월 동축 인젝터로는 미립화와 혼합특성이 우수하여 RD−170, RD−180 등의 엔진에 적용된 바 있다.

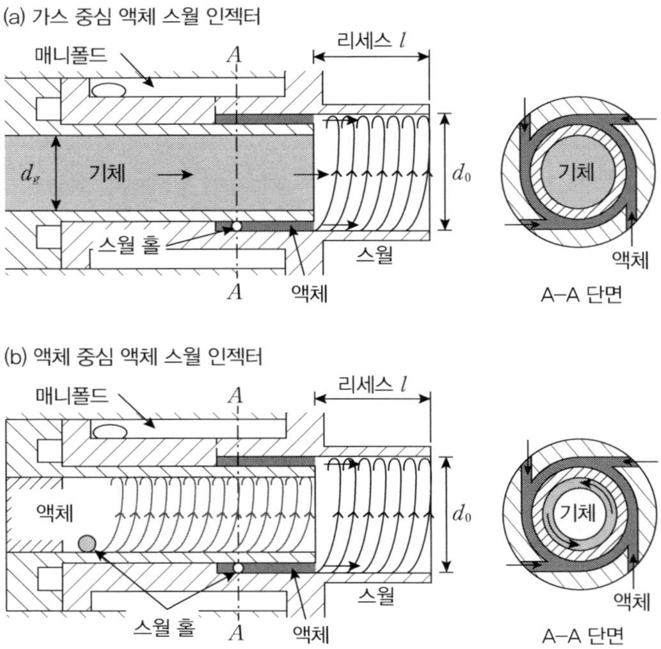

| 그림 4.30 | 스월 동축 인젝터 개략도

4.3.2.4 핀틀 인젝터

단일 로켓이나 추력기로 비행체의 추력을 변화시킬 필요가 있는 경우에 여러 가지 가변추력방법이 있으며 핀틀 인젝터를 사용하기도 한다. 핀틀 인젝터(pintle injector)는 움직이는 핀틀로 인젝터 분사 면적을 변경하여 유량 및 유속을 조절하여 추력을 조절할 수 있는 가변 면적 인젝터이며 **그림 4.31**은 핀틀 인젝터의 개략도를 나타낸다. 대형 발사체용 충돌 인젝터나 동축 인젝터를 사용하는 액체로켓의 경우 추진제 공급을 원활하게 하고, 분무 효율을 높이기 위해 수십 수백 개의 많은 인젝터가 장착된 인젝터 플레이트가 사용된다. 액체로켓의 인젝터 플레이트는 연소기 전체 무게의 약 30%를 차지하기 때문에 무게가 증가한다. 핀틀 인젝터를 사용하면 추진제를 단일 인젝터로 분사하여 미립화 시키고 연소실의 각 영역에서 추진제 혼합이 가능하고 엔진 전체의 유량을 제어할 수 있다. 핀틀 인젝터에서는 기존의 수많은 인젝터가 있던 플레이트를 단일 핀틀 인젝터로 대체하므로 엔진을 경량화할 수 있는 장점을 가진다. 발사체 제작비용 절감을 위한 재사용 발사체의 개발을 위해서는 넓은 범위의 추력조

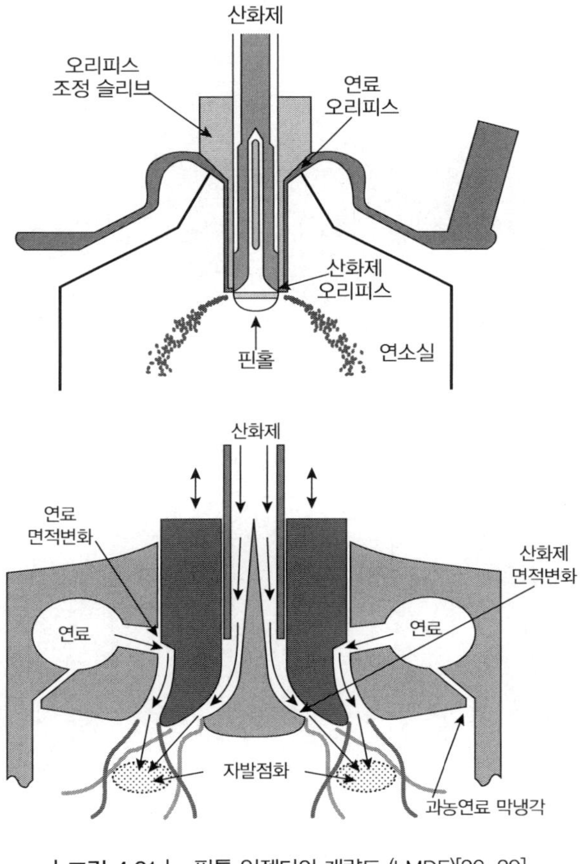

| 그림 4.31 | 핀틀 인젝터의 개략도 (LMDE)[26, 29]

절(deep throttling)이 필수적이며 핀틀 인젝터를 사용하면 저비용이면서 가변 추력조절이 되는 발사체를 만드는 것이 가능하다. 기존에 널리 사용되는 고정형상을 가진 동축형 인젝터는 인젝터의 분사 면적이 고정되고 차압을 조절하여 추력을 제어하므로 100% 추력 상태에서 최적화된 인젝터 형상은 저추력 조건에서는 분사 조건과 연소조건이 변화하여 효율이 감소하게 된다. 그러나 핀틀 인젝터는 임무 수행에 필요한 추력 설정에 맞추어 직접적으로 분사 면적을 조절함으로써 저유량, 저추력 조건에서도 최적의 분무 조건을 유지함으로써 연소효율을 유지할 수 있다.

그림 4.32는 핀틀 인젝터 연소기 내부유동을 도식적으로 나타낸 것이다. 연소기 중앙에서 분사되는 단일 핀틀 인젝터의 환형의 분사와 연소실 모양에 의해 상부 코너 재순환영역과 중심 재순환 영역의 2개의 재순환 유동 영역이 생긴다. 기존의 수많은 동축형 인젝터 조합을 사용하는 연소기에서는 연소장 단면에서 균질한 속도장과 연소 가스 물성치를 가지기 때문에 음향학적 커플링에 취약하지만, 핀틀 인젝터는 주 반응영역이 환형으로 뚜렷하게 구분되고 연소기 단면에서 온도, 혼합비, 분자량 등의 물성치의 분포가 다르기 때문에 고주파 연소

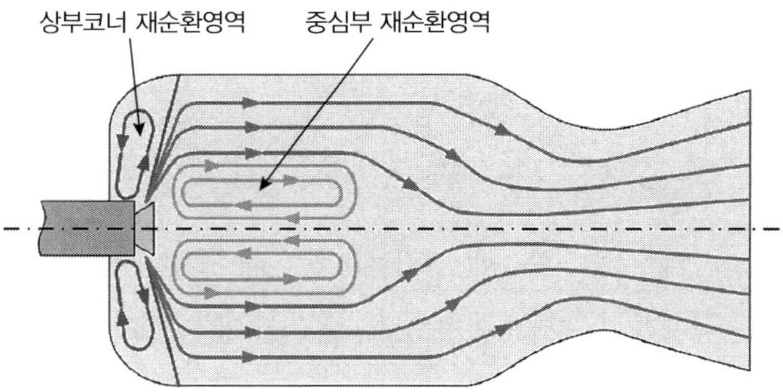

| 그림 4.32 | 핀틀 인젝터 연소기의 내부유동 개략도[18]

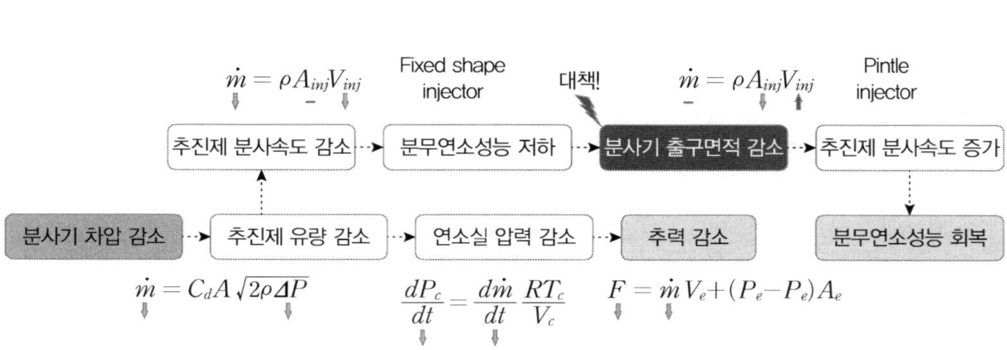

| 그림 4.33 | 핀틀 인젝터 추력제어 방법

불안정의 주요 원인인 반경 방향(radial) 및 접선 방향(tangential) 횡단파의 교란전파를 억제할 수 있어 음향학적으로 강한 내성을 가질 수 있어 연소 안정성이 좋다. 코어 재순환 영역은 연소에 크게 활용되지 않는 영역(dead zone)으로써 연소효율이 감소할 수 있고, 재순환 영역 내의 고온 정체점은 연소기 벽면을 과열시켜 냉각문제를 야기할 수 있다. 이 문제를 해결하기 위해 **그림 4.31**처럼 벽면 쪽은 연료과잉 막냉각을 사용하면 중심부 고온 가스 온도가 벽면에 전달되는 것을 줄일 수 있다.

그림 4.33은 핀틀 인젝터 추력제어 과정을 도식적으로 나타낸 것이다. 추력 제어를 위해 유량을 감소하는 경우를 생각해볼 때, 단순히 분사 차압을 감소시키면 $\dot{m} = C_d A\sqrt{2\rho \Delta P}$에 의해 추진제 유량이 감소하고 또 $dP_c/dt = d\dot{m}/dt\ RT_c/V_c$에 의해 연소실 압력이 감소할 것이고 연소실 압력이 감소하면 노즐의 배기속도가 감소하여 추력을 감소시킬 수 있다. 그러나 이때 고정 면적 인젝터를 사용하여 추진제 유량을 감소시키면 분사 속도가 감소하여 분무 연소 성능이 저하한다. 분무 연소 성능을 저하시키지 않기 위해 가변 인젝터를 사용하여 분사면적을 감소시키면 추진제 분사 속도 감소를 방지할 수 있어 분무 연소 성능 저하를 방지할 수 있다. 즉 핀틀 인젝터에서는 저추진을 위해 추진제 유량을 감소시킬 때 분사 속도의 저하가 되지 않도록 분사 면적을 제어(감소)하여 분사 속도를 유지할 수 있다. **표 4.17**은 핀틀 인젝터가 사용된 대표적인 엔진의 예와 제원을 나타낸다.

표 4.17 핀틀 인젝터가 사용된 엔진[8]

기간	기관	엔진	추력(lbf)	연소 압력 (psia)	추진제	쓰로틀링(%)
1950	Reaction Motors, Inc.	Research Engine	5,000	–	Hypergolic (WFNA/WFNA)	–
1963~1967	TRW Inc. NASA	Apollo LMDE	9,850	106	A–50/N_2O_2	10~100
1963~1965	TRW Inc. NASA	MIRA 150A	150	108	MMH/MON–10 A–50/N_2O_2	20~100
1972~1988	TRW Inc.	TR201 (Delta 2nd stage)	9900	100	N_2O_4/A–50	–
2000	TRW Inc.	TR–106	650,000	–	LOx/LH_2	60~100
2005~현재	NGST NASA	TR202	8,700	700	LH_2/LOx GH_2/LOx	–
2006~현재	Space X	Merlin (1A~1D)	161,000	1,410	LOx / RP–1	60~100
2009~현재	Space X	Raptor	738,000	4,400	LOx / LCH_4	20~100

4.4 액체 추진제 연소 불안정성

연소실로 공급되는 추진제의 질량변동이 있으면 연소실 압력변동이 있고, 열발생율 변동이 있으면 온도변동이 있고, 체적력 변동이 있으면 속도변동이 있게 된다. 연소실에서는 어느 정도의 압력변동이 있으며 연소실의 변동 압력 진폭이 평균 압력의 ±5%정도 이내에 있을 경우에는 연소가 부드럽게(smooth) 일어나지만, 압력변동이 ±5%를 넘어서면 거친(rough) 연소가 되고 어떤 트리거링이 있으면 압력변동이 증가하여 연소 불안정(combustion instability)이 일어날 수 있다.

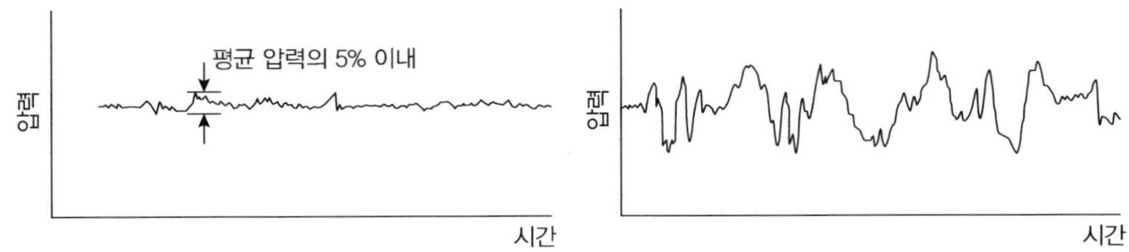

(a) 부드러운 연소 (b) 거친 연소

| 그림 4.34 | 부드러운 연소와 연소 불안정을 일으킬 수 있는 거친 연소의 압력 그래프[18]

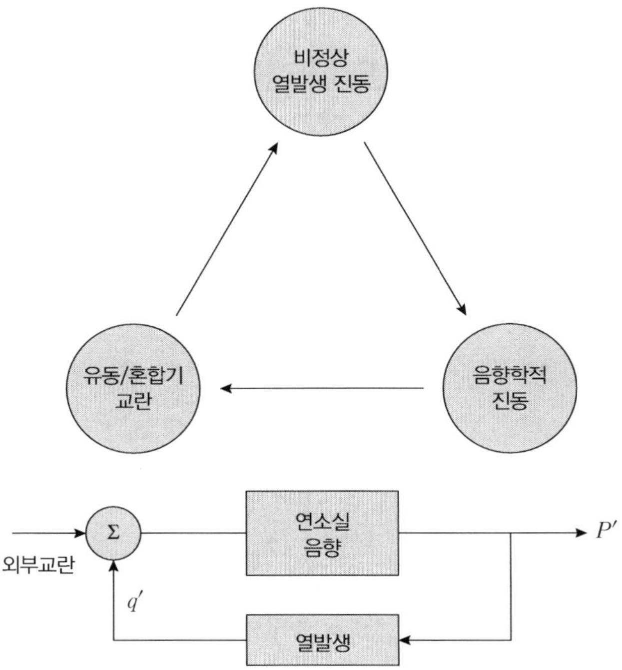

| 그림 4.35 | 열발생율, 음향학적 진동, 유동 교란이 연소 불안정에 미치는 상호작용

그림 4.34는 부드러운 연소와 연소 불안정을 일으킬 수 있는 거친 연소의 예를 나타낸다. 연소 불안정성이란 연소로 인한 급격한 열방출에 의해 연소과정에서 생기는 작은 섭동이 연소실의 음향 모드와 위상(phase)이 일치하면서 연소실 내의 압력을 급증시키는 현상으로 심한 경우 엔진의 파손까지 일으킬 수 있다. 연소 불안정성의 근본 원인은 연소실은 밀폐되어 있고 내부 연소과정은 비정상 운동으로 인해 섭동을 약화시키는 감쇠 힘이 약하기 때문이다. 로켓 연소실 출구인 목에서 유동이 초킹될 때 대부분의 파동은 목을 통과하여 노즐로 빠져나가지 못하고 연소실 내부로 반사되는데 이러한 작은 섭동의 위상이 연소실의 음향 모드와 일치하게 되어 파동의 중첩으로 진동이 증폭된다. **그림 4.35**는 음향학적 진동, 열발생 변동, 유동과 혼합기의 상호작용이 어떻게 연소 불안정에 영향을 나타내는 도식도이다.

열발생율의 변동은 압력 교란을 증폭시키는 에너지 소스이다. 연소 생성 교란 에너지가 경계를 통해 빠져나가는 에너지보다 크면 음향학적 교란은 커지게 된다. 열발생율이 압력 섭동과 위상이 일치하면 음향 교란에 에너지가 더 강해져 연소 불안정이 증가하게 된다. $\int_0^L \frac{\gamma-1}{\rho\bar{c}^2}\overline{q'}\,\overline{P'}dx > (\rho' u' A)_L - (\rho' u' A)_0$이면, 음향학적 진동은 증가하며 이를 간단히 나타내면 다음과 같다[17]. Rayleigh는 판단 기준을 다음 식으로 표현하였다.

$$R = \frac{1}{T}\oint P' \cdot q' dt \tag{4.12}$$

$R > 0$이면 불안정

$R < 0$이면 안정

열발생 모드는 인젝터 설계나 작동에 의해 제어될 수 있고 음향 모드는 연소실의 기하학적 형상이나 음속에 의해 결정된다.

섭동을 유발할 수 있는 에너지는 연소 열 중의 0.1% 정도의 아주 작은 에너지로도 연소 불안정성이 발생할 수 있다. 연소 불안정성이 일어나면 로켓 모터는 압력 진동을 일으키며 추력 변동, 시스템의 진동, 그리고 진동에 의해 열 경계층이 약화되어 고온의 열이 모터 케이스 가까이에 침투되어 과도한 열전달이 발생하는 등의 문제가 발생하게 된다.

연소실에 어떤 열이나 압력 교란이 있으면 이것이 음향학적 섭동과 상호작용하여 불안정이 일어나는데, **그림 4.36 (a)**는 열방출에 의한 에너지 부가로 압력변동이 지수함수적으로 증가하다가 어느 곳에서 댐핑에 의한 열에너지 제거와 동일하게 되면 압력변동 진폭은 더이상 증가하지 않고 일정하게 되며 압력이 변동한다. 이를 리미트(limit)사이클이라 한다. **그림 4.36 (b)**는 교란 한계점(threshhold)보다 작으면 시스템은 안정적이지만 교란이 한계점보다 크면 압력변동이 증가하고 연소 시스템은 불안정해진다. **그림 4.37**은 연소 불안정성이 일어난 실제 압력 선도와 파손된 연소실의 형상 예를 나타낸다. 연소 불안정성은 거의 모든 로켓 엔진 개발 과정에서 발생할 수 있으며, 이를 해결하기 위해 연소 불안정성에 대한 해석, 제어방법을 이해하는 것이 필요하다.

압력 진동으로 인한 운동에너지는 압력 $|P'|^2$에 비례한다. 통상 액체 추진제 로켓 엔진의 섭동 에너지 밀도는 $\langle\varepsilon\rangle = 4.2\times10^4 \mathrm{J/m^3}$ 정도이며, 연소 시 방출 에너지는 $370\times10^6 \mathrm{J/m^2s}$ 정도이며 약 0.01%에 해당되지만 이것이 연소 불안정을 유발할 수도 있다. 개방 시스템에서는 섭동 파동이 외부로 방출되어 연소 불안정성이 잘 발생하지 않으나 로켓 연소실과 같이 한쪽이 밀폐된 연소 시스템에서는 작은 에너지로도 연소 불안정성을 유발할 수 있다. 이러한 연소 불안정성을 분석하는 방법으로는 파동의 주파수 분석(Fourier Fast Transform, FFT)을 통해 섭동의 주파수를 해석하여 압력 섭동의 근원을 찾아내기도 한다.

그림 4.38은 주파수 분석 방법의 예를 나타내고 있다. 연소실의 압력을 시간에 대해서 측

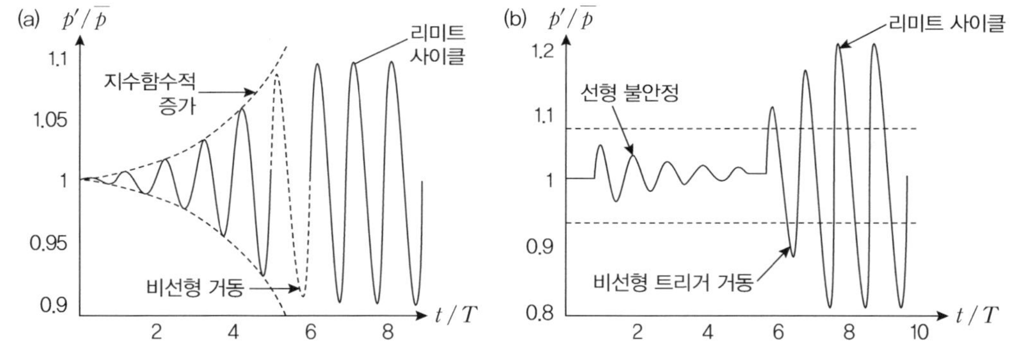

| 그림 4.36 | 선형 연소 불안정과 비선형 연소 불안정

| 그림 4.37 | 연소 불안정 압력 선도와 연소 불안정에 의해 파괴된 연소실 형상[13, 15]

정하면 **그림 4.38 (a)**와 같이 압력이 측정된다. 그러나 이러한 압력 측정을 통해서는 연소 불안정성 원인을 찾아내기가 쉽지 않다. **그림 4.38 (b)**와 같이 시간 축을 주파수 축으로 좌표 변환하면 오른쪽과 같이 주파수 별로 압력 모드의 기여도가 나타난다. 따라서 각 주파수의 압력변동이 연소 불안정성에 어떤 영향을 미치는지 해석하여 그 원인을 파악할 수 있다.

표 4.18은 연소 불안정성을 주파수에 따라 분류한 것이다. 연소 불안정성을 야기하는 원인으로는 주파수 크기에 따라 저주파, 중주파, 고주파 연소 불안정성으로 분류되고 각 주파수 대역에 따라 다른 원인과 특성을 나타낸다. 각각의 주파수에 따라 발생 메커니즘과 특성이 다르며 **그림 4.39**와 **그림 4.40**에 해당 주파수 영역에 따른 발생하는 불안정성 모드의 개략도를 나타내었다.

대부분의 액체 로켓은 고체 로켓에 비해 연소실의 직경이 크고 목 직경이 커서 길이 방향 모드는 밖으로 빠져나가고 횡 방향 모드가 문제가 된다. 고체 로켓은 연소실 길이에 비해 목

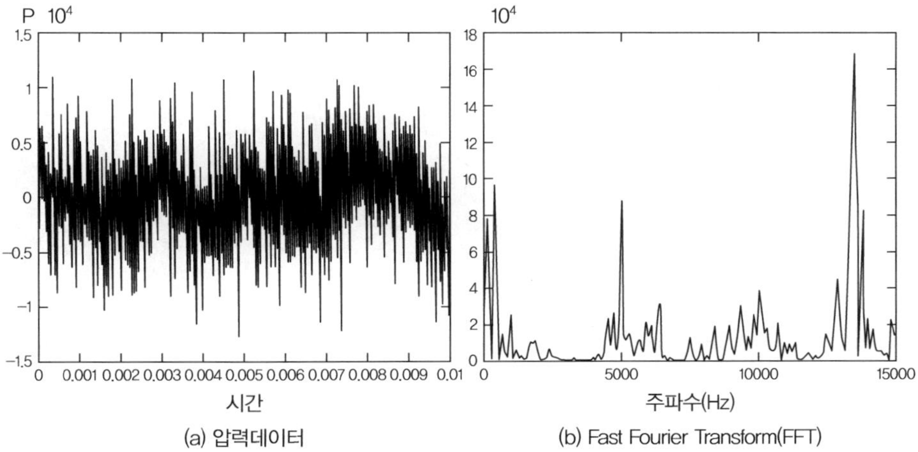

| 그림 4.38 | 연소 불안정성 주파수 분석

표 4.18 연소 불안정성의 분류[1]

종류	주파수(Hz)	별칭	발생 메커니즘
저주파	10～400	chugging(칙칙), 포고 불안정성	추진제 공급시스템과 연소실 또는 비행체 전체 시스템과의 압력 섭동
중주파	400～1000	buzzing(윙윙 또는 붕붕), acoustic, entropy waves	추진 구조의 기계적 진동, 인젝터 매니폴드, 유동의 에디, 공연비의 변동, 추진제 공급시스템의 공명 진동
고주파	1000 이상	screaming(삐익), screeching, squealing	연소에 의한 압력파와 연소실의 음향학적 고유 성질의 공명 진동

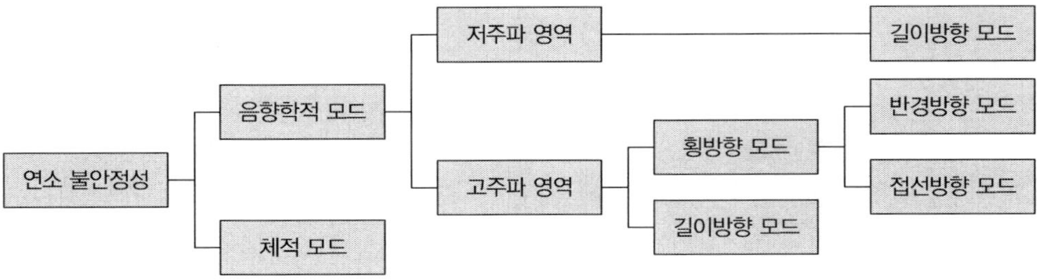

| 그림 4.39 | 연소 불안정 주파수에 따른 불안정성 모드

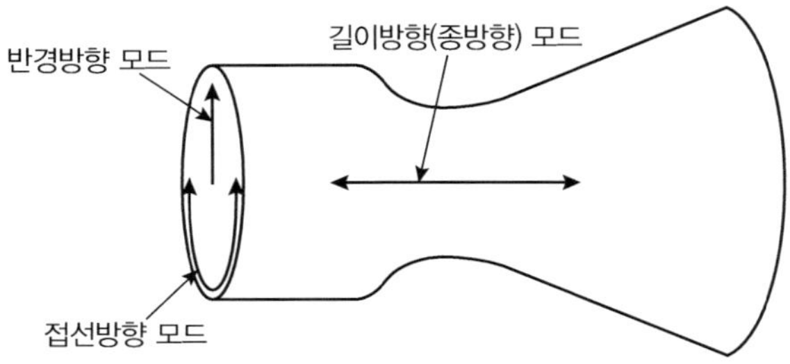

| 그림 4.40 | 불안정성 모드 개략도

직경이 작아 진동이 노즐 밖으로 빠져나가지 못하여 길이 방향 모드가 문제가 될 경우가 많다. 고체 로켓에서는 추진제에 Al이 포함되어 있어 주위 가스와의 댐핑으로 고주파 진동인 횡 방향 모드 진동은 다소 줄어들 수 있다. 고체 로켓에서 저주파 진동을 감쇄하기 위해서는 1% Zrc를 첨가하기도 한다.

고주파 연소 불안정성은 1000Hz이상의 주파수 범위에서 발생하며 적어도 두 가지 모드인 길이 방향(longitudinal), 횡 방향(transverse) 불안정성 모드를 가진다. 길이 방향 모드는 인젝터 판과 노즐사이에서 연소실의 축 방향을 따라 전파되며 인젝터의 표면과 노즐의 축소부인 노즐목에서 압력파가 반사된다. 횡 방향 모드 불안정은 큰 로켓 엔진에서 주로 1개 이상의 횡단 음향모드와 추진제 연소율이 섭동하여 일어나며, 연소실의 축 방향과 수직한 단면에서 전파되며 접선 방향(tangential)과 반경 반향(radial)으로 나누어진다. 횡 방향 모드 불안정은 연소과정 중에 본질적으로 내재되어 있는 미립화, 증발, 혼합, 연소 반응의 비정상 과정에 기인하는 요인이 많으며 통제하기 어려운 고주파 연소 불안정을 일으키기도 한다. F−1 로켓과 같은 아주 큰 엔진의 횡 방향 불안정 주파수는 약 500Hz 정도로 작지만 상단이나 우주에서 자세 제어용과 같은 작은 액체 엔진의 횡 방향 불안정 주파수는 10kHz보다 커질 수도 있다. 접선 방향 불안정성 모드는 대형의 액체로켓에서 지배적이며, 특히 인젝터 부근에서 나타난다.

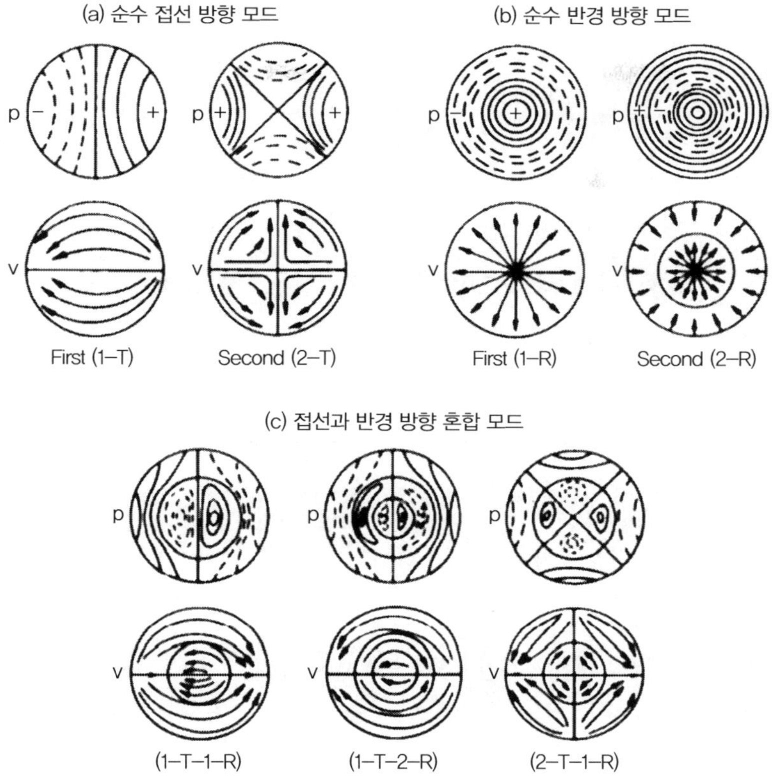

| 그림 4.41 | 불안정성 모드 개략도[18]

그림 4.41은 원통형 연소실의 원통 단면에서 발생하는 1차 및 2차 접선 방향 모드와 1차 및 2차 반경 방향 모드의 개략도이다. 그리고 접선 모드와 반경 방향의 혼합 모드를 나타내는 개략도이다.

4.4.1 연소 불안정성 분류

4.4.1.1 저주파 불안정성

저주파 연소 불안정성은 10~400Hz 주파수 범위에서 발생하는 불안정성이다. 처깅(chugging)은 저주파 연소 불안정 중의 전체 추력실과 동체가 아닌 추진제 공급시스템과 압력 섭동이 연계되어 자연 발생하게 된다. 주로 작은 연소압(0.69~3.45MPa)을 가지는 엔진에서 발생하며 추진제 펌프의 공동현상, 추진제 공급의 막힘, 추진제 탱크 가압의 섭동, 엔진 지지대 또는 추진제 라인의 진동 등으로 인해 발생한다. 엔진 공급시스템의 공진주파수에 의해서도 처깅이 발생할 수 있다. 공급 시스템의 압력을 높여 인젝터와 연소실의 차압(ΔP_{inj})을 크게 하면 이 문제를 다소 완화할 수 있다.

액체 추진제 공급시스템과 발사체 구조물 고유 진동의 공진에 의해 발생하는 진동을 저주파 불안정성 중 포고 불안정성(pogo instability)이라 한다. 포고 불안정성은 대형 로켓의 크고 긴 추진제 공급라인에서 발생할 수 있으며 비행체 전체 구조와 추진제 공급시스템이 상호 연관 작용을 통해 100Hz이하 특히, 10~50Hz의 길이 방향 진동(longitudinal instability)이 나타나는 경우가 있는데 이를 완구 스카이 콩콩(어린이 완구 포고 스틱)이 진동 모드와 비슷해서 이를 빗대어 포고 불안정성이라고 부른다. 포고 불안정성은 격렬한 포고 때문에 연소실의 급격한 압력변동을 유발하며 로켓 구조가 파괴에 이르는 경우도 있다. 발사체 구조물의 고유진동수와 추진제 공급시스템의 주파수가 충분히 떨어져 있으면 포고가 발생하지 않거나 제거될 수 있다. 구조물의 고유진동수를 바꾸려면 심각한 설계변경이 요구되므로 추진제 공급시스템 내부유체의 공진주파수를 바꾸는 것이 더 효과적이다.

압력이 높은 불안정성의 하나로 리서징(resurging) 현상이 있으며 **그림 4.42**에 나타내었다. 구조물 벽면으로의 과도한 열전달을 막기 위해 연소실 벽면으로 과잉 연료를 흐르게 해서 막냉각을 한다. 이때 벽면을 통해 액체 막(liquid film)이 생기는데 이 액체 막이 벽면으로부터 구불구불한 모양으로 떨어져 나오면서 고온의 연소실에서 연소되고, 압력이 높은 저주파 현상이 나타나게 된다. 이를 방지하기 위해 액체 막의 양을 예를 들어 10%에서 3%정도로 줄이면 리서징 현상은 없어지나, 열전달에 의해 연소실이 파괴될 수 있어 적절한 막 냉각 설계가 필요하다. 막냉각양에 따라 c^*효율도 달라진다.

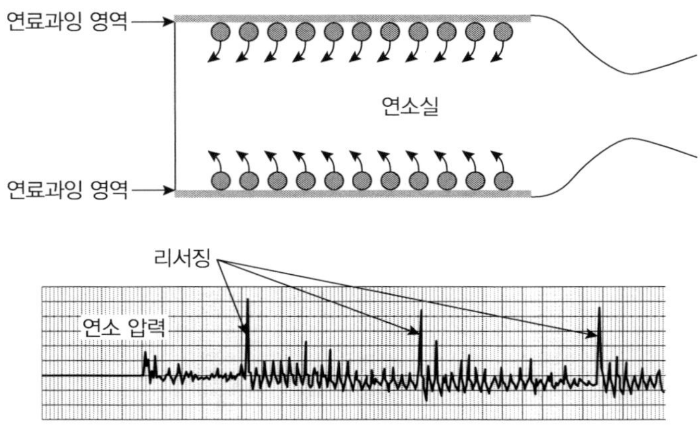

| 그림 4.42 | 리서징 현상[15]

4.4.1.2 중주파 불안정성

중주파 연소 불안정성은 400~1000Hz 주파수 범위에서 발생하는 불안정성이다. 소리의 특성에 의해 "buzzing"으로도 불리며 추진제 공급시스템과 연소실 압력변동의 연계에 의해 발생한다. 저주파와 중주파 모두 추진제 공급시스템의 파동효과에 의해 발생하나 저주파의 경우 연소실 압력변동에 의한 파동효과를 고려하지 않는 반면 중주파는 고려한다는 차이점이 있다.

4.4.1.3 고주파 불안정성

소리의 특성에 의해 "screeching" 혹은 "screaming"으로 불리며 연소실과 연소 반응의 직접적 공명진동에 의해 발생한다. 고주파 특징답게 진동에너지가 커서 로켓 엔진에 가장 심각한 손상을 입힐 수 있는 불안정성으로 불안정성 제어가 쉬운 저주파, 중주파에 비해 제어하기가 어렵다. 이러한 불안정성을 통해 연소실 벽과 분사기 면에 4~10배의 열전달을 일으켜 단시간 내에 구조를 녹여버려 엔진의 파괴를 일으키기도 한다. 또한, 액적의 증발과 혼합, 국부적인 데토네이션, 연소율의 음향학적인 변화 등의 변화를 야기하는 것으로 알려져 있다.

4.4.2 연소 불안정성 해결방안

액체로켓에서 추력을 크게 하기 위해 연소실을 크게 하면 공명(cavitiy)이 커져서 연소 불안정이 증가할 수도 있다. 불안정성은 심한 경우 진동을 일으키고 열전달을 크게 하여 로켓 엔진의 파괴를 일으킬 수 있는 현상으로 명확한 해석을 바탕으로 실제 비행 이전에 해결해야 한다. 로켓 엔진의 연소 불안정성과 같은 안정성 평가는 압력파 분석과정으로 이해하고 해석할 수 있으며, 압력파는 평균 압력과 변동 압력으로 나타낼 수 있다.

$$P(r,t) = \overline{P}(r)+P'(r,t) \tag{4.13}$$

여기서 $P(r,t)$는 연소실 반경 방향 위치 벡터 r과 시간에 대한 함수인 압력을 의미하고, $\overline{P}(r)$은 압력 평균을, $P'(r,t)$는 압력변동을 의미한다. 안정성을 시험하는 방법으로는 정적 안정성(statistical stability)과 동적 안정성(dynamic stability)가 있다. 정적 안정성의 경우 일반환경 혹은 극한 환경에서 실제 작동 조건에서의 불안정성 발현 여부를 확인하는 방법이다. 정적 안정성이 보장된다고 하더라도 작동 조건 범위에서만 안정성이 있는 것이고 기계적인 작은 변화도 큰 변동으로 발전할 수 있기 때문에 동적 안정성이 중요하게 부각된다. 동적 안정성은 개발 당시 인공 외란을 추가하여 안정성을 판단하는 방법이다.

그림 4.43은 동적 안정성을 판단하는 선도이며 이 방법을 밤 테스트(bomb test)라 한다. 연소실 작동 도중 연소실 평균 압력의 약 10%에 해당하는 외란을 인위적으로 추력(압력)을 추가하여 외란으로 인한 압력변동이 연소 불안정성으로 발전하는지 평가한다. 그림과 같이 외란을 추가하였음에도 곧 감쇄되어 정상 압력 선도로 유지되는 경우 동적 안정성을 확보하였다고 평가한다.

연소 불안정성을 해소하기 위한 방법은 각 주파수 불안정성 특성에 따라 달라지게 된다. 저주파 불안정성의 경우 분사기의 압력 강하를 크게 하여 연소실의 압력변동이 분사기 이전에 영향을 미치지 않게 하는 방법과 연소실의 체적을 줄이는 방법이 있다. 포고 불안정성의 경우에 로켓 구조물과 추진제 공급시스템을 분리(decoupling)시키거나 분사기와 추진제 공급라인의 강성을 높여 강하게 제작하는 방법, 그리고 포고 억제 탱크(pogo suppressor tank)를 붙이는 등의 불안정성 저감 방안이 적용되고 있다.

그림 4.44는 포고 불안정성을 해소할 수 있는 포고 탱크의 개략도를 나타낸 것이다. 추진제 공급라인에 포고 탱크를 연결하여 진동을 저감한다. 수동적 연소 불안정성 저감 방식으로 음향공명기(acoustic cavity)를 로켓 연소실 앞쪽에 사용하여 압력파의 진폭상승을 억제하는 방법도 있다. 음향 공명기는 강제적으로 공명이 발생하게 하여 비정상 운동의 기계 에너지를 감쇠시키는 방식으로 공기흡입식 엔진의 소음을 제거하는 방식으로도 사용되기도 한다.

액체로켓 연소실에서 길이 방향 모드 불안정은 노즐목을 통해 빠져나가기도 하지만 반경방향이나 접선모드의 횡방향 불안정성은 연소실내에서 고주파 불안정을 일으킬 수도 있다.

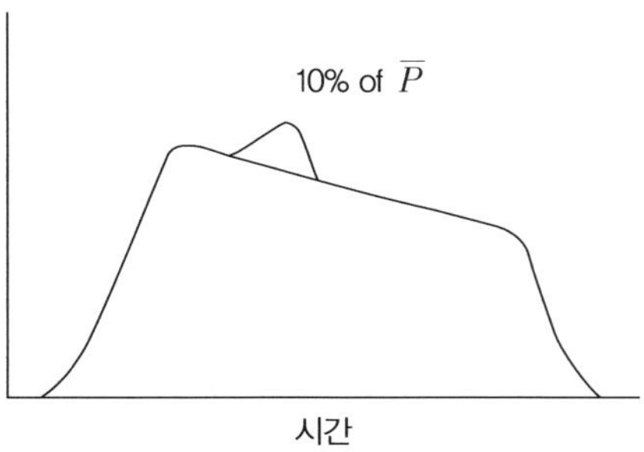

| 그림 4.43 | 동적 안정성 시험 방법

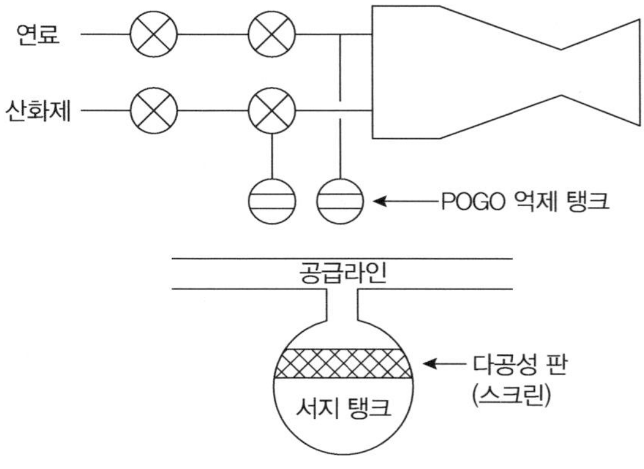

| 그림 4.44 | 포고 불안정성과 저감 방법

고주파 불안정성의 경우 분사기를 재설계하거나 배플(baffle)을 적용하여 저감시키는 방법이 있다. 분사기 포트 직경에 따라 연소영역과 안정성이 달라질 수 있다. 분사기 포트 직경을 작게 설계 변경하면 액적 직경이 작아지고 좁은 영역에서 연소가 일어나며 연소효율이 높지만 열발생이 좁은 영역에서 집중하여 발생하므로 안정성면에서는 좋지 않을 수도 있다. 분사기 포트 직경을 크게 하면 큰 액적이 생기고 보다 넓은 영역에서 연소가 일어나며 연소효율은 약간 감소할 수 있으나 불안정성은 개선될 수 있다. **그림 4.45**는 인젝터 면에 축 방향으로 격벽으로 유동을 구분하는 배플이 적용된 분사기이며, **그림 4.46**은 F-1 엔진 개발 프로젝트 동안 연소 안정성 확보를 위해 연구된 배플 형태이다.

배플은 연소실 내의 고유진동수를 변화시켜 음향 및 연소의 상호작용을 제한하는 효과로 횡 방향 진동 모드를 길이 방향 모드로 변환시켜 횡 방향 음향파의 진동 전파를 억제한다. 또한, 분사 유동장을 외란으로부터 보호한다. 연소실에서의 압력 교란을 방지하는 배플은 고주파 불안정성에 효과적으로 적용될 수 있다. 배플은 배플판(baffle plate)이 사용되지만 배플판 대신에 인젝터 자체를 연결하여 액체 추진제가 흐르게 하면 냉각효과와 함께 횡방향

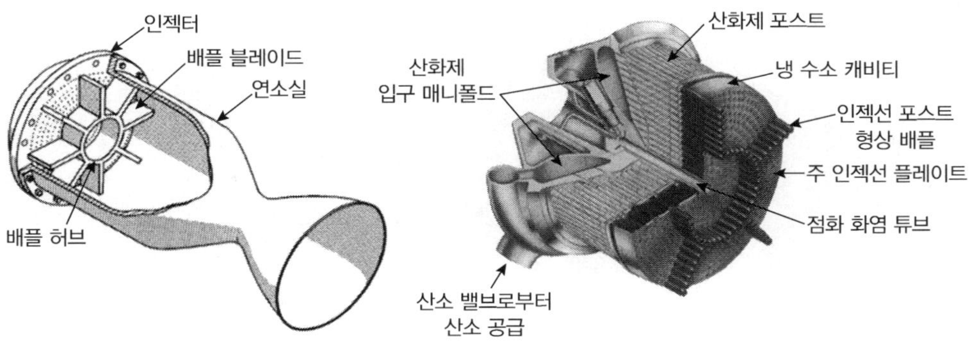

| 그림 4.45 | 배플의 개략도와 SSME에 적용된 실제 배플 인젝터[1]

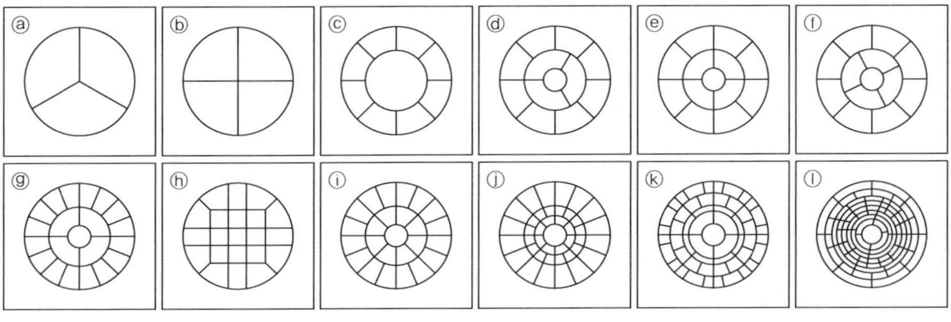

| 그림 4.46 | F-1 엔진 개발 과정에서 사용된 배플 형태[13]

모드 불안정을 차단할 수 있는 분사기 배플도 사용되고 있다. 이외에도 압력변동을 측정하여 연료량을 제어, 연소 불안정성을 능동적으로 제어하는 능동장치(active device)를 사용하거나 분사기, 포트를 재설계한다. 또한, 연소의 작동 조건인 밀도, 연소 시간, 압력 등의 변수를 변경하기도 한다.

예제 4.4 다음과 같은 요구조건을 가지는 액체 추진 로켓의 노즐 목 직경, 노즐 출구 직경, 연소실 길이를 구하라.

요구되는 진공 추력(F)	1t	특성배기속도(c)	2450.3m/s
요구되는 진공 비추력(I_{sp})	249.8sec	특성길이(L^*)	1m
연소 압력(P_0)	2MPa	노즐팽창피(ε)	3.45
대기압(P_a)	0.1MPa	연소효율	94%
노즐 출구압력(P_e)	0.1MPa	비열비(γ)	1.30
연소실 직경(D_c)	150mm	혼합비(r)	2.2

| 풀이 | 추력계수(C_F)는 $P_e - P_a = 0$이므로 다음과 같이 구할 수 있다.

$$C_F = \sqrt{\frac{2\gamma^2}{\gamma-1}\left(\frac{2}{\gamma+1}\right)^{\frac{\gamma+1}{\gamma-1}}\left[1-\left(\frac{P_e}{P_0}\right)^{\frac{\gamma-1}{\gamma}}\right]} + \frac{(P_e-P_0)}{P_0} \times \frac{A_e}{A_t} = 1.392$$

로켓 효율이 94%이므로 특성배기속도와 비추력은 다음과 같다.

$$c = 2450.3 \times 0.94 = 2303.3\text{m/s}$$

$$I_{sp} = 249.8 \times 0.94 = 234.8\text{sec}$$

추력식은 다음과 같이 나타난다.

$$F = \xi C_F P_0 A_t \ \ (\xi\text{: 연소효율})$$

위 식을 이용하여 노즐 면적과 직경을 구하면 다음과 같다.

$$A_t = \frac{F}{\xi C_F P_0} = \frac{1000 \times 9.81}{0.94 \times 1.392 \times 2 \times 10^6} = 0.00375\text{m}^2$$

$$D_t = \sqrt{\frac{4A_t}{\pi}} = 0.069\text{m}$$

$$A_e = A_c \times \varepsilon = 0.00375 \times 3.45 = 0.0129\text{m}^2$$

$$D_e = 0.128\text{m}$$

연소실의 형태가 단순한 원통형이라 가정했을 때 연소실 체적은 다음과 같이 구할 수 있다.

$$L^* = \frac{V_c}{A_t}$$

$$V_c = L^* \times A_t = 1 \times 0.00375 = 0.00375\text{m}^3$$

$$L_c = \frac{V_c}{A_c} = \frac{0.00375}{\pi \times 0.15^2/4} = 0.212\text{m}$$

예제 4.5 다음과 같은 요구조건을 가지는 액체 추진 로켓의 목직경, 노즐출구직경, 연소실 길이, 벨형 노즐 길이를 구하여라. 로켓 노즐은 벨형노즐이고 벨형 노즐의 길이는 노즐 반각이 15도인 원추형 길이의 70%이다.

추진제 종류	LOx/RP-1
요구되는 진공 추력	75t(=75×10^3kgf)
요구되는 진공 비추력	297sec
연소 압력	6.0MPa
작동 고도에서의 배압	0.4436×10^5Pa
비열비	1.30
공연비(γ)	2.45
연소실 특성길이(L^*)	1.2m
연소실 내 유동 마하수	0.2

| 풀이 | 노즐에서 작동 유체가 완전팽창한다고 가정하고, 엔진 작동 시간내 일정한 비추력과 추력을 발생시킨다고 가정하면 필요한 추진제 유량은 다음과 같다.

$$\dot{m} = \frac{F}{I_{sp}g_0} = \frac{75 \times 1000\text{kg} \times 9.8\text{m/s}^2}{297\text{sec} \times 9.8\text{m/s}^2} = 252.525\text{kg/s}$$

공연비 $\gamma = 2.45$일때 연료와 산화제 각각의 유량은 다음과 같다.

$$\dot{m}_f = \frac{\dot{m}}{\gamma+1} = 73.1957\text{kg/s}$$

$$\dot{m}_0 = \dot{m} - \dot{m}_f = 179.33\text{kg/s}$$

작동 고도에서의 압력이 0.4436×10^5Pa이므로, 최적 팽창 가정에서 추력계수는 다음과 같다.

$$C_F = \sqrt{\frac{2\gamma^2}{\gamma-1}\left(\frac{2}{\gamma+1}\right)^{\frac{\gamma+1}{\gamma-1}}\left[1-\left(\frac{P_e}{P_0}\right)^{\frac{\gamma-1}{\gamma}}\right]} = 1.6172$$

연소 압력 6.0×10^6Pa의 조건하에서 연소할 경우, 노즐목의 면적은 다음과 같다.

$$A_t = \frac{F}{P_0 \times C_F} = \frac{75 \times 1000 \times 9.81}{60 \times 10^6 \times 1.6172} = 0.07582\text{m}^2$$

$$D_t = \sqrt{\frac{4A_t}{\pi}} = 0.3107\text{m}$$

$$R_t = 0.1553\text{m}$$

노즐 팽창비를 구하면

$$\frac{1}{\varepsilon} = \frac{A_t}{A} = \left(\frac{\gamma+1}{2}\right)^{\frac{1}{\gamma-1}}\left(\frac{P}{P_0}\right)^{\frac{1}{\gamma}}\sqrt{\frac{\gamma+1}{\gamma-1}\left[1-\left(\frac{P}{P_0}\right)^{\frac{\gamma-1}{\gamma}}\right]} = 0.0833$$

따라서,

$$\varepsilon = 12$$

노즐 팽창비로부터 노즐 출구 면적과 직경은 다음과 같다.

$$A_e = \varepsilon \times A_t = 12 \times 0.07582 = 0.9098\text{m}^2$$

$$D_e = \sqrt{\frac{4A_e}{\pi}} = 1.0763\text{m}$$

$$R_e = 0.5382\text{m}$$

특성길이는 1.2m이므로 연소실 체적은 다음과 같다.

$$V_c = L^* \times A_t = 1.2 \times 0.07582 = 0.0909\text{m}^3$$

연소실 내 유동의 마하수가 0.2이므로,

$$\frac{A_c}{A_t} = \frac{1}{M_c}\left[\left(\frac{2}{\gamma+1}\right)\left(1+\frac{\gamma-1}{2}M_e^2\right)\right]^{\frac{\gamma+1}{2(\gamma-1)}}$$

$$= \frac{1}{0.2}\left[\left(\frac{2}{2.3}\right)\left(1+\frac{0.3}{2}0.2^2\right)\right]^{\frac{2.3}{0.6}} = 2.96$$

$$L_c = L^*\frac{A_t}{A_c} = 1.2/2.96 = 0.405405\text{m}$$

원추형 노즐의 길이는 다음과 같은 식으로 근사적으로 구할 수 있다.

$$L_{n,c} = \frac{R_t(\sqrt{\varepsilon}-1)+R(\sec\alpha-1)}{\tan\alpha}$$

$$= \frac{0.1553\times(\sqrt{12}-1)+0.382\times0.1553(\sec15^\circ-1)}{\tan15^\circ}$$

$$= \frac{0.382+0.002}{0.2679} = 1.43\text{m}$$

또는 다음과 같은 식으로도 근사적으로 구할 수 있다.

$$L_{n,c} = \frac{D_e - D_t}{2\tan\alpha} = \frac{0.7656}{0.5358} = 1.43\text{m}$$

벨형 노즐의 길이는 원추형 노즐의 70% 에 해당하므로 다음과 같다.

$$L_{n,b} = 0.7L_{n,c} = 1.00\text{m}$$

4.5 터보 펌프

터보 펌프 추진제공급방식에서 추진제를 연소실로 공급하기 위해서는 산화제와 연료에 펌프가 필요하며, 펌프를 구동시키기 위한 터빈이 필요하다. 터보 펌프시스템의 수력학적인 문제뿐만 아니라 구조설계상의 문제로서, 액체로켓 엔진의 터보 펌프시스템에는 다음과 같은 기술적인 고려가 필요하다. 우선, 액체산소 등 반응성이 강한 액체를 취급하기 때문에, 엔진 내의 운동 부분에서조차도 필요한 부분의 기밀(sealing)이 완전하여야 한다. 또 저온추진제의 경우에는 극저온 환경에 견디는 재료의 선택, 또는 터보 펌프의 온도가 극저온부터 고온의 영역에서 작동하므로 설계에 열응력의 문제가 고려되어야 한다. 또한, 추진제를 이용한 베어링의 냉각, 윤활에 대해서도 특별한 기술이 요구된다. 펌프 출구에서 추진제의 압력은 연소실 압력과 이송 장치 및 배관의 압력손실을 합한 것보다 높아야 한다.

그림 4.47은 액체 추진제 로켓 엔진의 액체수소를 연료로 사용하는 터보 펌프 예를 나타낸 것이다. 펌프는 터빈에 의해 구동되는데 F−1, RS−27과 같은 엔진은 산화제펌프와 연료펌프가 동일한 축에서 펌프가 구동되지만 SSME, J−2, LE−7등 엔진에서는 산화제펌프와 연료펌프가 다른축으로 구동되며 회전수도 다르다. LE−7엔진에서 터보 펌프는 직결 1축식 타입이고, 펌프는 터빈보다도 큰 동축 샤프트에 의해 구동된다. 펌프 임펠러는 2단이고, 임펠러 앞에는 작은 축류 단으로 인듀서(inducer)가 설치되어 있다. 인듀서는 주 펌프로 들어가는 압력을 약 5~10% 높여 주어서 펌프에서 공동현상(cavitation)을 방지해 줄 수 있다. 터빈은 1단 충돌식으로 축류는 액체 수소에 의해 냉각되고 있다. **표 4.19**는 대표적인 액체 추진제 로켓의 펌프 특성을 나타내고 있다.

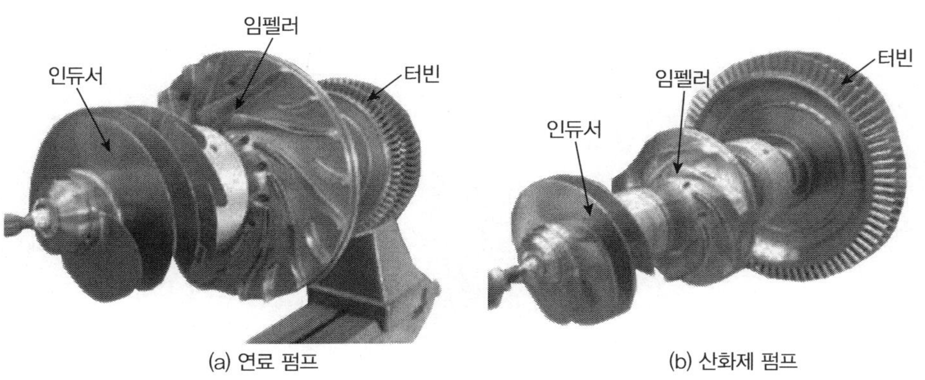

| 그림 4.47 | 액체 추진 로켓용 수소 터보 펌프 예[21]

표 4.19 액체로켓용 펌프 예

엔진 명칭 (로켓)	산화제 연료	연소 압력 (kgf/cm^2)	터빈 출력(PS)	터빈 회전수(rpm)	펌프 회전수(rpm)
V–2	액체산소 알코올	15.4	–	3,800	3,800
F–1 (새턴–V)	액체산소 RP–1	78.5	52,900	5,488	5,488
J–2 (새턴–V)	액체산소 액체수소	48.0	10,889	8,698 27,168	8,698 27,168
SSME (스페이스셔틀)	액체산소 액체수소	210.0	103,800	5,000 15,500	22,250 34,300

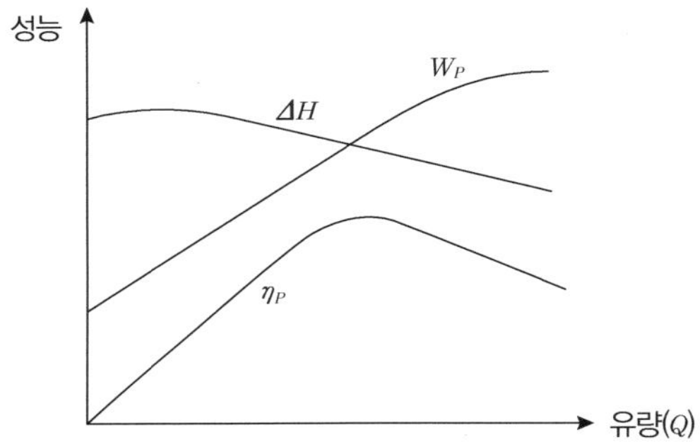

| 그림 4.48 | 유량(Q)변화에 따른 원심형 펌프의 특성곡선

Δh_o와 펌프유량(질량) $\dot{m}$의 곱은 펌프에 의해 유체에 가해지는 동력 $\dot{W}_p$와 같다.

즉,

$$\dot{m}\Delta h_o = \dot{W}_p \tag{4.14}$$

펌프효율 η_p는

$$\eta_p = \frac{\Delta H_p \dot{m}_p g}{W_p} = \frac{\Delta H_p Q \rho g}{W_p} \tag{4.15}$$

으로 나타낼 수 있다.

펌프의 운전조건을 나타내는 변수로서는 펌프 헤드(ΔH), 체적 유량(Q), 축동력(W_p), 효율(η_p), 회전수(N)가 있다. 가로축을 체적 유량(Q)으로 하여 이 변수들의 변화를 나타낸 것을 펌프의 특성곡선이라 하며 회전수(N)가 일정할 때 **그림 4.48**과 같이 나타낼 수 있다.

산화제펌프와 연료펌프에서 산화제와 연료는 밀도가 다르므로 펌프 성능을 나타내는 지표로 펌프 입구와 출구 압력 상승인 차압(ΔP)를 사용하는 대신에 압력 상승 밀도로 나눈 헤드(head)를 사용하는 것이 편리하다. 헤드는 양정 또는 수두라 불리기도 한다. 펌프의 설계에는 다음과 같이 정의되는 헤드를 이용한다.

$$\Delta H_p = \left(\frac{P_d}{\gamma} - \frac{P_s}{\gamma}\right) + \left(\frac{v_d^2}{2g} - \frac{v_s^2}{2g}\right) + (Z_d - Z_s) \tag{4.16}$$

펌프 입구(suction)와 출구(discharge) 사이의 속도와 위치에 의한 헤드를 무시하면 다음과 같이 간략히 나타낼 수 있다.

$$\Delta H_p = \frac{\Delta P}{\gamma} \tag{4.17}$$

ΔP는 펌프발생압력차, γ는 추진제 비중량($= \rho g$)이고, 헤드의 단위는 m이다. 하첨자 p는 펌프를 표시한다. 체적 유량 Q는

$$Q = \frac{\dot{m}_p}{\rho} \tag{4.18}$$

펌프 구동에 필요한 동력 W_p는

$$W_p = \frac{\Delta H_p \dot{m}_p g}{\eta_p} \tag{4.19}$$

가 된다. 여기서 η_p는 펌프 효율이고, W_p의 단위는 Nm/s이다. 펌프의 압력 상승 ΔP는 펌프의 회전수, 유량, 유체밀도, 직경의 함수이다. 즉 $\Delta P = f(N, Q, \rho, D)$가 되는데 차원해석에 의해 다음 관계가 성립한다.

$$\frac{\Delta P}{\rho N^2 D} = f\left(\frac{N\sqrt{Q}}{(\Delta P/\rho)^{3/4}}, \frac{D(\Delta P/\rho)^{1/4}}{Q^{1/2}}\right) \tag{4.20}$$

$$\frac{\Delta P}{\rho N^2 D} = f(N_s,\ D_s) \tag{4.21}$$

여기서 N_s는 비회전수, D_s는 비직경이라 부른다. 비속도(specific speed) N_s는 다음과 같이 정의된다.

$$N_s = \frac{NQ^{1/2}}{(g_o \Delta H_p)^{3/4}} \tag{4.22}$$

여기에서 N, Q, ΔH에 사용되는 단위는 rpm, m^3/min, m이다. 펌프에 적합한 형상은 N_s에 의해 따라 달라지고, N_s가 커짐에 따라 펌프는 축류 형에 가깝게 된다.

주어진 비회전 속도에 적합한 터보 펌프의 형상은 비회전 속도가 증가함에 따라 **그림 4.49**에서와 같이 레이디얼형, 플란시스형 등의 원심형에서, 혼류형(mixed flow), 축류형과 같이 변한다.

그 다음 펌프 헤드 계수 ζ에 의해 펌프 임펠러 외경을 구해보자. 여기서 펌프 헤드 계수 ζ는 다음과 같이 정의된다.

$$\zeta = \frac{\Delta H_p}{(u_2^2/g)} \tag{4.23}$$

여기서 하첨자 2는 펌프 출구를 표시한다. u_2는 임펠러의 원주 속도 또는 회전익렬의 평균 유효 직경에 대한 원주 속도이다. 로켓 엔진에서 사용되는 터보 펌프에서 헤드 계수 ψ는 단단 원심형 펌프에 대해서는 0.2~0.7이고, 다단 축류형 펌프에 대해서는 1.5~2.0의 범위의 값이 된다. ζ는 비교회전수 N_s와 임펠러 출구 각도 β_2에 의해 구해지지만 통상 사용되는 $\beta_2 =$ 20~25°에서 $\zeta =$ 0.5~0.6이다. 펌프 출구에서의 유동 속도 u_2가 구해지면 펌프 외경은 다음과 같다.

$$D_2 = \frac{u_2}{(\pi N/60)} \tag{4.24}$$

축동력계수 λ는 축동력($\dot{W}$)을 사용하여 다음과 같이 정의할 수 있다.

$$\lambda = \frac{\dot{W}}{\eta_t \Delta H_t} \tag{4.25}$$

이제 터빈의 설계에 대해서 알아보자. 터빈의 필요 동력 식을 통해 터빈의 필요 질량 유량을 구하면 다음과 같다.

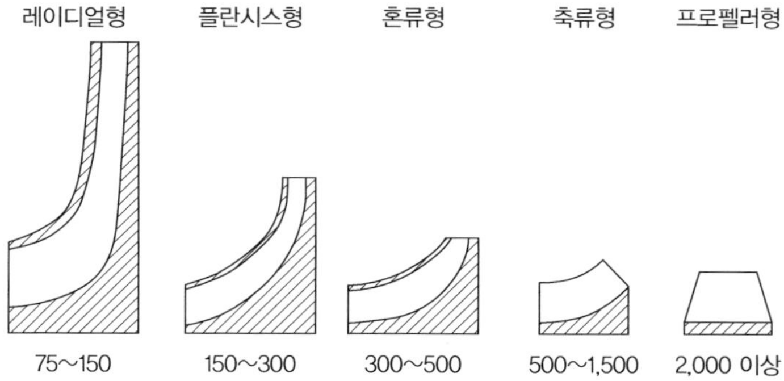

| 그림 4.49 | 비회전수(N_s) 변화에 따른 적합한 임펠러 형상

$$\dot{m}_t = \frac{\dot{W}_t}{\eta_t \Delta H_t} \tag{4.26}$$

여기서 터빈 엔탈피 강하(enthalpy drop) ΔH_t는

$$\Delta H_t = c_p T_3 [1 - (P_4/P_3)^{\frac{\gamma-1}{\gamma}}] \tag{4.27}$$

$$\dot{W}_t = c_p \dot{m}_{GG} \Delta T_3 [1 - (P_4/P_3)^{\frac{\gamma-1}{\gamma}}] \tag{4.28}$$

로 구해진다. 하첨자 3, 4는 터빈 입구와 출구를 의미한다. 충동터빈을 사용할 때 터빈 효율 η_t는 터빈 속도비 u_3/c_o를 매개변수로 하여 **그림 4.50**과 같이 나타낸다.

여기서 u는 터빈 속도, c_0는 이론팽창속도이고, 다음 식으로 주어진다.

$$c_0 = \sqrt{2\Delta H_t} \tag{4.29}$$

그림 4.50에 의해 u_3/c_0변화에 따른 효율을 결정할 수 있다.

터빈 외경은 이 주위속도로부터 펌프와 같은 모양으로 결정할 수 있다.

$$D_3 = \frac{u_3}{(\pi N/60)} \tag{4.30}$$

액체로켓 추진제 펌프 유동에서 공동현상(cavitation)이 일어나지 않도록 주의하여야 한다. 공동현상은 액체 중에 기포가 발생하는 현상으로 공동현상이 일어나 기포가 생기고 증기압보다 높은 영역에서 기포가 파괴될 때까지 유동은 불안정해지고 진동 소음이 발생하며 성능이 저하되고, 격렬한 반응을 하게 되어 펌프 구동이 멈출 수도 있다.

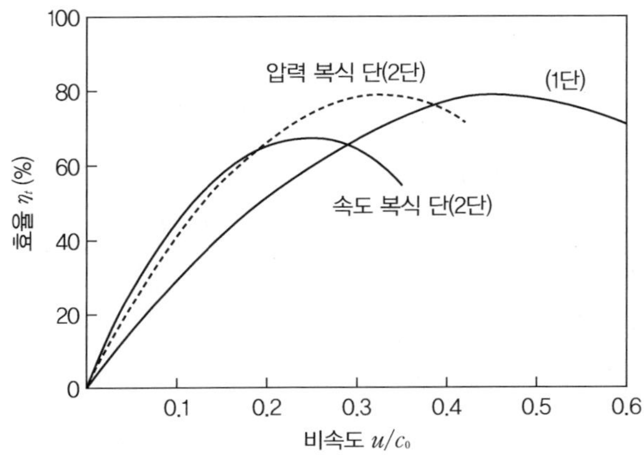

| 그림 4.50 | 터빈 입구 비회전 속도에 따른 터빈효율 변화

로켓의 추진제 탱크로부터 작은 가압이 있어 펌프 입구로 추진제가 압송되는 상태를 생각해보자. 추진제 유로 관내로 흡입되는 유동은 탱크 가압에서 액체 저항 때문에 압력 강하가 있게 된다. 펌프의 입구에서는 약간의 압력 강하가 일어나고, 흡입 헤드를 H_s라 하는데, 탱크 압력 헤드보다 약간 낮아지게 된다. 이 상태에서 펌프에 유입되면 액체 압력이 날개 표면에 의해 가속되는 것에 의해서 입구 정압에 의해 더 낮아진 후에 펌프 블레이드에 의한 압력 에너지를 받아 유동 압력은 상승하게 되며, 이 현상들을 **그림 4.51 (a)**에 도식적으로 나타내었다.

공동현상이 있을 때 이 익면에 최저 압력이 액의 포화 증기압 헤드 H_{vs}보다 낮게 될 때 **그림 4.51 (b)**와 같은 상태가 될 때 발생한다. 이 압력 강하를 $\Delta H'$로 표현하고 공동현상(cavitation)이 발생하지 않기 위해서는 펌프 입구 정압에서 압력 강하된 압력은 펌프 유동의 증기압보다 커야 한다. 수식으로 표현하면 다음과 같다.

$$\left(H_s - \frac{v_1^2}{2g}\right) - \Delta H' > H_{vp} \tag{4.31}$$

속도 벡터 성분을 우변으로 이동하면

$$H_s - H_{vp} > \Delta H' + \frac{v_1^2}{2g}$$

이 되고, $\Delta H' + v_1^2/2g = \Delta H$이므로 다음과 같이 된다.

$$H_s - H_{vp} > \Delta H \tag{4.32}$$

$(H_s - H_{vp})$를 순 흡입 헤드(NPSH, Net Positive Suction Head)이라 부르며, ΔH를 요구 흡입

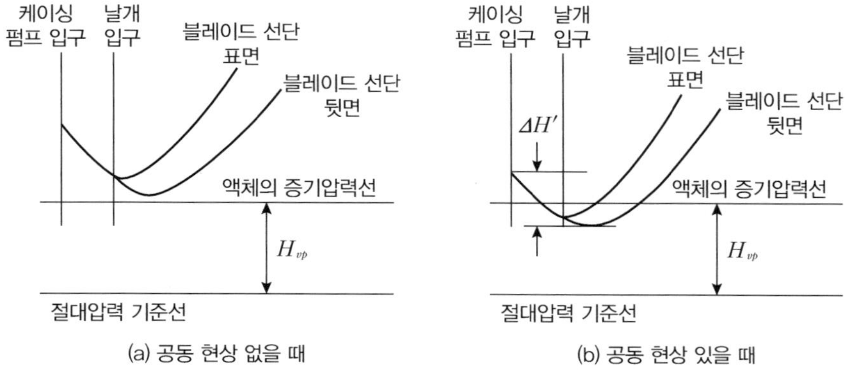

| 그림 4.51 | 펌프 입구 날개에서의 압력 강하 및 상승

헤드라고 부른다. 순 흡입 헤드는 추진제를 공급하는 측으로부터 펌프 입구에 흡입 헤드가 되며 탱크 압을 높이는 것에 의해서 조절 가능하다. 요구 흡입 헤드는 펌프 자체에 기인하는 필요 흡입 헤드며 펌프의 고유값이다. 순 흡입 헤드를 $NPSH_a$, 요구 흡입 헤드를 $NPSH_r$라 하면 공동현상이 발생하지 않기 위해서는 다음 조건이 만족되어야 한다.

$$NPSH_a > NPSH_r \tag{4.33}$$

로켓 탱크로부터 추진제가 공급되는 경우에 $NPSH_a$는

$$(H_s)_a = H_{tank} + H_z - H_f - H_{vp}$$

$$NPSH_a = \frac{P_t}{\gamma} + z - \frac{\Delta P_f}{\gamma} - H_{vp} \tag{4.34}$$

이 된다. 여기에서 P_t는 탱크 압력, z는 액면까지의 높이, ΔP_f는 마찰 손실, γ는 비중량이다. **그림 4.52**는 여러 가지 펌프에 관여되는 압력 헤드를 나타내고 있다. 기체가 가속 중일 때는 위치 헤드는 가속 식에 의해서 수정되어야 한다.

$NPSH_a$를 아는 것은 비교적 용이하지만, $NPSH_r$는 간단하게 구하기 쉽지 않다. 일반적으로는 완성된 펌프 날개차를 실험 장치에 넣어서 **그림 4.53**에 표시한 바와 같이 입구압력을 낮추어 가면서 실험을 수행한다. **그림 4.53**에서 펌프 입구압력을 낮추면 공동현상 영역에 빠지는 것을 알 수 있고, 펌프 출구압력이 2% 다운된 것을 $NPSH_r$로 한다.

경험적인 과거의 데이터로부터 $NPSH_r$을 추정하게 된다. 로켓용의 터보 펌프에서는 펌프

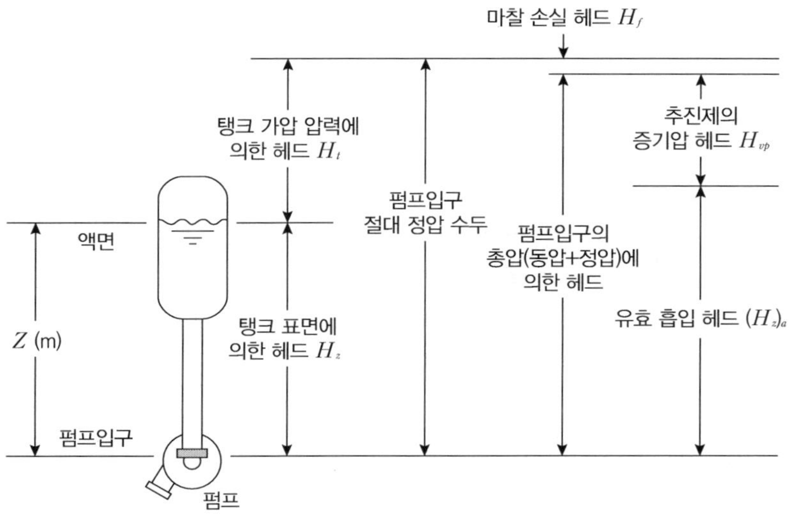

| **그림 4.52** | 펌프 헤드의 정의

입구의 압력을 높이기 위해 임펠러 직전에 동축의 소형 펌프인 인듀서를 설치한다. 펌프 입구 앞에 설치한 인듀서의 압력상승은 조금만 있으면 되기 때문에 비회전 속도 N_s는 크게 되며, 따라서 인듀서와 펌프는 동축형 형상의 펌프가 된다.

로켓 추진제 펌프 인듀서의 성능은 **그림 4.54**와 같이 흡입 비회전 속도 S_s와 유량계수 $\phi = C_{m1}/u_{t1}$에 의해 정의된다. C_{m1}은 입구 축방향 속도, u_{t1}은 입구 팁 속도이다.

입구 비속도 S_s는

$$S_s = \frac{NQ^{1/2}}{NPSH_r^{\ 3/4}} \tag{4.35}$$

와 같이 정의된다. 여기에서 N은 회전수(rpm), Q는 체적 유량(m^3/min)이다. 또 $NPSH_r$의 단위는 m이다. **그림 4.54**의 세로축은 수정 흡입 비속도이며 다음과 같다.

$$\frac{S_s}{\sqrt{1-\nu^2}} = \frac{S_s}{\sqrt{1-(D_b/D_t)^2}} \tag{4.36}$$

여기서 D_t는 인듀서 입구의 팁 직경, D_b는 펌프 직경이다.

S_s가 크게 되는 것은 $NPSH_r$가 작아지는 것에 상응하기 때문에 그림에 있어서 위에 있는 것이 고성능 인듀서가 된다. 또 그림과 같이 ϕ가 작아지게 될 때 S_s는 상승하기 때문에 ϕ가 작아지는 것에 많은 주의가 필요하다. 그림 중에 실선이 없는 곳이나, 그 연장선에 ϕ를 얻는 것은 인듀서의 작동 점이 닿는 곳에서 유량이 작게 될 때의 헤드의 극한값이나 역류가 발생할 위험이 있다. ϕ를 결정할 때에는 아래에 의해 인듀서 샤프트 직경 D_t를 구하는 것이 가능하다.

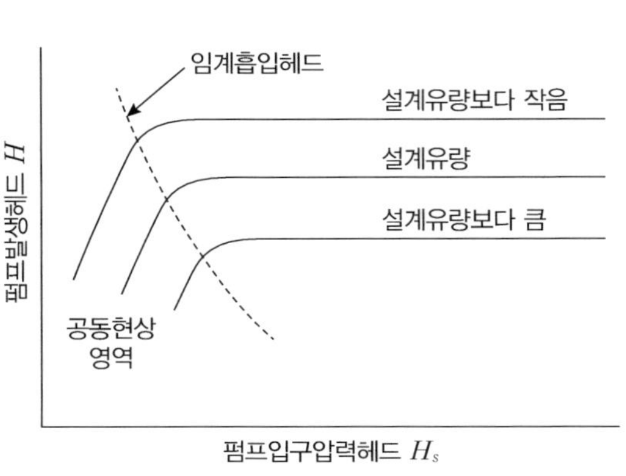

| 그림 4.53 | 펌프입구압력 감소에 따른 캐비테이션 영역의 발생

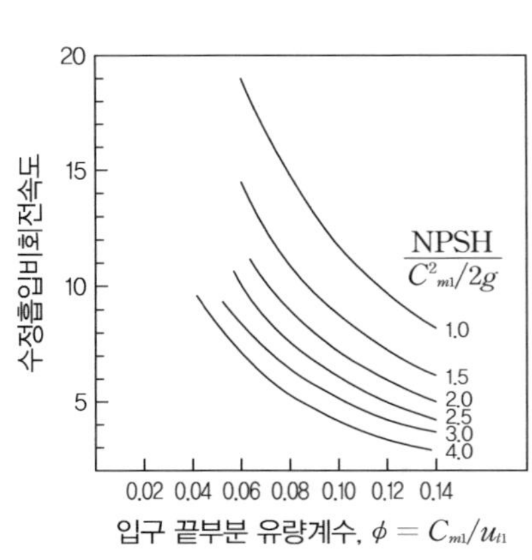

| 그림 4.54 | 극저온 인듀서, 펌프에 의해 얻어지는 흡입 비속도[5]

$$\phi = \frac{C_{m1}}{u_{t1}} = \frac{\left[\dfrac{4Q}{\pi D_t^2(1-\nu^2)}\right]}{\left[\dfrac{\pi N D_t}{60}\right]} \tag{4.37}$$

$$D_t = \left(\frac{240Q}{\phi\pi^2 N(1-\nu^2)}\right)^{\frac{1}{3}} \tag{4.38}$$

$NPSH_r$은 선택된 직경에 의해 그림으로부터 얻어진 S_s에 의해서 구할 수 있다.

$$NPSH_r = \left[\frac{NQ^{\frac{1}{2}}}{S_s}\right]^{\frac{4}{3}} \tag{4.39}$$

$NPSH_a$는 이와 같이 얻어진 $NPSH_r$에 충분히 여유를 더하여 결정하지 않으면 안 된다. 회전수 N이 저속이면 $NPSH_r$이 작아지고, 흡입 성능은 좋아지지만 N이 적을 때 펌프와 터빈이 커지기 때문에 설계상의 균형이 중요하게 된다.

예제 4.6 연소실 압력 $P_0 = 4.0$MPa, 추력 100kN, 노즐 면적비 100, 추진제 혼합비 5.5인 액체산소-액체수소 로켓의 연료 펌프를 설계하고자 한다. 산화제 펌프와 연료 펌프의 출구 압력 상승을 구하라. 산화제 배관의 압력 손실 0.7MPa, 산화제 분사기 차압은 P_0의 30%, 연료 배관의 압력 손실은 재생냉각튜브에서의 압력 손실을 포함하여 총 1.5MPa, 연료 분사기 차압은 P_0의 15%, 산화제 펌프 입구압력 0.42MPa, 연료 펌프 입구압력 0.22MPa이다.

| 풀이 | ① 산화제 펌프의 출구압력은

$$P_d = \Delta P_{loss} + \Delta P_{inj} + P_0 = 0.7 + 0.3\times4 + 4 = 5.9\text{MPa}$$

펌프의 압력상승은

$$\Delta P_{pump} = P_d - P_s = 5.9 - 0.42 = 5.48\text{MPa}$$

이 된다.

② 연료 펌프 출구압력은

$$P_d = \Delta P_{loss} + \Delta P_{inj} + P_0 = 1.5 + 0.15\times4.0 + 4.0 = 6.1\text{MPa}$$

펌프의 압력상승은 다음과 같다.

$$\Delta P_{pump} = P_d - P_s = 6.1 - 0.22 = 5.88\text{MPa}$$

예제 4.7 연소실 압력 $P_0 = 4.0$MPa, 추력 100kN, 노즐 면적비 100, 추진제 혼합비 5.5인 액체산소-액체수소 로켓의 터보 펌프를 설계하고자 한다. 산화제와 연료 펌프에 필요한 구동 동력과 펌프의 외경을 구하라. 산화제 펌프 회전수 $N_{ox} = 16000$rpm, 연료 펌프 회전수 $N_f = 46000$rpm,

$\rho_{ox}=1.14\times10^3$kg/m^3, $\rho_f=0.07\times10^3$kg/m^3, $\zeta_{ox}=\zeta_f=0.55$, 펌프 효율 $\eta_{ox}=0.75$, $\eta_f=0.80$, 단 $\dot{m}_{ox}=19.0$kg/s이고, $\dot{m}_f=3.5$kg/s이며, $\Delta P_{ox}=4.9$MPa, $\Delta P_f=5.4$MPa이다.

| 풀이 | ① 산소 펌프 헤드

$$\Delta H_{pox}=\frac{\Delta P_{ox}}{\rho_{ox}g}=\frac{4.9\times10^6}{1.14\times10^3\times9.81}=438.1\text{m}$$

수소 펌프 헤드

$$\Delta H_{pf}=\frac{\Delta P_f}{\rho_f g}=\frac{5.4\times10^6}{0.07\times10^3\times9.81}=7863.7\text{m}$$

② 체적 유량을 구해보면

$$Q_{ox}=\frac{\dot{m}_{pox}}{\rho_{ox}}=\frac{19.0}{1.14\times10^3}=0.0167\text{m}^3/\text{s}$$

$$Q_f=\frac{\dot{m}_{pf}}{\rho_f}=\frac{3.5}{0.07\times10^3}=0.05\text{m}^3/\text{s}$$

③ 비교회전수 N_s를 구해보면

$$N_{soox}=\frac{N_{ox}\sqrt{Q_{ox}}}{\Delta H_{pox}^{3/4}}=\frac{16000\sqrt{0.0167\times60}}{438.1^{3/4}}=167.3$$

$$N_{sf}=\frac{N_f\sqrt{Q_f}}{\Delta H_{pf}^{3/4}}=\frac{46000\sqrt{0.05\times60}}{7863.7^{3/4}}=95.4$$

④ 펌프 구동에 필요한 동력은

$$\dot{W}_{ox}=\frac{\Delta H_{pox}\dot{m}_{pox}g}{\eta_{pox}}=\frac{438.1\times19.0\times9.81}{0.75}=108880\text{N}\cdot\text{m/s}$$

$$\dot{W}_f=\frac{\Delta H_{pf}\dot{m}_{pf}g}{\eta_{pf}}=\frac{7863.7\times3.5\times9.81}{0.80}=337500\text{N}\cdot\text{m/s}$$

⑤ 펌프 주속은 식 (4.23)에 의해 가정된 헤드 계수에 의해

$$u_{2ox}=\sqrt{\frac{g\Delta H_{pox}}{\zeta}}=\sqrt{\frac{9.81\times438.1}{0.55}}=88.4\text{m/s}$$

$$u_{2f}=\sqrt{\frac{g\Delta H_{pf}}{\zeta}}=\sqrt{\frac{9.81\times7863.7}{0.55}}=374.5\text{m/s}$$

⑥ 산화제와 연료 펌프 외경은

$$D_{2ox}=\frac{u_{2ox}}{\left(\frac{\pi N_{ox}}{60}\right)}=\frac{88.4}{\left(\frac{\pi\times16000}{60}\right)}=0.106\text{m}$$

$$D_{2f}=\frac{u_{2f}}{\left(\frac{\pi N_f}{60}\right)}=\frac{374.5}{\left(\frac{\pi\times46000}{60}\right)}=0.1565\text{m}$$

예제 4.8 가스제너레이터가 터빈을 구동하고 터빈에 연결된 펌프가 연료와 산화제 펌프를 각각 구동하여 추진제를 공급하는 터보펌프식 추진제 공급방식의 액체로켓이 있다. 다음과 같은 조건과 설계사양이 주어진다.

요구추력: 735kN, 연소시간: 180초, 비추력: 300.7sec, $r = O/F = 2.2$, $P_0 = 6.0$MPa, 연료와 산화제의 분사차압($\varDelta P_{inj}$)은 각각 1.0MPa, 연료펌프의 압력상승($\varDelta P_{p,f}$) = 6.8MPa, 산화제 펌프의 압력상승($\varDelta P_{p,ox}$) = 6.6MPa, $\rho_{ox} = 1400$kg/m^3, $\rho_f = 780$kg/m^3, $\eta_p = 0.7$, $\eta_t = 0.8$

가스제너레이터 연소실의 온도와 압력은 각각 670K, 3.5MPa이고 터빈의 출구압력은 0.18MPa이다. 가스제너레이터에서 발생되어 터빈을 지나는 가스의 분자량은 20.19이고, $c_p = 1.9$kJ·K, $\gamma = 1.26$이다. 연료펌프의 각속도기준 비속도 $N_{s,f} = 0.44$, 산화제 펌프의 각속도기준 비속도 $N_{s,ox} = 0.66$이다. 산화제는 25℃에서 탱크에서 저장되어 있고, 산화제는 0.4MPa에서 $\varDelta P_{p,ox}$만큼 승압된다. 25℃에서 증기압은 0.12MPa이다. 연료 펌프와 산화제 펌프에 필요한 동력, 가스제너레이터에서 발생하여 터빈을 통과하는 가스의 질량유량, 연료 펌프와 산화제 펌프의 회전속도, 산화제 펌프 입구에서의 NPSH와 각속도기준 흡입 비속도를 구하라.

| 풀이 | ① 추진제 질량유량

$$\dot{m}_p = \frac{F}{I_{sp}g} = \frac{735\times10^3}{300.7\times9.81} = 249.16\text{kg/s}$$

연료 질량유량

$$\dot{m}_f = \frac{1}{1+\gamma}\dot{m}_p = \left(\frac{1}{1+2.2}\right)249.16 = 77.86\text{kg/s}$$

산화제 질량유량

$$\dot{m}_{ox} = \frac{1}{1+\gamma}\dot{m}_p = \left(\frac{2.2}{1+2.2}\right)249.16 = 171.3\text{kg/s}$$

연료 체적유량

$$Q_f = \frac{\dot{m}_f}{\rho_f} = \frac{77.86}{780} = 0.0998\text{m}^3\text{/s}$$

산화제 체적유량

$$Q_{ox} = \frac{\dot{m}_{ox}}{\rho_{ox}} = \frac{171.3}{1400} = 0.122\text{m}^3\text{/s}$$

연료 펌프에 필요한 동력

$$\dot{W}_f = Q_f\varDelta P_{p,of} = 0.0998\times(6.8\times10^6) = 0.679\times10^6\text{W}$$

산화제 펌프에 필요한 동력

$$\dot{W}_{ox} = Q_{ox}\varDelta P_{p,ox} = 0.122\times(6.6\times10^6) = 0.805\times10^6\text{W}$$

펌프효율을 고려할 때 전체 펌프에 필요한 실제 동력

$$\dot{W}_p = \frac{(0.679+0.805)\times10^6}{0.7} = 2.12\times10^6\text{W}$$

펌프를 구동하기 위한 터빈 필요 동력

$$\dot{W}_p = \frac{2.12\times10^6}{0.8} = 2.65\times10^6\text{W}$$

② 터빈 필요 동력만큼 사용한 후 터빈 입구와 터빈 출구 온도는 떨어질 것이다.

$$\dot{W}_t = c_p\dot{m}_{GG}\Delta T = c_p\dot{m}_{GG}\Delta T_{GG}\left[1-\left(\frac{P_{T,e}}{P_{T,i}}\right)^{\frac{\gamma-1}{\gamma}}\right]$$

$$= 1900\times\dot{m}_{GG}\times670\left[1-\left(\frac{0.18}{3.5}\right)^{\frac{1.26-1}{1.26}}\right] = 0.58\times10^6\dot{m}_{GG}$$

즉, $2.65\times10^6 = 0.58\times10^6\dot{m}_{GG}$에서 $\dot{m}_{GG} = 4.57\text{kg/s}$

③ 연료 펌프에 대하여

$$N_{s,f} = \frac{w\sqrt{Q_f}}{(g\Delta H_f)^{3/4}} \text{ 여기서 } \Delta H_f = \frac{\Delta P_{p,f}}{\rho_f g} = \frac{6.8\times10^6}{780\times9.81} = 886.7\text{m}$$

연료 펌프의 각속도 기준 비속도

$$N_{s,f} = \frac{w\sqrt{0.0998}}{(9.81\times886.7)^{3/4}} = 3.51\times10^{-4}w \text{ 여기서 } w\text{는 각속도이며 } w = \frac{2\pi N}{60}$$

$$N_{s,f} = 0.44 = 3.51\times10^{-4}\times\frac{2\pi N}{60}\text{에서 } N_f = 11971\text{rpm}$$

같은 방법으로 산화제 펌프에 적용하자.

산화제 펌프의 각속도 기준 비속도

$$N_{s,ox} = \frac{w\sqrt{Q_{ox}}}{(g\Delta H_{ox})^{3/4}} \text{ 여기서 } \Delta H_{ox} = \frac{\Delta P_{p,ox}}{\rho_{ox} g} = \frac{6.6\times10^6}{1400\times9.81} = 480.6\text{m}$$

$$N_{s,ox} = \frac{w\sqrt{0.122}}{(9.81\times480.6)^{3/4}} = 6.14\times10^{-4}w,\ w = \frac{2\pi N}{60}$$

$$N_{s,ox} = 0.66 = 6.14\times10^{-4}\times\frac{2\pi N}{60}\text{에서 } N_{ox} = 10265\text{rpm}$$

④ $NPSH = \dfrac{P_a - P_{vp}}{\rho g},\ N_{ss} = \dfrac{w\sqrt{Q}}{(NPSHg)^{3/4}}$

$$NPSH = \frac{(0.4-0.12)\times10^6}{9.81\times1400} = 20.4\text{m}$$

$$\text{각속도 기준 흡입 비속도 } N_{ss} = \frac{\frac{2\pi+10265}{60}\sqrt{0.122}}{(20.4\times9.81)^{3/4}} = 7.057$$

연 습 문 제

01 다음과 같은 조건으로 액체산소/액체수소 추진제 조합을 사용하는 액체로켓 엔진의의 추력실을 설계하고자 한다.

연소실 압력: $P_0 = 6\times10^6$Pa, 연소실 가스온도: $T_0 = 3{,}400$K,

설계추력: $F = 700$kN, 추진제: LOx와 LH_2, 추진제 혼합비: 5.20 ,

대기압: $P_a = 11$kN/m^2, 연소가스 비열비: $\gamma = 1.21$, 연소가스 분자량: $M_w = 12.0$kg/kmol, 액체산소; 밀도 $\rho_{LOX} = 1144$kg/m^3, 액체수소밀도; $\rho_{LH2} = 70.8$kg/m^3,

추력교정(수정)계수 = 0.96, 일반기체상수 $R_u = 8.314$kJ/kmol·K

① 원추형노즐이라 가정할 때 노즐반각(α)을 구하라.

② 추력계수(C_F)를 구하라.

③ 노즐의 목면적(A_t)과 노즐 목직경(D_t)을 구하라.

④ 로켓 노즐을 통해 배출되는 질량유량($\dot{m}$)을 구하라.

⑤ 노즐 팽창비(ε)와 유효배기제트의 마하수(M_e)를 구하라.

⑥ 노즐 출구 면적(A_e)을 구하라.

⑦ 비추력(I_{sp}), 특성속도(c^*), 유효배기제트속도(c)를 각각 구하라.

⑧ 노즐의 특성길이(L^*)를 0.9m로 가정할 때, 연소실의 체적(V_c)을 구하라.

⑨ 가스가 연소실에 체류하는 시간(τ)을 구하라.

02 액체로켓 엔진에서 연소실로 공급되는데 연소실의 압력과 온도는 각각 6MPa, 3800K이다. 체류시간이 0.7ms 일 때, 원통형 연소실의 길이를 구하라. 연소는 순간적으로 발생한다고 가정하고 연소실 내 연소가스는 마하 0.3의 유동을 생성한다. $\gamma = 1.2$이고, 생성 가스의 분자량은 25이다.

03 연소실 압력 $P_0 = 3.43$MPa, 추력 98,000N, 노즐 면적비 140, 추진제 혼합비 5.5인 액체산소-액체수소 로켓의 연소실을 설계하고자 한다. 노즐 목면적, 연소실의 각종 제원, 노즐출구직경, 노즐 길이를 구하라. 노즐추력계수 $C_F = 1.917$, 특성길이 $L^* = 0.7$m, 연소실의 축소비 2.0이고 노즐 길이는 원추형 노즐의 80%이다.

04 액체산소와 액체수소를 추진제로 사용하는 액체 추진로켓이 연소실압력 6.9MPa 일 때, 44.5kN의 추력이 발생한다. 이때 혼합비(O/F)는 3.4이며, 연소가스 평균 분자량은 16.0kg/kg-mol이다. 연소실 온도는 3,200K이고, 비열비는 1.26이다. $P_e = P_a = 10.89$kPa인 고도에서 노즐은 최적상태로 작동하도록 설계되어 있다. 로켓은 150초 작동하도록 추진제가 공급된다. 시작과 정지 병진 운동과 사용할 수 없는 잔류 추진제를 고려한 추가시간은 2초로 간주한다. 일반기체 상수는 8.314 $\times 10^3$J/kmol·K이다. 실제 비추력은 이론 비추력의 97%이고, 실제 추력계수는 이론 추력계수의 98%라고 가정한다. 액체산소의 밀도는 1,140kg/m^3이고, 액체수소의 밀도는 70.8kg/m^3으로 가정한다.

① 노즐을 통해 빠져나가는 연소가스의 유효배기속도를 구하라.

② 비추력을 구하라.

③ 추력계수를 구하라.

④ 노즐 목 면적, 노즐 출구 면적, 노즐면적팽창비(ε)을 구하라.

⑤ 150초 작동하는데 필요한 산화제, 연료, 추진제의 중량유량을 각각 구하라.

⑥ 150초 작동하는데 필요한 산화제, 연료, 추진제의 체적유량을 각각 구하라.

⑦ 연료와 산화제의 탱크를 비교 설명하라.

05 고도 15km일 때 최적 노즐 설계가 되도록 어떤 액체로켓엔진을 설계하고자 한다. 이때, 로켓의 연소실 압력은 145기압, 연소실내 연소가스 온도는 3,200K이고, 연소가스는 목과 노즐에서 단열팽창한다고 가정한다. 노즐 목(throat) 면적은 0.04m^2이다. 로켓 노즐을 통해 나가는 연소가스의 비열비는 1.3이고, 연소가스의 평균 분자량은 16이다. 고도 15km일때 주위 압력은 1.21118×10^4(N/m^2)이다. 1기압은 1.013×10^5Pa이다. 일반기체 상수는 8.314×10^3J/mol·K이다.

① 노즐을 통해 빠져나가는 연소가스의 질량유량을 구하라.

② 노즐 출구에서의 가스온도를 구하라.

③ 노즐의 출구에서 연소가스의 유효배기속도를 구하라.

④ 노즐 출구에서의 마하수를 구하라.

⑤ 노즐출구에서 가스의 밀도를 구하라.

⑥ 노즐 팽창비를 구하라.

⑦ 이 로켓의 추력을 구하라.

⑧ 특성배기속도를 구하라.

⑨ 추력계수를 구하라.

⑩ 비추력을 구하라.

06 액체산소/RP-1을 추진제로 사용하는 우주 추진 시스템을 설계하고자 한다. 요구되는 사항은 다음과 같다. F = 35305N, I_{sp} = 337s, P_0 = 7×10^{5}Pa, ε = 100, ε_c = 3.02, 페이로드 질량 4,914kg, 추진제 질량 5,232.7kg, 구조물 질량 1,853.3kg, 작동시간 489.8s, 추진제 질량유량 10.683kg/s, 연료 유량 3.237kg/s, 산화제 유량 7.445kg/s, ΔV_{actual} = 1,893kg/s, c^* = 1,757m/s, L^* = 0.9m, 연소실 내 연소가스의 마하수는 0.2이다. 비열비 γ = 1.225, O/F = 2.3, M_w = 22.1kg/kmol, ρ_{RP-1} = 810kg/m^3, ρ_{LOX} = 1142kg/m^3, 노즐은 노즐 반각 15도인 원추형 노즐 길이의 67.5%를 가지는 원추형 노즐이다. 이 로켓의 목직경, 노즐 출구직경, 연소실 길이, 벨형 노즐의 노즐 길이를 구하라.

07 LOx/RP-1($CH_{1.97}$)를 추진제로 사용하는 액체로켓엔진을 설계하고자 한다. 로켓엔진의 설계 제원과 실험 데이터는 다음과 같다.
연소실 설계제원; D_c = 0.524m, D_t = 0.302m, D_e = 1.789m, L_c = 0.688m
실험 데이터; P_0 = 6.0MPa, F_{vac} = 75tonf, $\dot{m}_{ox}$ = 176.1kg/s, $\dot{m}_{fuel}$ = 80.2kg/s
이 로켓의 당량비, 특성속도 효율, 로켓의 추력 효율, 연소실 특성길이를 구하라. 특성길이 기준으로 연소실 설계가 적절한지 판단하라. 만약 적정하지 않다고 하면 개선방안을 제시하라. CEA를 이용하여 얻어낸 이론적 c^* 및 $I_{sp,val}$은 각각 1730m/s와 315s이다.

08 우주발사체 상단 엔진으로 액체산소/RP-1을 사용하는 엔진을 설계하고자 한다. P_0 = 4.825×10^{6}Pa, γ = 1.24, O/F = 2.3, 노즐 면적 팽창비 ε = 100, C_F = 1.9이다. 구조물의 질량은 추진제 질량의 7%이다. 요구 추력은 50,000N이고 페이로드는 3500kg, 속도 증분(ΔV)은 3400m/s이며 유효배기 속도는 3200m/s이다. 노즐 목 직경, 출구 직경, 작동 시간을 구하라.

09 사산화질소와 MMH를 추진제로 사용하는 우주 추진용 로켓으로 비행체를 지구원형 저궤도에서 벗어나 쌍곡선 궤도로 지구를 탈출하여 타 행성으로 보내고자 한다. 이 로켓의 특성속도는 1731m/s, 노즐 목 면적은 $100cm^2$, 연소실 압력은 1.1×10^6Pa이다. 사산화질소와 MMH를 사용하는 추진제의 밀도는 $1200kg/m^3$이며 페이로드와 구조물의 무게는 6400kg이다. 추진제의 탱크는 구형으로 되어있다고 가정하고, 탱크 단위 면적당 질량은 $10kg/m^2$이다. 쌍곡선 궤도에서 비행체의 속도는 지구에 대하여 2000m/s를 유지하며 비행한다. 지구원형궤도 탈출 속도는 7.6km/s라 가정한다. 이 행성 궤도에 필요한 속도 증분을 구하라. 또 유효배기속도와 추진제의 질량, 추력, 탱크 질량 및 연소시간을 구하라.

10 액체산소와 액체메탄을 추진제로 사용하는 액체 추진로켓이 연소실압력 7.0MPa일 때, 50kN의 추력이 발생한다. 이때 혼합비(O/F)는 3.2이며, 연소가스 평균 분자량은 21.0kg/kmol이라 가정하자. 연소실 온도는 3,500K이고, 비열비는 1.2이다. $P_e = P_a =$ 10kPa인 고도에서 노즐은 최적상태로 작동하도록 설계되어 있다. 로켓은 150초 작동하도록 추진제가 공급된다. 시작과 정지 병진 운동과 사용할 수 없는 잔류 추진제를 고려한 추가시간은 2초로 간주한다. 일반기체 상수는 8.314×10^3J/kmol·K이다. 실제 비추력은 이론 비추력의 95%이고, 실제 추력계수는 이론 추력계수의 98%라고 가정한다. 액체산소의 밀도는 $1,140kg/m^3$이고, 액체메탄의 밀도는 $424kg/m^3$으로 가정한다.

① 노즐을 통해 빠져나가는 연소가스의 유효배기속도를 구하라.

② 비추력을 구하라.

③ 추력계수를 구하라.

④ 노즐 목 면적, 노즐 출구 면적, 노즐면적팽창비(ε)을 구하라.

⑤ 추진제의 질량유량과 필요한 추진제의 총 질량을 구하라.

⑥ 연료와 산화제의 탱크를 비교 설명하라.

11 한국형 발사체는 75t 급 엔진 4개를 클러스터링하여 300t의 추력을 발생시킨다. 만약 엔진이 4개가 아니고 1개의 대형 엔진을 만들어 동급 추력을 내도록 설계할 때, 엔진의 제원을 설정하고 4개 클러스터드 엔진과 중량, 중량당 추력비를 비교하라. 이를 기반으로 같은 추력을 낼 때 엔진 1개와 4개 클러스터드 로켓 엔진의 장점과 단점에 대하여 설명하라.

12 액체산소와 액체메탄을 사용하는 추력 500N 급 소형 추력기를 설계하고자 한다. $P_0 = 2.0$MPa, $P_e = 0.1$MPa, $T_0 = 3330$K, $O/F = 3.5$, 연소가스 분자량 21.5kg/kmol, 일반기체 상수는 8.314 ×10^3J/kmol·K, 연소가스의 비열비는 1.20라 하자.

문제 A)

① 최적팽창을 가정할때의 이론적인 비추력, 특성속도, 유효배기속도를 구하라.

② 최적팽창 가정시의 노즐 목 면적, 노즐 팽창비, 질량유량을 구하라.

③ 만약 해당 추력기가 진공에서 작동할 경우, 추력, 비추력, 특성속도는 어떻게 변화될 것인가? (단 노즐에서의 박리 및 유동 불안정은 존재하지 않는다고 가정한다.)

문제 B)

만약 해당 추력기의 노즐 팽창비를 A의 문제 ②에서 구한 팽창비의 20배로 늘려 거의 진공상태에서 작동하게 될 때 추력, 비추력, 특성속도를 구하고, A)와 비교하라.

(단 노즐에서의 박리 및 유동 불안정은 존재하지 않는다고 가정하며, 노즐 출구에서의 압력 차이로 인한 추력 등은 매우 미미하므로 무시한다.)

13 RL10A 로켓엔진은 추진제로 액체산소/액체수소를 사용하고 $P_0 = 3.9$MPa, $T_0 = 3450$K, O/F 비는 5.5 이며, $F = 99$kN, $\varepsilon = 84$이다. 연소가스의 분자량은 12.8이고 비열비는 1.218, 특성속도는 2300m/s이다. 액체산소와 액체수소의 밀도를 각각 1141kg/m^3, 70.9kg/m^{3}라 할 때, 이 액체로켓 엔진의 비추력, 추진제 질량유량, 100초간 구동할 때의 연료 및 산화제의 필요 탱크 용량을 각각 구하라.

14 다음과 같은 조건으로 액체추진제의 추력실을 설계하고자 한다.

추진제: LOX와 LH_2, 추진제 혼합비: 5.20, 연소실 압력: $P_0 = 6{,}000$kN/m^2

대기압: $P_a = 11$kN/m^2, 설계추력: $F = 700$kN, 연소실 가스온도: $T_0 = 3{,}400$K

연소실 가스 비열비: $\gamma = 1.21$, 연소가스 분자량: $M = 12.0$kg/kmol

밀도; $\rho_{LOx} = 1.144$kg/m^3, $\rho_{LH2} = 70.8$kg/m^3, 추력교정계수 = 0.96

① 원추형노즐이라 가정할 때 노즐반각(α)을 구하라.

② 추력계수(C_F)를 구하라.

③ 노즐의 목면적(A_t)과 노즐 목직경(D_t)을 구하라.

④ 로켓 노즐을 통해 배출되는 질량유량($\dot{m}$)을 구하라.

⑤ 노즐 팽창비(ε)와 유효배기제트의 마하수(M_e)를 구하라.

⑥ 노즐 출구 면적(A_e)을 구하라.

⑦ 비추력(I_{sp}), 특성속도(c^*), 유효배기제트속도(c)를 각각 구하라.

⑧ 노즐의 특성길이(L^*)를 0.9m로 가정할 때, 연소실의 체적(V_c)을 구하라.

⑨ 가스가 연소실에 체류하는 시간(τ)을 구하라.

15 연소실 압력 $P_0 = 3.43\text{MPa}$, 추력 98,000N, 노즐 면적비 140, 추진제 혼합비 5.5인 액체산소-액체수소 로켓의 터빈을 설계하고자 한다. 가스 제너레이터 혼합비는 0.9로 하고, 수소 터빈을 통과한 가스가 산소 터빈으로 다시 돌아오는 방식으로 한다. 터보 펌프 설계에 필요한 조건은 다음과 같다.

연료 펌프 입구압력 $P_{3f} = 2.54\text{MPa}$, 연료 펌프 출구압력 $P_{4f} = 0.49\text{MPa}$,
산화제 펌프 입구압력 $P_{3ox} = 0.48\text{MPa}$, 산화제 펌프 출구압력 $P_{4ox} = 0.21\text{MPa}$,
연료 펌프 입구 온도 $P_{3f} = 900\text{K}$, 산화제 펌프 입구 온도 $T_{3ox} = 740\text{K}$
$c_p = 7.955\text{kJ/kgK}$, $\gamma = 1.365$, $\left(\dfrac{u}{c_0}\right)_f = 0.15$, $\left(\dfrac{u}{c_0}\right)_0 = 0.09$
기계 효율 $\eta_{m_f} = \eta_{m_0} = 0.92$, 터빈 효율 $\eta_f = 0.50$, $\eta_{ox} = 0.40$

16 연소실 압력 $P_0 = 3.43\text{MPa}$, 추력 98,000N, 노즐 면적비 140, 추진제 혼합비 5.5인 액체산소-액체수소 로켓 펌프의 흡입 성능인 NPSHr와 NPSHa를 각각 구하라. 단 산화제 인듀서 유량 계수 $\phi_{ox} = 0.11$, 연료 인듀서 유량 계수 $\phi_f = 0.1$, 인듀서 팁, 보스 비 $\upsilon_{ox} = \upsilon_f = 0.3$이라 가정하라.

〈설계문제〉

KSLV-II 엔진제원(표 4.4)을 참고하여 1단, 2단, 3단 엔진을 각각 설계하여 주어진 성능과 비교하라. 또 노즐 목직경, 연소실 직경, 연소실 길이, 노즐출구 직경 등 주요 치수를 결정하고, 3차원 형상으로 나타내라.

고체 추진제 로켓

5.1 고체 추진제 로켓 일반

고체 추진제 로켓은 연료와 산화제가 혼합된 추진제 그레인을 모터 케이스 내부에 충전시키고 그레인의 연소 반응을 통해 연소가스를 노즐을 통해 배출하여 추력을 얻는다. 고체 그레인 내부에는 연료와 산화제가 적절한 비로 혼합되어 있어 액체 추진제 로켓과 같은 추진제 공급 시스템을 통한 추진제 혼합 과정이 없고, 추진제 공급 시스템이 필요가 없다. 추진제 그레인은 딱딱한 고무나 지우개 정도의 촉감을 가지고 있으며 노출된 표면에서 연소가 일어나야 하고 250~300°C 정도에서 쉽게 점화가 되어야 한다. 고체 추진제 로켓 시스템은 가변 노즐을 채용하는 경우를 제외하고는 시스템에서 움직이는 요소가 없으므로 구성이 매우 간단하고 신뢰성이 높다. 고체 상태로 추진제가 저장이 되므로 연료 유출의 염려가 없고 저장성이 높아 수십 년(5~25년) 정도 저장이 가능하다. 구조가 간단하고 작동이 쉽고 빠르기 때문에 발사작업도 용이한 장점이 있어 미사일과 같은 군사용 무기로 활용되고 있으며 밀도 비추력이 높아 짧은 시간에 큰 추력을 낼 수 있어 다단 로켓의 부스터로도 사용되고 있다. 액체 로켓의 고체 부스터는 지상 출발 시 약 70%에 해당하는 추력을 내기도 한다. 고체 로켓 추진제 그레인의 점화가 시작되면 연소 반응을 제어하기 어렵기 때문에 발사 전 설계한 추력과 비행과정을 제어하기가 어렵고 재시동도 어렵다. 오랜 저장성을 가지고 있으나 주변 온도 환경이나 취급 부주의에 의해 추진제가 변성되어 추력, 운영시간이 변할 수도 있으며 초기 온도에 민감한 단점이 있다. 따라서 예상치 못한 점화를 방지하기 위해 안전 설비가 필요하다. 고체 로켓은 추진제 성분에 따라 배기가스의 연기가 많이 발생하기도 하고 독성을 가지는 경우가 많다.

5.1.1 고체 추진제 로켓의 구조

그림 5.1은 고체 추진제 로켓의 개념도를 나타낸 것으로 추진제 그레인 자체로도 연소

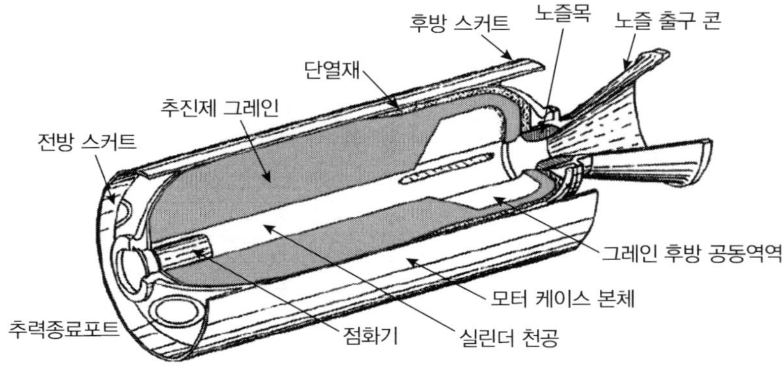

| 그림 5.1 | 고체 추진제 로켓의 개념도[1]

가 가능하기 때문에 추진제 공급 시스템이나 분사기 등이 필요 없으며 구조가 간단하다. 고체 추진제 로켓은 로켓의 형상인 모터 케이스, 연소 열전달로부터 모터 케이스를 단열시키는 단열재, 로켓 전체 질량의 82~94% 정도를 차지하는 고체 추진제 그레인, 점화장치, 배기가스 노즐, 연소 종료 포트 등으로 구성된다.

모터 케이스와 고체 그레인의 구조는 밖으로부터 모터 케이스, 케이스 단열재, 그레인 라이너, 그레인으로 구성된다. 모터 케이스는 연소실 압력보다 20%정도 더 높은 압력에도 견딜 수 있어야 한다. 추진제 그레인 라이너는 추진제 그레인과 모터 케이스를 접착시키는 역할을 한다. 그레인 라이너와 모터 케이스 사이에는 단열재가 사용된다. 고체 추진제 로켓은 한쪽이 막혀있고 그레인은 연소실에 적재되어 있으며 연소가스는 노즐목을 통과하여 노즐 끝단에서 배기속도를 배출하여 추력을 얻는다. 임무에 적합한 추력을 내기 위해 연소 효율과 배기 속도를 임무에 적합하게 설정하고 그레인 형상을 다르게 설계하기도 한다. 부스터로 사용되는 대형 고체로켓의 그레인은 여러 개의 세션으로 나누어져 있고 내부형상도 다르게 제작된다.

5.1.2 고체 추진제 로켓 현황

고체 추진제 로켓은 즉시 발사성과 장기간의 저장성, 그리고 높은 밀도 비추력을 통해 고체 로켓 부스터나 킥모터, 전술 미사일, 하이브리드 로켓 혹은 액체 로켓의 가스 발생기 등으로 사용되고 있다. **표 5.1**은 고체 추진제 로켓의 적용 임무에 따른 분류와 그 특징을 나타내고 있다. 고체로켓은 주로 탄도 미사일이나 전술 미사일로 사용되고 있지만 대형 발사체

표 5.1 고체 추진제 로켓 활용 분야[1]

분류	적용 임무	특징
대형로켓 부스터 또는 2단 로켓	우주 발사체 및 장거리 탄도 미사일의 하단 로켓	노즐 직경이 크고 길이와 직경의 비(L/D)는 약 2~7 정도. 연소 시간은 60~120초 정도이며 저고도에서 사용하고 낮은 노즐 팽창비
고고도 킥모터	다단 탄도 미사일의 상단 로켓 및 우주 발사체 상단 킥모터	고성능 추진제를 사용하며 고고도에서 사용되기 때문에 높은 노즐 팽창비와 면적비(20~200. L/D는 약 1~2 정도, 연소 시간은 40~120초
전술 미사일	대가속도용: 단거리사격, 대전차 발사관 사용	발사관을 사용하고 L/D는 4~13이고 연소시간은 0.25~1초로 짧다.
	중간 가속도용: 공지대, 지대공, 유도부착지대비 및 공대공 미사일	직경이 작고(12~46cm) L/D=5~15정도이며 발사 시 추력이 높고 그 후 추력 감소됨. 무연추진제사용.
방어용 미사일	중장거리 탄도 미사일로부터 요격	여러 가지 자세 제어 노즐을 사용한다.
가스 발생기	승무원 긴급피난용, 미사일 발사관 압출용, 전력 생산, 제트 엔진의 시동기나 액츄에이터와 밸브 조절	1300°C이하의 낮은 가스 온도를 가진다. 다양하게 설계할 수 있으며 여러 가지 사용이 가능하고 높은 압력 생산과 가스에 에너지를 공급할 수 있다.

표 5.2 대표적인 고체로켓 부스터

	SRB(스페이스 셔틀)	P238(아리안 5)	SRB-A(H-2)
추력 (각 엔진당)	1260t (이륙 시 약 70% 추력 담당)	650t (이륙 시 약 90% 추력담당)	160t (74% 추력담당)
비추력	242sec	275sec	280sec
노즐 팽창비	11.3	10	
배기속도	2,690m/s	2,690m/s	2,700m/s
연소온도	3,450K	3,600K	
연소압력	65bar	60bar	
총질량	591t	267t	77t
추진제질량	500t	237t	66t
연소시간	124sec	129sec	120sec
추진제구성	AP 69.6%	AP 68%	
	Al 16%	Al 18%	
	바인더 14%	바인더 14%	
	산화철 0.4%		
길이	45.4m	31.6m	15.1m
직경	3.7m	3.1m	2.5m

하단 엔진의 부스터 엔진으로 사용되기도 하고, 고고도 킥모터나 가스 발생기로도 사용되고 있다. 일본의 엡실론, M－V로켓, 유럽의 4단 로켓인 베가(Vega)와 인도의 PSLV가 고체 추진제 로켓을 사용하고 있다. 베가 로켓의 1단 엔진인 P80 고체 로켓 모터는 아리안 5의 고체 로켓 부스터를 활용하였다. 1단에 수소 연료를 사용하는 액체 로켓은 이륙 추력을 높이기 위해 고체로켓 부스터를 사용한다. 고체로켓 부스터 엔진은 발사 시작부터 연소가 시작되어 발사체의 이륙과 1단 비행구간동안의 추력을 높여준 후 분리되어 낙하한다. 스페이스셔틀의 SRB는 이륙 추력의 약 70%를 담당하고 아리안 5의 SRB는 이륙 추력의 약 90%를 담당한다. 미국의 우주왕복선, 유럽의 아리안 5, 일본의 H－Ⅱ는 각각 2개의 고체로켓 부스터를 부착하고 있으며 **표 5.2**는 대형발사체 부스터용 고체로켓의 예를 나타내고 있다. 동일한 발사체라 하더라도 유상하중(페이로드)에 따라 부스터 개수를 다르게 할 수도 있다. 유럽의 아리안 6와 일본의 H－Ⅱ 발사체는 2개 또는 4개의 부스터를 페이로드에 따라 선택적으로 사용할 수 있다. 부스터용 대형 고체로켓 그레인은 길이가 길어서 그레인을 하나의 덩어리로 제조하여 장전하기가 어렵기 때문에 그레인은 여러 토막(segment)으로 나누어져 제작되어 있다. 통상 고체 로

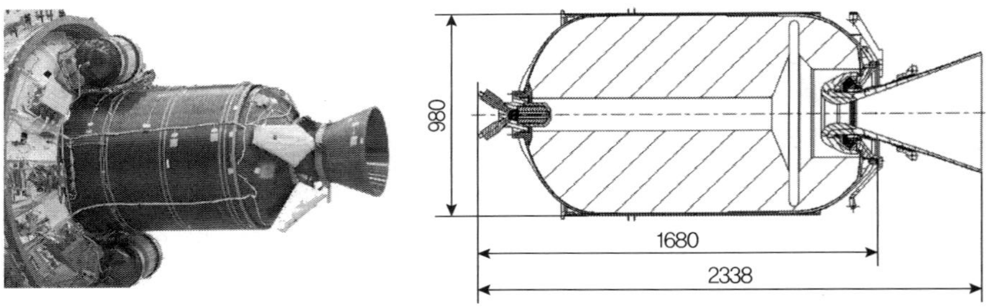

항목	요구조건
추력	8톤 급
비추력	285±2% sec 급
작동 시간	80초 이내
전 충격량	435,150kgf-sec 급
추진제 질량	1,590±1% kg 급
구조 중량	217kg 급
노즐 팽창비	30～35
추력제어	추력 벡터 제어
점화기	파이로젠
그레인 형상	점감형

| 그림 5.2 | KSLV-1 2단 킥모터 형상 및 단면도와 제원[2]

켓 부스터 연소실의 압력은 약 60~70기압이고 연소온도는 3500~3600K이며 연소시간은 약 120초이고, 연소 종료 후 고도는 60~80km에서 분리되어 낙하한다.

그림 5.2는 나로호 발사체 2단에 장착된 KSLV-1 킥모터의 형상 및 단면도와 제원을 나타낸다. 킥모터란 고고도에서 목표 궤도 진입에 필요한 추가 속도 증분을 제공하는 로켓을 말한다. KSLV-1 2단 킥모터는 고고도 약 300km에서 작동하며 복합재 연소관과 잠입형 노즐로 설계하였고 HTPB를 바인더로 하는 복합 고체 추진제를 사용하였다.

나로호 킥모터의 비추력은 285sec 정도로 액체 추진제 로켓의 비추력보다는 낮은 성능을 보이고 있으며 총 중량 1807kg 중 추진제 질량이 1590kg로 약 88%의 질량을 추진제가 차지하고 있다. 이는 고체 추진제 로켓에서 추진제 질량이 매우 높게 차지하는 특성을 잘 보여준다. 일반적인 킥모터는 고고도에서 작동하는 로켓으로 노즐 팽창비가 20~200정도이나 나로호 킥모터는 팽창비가 30~35 정도이고 추진제 연소율이 작동 이후 서서히 감소하는 점감형 그레인 형상을 띄고 있다. 그레인 형상에 따라 점화 이후 연소 표면적이 달라져 연소율이 변화하고 이는 점감형 추력으로 나타나게 된다.

5.1.3 고체 추진제 로켓의 분류

고체 추진제 로켓은 추진제의 구성성분에 따라 고체 추진제 성분이 화학적 결합을 하는 더블베이스(double based propellant, DB) 기반의 추진제와 추진제 성분이 물리적 결합을 하는 복합추진제(composite propellant), 그리고 더블베이스 기반의 추진제에 성능과 밀도 향상을 목적으로 복합추진제를 첨가하는 변형 복합추진제(composite modified DB, CMDB) 등으로 구분된다. 각 추진제 기반에 대한 설명은 다음 절인 고체 추진제에서 자세하게 설명한다. 고체 추진제로켓은 또 그레인의 연소가 일어나는 표면에 따라 측면연소와 단면연소로 구분될 수 있으며 **그림 5.3**에 나타내었다.

연소가 일어나는 표면이 중앙에서 모터 케이스 쪽으로 일어나는 경우를 측면 연소(side

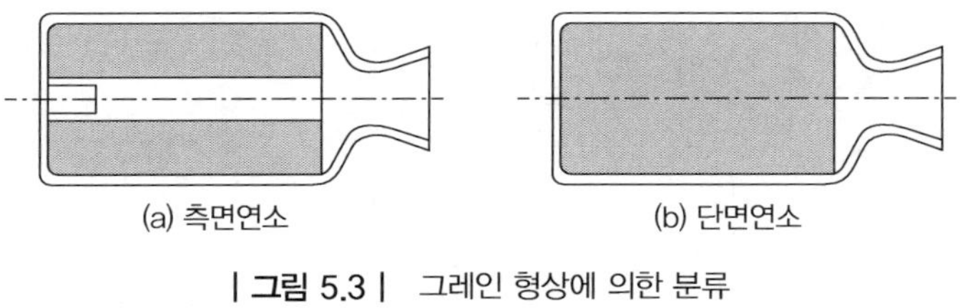

(a) 측면연소 (b) 단면연소

| 그림 5.3 | 그레인 형상에 의한 분류

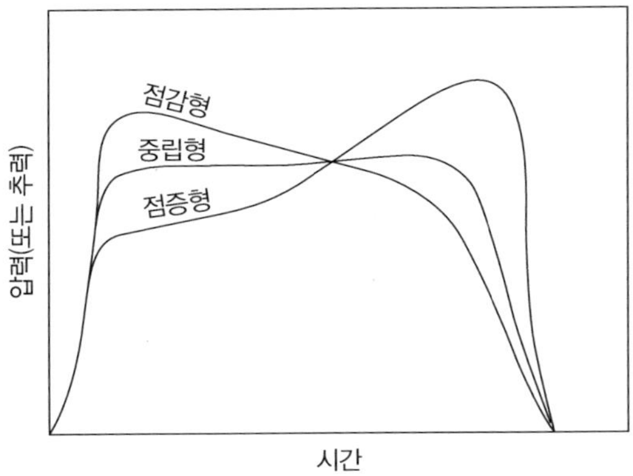

| 그림 5.4 | 그레인 형상에 따른 추력 선도

burning)라 하고, 그레인 끝단면에서부터 모터 헤드 쪽으로 연소가 진행되는 경우를 단면 연소(end burning)라 한다. **그림 5.4**는 시간에 따른 추력 형상에 따른 변화를 나타내며, 점증형(progressive grain), 중립형(neutral grain), 점감형(regressive grain)으로 분류되며, 추력형상은 그레인 형상에 따라 달라진다.

점증형의 경우 초기 시동 이후에 추력이 점차 증가하여 연소 종료 시점 직전에 최대 추력을 보이는 경우이고, 점감형은 이와는 반대로 시동 이후 연소 초기에서 최대 추력을 보인 뒤 점차 감소하는 형태이다. 중립형은 시동 이후 작동 시간동안 거의 일정한 추력을 유지하는 형태이다. 중립형 그레인의 경우 작동 시간 내 전반적으로 안정적으로 추력을 공급할 수 있는 장점이 있다.

5.1.4 후퇴율과 연소 속도

고체 추진제 그레인이 타들어가는 속도인 연소 속도에 따라 고체 로켓의 성능이 달라지게 된다. 추진제 그레인의 후퇴율(regression rate, $\dot{r}$)은 연료 표면에 수직하게 타들어가는 속도의 비율(cm/s, in/s)이며 고체 연료의 연소 속도에 해당한다. 고체 로켓 시스템은 밀폐 계이므로 노즐을 통해 분출되는 질량 유량은 전적으로 그레인에서 연소되는 작동가스의 질량유량과 같다. 즉, 노즐을 통해 배출되는 배기가스 질량 유량 $\dot{m}$은 다음 식으로 나타낼 수 있다.

$$\dot{m} = \int \dot{m} dA = \rho_b \int A_b \dot{r} dt \tag{5.1a}$$

여기서 $\dot{r}$은 그레인의 후퇴율, A_b는 연소가 일어나는 연소 표면적, ρ_b는 고체 추진제의 밀

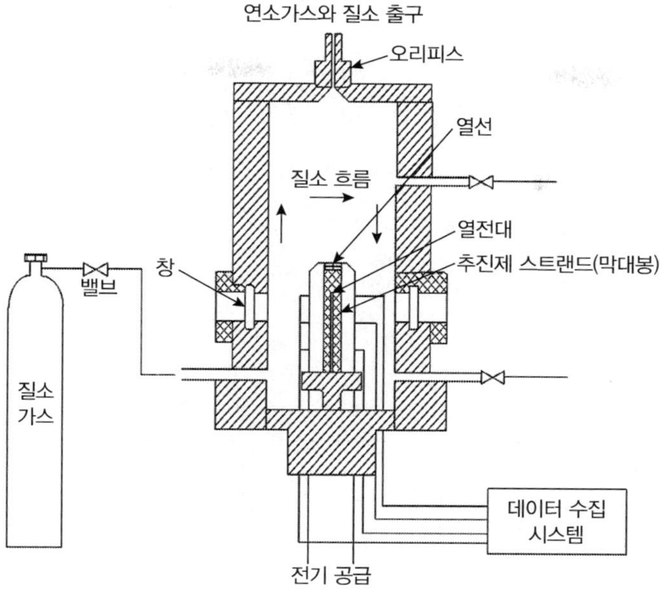

| 그림 5.5 | 스트랜드 버너의 개략도[3]

도이다. A_b, $\dot{r}$가 시간에 따라 변하지 않는다고 가정하면,

$$\dot{m} = \rho_b A_b \dot{r} \tag{5.1b}$$

로켓 추력에 영향을 주는 배기 가스 질량 유량 $\dot{m}$은 후퇴율에 따라 달라진다. 고체 추진제 로켓 성능은 추진제 그레인의 후퇴율을 알아야 알 수 있다. 일반적으로 고체 연료와 액체 산화제를 사용하는 하이브리드 로켓의 경우에는 연료와 산화제 혼합에 시간이 소요되므로 고체 추진제 로켓보다 후퇴율이 낮은 경향이 있다. 후퇴율의 측정은 스트랜드 버너(Strand burner)를 사용하거나 축소 모형 또는 직접 실제 모델로부터 측정할 수 있다.

그림 5.5는 스트랜드 버너의 개략도를 나타낸 것이다. 소형의 압력용기 안에 가느다란 봉(스트랜드) 모양의 추진제를 충진시켜 놓고 상부에서 점화시킨 후 추진제가 타들어가는 속도를 측정한다. 압력용기 안에는 추진제가 주위 다른 기체에 연소 반응하지 않게 하기 위해 불활성 가스인 질소 가스를 탱크 안에 유입시키고 실제와 같은 압력하에서 연소속도를 측정한다. 추진제가 열선에 의해 공급받은 열에너지로 상부에서 점화되면 위쪽에서부터 연소가 시작되어 하단 끝 쪽까지 타들어가게 된다. 추진제 봉이 타들어가는 위치와 시간을 알면 시간당 연소되는 속도를 측정할 수 있다. 스트랜드 버너에서 측정된 후퇴율은 실제 후퇴율보다 약 5~12% 정도 낮게 측정되는데 이는 압력용기 안 주위의 온도가 실제 작동 환경보다 낮기

때문이다. 실제 실물 모델에서도 후퇴율을 측정할 수 있으나 실험하기가 쉽지 않기 때문에 주로 축소 소형 모델에서의 연소시험을 통해서도 고체연료의 후퇴율을 측정한다. 이 방법으로 측정한 후퇴율은 실제 모델에 비해 축척비 때문에 후퇴율이 낮게 측정된다. 후퇴율은 연소실 압력과 추진제 초기온도, 연소 가스의 온도에 의해 증가되며 연소가스의 유동에 의한 침식 연소에 따라서도 후퇴율이 증가하기도 하며, 로켓의 운동(가속)에 따라서도 후퇴율은 달라진다. 후퇴율은 로버트 법칙(Saint Robert's law)에 의해 다음 식으로 표현될 수 있다.

$$\dot{r} = aP_0^n \tag{5.2}$$

여기서 P_0는 연소실 압력, a는 초기온도에 의해 변화되는 상수로 온도 계수(temperature coefficient), n은 연소 지수(burning rate index) 또는 압력지수이다. 압력지수는 그레인의 초기온도와는 무관하고 연소압력에 따라 달라진다. 때때로 $\dot{r} = b + aP_0^n$으로 표현하기도 하며, 편의를 위해 식 (5.2)의 양변에 로그를 취하여 나타내면 다음과 같다.

$$\log\dot{r} = \log a + n\log P_0 \tag{5.3}$$

식 (5.3)은 **그림 5.6**과 같이 기울기가 지수 n인 직선으로 쉽게 나타낼 수 있다. 연소 지수 n은 추진제에 따른 특성으로 추진제에 따라 각각 다르며, n이 큰 경우 압력에 의한 연소 속도 변화가 커진다. 일반적으로 n의 범위는 더블베이스 추진제는 0.6~0/8정도이고 복합추진제는 0.3~0.5 정도이며 후퇴율은 연소실 압력에 따라 달라지며 0.5~100mm/s 정도이다. 고체 추진제의 후퇴율인 연소 속도는 추진제의 조성과 연소 지수 n에 아주 민감하게 반응한다.

그림 5.7은 어느 일정 온도에서 연소실 압력 변화에 따른 대표적인 고체 추진제의 후퇴율

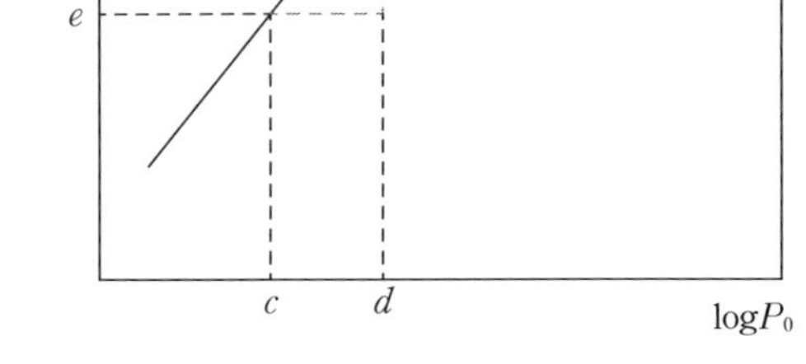

| 그림 5.6 | 후퇴율 선도

을 로그 스케일로 나타낸 선도이다. 대체적으로 고체 추진제의 후퇴율이 로그 스케일에서 선형 경향성을 보이고 있다. 추진제마다 지수 n이 다르고 후퇴율은 연소실 압력과 온도가 높을 경우 후퇴율이 증가한다. n이 커지면 압력에 의한 연소 속도 변화가 커지고, n이 1 근방이 되면 연소 속도는 압력에 아주 민감하게 된다. n이 0 근방이 되면 넓은 범위의 압력변화에서도 연소 속도가 변하지 않는다.

후퇴율이 압력이나 온도 변화에 따라 어떻게 변하는지 알아보자. 후퇴율의 압력계수(pressure coefficient of burning rate)는 온도가 일정할 때 압력 변화에 따른 후퇴율 변화를 나타낸다.

$$\Pi_T = \left(\frac{\partial \ln \dot{r}}{\partial \ln P_0}\right)_T = n \tag{5.4}$$

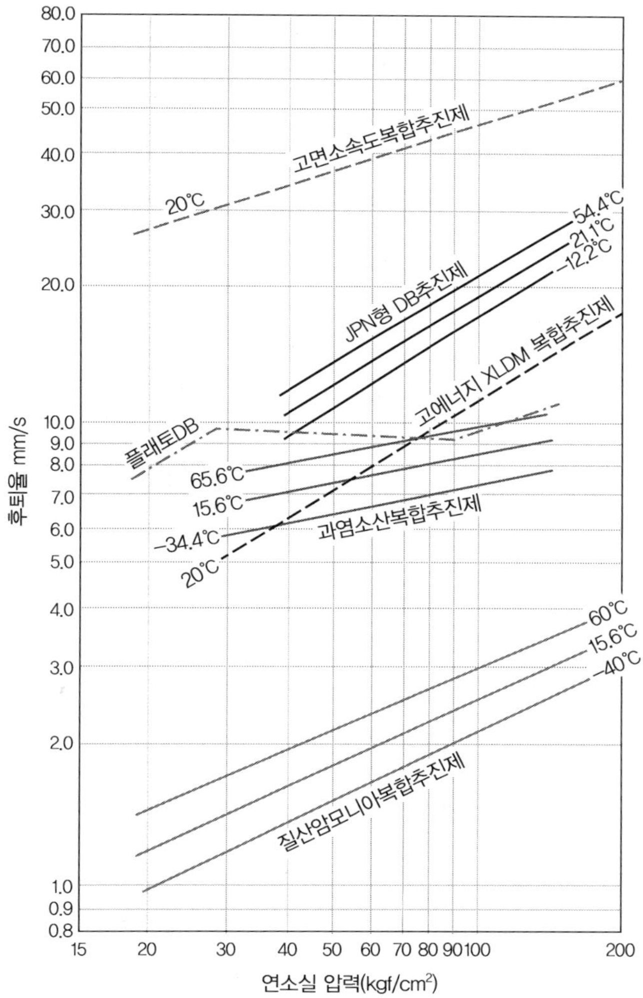

| 그림 5.7 | 어느 일정 온도에서 연소실 압력 변화에 따른 대표적인 고체 추진제의 후퇴율 선도[1]

여기서 T는 그레인의 초기 온도를 의미한다.

다음으로 후퇴율의 온도 민감도(temperature sensitivity of burning rate)는 압력이 일정할 때 온도 변화에 따른 후퇴율의 변화를 나타낸다.

$$\sigma_P = \left(\frac{\partial \ln \dot{r}}{\partial T_0}\right)_P = \frac{1}{\dot{r}}\left(\frac{\partial \dot{r}}{\partial T_0}\right)_P \tag{5.5a}$$

식 (5.2)로부터 $\dot{r} = aP_0^{\ n}$이고 일정 압력 조건에서 σ_P는 다음과 같이 나타낼 수 있다.

$$\sigma_P = \left(\frac{\partial \ln \dot{r}}{\partial T_0}\right)_P = \left(\frac{\partial \ln (aP_0^{\ n})}{\partial T_0}\right)_P = \left(\frac{\partial \ln a}{\partial T_0}\right)_P = \frac{1}{a}\frac{da}{\partial T_0} \simeq \frac{1}{\dot{r}}\frac{\Delta \dot{r}}{\Delta T_0} \tag{5.5b}$$

후퇴율의 온도 민감도 σ_P는 스트랜드 시험을 통해 구할 수 있으며 통상 0.001~0.009/K으로 알려져 있다. 식 (5.5b)를 적분하면 추진제의 후퇴율은 $\dot{r} = \dot{r}_{T_0}\exp[\sigma_P(T-T_0)]$이며 복합 추진제의 후퇴율은 다음과 같이 근사적으로 표시될 수 있다[13].

$$\dot{r} = 0.5e^{[0.003(T_{Pi}-T^0_{Pi})]}P_0^{\ 0.5} \tag{5.6a}$$

여기서 T_{Pi}는 추진제의 초기온도이고 T^0_{Pi}는 기준온도(예를 들어 15℃)이며, 후퇴율의 단위는 cm/s , 압력의 단위는 MPa, 온도의 단위는 ℃이다. 더블베이스 추진제의 후퇴율은 다음과 같이 근사적으로 표시될 수 있다[13].

$$\dot{r} = 0.47e^{[0.001(T_{Pi}-T^0_{Pi})]}P_0^{\ 0.23} \tag{5.6b}$$

온도에 따른 압력 변화(temperature sensitivity of pressure)는 특정 그레인의 기하 형상에 대한 온도에 따른 압력 변화를 나타낸다.

그레인의 기하 형상에 대한 함수를 K라 표기하고 다음과 같이 나타낼 수 있다.

$$K = \frac{A_b}{A_t} = \frac{P_0\sqrt{\gamma\left(\frac{2}{\gamma+1}\right)^{\frac{\gamma+1}{\gamma-1}}}}{\rho_b \dot{r}\sqrt{RT_0}} = \frac{P_0^{1-n}\sqrt{\gamma\left(\frac{2}{\gamma+1}\right)^{\frac{\gamma+1}{\gamma-1}}}}{a\rho_b\sqrt{RT_0}} \tag{5.7}$$

식 (5.7)유도는 식 (5.18)에 설명되어 있다.

기하형상 함수가 일정할 때 연소실 압력의 온도 민감도(temperature sensitivity of pressure), 즉 온도에 따른 압력 변화 변수는 다음과 같다.

$$\Pi_K = \left(\frac{\partial \ln P_0}{\partial T_0}\right)_K = \frac{1}{P_0}\left(\frac{\partial P_0}{\partial T_0}\right)_K \tag{5.8}$$

또는 근사적으로 다음과 같이 나타낼 수 있다.

$$\Pi_K = \frac{1}{P_0}\left(\frac{\partial P_0}{\partial T_0}\right) \simeq \frac{1}{P_0}\left(\frac{\Delta P_0}{\Delta T_0}\right)_K \tag{5.9}$$

$$\text{또는 } \Delta P_0 \simeq \Pi_K P_0 \Delta T \tag{5.10}$$

이 변수는 시편을 통한 스트랜드 시험에서는 구할 수 없고 축소 모형 모델 혹은 실제 모델 시험에서 얻을 수 있다. Π_K는 통상 0.067~0.278%/℃정도이며, 물리적 의미는 1℃ 변할 때 연소실의 압력 변화량을 의미한다. 이때, 온도에 따른 압력 변화 변수와 후퇴율의 온도 민감도는 추진제의 후퇴율, 연소 특성에 따라 달라지며 서로 관계가 있다.

식 (5.7)로부터 기하 형상 함수와 연소실 압력 사이에는 다음 관계식이 성립된다.

$$P_0 = (Ka\rho_b c^*)^{\frac{1}{1-n}} \tag{5.11}$$

식 (5.11)을 식 (5.8)에 대입하면,

$$\begin{aligned}\Pi_K &= \frac{(K\rho_b c^*)^{\frac{1}{1-n}}}{(Ka\rho_b c^*)^{\frac{1}{1-n}}} = \left(\frac{\partial a^{\frac{1}{1-n}}}{\partial T_0}\right) = \left(\frac{1}{a}\right)^{\frac{1}{1-n}}\left(\frac{1}{1-n}\right)a^{\frac{1}{1-n}-1}\frac{da}{dt} \\ \text{또는 } & a^{\frac{-1}{1-n}}a^{\frac{n}{1-n}}\left(\frac{1}{1-n}\right)\frac{da}{dt} = \left(\frac{1}{1-n}\right)\frac{1}{a}\frac{da}{dt} = \frac{1}{1-n}\sigma_P\end{aligned} \tag{5.12}$$

위 식을 정리하면 다음 식이 된다.

$$\Pi_K = \frac{1}{1-n}\sigma_P \tag{5.13}$$

예제 5.1 어떤 고체로켓 연소실 압력의 온도 민감도 $\Pi_K = 0.005$/℃가 주어진다. 연소실 압력이 103.42 bar 일 때 연소 시간은 50초이다. 온도 변화가 ±50℃일 때, 연소실 압력과 연소시간의 변화를 계산하여라. (선형적으로 변한다고 가정한다.)

| 풀이 | 식 (5.9)로부터

$$\Pi_K = \left(\frac{\Delta P_0}{P_0 \Delta T}\right) = \left(\frac{\Delta P_0}{103.42[\pm 50]}\right) = 0.005$$

따라서, $\Delta P_0 = \pm 25.855$bar, $P_0 = 77.565 \sim 129.275$bar

고체 추진제 로켓에서 그레인의 양은 일정하기 때문에 그레인 주변 조건이 변하더라도 전 충격량은 일정하다. 따라서, 다음의 그림에서 선도 아래 면적(연소실 압력×연소시간)은 일정하게 된다.

연소 압력이 129.275bar일 때, 연소시간 $t = 50 \times \frac{103.42}{129.275} = 40\text{sec}$

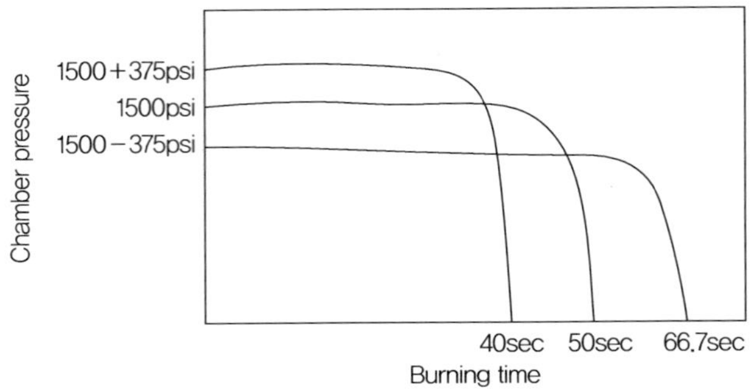

연소 압력이 77.565bar일 때, 연소시간 $t = 50 \times \frac{103.42}{77.565} = 66.6667\text{sec}$

위 예제로부터 압력이 커져서 연소율이 향상되면 연소시간이 짧아짐을 확인할 수 있다.

연소 표면에 평행한 가스 성분이 있으면 연소 속도가 증가하여 후퇴율이 커지며 이를 침식 연소(erosive buring)라 한다. 특히 연소 초기에 연소가 일어나는 점화기 부분과 아직 충분한 압력이 올라가지 못한 배기 노즐 부분의 압력 차이가 발생하게 될 때는 압력 차가 커서 연소실 내 축 방향 성분의 유동 속도 증가가 있으며 후퇴율이 증가하는 침식 연소 현상이 일어날 수도 있다[3].

그림 5.8 (a)는 침식 연소의 개략도을 나타낸 그림이다. **그림 5.8 (b)** 선도에 나타난 바와 같이 작동 초기에 침식연소로 인해 추력이 증가하게 된다. 그러나 초기에 연소속도가 증가하며 그레인이 더 빨리 연소하기 때문에 작동시간이 증가함에 따라 보다 더 일찍 연소가 종료되게 된다. 통상 침식연소는 축방향 평행 유동의 속도가 약 150m/s 이상 될 때 일어난다. 침식 연소가 일어나지 않는 경우의 후퇴율을 $\dot{r}_0$라 할 때 침식 연소의 후퇴율은 다음과 같이 경험식

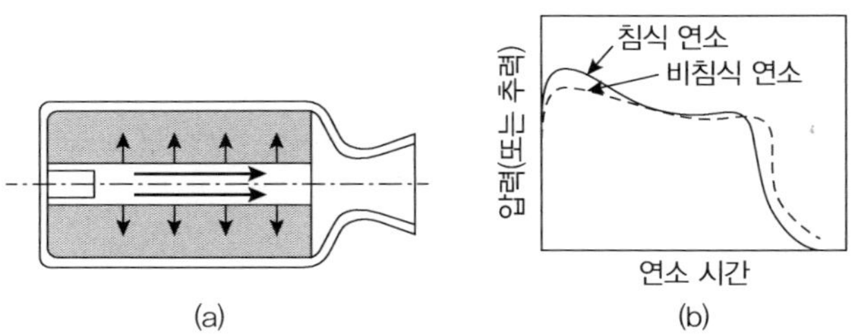

| 그림 5.8 | 침식 연소 개략도와 침식연소 시 추력 변화

으로 표현된다.

$$\dot{r} = \dot{r}_0 + \dot{r}_e = aP_0^n + \alpha G^{0.8} D^{-0.2} e^{\frac{-\beta \dot{r} \rho_b}{G}} \tag{5.14}$$

여기서 $\dot{r}_e$은 침식 연소에 의한 추가 후퇴율을 의미하며 G는 단위 면적당 질량 유속, D는 특성 직경, ρ_b는 연소되기 이전의 고체 추진제 밀도, α, β는 침식 연소에 관련된 상수이다. SI 단위계에서 β는 추진제의 종류와 관계없이 약 53 정도이다[1].

그림 5.9는 평행 유동 속도가 증가할 때 침식 연소의 변화를 나타낸 선도로 유동 속도가 증가할 때 침식 연소속도가 증가하는 경향을 보인다. 후퇴율의 증가는 빠른 연소를 통해 짧은 시간 내에 큰 추력을 낼 수 있는 장점이 있다. 후퇴율의 증가에 영 향을 주는 또 다른 요인으로는 추진제의 회전 혹은 발사 때의 가속이 있다. **그림 5.10 (a)**에서 발사 시 가속의 정도에 따라 후퇴율이 점근적으로 증가함을 나타내고 있고, **그림 5.10 (b)**는 스핀을 통한 비행체

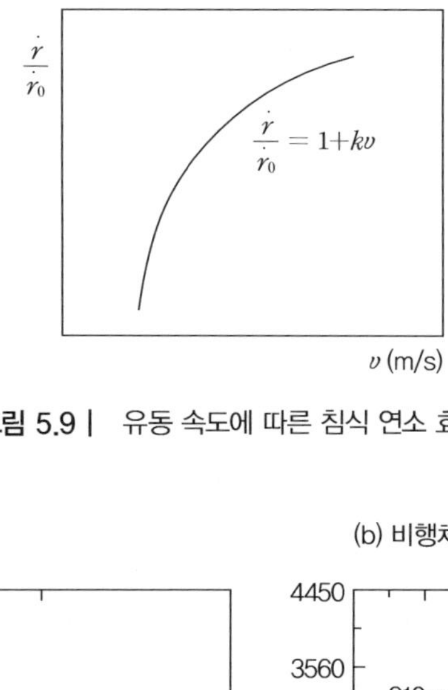

| 그림 5.9 | 유동 속도에 따른 침식 연소 효과

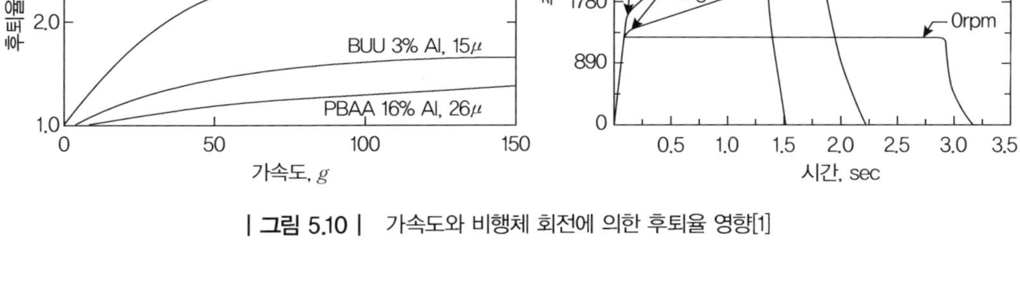

| 그림 5.10 | 가속도와 비행체 회전에 의한 후퇴율 영향[1]

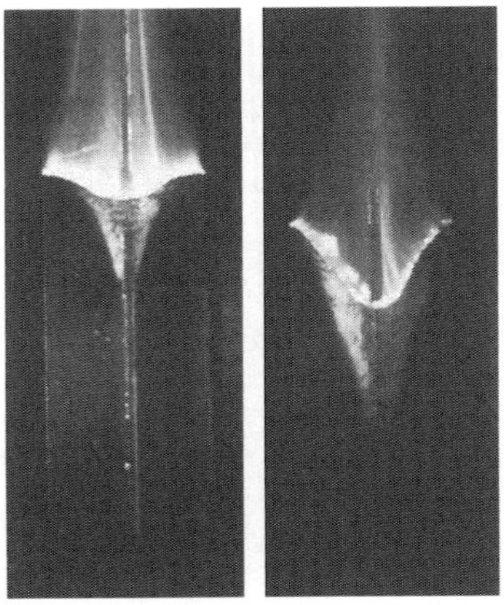

(a) (b)

| 그림 5.11 | 금속관 삽입할 경우 후퇴율의 영향(점화 이후 (a) 0.8초, (b) 1.2초)[3]

회전이 후퇴율에 영향을 주는 것을 나타내고 있다. 또한 그레인 내부에 열전도성이 우수한 금속선이나 관을 삽입할 경우 열전달의 향상으로 연소 속도를 2배 이상으로 쉽게 증가시킬 수 있다.

그림 5.11은 그레인 내부에 관을 삽입한 경우 추진제 연소 사진으로 좌측은 점화 0.8초, 우측은 점화 1.2초 후의 그림이다. 그림에서 볼 수 있듯 열전도 향상을 통해 금속관을 중심으로 그레인의 연소가 활발히 일어나고 있는 것을 확인할 수 있다.

5.1.5 고체 추진제 내탄도

고체 추진제 시스템은 충진된 그레인 질량이 연소되고 연소가스가 노즐로 빠져나간다. 따라서 단위 시간 당 연소실의 질량변화율은 연소되는 추진제 질량에서 단위 시간당 노즐을 빠져나가는 작동가스를 뺀 값이다. 연소 생성되는 연소가스율은 $\dot{m}_{gen} = \dot{r}\rho_p A_b$이고 노즐을 빠져나가는 배기가스 질량율은 $\dot{m}_{out} = P_0 A_t / c^*$이다. 특성속도 c^*는 식 (3.96)에 나와 있다.

$$\frac{dm_0}{dt} = \dot{m}_{gen} - \dot{m}_{out}$$

$$\frac{d}{dt}(\rho_0 V_0) = \dot{r} A_b \rho_b - P_0 A_t / c^* \tag{5.15a}$$

$$\frac{d}{dt}(\rho_0 V_0) = \dot{r} A_b \rho_b - A_t P_0 \sqrt{\frac{\gamma}{RT_0}\left(\frac{2}{\gamma+1}\right)^{\frac{\gamma+1}{\gamma-1}}} \tag{5.15b}$$

여기서 A_b는 연소면적, A_t는 목면적, 하첨자 0은 연소실을 나타내며, $\frac{d}{dt}(\rho_0 V_0)$은 연소실 추진제의 질량 변화를 의미한다. 어떤 순간 연소실에 있는 연소가스 질량을 m_0이라하고 이상기체 법칙을 적용해보자. $m_0 = \frac{P_0 V_0}{RT_0}$의 양변을 시간에 대하여 미분하자.

$$\frac{dm_0}{dt} = \frac{d}{dt}\left(\frac{P_0 V_0}{RT_0}\right) = \frac{V_0}{RT_0}\frac{dP_0}{dt} + \frac{P_0}{RT_0}\frac{dV_0}{dt} \tag{5.15c}$$

$\frac{dV_0}{dt} = A_b \dot{r} = A_b a P^n$이고 $\frac{P_0}{RT_0} = \rho_0$이므로 식 (5.15a)와 식 (5.15c)를 결합하면

$$\frac{V_0}{RT_0}\frac{dP_0}{dt} = A_b a P_0^n(\rho_b - \rho_0) - \frac{dP_0}{dt} \tag{5.16}$$

정상상태에서는 $\frac{dP_0}{dt} = 0$이므로 정상상태 연소실 압력은 다음과 같다.

$$P_{0,ss} = \left[ac^*(\rho_b - \rho_0)\left(\frac{A_b}{A_t}\right)\right]^{\frac{1}{1-n}} \tag{5.17a}$$

고체로켓에서 $\rho_b - \rho_o$는 보통 1000정도 되므로 $\rho_b \ll \rho_0$라 생각하여 $\rho_b - \rho_0 \cong \rho_b$로 생각할 수 있다.

$$P_{0,ss} = \left(a\rho_b c^* \frac{A_b}{A_t}\right)^{\frac{1}{1-n}} \tag{5.17b}$$

식 (5.17b)에서 A_b/A_t를 형상함수라 하고 K라 나타낸다. 또 식 (5.17b)의 연소실 압력(P_0)을 형상함수 K로 다음과 같이 나타낼 수 있다.

$$P_0 = (a\rho_b c^* K)^{\frac{1}{1-n}} \tag{5.17c}$$

형상함수 K는 다음과 같이 나타낼 수 있다.

$$K = \frac{A_b}{A_t} = \frac{P_0^{1-n}}{a\rho_b c^*} = \frac{P_0^{1-n}\sqrt{\gamma\left(\frac{2}{\gamma+1}\right)^{\frac{\gamma+1}{\gamma-1}}}}{a\rho_b\sqrt{RT_0}} \tag{5.18}$$

식 (5.17c)를 로그취하고 양변을 미분하면 다음과 같다.

$$\frac{dP_0}{P_0} \propto \frac{1}{1-n}\frac{dK}{K}$$

정상상태의 연소실 압력변화는 형상함수변화와 n의 함수임을 알 수 있다. 비정상상태에서 압력변화는 식 (5.16)에서 알 수 있으며 식 (5.16)은 1차 비선형 상미분방정식(ODE)형태로 다음과 같이 나타낼 수 있다.

$$\frac{dP_0}{P_0}+AP_0-B(P_0)^n=0$$

이 ODE의 해는 다음과 같은 형태를 가진다.

$$\frac{P_0}{(P_0)_{t=0}}=\exp\left(\frac{n-1}{\tau}t\right)$$

여기서 τ는 시정수로 $\tau \approx \frac{\left(\frac{\gamma+1}{2}\right)^{\frac{\gamma+1}{2(\gamma-1)}}}{\sqrt{\gamma RT_0}}\frac{V_{0,0}}{A_t}$이다. 여기서 $V_{0,0}$는 연소실의 초기 체적이다. 비정상과정 연소실의 압력(P_0)은 n에 의해 달라진다. $n > 1$일 때 압력은 계속 증가할 것이고, $n < 1$일 때는 정상상태로 수렴하게 된다. 대부분의 추진제 그레인은 $n < 0.8$이다.

식 (5.17)으로부터 $P_0 \propto \left(\frac{A_b}{A_t}\right)^{\frac{1}{1-n}} = K^{\frac{1}{1-n}}$의 관계가 있다. 따라서, 그레인 형상($A_b$, 그레인 단면적)이 약간만 변해도 연소실 압력(P_0)에 많은 영향을 주며 이는 후퇴율도 변하게 된다.

후퇴율 식인 로버트 법칙은 a와 ρ_b는 일정하고 특성속도 c^*는 많이 변하지 않는다는 가정하에서 만들어졌음을 유의하라. 따라서 고체로켓 추력은 다음과 같이 나타낼 수 있다.

$$F=C_FP_0A_t=C_FA_b^{\frac{1}{1-n}}(c^*a\rho_b)^{\frac{1}{1-n}}A_t^{\frac{n}{1-n}}$$

고체 추진제 로켓의 성능을 결정하는 변수는 추력, 유효배기속도, 특성배기속도, 비추력, 추진제 질량 분율, 화염온도, 온도제한, 연소 시간 등이 있다. 여기서 연소 온도는 배기 속도, 외형 설계, 화염 복사 에너지, 재료의 선택, 열전달에 영향을 준다. 실험에서 유효배기속도($c=\frac{F}{\dot{m}}$)와 특성배기속도는 순간적인 질량 유량($\dot{m}$)의 측정이 어렵기 때문에 유효배기속도 또는 비추력의 측정이 어렵다. 그러나 전 충격량(I_t)의 측정은 상대적으로 쉽다. 측정한 힘으로 시간에 대한 적분 항인 전 충격량은 $I_t=\int Fdt=\overline{F}t_b$으로 나타난다. 여기서 $\overline{F}$는 추력의 평균값을, t_b는 연소 시간을 의미한다.

그림 5.12는 통상 고체 추진제 로켓의 시간에 따른 추력 변화를 나타낸 선도이다. 고체 추진제의 연소는 예열 과정, 점화 과정, 연소 과정, 종말 과정으로 구분되며, 점화 과정에서 연소가 일어나게 되면서 압력이 급상승하게 된다. 연소 과정에서는 그레인 형상에 따른 연소가 일어나게 되고 잔류 연료의 연소가 이뤄지며 작동이 종료된다. 작동 시간(action time)은 추력 선도에서 10% 압력 사이 구간의 시간이다. 연소시간은 점화가 이루어 진 후 연소시간을 의미하는데 정상 연소와 그 이후에 추력 선도의 기울기 교차점까지의 시간으로 정의된다.

고체 그레인의 성능 향상을 위해 고체 입자를 혼합하는 경우 배기가스에 포함되어 있는 고체입자의 크기, 분포, 성분비에 따라 성능이 달라진다. 배기가스에 포함된 고체 입자들은 가스의 팽창에는 기여하지 못하므로 에너지가 필요한 입자의 가속에 이상 유동(two-phase flow)은 비효율적이다. 그러나 고체입자가 복사열에 의한 연소열 증가 및 이에 따른 압력 상승의 효과를 가져와서 배기속도와 비추력을 증가시킨다. 이때의 이득 값은 손실 값보다 크다.

고체 추진제 로켓의 중요한 성능 변수 중의 하나인 추진제 질량 분율($\zeta = \frac{m_p}{m_0}$)은 고체 추진제 로켓 내부의 추진제 질량 탑재 정도를 나타낸다. 추진제 질량 분율이 크다는 것은 모터 구조 질량이 작고 구조 설계가 잘 되었음을 의미한다. 통상, 로켓 구조의 크기가 커질수록 추진제 탑재 질량이 커져서 질량 분율 역시 커지게 된다. **표 5.3**은 고체 추진제 로켓 크기에 따른 질량분율을 나타낸다. 로켓이 대형화될수록 초기 전례 질량 중에서 추진제가 차지하는 비율이 커짐을 알 수 있다. 보통 추진제 무게는 전체무게의 82~94% 정도이며, 로켓의 시스템, 금속 부분, 절연체 등의 무게는 추진제 무게에 비해 작다.

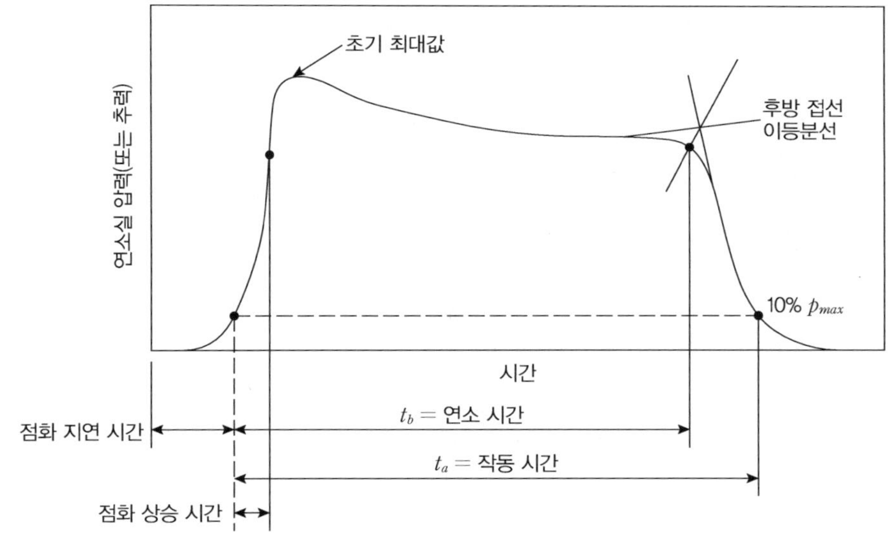

| 그림 5.12 | 고체 추진제 로켓 추력 선도[1]

표 5.3 고체 추진제 로켓 크기에 따른 질량 분율

	로켓 초기 질량(m_0)	추진제 질량 분율(ζ)
소형 모터	$m_0 < 45.4$kg	$\zeta = 0.3 \sim 0.75$
중형 모터	$45.4 < m_0 < 453.6$kg	$\zeta = 0.8 \sim 0.91$
대형 모터	$453.6 < m_0 < 22680$lb	$\zeta = 0.88 \sim 0.945$

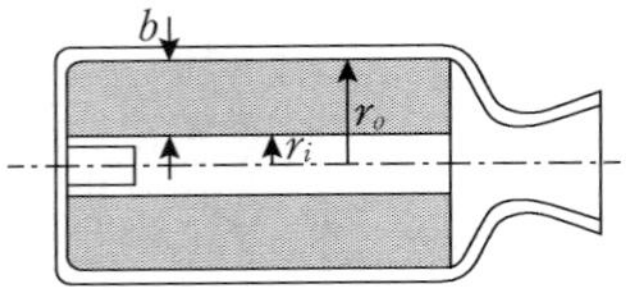

| 그림 5.13 | 그레인 설계 변수

그림 5.13는 그레인의 개략도이다. 그레인 반경 방향 두께를 웹 두께(web thickness), b라고하면 $b = r_o - r_i$가 되고, 웹 분율(web fraction)을 다음 식과 같이 정의한다.

$$b_f = \frac{b}{r_o} \tag{5.19}$$

여기서 r_o은 모터 중심에서 모터 케이스까지의 반경을 의미한다. 이로부터 연소실 체적에서 추진제 체적이 차지하는 비율인 추진제 체적 적재율을 구할 수 있다.

$$b_f = \frac{V_b}{V_c} = \frac{I_t}{I_{sp} g_0 \rho_b V_c} \tag{5.20}$$

여기서 V_b는 추진제 체적, V_c는 연소실 체적, I_t는 총임펄스, I_{sp}는 비추력을 의미한다.

예제 5.2 아래 그림과 같은 고체로켓이 있다. 그레인의 후퇴율은 $\dot{r} = 0.6P_0^{0.3}$(P_0의 단위는 MPa, $\dot{r}$ 단위는 cm/s임)이고, 그레인 밀도는 1700kg/m^3, 노즐팽창비(ε)는 29.0이고, $c^* = 1550$m/s이며, 추력계수(c_F)는 1.850이다.

① 연소초기($t = 0$)에 연소실압력과 추력을 구하라.

② 연소 종료시($t = t_b$)에 연소실압력과 추력을 구하라.

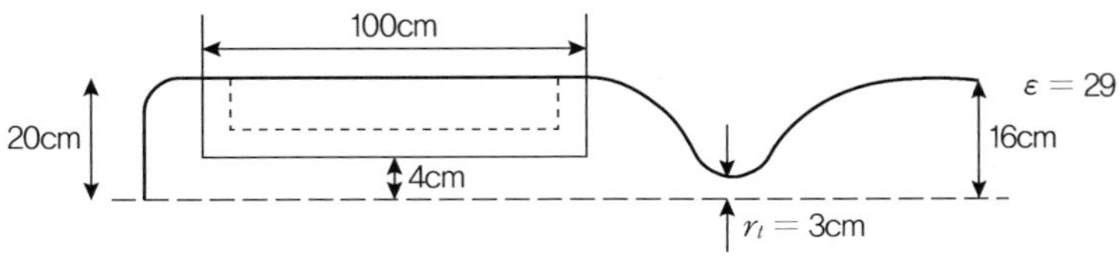

| 풀이 | 후퇴율 $\dot{r} = ap_0^n = 0.6P_0^{0.3}$이고 연소실 압력 $P_0 = \left(\frac{A_b a \rho_b c^*}{A_t}\right)^{\frac{1}{1-n}}$이다.

① 연소 초기에 $A_b = 2\pi(20^2 - 4^2) + 2\pi(4)(100) = 1568\pi$이고 $A_t = \pi(3)^2 = 9\pi$이며, $A_b/A_t = 174.2$이다.

$$P_{oi} = (174.2 \times 9.507 \times 10^{-5} \times 1700 \times 1550)^{\frac{1}{1-0.3}} = 4.25\text{MPa}$$

추력 $F_i = C_F P_0 A_t = 1.85 \times 4.25 \times 10^6 \times \pi (0.03)^2 = 22.234\text{kN}$

② 연소 말기에는 단면 연소는 없고 측면 연소만 있다. 연소 말기에는 측면 그레인이 케이스까지 다 타들어간 8cm까지 타들어가고 측면의 양쪽에서 타 들어가므로 $16 \times 2 = 32\text{cm}$ 타들어간다. 따라서 $A_b = \pi(40)(100-32) = 2720\pi$, $P_0 \propto A_b^{\frac{1}{1-n}}$이므로

$P_{of} = 4.25\text{MPa} \times \left(\frac{0.8545}{0.4926}\right)^{\frac{1}{0.7}} = 9.3353\text{MPa}$

또, $F \propto P_0$이므로 $F_f = F_i \times \left(\frac{9.3353}{4.25}\right) = 48.85\text{kN}$

5.1.6 고체 추진제 그레인

추진제 그레인 단면이 달라지면 시간에 따른 그레인 연소 속도가 달라지고 고체로켓모터의 성능도 영향을 받는다. 그레인의 형상에 따라 그레인의 후퇴율인 연소속도는 점증형, 중립형, 점감형으로 분류되거나 이것들의 조합형으로 만들 수 있다.

그림 5.14는 시간에 따른 그레인의 연소 형상변화를 나타낸 그림이다. 초기 연소 포트에서 점차 연소가 이루어지면서 그레인 연소 표면적이 넓어진다. 그리고 연소 종류 이후 모터 케이스 내부에 완전히 연소하지 못한 그레인이 잔류하게 되며 이것을 잔류 추진제(sliver)라고 하며 로켓 성능을 저하시킨다.

그림 5.15는 그레인 포트 단면적 형상에 따른 연소 형태를 나타낸 것이다. 점층형 그레인의 경우 내면 원형 포트 형상이 주를 이루고 있고, 점감형 그레인의 경우 모터 케이스에서 모터 중심으로 연소가 진행되는 가장자리 외면 연소 형태이다. 중립형의 경우 끝단 단면 연소(ended burning)나 별모양 단면의 형상이 주를 이루고 있으며 점증형, 점감형 그레인 형상을

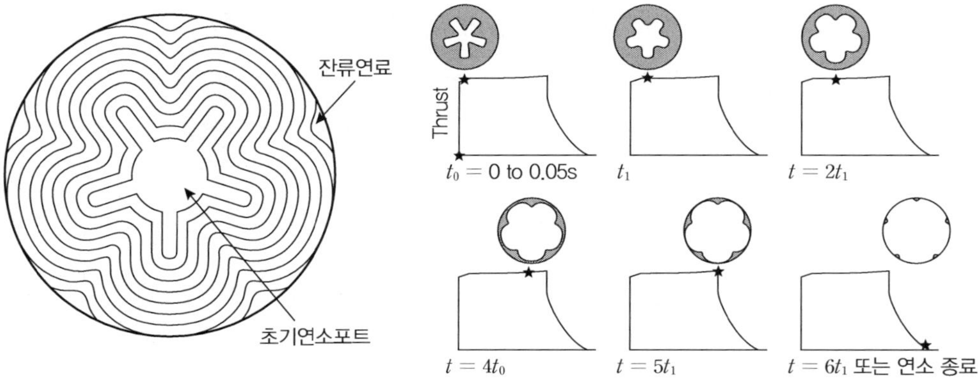

| 그림 5.14 | 시간에 따른 그레인의 연소 형상 변화[5]

| 그림 5.15 | 그레인의 단면 형상에 따른 추력 형상

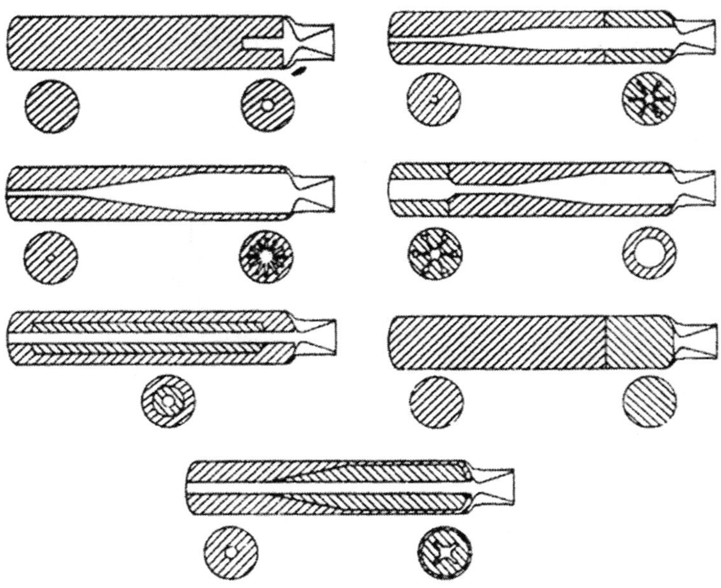

| 그림 5.16 | 특정임무에 적합한 여러 가지 그레인의 형상[1]

동시에 적용한 그레인 형상 또는 바퀴살 형태의 그레인의 경우도 중립형 연소 형태를 나타낼 수 있다.

그레인의 가장 중요한 특성은 임무에 적합한 추력, 전 충격량, 비추력과 같은 성능 변수를 충족할 수 있어야 한다. **그림 5.16**은 길이 방향 또는 반경방향으로 그레인 형상을 다르게 하여 연소 표면적을 다르게 하거나 성분이 다른 그레인을 조합하여 사용함으로써 시간에 따른 다양한 임무 요구 조건에서 추력 설정을 다르게 설계할 수 있는 방법을 제시한다.

고체 추진제 모터 내탄도 해석과 함께 추진제 그레인의 기하학적 형상 해석을 통해 연소 면적 및 추진제 내부 공동 면적 등을 계산하는 Burn-back 해석과정을 통해 고체추진제 로켓의 추력선도를 임무에 맞게 최적화하여 다양한 그레인 형상을 설계할 수 있다.[12-14]

그레인에 요구되는 또다른 성질로는 점화성(ignitability), 주위 자극에 의한 민감도, 수분 흡수, 연료의 노화(aging) 저항, 그레인 제작 특성과 제작 공정, 비용, 그리고 기계적 강도 등의 시스템 통합적인 요구조건도 고려하여야 한다.

예제 5.3 다음과 같은 조건을 가지는 고체 로켓이 있다.

- 해면고도 추력: 909.09kgf
- 연소 시간: 10sec
- 연소실 압력: 6.895MPa
- 작동온도: 21.11℃
- 추진제: 질산암모늄-탄화수소

비추력, 노즐 목, 출구 면적, 유량, 총 추진제 무게, 총 추력, 연소 면적을 구하여라.

추진제 물성치는 아래와 같다.

$\gamma = 1.26$, $T_0 = 1482.22℃ = 1482.22+273.15 = 1755.37\text{K}$,

$\dot{r} = 0.00254\text{m/s}$, 2.54mm/s, $c^* = 1219.2\text{m/s}$, $\rho_b = 1546.3\text{kg/m}^3$

기체 상수 $R = 70.2 \times \dfrac{0.3048 \times 9.81}{0.556} = 377.53\text{N}\cdot\text{m/K}$

| 풀이 | -팽창비

$$\frac{A_t}{A_e} = \left(\frac{\gamma+1}{2}\right)^{\frac{1}{\gamma-1}}\left(\frac{P_e}{P_0}\right)^{\frac{1}{\gamma}}\sqrt{\frac{\gamma+1}{\gamma-1}\left[1-\left(\frac{P_e}{P_0}\right)^{\frac{\gamma-1}{\gamma}}\right]}$$

$$= \left(\frac{1.26+1}{2}\right)^{\frac{1}{1.26-1}}\left(\frac{101}{6895}\right)^{\frac{1}{1.26}}\sqrt{\frac{1.26+1}{1.26-1}\left[1-\left(\frac{101}{6895}\right)^{\frac{1.26-1}{1.26}}\right]} = 0.126$$

$$\frac{A_t}{A_e} = \frac{1}{0.126} = 7.94$$

−추력계수

$$C_F = \sqrt{\frac{2\gamma^2}{\gamma-1}\left(\frac{2}{\gamma+1}\right)^{\frac{\gamma+1}{\gamma-1}}\left[1-\left(\frac{P_e}{P_0}\right)^{\frac{\gamma-1}{\gamma}}\right]}$$

$$= \sqrt{\frac{2\times1.26^2}{1.26-1}\left(\frac{2}{1.26+1}\right)^{\frac{1.26+1}{1.26-1}}\left[1-\left(\frac{101}{6895}\right)^{\frac{1.26-1}{1.26}}\right]} = 1.567$$

$$C_{F,real} = 0.98\times C_F = 0.98\times1.567 = 1.536$$

−비추력

$$I_{sp} = \frac{c^* \times C_{F,real}}{g_0} = \frac{1219.2\times1.536}{9.81} = 190.9\text{sec}$$

−노즐목 면적

$$A_t = \frac{F}{P_0 C_{F,real}} = \frac{909.9\times9.81}{6895000\times1.536} = 0.0008426\text{m}^2 = 8.428\text{cm}^2$$

−출구면적

$$A_e = 7.94\times A_t = 7.94\times8.428 = 66.92\text{cm}^2$$

−노즐에서의 중량유량

$$\dot{w} = \frac{F}{I_{sp}} = \frac{909.9}{190.9} = 4.77\text{kgf/sec}$$

−총 추진제 무게

유효 추진제 질량은 10초간 연소하므로 47.59kgf이고 타지 않고 남은 추진제가 4%라고 가정하면 47.59×1.04 = 49.49kgf이다.

−전 충격량(임펄스)

$$I_t = F\times t_b = 909.9\times10 = 9099\text{kgf}\cdot\text{sec}$$

−연소면적

$$A_b = \frac{A_t P_0\sqrt{\gamma\left(\frac{2}{\gamma+1}\right)^{\frac{\gamma+1}{\gamma-1}}}}{\rho_b \dot{r}\sqrt{RT_0}}$$

$$= \frac{0.0008428\times6895000\times\sqrt{1.26\left(\frac{2}{1.26+1}\right)^{\frac{1.26+1}{1.26-1}}}}{1546.3\times0.00254\times\sqrt{377.53\times1755.37}}$$

$$= 1.199\text{m}^2$$

예제 5.4 밀도 1750kg/m^3, 분자량 27kg/kmol인 추진제가 고체로켓 연소실에서 연소온도는 3000K이고, 연소실 압력은 4.25MPa, 작동시간은 60초이다. 연소가스의 비열비는 1.20이다. 배기가스는 완전 팽창하며 추력계수 $C_F = 1.4$이다. 2번의 지상실험결과 압력상수와 압력지수는 다음과 같은 값을 얻었다. 이 로켓의 연소단면적을 구하라.

실험번호	압력상수 a	압력지수 n
1	0.03618	0.3382
2	0.03593	0.3382

| 풀이 | Saint–Robert's Law에 의하여 각각의 연소속도를 구하면,

$$\dot{r}_{EXP1} = aP_0^n = 0.03618(4.25\times10^6)^{0.3382} = 6.3123\text{mm/s}$$

$$\dot{r}_{EXP2} = aP_0^n = 0.03593(4.25\times10^6)^{0.3382} = 6.2687\text{mm/s}$$

2번의 실험 결과의 산술 평균을 추진 로켓의 후퇴율로 설정하면,

$$\dot{r} = 6.2905\text{mm/s}$$

주어진 요구조건을 만족시키기 위한 노즐 목 면적과 직경은

$$A_t = \frac{F}{P_0\times C_F} = \frac{7\times1000\times9.81}{4.25\times10^6\times1.4} = 0.01154\text{m}^2$$

$$D_t = \sqrt{\frac{4A_t}{\pi}} = 0.1212\text{m}$$

작동 시간동안 추진제가 연소된 연소거리는 다음과 같다.

$$D = \dot{r}\times\Delta t = 6.2905\times60 = 377.43\text{mm}$$

추진제 밀도를 약 1750kg/m^3, 분자량을 27kg/kmol로 주어져 있으므로 연소 면적은 다음과 같다.

$$\frac{A_b}{A_t} = \frac{P_0^{1-n}\sqrt{\gamma\left(\frac{2}{\gamma+1}\right)^{\frac{\gamma+1}{\gamma-1}}}}{\rho_b a\sqrt{RT_0}}$$

$$= \frac{(42.5\times10^6)^{1-0.3382}\times\sqrt{1.2\times\left(\frac{2}{1.2+1}\right)^{\frac{1.2+1}{1.2-1}}}}{1750\times\left(\frac{0.03618+0.03593}{2}\right)\times\sqrt{\frac{8314}{27}\times3000}} = 0.2605$$

$$A_b = 0.2605\times0.01154 = 0.003006\text{m}^2$$

예제 5.5 챔버 압력이 7MPa과 17MPa일 때 후퇴율이 각각 25, 45mm/s이다. 후퇴율은 Saint–Robert 법칙을 따른다. 후퇴율이 35mm/s일 때 연소실 압력을 구하라.

| 풀이 | Saint-Robert's Law에 의하여

$P_0 = 7\text{MPa}$일 때 $0.025 = a(7\times10^6)^n$

$P_0 = 17\text{MPa}$일 때 $0.045 = a(7\times10^6)^n$

$\frac{0.045}{0.025} = \frac{(17\times10^6)^n}{(7\times10^6)^n}$에서 $n = \frac{\ln1.8}{\ln2.43} = 0.662$

$a = \frac{\dot{r}}{P_0{}^n} = \frac{0.025}{(7\times10^6)^{0.662}} = 7.35\times10^{-7}$

$P_0 = \left(\frac{\dot{r}}{a}\right)^{\frac{1}{n}} = \left(\frac{0.035}{1.35\times10^{-7}}\right)^{1/0.662} = 11.57\times10^6 = 11.57\text{MPa}$

예제 5.6 추진제 후퇴율은 $\dot{r} = aP_0{}^n$으로 나타낸다. $n = 0.68$, $T_0 = 10℃$, $P_0 = 4.5\text{MPa}$, $\dot{r} = 25\text{mm/s}$이다. 온도에 따른 후퇴율 반응도가 0.006/℃일 때 50℃에서의 후퇴율을 구하라.

| 풀이 | Saint-Robert's Law에 의하여

$$\sigma_P = \frac{1}{\dot{r}}\left(\frac{\partial\dot{r}}{\partial T_u}\right)P_0 = 0.006$$

후퇴율은 미연소 온도 50℃에서 다음의 식을 적분하여 구할 수 있다. $\dot{r} = \dot{r}_{T_0}\exp[\sigma_P(T-T_0)]$이고 $\dot{r}_{T_0} = aP_0{}^n$이다.

$$\dot{r} = \dot{r}_{T_0}\exp[\sigma_P(T-T_0)] = 25\exp[0.006(50-10)] = 31.7812\text{mm/s}$$

예제 5.7 해면에서 평균 추력 8000kgf, 25초 연소하는 비추력 257.6초, 연소실 압력 6.89×10^9MPa인 복합 추진제 고체 로켓을 설계하고자 한다. 그레인 형상은 원형이며 추진제는 AP 70%, Al 16%, 바인더 14%로 구성되어 있으며 $C_f = 1.612$이고 $c^* = 1{,}568\text{m/s}$, $c = 2{,}528\text{m/s}$이다. 또 그레인의 노즐 팽창비(ε) = 9.15, 후퇴율은 2.159mm/s이다. 추진제의 밀도는 $1{,}752\text{kg/m}^3$이다. 노즐 목 직경, 노즐 출구 직경, 노즐 출구에서의 배기가스 마하수, 연소 가스 질량 유량, 연소 면적(A_b), 그레인의 포트 직경, 그레인 직경, 웹 두께(w_b), 그레인 길이를 구하라. 챔버온도(T_0)는 $3{,}408K$이고, 비열비(γ)는 1.177이다.

| 풀이 | 예제 5.7에서는 고체 그레인의 조성과 c, c^*, C_F, I_{sp} 등이 주어져 있지만 실제 설계에서는 추진제 조성, 연소실 압력, 운용고도에 따른 노즐 출구 압력이 주어지면 c, c^*, C_F, I_{sp} 등을 구하여야 한다. (예를 들어 PEP프로그램을 사용할 수 있다.)

① 노즐 목 직경(D_t), 면적(A_t)

$$A_t = \frac{F}{P_0\times C_F} = \frac{8000\times9.81\text{N}}{(6.89\times10^6\text{Pa})\times1.609} = 0.00707\text{m}^2$$

$$D_t = \sqrt{\frac{4A_t}{\pi}} = 0.0949 = 9.49\text{cm}$$

② 노즐 출구 마하수

$$M_e = \sqrt{\frac{2}{k-1}\left[\left(\frac{P_0}{P_e}\right)^{\frac{k-1}{k}} - 1\right]} = 3.166$$

③ 노즐 출구 직경(D_e), 면적(A_e)

$$A_e = \varepsilon \times A_t = 0.06552\text{m}^2, \quad D_e = \sqrt{\frac{4A_e}{\pi}} = 0.2888\text{m}$$

④ 노즐 출구 온도(T_e)

$$T_e = T_0\left(\frac{P_e}{P_0}\right)^{\frac{k-1}{k}} = 1806\text{K}$$

⑤ 연소가스 질량유량

$$\dot{m} = \frac{P_0 A_t}{c^*} = 31.066\text{kg/s}$$

⑥ 연소면적

$$\overline{A_b} = \frac{\dot{m}}{\dot{r} \times \rho} = \frac{9.4705}{0.002159 \times 1752} = 8.213\text{m}^2$$

⑦ 그레인 포트 직경(D_p)

고체 추진제의 경우 노즐목의 1.5~2배를 사용한다.

0.14235m $< D_p <$ 0.1898m의 범위인 0.16m = 16cm로 설정한다.

⑧ 그레인의 직경(D_g): 제약 조건, 이를 통해 연소시간을 구할 수 있다.

$$D_g = D_p + 2 \times (\dot{r} \times t_b) = 0.16 + 2 \times 0.002159 \times 25 = 0.26795\text{m}$$

$$t_b = 25\text{sec}$$

⑨ 웹 두께

$$w_b = \dot{r} \times t_b = 0.053975\text{m} = 5.3\text{cm}$$

⑩ 평균 연소 면적

연소 전과 연소직후의 연소면적의 평균

$$\overline{A_b} = \frac{A_b(t=0) + A_b(t=t_b)}{2}$$

$$= \frac{\left(\pi D_p L + \frac{\pi}{4}(D_g^2 - D_p^2) \times 2\right) + \pi D_g (L - 2w_b)}{2}$$

⑪ Grain 길이

위의 평균 연소면적의 관계식을 이용하면 L(Grain 길이)를 구할 수 있다.

$$L = \frac{2\overline{A_b} - \frac{\pi}{2}(D_g^2 - D_p^2) - 2\pi D_g \times w_b}{\pi(D_p + D_g)} = 12.089\text{m}$$

⑫ 추진제 질량(m_p)

$$m_p = \frac{\pi L \rho}{4}(D_g^2 - D_p^2) = 228.65\text{kg}$$

$$= \frac{F \cdot t_b}{g \cdot I_{sp}} = \frac{I_t}{g \cdot I_{sp}}$$

설계된 고체로켓을 요약하면 다음과 같다.

외부직경: 0.26795m, L: 3.71m, Nozzle D_t: 9.45cm, D_e: 28.8cm, L/D: 13.84

이 형상을 3차원으로 나타내면 다음과 같은 형상이 된다.

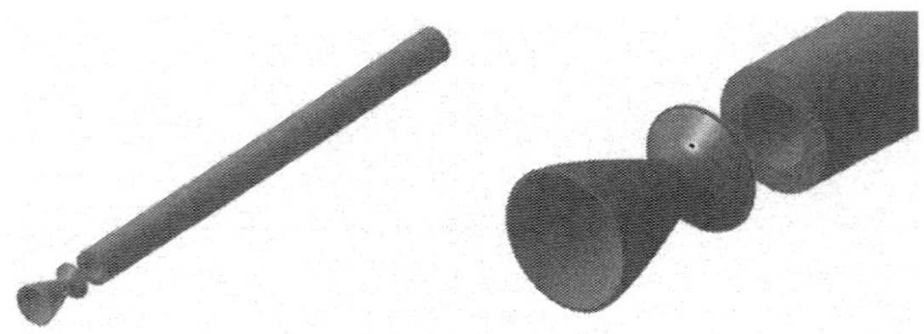

5.1.7 고체 추진 모터 내부유동과 연소 불안정

5.1.7.1 내부유동

고체로켓모터는 추진제가 연소하여 반경 방향으로 발생한 고온 고압의 가스가 축방향의 노즐을 통해 외부로 방출되면서 그레인, 연소차폐재, 노즐 등의 영향을 받아 유동을 반경 및 원주 방향의 다양한 와류가 발생한다. 고체로켓 그레인의 형상과, 공동 영역, 노즐 형상으로 인해 모터 내부유동이 변하며 고체로켓 내부유동은 로켓 성능과 연소 안정성에도 영향을 미친다. 이 내부동에는 내삽노즐인 경우에 공동영역(cavity)에서 발생하는 후방핀(aft-fin)등의 내부구조물에 의한 내부유동, 핀/슬롯(fin/slot) 그레인의 중심유로(grain port) 및 후방 끝단에서의 내부유동, 추진제 연료의 표면에서의 연소에 의한 반경방향류에 의한 표면와류, 연소차폐재의 돌출부에 의해 생성되는 와류 등이 있다. 내부유동은 침식연소, 초킹, 그레인변형, 노즐표면삭마, 노즐 공동영역에서의 슬래그 축적, 연소실 압력 섭동을 일으키기도 한다. **그림 5.17**은 고체추진모터 내부유동에 영향을 미치는 인자를 나타내고 있다. **표 5.4**는 고체로켓 그레인, 노즐, 연소차폐재(inhibitor) 등 모터의 다양한 부분에서 내부유동 현상 및 특징을 나타내고 있다.

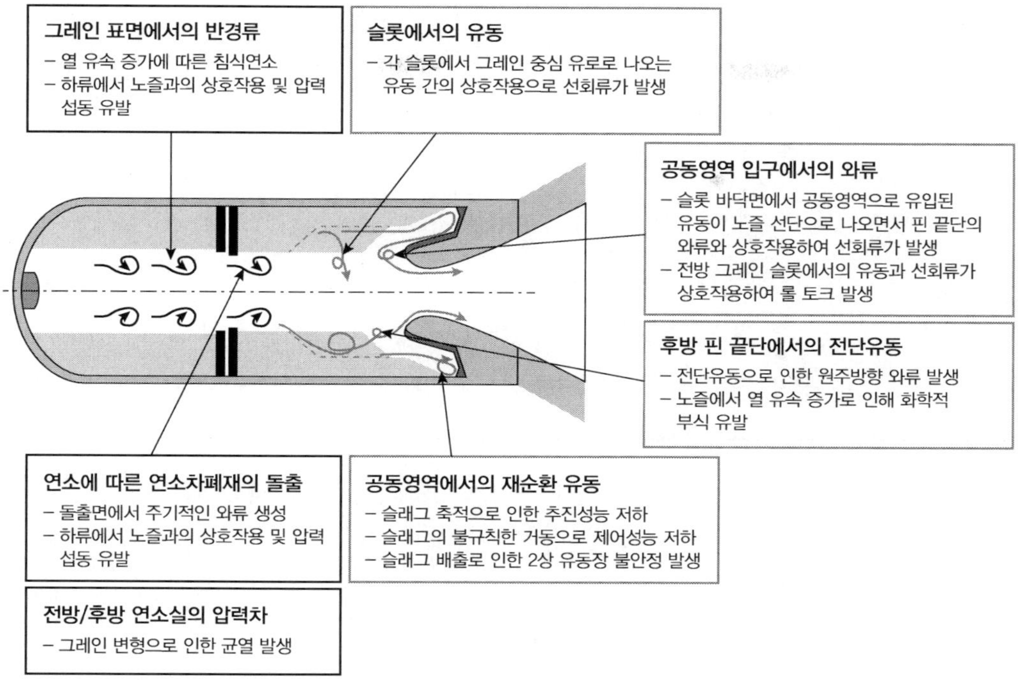

| 그림 5.17 | 고체로켓모터 내부형상과 유동에 영향을 미치는 인자

표 5.4 고체추진기관의 다양한 내부 유동의 종류 및 특징

부품	위치	유동 종류 및 현상
그레인	그레인 표면	측류유동에 의한 불균일한 속도구배로 인한 불안정 유동장이나 표면와류에 의한 후방 그레인 표면의 침식연소.
	그레인 형상	핀/슬롯에 의한 유동에 의한 점화 시의 불균일한 화염전파나, 좁은 그레인 영역에서의 경계층 형성에 의한 점화 전이 중의 이상압력
	그레인 구획 갭	연소 진행에 따른 그레인 갭 지수 변화에 의해 연소 중 변화하는 갭 지수에 따른 와류형성으로 인한 압력섭동
노즐	내삽 노즐의 공동 영역	상류에서 발생한 와류와의 상호작용에 의해 피드백 루프 형성으로 인한 압력 섭동 유발이나, 슬래그 축적 현상에 의한 추력 발생 질량 비율을 감소시켜 추력 성능 저하
	노즐 입구 및 노즐 목	내열재의 침식 현상으로 인해 노즐 현상 변화로 인한 추력 성능 저하 및 기관 파손이나, 슬래그의 퇴적 현상에 의한 노즐 형상 변화로 인한 추력 성능 저하
	노즐 확산부	입자 충돌에 의한 침식 현상에 의한 노즐 형상 변화로 인한 추력 성능 저하 및 기관 파손
연소 차폐재	연소 차폐재	연소 진행에 따른 연소 차폐재의 돌출부에 의한 와류에 의한 장애물 와류의 형성으로 인한 연소 불안정이나, 연소 중 연소 차폐재의 움직임으로 인한 압력 섭동 변화

고체추진기관은 점화 직후 연소 초기에 그레인의 표면으로부터 Taylor – Culick 유동으로 불리는 고온·고압 가스가 반경방향으로 생성된 후 축방향의 음향 에너지와 중첩되어 노즐로 전달되며, 보통 점화 직후 부스터 내부에서 공기역학적인 요인의 중첩으로 인하여 압력 진동이 발생하고 연소기 내부에서 음향학적 특성이 발달하여 수력학적 불안정을 유발한다. 수력학적 불안정성은 핀/슬롯 형상의 그레인 구조와 연소 차폐제의 형상에 따라서 형성되며, 이러한 구조는 추진제 그레인 끝단에서 분리된 유동으로 형성되고 후방면의 방해물로서 작용하여 표면 전단 와류를 발생시키고 슬롯 부분에서 나오는 빠른 유동을 생성시켜 빠른 침식 연소를 일으키게 된다[6]. 내삽형 노즐과 연소 차폐제가 포함된 이중 추력형 finocyl형 고체추진기관의 내부에서는 원주방향 유동, 와류 유동, 재순환 유동, 슬래그의 침적과 음향학적 에너지의 증감이 복잡한 유동을 발생시켜 고체추진기관의 내탄도 성능 손실을 일으키기도 한다. 또 연소실 공동 영역 내에서 음향 에너지의 이득과 손실 사이의 동적인 불균형으로 인해 연소실 내에서 과다한 압력상승, 열전달, 기계적 진동을 수반하고 그레인 변형을 일으켜 고체추진기관 파손을 가져올 수 있다.

5.1.7.2 연소 불안정

고체로켓모터의 연소실에서 나타나는 유동의 불안정성은 연소실 내부의 압력섭동과 함께 불규칙한 추력발생 등 고체로켓모터의 성능저하에 절대적인 영향을 미친다. 추진제 그레인의 형상이 3차원적으로 복잡하게 설계됨에 따라 나타나는 와류구조 및 연소차폐재에 의하여 발생되는 와류는 후방 내삽노즐과 상호작용하게 된다. 이때 발생될 수 있는 공명현상은 피드백 루프(feedback loop)를 형성하고 연소 불안정에 심각한 영향을 미칠 수 있다. 특히 내부유동에 발생되는 와류생성주기(vortex shedding frequency)가 공명주파수와 가까워질 때, 압력섭동이 특성이 크게 달라진다.

추진제 그레인에 설치된 일반적으로 사용되는 내삽노즐의 경우 연소실 후방과 노즐전방 공간에 자연적으로 형성되는 공동영역(cavity)이 존재하며, 이 공간의 형상과 연소실 내부의 음파 진동의 확대 및 축소현상은 밀접한 관계가 있다. 고체추진기관 내부의 그레인, 연소차폐재(inhibitor) 등에 의해 생긴 복잡한 와류(vortex)가 하류로 이동하여 노즐 선단, 공동영역에서의 음향학적 상호작용으로 인한 압력 선동 등을 유발시킨다. 노즐 영역에서의 음향학적 파동에 의한 와류의 상호작용, 공동 영역에서의 유동에 의한 영향과 와류의 음향학적 피드백 루프를 **그림 5.18**에 나타내었다.

그림 5.19는 고체로켓모터 내 연소 불안정성이 일어나는 주요요인을 나타내고 있다. 가스 유동과 발생된 음향파동의 커플링은 연소차폐재에서 발생된 전단층에서의 와류에 의한 유동불안정, 노즐에서 발생되는 와류에 의한 음향파동, 공명영향에 의한 음향파동의 진행, 유동장 자체에서 반향되는 음향거동과 같은 요인이 피드백되어 발생된다고 생각할 수 있다.

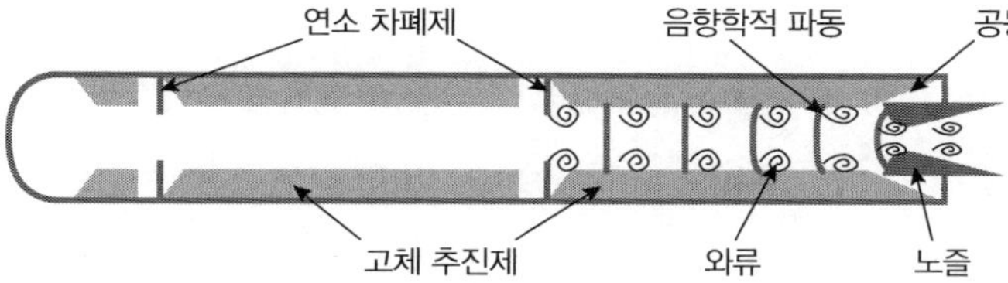

(a) 와류 유동과 음향학적 파동의 상호관계

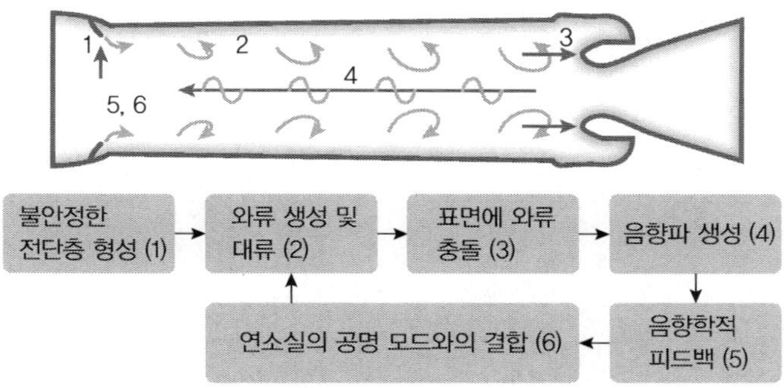

(b) 와류의 음향학적 피드백 루프 [2]

| 그림 5.18 | 고체로켓 내부 와류 유동과 음향학적 상호작용

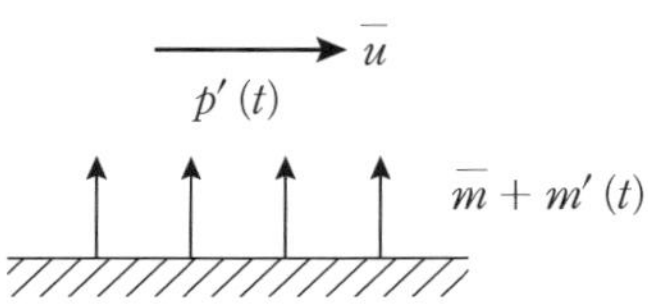

(a) 압력 음향 커플링

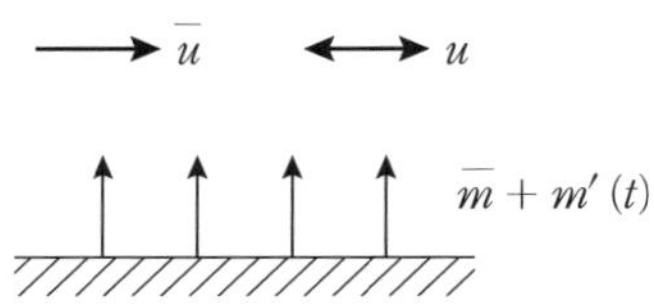

(b) 유동 속도 커플링

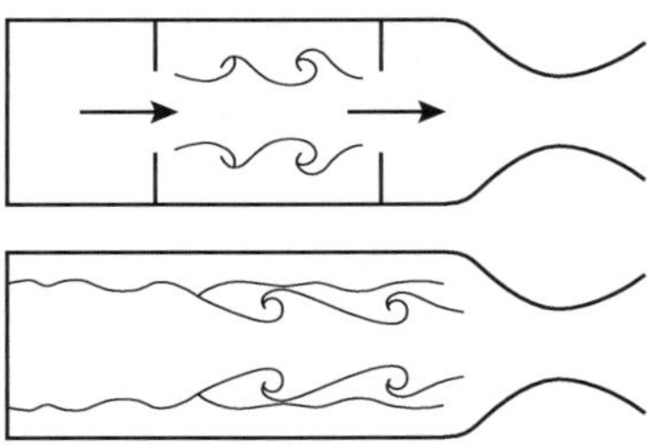

(c) 와류 발산

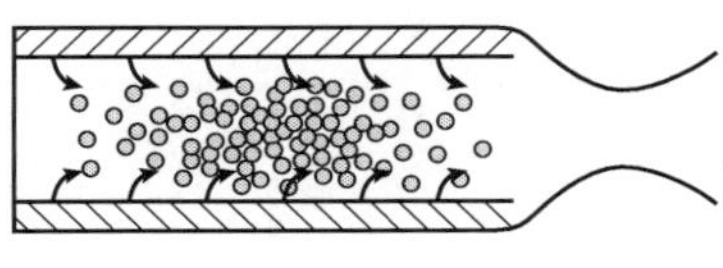

(d) 잔류추진제 연소

| 그림 5.19 | 고체로켓모터 연소 불안정의 요인

5.2 고체 로켓 추진제

추진제 그레인은 모터 케이스 안에 고체 추진제가 성형되어 있는 형태이다. 주조나 사출 성형 방법으로 제작하며 그레인을 구성하는 물질을 결합시키는 결합제(binder)의 종류에 따라 형성되는 그레인이 달라진다. 그리고 그레인 형상이 달라지면 모터 동작 특성도 달라진다. 이러한 추진제 그레인의 가장 기본적인 요구 조건은 연소가 시작되어 종료될 때까지 원래의 모습을 유지해야 하며 외부 충격, 기온과 같은 외부 환경에 의한 팽창과 수축에 강해야 한다. 고체로켓의 추진제는 더블베이스 추진제, 복합추진제, 변형 복합추진제 등으로 구분할 수 있다.

5.2.1 더블베이스 추진제

더블베이스 추진제(Double Base Propellant, DB)는 고체성분인 니트로셀룰로오스(Nitrocellulose, NC)가 약간의 첨가제와 함께 액체성분인 니트로글리세린(Nitroglycerine, NG)에 분해되어 분자수준에서 화학적 결합을 한 추진제이다. NC, NG 두 가지 추진제는 각각 자체에 연료와 산화제가 혼합된 폭발적인 단일 추진제이고 추진제의 화학적 결합을 통해 균일한 추진제를 제작한다. NC는 고체로 충격에 민감한 NG를 안정화시키는 결합제(binder)의 역할을 하고, NG는 액상으로 녹이는 성분이며 충격에 민감하고 폭발성을 띄는 반응성 가소제의 역할을 한다. 더블베이스 추진제 로켓은 주조나 사출 성형으로 모두 제조 가능하다. 알프레드 노

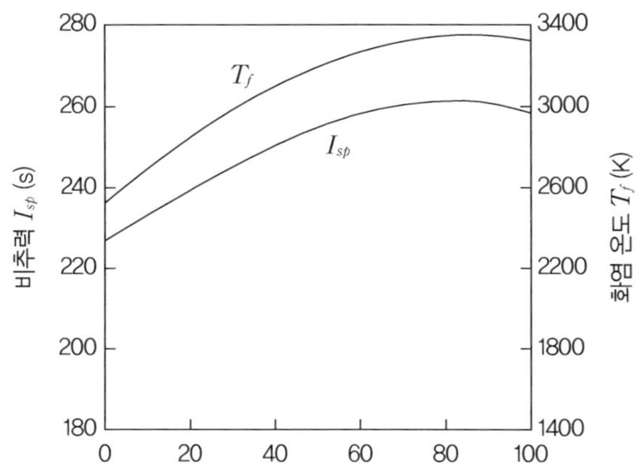

| 그림 5.20 | 더블베이스 추진제에서 I_{sp}, T_f와 NG 함유량의 관계

벨은 NG를 이용하여 다이너마이트를 제조하기도 하였으며, 극소량의 NG는 혈관을 확장하는 성질이 있어 관상동맥이 막히는 협심증 환자에게 사용되기도 한다. NC는 연료성분이 과잉하고, NG는 산소가 과잉한 상태이므로 더블베이스 추진제의 연소 성능은 두 성분의 혼합비에 의해 결정된다.

그림 5.20은 NG함유량을 가로축으로 하여 팽창비 70인 경우에 성능을 나타내기 위해 연소실 압력 6.8MPa에서 대기압으로 팽창할 때의 로켓의 비추력, 연소화염온도를 나타내고 있으며, NG 80%, NC 20%에서 성능이 최대가 됨을 알 수 있고 이 점은 이론 당량비가 된다. 그러나 액상으로 있는 NG의 첨가는 60%가 한계이고 이 점이 더블베이스 추진제의 성능 한계가 된다. 더블베이스 추진제는 화학적 안정성을 갖게 하기 위해 또는 기계적 특성을 개선하기 위해 안정화 첨가물로 에틸센트라라이트나 가소제가 첨가되고 연소 속도를 제어하기 위해 촉매가 사용되며, 방사에 의한 내부 착화를 방지하기 위해서 카본 블록 등을 첨가한다.

5.2.2 복합추진제

복합추진제(composite propellant)는 여러 종류의 물질을 혼합하여 주조로 제작한 추진제를 일컫는다. 복합추진제를 구성하는 물질은 연료, 산화제, 결합제(바인더), 가소제, 경화제 등으로 구성된다. 연료는 보통 금속 연료로 알루미늄(Al)이나 베릴륨(Be), 지르코늄(Zr), 마그네슘(Mg) 등을 사용하며 전체 추진제 무게의 약 14~18%를 구성한다. 연료로는 알루미늄이 가장 흔히 사용되며 마그네슘은 유해배출가스가 작은 크린 연료로 사용되고, 베릴륨은 가장 좋은 에너제틱 연료이나 플룸에 BeOx의 독식배기가스를 방출하기 때문에 우주용으로만 사용된다. 대부분의 복합추진제 연료는 Al을 사용한다. Al은 분자량이 27이고, 밀도는 2700kg/m^3이다. 베릴륨은 독성 배기가스를 배출하고 지르코늄은 성능이 낮지만 연료 밀도는 높다. 보론은 알루미늄에 비해 가볍고 융점이 높은 고에너지 연료이고 연소가속제로 사용되기도 한다. 산화제는 대부분 과염소산암모늄(Ammonium Perchlorate, AP, NH_4ClO_4)가 널리 사용되지만 염화수소(HCl)나 질산이 사용되기도 한다. AP는 불안정한 물질이며 열이 가해지면 용융 없이 승화하고 고체로켓의 연소시에는 HCl을 만들어 낸다.

그림 5.21은 연소실압력 6.8MPa에서 대기압으로 배출하는 로켓모터에서 전형적인 복합추진제 AP-HTPB의 AP함유량 변화에 따른 비추력과 화염온도 변화를 나타내고 있고 거의 이론 당량비가 되는 AP 88% 부근에서 비추력과 화염온도가 최대가 된다. AP의 양을 증가시

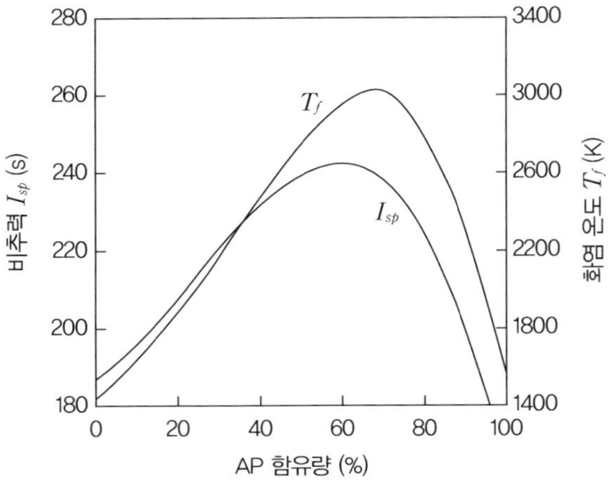

| 그림 5.21 | AP-HTBP 계의 복합추진제에서 I_{sp}, T_f와 AP 함유량의 관계에 따른 비추력과 화염온도

키기 위해서는 동일 크기 입자만으로는 한계가 존재하기 때문에 여러 크기의 입자를 혼합해서 사용하며 거친 입자(400~800μm), 중간입자(50~200μm), 미립자(5~15μm)를 적절히 조합하여 사용한다.

결합제(binder)로는 탄성을 가진 고무 같은 물질이나 폴리머(중합체) 계열의 고분자 물질이 사용된다. 결합제는 추진제가 경화되는 동안 복잡한 화학반응을 거쳐 물질을 결합하는 역할 뿐 아니라 연료로서의 역할도 한다. 결합제로 폴리부타디엔(polybutadiene)을 사용하는 경우 CTPB(Carboxyl-Terminated Polybutadiene)혹은 HTPB(Hydroxyl-Terminated Polybutadiene)을 사용하는데 HTPB는 높은 비추력과 신장률이 양호하는 등의 기계적 성질이 좋고 연료 노화(aging)특성이 좋다. 높은 연소율을 주기 위해 결합제로 GAP가 사용되기도 한다. 이외에도 물질을 경화시키는 경화제(curing agent)나 저온에서 추진제의 신축성이나 신장률을 증가시키거나 충전시에 낮은 점성을 유지하게 하기 위한 액체로 가소제(plasticizer)등이 사용된다. 또 이 외에도 추진제의 연소반응을 증가시키거나 감소시키는 연소속도 조정제로 증가시키는 스테아린산이나 감소시키는 불화리튬이 사용되기도 한다.

과염소산 암모늄(AP, NH_4ClO_4)은 무색의 하얀 고체로 물에 잘 녹는 물질이다. 과염소산(perchlorate)는 좋은 산화제이고, 암모늄(ammonium)은 좋은 연료로써 이들의 조합인 AP는 연료와 산화제가 결합된 활용도가 높은 추진제로 사용되고 있다. AP에는 염소(Cl)를 포함하고 있어 수소와 결합하여 AP 배기에서 HCl과 H_2O가 발생하고 물이 수증기로 응축하면서 눈에 보이게 된다. 염소에 의해 매우 유독한 연기가 발생한다. 이러한 결점을 없애기 위해 AP 대신 니트라민(Nitramine)계열 산화제인 질산암모늄(Ammonium Nitrate, AN, NH_3NO_3)을 사용하

표 5.5 복합추진제의 조성에 따른 연소실 온도, 비추력 변화[8]

추진제 조성비(%)	밀도 (kg/m^3)	연소실 온도(K)	분자량	특성속도 (m/s)	배기가스 온도(K)	배기가스 분자량	비추력 (sec)
AP70, PE30	1460	1312	18.41	1190	883	20.97	200
AP80, PE20	1590	2036	20.43	1406	924	20.99	221
AP90, PE10	1750	3013	26.13	1513	1615	26.85	252
AP81, PE9, Al 10	1820	3433	28.54	1546	2147	29.78	261
AP70, PE8, Al 20	1890	3784	31.17	1552	2490	33.21	266

기도 하는데 이는 니트라민 계열은 AP만큼 에너지 밀도가 높지는 않지만 HCl의 가스를 방출하지 않는 무연 배기연료이기 때문이다. AP에 알루미늄을 첨가하면 알루미늄의 연소로 인하여 성능이 향상되며, 알루미늄 입자가 작동가스 유동에서 감쇠역할을 하여 비정상 유동을 억제하는 장점이 있다. 그러나 알루미늄 사용 시에 부산물로 Al_2CO_3가 연기를 발생시키고 노즐을 삭마시키며 슬래그(slag)로 남는 단점이 있다. AP의 촉매로는 Fe_2O_3나 Cr_2O_3를 사용하며 Fe_2O_3가 보다 AP 불꽃 반응 활성화 에너지가 작기 때문에 큰 촉매 효과를 나타내 연소속도가 증가한다.

표 5.5는 연소실 압력, 68기압에서 추진제를 1기압으로 배출할 때 복합추진제 고체로켓의 AP와 폴리에틸렌바인더(PE, $(CH_2)_x$), Al의 조성 비율에 따른 추진제 밀도, 분자량, 연소실 온도, 특성 온도, 배기가스 온도, 배기가스 분자량, 비추력을 나타낸다. AP 70%와 PE바인더 30% 조성에서 비추력은 약 200sec 정도이지만 AP 72%, PE 8%, Al 20%조성에서는 비추력이 266sec 정도까지 올라감을 알 수 있다. 고체로켓에서도 연소가스의 물성치를 알면 비추력을 구할 수 있으며, 비추력은 다음과 같이 구하였다.

$$I_{sp} = \frac{1}{\sqrt{\gamma\left(\frac{2}{\gamma+1}\right)^{\frac{\gamma+2}{\gamma-1}}}} = \frac{1}{\Gamma}\sqrt{\frac{R_u T_0}{M}}$$

여기서 $\Gamma = \sqrt{\gamma\left(\frac{2}{\gamma+1}\right)^{\frac{\gamma+2}{\gamma-1}}}$이다.

그림 5.22는 더블베이스 추진제(a)와 AP−Al 복합추진제(b)의 연기 발생을 비교한 그림이다. 복합추진제의 경우 주로 AP에 의해 많은 연기가 발생하게 되고 이는 육안으로 혹은 열 추적과 같은 군사적인 단점으로 작용한다.

AP이외에도 복합추진제 산화제로 사용될 수 있는 것은 질산암모늄(Ammonium nitride, AN,

(a) (b)

| 그림 5.22 | (a) NG-NG 더블베이스 추진제와 (b) AP-Al 복합추진제의 연기 발생 비교[3,7]

NH_4NO_3)과 디니트라미드 암모늄(Ammonium dinitramid, ADN, $NH_4N(NO_2)_2$)이 있는데 AN은 산소함유량이 약 20%이고 밀도는 1.73g/cm^3이고 ADN은 배기가스에 매연이 없으므로 러시아나 유럽에서 개발되어 전술 미사일에 사용되고 있다.

결합제(binder)는 온도변화나 비행중 가속에서도 그레인 전체 구조물을 안정적으로 유지하게 하는 역할을 한다. 바인더로 사용되는 물질은 PBAN(Polybutadiene acrylonitrile), CTPB(Carboxy-terminated polybutadiene), HTPB(Hydroxy-terminated polybutadiene)등이 있으며 최근에는 고에너지 결합제로 GAP(Glycidal azide polyner)이 사용되고 있다. 또 추진제 공정과정에서 화학반응과 폴리머 과정을 촉진시키기 위해 경화제를 소량 첨가한다. HTPB 바인더 사용시에는 경화제로 이소시안산염을 사용하고 PBAN 바인더에는 에폭시 계열 경화제를 사용한다. 어떤 추진제에는 추진제의 저온 특성을 향상시키기 위해 가소성제(Plasticizer)를 사용하면 온도 변화시 추진제의 변형률 특성을 향상시킨다.

5.2.3 변형 복합추진제

더블베이스 추진제에 HMX(Octahydro-1,3,5,7-tetranitro-1,3,5,7-tetrazocine) 또는 RDX(1,3,5-Trinitroperhydro-1,3,5-triazine)을 첨가하여 추진제 성능을 향상한 추진제를 변형 복합추진제(Cast-modified Double Base Propellant)라고 한다.

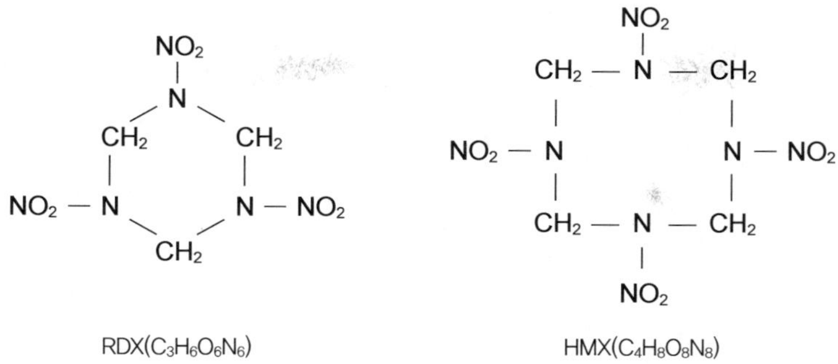

| 그림 5.23 | RDX와 HMX의 화학구조식

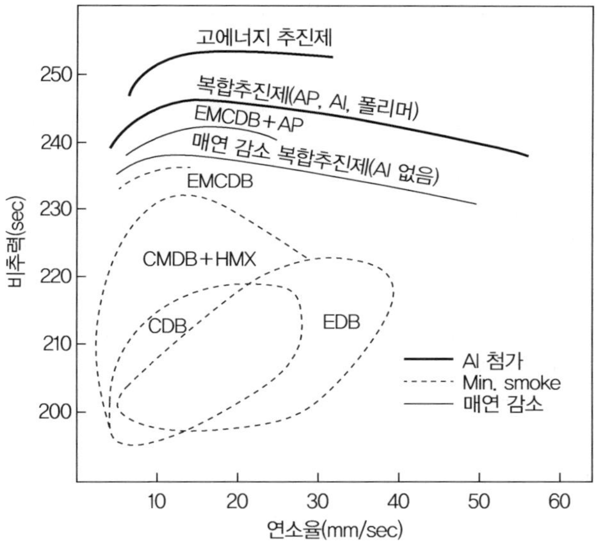

| 그림 5.24 | 각종 고체추진제의 비추력, 연소율 그래프[1]

그림 5.23은 RDX와 HMX의 화학 구조식을 나타낸 그림이다. HMX와 RDX는 모두 니트라민 계열의 고 에너지 밀도의 폭발물이다. 연소 시에 무연 배기 가스를 배출하며 화학적으로 균형적인 재료이다. 더블베이스, 복합추진제 더블베이스, 복합추진제 모두 성능향상을 목적으로 첨가되어질 수 있다. 또한 폴리부타디엔(Polybutadiene)과 같은 탄성 중합체 고무을 첨가하여 성능 향상하기도 한다. 이 경우에는 변형 복합추진제를 EMCDB(Elastomeric Modified Cast DB)라고 한다.

그림 5.24는 각 연료의 비추력과 연소율의 범위를 나타낸 선도이다. 대체적 경향으로 더블베이스, 니트라민 계열 혼합 더블베이스, 복합추진제 순으로 비추력이 커진다. 복합추진제에서 연기 발생을 줄이기 위해 알루미늄을 혼합하지 않거나 AP 함량을 줄이는 등의 방식을 사

표 5.6 대표적인 고체추진제별 성분 구성[1]

더블베이스(성분 Wt%)		복합추진제(성분 Wt%)				변형복합 더블베이스 (CMBM, 성분 Wt%)
압축식[6]	주조식	CTPB	HTPB	PBAN	니트라민 함유 HTPB	
NC 51.5	NC 35	AP 68	AP 68	AP 70	AP 62	AP 20.4
NG 43.0	NG 55	Al 16	Al 18	Al 16	Al 17	Al 21
프탈산디에틸 3.2	기타 10	CTPB 14	HTPB 12	PBAN 12%	HTPB 12	NC 21.9
에틸센트라라이트 1.0		경화제 등 기타 2	경화제 등 기타 2	경화제 등 기타 2	HMX 7	NG 29.0
황산칼륨 1.2					경화제 등 기타 2	트리아세틴 5.1
흑연 0.2						안정제 2.5
왁스 0.1						
I_{sp}: 220～230(s)		I_{sp}: 260～265(s)	I_{sp}: 260～265(s)			I_{sp}: 265～270(s)

용할 수 있지만 성능의 저하가 발생할 수 있다.

표 5.6는 더블베이스, 복합추진제, 변형복합 더블베이스(CMDB)의 상용화된 추진제의 질량 성분 구성을 나타낸 표이다. 더블베이스 추진제는 통상 NC, NG가 각각 약 50%, 45% 내외, 이 외에도 경화제와 같은 물질이 약 5%의 구성으로 혼합되어 있다. 복합추진제의 경우에는 AP, Al, 결합재, 경화제 순으로 약 65～70%, 15～20%, 10～15%, 2～5% 정도로 혼합한다. 변형 복합추진제의 경우에는 AP, Al, NC, NG 순으로 약 20%, 20%, 20%, 30%, 이외에 트리아세틴 및 안정제와 같은 물질이 약 10%정도 구성되어 혼합되고 있다.

표 5.7은 고체 추진제의 각 종류별 장단점을 정리한 표이다.

5.2.4 그레인 제조

추진제 형상에 따라 그레인 표면적이 달라지고 후퇴율 연소 속도가 달라진다. 추진제 종류에 따라 그레인을 모터 케이스 내에 충전하는 방법이 달라지며 그레인 충진법에 따라 카트리지 적재법(catridge－loaded 방식이나 케이스 접착식(case bonded)으로 구분된다.

카트리지 적재식은 주로 소형 전략 미사일에 사용되는 방식으로 모터 케이스와 그레인이 따로 제작된 뒤에 케이스에 적재되는 방식이다. 케이스 접착식은 케이스가 금형(mold)로 사

표 5.7 각종 고체 추진제별 장단점[1]

추진제 종류	장점	단점
더블베이스(사출 성형)	연소율 범위가 넓고 기계적 특성이 좋고 압력 지수가 낮음	그레인을 유지하기 위한 구조가 필요하고 사출 제조시 크기의 한계가 있음
더블베이스(주조)	기계적 특성이 좋고 연소율의 조절이 좋고 온도에 따른 연소율 변화가 적음	니트로글리세린이 기화해야하며 제조시에 위험성이 있고 사출된 더블베이스보다 가격이 높음
변형복합 더블베이스(CMDB) 또는 Al, AP 첨가 CMDB	고성능, 고밀도, 기계적 성질이 우수하며 연소 안정성이 우수하고 신뢰성이 높은 추진제	배기가스에 독성 배기 연기가 나오고 높은 화염 온도와 습기에 민감하여 제조에 위험이 있고 압력 지수가 높음
복합추진제 PBAN, CTPB 결합재	신뢰성이 좋고 고밀도, 장시간의 사용 가능하며 연소가 안전하고 온도 민감성이 낮고 연소율 조절성이 좋음	적당한 대기 온도 범위 내에서 작동하며 높은 연소 온도로 독성 연기가 많은 배기가스가 배출됨
복합추진제 HTPB 결합재	PBAN이나 CTPB 결합재보다 월등히 높은 성능과 넓은 동작 온도. 연소율 조절성이 좋고 연소율의 범위가 넓음	제작 공정이 복잡하고 습기에 민감하다. 연소 온도가 높으며 독성 연기가 많은 배기가스를 방출함
변형 복합추진제 HMX 혹은 RDX 첨가	고성능, 연소율 조절이 용이하며 안전한 연소가 가능함. 고밀도에 적당한 온도 민감성과 기계적 특성이 좋음.	가격이 비싸며 제작이 복잡하다. 독성 연기가 많은 배기가스를 방출하고 충격에 민감함
복합추진제 NG, AP HMX 결합재	연소율 범위가 좁아 좋은 성능의 추진제로 고밀도(SG=1.8~1.86)임.	가격이 비싸고 제한된 실험, 충격에 민감하며 높은 압력지수를 가짐
변형 더블베이스 HMX 첨가	고성능, 고밀도, 안정한 연소와 좁은 연소율 범위를 가짐	배기가스에 독성가스 나옴
변형 AN 추진제 HMX, RDX 첨가	상대적으로 독성이 적고 연기가 적은 배기 가스를 방출함	낮은 연소율과 충격에 민감, 중간 정도의 밀도를 가짐
AN 추진제 중합체 결합재 사용	적은 연기, 무독성의 연소가스와 낮은 온도 배기가스 배출 안정한 연소와 낮은 압력 지수를 가지고 있다.	저성능, 저밀도, 상변위를 피하기 위한 안정제가 필요하며 습기에 민감하고 낮은 연소율을 가짐
RDX/HMX 중합체 사용	적은 연기와 무독성의 배기가스, 낮은 연소온도	저성능, 저밀도

용되고 추진제를 주물과 같이 성형하는 방법으로 추진제가 모터 케이스 혹은 단열재에 바로 접착이 된다. 카트리지 적재식의 경우 추진제 그레인이 노화되었을 경우 쉽게 교체되어 질 수 있으나 케이스 접착식이 조금 더 좋은 성능을 보인다. 케이스 접착식의 경우 제조 공정의 복잡함의 단점이 있다. 대부분의 대형 모터의 경우 케이스 접착식으로 제작한다.

그레인 제작 공정은 **그림 5.25**와 같이 크게 압출과 주조 방식으로 분류된다. 압출(extrusion)은 더블베이스 추진제를 제작하는데 주로 적용하며 대공 미사일이나 대함 미사일 등 비교적 작은 전술 미사일용 추진제 그레인 제조에 사용한다. 제작비가 저렴하고 대량 생산이

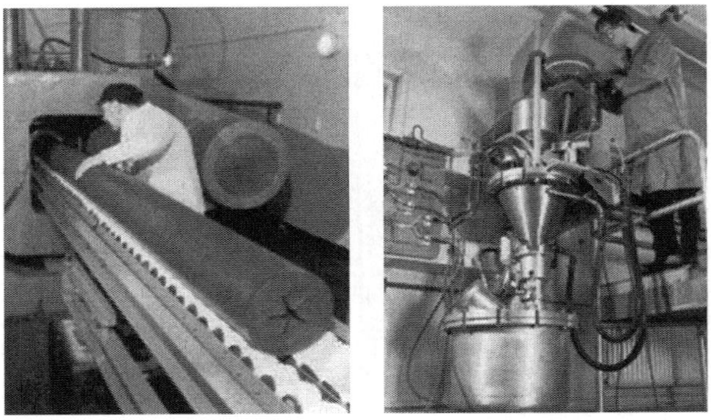

압출성형 주조성형

| 그림 5.25 | 압출성형과 주조성형[3,9]

가능한 장점이 있으나 대형 로켓이나 우주 추진제 등에는 사용할 수 없다. 압출 방식 제작 공정은 그 과정에 따라 나열하면 우선 금형 내에 NC를 넣은 뒤에 NG를 부어 넣는다. 이후에 혼합물을 70℃ 정도에서 수일 간 경화시킨다. 적절한 끈기의 반죽을 위해 아세톤 등의 용매를 섞기도 한다. 경화시킨 후 압출 프레스를 사용하여 원하는 모양으로 성형하며 잉여 용매는 그레인 성형 후에 증발한다. 압출된 추진제는 카트리지에 충전된 후 추진제 카트리지가 모터 케이스에 적재된다. 주조(casting)방식은 더블베이스, 복합추진제, 변형복합추진제 성형에 모두 적용 가능하며 주로 대형 로켓 추진제 그레인 성형에 사용하는 방법이다. 주조 방식 제작 공정은 다음 과정을 통해 진행된다. 산화제 입자를 갈아서 적절한 크기로 만든 다음 다른 고체 첨가물을 넣어 입자들이 적절한 분포를 이루도록 하고 잘 섞어 혼합하는데 혼합할 때 기포(bubble)가 생길 수도 있기 때문에 진공에서 혼합하는 것이 좋다. 추진제 그레인에 기포가 있으면 연소 시 화염면적이 커지는 효과가 있고 후퇴율이 커질 수도 있어 원하는 후퇴율을 얻지 못할 수도 있다. 그리고 혼합이 끝난 반죽을 주형 내에 부어 넣으며 일반적으로 모터 케이스 자체를 주형으로 사용하며 포트 형상 성형을 위해 심축(mandrel)을 삽입한다. 경화가 끝나면 심축을 제거한다. 이후에 그레인 무결점을 조사하기 위해 X-Ray 검사를 한다.

5.3 고체 추진제 연소 특성

고체 추진제의 연소는 고체 그레인의 화학 반응을 통해 연소 열과 연소 생성물이 생기는 현상이다. 고체 추진제의 상세한 연소 현상은 매우 복잡하다. 고체 추진제는 복잡한 3차원

화염 구조 형상과 액체/기체 상 간의 연소 중간 생성물, 공간/시간적 변화, 금속 입자의 연소 참여와 비선형적 응답 특성을 가진다. 연소속도 후퇴율은 압력, 온도, 대류 열전달, 연소실 내 유동에 따라 달라진다.

5.3.1 더블베이스 추진제의 연소 특성

더블베이스 고체 추진제는 추진제의 혼합이 화학적 단위에서 이루어지기 때문에 복합추진제의 연소 현상과는 다르다. 화염 구조가 균질(homogeneous)하여 화염의 전파 방향이 단일 방향으로 진행되고 연소가스가 모두 예혼합되는 특징을 보인다. **그림 5.26**은 더블베이스 추진제의 화염구조를 나타낸 것이다.

더블베이스 추진제의 화염구조는 아직 추진제가 연소 화염으로부터 열을 전달받지 못한 미가열 구간(unheated propellant zone), 전도 열전달을 통해 서서히 가열되기 시작하는 예열 구간(preheated propellant zone), 연소를 통해 구조가 분해되는 분해 구간(degraded propellant zone), 첫 번째 주 연소가 진행되는 주 연소 구간(primary combustion zone), 연소는 일어나지만 가시

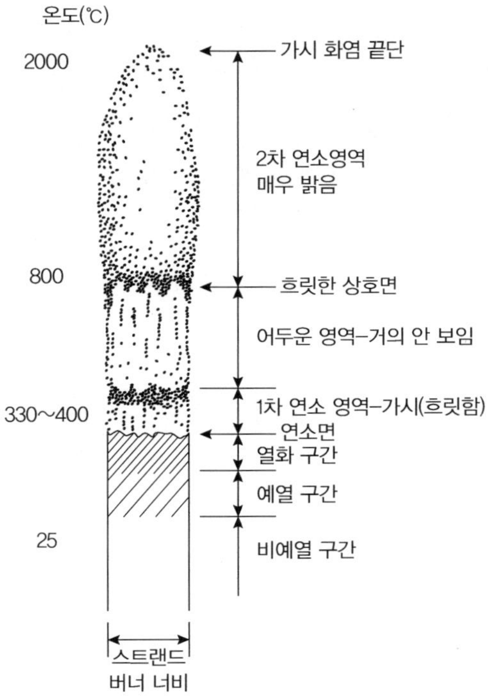

| 그림 5.26 | 더블베이스 추진제의 화염 구조[1]

광선 파장은 방출하지 않는 인덕션 구간(induction zone), 이후에 활발한 연소가 일어나는 부연소 구간(secondary combustion zone)으로 구분된다. 연소 과정은 다음과 같다. 분해구간에서 고체 추진제가 용융되어 액적이 되고 그레인은 분해되어 거품(foam) 구조가 된다. 이후에 열전달에 의해 온도가 올라가면 추진제 분자는 기화되고 연소되게 된다. 구조에서 인덕션 구간은 가시광선 파장이 방출되지 않기 때문에 거의 눈에 보이지 않으며 적외선 영역(infrared spectral region)을 방사하기 때문에 암흑 구간(dark zone)으로도 일컫는다. 암흑 구간은 압력이 증가할수록 화염면으로의 열전달량이 증가하기 때문에 연소율이 증가하여 두께가 감소하게 된다. 더블베이스 추진제 연소에서 눈에 보이는 영역은 주/부 연소 구간으로 부 연소 구간의 화염은 매우 밝다. 또한, 연소 압력이 낮아질 경우 화염 전체의 크기가 커지는 경향이 있다. 암흑 구간에서 어둡다고 화학반응이 일어나지 않는 것은 아니다. 예를 들어 연소 가스의 성분이 $N_2+CO+CO_2+H_2+H_2O$가 반응할 때 분해 구간에서는 $RCHO+NO_2$의 반응이, 암흑 구간에서는 $NO+CO+NHCO+H_2O$가 반응하게 된다.

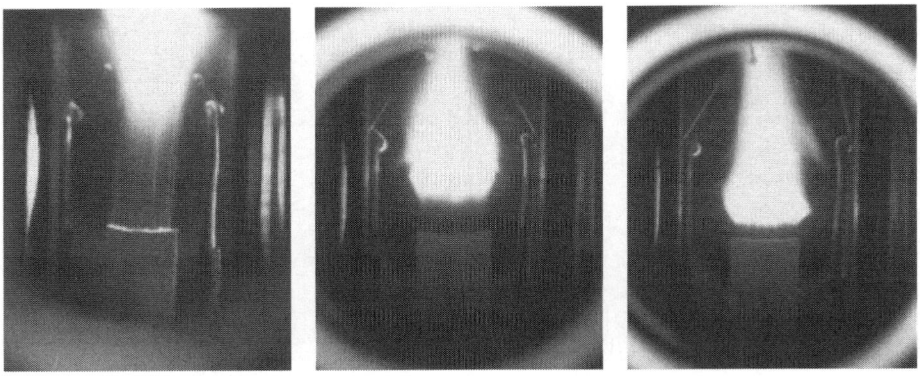

(a) (b) (c)

| 그림 5.27 | 압력에 따른 더블베이스 추진제 화염 형상[7]

표 5.8 압력에 따른 더블베이스 추진제 연소 특징[7]

압력(atm)	10	50	10
그레인 표면 온도(℃)	330	380	400
$\dot{r}$(mm/s)	1.9	6.7	10.6
예열 구간 두께(μm)	140	50	45
예열 구간 잔류 시간(ms)	80	7	3
거품 구간(μm)	9	3	2
거품 구간 잔류 시간(ms)	5	0.4	0.15
화염 두께(μm)	200	75	7.0

그림 5.27은 압력에 따른 더블베이스 추진제가 연소할 때의 화염 형상을 나타낸 것이다. 압력은 좌측 (a), (b), (c) 순서대로 1MPa, 2MPa, 3MPa이다. 화염의 크기는 압력이 낮을 때 가장 크며 인덕션 구간의 크기 역시 크다. 후퇴율을 측정한 결과 순서대로 2.2mm/s, 3.1mm/s, 4.0mm/s 순으로 (c)가 가장 크게 측정된다. 고체 추진제의 후퇴율이 $\dot{r} = aP^n$의 식과 같이 압력이 증가함에 따라 증가한다.

표 5.8은 압력에 따른 더블베이스 추진제의 연소 특성을 나타낸 표이다. 압력이 커질수록 그레인 화염 면에서의 열전달이 증가하기 때문에 표면 온도가 증가하고 후퇴율이 증가한다. 반대로 보다 큰 열전달을 통해 연소가 빠르게 진행되므로 화염 두께는 감소하고 예열 구간과 거품 구간의 두께 역시 감소한다.

5.3.2 복합추진제의 연소 특성

복합추진제의 경우 더블베이스 추진제와는 달리 추진제 성분이 기계적 단위에서 혼합되었기 때문에 연소 과정에서 연료, 산화제의 예혼합이 필요하다. 또한 복합추진제에 사용되는 추진제의 성분, 입자 크기, 순도 그리고 형상에 따라서도 연소 특성은 달라지게 된다. **그림 5.28**은 복합추진제의 화염구조이다.

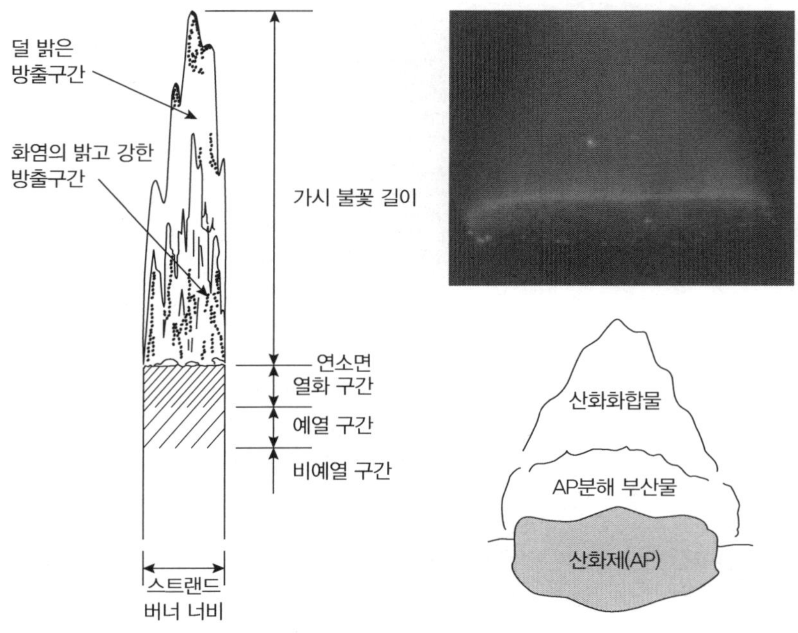

| 그림 5.28 | 복합추진제의 화염 구조[1]

복합추진제의 화염 구조는 미 가열 구간(unheated zone), 예열 구간(preheated zone), 분해 구간 그리고 화염 구간으로 이루어진다. 더블베이스 추진제 화염 구조와는 달리 암흑 구간이 존재하지 않는다. 또한 더블베이스 화염 구조에서 가장 밝은 부분은 부 연소 구간인데 반하여 복합추진제는 화염 내부에서 가장 밝다. 추진제 종류마다 화염 모델이 다르기 때문에 대표적인 복합추진제인 AP/Al/HTPB 복합추진제의 화염구조를 살펴보도록 한다. 금속 입자인 나노 알루미늄은 연소 과정에서 $2Al+3H_2O \rightarrow Al_2O_3+3H_2$의 반응을 통해 연소 된다.

그림 5.29는 AP/Al/HTPB 복합추진제의 화염구조이다. 산화제인 AP입자는 1~15μm인 미세입자도 있으며, 또 AP입자는 20~90μm 정도의 중간크기 입자도 있고 200~400μm의 거칠고 큰 입자도 있는 다양한 크기의 입자가 조합되어 사용된다. AP입자가 커지면 연소율이 느리고 연소 불안정의 원인이 될 수도 있다. 연료인 Al의 크기는 20~50μm 정도이다. 그레인 표면에서 산화제인 AP로부터 발생한 산소농후가스(oxidizer－rich decomposed gas)가 연료

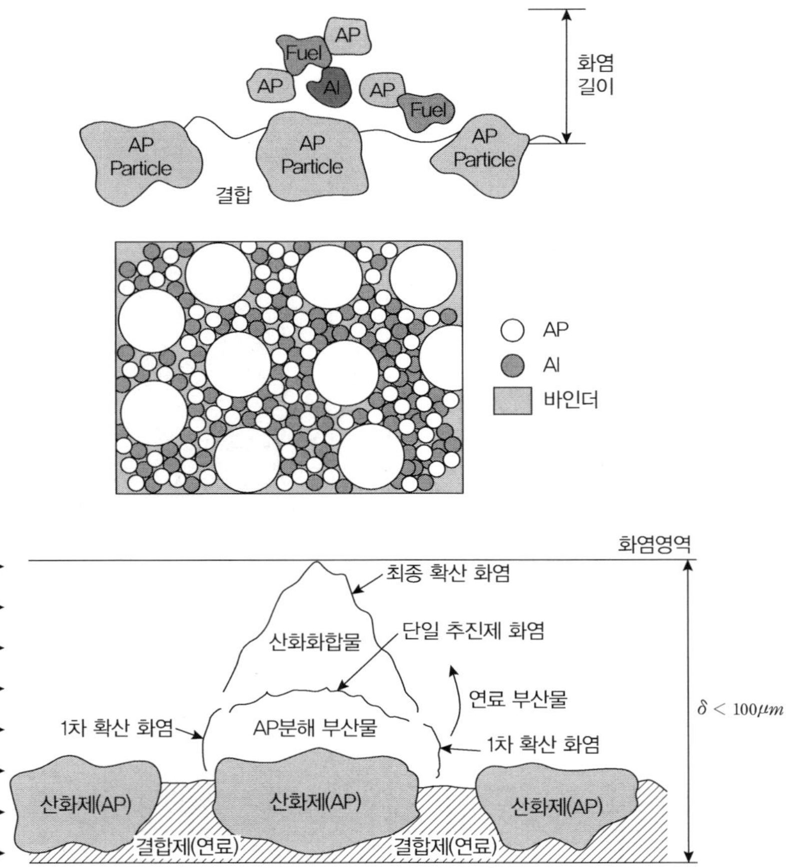

| 그림 5.29 | AP/Al/HTPB 복합추진제의 화염 구조[3,10]

성분으로부터 발생한 연료 농후가스(fuel-rich decomposed gas)로 확산된다. 그레인으로부터 AP 분해 이후 AP 입자 상단에 AP 단일 추진제 연소가 발생하고 AP 가스가 연료 농후가스로 확산되면서 주 화염(primary flame)을 발생시킨다. 이후에 확산을 통해 최종 확산 화염(final diffusion flame)이 단일 추진제 화염 위로 화염면을 이루게 된다. 일부 Al, AP 결정, 결합재 일부 등이 그레인 표면에서 깨지면서 분해되어 나오고 가스 유동에 혼합된다. 연소가스 중의 Al입자는 반경방향이나 접선방향 음향진동을 억제하는데 도움을 주지만 축방향 음향진동은 크게 감소시키지 못한다. 또 Al입자는 노즐에 침식의 원인이 될 수도 있고 외부 플룸에서는 전파장애의 원인이 될 수 있다. 화염 구조는 비정상, 3차원 구조이며 더블베이스 추진제와는 달리 축 대칭이 아니다. 또한 복합추진제 화염 구조에서는 암흑 구간이 없다.

그림 5.30은 조성과 압력 변화에 따른 복합추진제의 화염 형상을 나타낸 것이다. 각 케이스에 따른 조건과 연소율 특성은 **표 5.9**에 나타나 있다. **그림 5.9**에서 케이스 (a), (b)의 화학 조성은 동일하며 압력 조건을 변화시켜 후퇴율을 비교한 것으로 복합추진제 역시 연소 압력이 높아질수록 후퇴율은 증가한다. **그림 5.30 (b), (c)**는 HTPB의 질량 분율을 증가시키어 후퇴율을 비교한 것으로 HTPB의 질량 분율이 증가할 때 후퇴율이 감소하게 된다.

AP(Ammonium Perchlorate, NH_4ClO_4)는 복합추진제 질량의 약 70%를 차지하는 산화제로 $NH_4ClO_4 \rightarrow NH_3 + HClO_4$, $HClO_4 \rightarrow HCl + 2O_2$의 순으로 화학 반응이 일어난다. AP는

표 5.9 추진제 질량 분율, 압력에 따른 복합추진제 연소 특성[3]

	질량 분율		P	$\dot{r}$
	AP	HTPB	MPa	mm/s
(a)	0.86	0.14	0.07	1.2
(b)	0.86	0.14	0.10	1.5
(c)	0.86	0.20	0.10	1.0

(a) (b) (c)

| 그림 5.30 | AP/Al/HTPB 복합추진제의 화염 형상[3]

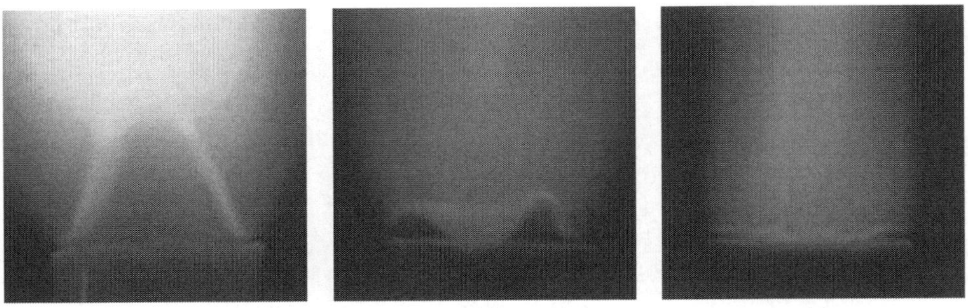

(a) (b) (c)

| 그림 5.31 | 압력변화에 따른 HMX 화염 형상[7]

2MPa에서도 자발 연소(self deflagration)이 가능한 산화제로 각각 압력 조건에 따라 연소 특성이 달라진다. 2~70MPa에서는 4단계의 거품 영역(Froth zone)이 있으며 2~6MPa에서는 연소하는 동안 결정 표면 위해 액체 거품을 생성하고 14MPa에서는 에너지 전달 메커니즘이 바뀐다. 표면 후퇴율은 299K, 2MPa 조건에서 약 3mm/s, 423K, 1.4MPa 조건에서 약 10mm/s의 후퇴율을 가진다. AP는 또한 화학 구조상 염소(Cl)를 포함하고 있으므로 배기가스에서 염산(HCl)과, 수증기(H_2O)를 포함하여 연기가 눈에 띄며 유독한 배기가스를 방출한다. 연소 특성의 향상을 위해 고체 추진제에 알루미늄 파우더를 약 15~20% 정도 혼합하는데 2~40μm의 나노 알루미늄을 첨가한다. 알루미늄의 첨가로 비추력의 향상과 입자 감쇠를 통한 연소 불안정성 개선에 영향을 미친다. 연소 부산물인 Al_2O_3의 크기는 약 40~250μm 정도이다.

복합추진제의 연소율은 촉매를 첨가하거나 산화제의 입자 크기 감소, 혹은 산화제의 비율을 증가하거나 결합재(binder)의 연소열 증가, 추진제 내부에 금속선을 첨가 혹은 금속 입자를 첨가하는 경우에 증가될 수 있다.

니트라민 계열의 산화제인 HMX와 RDX는 화학적으로 균형적인 재료로 더블베이스, 복합추진제 더블베이스, 복합추진제 모두에 첨가되어 성능 향상을 목적으로 사용될 수 있다. **그림 5.31**은 HMX의 니트라민 계열의 추진제 화염 형상이다. (a), (b), (c) 순으로 압력은 각각 0.18MPa, 0.25MPa, 0.30MPa에 해당하며 압력이 증가할수록 더 뚜렷한 화염 기둥 형상이 나타난다.

5.3.3 점화

고체추진제 로켓이 제대로 점화되어 작동하기 위해서는 짧은 시간에 추진제 그레인 표면

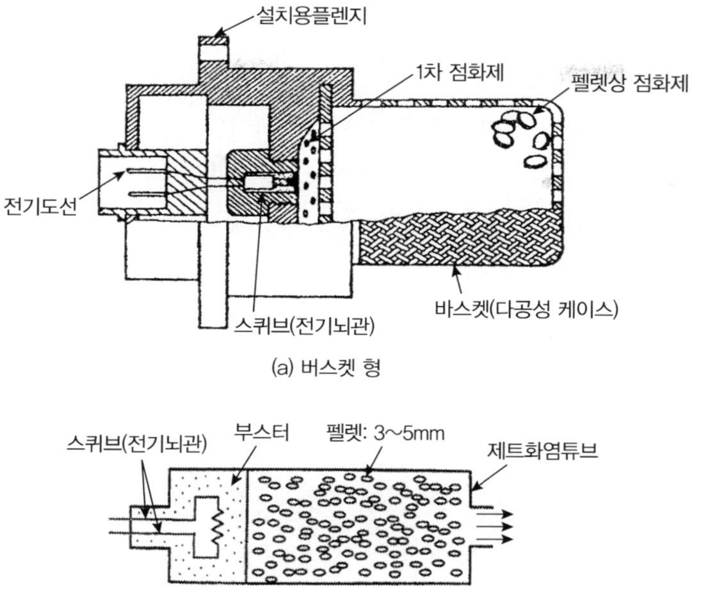

(b) 제트 화염 형 [11]

| 그림 5.32 | 파이로테크닉 방식 개략도

온도를 점화온도 이상으로 가열해 주어야하고 연소실 내부압력을 일정수준이상으로 올려주어야 한다. 고체로켓의 점화장치는 추진제 그레인의 표면 전체에 급속하게 연소를 일으키고 적당한 연소실 압력을 유지하도록 충분한 에너지를 제공하고 압력의 이상 상승과 진동 등을 발생시키지 않아야 한다. 고체로켓엔진의 점화법에는 파이로테크닉(pyrotechnic)과 파이로젠(pyrogen) 등이 있다.

파이로테크닉형 점화기는 점화시에 점화장치 구성품인 장약이 고체로켓모터 그레인에 직접 에너지를 준다. 점화제의 연소에 의해 발생하는 화염과 연소생성물에 의해 직접 고체로켓 그레인이 점화된다. 점화제로서는 흑색화약 또는 금속과 산화제의 혼합물(Al/NH_4ClO_4, $Al/KClO_4$, $B/KClO_4$, Mg/C_2F_2) 등이 사용되고 있으며, 흑색화약은 저압에서 신뢰성이 낮기 때문에 고공에서의 사용은 적절하지 않다. 점화제로서 요구되는 특성은 높은 화염온도, 저압 분위기에서의 착화성이다. 파이로테크닉 방식 점화기는 자루형, 깡통형, 버스켓형, 제트화염형 등 여러 가지 형태의 것이 있으며, **그림 5.32 (a)**는 펠렛형으로 성형한 점화제를 버스켓에 충전한 파이로테크닉형 점화기의 구조를 나타낸 것이다. 버스켓형 파이로 테크닉 점화기는 전술 로켓 모터에 많이 사용된다. 전기신호에 의해 먼저 발화제를 점화시켜 1차 점화제를 연소시키면, 이에 따라 주점화제가 연소하여 추진제 그레인의 표면에 화염이 작용한다. 1차 점화제에는 용이하게 점화하고 펠렛 불꽃이 다공성 케이스(관)를 통해 고체모터로 퍼져나가는 방식이다. **그림 5.32 (b)**은 제트화염형식 파이로테크닉 점화기이고, 펠렛에서 발생한 불꽃이나 고온가스가 튜브를 통해 고체모터로 퍼져나가는 방식이다.

파이로젠형 점화기는 대형로켓의 내부에 단단하게 고정되어 위치하며 점화기 자체가 일종의 소형 로켓엔진으로 점화기에서 점화된 추진제의 뜨거운 가스와 화염이 파이로젠 점화기의 노즐을 통해 분출되면서 분출하는 고온가스와 화염에 의해 주 로켓 그레인이 점화한다. 점화기 내 압력과 점화시간 제어가 가능하며 반복점화가 가능하다. 발화제와 1차 점화제는 파이로테크닉형과 같으며, 주 점화제의 성분은 주로켓 추진제와 같은 성분이 사용된다. 파이

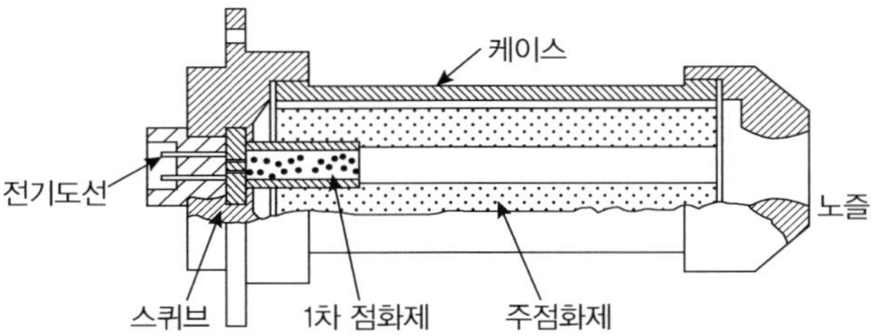

(a) 파이로젠 점화기 개략도

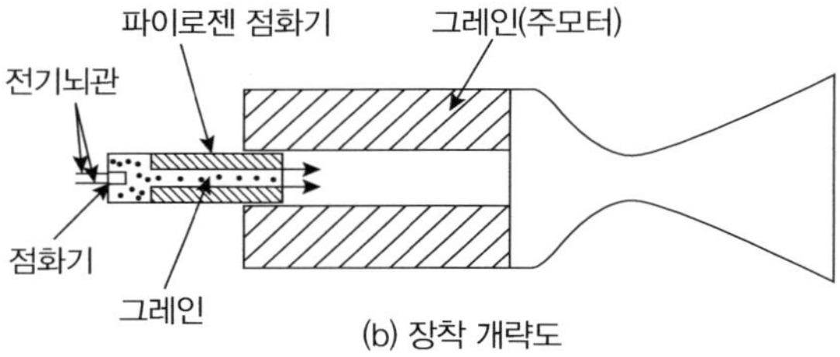

(b) 장착 개략도

| 그림 5.33 | 파이로젠 방식 점화기 및 장착된 개략도

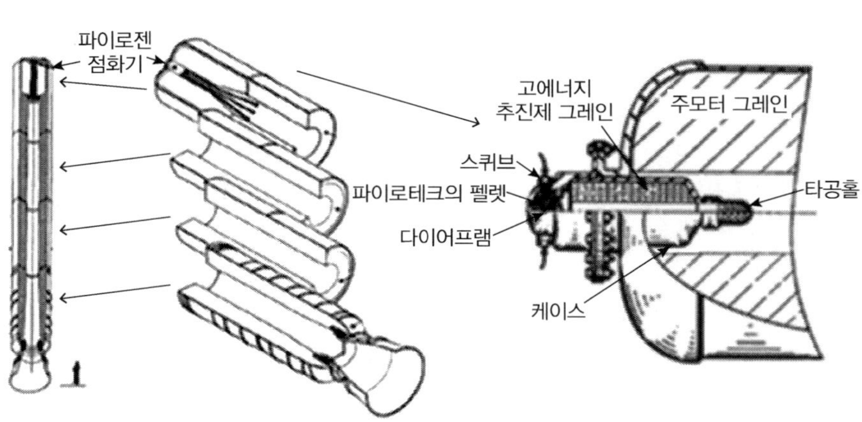

| 그림 5.34 | 실제 파이로젠을 장착한 대형 고체 로켓 모터

로젠 점화기의 개략도 **그림 5.33**과 같으며 단일 노즐 또는 몇 개의 노즐을 갖는 것이 있으며, 가스유속은 음속 또는 초음속인 경우도 있다. 또 **그림 5.34**는 실제 파이로젠 점화기를 장착한 대형 고체로켓모터를 나타내고 있다. 파이로테크닉형 점화기에서는 추진제 그레인에 대한 열전달은 복사에 의한 것이 크지만, 파이로젠형 점화기의 경우에는 가스 유동의 열전달에 의한 것이 크다. 파이로젠형 점화기는 대형 로켓모터에도 사용되고 있다.

파이로테크닉형 점화기와 파이로젠 점화기를 요약하여 비교하면 **표 5.10**과 같다.

고체로켓에서 파이로젠 점화기를 통해 점화 후 연소과정 동안 연소실의 압력변화를 살펴보면 **그림 5.35**와 같고 시간에 따른 그레인의 형상변화는 **그림 5.35**와 같다.

연소 첫 번째 구간은 점화 지연 시간(ignition time delay)로 시스템으로부터 전기 신호를 받은 점화기로부터 첫 그레인 표면에서 연소가 시작되는 구간이다. 두 번째 구간은 화염 전파

표 5.10 파이로테크닉/파이로젠 점화기 특징

	파이로테크닉형 점화기	파이로젠 점화기
추진제	파이로테크닉 추진제	빠르게 연소되는 추진제
구성	파우더/펠렛	그레인 형태
작동시간	짧은 연소시간(100～200ms)	긴 연소시간(250～1000ms)
응용	소형 고체 로켓 엔진	대형 고체 로켓 엔진
장점/단점	• 적정하게 성능 제어 가능 • 추력은 테스트 챔버 부피에 의존 • 구조가 간단하고 단순 운영 절차 • 비용 저렴	• 정밀하게 성능제어 가능 • 추력은 테스트 챔버 부피와 상관없음 • 복잡한 구조와 운영절차 • 고비용

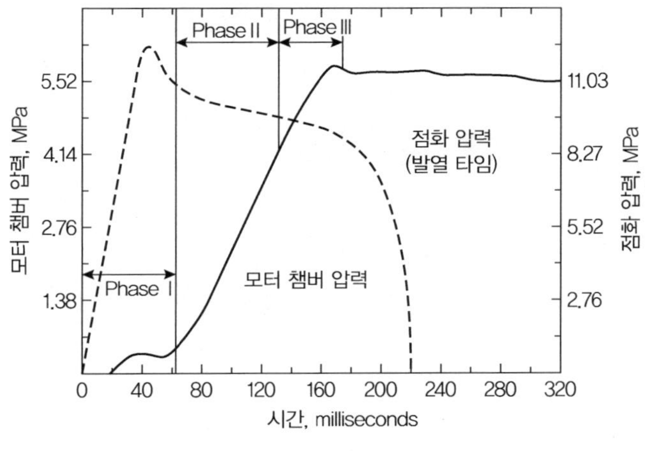

| 그림 5.35 | 고체 추진제 연소 과정[1]

시간(flame spreading interval)으로 첫 그레인 표면에서 연소 후에 마지막 그레인 표면에서 연소가 시작되는 구간이다. 세 번째 구간은 화염 완전 전파 이후에 연소실 내에 압력이 상승하는 구간(chamber filling interval)으로 마지막 그레인 연소 이후에 압력이 안정될 때까지 압력이 상승하는 구간이다. 점화기 압력은 점화 지연 구간에서 압력이 급증한 이후 모터의 주연소실 압력 전파 이후 압력이 급감한다.

그림 5.36은 연소시간에 따른 그레인 표면의 형상변화를 나타내고 있다. 점화 직후에 연소 초기에 화염이 완전히 전파되지 않았기 때문에 추진제 상부에는 고압, 하부에는 저압 상태가 유지 된다. 따라서 상부와 하부에 압력차이가 발생하므로 압력차에 의한 횡단류 가속이 이루어지게 된다. 연소가스의 이론 속도는 다음과 같이 $\Delta P^{1/2}$에 비례하게 된다.

$$V = C_d \sqrt{\frac{2\Delta P}{\rho}} \tag{5.21}$$

연소 초기에는 상부영역과 하부영역의 압력차가 커서 국부적인 후퇴율 증가의 효과가 있으며 **그림 5.35**에 나타난 압력 정점(pressure spike) 현상이 나타난다. 압력 정점의 효과는 출구 직경에 따라 크기가 결정되며 이후에 압력이 정상상태에 이르면서 소멸된다. 이 압력 정점의 효과를 야기하는 압력차는 하이브리드 로켓에서는 인젝터와 연소실 사이의 압력과 같다. 점화 초기에서는 하단에서는 강한 횡단류에 의한 대류 열전달이 크다 이러한 화염 전파 시간

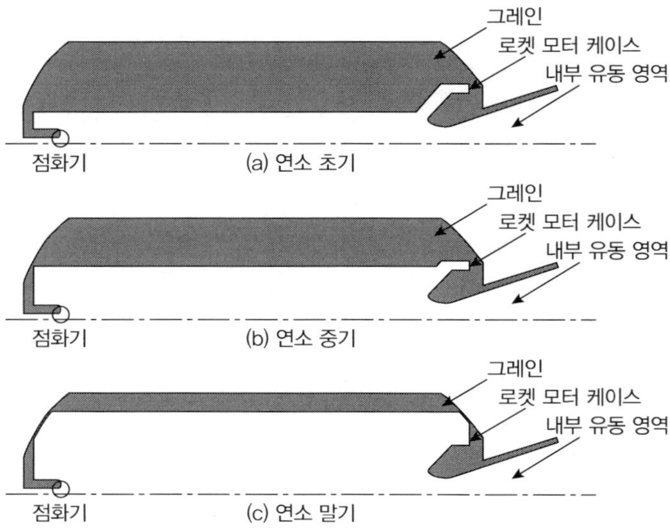

| 그림 5.36 | 연소 시간에 따른 그레인 표면 형상변화

을 줄이기 위해 고체 추진제 표면에 발화제인 마그네슘을 바르기도 한다.

고체 추진제 모터에서 연소 종료, 즉 화염 소화는 모터 전방에 전방 마개(forward closure)가 설치되어 추력 중단구(thrust termination port 혹은 thrust negation port)와 같은 추력 중단 포트를 통해 연소실의 압력을 급감시켜 연소를 종료시킨다.

5.3.4 고체로켓 연소 불안정성 평가 방법 및 억제법

연소실 내부는 밀폐되어 있기 때문에 내부 과정은 비정상 과정으로 교란을 약화시키는 감쇠가 약하다. 또한 노즐이 초킹될 때 대부분의 파동은 연소실 내부로 반사된다. 따라서 초킹 노즐은 안정성 면에서 좋지 않다. 연소 불안정성은 매우 작은 열로도 발생할 수 있으며 고체로켓 추진제에 따라서 달라지므로 고체로켓 조성이 연소 불안정에 미치는 영향을 살펴보자.

그림 5.37은 연소 불안정성을 야기하는 메커니즘이다. 작은 에너지로부터 발생한 압력 변동은 후퇴율 변화가 일어나서 열발생율이 일어나고, 열발생율은 질량 유량 변화를 일으킨다. 질량유량의 변화는 다시 압력 변동을 유발하여 불안정성은 증폭되게 된다.

압력 변동이 연소율에 미치는 영향에 대한 변수를 R_p(pressure coupled combustion response)라 하며 정의는 다음과 같다.

$$R_p = \frac{\dot{r}'/\overline{\dot{r}}}{P'/\overline{P}} \tag{5.22}$$

$$\text{또는 } R_p = \frac{\dot{m}_{p'}/\overline{\dot{m}}}{P'/\overline{P}}$$

여기서 $\dot{r}'$, $\dot{m}_P{}'$, P'는 각각 후퇴율 변동, 질량 유량 변동, 압력 변동을 의미한다. 압력 변동 P'가 계속 증가하면 불안정성이 발산하여 불안정하게 되며, 점차 감소하여 0이 되면 감쇠되어 안정됨을 의미한다. 압력 커플링 연소 반응도(R_p)는 추진제 그레인의 주어진 조건에서 교란이 있을 때 음향학적 압력교란에 따른 추진제 그레인 표면에서 연소율 변화를 나타내는

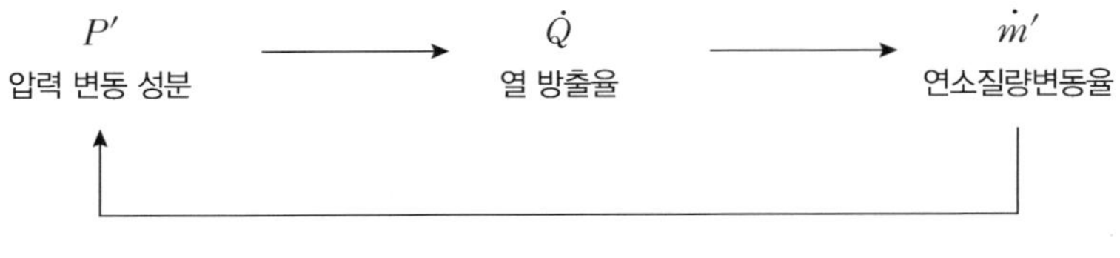

| 그림 5.37 | 연소 불안정성 발생 상호 메커니즘

지표이며, 추진제 그레인 성분에 따라 고체 로켓 모터 연소 불안정의 주요 원인이 어떻게 달라지는지를 나타낼 수 있는 매개변수이며 R_p는 추진제 조성에 따라 달라지는 물성치이다. 새로운 추진제를 개발할 때 압력 커플링 연소 반응도(R_p)는 주로 T버너에서 주어진 압력, 주파수 조건에서 주어진 특정 추진제에 대하여 시험되어진다. **그림 5.38**은 고체 추진제에서 ZrC 첨가 시에 R_p가 주파수에 따라 어떻게 변화하는지를 나타내고 있다. 3% ZrC를 첨가할 때 미첨가시보다 R_p가 상당히 감소함을 알 수 있다.

이와 유사하게 속도 변동이 연소율에 미치는 영향에 대한 변수인 속도 커플링 연소 반응도(velocity coupled combustion response)는 다음과 같다.

$$R_u = \frac{\dot{m}_u'/\overline{\dot{m}}}{u'/\overline{u}} \tag{5.23}$$

여기서 $\dot{m}_u'$, u'는 각각 속도 변동에 의한 질량 유량 변동, 속도 변동을 의미한다. 마찬가지로 속도 변동이 증가하면 불안정성이 발산, 불안정하게 된다. 고체 로켓 모터는 세장비(L/D)가 매우 크기 때문에 길이 방향(longitudinal mode)의 진동수는 매우 낮다. 액체추진제 로켓은 연소실 수축비인 $A_c/A_t > 1$이지만 길이 방향 불안정 압력파는 노즐 밖으로 빠져 나가는데 반하여 고체 추진제 로켓에서는 $A_c/A_t \gg 1$이어서 길이 방향 불안정 압력파는 노즐에서 초킹되어 밖으로 빠져나가지 못하고 연소실내에서 심각한 영향을 미친다. 예를 들어 직경 100cm, 길이 1m인 고체로켓에서 음속이 약 1000m/s라고 하면 첫 번째 모드의 진동수 $f_1 = \frac{a}{2L} = 500\text{Hz}$가 된다. 그러나 횡 방향 모드의 진동수($f = \frac{a}{2D}$)는 5000Hz 정도로 매

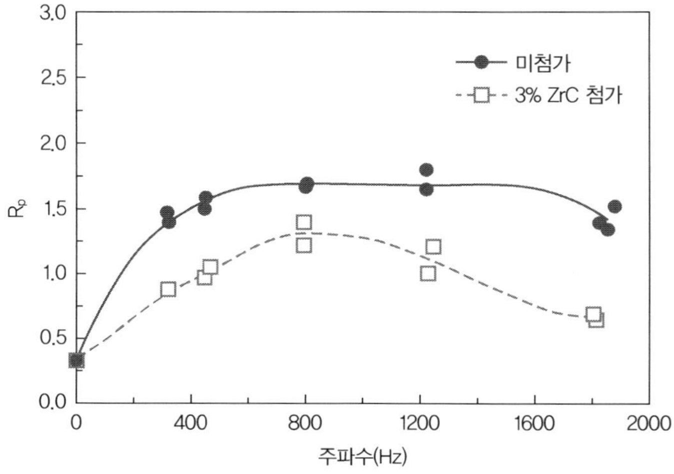

| 그림 5.38 | 고체로켓모터의 금속입자 첨가에 따른 Rp 변화

우 높게 된다.

고체 추진제 모터에서 연소 불안정성을 감소시키는 방법으로 알루미늄 입자와 같은 금속 입자를 첨가하는 방법이 있다. 이러한 금속입자는 직경이 작을수록 유동과의 접촉 표면적이 커져서 유동에서 주위 가스와 상호작용으로 마찰을 일으키며 이 마찰이 감쇠 메커니즘이 된다. 따라서 Al 금속 입자의 첨가는 고주파가 입자와 부딪힐 확률이 높아 고주파 감쇠가 효과적으로 이루어져 횡방향 모드인 고주파 연소 불안정성을 효과적으로 억제할 수 있게 된다. 그러나 저주파인 길이 방향 모드는 쉽게 억제하기가 어렵다. 이에 고체 추진제 모터에서는 저주파 연소 불안정성이 고주파 불안정성보다 더 위험하며 이를 일부라도 억제하기 위해 1%의 지르코늄 탄소(ZrC)를 첨가하기도 한다. 고체 추진제 모터에 알루미늄을 첨가할 경우 금속 입자가 노즐목이나 노즐 벽과 충돌하여 벽면을 침식 손상시키며 재순환 구간에서 알루미늄 입자가 축적되어 슬래그(slag)를 형성하기도 한다. 이러한 슬래그가 축적이 되면 무게가 증가하여 성능을 저하 시키며 재순환 구간이 노즐과 가까워져 노즐의 손상을 일으키기도 한다.

그림 5.39 (a)는 Al 금속입자에 의한 고주파 감쇠 현상을 나타낸 선도이다. 좌측 **그림 5.39 (b)**는 4.5MPa 압력에서 30kHz, 4MPa의 고주파 진동이 발생한 압력과 시간 선도이다. (b)는 동일 실험 환경에서 0.5%의 알루미늄을 첨가하여 감쇠를 통해 진동을 감쇠한 것이다. **그림 5.40**은 고체 로켓 모터 연소 시에 1%의 ZrC를 첨가할 때 압력진폭변화를 나타내고 있다. 고체 로켓 내부에 첨가제 없이 펄스트리거를 주면 2번째 펄스에서 큰 폭의 비선형 진폭이 발생하고 로켓 모터는 파괴되지만 동일 모터에 1%의 ZrC를 주면 3번의 펄스를 주더라도 압력진동이 안정적임을 알 수 있다.

실제 시운전 이전에 새로운 고체 추진제를 개발하거나 채택할 때 추진제의 연소 반응성을

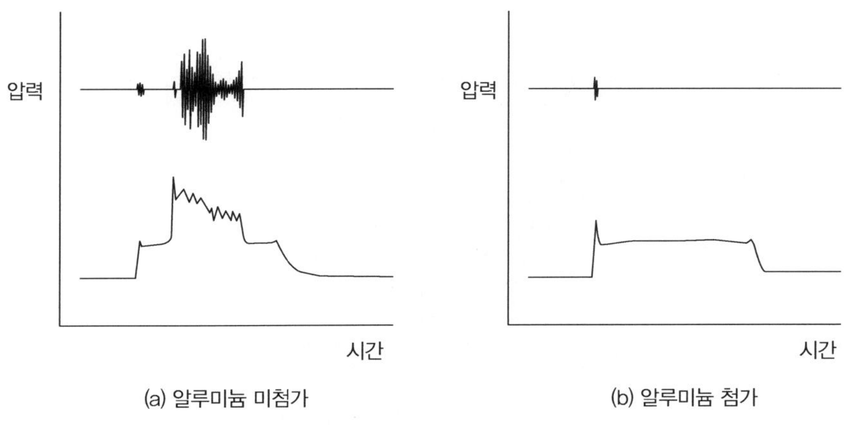

| 그림 5.39 | Al 입자 첨가 외에 의한 RDX/AP–HTPB 추진제의 압력, 시간 그래프[7]

알아보는 장치로는 T형상의 버너(T-burner)가 사용되고 있다. **그림 5.41**은 T 버너의 개략도이다. 상단의 양면에 추진제를 부착시켜놓고 점화를 시키면 추진제 연소에 의한 압력 파동

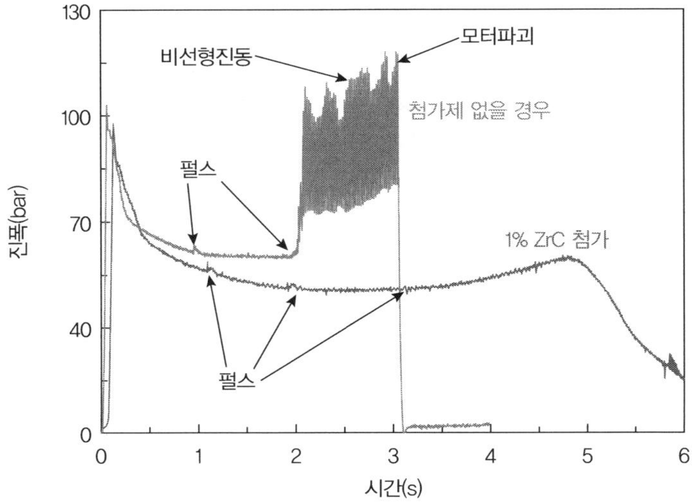

| 그림 5.40 | 1%의 ZrC 첨가 시 압력진폭변화

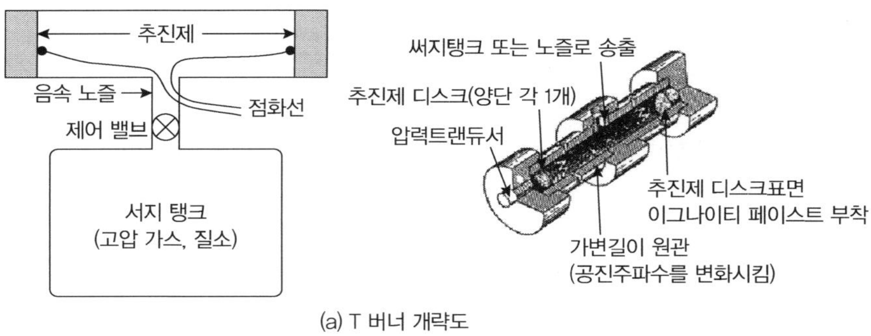

(a) T 버너 개략도

(b) T 버너 실제 사진

| 그림 5.41 | T 버너의 개략도와 실제 사진

이 전파된다. 이를 서지 탱크를 통해 압력 변동을 측정할 수 있다. 측정하고자 하는 연소 불안정성의 주파수 등에 따라 다양한 T 버너가 활용되고 있다. 혹은 연소 중간에 인위적인 추력 펄스를 도입하여 연소 도중에 불안정성을 확인할 수 있다. 펄스가 10초 이내 감쇠되면 안정한 것으로 판정하며 펄스가 이후에 지속적으로 증가하면 불안정하다. 고체 로켓의 펄스 간격 시간은 액체 로켓보다 짧은데 이는 액체 로켓에서는 하나의 인젝터가 불능상태에 빠지면 이것이 또 다른 펄스 역할로 다른 인젝터에 영향을 미치기 때문이다.

5.4 고체 추진제 로켓 구성 요소

고체 추진제 로켓 모터는 모터 케이스, 단열제, 라이너, 추진제 그레인, 점화기, 배기 노즐, 추력 종말 포트, 추력 제어 조절기로 구성되어 있다.

5.4.1 모터 케이스

모터 케이스는 알루미늄이나 티타늄 등의 금속이나 강화 섬유 혹은 플라스틱과 같은 복합재로 제작한다. 모터 케이스 재료는 연소될 때 생기는 내부의 고압에 잘 견디어야 하며 구조물의 무게는 경량화되어야 하는 요구조건이 있다. 또한 연소열로부터 고온, 고압에 잘 견디기 위해 두껍고 무거워 져야하나 중량은 추진기관의 효율과 성능을 저하시킨다. 구조물은 발사 후에 요구되는 비행 성능 및 임무 수행을 위하여 가능한 한 무게를 최소화해야하는 양면성을 지니고 있다. 또한 중량 문제와 더불어 충분한 안정성을 보장할 수 있어야 한다. 모터 케이스의 재료는 추진기관의 임무에 따라 달라지며 철강합금인 강철의 경우 Minuteman의 1단 Titan의 3단, 우주 왕복선의 부스터, 각종 전술 미사일 등에 사용되고 있으며 티타늄 합금의 경우 Minuteman 2단, Titan 2단, PAM의 상단에 사용된 바 있다. 알루미늄 합금은 우주 개발용 추진기관에는 별로 사용하지 않으나 소형 로켓 모터 케이스의 부식이 문제되는 경우 응용하기도 한다. 이외에 고분자 복합 재료는 고분자 매트릭스와 보강재의 종류에 따라 아주 다양하게 구분되며 응용범위도 달라진다. 초기에는 소형 모터나 우주용 원지점 킥 모터(apogee kick motor)등에 응용되었으나 근래에 Polaris, Poseidon 등의 보조 로켓에 고분자 복합 재료 기술이 응용되기도 하였다. 고분자 재료는 무게 경감과 기계적 강도의 증가 목적으로 이용하고 더 가볍고 견고한 모터 케이스의 개발을 야기하였다. 강화 섬유(reinforcing fiber)에 매트릭스 역할을 하는 미 경화된 수지(resin)를 함침 시켜 경화시킨 것을 말하고 일반적으로 일방향성의 필라멘트 와인딩으로 금형 위에 연속적으로 감아 모터 케이스 형상의 구조물을 제작한다.

5.4.2 노즐

노즐은 각종 임무에 따라 다른 노즐이 사용된다. 본 절에서는 각종 노즐을 설명하고자 한다. **그림 5.42**는 고정식 외부노즐(external nozzle)과 잠입노즐(submerged nozzle)에 대한 개략도와 노즐목 주변의 구조물 개략도를 나타낸 것이다. **표 5.11**은 다양한 노즐 종류와 형상을 정리한 표이다. 고정 노즐(fixed nozzle)의 경우 임무 고도에서 노즐 형상이 설계되어 고정된 노즐을 말한다. 구조가 매우 단순하여 제작이 쉽고 비용이 낮으나 설계 고도에서만 최적 성능을 낸다는 단점이 있다. 가변 노즐(movable nozzle)은 노즐 방향을 조절하여 추력 방향을 조절할 수 있는 노즐이다. 주로 궤도 진입용 킥모터에 사용하며 타이탄 ICBM, KSLV-1의 2단

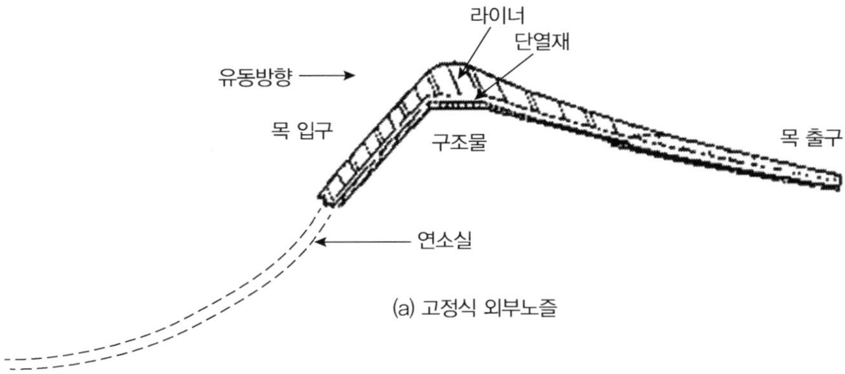

(a) 고정식 외부노즐

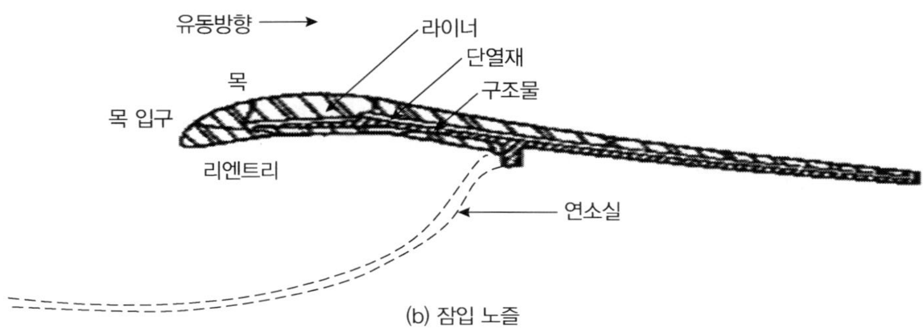

(b) 잠입 노즐

| 그림 5.42 | 외부 고정식 노즐과 잠입 노즐의 목 부근 개략도

고체 로켓 노즐에 이용한 바 있다. 잠입형 노즐은 노즐 구조가 모터 내부로 내입된 것으로 길이를 줄일 수 있어 중량 면에서 장점이 있다.

그러나 노즐 부품이 고온에 노출되고 잠입 부분 외벽에 재순환 영역과 슬래그가 생기는 단점이 있다. 블래스트 튜브는 갑작스런 추력 증가를 목적으로 사용하는 노즐로 주로 군사용 목적 미사일에 사용된다. 스카페드 노즐은 추력제어에 사용되며 추력 벡터 조절이 가능하여 고속의 목표물을 타격하기 위해 추력 방향을 변화시킬 필요가 있는 경우 사용한다. 확장 노즐은 비행 중 노즐 길이 변화를 통해 확장비를 변화시켜 여러 고도에서 최적 성능을 발생시킬 수 있다.

표 5.11 다양한 노즐의 종류와 형상[1]

노즐 명칭	노즐 형상
고정 노즐(fixed nozzle)	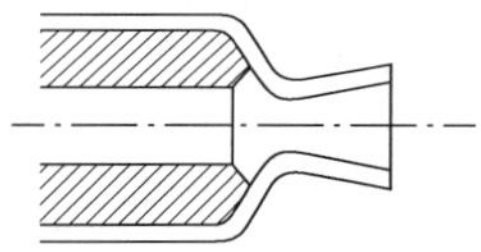
가변 노즐(movable nozzle)	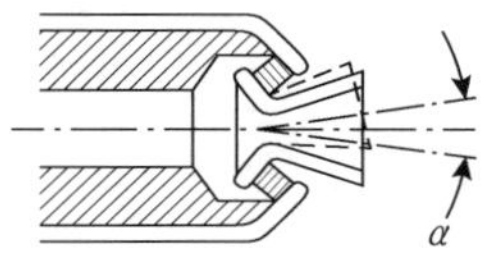
잠입 노즐(submerged nozzle)	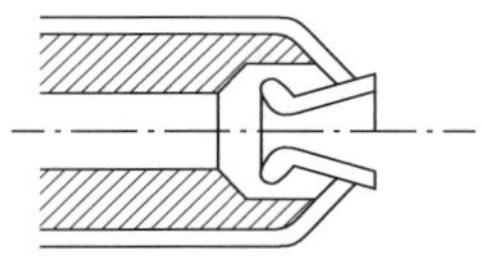
블래스트 튜브(blast tube)	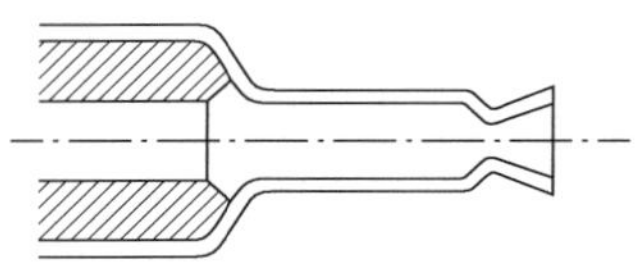
스카페드 노즐(scarfed nozzle)	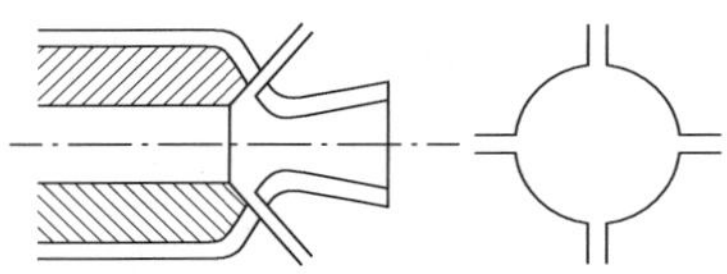
확장 노즐(extended nozzle)	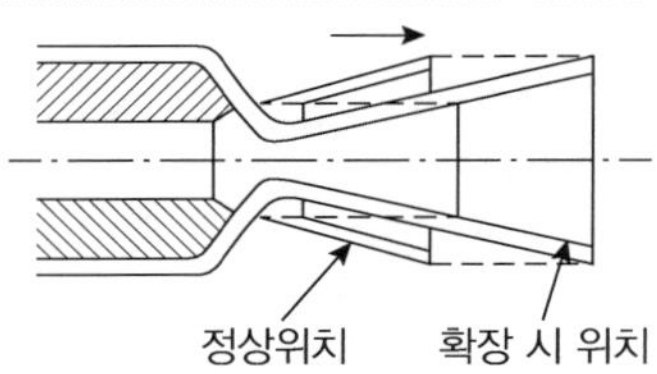

노즐에 사용되는 소재로 노즐 하우징에 SCM 430 고강도 강철 혹은 단 섬유상의 고분자 복합재가 사용된다. 노즐이 고온의 작동 가스에 노출되므로 내열재에는 부위에 따라서 노출되는 온도가 다르다. 따라서 서로 다른 삭마 재료가 사용되며 탄소, 페놀 및 규소, 페놀 복합 재료가 노즐 출구 및 입구 부위에 사용된다. 탄소 또는 흑연(Graphite) 복합재는 노즐목에 사용되며, 가동 노즐의 플렉서블 베어링에는 탄성 고무와 고분자 복합재 혹은 고강도 강철이 교대로 부착되어 액추에이터에 의한 노즐 변형을 유도한다.

연 습 문 제

01 다음과 같은 2가지 형상의 그레인 단면을 가지는 고체추진제 로켓의 연소시간에 따른 그레인의 표면적 변화를 나타내라. 연소시간은 고체로켓의 연소 속도 범위를 참고하여 적정하게 가정하라. 또 시간에 따른 연소 속도를 나타내는 그래프를 나타내라.

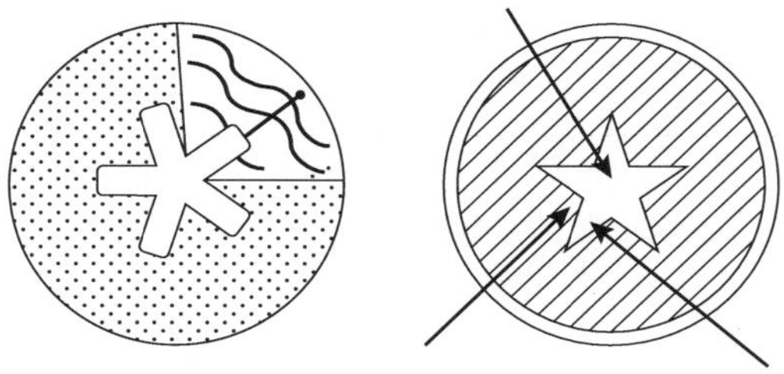

02 아래 그림과 같은 고체로켓이 있다. 그레인의 후퇴율은 $\dot{r} = 0.5P_0^{0.35}$(P의 단위는 MPa, $\dot{r}$ 단위는 cm/s임), 그레인 밀도는 1700kg/m^3, 노즐팽창비(ε)는 28.4이고, $c^* = 1500$m/s이며, 추력계수(C_F)는 1.854이다.

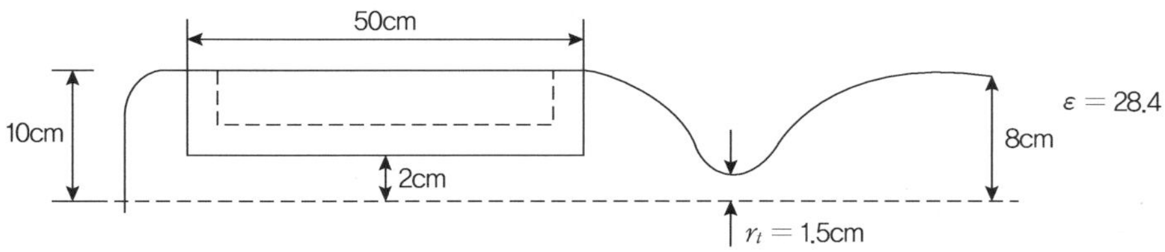

① 연소초기($t = 0$)에 연소실압력과 추력을 구하라.

② 연소 종료시($t = t_b$)에 연소실압력과 추력을 구하라.

03 내부와 외부가 모두 타들어가는 추진제를 가진 튜브형 단면의 고체로켓을 설계하고자 한다. 연소실 압력이 9.81MPa, 연소시간 0.5초인 상태에서 추력 4900N을 내는 더블베이스 고체로켓의 목면적, 특성속도, A_b/A_t, 그레인의 웹두께, 그레인의 길이, 노즐 팽창비를 구하라.
다음조건을 사용하라.
연소율 $\dot{r} = 2.17\times10^{-7}P^{0.69}$cm/s ($P$의 단위는 Pa)
연소실온도 $T_0 = 3125$K
비열비 $\gamma = 1.125$
분자량 $M_w = 26.4$
추진제 밀도 1620kg/m^3
노즐 출구는 주위 대기압 101.3kPa로 최적 팽창한다고 가정하라. 원추형 노즐 반각은 15°이며, 노즐 속도 계수 $C_v = 0.99$, 유량계수 $C_d = 0.98$이다. $r_c = 3.2$cm, $r_o = 2.89$cm이다. 웹두께는 안전을 생각하여 5% 더 여유있게 설정하라.

04 어떤 고체로켓이 15℃에서 후퇴율은 25mm/s이다.
일정 압력에서 후퇴율의 온도 민감도 $\sigma_p = 0.005$K^{-1}이다. 후퇴율 공식은 $\dot{r} = aP_0^n$이다. 일정 압력에서 온도를 30℃로 올릴 때 후퇴율을 구하라.

05 어느 고체추진제의 후퇴율 측정에서 연소실 압력이 5.0MPa일 때 후퇴율 상수 $a = 4$이고, 후퇴율은 10mm/s이었다. 연소속도 데이터가 다음과 같을 경우, 후퇴율 $\dot{r} = aP_0^n$ 공식에서 압력지수 n을 구하라.

06 다음과 같은 고체로켓이 있다.
해면고도 추력: 8900N 연소시간: 10sec 연소실압력: 6.9MPa
작동온도: 294.261K, 비열비 1.26, $T_0 = 1750$K, $\dot{r} = 0.254$mm/s, $c^* = 1220$m/s, $\rho_b = 1550.1$kg/m^3, 분자량 22kg/kmol, 기체상수 378J/kg·K, 중량당 총 임펄스는 143(sec), 실제 추력계수는 이론추력계수의 98%이고, 잔류추진제(silver)는 초기추진제의 4%이다. 추력계수, 비추력, 노즐목면적, 출구면적, 추진제중량유량, 총 추진제 무게, 총 추력, 연소면적, 하드웨어 무게를 구하라.

07 로그 좌표계에 후퇴율을 세로축에 연소실압력을 가로축에 각각 나타낸 어느 SRM의 연소실압력에 따른 후퇴율 그래프가 있다. 이 그래프에서 두 점의 좌표를 읽으면 다음과 같다. 연소실 압력이 5atm일 때 후퇴율은 0.06cm/s이고, 연소실 압력이 100atm일 때 후퇴율은 0.36cm/s이다. 어느 정상상태에서 연소실 온도는 2500K, 연소실 압력은 7.0MPa이다. 이때 SRM의 연소시간은 30초이다. 이 SRM의 추진제 그레인의 밀도는 1900kg/m^{3}이다. 후퇴율 공식은 $\dot{r} = aP_0^n$을 따른다. 연소가스의 비열비는 1.25, 분자량은 20.5이다. 일반기체 상수 R_u는 8.314kJ/kmol·K이다.
① 압력지수(또는 압력계수) n을 구하라.

② 후퇴율공식에 주어지는 온도감도상수 a를 구하라.

③ 어느 정상상태에서 연소실 온도는 2500K, 연소실 압력은 7.0MPa 일 때, 노즐 면적 대 연소 면적의 비, 즉 K를 구하라.

④ 연소실 온도가 50K 변할 때 온도감도상수 a가 1.0×10^{-7}m/s 증가한다면, σ_p를 구하라. (단위 명기할 것)

⑤ 이 고체추진제 로켓 그레인의 Π_K를 구하라. (단위 명기할 것)

⑥ 연소실 온도를 50K로 상승 시킬 때 연소시간은 얼마인가?

⑦ 연소실 온도가 50K 상승할 때, 후퇴율을 구하라.

⑧ 만약, 노즐 면적 대 연소 면적의 비 K가 매초당 0.7% 씩 증가한다면 연소실의 압력을 2배로 증가시키기 위해서 걸리는 시간은 얼마인가?

08 어느 SRM에서 필요 추력은 6458N이고, 연소실 온도는 1755K, 연소실 압력은 5.0MPa, 연소시간은 20초이다. 이 SRM의 추진제 그레인의 밀도는 1550kg/m^{3}이고, 후퇴율은 10mm/s이고, 후퇴율 공식 $\dot{r}=aP_0^n$에서 $\dot{r}$단위는 mm/s이고, P_0단위는 MPa일 때, 온도감도상수 a는 4.00이다. 또 이 SRM의 연소면적은 11868cm^{2}이다.

① 추력계수가 1.54일 때 노즐 목 면적을 구하라.

② 노즐 면적 대 연소 면적의 비 K를 구하라.

③ 압력지수(또는 압력계수) n을 구하라.

④ 또, 가로축은 연소실 압력을 0에서 5.0MPa까지 등간격으로(5구간), 세로축은 후퇴율 $\dot{r}$을 0에서 10mm/s까지 등간격으로(5구간) 잡을 때, $\dot{r}$과 P_0와의 관계곡선을 그려라.

⑤ 연소실 온도가 50K 변할 때 온도감도상수 a가 1.0 증가한다면, σ_p를 구하라. (단위 명기할 것)

⑥ 이 SRM 그레인의 Π_K를 구하라. (단위 명기할 것)

⑦ 연소실 온도를 50K로 상승 시킬 때 연소시간은 얼마인가?

⑧ 연소실 온도가 50K 상승할 때, 후퇴율을 구하라.

09 구조계수(ϵ) = 0.1, 비추력 250sec를 갖는 고체추진제로켓이 350kg의 유효하중(payload)를 담당하면서 로켓의 가속도는 5g를 넘지 않도록 설계되어있다. 고체 추진제의 질량은 1000kg이다.

① 등가 배기가스 속도는 얼마인가?

② 위 조건을 만족시키는 로켓의 최소연소시간은 얼마인가?

③ 이 로켓이 도달할 수 있는 최대 높이는 얼마인가?

10 다음과 같은 단면연소 그레인을 갖는 고체추진제를 설계하고자 한다.

지상추력: 30,000N, 연소실 압력: 6.0MPa, 대기압력: 10,000Pa, 연소시간: 20sec, 추진제밀도: 1,600kg/m^3, 연소가스비열비: 1.2, 특성속도(c^*): 1,500m/s, 연소속도 $= bP_0^n$ (여기서 $b = 1.5 \times 10^{-5}$, $n = 0.5$, $P_0 = 6.0$MPa)

비추력, 필요한 추진제 질량, 노즐목 면적, Web 두께, 배기제트속도, 노즐출구와 목의 면적비, 노즐출구의 직경을 구하라.

11 복합추진제를 사용하는 SRM가 주위압력 0.02MPa인 고도에서 88,900N의 평균추력이 발생되도록 최적 설계된 로켓이 있다. 이 로켓의 연소실 압력은 6.8MPa이고 연소실 온도는 3400K이다. 그레인(grain)은 측면연소를 하는 원통형 그레인을 갖고 있다. 추진제는 중립연소(neutral burning)하며 연소시간은 5초(sec)이다. 노즐을 지나는 작동가스는 완전가스라 가정한다. 작동가스의 비열비는 1.25이며 기체상수 $R = 356$ J/kg·K이다. 그레인의 후퇴율(연소율)은 2.0cm/sec이고 추진제의 밀도는 1827kg/m^{3}이다.

① 비추력(I_{sp})를 구하라.

② F-t 선도를 그리고 총추력을 구하라.

③ 추진제의 무게를 구하라. 단 sliver를 고려하여 2%의 추진제가 더 필요하다고 가정하라.

④ 노즐 목(throat)과 출구(exit)에서 가스의 유속을 구하라.

⑤ 로켓을 빠져나가는 질량유량($\dot{m}$)을 구하라.

⑥ 로켓 목(throat)의 면적을 구하라.

⑦ 로켓출구의 면적을 구하라.

⑧ 추력계수를 구하라.

⑨ 추진제의 부피를 구하라.

⑩ 웹의 두께를 구하라.

12 고도 25km에서 최적 팽창되고, 평균추력이 117600N인 고체로켓을 설계하고자 한다. 연소전의 로켓의 질량은 1200kg이고 연소 후 로켓의 질량은 200kg이다. 이 로켓의 연소실 정체온도와 정체압력은 각각 2800K와 3.43MPa이다. 작동가스의 분자량은 12이고, 모든 과정에서 작동기체는 완전가스(이상기체)라 가정하며, 비열비는 1.21이다. 일반기체상수(R_u)의 값은 8.3143kJ/kmol·K이고 중력가속도는 9.81m/s^{2}이다. 고도 25km에서 주위 압력은 0.00254MPa이다.

① 노즐을 지나는 유동이 초킹(choke)되는지 여부를 판단하라.

② 노즐 목(throat)과 노즐 출구(exit)에서 가스속도를 구하라.

③ 로켓노즐 목을 지나는 질량유량($\dot{m}$)을 구하고, 연소시간을 구하라.

④ 로켓의 비추력(I_{sp})을 구하라.

⑤ 로켓노즐의 목(throat)면적을 구하라.

⑥ 노즐목과 노즐 출구의 면적비($\varepsilon = \dfrac{A_e}{A_t}$)를 구하라.

⑦ 추력계수를 구하라.

⑧ 해면상에서는 이 노즐은 어떤 팽창상태인지 판단하라. 또 이 팽창상태의 특징을 기술하라.

⑨ 추진제 후퇴율($\dot{r}$)이 2.66mm/s 이고 그레인의 밀도(ρ_b)가 1.58g/cm^{3}일 때 추진제 연소면적을 구하라.

하이브리드 로켓

6.1 개요

하이브리드 로켓(hybrid rocket)은 서로 다른 상의 추진제(산화제+연료)를 이용하는 발사체로, 액체 산화제와 고체 연료 그레인의 조합이 주로 이용되고 있다. **그림 6.1**과 같이 산화제와 연료가 분리되어 저장되기 때문에 하이브리드 로켓은 고체 추진제 로켓과 같이 저장성이 뛰어나고 추진제 누출로 인한 폭발로부터 상대적으로 안전한 특성을 가진다. 또한 액상의 산화제를 제어함으로써 액체 추진제 로켓과 마찬가지로 추력 제어가 용이하며, 재시동이 가능하다는 장점을 가진다.

대형 하이브리드 로켓 시스템의 개략적인 구조는 **그림 6.2**에 나타난 것과 같이, 액체 산화제를 주입하는 가압 시스템과 액체 산화제 탱크, 산화제 인젝터, 전방 혼합실, 고체

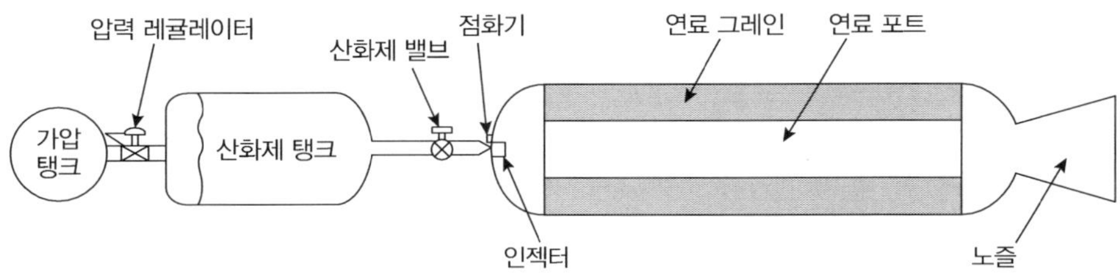

| 그림 6.1 | 하이브리드 로켓의 개념도

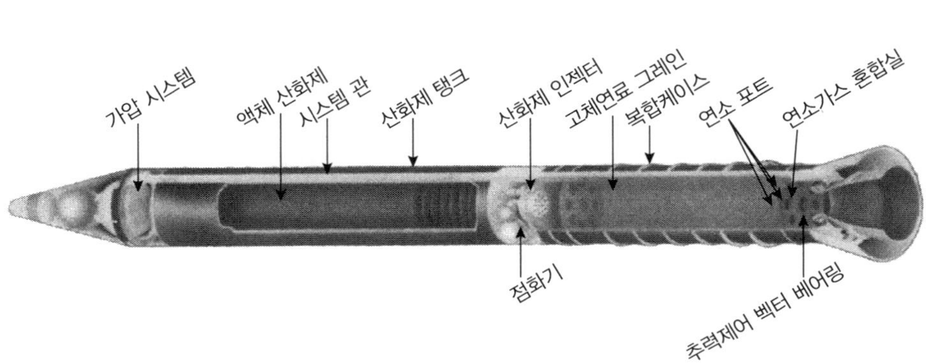

| 그림 6.2 | 액체산소-고체연료사용 대형 하이브리드 로켓 구조[1]

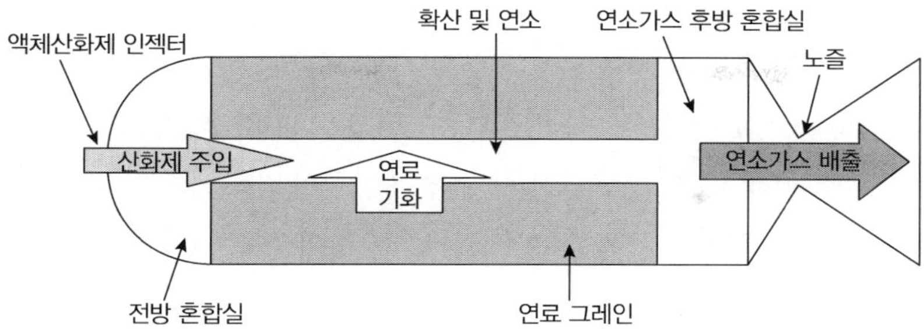

| 그림 6.3 | 하이브리드 로켓 연소실 구조 및 연소과정

연료 그레인, 연소 포트, 연소가스 후방 혼합실(aft－mixing chamber) 그리고 노즐로 구성된다.

하이브리드 로켓의 작동 원리는 전형적인 비예혼합 확산화염(non－premixed diffusion flame)의 형태를 띠고 있으며, 다음과 같은 과정을 거친다. 액체 산화제가 **그림 6.3**의 인젝터를 통해 연료 그레인 포트로 주입된다. 연료 그레인 포트 내부에서 형성되는 화염에 의한 열전달로 인해 연료 그레인 표면에서 고체 연료가 기화되어 산화제와 혼합되면서 연소가 일어난다. 이후 연료 그레인 하류의 혼합 연소실을 지나 연소가스가 노즐 유동을 통해 고속으로 배출되며 추력을 발생시킨다.

6.1.1 하이브리드 로켓의 적용 분야

하이브리드 로켓은 추력제어 조절이 필요하거나 셧다운이나 재시동이 필요한 소형 로켓이나 전술로켓, 과학 기술용 목적이나 관측용 로켓(sounding rockets)으로도 활용되고 있다. 또 우주 발사체의 발사 부스터(launch booster)로 사용되거나, 소형 인공위성의 발사체로 활용된다. 착륙선 혹은 발사체 상단 로켓으로의 활용이 연구 중이며, 스케일드 컴포지트(scaled composite) 회사에서는 준 궤도 우주비행의 추진으로 하이브리드 로켓 모터를 개발 중이다.

6.1.2 하이브리드 로켓의 특징

하이브리드 로켓은 추진제가 고체 연료와 액체(또는 기체) 산화제를 사용하기 때문에 액체 추진제 로켓과 고체 추진제 로켓의 특징을 각각 가지고 있다. 고체 추진제 로켓의 경우, 한 번 연소를 시작하면 추력 제어와 재시동이 불가능하고, 액체 추진제 로켓의 경우 추력 제어와 재시동이 가능하나 시스템이 매우 복잡하며, 추진제의 유동성이 높아 누출 시 폭발 위험이 높은 단점이 있다. 그러나 하이브리드 로켓의 경우 액체로켓과 유사하게 산화제 유량 조절을 통해 추력제어를 할 수 있어 시스템적으로 단순하고 효율적인 설계가 가능하다. 또한, 하이브리드 로켓의 비추력(275~350sec)은 고체 추진제 로켓의 비추력(200~270sec)에 비해 높으며, 액체 추진제 로켓의 비추력보다는 낮으나 밀도 비추력($\rho_p I_{sp}$)이 더 높다는 장점이 있다. 동시에 하이브리드 로켓은 주로 고체 연료 그레인을 사용한다는 점에서 연료 제조 시 고에너지 금속 입자를 첨가하기에 용이하다는 장점이 있으며, 금속 입자(Al, B 등)를 첨가할 시에 비추력을 500sec 이상으로 증가시킬 수 있으므로 액체 추진 로켓 시스템보다 높은 비추력을 낼 수도 있다. 그리고 충분한 열원만 제공된다면 다양한 연료(HTPB, HDPE 등)를 사용할 수 있고, 현재 활발히 연구되고 있는 하이브리드 로켓 추진제의 특성상 연소가스의 독성이 다른 추진기관에 비해 적다.

하이브리드 로켓은 **그림 6.4**와 같이 산화제와 연료가 따로 공급되고 그레인 표면에서 연소가 일어나는 고체 확산 연소이다.

고체 연료 기화가 일어나게 하는 열전달은 화염면으로부터의 고체표면으로 복사되는 열전달이나 난류 경계층의 대류열전달에 의해 일어난다. 그 후 확산 및 대류에 의해 산화제와 혼합되어 연소가 일어난다. 고체 확산 연소에서는 고체 연료에서 기화되어 공급되는 연료는 확산화염이 고체 연료로 열전달을 주어 기화를 촉진시켜 연소를 촉진시키지만 기화된 연료층은 확산화염면에서 고체 연료로 가는 열전달을 방해하는 역할(열전달 차단)을 하여 연료와 산화제가 미리 혼합된 고체 추진제 로켓에 비해 후퇴율(regression rate)이 낮게 된다. 하이브리드 로켓에서는 추진제가 각각 다른 상으로 저장되기 때문에 밀도 비추력이 낮으며, 연소 종

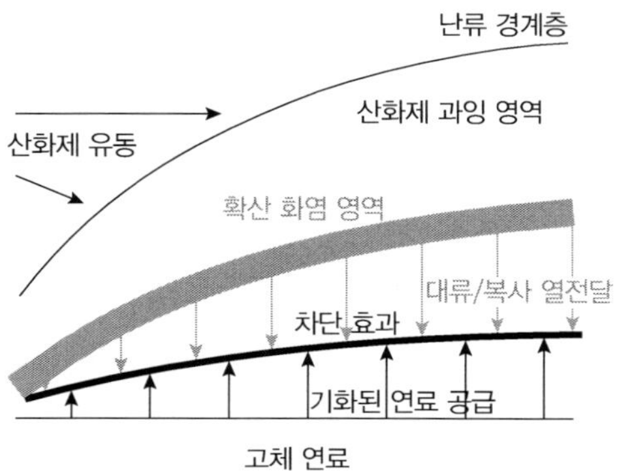

| 그림 6.4 | 낮은 후퇴율의 원인이 되는 하이브리드 로켓의 연소 특성

료 후에 잔류 연료가 발생한다. 또 정상 상태와 스로틀(throttle)과정에서 산화제-연료의 비(O/F비)가 변하여 비추력과 추력이 불안정할 수 있다.

하이브리드 로켓은 후퇴율이 낮다는 근본적인 단점을 극복하기 위하여 고체 연료 그레인의 표면적을 증가시키는 효과가 있는 다중 포트 그레인으로 설계하거나, 고에너지 물질 첨가를 통해 연료 자체의 특성을 변화시키는 것을 고려할 수 있다. 그러나 이러한 방법들은 로켓의 체적을 증가시키거나 연소실의 연소 불안정을 유발하고 유해한 물질이 배출되는 등 단점을 가지고 있다. 따라서 최근에는 연료 자체의 후퇴율이 높은 용융성 고체 연료가 제안되어 하이브리드 로켓 연구가 이 분야에 집중되고 있다. 용융성 연료인 파라핀 왁스(paraffin wax)는 후퇴율이 기존의 HTPB에 비해 약 3~4배 높으며[2], 여러 가지 다양한 용융성 연료가 연구되고 있다[3-5].

6.2 추진제

하이브리드 로켓 추진제는 서로 다른 상으로 분리되어 저장되며, 액체 산화제와 고체 연료 그레인의 조합이 주로 사용된다.

6.2.1 액체 산화제

하이브리드 로켓의 액체 산화제로는 저장성 산화제와 극저온 산화제가 있다. 저장성 산화제로는 과산화수소(H_2O_2), 적연질산(RFNA, Red Fuming Nitric Acid), 염소-불소 화합물 등이 있다. 이러한 저장성 산화제는 극저온 산화제에 비해 상대적으로 낮은 추력 성능을 보이나 일정 상온 조건에서 저장성이 보장된다. 저장성 산화제 중 수소와 산소의 화합물인 과산화수소(hydrogen peroxide, HP, H_2O_2)는 옅은 푸른색을 띠는 액체로 강한 산화력을 가지고 있다. 물질의 산화력이 강하여 흡입하거나 피부 접촉 시 위험하기는 하지만 물질 자체의 독성은 없어 환경에 무해하며, 촉매 분해 시 순수 물과 산소가 생성되므로 환경친화적이다. 과산화수소는 탄화수소계열 연료와 연소 시에도 연소생성물은 대부분이 물이며 액체산소 산화제 조합에 비해 이산화탄소, 일산화탄소 배출 농도가 낮다. 또한, 끓는점이 영상 150도로, 저장할 때에 특별한 냉각 시스템을 요구하지 않는 장점이 있다. 이외에도 과산화수소를 산화제를 사용하였을 경우의 장점은 액체산소보다 높은 밀도를 가져 더 많은 양의 추진제를 탑재할 수 있고, 높은 O/F비를 가지므로 가속 성능을 향상시킬 수 있다. 또한, 단순히 물을 분사하여 과산화수소의 농도를 낮춤으로써 소화시킬 수 있다는 특징이 있다. 농도 90% 이상의 과산화수소 수용액이 로켓의 추진제로 사용되고 있으며, 경우에 따라 촉매 반응을 이용한 단일 추진제로도 사용되기도 한다. 과산화수소를 산화제로 사용할 때 단점으로는 자연분해가 일어난다는 점이 있으나, 일반적으로 1%의 안정제를 포함시켜 아주 낮은 수준의 자연분해율을 갖도록 하여 개선할 수 있다[6]. 적연질산(RFNA)은 공기 중에 노출 시에 적색으로 변하는 독성이 강한 저장성 산화제로 질산 84%, 사산화이질소 13%, 물 2%으로 구성되어있다. 강력한 부식성으로 인해 부식 방지제를 첨가하여 주로 부식방지질산(Inhibited RFNA, IRFNA)으로 불린다. 영하 42도~영상 86도에서 사용할 수 있고 장기간 보관이 가능하여 미사일용으로 주로 사용된다. 그러나 연소 부산물의 독성이 매우 높아 환경적으로 유해한 단점이 있다. 구소련 로켓 산화제, 북한의 스커드, 노동 미사일용 산화제로 사용되고 있다.

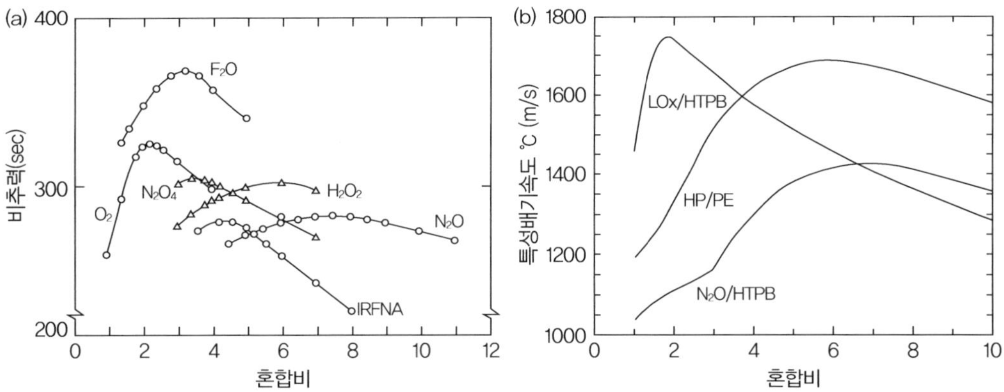

| 그림 6.5 | 하이브리드 로켓 연료 HTPB와 여러 가지 산화제를 사용할 때의 진공 비추력(a)과 특성배기속도(b) [1,2]

표 6.1 하이브리드 로켓에 사용될 수 있는 여러 산화제 특성[1]

산화제	종류	끓는점(℃)	밀도(g/cm^3)	$\Delta_f H$(kcal/mol)
O_2	극저온(Cryogenic)	−183	1.149	−3.1
F_2O	극저온	−145	1.650	+2.5
N_2O	극저온	−88	1.226	+15.5
N_2O_4	저장성(Storable)	+21	1.449	+2.3
IRFNA	저장성	+80∼+120	1.583	−41.0
H_2O_2	저장성	+150	1.463	−44.8

극저온 추진제는 끓는점이 영하 50~190도 정도로 매우 낮아 저장, 보관하기에 어려움이 있다. 따라서 발사 직전에 산화제를 추진제 시스템에 공급한다. 극저온 추진제는 저장의 어려움이 있음에도 강한 추력을 발생시킨다는 장점이 있다. 주로 사용하는 산화제는 액체산소(LOx)이며 아산화질소(N_2O)를 사용하기도 한다. 산화제로 액체불소(LF)를 사용할 때 액체산소를 사용할 때보다 더 큰 추력을 발생하고 성능이 향상되나 불소의 독성이 굉장히 강하여 현재는 액체불소 기반의 산화제는 더 이상 사용되지 않는다.

그림 6.5 (a)는 고체 연료인 HTPB에 다양한 액체 산화제를 사용하였을 때 진공 비추력($I_{sp,vac}$)의 변화를 나타낸 것이다. 산화제에 따라서도 비추력이 달라지나 산화제/연료 비(O/F ratio)의 혼합비 변화에 따라 비추력이 달라지고 최대 비추력 값을 주는 O/F 혼합비가 있음을 확인할 수 있다. **그림 6.5 (b)**는 혼합비 변화에 따른 하이브리드 로켓의 특성배기속도를 나타내고 있다. **표 6.1**은 하이브리드 로켓에 사용되는 여러 산화제의 물성치를 나타낸 것이다.

6.2.2 연료 그레인

하이브리드 로켓의 연료 그레인은 크게 비용융성 연료와 용융성 로켓연료로 분류된다. 주로 사용되는 비용융성 하이브리드 로켓 연료로는 상용 플라스틱으로 쓰이는 고밀도 폴리에틸렌인 HDPE(High-Density PolyEthylene), 군용으로 수입이 제한되어 있으나 타이어와 유사한 재질의 HTPB(Hydroxyl-Terminated PolyButadiene), 그리고 보통의 아크릴인

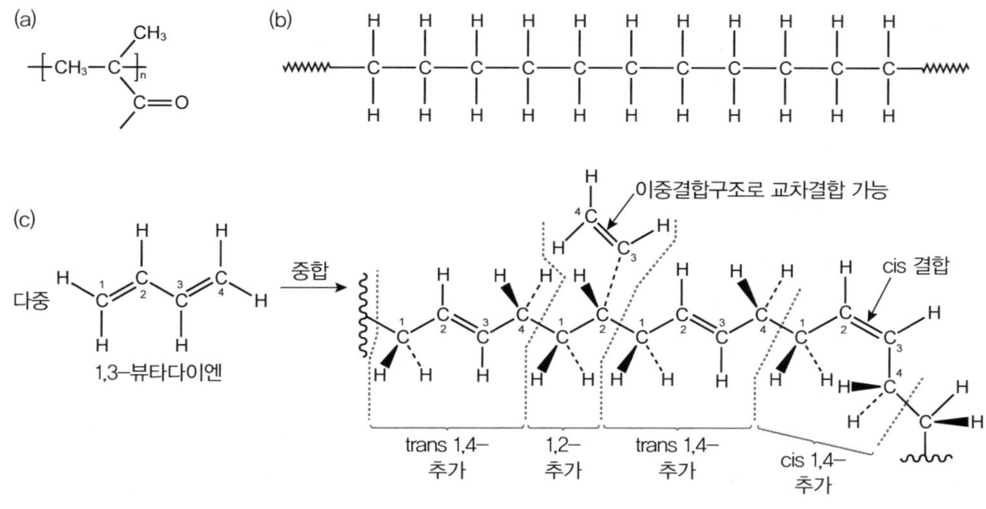

| 그림 6.6 | 비 용융성 고체 연료의 화학 구조 (a) PMMA, (b) HDPE, (c) HTPB

PMMA(PolyMethyl MethAcrylate)가 있다. 비용융성 로켓 연료의 장점은 저비용으로 경제적이고 연료 그레인 제작이 간편하다는 점이 있으며, 폭발의 위험이 없고 배기가스의 유독성이 적기 때문에 비교적 안전하다. 또 연료의 구조적 강도가 높아 실험하기에 편리하다. 그러나 후퇴율이 낮고, 연소 후에 잔류 연료(Sliver)가 남는다는 단점이 있다. 낮은 후퇴율을 개선하기 위해 다중 포트 연료를 사용하거나 연료 중앙에 카본 다이어프램을 끼우기도 한다. **그림 6.6**은 주로 사용되는 비용융성 로켓 연료들의 화학적 구조를 나타낸다. 일반적으로 아크릴로 알려진 PMMA는 무색투명하여 광학적 특성이 뛰어난 특성이 있다. 또한 HDPE는 에틸렌(C2H4)의 중합을 통해 생성되는 불투명 열가소성 물질로서, 결정화도가 높기 때문에 강성이 있고 충격에 강하다. 고체 추진제 로켓에서는 HTPB가 알루미늄 연료 혹은 AP(Ammonium Perchlorate)를 결합하는 바인더(binder)의 역할을 하였으나, 하이브리드 로켓에서는 그 자체로 연료로 사용된다. HTPB와 과산화수소 산화제를 사용한 하이브리드 로켓은 상단로켓에서 사용될 수 있으며 HTPB와 액체산소 산화제를 사용한 하이브리드 로켓은 대형 로켓의 부스터 용으로 사용될 수 있다. 비용융성 로켓 연료는 저비용에 가공이 쉽고 어떠한 상황에서도 자발화가 일어나지 않기 때문에 안전하다. 만약 연기가 나는 배기가스가 문제가 되지 않는 상황이라면 하이브리드 로켓 연료에 알루미늄 혹은 보론을 첨가하기도 한다. 이렇게 금속 연료를 비용융성 로켓 연료에 혼합하면 연료 밀도를 증가시켜 밀도 비추력이 증가하게 되는 효과가 있다. 연소열로 금속 입자를 가속시키는 일이 필요하므로 분자량 측면에서의 로켓의 비추력을 약간 감소시키는 영향을 미칠 수 있다. 그러나 금속입자의 연소와 산화된 금속입자의 복사로부터 열 유속이 증가되어 연소온도가 증가한다. 따라서 금속입자의 첨가는 궁극적으로 하이브리드 로켓의 전체 비추력을 증가시키는 작용을 한다.

용융성 고체 연료는 비 용융성 고체 연료의 낮은 후퇴율을 근본적으로 개선하기 위해 제안된 연료이다. 용융성 고체 연료의 연소 연구는 1995년 미 공군연구소의 연구자들에 의해 시작되었으며 용융성 고체 연료의 불안정한 액막 파동이 높은 후퇴율을 주는 것으로 알려져 있다[3]. 새로운 용융성 고체 연료로 파라핀 왁스 연료(paraffin wax fuel)의 사용을 제안하였으며[3] 파라핀 왁스의 화학적 구조는 **그림 6.7**과 같다. **그림 6.8**은 여러 가지 하이브리드 연료변화와 산화제 유속변화에 따른 후퇴율 변화를 나타내고 있다. 파라핀 연료와 같은 용융성 고체 연료에서는 기존 폴리머 계열 연료의 약 3~4배에 달하는 큰 후퇴율이 나타난다고 보고되고 있기 때문에[3,4] 복잡한 그레인 형상이나 스월 인젝터를 사용하지 않고도 높은 후퇴율과 성능을 기대할 수 있다. 또 후퇴율이 높으므로 다중 포트가 필요 없어 연료 적재

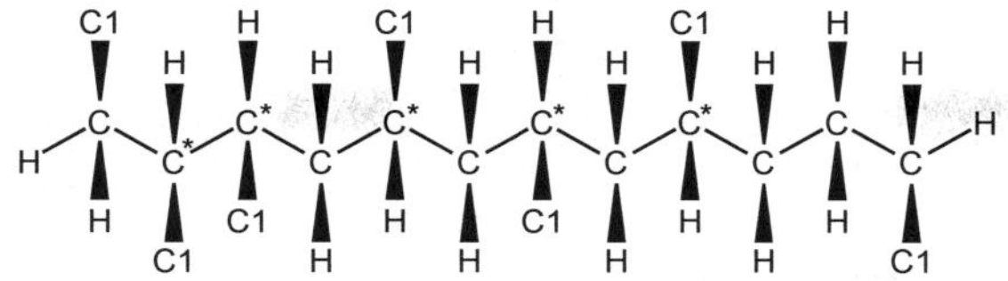

| 그림 6.7 | Paraffin 화학 구조[8]

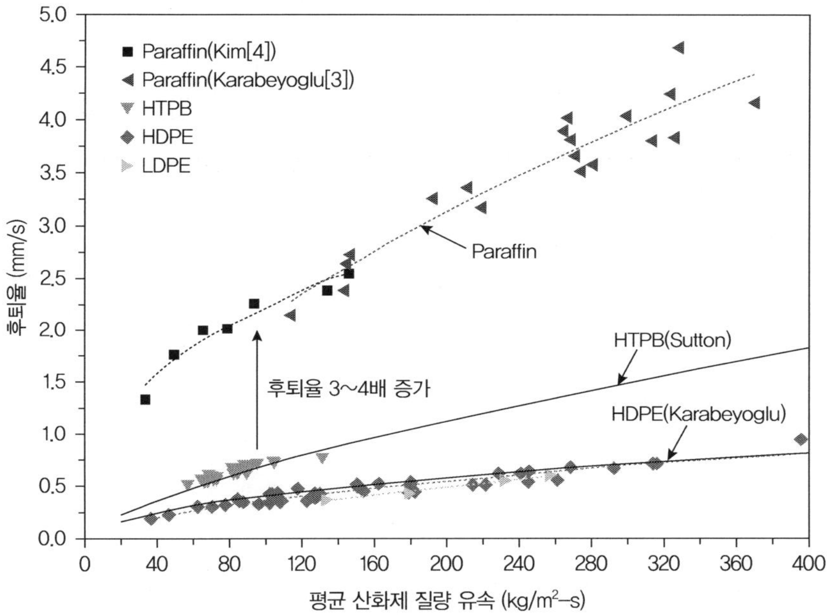

| 그림 6.8 | 하이브리드 로켓 연료와 산화제 유속 변화에 따른 후퇴율 변화[3,4]

율이 높으며 대형로켓에도 사용 가능하다. 그러나 유입되는 액적량에 비해 상당량의 액적이 연소실 내부에서 다 연소하지 못하고 배출되어 연소 효율이 낮게 나타나는 단점이 있어, 이를 해결하기 위해 저밀도폴리에틸렌(Low-Density PolyEthylene, LDPE)을 섞거나[4] 금속 분말 등의 고에너지 금속물질을 첨가하는 등의 연구가 이루어지고 있다[5,6].

6.3 하이브리드 연소

고체 추진제 로켓과 액체 추진제 로켓의 경우 산화제와 연료가 예혼합 연소를 하는 특성을 보이는 데 반하여, 산화제와 연료가 다른 상으로 분리되어 저장되는 하이브리드 로켓의 경우에는 비예혼합 확산화염의 특성을 보인다.

6.3.1 점화 방법

하이브리드 고체 연료 그레인의 점화는 모터의 헤드 끝단(Head End)에서 초기 연소에 사용될 고체 연료 그레인을 기화시킬 수 있도록 열원을 제공함으로써 점화 시킨다. 대형 하이브리드 로켓의 경우 TEA(TriEthyl Aluminum)과 TEB(TriEthyl Borane)를 전방 연소실(또는 증발 챔버(vaporization chamber))로 주입한다. TEA와 TEB의 혼합물은 연소실에서 산화제, 연료와 접촉하여 자연발화하고, 이후 주입되는 LOx 산화제를 통해 로켓의 점화를 완료한다. 실험실용 소형 하이브리드 모터의 경우 연소 포트에 위치한 강철 솜과 같은 전열기를 통해 점화하거나, 점화용 화약과 글로우 플러그 또는 스파크 플러그 등을 이용하기도 한다. 이외에 프로판이나 메탄 등을 이용한 점화, 촉매를 이용한 촉매점화, 전기 아크를 이용한 아크점화기 등이 있다.

6.3.2 연소 특성

하이브리드 로켓의 후퇴율은 복합 고체 추진제 로켓의 후퇴율의 약 1/3에 불과하다. 작은 후퇴율은 곧 낮은 로켓 추력 성능으로 이어지게 되므로, 하이브리드 로켓의 후퇴율을 높이기 위해서 **그림 6.9**에서와 같이 다중 포트 연료를 통해 연료 표면적을 늘려 그 후퇴율을 높이는 방법이 있다. 다중 포트 연료의 존재로 인해 연료 그레인 하부에는 혼합실이 있으며,

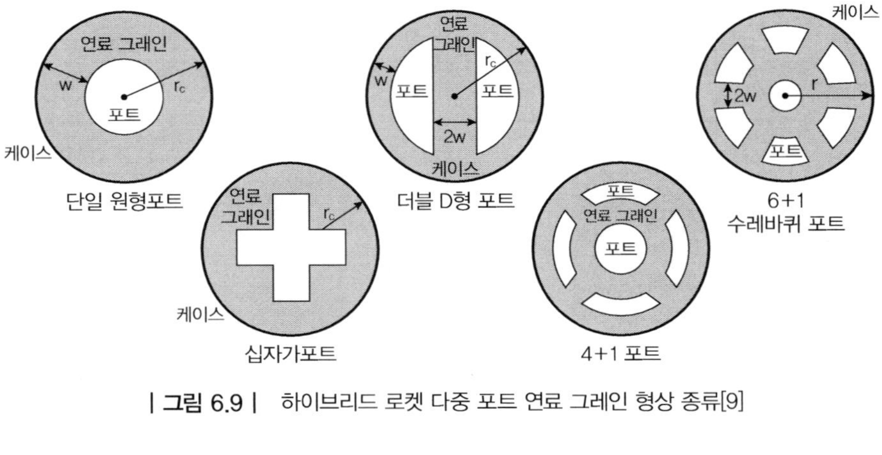

| 그림 6.9 | 하이브리드 로켓 다중 포트 연료 그레인 형상 종류[9]

여기서 난류 혼합이 증대되어 연소 효율이 향상되는 효과도 있다. **그림 6.10**은 포트 개수에 따른 HDPE-N_2O 하이브리드 로켓의 후퇴율 변화를 나타낸 그래프이며, 포트 수가 증가함에 따라 후퇴율이 증가한다.

하이브리드 로켓의 연소는 연료 그레인에 산화제가 포함된 고체 추진제 로켓과는 다르게 하이브리드 연료 그레인에는 산화제가 포함되어 있지 않으므로 연료 표면 위에 형성되는 확산화염에 의해 일어난다. **그림 6.11**은 비용융성 연료의 연소과정을 나타낸 그림으로, 비용융

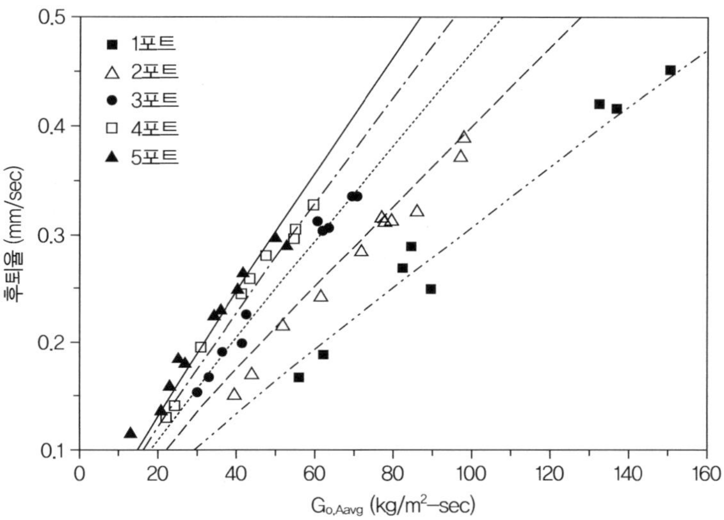

| 그림 6.10 | HDPE-N_2O의 포트 수에 따른 후퇴율 변화[4]

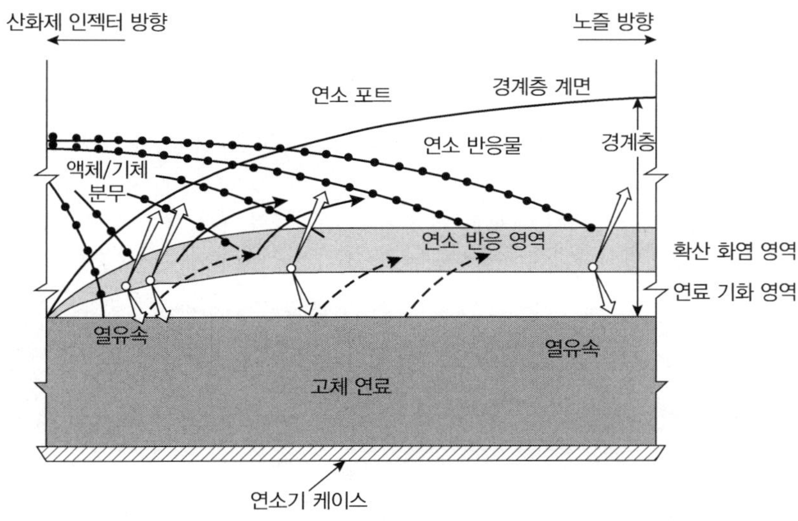

| 그림 6.11 | 비용융성 연료의 연소 과정[1]

성 연료 그레인이 그레인 표면에서 기화되어 화염 영역에 있는 산화제와 혼합 및 연소되는 과정을 나타내고 있다. 여기서 연료는 주로 화염면으로부터 전달되는 대류 또는 복사 열전달을 통해 열분해 또는 기화된다. 기화된 연료는 화염 영역의 산화제와 혼합되어 연소가 진행되며 이론 혼합비 부근의 화염이 형성된다. 따라서 연소 특성은 화염으로부터 연료 그레인으로의 열전달과 연료 그레인으로부터 화염으로의 공력 물질전달 특성에 의해 상호영향을 받는다. 국부적인 연소는 그레인 표면 근처의 와류나 재순환 영역과 같은 난류 유동의 정도에 의해 촉진될 수 있다. **그림 6.12**는 연료 표면에 형성되는 경계층을 나타내고 있으며, 후퇴율 특성에 영향을 미치는 인자로는 연소실 압력, 산화제 유속, 연소 가스의 온도, 그레인의 구성, 연소 포트의 길이 및 직경, 경계층의 종류(층류/난류) 등이 있다.

반면, 용융성 연료의 대표적인 파라핀의 연소 특성은 비용융성 연료의 경우와 다소 차이가 있다. **그림 6.13**은 파라핀의 연소 과정을 나타낸 그림이다. 연료 표면에서 열분해 과정을 거친 뒤 바로 기화하여 확산화염층을 형성하는 비용융성 고체 연료와는 달리 파라핀의 경우에는 용융점이 낮아서 확산화염으로부터의 열전달로 빠르게 용융이 되어 표면에서 액체

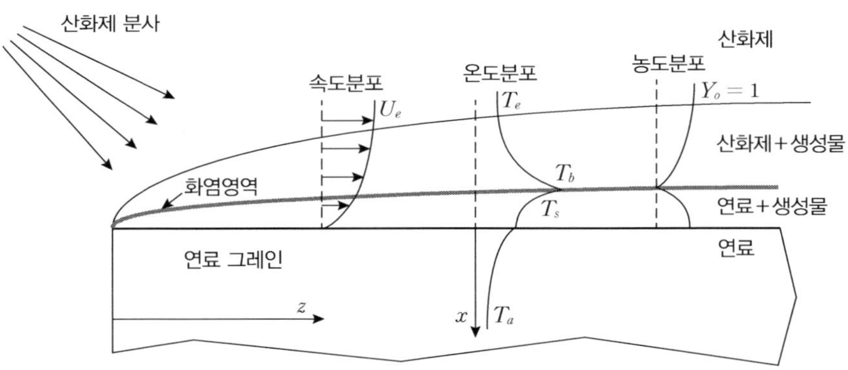

| 그림 6.12 | 연료 그레인 표면 경계층[10]

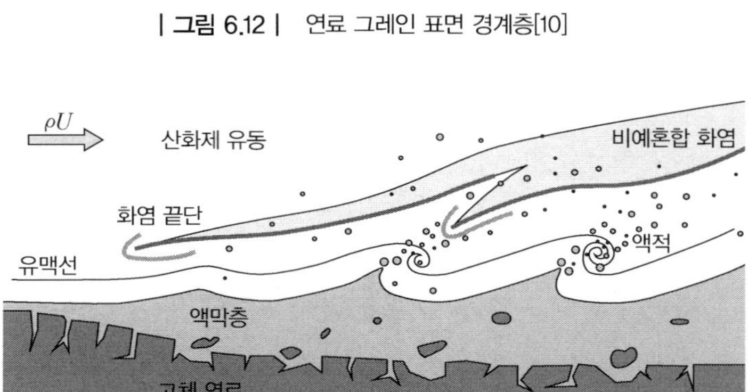

| 그림 6.13 | 파라핀 연소 특성[4]

층을 형성한다. 그 후에 액체층으로부터 미립화된 액적이 확산화염층으로 이동하고 산화제와 혼합되어 연소되는 특징이 있다. 용융성 연료의 연소 특성으로부터 비용융성 연료 후퇴율에 비해 약 3~4배의 후퇴율 향상을 보인다. 그러나 파라핀 연료의 가장 큰 문제점은 산화제 유속 크기에 따라 액막의 두께가 변할 수 있으며, 이는 액적 유입량을 불규칙하게 만들어 연소 효율이 저하될 수 있다. 또 연료 액적은 연소실내에서 완전히 연소하지 못할 수 있는데 이럴 경우에는 연소가스 혼합실을 만들어 이를 해결할 수 있다.

6.3.3 후퇴율

하이브리드 로켓의 경우 주 연소 영역이 연료 그레인 표면 경계층 내부의 좁은 화염 영역에서 일어난다. 연료 벽면 근처의 난류 경계층이 화염면과 연료 벽면 사이의 대류열전달에 영향을 미치고, 이 열전달에 의해 고체 연료는 기화하여 유동 진행 방향의 수직 방향으로 분출유동이 발생하고 축 방향의 유동과 상호작용하여 연소가 일어난다. 연료 후퇴율은 산화제 질량 유량에 의해 주로 결정된다. 따라서 후퇴율은 산화제 주입과 전방 연소실의 설계에 따라 달라진다. 하이브리드 로켓의 연소 후퇴율을 계산해보자. 연료를 통해 모터 케이스 또는 외부 환경으로의 열손실이 없고 복사열전달은 무시될 정도로 작다고 가정하자. 정상상태를 가정하면, 화염에서 고체연료 벽으로의 열전달은 고체 연료의 상변화에 사용되며 열전달과 상변화사이의 에너지 평형방정식은 식 (6.1)과 같이 나타낼 수 있다[11].

$$\dot{Q}_w = \dot{m}_{fuel} h_v = \rho_{fuel} \dot{r} h_v \tag{6.1}$$

여기서 $\dot{Q}_w$, $\dot{m}_{fuel}$, h_v, 그리고 ρ_{fuel}은 각각 고체 연료 벽으로의 총 열유속, 연료의 표면에서의 질량유속, 고체 상태의 연료가 기화하는데 필요한 엔탈피, 그리고 연료의 밀도이며, 연료는 열분해(pyrolyze)되고 기화되는 것으로 가정한다. 실험과 이론을 통해 앞서 언급한 조건이 대부분의 하이브리드 모터를 적절하게 묘사하였으며, 적절한 후퇴율 조건에서 열파동(thermal waves)이 연료 표면 아래로 짧은 거리를 관통한다는 것을 보여주었다. 기체 상태의 산화제로부터 고체 연료 벽으로의 전도 열전달식을 식 (6.2)와 같이 나타낼 수 있다.

$$\dot{Q}_c = -\left(\frac{k}{c_p}\frac{\partial h}{\partial y}\right)_w \tag{6.2}$$

여기서 $\dot{Q}_c$, k, c_p, h, 그리고 y는 각각 대류 열유속, 경계층 가스의 열전도계수, 가스의 비열, 가스의 엔탈피, 연료 표면에서 유동 방향으로의 수직거리를 나타내며, 하첨자 w는 벽에서의 물성치를 나타낸다. 연소 유동에 적용하기 위해서는 레이놀즈 상사 법칙(Reynolds Analogy)을 적용하면 루이스 수(L_e)와 프란틀 수(Pr)를 1로 가정할 수 있다. 따라서 벽에서 대류 열유속이 결정되고, 유동으로의 열전달과 해당 유체의 열용량의 비로 나타나는 스태턴 수(St)가 사용된다. 스태턴 수는 식 (6.3)으로 나타낼 수 있다.

$$\mathrm{St} = \frac{\dot{Q}_c}{\rho_b u_b \Delta h} \tag{6.3}$$

여기서 Δh는 하첨자 b로 나타내어진 화염 영역과 벽에서의 엔탈피 차이, u_b는 연소 후 가스의 축방향 속도이다. 벽에서의 에너지 평형방정식 식 (6.1)을 스태턴 수로 나타내면 식 (6.4)와 같이 나타낼 수 있다.

$$\rho_{fuel}\dot{r} = \frac{\dot{Q}_C}{h_v} = \frac{\dot{Q}_W}{h_v} = \mathrm{St}\rho_b u_b \frac{\Delta h}{h_v'} \tag{6.4}$$

레이놀즈 상사 법칙을 이용할 경우, 열유속과 경계층에서의 전단응력의 관계를 유추할 수 있으며, 열유속과 반경방향 총 엔탈피 구배의 비와 전단응력과 축방향 속도의 반경방향 구배의 비가 동일하고 식 (6.5)와 같이 나타낼 수 있다.

$$-\frac{\dot{Q}}{\partial h_T/\partial y} = \frac{\tau}{\partial u/\partial y} \tag{6.5}$$

식 (6.5)는 벽에서부터 화염 영역까지를 포괄하며, 적분을 통해 식 (6.6)으로 나타낼 수 있다.

$$\frac{\dot{Q}_c}{\Delta h_T} = \frac{\tau_w}{u_b} \tag{6.6}$$

여기서 화염 아래의 저속 영역에서 연소가 발생하지 않을 때를 하첨자 T로 표현하였으며, Δh를 $\Delta h = \Delta h_T$로 나타낼 수 있다. 식 (6.6)을 $\rho_b u_b$로 나누면 벽에서의 전단응력 $\rho_b u_b$ 또는 표면마찰계수 τ_w로 표현되는 스태턴 수(C_f)의 또 다른 형태인 식 (6.7)로 나타낼 수 있다.

$$\mathrm{St} = \frac{\tau_W}{\rho_b u_b^2} = \frac{1}{2} C_f \frac{\rho_e u_e^2}{\rho_b u_b^2} \tag{6.7}$$

식 (6.7)을 식 (6.4)에 대입하면 에너지 평형방정식이 식 (6.8)과 같이 나타낼 수 있다.

$$\rho_{fuel}\dot{r} = \frac{1}{2} C_f \rho_e u_e \frac{u_e}{u_b} \frac{\Delta h}{h_v} \tag{6.8}$$

벽면에서의 고체연소를 평판에서 유출(blowing) 유동이 있을 것으로 생각하여 경계층을 해석하자. 난류유동이 있는 평판의 표면 마찰계수는 식 (6.9)와 같이 나타난다[12].

$$\frac{C_{f_0}}{2} = 0.03Re_x^{-0.2} \tag{6.9}$$

식 (6.9)의 하첨자 0은 유출유동이 없을 때 평판에서의 표면마찰계수 C_{f_0}이고 유출 유동이 있는 연소 유동장에 적용되는 값인 C_f와 구별하기 위해 사용되었으며, Re_x로 표현한 국부 레이놀즈수는 경계층 모서리에서의 자유 유동과 연료의 축방향 입구 모서리 특성을 내포하고 있다.

에너지 평형방정식 식 (6.8)의 우변에 C_{f_0}를 곱하고 또 나누고, 식 (6.9)를 대입하면 식 (6.10)이 도출된다.

$$\rho_{fuel}\dot{r} = 0.03\rho_e u_e Re_x^{-0.2} \frac{C_f}{C_{f_0}} \frac{u_e}{u_b} \frac{\Delta h}{h_v} \tag{6.10}$$

식 (6.1)과 식 (6.10)에서 벽면에서의 열전달은 $\dot{Q}_w = \rho_{fuel}\dot{r}\Delta h$이고, 또 식 (6.4)와 식 (6.10)에서 $C_f/C_{f_0} = \mathrm{St}/\mathrm{St}_0$가 된을 알 수 있고, $C_f/C_{f_0} = 1.2B^{-0.77}$인 관계가 있다. 여기서 B는 식 (6.11)에 나와있고 B의 범위는 5~15 정도이다. 고체연료 연소로 인한 유출 질량 유속 매개변수(blowing parameter)를 식 (6.11)과 같이 정의하여 식 (6.10)에 대입하면 식 (6.12)로 나타낼 수 있다. 고체연료 연소 매개변수는 유출유동 매개변수 또는 블로잉 상수(blowing parameter) B로 표기하며 다음과 같이 나타낼 수 있다.

$$B \equiv \frac{u_e}{u_b} \frac{\Delta h}{h_v} \tag{6.11}$$

$$\rho_{fuel}\dot{r} = 0.03\rho_e u_e Re_x^{-0.2} \frac{C_f}{C_{f_0}} B \tag{6.12}$$

열화학적 변수로서 나타나는 연료 질량 유속 매개변수는 경계층 내의 화염 위치에 의존하고 특정 추진제에 따라 달라질 수 있다. 기화열과 엔탈피의 차이는 추진제와 혼합비에 의해 명확하게 결정되지만, 화염의 높이에 밀접한 관계가 있는 속도비 u_e/u_b는 추진제와 혼합비에 덜 의존적이다. 이러한 의존성은 화염 영역에 의해 분리된 검사체적을 적분하여 그 결과를 운동량 방정식과 비교함으로써 검증될 수 있으며, 이를 식 (6.13)과 같이 나타내었다.

$$\frac{u_e}{u_b} = \frac{K_{OX_e} + (O/F + K_{OX_e})(\Delta h_v)}{(O/F)(\Delta h/h_v)} \tag{6.13}$$

여기서 K_{OX_e}는 자유 유동에서의 산화제의 농도이고 O/F는 산화제-연료의 비이다. $L_e =$

Pr = 1이고 B = 일정일 때 속도와 농도, 엔탈피는 전반적으로 비슷한 값을 나타낸다. 연료 질량 유속 수정계수에 대한 표현은 식 (6.14)로 나타낼 수 있으며[11], 식 (6.14)를 커브피팅을 통해 식 (6.15)와 같이 단순화한 식으로 나타낼 수 있다.

$$\frac{C_f}{C_{f_0}} = \left[\frac{\ln(1+B)}{B}\right]^{0.8}\left[\frac{1+\frac{13}{10}B+\frac{4}{11}B^2}{(1+B)(1+\frac{1}{2}B)^2}\right]^{0.2} \tag{6.14}$$

$$\frac{C_f}{C_{f_0}} = 1.2B^{-0.77} \tag{6.15}$$

식 (6.15)를 에너지 평형방정식 식 (6.12)에 대입하면, 복사의 영향을 제외한 국소 후퇴율식 식 (6.16)을 얻을 수 있다[11].

$$\dot{r} = 0.036\frac{G^{0.8}}{\rho_{fuel}}\left(\frac{\mu_e}{x}\right)^{0.2}B^{0.23} \tag{6.16}$$

여기서 G는 단위면적당 추진제 질량유량인 질량유속을 의미하며($G = \frac{\dot{m}}{A} = \frac{\text{질량유량}}{\text{포트단면적}}$), ρ_{fuel}는 고체연료 밀도, x는 축 방향 거리, 그리고 B와 μ_e는 각각 연료 표면에서 연료 질량 유속 매개변수와 가스 점성계수를 의미한다. 따라서 후퇴율은 연료의 축 방향 거리와 산화제 질량 유속의 함수로 표현된다. 후퇴율을 보다 간단하게 분석할 수 있도록 식 (6.17)과 같이 후퇴율을 산화제 질량 유속의 식으로 표현하였다. 여기서 후퇴율을 산화제 질량 유속만의 함수로 표현하기 위하여 x, β, ρ_{fuel}, μ를 상수 a로 통합하였으며, 실험 결과 **그림 6.14**와 같이 평균 후퇴율은 산화제 질량 유속과 비례관계가 나타남을 통해 이를 검증하였다.

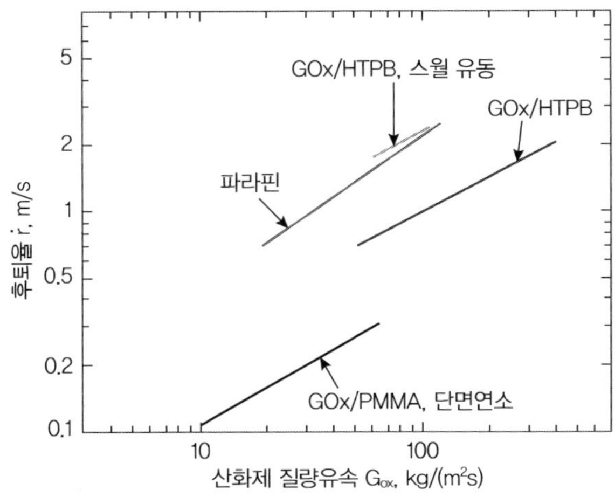

| 그림 6.14 | 후퇴율과 산화제 질량 유량의 관계[2]

$$\dot{r} = aG_{ox}^n \tag{6.17}$$

여기서 G_{ox}는 산화제 질량 유속(oxidizer mass flux)을 의미하며 $G_{ox} = \dot{m}_{ox}/A_p = \rho v$인 관계가 있으며, 상수 n은 실험 결과의 비선형보간(non-linear fitting)을 통해 주로 약 0.4~0.8 정도의 값이 도출된다.

$$\dot{m}_f = \dot{r}\rho_f A_b = a(\dot{m}_{ox}/A_p)^n p_f LN \tag{6.18}$$

여기서 N은 포트의 구멍 개수이다. $\dot{r} = \dfrac{dw_b}{dt}$, $A_p = \pi R^2$, $A_b = 2\pi RL$을 $\dot{r} = aG_{ox}^n$에 대입하면 $\dot{r} \propto R^{-2n}$이 된다. 후퇴율도 시간에 따라 변화한다. 어떤 순간에 연료의 질량유량은 다음과 같다.

$$\dot{m}_f = \dot{r}\rho_f A_b = a\left(\frac{\dot{m}_f}{\pi R^2}\right)^n \rho_f 2\pi RL = 2a\pi^{(1-n)}\rho_f \dot{m}_{ox}^n R^{(1-2n)} \tag{6.19}$$

$\dot{m}_f$는 R^{1-2n}에 비례한다. 어떤 순간에 후퇴율 $\dot{r} = \dfrac{dR}{dt} = a\left(\dfrac{\dot{m}_{ox}}{\pi}\right)^n R^{-2n}$되고 이것을 변수 분리하면 $R^{2n}dR = a\left(\dfrac{\dot{m}_{ox}}{\pi}\right)^n dt$가 된다. 초기시간 $t = 0$일 때 R_i로부터 $t = t$일 때 R까지 적분하면 다음과 같다.

$$R(t) = \left[a(2n+1)\left(\frac{\dot{m}_{ox}}{\pi}\right)^n t + R_i^{2n+1}\right]^{\frac{1}{2n+1}} \tag{6.20}$$

이것을 $\dot{m}_f$ 식에 대입하면 $\dot{m}_f$를 구할 수 있다.

산화제 질량유속이 낮을 때는 복사열전달이 주요 열전달이 되지만 산화제 질량유속이 크게 되면 대류열전달이 지배하는 인자가 된다. 산화제 질량유속이 너무 크면 반응물질의 체류시간이 짧아 화학반응이 더 지배인자가 된다. **그림 6.15**는 혼합비 변화에 따른 비추력과 특성속도를 나타낸다. 혼합비 변화에 따라 하이브리드 로켓 성능을 최대로 만드는 최적 혼합비

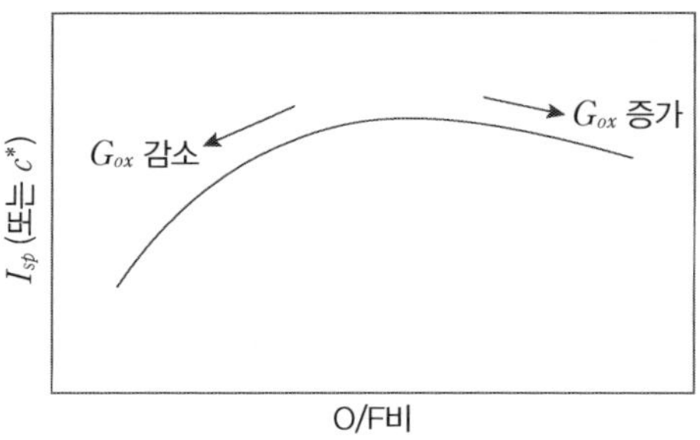

| 그림 6.15 | 혼합비 변화에 따른 비추력 (또는 특성배기속도) 특성

가 있음을 알 수 있으며 이것은 **그림 6.5**에서도 확인할 수 있다.

연소실 압력(P_0)과 포트 직경(D_p)을 고려하면 식 (6.17)은 다음과 같이 나타낼 수 있다.

$$\dot{r} = aG_{ox}^{n}P_0^{m}D_p^{l} \tag{6.21}$$

하이브리드 연소실에서 $\dot{m} = \dot{m}_f + \dot{m}_{ox} = \rho_f A_b \dot{r} + \dot{m}_{ox}$, $\dot{r} = a\left(\frac{\dot{m}_{ox}}{A_p}\right)^n$이고, 그리고 연소실 압력은 $P_0 = \frac{c^*F}{A_t c} = \frac{c^*}{A_t}\dot{m}$이므로 하이브리드 연소실의 압력은 다음 식으로 표기될 수 있다.

$$P_0 = \frac{c^*}{g_0 A_t}\left[\dot{m}_{ox} + a\rho_f A_b\left(\frac{\dot{m}_{ox}}{\pi}\right)^n\right] \tag{6.22}$$

구체적인 예로서 HTPB와 산소 산화제 일 때 산화제 질량 유속(G_{ox})변화에 따른 후퇴율 식은 다음과 같다.

$$\dot{r}_{HTPB} = 0.104G_{ox}^{0.681} \tag{6.23}$$

포트 직경을 고려한 식은 $\dot{r}_{HTPB} = 0.065G_{ox}^{0.77}(D_p/3)^{0.71}$이며, 여기서 단위는 모두 ft−lb임을 유의하라.

예제 6.1 다음과 같은 후퇴율 실험 데이터와 요구조건을 가지는 HTPB-GOx 하이브리드 추진제 로켓을 설계하고자 한다. 단, 로켓이 최적 팽창한다고 가정하고 비열비는 1.1520이다. 엔진 작동 시간내 일정한 비추력과 추력을 발생시킨다고 가정한다.

요구 초기 추력(진공)	13789.4kN
작동 시간	120sec
연료 그레인 외부 직경	3.81m
초기 공연비	2.0
특성배기속도	1802m/s
초기 연소실 압력	48.263×10^5Pa
노즐 출구 압력	1.013×10^5Pa
팽창비	7.72
연소 효율	95%
연소 포트 반경	0.364m
연소 포트 개수	7
후퇴율	$\dot{r} = 0.3985$mm/s

| 풀이 | 요구 조건으로부터 추력 계수는 다음과 같다.

$$C_F=\sqrt{\frac{2\gamma^2}{\gamma-1}\left(\frac{2}{\gamma+1}\right)^{\frac{\gamma+1}{\gamma-1}}\left[1-\left(\frac{P_e}{P_0}\right)^{\frac{\gamma-1}{\gamma}}\right]}+\frac{A_e}{A_t}\left(\frac{P_e}{P_0}-\frac{P_a}{P_0}\right)=1.5723$$

$$A_t=\frac{F}{P_0C_F}=1.8172\text{m}^2$$

따라서 노즐목 직경은 $d_t=1.5211\text{m}$이다.

공연비 2.0일 때 특성 배기 속도 c^*는 1802m/s로 주어진다.

연소 효율이 95%이므로 $c^*_{actual}=1802\times0.95=1711.5\text{m/s}$

이로부터 추진제 유량은 다음과 같다.

$$\dot{m}=\frac{g_0P_0A_t}{c^*_{actual}\Delta t}=418.916$$

$$r=\frac{\dot{m}_o}{\dot{m}_f}=2\text{에서, }\dot{m}_f=139.609\text{kg/s, }\dot{m}_{ox}=279.217\text{kg/s}$$

$$\text{따라서, }G_{ox}=\frac{\dot{m}_{ox}}{NA_p}=\frac{279.217}{7\pi(0.364)^2}=95.8277\text{kg/m}^2\cdot\text{sec}$$

$$\dot{r}=0.3985\text{mm/s}$$

따라서 추진제 연소 두께는

$$W_b=0.3985\times120=47.82\text{mm}$$

비추력은 다음과 같다.

$$A_t=\frac{C_Fc^*_{actual}}{g_0}=274.4\text{sec}$$

예제 6.2 연료관 구멍이 하나인 하이브리드 로켓의 초기 추력은 1000N이고 말기 추력은 1500N이며 총 임펄스는 3000N-S이다. 초기 산화제 유량 $G_{oxi}=0.03\text{kg/cm}^2\text{-s}$이고 비추력은 250s로 일정하다고 가정한다. 연료의 연소율은 $G_{ox}^{0.8}$에 비례하고 연료 밀도는 0.9g/cm^{3}이고 O/F는 2.5로 일정하다. 초기와 말기에 산화제와 연료의 질량유량을 각각 구하고, 초기와 말기의 연료관 직경을 구하라. 또 연료길이도 구하라.

| 풀이 | ① $\dot{m}=\dfrac{F}{g_oI_{sp}}$에서 $\dot{m}_i=\dfrac{1000}{9.8\times250}=0.408\text{kg/s, }\dot{m}_f=\dfrac{1500}{9.8\times250}=0.612\text{kg/s}$

$$\dot{m}_{ox}=\dot{m}\frac{O/F}{1+O/F},\ \dot{m}_f=\dot{m}\frac{1}{1+O/F}\text{에서}$$

$$\dot{m}_{ox,i}=0.408\frac{2.5}{1+2.5}=0.291\text{kg/s, }\dot{m}_{ox,f}=0.612\frac{2.5}{1+2.5}=0.437\text{kg/s}$$

$$\dot{m}_{f,i} = 0.408\frac{1}{1+2.5} = 0.117\text{kg/s},\ \dot{m}_{f,f} = 0.612\frac{1}{1+2.5} = 0.175\text{kg/s}$$

② $A_p = \frac{\pi}{4}D_i^2 = \frac{\dot{m}}{G}$에서 $A_\pi = \frac{0.291}{0.03} = 9.7\text{cm}^2$이고 $D_i = 3.51\text{cm}$

$$\frac{m_{f,f}}{m_{f,i}} = \frac{0.175}{0.117} = 1.5$$

$$\frac{m_{f,f}}{m_{f,i}} = \frac{aG^n_{ox,i}\rho_i\pi D_i L}{aG^n_{ox,f}\rho_f\pi D_f L},\ \frac{G^n_{ox,i}}{G^n_{ox,f}} = \frac{\dot{m}_{ox,i}\frac{\pi}{4}D_f^2}{m_{ox,f}\frac{\pi}{4}D_i^2} = \frac{D_f^2}{1.5D_i^2}$$ 이 두식을 풀면,

$1.5^{1+n} = \left(\frac{D_f}{D_i}\right)^{2n-1}$이므로 $D_f = D_i\times1.5^{\frac{1+n}{2n-1}} = 3.51\times1.5^{\frac{1.8}{0.6}} = 11.85\text{cm}$

③ $m_p = \frac{I_{tot}}{I_{sp}} = \frac{300}{250} = 1.2\text{kg}$

$$m_f = \frac{m_p}{1+O/F} = \frac{12}{1+2.5} = 11.43\text{kg}$$

$$V_f = \frac{m_f}{\rho_f} = \frac{11.43}{0.0009} = 12700\text{cm}^3$$

$$L = \frac{V_f}{\frac{\pi}{4}(D_o^2 - D_i^2)} = \frac{12700}{\frac{\pi}{4}(11.85^2 - 3.51^2)} = 126.23\text{cm}$$

예제 6.3 그림과 같이 7개의 다공 연료관 구멍(perforation)을 갖는 하이브리드 로켓을 설계하고자 한다. 하이브리드 로켓의 연료는 HTPB이고 연료 밀도는 0.91g/cm^3이다. 연료 그레인의 외경은 390cm이다. 요구되는 하이브리드 로켓의 추력은 1.5×10^6kgf이다. 초기 노즐 목 면적(A_t)은 $17{,}000\text{cm}^2$이다. 초기 연소압은 50kgf/cm^2이며 초기 노즐 팽창비는 8.0이며 추력계수는 1.8이다. 초기 산화제-연료 질량유량 혼합비는 2.0이며, 연소효율 100%일 때 특성배기속도 c^*는 1800m/s이고 비열비는 1.152이다. 연소효율은 95%이다.

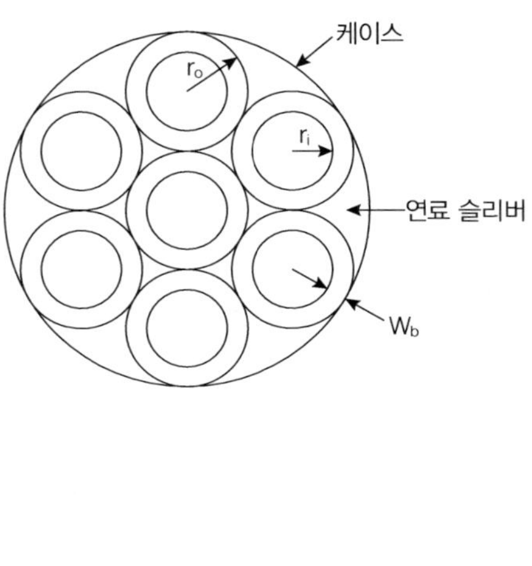

① 연소효율이 95%일 때 실제 특성배기속도를 구하라. 특성배기속도는 연소효율에 비례하여 저하한다고 가정하라.

② 추진제의 초기 질량유량($\dot{m}$)을 구하라. 또 산화제와 연료의 질량유량도 각각 구하라.

③ 연소시작전 연료 각 구멍의 초기반경(R_i)은 37.0cm일 때, 산화제의 질량유속를 구하라.

④ 초기 연료의 후퇴율이 $\dot{r}_i = 1.61(G_0)_i^{0.681}$로 주어질 때, 후퇴율을 구하라. 여기서 G_0 단위는 kg/cm²-s, $\dot{r}_i$ 단위는 cm/s이다.

⑤ 각 구멍의 웹 두께를 구하고 연소시간을 구하라.

⑥ 연료 그레인의 길이(L)를 구하라.

⑦ 연소종료후 sliver율을 구하라.

| 풀이 | ① 연소효율 95%일 때의 특성배기속도를 아래와 같이 구한다.

$$c^*_{actual} = \eta_{c^*} \times c^*_{ideal} = 95(\%) \times 1800(\text{m/s}) = 1710\text{m/s}$$

② 추진제의 질량유량 $\dot{m}$은 아래의 식을 통해 도출할 수 있다.

$$\dot{m} = \frac{g_0 P_0 A_t}{c^*_{actual}} = \frac{(9.8 \times 50) \times 17000}{1710} = 4871\text{kg/s}$$

전체 추진제 질량 중 산화제 질량유량과 연료 질량유량을 산화제–연료 질량유량 혼합비의 식으로 나타낼 수 있으며, 이를 통해 산화제 질량유량 및 연료 질량유량을 각각 구할 수 있다.

$$\dot{m}_p = \dot{m}_{ox} + \dot{m}_f = \dot{m}_f\left(\frac{\dot{m}_{ox}}{\dot{m}_f} + 1\right), \text{ 여기서 } \frac{\dot{m}_{ox}}{\dot{m}_f} = 2.0$$

$$\dot{m}_f = 1624\text{kg/s}, \ \dot{m}_{ox} = 3248\text{kg/s}$$

③ 하이브리드 로켓에서는 후퇴율을 구하기 위해 산화제의 질량유량보다 질량유속을 구할 필요가 있다. 산화제 질량유속은 다음과 같이 구할 수 있다.

$$G_0 = \frac{\dot{m}_{ox}}{NA_p} = \frac{3248}{7\pi \times 37^2} = 0.1079\text{kg/cm}^2 \cdot \text{sec}$$

④ 산화제 질량유속을 통해 후퇴율을 아래와 같이 도출할 수 있다.

$$\dot{r} = 1.61(G_0)_i^{0.681} = 1.61 \times 0.1079^{0.681} = 0.35\text{cm/s}$$

⑤ $6R_o = 390$에서 $R_o = 65$이므로 웹두께 $w_b = R_o - R_i = 65 - 37 = 28\text{cm}$, 연소시간은 $28 = 0.35\text{cm/s} \times t_b$에서 $t_b = 80$초

⑥ 연료 그레인의 길이를 아래와 같이 도출한다.

$$L = \frac{\dot{m}_f / N}{2\pi R_i \rho_f \dot{r}} = \frac{1624/7}{2\pi \times 37 \times 0.00091 \times 0.35} = 3133\text{cm}$$

⑦ 슬리버 비율 $= \dfrac{\frac{\pi}{4}390^2 - 6(\frac{\pi}{4}130^2)}{\frac{\pi}{4}390^2} = 0.333 = 33.3\%$

6.4 연소 불안정성

하이브리드 로켓의 연소는 연료와 산화제가 미리 혼합되어 점화가 이뤄지는 액체/고체 추진제 로켓과 달리, 산화제 및 연료가 만나는 계면에서 발생하는 비예혼합 확산화염의 형태로 연소가 이뤄진다. 이러한 특징 때문에 액체 추진제 로켓 및 고체 추진제 로켓에서 통상적으로 나타나는 음향학적 공진인 고주파 불안정 현상이 하이브리드 로켓에서는 나타나지 않으며, 주로 10~30Hz 정도로 100Hz 이하 영역에서 저주파 불안정의 형태로 나타나는 비음파 연소 불안정 현상이며, 증폭된 비선형적 압력진동은 일정시간동안 반복적으로 발생한다 [12].

하이브리드 로켓 연소 불안정은 산화제 공급시스템의 진동으로 인한 시스템 불안정성, 고체 연료의 열적 지연이나 열관성에 의한 불안정성, 산화제 난류 유동에 의한 불안정성 DC-shift와 같은 비선형 불안정성이 있다. DC-shift는 평균 압력이 급격히 상승하거나 감소하는 현상으로 평균압력이 상승하면 구조적 파괴가 일어날 수 있으며 압력강하가 일어나면 추력이 급격하게 감소한다.

저주파 연소 불안정이 발생하는 이유는 고체연료가 표면에서 수직방향으로 기화되면서 일어나는 기화유동 속도변화에 의한 점화지연인 열적 지연(thermal lag) 현상이 경계층 유동변화에 의한 열전달진동과 공진하여 일어난다. 또 고체연료는 기체의 열관성에 비해 매우 크기 때문에 고체연료의 열관성과 상호 간섭하는 주파수 교란이 남게되어 진동이 일어난다. 하이브리드 로켓에서는 고체연료의 기화과정에서 열을 흡수하는 흡열반응이 일어나는데 이것은 연소 불안정 진동이 증폭되는 것을 완화해준다. 유동 면적변화에 의한 와류발산이나 산화제 난류유동과 연료 기화에 의한 벽면 분출유동 간 상호간섭에 의해 일어나는 작은 압력진동이 있는데 이 주파수는 300~600Hz 정도 된다. 하이브리드 로켓 연소 불안정을 발생시키는 주요 메커니즘은 **그림 6.16**에 나타낸 바와 같이 산화제 주입 시 불완전한 분무 및 혼합, 연소실

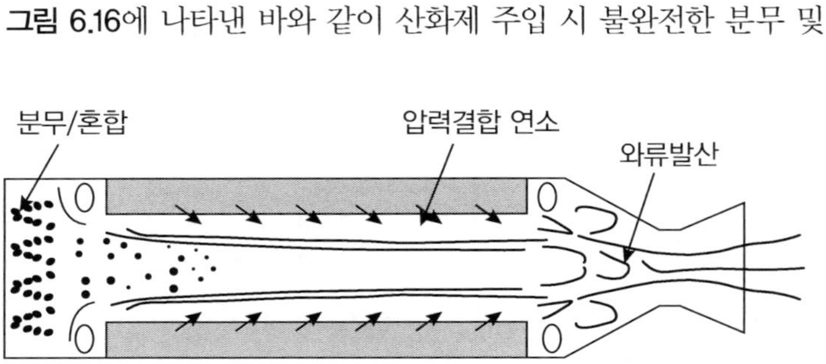

| 그림 6.16 | 하이브리드 로켓 연소 불안정 메커니즘[13]

내 압력결합, 그리고 후단에서 발생하는 와류 유출의 세 가지가 주요요인으로 생각되며 **그림 6.17**은 하이브리드 로켓 연소실의 압력변화와 FFT 분석을 나타내고 있다[12]. **그림 6.17**에서 하이브리드의 저주파 불안정, 연소실 벌크 로드, 연소실 1-L음향모드를 관찰할 수 있는데 저주파 불안정 진폭이 다른 모드에 비해 상당히 큰 것을 알 수 있다.

산화제의 분무 및 혼합에 의해 발생하는 불안정은 공급 시스템과 연계된 불안정으로 기본적으로 처깅(chugging) 형태의 압력 섭동을 보이며 유량 공급시스템이 외란에 충분히 강하지 못할 경우 발생한다. 하이브리드 로켓에서는 산화제 유속이 낮고 연소실 압력이 낮은 경우에 발현하는 현상으로 알려져 있다. 이와 같은 불안정은 연소실의 고유모드형상(natural mode shape)에 따라 진동하는 음향불안정과 달리 연소실 전체가 진동하는 형태의 압력 섭동을 가

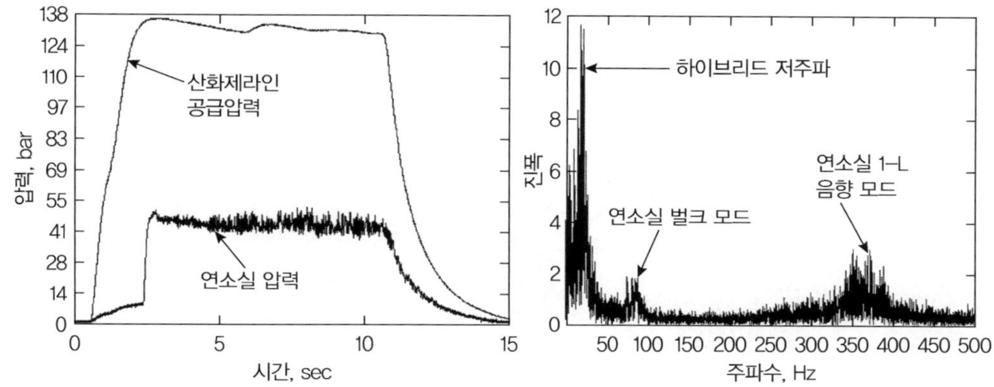

| 그림 6.17 | 하이브리드 로켓의 산화제 공급압력과 연소실 압력 변화[13]

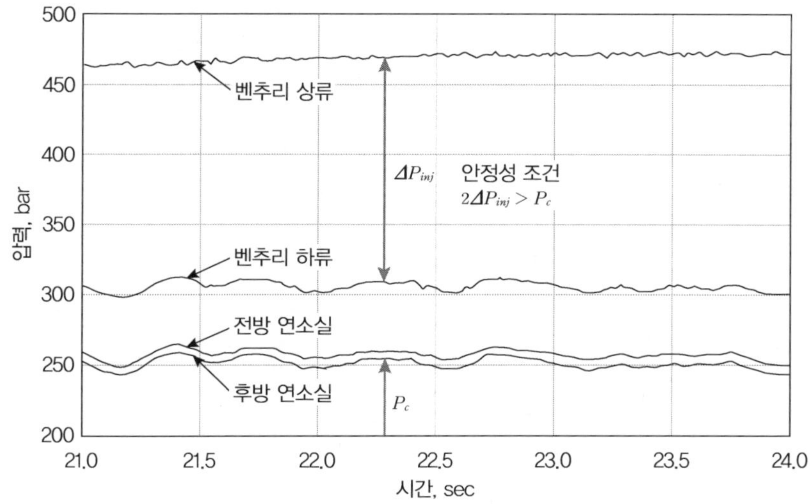

| 그림 6.18 | 공급압력 증가를 통한 안정적인 하이브리드 로켓 연소[14]

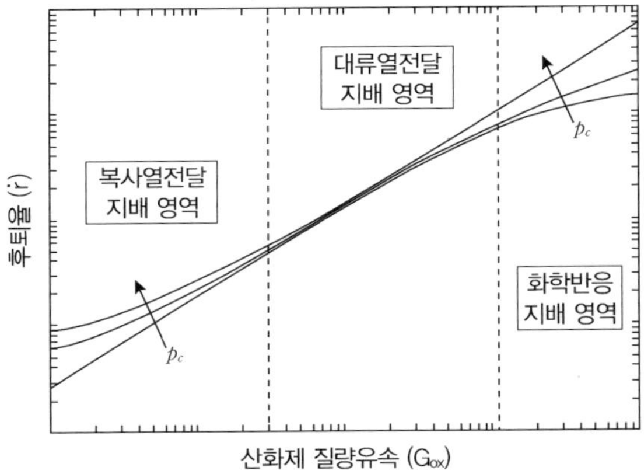

| 그림 6.19 | 산화제 질량유속 변화에 따른 후퇴율의 압력 변화 민감도[2]

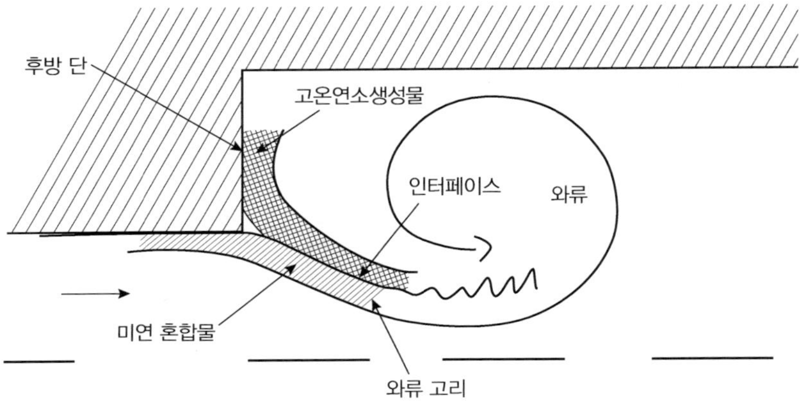

| 그림 6.20 | 하이브리드 로켓 후류에서의 와류 발산[14]

지며 이러한 특성 때문에 벌크 모드(bulk mode)라고도 불린다. 이러한 공급 시스템으로부터 발생하는 불안정은 유량 공급 시스템을 제어하는 것으로 해결할 수 있다. **그림 6.18**과 같이 산화제 공급압력을 충분히 크게 하여 분사 차압을 설계하면 모터 내부의 압력 변동 외란이 인젝터로의 전파를 어렵게 만들어 불안정이 일어나지 않음을 알 수 있다.

연소실 압력결합은 연료의 후퇴율과 연소실 압력 간의 상호작용으로 인해 발생하는 불안정 형태로서 주로 고체 추진제 로켓에서 발생하는 불안정 형태이다. 고체 추진제 로켓은 압력이 후퇴율에 지배적인 영향을 주지만, 하이브리드 로켓에서는 연료의 후퇴율은 **그림 6.19**와 같이 대류열전달이 지배적인 영역에서는 산화제 질량 유속에 의해 달라지며 압력결합이 하이브리드 로켓 연소 불안정에 큰 영향을 끼치지 않는다. 그러나 **그림 6.19**에 나타낸 바와 같이 산화제 질량유속이 아주 작거나, 클 때는 압력에 의해 후퇴율이 영향을 받는다.

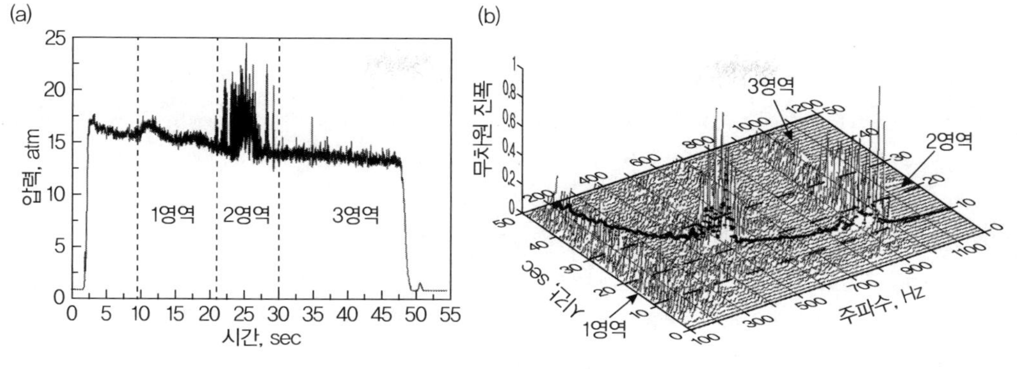

| 그림 6.21 | DC－shift 현상이 일어날 때의 압력진동과 FFT 변환[15]

유동면적이 급격히 변화하는 곳에서 일어나는 와류유출(vortex shedding)이 있는데, 하이브리드 로켓에서는 전방연소실에서 주 연소실로 산화제 유동이 흐를 때와 주연소실에서 후방의 연소가스 혼합실로 배기가스가 흐를 때 발생할 수 있다. **그림 6.20**은 연료 그레인 후단에서 혼합 연소실로 유동영역이 확장되면서 발생하는 현상으로 하이브리드 로켓뿐만 아니라 램제트 모터에서도 일어나며 이러한 곳에서 불안정이 일어난다. 와류발생주파수를 f, 제트속도를 U_0, 경계층 모멘텀 두께를 θ_0라 하면 스트로우홀 수(St)는 다음과 같이 정의된다.

$$\mathrm{St} = 2\pi f(\theta_0/U_0) > 0.5 \tag{6.24}$$

와류유출과 연소가스 혼합실의 길이에 와류에 의해 발생되는 섭동은 주로 스트로우홀 수가 0.25~0.5일 때 발생하는 것으로 알려져 있다. 연소과정과 와류유출이 상호작용을 하지 않게 하려면 스트로우홀 수를 0.5보다 크게 하여야 한다[13].

종종 하이브리드 로켓에서는 연소과정 중에 추진제 연소율이 급격히 증가하여 평균 연소실 압력이 급격하게 상승하는 DC－shift 불안정 현상이 관찰되기도 한다. **그림 6.21**은 하이브리드 로켓 연소 시 DC－shift 불안정 현상이 제2영역에서 발생됨을 나타내고 있다. **그림 6.21**의 2영역에서는 1영역에 비해 평균 압력이 증가하고 변동 진폭폭도 상당히 커지는 연소불안정 현상을 나타내고 있다. DC－shift 현상의 원인으로는 음향모드와 와류유출 주파수의 상호간섭 또는 공진때문이며, 순간적인 평균 압력 상승과 연소 불안정이 일어난다고 생각된다.

연 습 문 제

01 HDPE GOx 추진제를 사용하는 하이브리드 로켓을 사용하여 반경 1000km인 원형지구궤도에서 11,500km인 원형 궤도로 2번의 속도 증분을 통해 호만 전이를 통하여 전이하고자 한다. 필요한 총 속도 증분은 1543m/s이다. 총 추진제의 질량유량, 산화제 질량유량, 연료 질량유량, 포트직경, 연소시간을 구하라.

비추력	300sec
발사체 초기 총중량	5,200kg
초기 O/F비	4.5
평균 O/F비	5.0
노즐 출구 압력	0.03×10^{5}Pa
노즐 팽창비	50
마하수	3.94
초기 추력(F) 대 중량비(W)	10.52
연소 포트 개수(N)	7
산화제 질량 유속	350kg/m^{2}–sec

02 7개의 다공 연료관 구멍(perforatioin)을 갖는 하이브리드 로켓을 설계하고자 한다. 하이브리드 로켓의 연료는 HTPB이고 연료 밀도는 0.91g/cm^{3}이다. 연료 그레인의 외경은 381cm이다. 요구되는 하이브리드 로켓의 추력은 1.4×10^{6}kgf이다. 초기 노즐 목 면적(A_t)은 16,400cm^{2}이다. 초기 연소압은 49.2kgf/cm^{2}이며 초기 노즐 팽창비는 7.72이며 추력계수는 1.735이다. 초기 산화제-연료 질량 유량 혼합비는 2.0이며, 연소효율 100%일 때 특성배기속도 c^*는 1802m/s이고 비열비는 1.152이다. 연소효율은 95%이다.

① 추진제의 초기 질량유량($\dot{m}$)을 구하고, 또 산화제와 연료의 질량유량도 각각 구하라.

② 연소시작전 연료 각 구멍의 초기반경(R_i)은 36.37cm일 때, 산화제의 질량 유속를 구하라.

③ 초기 연료의 후퇴율이 $\dot{r}_i = 1.61(G_{ox})_i^{0.681}$로 주어질 때, 후퇴율을 구하라. 여기서 G_0 단위는 kg/cm^2-s, $\dot{r}_i$ 단위는 cm/s이다.

④ 연료 그레인의 길이(L)를 구하라.

⑤ 동일 연소온도와 압력하에서 하이브리드로켓의 후퇴율을 높이기 위한 방안들을 설명하라.

전기 추진

7.1 개요

화약로켓의 에너지원은 로켓의 작동유체인 추진제를 연소시켜 얻어진다. 치올코프스키 로켓방정식에서 로켓 비행체의 비행 속도증분(ΔV)과 유효배기속도(V_e)와의 관계는 $\Delta V = V_e \ln \frac{m_o}{m_f}$이다. 추력 발생을 위한 화학로켓의 에너지는 추진제에서 공급되고 배기속도(V_e)는 추진제 종류에 따라 연소온도가 정해지기 때문에 배기속도 최댓값도 어느 정도 정해진다. 비행속도를 계속 증가시키기 위해서는 질량비($R = m_o/m_f$)가 계속 증가해야 하지만 이에도 제한이 있다. 만약 로켓의 에너지원과 추진제가 동일하여 추진제 질량에 제한이 있다면 로켓에 공급되는 에너지의 제한이 있다는 의미이다. 추력 발생을 위한 에너지원을 로켓이나 비행체 작동유체 이외의 다른 곳에서 가져오는 방안을 생각한 것이 전기추진이며 전기추진은 에너지원과 추진제가 서로 다르고 장시간 운용 가능하다. 전기추진은 발사체를 중력장에서 들어 올리는 추진용으로 사용되는 것이 아니라 주로 우주비행체(spacecraft)추진으로 사용되며 전기추진장치(electric propulsion)는 화학로켓에 비해 크기가 작으므로 일반적으로 로켓이라는 용어 대신에 추력기(thruster)라 부르기도 한다.

엔진의 추력발생을 위해서 화염의 존재가 반드시 수반되어야 하는 것은 아니다. 전기추력기는 화학 로켓과 같이 작동가스에 열을 공급하는 연소 과정이 존재하지 않으며, 추력 발생을 위한 에너지가 추진제에서 공급되지 않는다. 전기추력기는 추력은 낮지만 낮은 추진제 소모량 때문에 비추력이 좋으며, 태양 전지로부터 공급받는 전력으로 오랫동안 사용할 수 있으나 전원공급장치 무게가 차지하는 비율이 높을 수 있다. 그러나 전기추력기는 추력이 작기 때문에 중력장 내에서 사용하기에는 제한이 있으며, 우주 공간에서 궤도 제어 및 변화용이나 자세제어용으로 사용하거나 장기간의 추진을 통해 다른 위성으로 가속하는 추진시스템으로 활용된다[1–4].

전기추진으로 사용되는 전기추력기는 추진제 가속 방식에 따라 추진제에 열을 가해 노즐을 통해 팽창시켜 추력을 얻는 전열가속형과 전기에너지를 사용하여 추진제를 이온화하고 이온화된 추진제를 가속하여 추력을 얻는 정전가속형 및 전자기가속형으로 나눌 수 있다. **그림 7.1**에 계통도를 나타내었다. 또 **그림 7.2**는 대표적인 전기추력기의 개략도와 추력 발생 사진을 나타내고 있다. 전기 추진시스템에서 추력은 전열 가열된 뜨거운 가스의 팽창이나 전기장에서 쿨롱의 힘에 의해 하전된 입자의 고속도 정전 가속 배출 또는 자기장에서 로렌츠 힘에 의한 가속으로 이루어진다.

전열 가속형(electro thermal) 추진은 추진제를 열 저항에 의해 전기적으로 가열하여 열역학적으로 팽창시키고 팽창된 작동 가스를 노즐을 통해 가속시켜 추력을 얻는다. 전열가속형

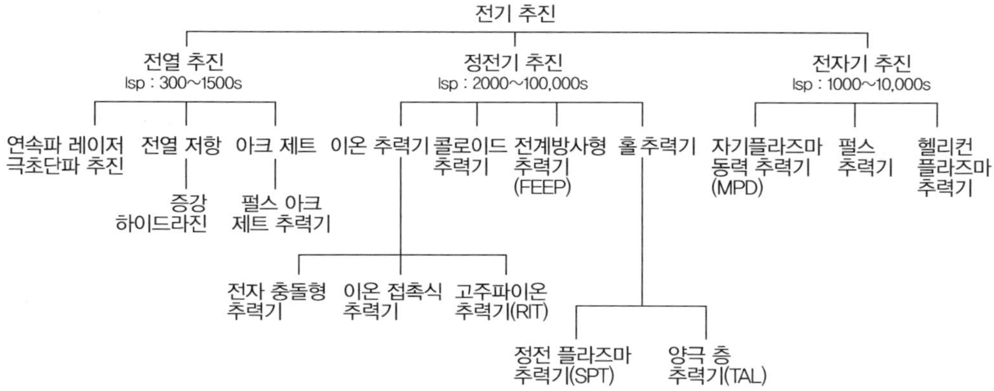

| 그림 7.1 | 전기추력기의 분류

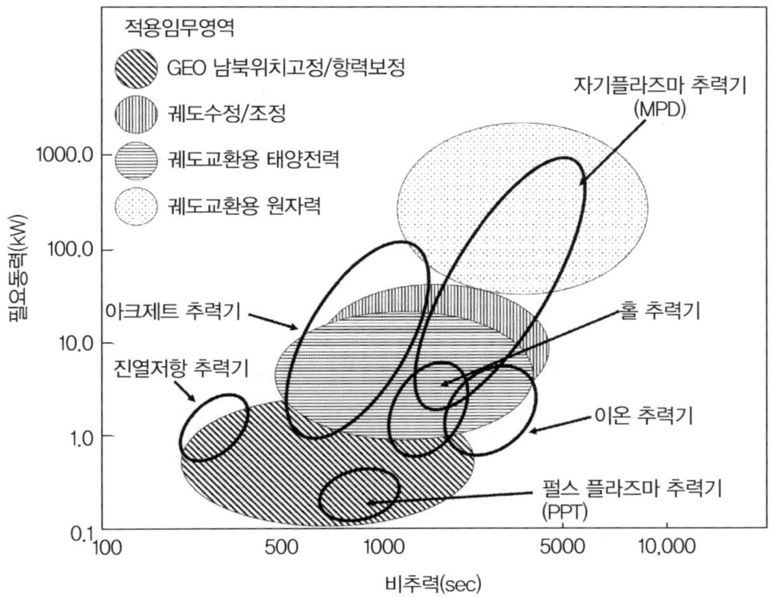

| 그림 7.2 | 적용임무에 따른 각종 전기추력기의 비추력과 필요 동력

전기추력기는 열 공급 방식에 따라 전기적으로 가열된 표면으로부터의 추진제로의 열전달을 하는 전열저항 방식(resistojet)과 아크의 발생을 통해 유체 자체에 직접 추진제로의 열 공급을 하는 아크 제트 방식(arc jet)이 있다. 정전가속형(electro static) 전기추력기는 추진제의 가속을 정전기장과 원자이온, 액적, 콜로이드와 같은 중립 혹은 전하된 추진 입자와의 상호작용을 통해 쿨롱의 법칙(columb's law)에 의한 정전가속으로 작동하는 추진방식이다. 정전가속형 전기추력기로는 대전된 추진 입자를 사용하는 이온 추력기와 콜로이드를 사용하는 콜로이드 추력기, 이온 홀 추력기 등이 있다. 전자기 가속형(electro magnetic)의 경우에는 추진제의 가속을 로렌츠의 법칙(lorentz's law)에 의해 전기장과 자기장의 전자기 가속으로 작동하는 추진 방식이며 미래의 추진기관으로 연구되고 있다. 이러한 전자기 가속 원리를 적용한 추진장치로는 자기 플라즈마 동력 추력기(MPD, Magneto Plasma Dynamic), 펄스추력기, 헬리컨 플라즈마 추력기가 있고, 자기동력 추력기는 궤도간이나 행성 임무용으로 고려되어 연구되고 있다.

7.1.1 전기추력기의 분류 및 적용 분야

전기추력기는 비추력, 임무 수행 기간, 임무를 수행하기 위해 필요한 총 충격량 등을 고려해 최적의 배기 속도를 얻는 것이 필요하다. 전기추력기는 비추력이 높을수록, 최적의 추진제 배기 속도도 높아진다.

그림 7.2는 다양한 전기추력기의 적용임무, 비추력과 동력을 비교한 것이다. 추력의 정도

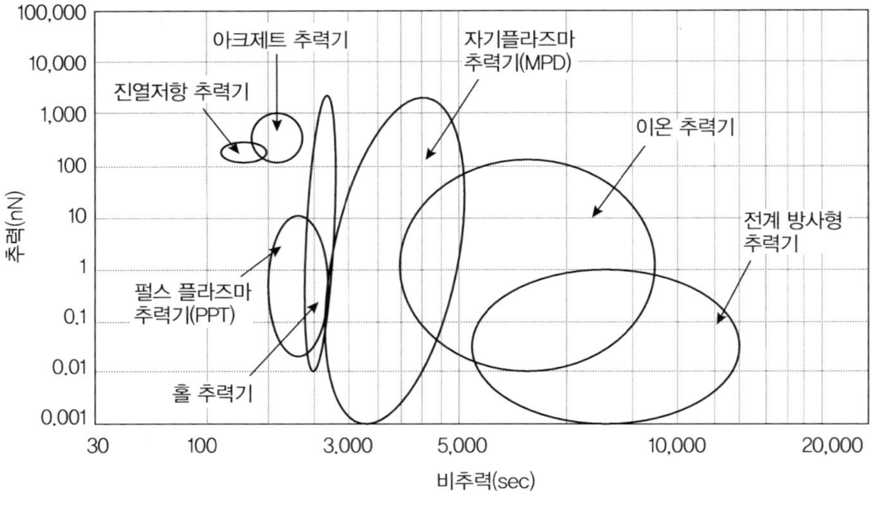

| 그림 7.3 | 대표적인 전기추력기의 비추력과 추력

는 화학 로켓, 원자력 로켓보다는 비추력이 크다. 비추력이 크므로 추진제의 양에 의해 제한되는 인공위성의 작동 수명을 늘릴 수 있다. 전기추력기는 지구를 이륙할 때와 같이 매우 큰 중력을 이겨낼 때에는 부적절하지만, 진공상태와 같은 우주에서 아주 적절하다.

그림 7.3은 대표적인 전기추력기의 비추력과 추력을 비교한 것이다. **표 7.1**은 각각의 여러 가지 전기추력기의 성능 범위를 나타낸 것이다. 전기추력기는 기존 화학로켓에 비해 추력은 작지만 높은 비추력을 가진다. 전기추력기의 작동 기간은 월(month)단위나 연(year)단위로 매우 장기간 운용할 수 있다.

전기추력기는 높은 비추력의 특징과 장기간 운용을 할 수 있기 때문에 위성에서 장기간의 가속을 통해 위성 궤도 변환의 ΔV, 속도 변화를 주거나 위성의 섭동을 제거하여 자세 교정에 사용된다. 전기추력기는 지구 저궤도(LEO)에서 지구정지궤도(GEO)로 위성속도를 증가시킬 경우에도 사용할 수 있으며, 또 기존 화학 로켓의 장기간 운용의 한계가 존재하므로 대신 높은 비추력을 통해 보다 낮은 임무 중량으로 심 우주 탐사(Deep Space Exploration)를 수행하는데 활용되기도 한다. 예를 들어 지구 정지궤도에서 200kg의 초기 질량을 가진 5년 수명의 위성의 남북 자세 제어용으로 비추력 220sec인 하이드라진 단일 추력기를 사용할 때 요구되

표 7.1 각종 전기추력기의 성능 비교[1]

종류	추력 범위 (mN)	비추력 (sec)	추력 효율(%)	추력 지속기간	대표 추진제	추력당 전력 (W/mN)
전열저항 추력기 (전열)	200～300	150～500	65～90	수 개월	N_2H_4, NH_3, H_2	0.5～6
아크제트(전열)	200～1,000	400～1,500	30～50	수 개월	H_2, N_2, N_2H_4, NH_3	2～3
이온 추력기 (접촉식)	0.01～100	2,000～5,000	60～80	수 개월	Cs, Hg	10～70
이온 추력기 (전자충돌형)	0.01～500	2,000～8,000	60～80	수 개월	Xe, Kr, Ar, Bi	10～70
홀 추력기	0.01～2,000	1,500～2,200	30～50	수 개월	Xe, Ar	100
전계 방사형 추력기(FEEP)	0.001～1	6,000～12,000	90	수 개월	In, Cs	80
자기플라즈마 추력기(MPD)	0.001～2,000	2,000～5,000	30～50	수 주	Ar, Xe, H_2, Li	100
펄스 플라즈마 추력기(PPT)	0.05～50	600～2000	10	수 개월	테플론	10～50
단일 추진제 로켓	30～100,000	200～250	87～97	수 시간 또는 수 분	N_2H_4	

는 추진제 질량은 약 220kg이지만 비추력 1800sec인 제논 연료 사용 홀 추력기를 사용하면 요구되는 추진제 질량을 약 30kg 정도가 된다. 전기추력기에서는 추가로 전기 공급 장치의 무게가 더해지지만 추진제 질량을 상당히 줄일 수 있어 유효탑재하중을 늘릴 수 있다[2]. 지구정지궤도에 있는 약 2500kg의 통신위성은 남북자세제어에 1년에 약 50m/s의 속도증분이 필요한데 15연간의 수명이라면 이 기간동안 화학로켓은 약 700~800kg의 추진제가 필요할 것이지만 비추력이 약 3000sec인 전기추력기를 사용하면 추진제는 약 100kg 필요하고 전원공급장치 무게 약 200kg이 될 것이고 경감할 수 있는 추진제 무게는 300~400kg 정도 될 것이다.

전기추력기는 유효탑재하중(payload)과, 추진제 탱크 추진제 공급라인과 장치를 포함하는 추력기 구조물(structure), 추진제(propellant), 전력 공급 장치(power processing unit)의 네 개의 부분으로 구성되어 있다. 전기추력기의 초기 총 질량(m_o)에서 추진제 질량(m_p)과 유효 탑재하중 질량(m_{pl})을 제외한 질량은 추력기 구조물의 질량(m_s)와 전력공급장치질량(m_E)이다.

즉, $m_o-(m_p+m_{pl})=m_s+m_E$이다.

전력공급장치의 질량을 포함한 추력기 구조물의 질량을 추력기 장치(power plant) 질량(m_{pp})이라 할 수 있다.

즉, $m_{pp}=m_s+m_E$이다.

전기추력기에서 공급된 전력이 추력으로 바꾸어지는 비율을 추력효율(η)이라하고, 추진효율은 추력기에 따라 다르다. 치올코프스키 식을 다시 나타나면 다음과 같다.

$$\Delta V=V_e\ln\frac{m_o}{m_f}=V_e\ln R \tag{7.1}$$

질량비(R)는 추진제가 다 소모된 후의 최종질량에 대한 초기질량의 비율이며 다음과 같다.

$$R=\frac{m_o}{m_f}=\frac{m_s+m_p+m_E+m_{pl}}{m_s+m_E+m_{pl}}=1+\frac{m_p}{m_s+m_E+m_{pl}} \tag{7.2}$$

여기서 하첨자 s, p, E, pl은 구조물(structure), 추진제(propellant), 전기 공급 장치(electric power supply), 유효탑재하중(payload)을 나타낸다. 추력장치질량(m_{pp})은 전력공급장치질량(M_E)과 구조물의 질량(m_s)을 합한 질량이다.

$$m_{pp}=m_E+m_s$$

추력기 장치(전력공급장치와 구조물)의 질량에 대한 추진제 시스템에 공급된 전력의 비를 추력기 비전력(specific power)이라 하고 다음과 같이 나타낸다.

$$\xi = \frac{P_E}{m_{pp}} = \frac{P_E}{m_E + m_s} \text{ (W/kg)} \tag{7.3}$$

전기추력기의 추력효율은 추진 시스템에 공급된 전력(P_E)으로부터 추력 생성을 위해 발생되는 배기가스의 운동 에너지의 비율로 정의되며, 추력효율은 다음과 같이 나타낼 수 있다.

$$\eta = \frac{\dot{m}_p V_e^2}{2P_E} \tag{7.4}$$

여기서 추진제 질량유량은 $\dot{m}_p = \frac{m_p}{t}$이다. 식 (7.3)과 식 (7.4)로부터 배기가스속도(V_e)를 다음과 같이 나타낼 수 있다.

$$V_e = \sqrt{\frac{2\eta P_E}{\dot{m}_p}} = \sqrt{\frac{2\eta\xi(m_E + m_s)}{\dot{m}_p}} = \sqrt{\frac{2\eta\xi t(m_E + m_s)}{\dot{m}_p}} \tag{7.5}$$

또 식 (7.5)에서 전력공급장치의 무게와 추진제 무게 비는 다음과 같이 나타낼 수 있다.

$$\frac{m_E + m_s}{m_p} = \frac{V_e^2}{2\eta\xi t} \tag{7.6}$$

식 (7.6)에서 V_e를 증가시키려면 전기추력기에서는 m_E를 증가시켜야하는데, 주어진 m_p에서는 $m_E + m_s$가 증가하여야하고, 식 (7.2)에서 $m_E + m_s$가 증가하면 질량비(R)가 감소함을 알 수 있다. 즉, 화학로켓에서는 V_e와 R은 서로 상관관계가 없는데 반하여 전기추력기에서는 V_e가 증가함에 따라 질량비(R)가 감소한다.

전기추력기의 추력은 다음과 같이 나타낼 수 있다.

$$F = \dot{m}_p V_e = \sqrt{2\dot{m}_p \eta\xi(m_E + m_s)} = \sqrt{\frac{2\eta\xi(m_E + m_s)m_p}{t}} \tag{7.7}$$

또 추력은 $F = \dot{m}_p V_e$이고 비추력은 $I_{sp} = \frac{F}{\dot{m}_p g}$인 관계가 있으므로 식 (7.4)를 식 (7.5)에 대입하면,

$$\frac{F}{P_E} = \frac{2\eta}{gI_{sp}} \tag{7.8a}$$

$$\text{또는 } F = \frac{2\eta P_E}{gI_{sp}} = \frac{2\eta P_E}{V_e} \tag{7.8b}$$

전기추력기에서도 모멘텀이 추진제 흐름으로 전달되며 로켓 방정식이 적용된다. 전기추력

기에 공급되는 전력은 태양전지판, 또는 탑재 핵 발전기 등의 전력변환장치에서 전력 변환되어 나온다. 전기추력기 성능해석에서는 추력기에 공급된 전력 P_E을 생각하고, 전력 공급 장치의 무게 m_E도 고려하여야 한다. 전기추력기의 추진력을 좌우하는 배기가스 속도(V_e)는 추력기에 공급되는 전력, 추진제의 종류와 성질, 추력기가 모멘텀을 추진제에 전달하는 방식에 따라 달라진다.

식 (7.8)로부터 어느 정도의 추력(F)을 얻으려면 얼마만한 전력(P_E)이 필요한가를 알 수 있다. 공급되는 전력(P_E)은 전력 공급 장치의 질량에 비례하며, 추진제 질량유량 $\dot{m}_p$는 일정하다고 가정한다.

식 (7.5)에서 배기가스속도는 전력과 추진제 질량유량에 따라 달라지며, 추진제 질량유량은 추진제의 질량과 가동시간에 따라 달라진다. 전기추력기에서 식 (7.1)은 다음과 같이 변형된다.

$$\Delta V = V_e \ln R = \sqrt{\frac{2\eta\xi(m_E+m_s)}{\dot{m}_p}} \ln\left(1+\frac{m_p}{m_s+m_E+m_{pl}}\right) \tag{7.9}$$

식 (7.1)에서 $\frac{m_o}{m_f} = e^{-\Delta V/V_e}$가 되므로, 주어진 초기 질량에서 V_e가 커질수록 최종질량이 커지게 된다. 최종질량이 커지게 된다는 것은 비생산적인 질량이 커지게 됨을 의미한다. 속도 증분과 추력을 크게 하면서 유효하중을 키우기 위해서는 배기속도 V_e가 커져야 하지만, 배기속도가 커지려면 전기공급장치의 전력도 더 많이 요구되고 전력공급장치의 무게 m_E도 커지게 된다. 전력공급장치의 무게는 출력 P_E에 비례한다. 그러나 전체 시스템을 고려할 때 m_E가 커지면 m_{pl}가 작아져야하는 문제점이 있게 되므로, 전기추력 초기의 총 질량 중에서 탑재하중인 페이로드 질량의 비율(m_{pl}/m_o)를 생각할 때는 최적의 배기속도 V_e가 존재한다.

식 (7.6)에서 $\frac{V_e^2}{2\eta t\xi} = \frac{m_E+m_s}{m_p}$이고, 또 $m_E+m_s = m_f - m_{pl}$, $m_p = m_o - m_f$임을 상기하면,

$$\frac{V_e^2}{2\eta t\xi} m_p = m_E+m_s = m_f - m_{pl}$$

$$\frac{V_e^2}{2\eta t\xi} (m_o - m_s) = m_f - m_{pl}$$

양변을 m_o로 나누고 정리하면 다음과 같이 된다.

$$\frac{m_{pl}}{m_o} = \frac{m_f}{m_o}\left(1+\frac{V_e^2}{2\eta t\xi}\right) - \frac{V_e^2}{2\eta t\xi}$$

치올코프스키식에서 $\frac{m_f}{m_o} = e^{-\Delta V/V_e}$가 되므로 위의 식에 대입하면 다음과 같이 된다.

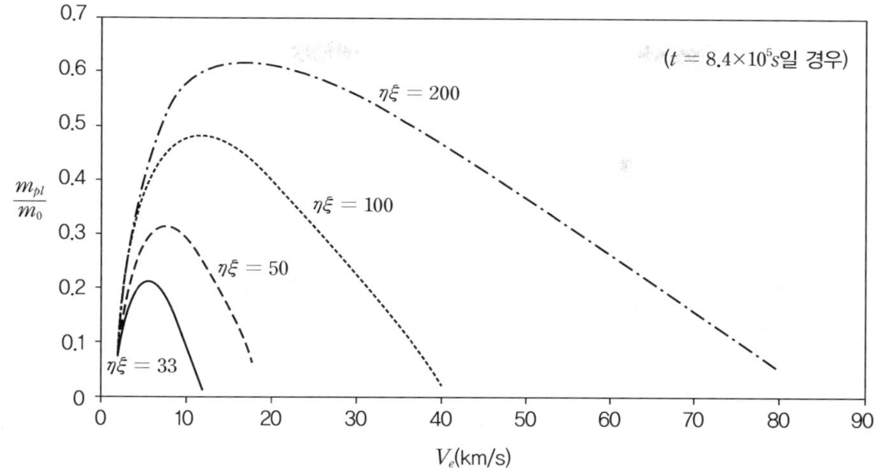

| 그림 7.4 | 다양한 $\eta\xi$값에서 V_e 변화에 따른 m_{pl}/m_o 변화

$$\frac{m_{pl}}{m_o} = \left(1+\frac{V_e^2}{2\eta t\xi}\right)e^{-\Delta V/V_e} - \frac{V_e^2}{2\eta t\xi} \tag{7.10}$$

그림 7.4는 식 (7.10)을 그림으로 나타낸 것이며 전기추력기는 V_e가 어느 값일 때 $\frac{m_{pl}}{m_o}$이 최댓값을 가짐을 알 수 있다.

전기추력기에서 공급전력을 크게 한다는 것은 시스템의 무게를 증가시키는 것이 되어 시스템이 최적 상태가 아니게 되므로 전기추력기는 공급전력에 의해 제한된다. 대조적으로 화학로켓은 에너지에 의해 제한됨을 상기하라.

예제 7.1 저궤도(LEO)위성을 지구동기궤도(GEO)로 올리기 위해서는 속도증분(ΔV)는 4700m/s 이상이어야 한다. 추력기의 제원은 다음과 같다.

비추력 I_s = 2,200sec, 추력 F = 0.2N, 탑재유효하중 m_{pl} = 110kg,

추력기 비전력 ξ = 100W/kg, 추력효율 η = 0.5

이 전기추력기가 4주(2.42×10^{6}sec)작동할 때 위성의 속도증분(ΔV)과 평균 가속도를 구하라. 이 전기추력기가 임무를 달성할 수 있는지 판단하라.

| 풀이 | $F = \dot{m}_p V_e = \dot{m}_p g_o I_s$에서 $\dot{m}_p = \frac{F}{I_{sp} g_o} = \frac{0.2}{2,200\times9.81} = 9.27\times10^{-6}\text{kg/sec}$

4주 동안 작동하기 위해 필요한 추진제 질량은

$$m_p = \dot{m}_p t = (9.27\times10^{-6})\times(2.42\times10^6) = 22.4\text{kg}$$

이 추력기에 필요한 전력은

$$P_E = \dot{m}_p V_e^2/2\eta = \dot{m}_p (I_{sp} g_o)^2/2\eta$$
$$= (9.27\times10^{-6})\times(2{,}200\times9.81)^2/(2\times0.5) = 4.32\text{kW}$$

전력공급장치질량(m_E)과 구조물의 질량(m_s)을 합한 추력기 장치질량(m_{pp})은 식 (7.3)에 의해 구할 수 있다.

$$m_{pp} = m_E + m_s = \frac{P_E}{\xi} = \frac{4.32\text{kW}}{0.1\text{kW/kg}} = 43.2\text{kg}$$

최초질량 $m_o = m_{pl} + m_p + m_E + m_s = 110 + 22.4 + 43.2 = 175.6\text{kg}$

최종질량 $m_f = m_{pl} + m_E + m_s = 110 + 43.2 = 153.2\text{kg}$

$$\text{속도증분 } \Delta V = V_e \ln\frac{m_o}{m_f} = (I_s g_o)\ln\frac{m_o}{m_f}$$
$$= (2{,}200\times9.81)\ln\frac{175.6}{153.2} = 2{,}945\text{m/s}$$

$$\text{평균가속도 } a = \frac{\Delta V}{t} = \frac{2{,}945}{2.42\times10^6} = 1.22\times10^{-3}\text{m/s}^2 = 1.22\times10^{-4} g_o$$

속도증분 $\Delta V = 2{,}945\text{m/s}$이므로 LEO에서 GEO로 상승하기에는 충분하지 않다. 이 추력기로 LEO에서 GEO로 상승하려면 작동시간을 늘리던지, 추력을 더 크게 하여야 할 것이다.

예제 7.2 목성계를 탐사할 수 있는 전기추력기를 만들고자 한다. 이에 필요한 속도 증분(ΔV)은 10km/s이고, 중력을 고려할 때 속도 증분은 25km/s이다. 추력기의 효율은 60%이고 연소 시간은 3.2×10^7초이다. 비전력(추력기 장치질량당 공급전력)은 200W/kg이다. 추력기의 초기 질량은 6,000kg이다. 전기추력기 배기가스 속도가 각각 20과 200km/s일 때 다음을 각각 구하라.

① 추진제 질량당 추력기 장치질량(전기 동력 장치와 구조물)의 질량 비율을 구하라.

② 추력기 초기 질량당 유효탑재하중의 질량 비율을 구하라.

③ 유효탑재하중, 추진제 질량, 추력기 장치질량을 구하라.

| 풀이 | ① $m_E + m_s/m_p$는 η, ξ 등의 관계식을 통해 계산할 수 있다. 식 (7.6)을 사용하면,

$$\frac{m_{pp}}{m_p} = \frac{m_E + m_s}{m_p} = \frac{V_e^2}{2\eta\xi t} = \frac{V_e^2}{2\times0.6\times200\times(3.2\times10^7)} = \frac{V_e^2}{7.68\times10^9}$$

$$V_e = 20\text{km/s};\ \frac{m_E + m_s}{m_p} = 0.0521$$

$$V_e = 200\text{km/s};\ \frac{m_E + m_s}{m_p} = 5.208$$

② $m_s + m_{pl}/m_p$는 치올코프스키의 방정식을 이용하여 계산할 수 있다. 식 (7.10)에 의해 $\frac{m_{pl}}{m_o} = \left(1 + \frac{V_e^2}{2\eta\xi t}\right)e^{-\Delta V/V_e} - \frac{V_e^2}{2\eta\xi t}$이고 중력 손실을 고려하면 필요한 속도증분 (ΔV)은 25km/s이다. 따라서,

$$V_e = 20\text{km/s};\ \frac{V_e^2}{2\eta\xi t} = 0.0521;\ \frac{m_{pl}}{m_o} = 0.2493$$

$$V_e = 200\text{km/s};\ \frac{V_e^2}{2\eta\xi t} = 5.208;\ \frac{m_{pl}}{m_o} = 0.2705$$

③ 유효탑재하중의 질량은 ②의 추력기 초기 질량당 유효탑재하중의 질량 비율을 통해 구할 수 있다.

$$V_e = 20\text{km/s};\ \frac{m_{pl}}{m_o} = 0.2493;\ m_{pl} = 1495.8\text{kg}$$

$$V_e = 200\text{km/s};\ \frac{m_{pl}}{m_o} = 0.2705;\ m_{pl} = 1623\text{kg}$$

식 (7.2)의 질량비와 ①의 추진제 질량당 추력기 장치질량의 질량 비율을 통해 $\frac{m_{pl}}{m_p}$을 구할 수 있고, 이를 통해 추진제 질량 또한 구할 수 있다.

$$V_e = 20\text{km/s};\ \frac{m_E + m_s + m_{pl}}{m_p} = \frac{1}{2.4903} = 0.4015;\ \frac{m_E + m_s}{m_p} = 0.0521;\ m_p = 4281\text{kg}$$

$$V_e = 200\text{km/s};\ \frac{m_E + m_s + m_{pl}}{m_p} = \frac{1}{0.1331} = 7.5131;\ \frac{m_E + m_s}{m_p} = 5.208;\ m_p = 704\text{kg}$$

추력기 장치 질량은 ①의 추진제 질량당 추력기 장치질량의 질량 비율을 통해 구할 수 있다.

$$V_e = 20\text{km/s};\ \frac{m_E + m_s}{m_p} = 0.0521;\ m_E + m_s = 223\text{kg}$$

$$V_e = 200\text{km/s};\ \frac{m_E + m_s}{m_p} = 5.208;\ m_E + m_s = 3666\text{kg}$$

7.2 전열 가속형 전기 추진

7.2.1 전열 저항 추력기(Resisto Jet)

태양 전지로부터 발생한 전력을 통해 전열선에서 열이 공급되고 추진제가 가열되면서 분해된다. 이로부터 발생한 작동가스가 노즐을 통해 가속되면서 추력을 얻는다. 에너지 변환 효

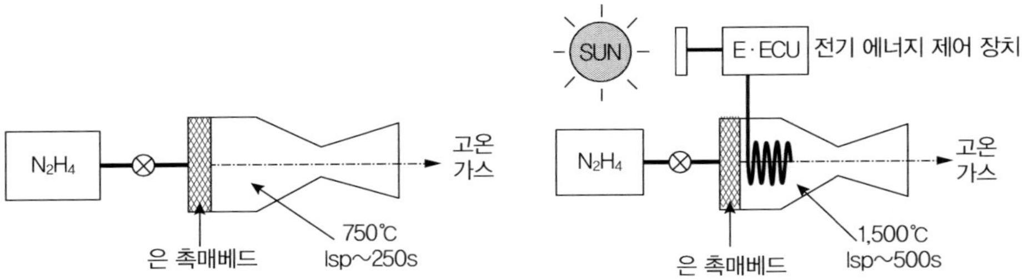

$N_2H_4 \rightarrow NH_3 + \frac{1}{2}H_2$ (750℃)

$Isp \simeq 250$ sec

(a) 전열기 없는 경우

$3N_2H_4 \rightarrow 4NH_3 + N_2$ (발열반응)

$Isp \simeq 250$ sec

(b) 전열기 사용 시

| 그림 7.5 | 전열기 여부에 따른 하이드라진 추력기 비추력 비교

율이 낮다는 점이 있으며, 추력이 작아 마이크로 추력기(micro-thrust)를 통해 우주 공간에서의 정밀제어가 가능하다. 또한 비추력을 높이기 위해 분자량이 작은 H_2를 보통 선택하는데($I_{sp} \simeq \sqrt{\frac{T_f}{M}}$), 하이드라진($N_2H_4$)을 사용한 전열 저항 추력기에서 경우에는 하이드라진(N_2H_4)이 촉매(은)에서 발열반응($3N_2H_4 \rightarrow 4NH_3 + N_2$)이 일어나고, 전열선에서 열 공급을 받아 노즐에서 팽창하여 추력을 얻는 추력기이다. 전열 저항 추력기는 상당히 오래전인 수십 년 전에 고안이 되었으나, 최근 태양 전지판의 개발로 실용화될 수 있었다. 에너지 변환 효율이 낮고, 태양 에너지를 전기 에너지로 전환하고, 전열선에서의 열전달이 낮아 전체적 전력효율이 낮다는 단점이 있다. 또한 전열기의 열 부식 문제가 발생한다. **그림 7.5**는 촉매 반응을 통한 하이드라진 추력기의 성능과 성능을 향상시키기 위해 전열기를 사용한 전열 저항 추력기를 비교하여 나타내었다. 하이드라진 로켓에서 촉매 발열 반응만 이용할 경우 비추력은 250sec 정도이고, 배기가스속도는 약 100m/s이지만 전열기(electric heater)를 사용하여 2,200K까지 올릴 경우 비추력은 500sec 정도로 증가하고 배기가스속도는 약 3,000m/s까지 증가한다. 전열 저항 추력기 성능은 전열기의 필라멘트 제한온도(약 2,200K)에 의해 제한된다.

7.2.2 아크 제트(Arc Jet)

아크 제트 추력기는 추진제 온도를 전열 저항에 의해 높이지 않고 아크 방전을 이용하여 직접적으로 더 높은 온도를 높여 추진제 노즐을 팽창시켜 추력을 얻는다. 아크 방전이란 음극과 양극 두 전극 사이에서 비전도성 매질의 열전리 현상으로 방전되는 현상을 말한다. 아크 방전은 음극과 양극의 양 전극간의 전류가 증가하여 음극으로부터 전자방출이 열전자 방

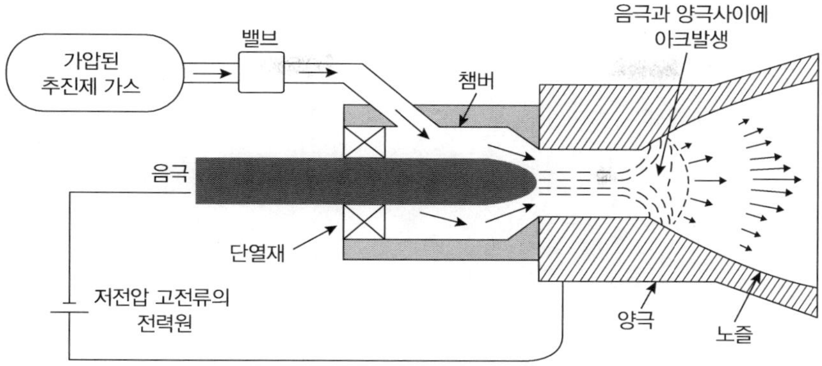

| 그림 7.6 | 아크 제트의 구조[1]

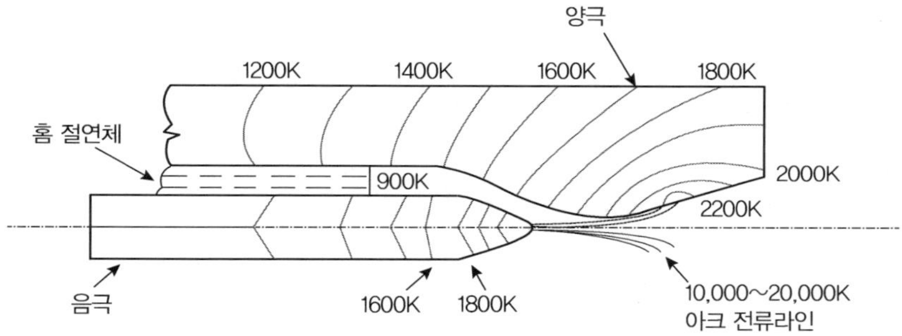

| 그림 7.7 | 아크 제트 내부의 온도분포[1]

출로 변화될 때 얻어진다. 아크 제트 추진 시스템은 태양 전지로부터 공급받은 전력으로 아크를 발생시켜 추진제를 직접 가열하고 노즐을 통해 팽창 가속하여 추력을 얻는다.

그림 7.6은 환형(annular type) 아크 제트 구조를 나타낸 것이다. 음극(cathode)과 양극(anode) 사이에서 방전이 일어나 아크가 발생한다. 가압된 추진제 가스가 챔버로 유입되면서 아크에 의해 열을 공급받고 노즐 유동을 통해 열팽창을 한다. 아크 방전에 의한 추진 방식은 추진제 가스가 매우 높은 온도로 가열이 되기 때문에 열해리로 인한 열손실이 발생하며, 재료 구조가 오랜 기간 동안 버티지 못한다는 단점이 있다. 열해리 문제의 경우 아크 방전 방식의 추진제는 주로 수소 가스(H_2)를 사용하는데 높은 온도에서 $H_2 \rightarrow H^-$의 반응이 일어나 열손실이 발생하게 된다. 아크는 3차원적으로 발생하기 때문에 균일하거나 일정하지 못하고 이로 인해 추력 역시 불안정하다.

그림 7.7은 아크 제트 추력기의 온도 분포를 나타내는데, 아크 중심 온도는 10,000K~20,000K 정도 높으며 전극 구조물의 온도도 2000K 정도 높으며 추진제 온도는 4,000~5,000K까지 올릴 수 있다. 수소를 추진제로 사용하면 배기속도는 20km/s 정도로 올릴 수

있고 하이드라진을 사용할 경우 4,500~6,000m/s 정도로 올릴 수 있다. 아크는 음극과 양극 사이에서 형성되어 자기장에 의해 압축되는 거동형상이지만 형상이 불안정하고 출구에서의 속도 분포도 균일하지 못하고 이 때문에 추진제의 열분포도 불균일하고 추력이 불균일하다. 안정된 아크를 얻기 위해 추진제를 챔버로 유입시키기 전에 아크를 미리 발생시키는 시간(burn in time)이 필요하고 수 시간에서 20시간정도 소요된다. 따라서, 아크 제트 추력기는 펄스 모드(pulse mode)는 어렵고 정상상태에 도달한 뒤에 사용한다. 또한 노즐 목 부분이 곡면일 경우 아크가 불안정하므로 아크를 안정화시키기 위해 노즐 목을 편평하게 설계하는데 이러한 수정 이후에 비추력은 약 500~600sec로 성능이 저하된다. 아크 발생기의 크기는 작으나 전력 공급 장치가 클 수 있어 무게와 크기가 문제가 된다. 아크 방전 추력기는 화학 로켓의 작동 가스 온도보다 큰 폭으로 가열할 수 있기 때문에 높은 비추력을 얻을 수 있다. 같은 전열 추력기인 전열 저항 추력기에 비해서 온도를 더 높게 높힐 수 있어 비추력이 상대적으로 더 큰 장점이 있다.

7.3 정전 가속형 전기 추진(Electrostatic)

추진제 가속이 쿨롱의 법칙을 적용하여 정전기장과 원자이론, 액적, 콜로이드와 같은 중립 또는 전하된 추진 입자와의 상호작용을 통해 이루어진다. 전자는 쉽게 만들 수 있고 가속이 잘 되지만 너무 가벼워 모멘텀이 작아 추력 발생이 잘 되지 않아 이온 엔진에서는 전자 대신에 분자량이 큰 양이온을 쿨롱 법칙에 의해 가속한다. 양성자 질량은 전자 질량보다 1840배 무겁다. 정전 가속기 추력기에서는 수백 개의 양이온이 발생된다. 때때로 원자핵보다 10,000배 정도 무거운 전하된 콜로이드 입자가 사용되기도 한다. 정전 가속형 추력기에는 전자충돌형 추력기나 이온접촉식 추력기와 같은 이온 추력기, 이온이 아닌 콜로이드에 전하를 걸어 쿨롱법칙을 사용하는 콜로이드 추력기가 있다. 쿨롱의 법칙이란, 전하를 가진 두 물체 q_1과 q_2 사이에 작용하는 힘의 크기가 두 전하의 곱에 비례하고 거리의 제곱에 반비례한다는 것이다:

$$F = k\frac{q_1 q_2 \vec{r}}{|r^3|} = \frac{1}{4\pi\varepsilon_0}\frac{q_1 q_2}{r^2} \tag{7.11}$$

여기서 $k = 1/4\pi\varepsilon_0$, r은 거리, q_1, q_2는 각 전하이고, ε_0은 진공에서 유전율을 의미하며 k

의 값은 $9\times10^9 \mathrm{Nm}^2/\mathrm{C}^2$이다. 전하 q_1 때문에 거리 r 지점의 영향을 전장(Electro Static Field)이라 하며, 전장은 다음과 같이 나타낼 수 있다.

$$\vec{E} = \frac{kq_1}{|\vec{r}|^3}\vec{r}$$

전하 q_2가 전장에 놓일 때 받는 힘은 $\vec{F} = \vec{E}q_2$가 되고, 전장(E)의 단위는 $N/C = \frac{N\times m}{C\times m} = \frac{V}{m}$가 되어 단위 길이당 전압차가 됨을 알 수 있다. 여기서 전압(V)은 단위 전하당 한 일이며 단위는 $\left[\frac{N\times m}{C}\right]$이다. 또 단위 시간당 전하 흐름을 전류라 하며 $I = q/t$로 나타낼 수 있으며 전류의 단위는 $[C/\mathrm{sec}]$이다.

정전 가속형 전기추력기는 펄스 모드 적용이 용이하며 추력이 매우 작기 때문에 미세한 추력 조절이 가능하다. 정전 가속형 전기추력기의 종류로는 전자충돌형 이온 추력기, 홀 추력기, 그리고 전계방출 전기추력기(FEEP) 등이 있다.

7.3.1 이온 추력기(Ion Thrust)

어떤 원자에 열을 가하거나 방사, 전기방출 등에 의해 전자가 떨어져 나오면 양이온이 되고, 전자를 얻게 되면 음이온이 된다. 쿨롱의 법칙을 적용하여 전하된 추진입자를 가속시키는 방식의 엔진이다. 전기에서 생성된 이온이 정전기적으로 가속되어 분사되며 추력을 얻는다. 모든 하전입자가 한 방향으로 움직이기 때문에 모두 같은 부호(+ 혹은 −)를 사용하여야 한다. 이온 추력기용 추진제는 초기에는 수은이 사용되었지만, 인체의 유해함과 복잡한 취급성, 그리고 위성 표면과의 반응 때문에 현재는 사용이 줄어들고 있다. 현재는 칼륨, 수소, 헬륨, 크립톤, 아르곤 등이 사용되고 있으며 특히 크세논과 같은 원자량이 큰 비활성 단원자 가스들이 선호된다.

그림 7.8은 이온 추력기의 작동 원리를 나타내고 있다. 그림의 왼쪽에서 발생하는 양이온은 이온소스에서 나와 정전기장에 의해 힘을 받아 오른쪽으로 가속된다. 엔진 외부로 날아간 양이온은 음으로 대전된 우주선에 달라붙는 것을 막기 위해 중화기에 의해 분사된 전자로 중화시킨다.

정전기추력기의 한 종류인 이온 추력기의 추진은 일차식으로 표현할 수 있다. 아래 그림의 이온 소스에서 나온 이온이 가속 그리드까지 힘을 받을 때, 이온 전하를 q, 이온 전하의 질량을 m_q, 초기 속도 0라고 하면 거리 x에서 이온의 속도 $V_q(x)$는 다음과 같이 구할 수 있다.

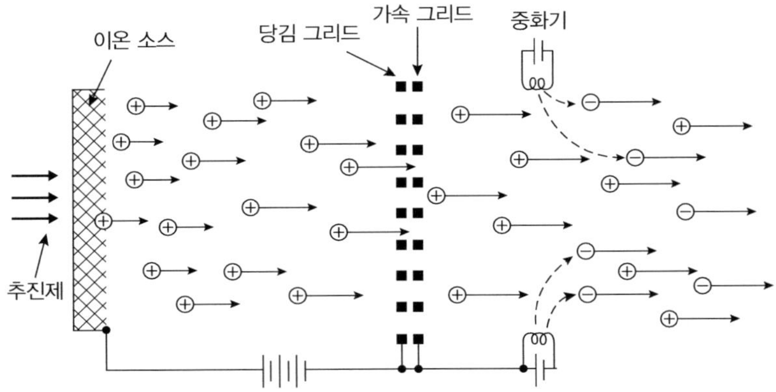

| 그림 7.8 | 이온 추력기의 원리

전기장 q에서 전하가 받는 힘 $F = qE$이고 거리 x 위치에서의 에너지는 qEx가 되고, 이때 m_q 질량이 가지는 운동에너지는 $\frac{1}{2}m_qV_q^2$이 된다.

$$\frac{m_qV_q^2}{2} = qEx = qV$$

따라서 전위차 V인 곳에서 이온 전하 q가 갖는 속도는

$$V_q = \sqrt{2(q/m_q)V} \tag{7.12a}$$

그림 7.9에서 임의의 위치 x인 곳에서의 전위차는 $V_o - V$이므로 다음과 같이 된다.

$$V_q(x) = \sqrt{\left(\frac{2q(V_0 - V)}{m_q}\right)} = \sqrt{\frac{2qV(x)}{m_q}} \tag{7.12b}$$

여기에서, $V(x)$는 전위 포텐셜이다. 전위 포텐셜이 크면 보통 $V_q(x)$는 30~200km/s이므로 아주 큰 값을 얻을 수 있다. 위 식에서 m_q는 이온의 원자량에서 계산한다고 생각할 때, 양성자의 질량은 1이므로 이를 기준으로 하여 식 (7.12b)를 다시 고쳐쓰면 다음과 같다[1].

$$V_q = 13{,}800\sqrt{\frac{V_o}{m_q}} \tag{7.12c}$$

추력은 $F = \dot{m}_qV_q$이고, 또 $\dot{m}_q = m_q\frac{q/\text{sec}}{q} = m_qI/q$이므로 $F = \frac{m_qI}{q}V_q$가 되고 식 (7.12b)를 대입하면 추력은 다음과 같이 된다.

$$F = I\sqrt{\frac{2V(x)m_q}{q}} \tag{7.13}$$

여기서 $V(x)$는 가속전압(V), m_q는 하전입자의 질량[kg], q는 전하량[C], I는 추력기 그리

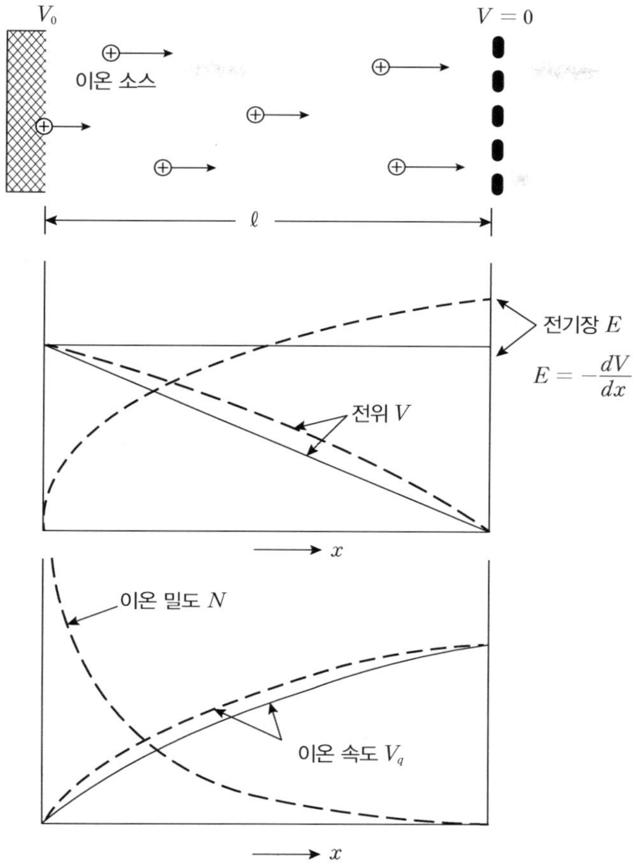

| 그림 7.9 | 1차원 가속 모델 (실선: 공간전하 없음, 점선: 공간전하 있음)

드 간 전류[C/sec]이다. 식 (7.13)에서 추력은 이온의 질량이 크면 클수록 추력이 커지는 것을 알 수 있다. 원자는 양성자와 중성자인 핵과 그 둘레를 돌고 있는 전자로 이루어져 있으며, 양성자는 전자보다 약 1,840배 무겁고, 중성자는 양성자보다 조금 더 무겁다. 따라서 이온 추력기에서는 추진제를 분자량이 큰 제논, 세슘, 수은 등이 사용된다. 수은은 분자량이 크지만 접촉 오염 문제가 있고, 세슘은 가열된 텅스텐 등에 의해 쉽게 이온화되지만 반응성이 강해 우주 추진체에서만 사용된다. 보통 이온 추력기에서는 제논이 가장 흔히 사용된다.

일차원의 포아송방정식(Poisson equation)은 다음과 같이 나타낼 수 있다.

$$\frac{d^2V}{dx^2} = -\frac{Nq}{\varepsilon_0} = -\frac{j}{\varepsilon_0 V(x)} = -\frac{j}{\varepsilon_0}\left(\frac{m_q}{2qV(x)}\right)^{1/2}$$

여기서 $N(x)$는 이온밀도, ε_0은 진공에서의 공간 유전율(F/m)이고 $\varepsilon_0 = 8.85 \times 10^{-12}$ [$F/m = \frac{C^2}{Nm^2}$], j는 전류 밀도(A/m^2)이다. 이 식의 양변에 $2dV/dx$를 곱하여 단순하게

만든 후 적분하면,

$$\left[\left(\frac{dV}{dx}\right)^2\right]_0^x = \left[4\frac{j}{\varepsilon_0}\left(\frac{m_q V(x)}{2q}\right)^{1/2}\right]_{V_0}^{V} \tag{7.14}$$

$$\left(\frac{dV}{dx}\right)^2 \Rightarrow -\left(\frac{dV}{dx}\right)_0^2 = \frac{4j}{\varepsilon_0}\left(\frac{m_q V(x)}{2q}\right)^{1/2} \tag{7.15}$$

여기서 2평면 사이의 전계 $E = -dV/dx$의 분포는 **그림 7.9**와 같이 공간전하가 없는 경우(실선)와 공간 전하가 있는 경우(점선)의 두 종류가 있다. 여기서 이온이라 불리는 공간 전하가 존재한다고 하면 공간 전하가 있는 경우의 경계조건인 $x = 0$, $dV/dx = 0$을 적용하면 다음과 같다.

$$\frac{dV}{dx} = 2\left(\frac{j}{\varepsilon_0}\right)^{1/2}\left(\frac{m_q V(x)}{2q}\right)^{1/4} \tag{7.16}$$

이 식을 변수분리하고 적분하면,

$$\int_{V_0}^{V} V(x)^{-1/4} dV = \int_0^x 2\left(\frac{j}{\varepsilon_0}\right)^{1/2}\left(\frac{m_q}{2q}\right)^{1/4} dx \tag{7.17}$$

$$V = V_0 - \left[\frac{3}{2}\left(\frac{j}{\varepsilon_0}\right)^{1/2}\left(\frac{m_q}{2q}\right)^{1/4} x\right]^{4/3} \tag{7.18}$$

여기서 $x = l$에서 $V = 0$을 통해 공간에서 얻을 수 있는 한계전류밀도를 다음과 같이 구할 수 있다.

$$j = \varepsilon_0 \frac{4}{9}\left(\frac{2q}{m_q}\right)^{1/2}\frac{V_0^{3/2}}{l^2} \tag{7.19}$$

이 식을 Child－Langmuir 식이라 부른다. Child의 법칙(또는 Child－Langmuir 법칙)은 공간에 대한 전압 변화량과 길이에 대한 함수로써, 최대로 제한된 공간－전류(space－charge limited current)를 알 수 있고, 이 때문에 최대 추력도 제한됨을 알 수 있다. 이온 추력기의 추력 범위는 0.01~200mN 정도이다. 전자충돌형 이온 추력기에서 기하학적으로 추출 그리드와 가속 그리드 사이의 간격 l을 0.5mm보다 작게 만들기가 쉽지 않으며, 2개의 그리드 사이의 전압 V_{op}도 제한되므로 전류밀도가 한계가 있고, 또 발생시킬 수 있는 추력의 최댓값도 존재한다. 통상 이온 추력기에서 2개의 그리드 사이의 간격은 1~5mm, 전압 차이는 1.5~2.0kV이다. 이온 추력기의 추력은 10~200mN 정도이고 배기가스속도는 약 50~100km/s까지 얻을 수 있다. 뒤에 설명할 홀 추력기는 그리드가 없기 때문에 이제한이 없어지고 추력도 더 크게 할 수 있다.

위의 과정은 1차원 가속 과정에서 얻어진 식인데 이를 확장하여 단위 면적당 추력(F/A)을 구하기 위해 적용하자. 또 $\dot{m}_q = Nm_qV_q$임을 상기하고 단위 면적당 추력(F/A)을 구하면 다음과 같다.

$$F/A = \dot{m}_qV_q = N_a m_q V_q^2 = \frac{2q}{m_q}\left(\frac{V_0}{l}\right)^2 \tag{7.20a}$$

따라서 전체 면적에서의 추력은 다음과 같다.

$$F = \frac{8\varepsilon_o}{9}\left(\frac{V_0}{l}\right)^2 A = 6.18\times10^{-12}V_o^2\left(\frac{d}{l}\right)^2 \tag{7.20b}$$

여기서 V_o는 두 그리드 사이의 전압차이고, d는 그리드 직경, l은 두 그리드 간격이다. 이 식은 이온 추력기의 추력을 구할 수 있는 기본식이다. 이온 추력기에는 제논이나 수은 등의 단원자 증기나 가스를 가열된 음극에 충돌시킴으로 전자를 발생시킴으로써 양이온을 만들어 가속시킨다.

예제 7.3 비추력 2,000sec를 낼 수 있고, 질량당 전하 비율이 475C/kg인 이온 추력기를 제작하려고 한다. 만일 추출 그리드와 가속 그리드 사이의 간격이 2mm이고 최대 허용 전압이 9kV라면, 6N의 추력을 낼 수 있도록 하는 공간전하 밀도의 최대치와 빔의 직경을 구해라.

| 풀이 | 식 (7.18)에서 V_0의 전위차와 전극 공간 l를 상응시키면 다음과 같은 식을 얻을 수 있다.

$$j_{max} = \frac{4\varepsilon_0}{9}\left(\frac{2q}{m_q}\right)^{1/2}\frac{V_0^{3/2}}{l^2}$$

일차원 모델로 고려하고, 위의 식을 이용하면 최대 공간전하 밀도와 빔의 직경을 구할 수 있다.

$$j_{max} = \frac{4\times8.75\times10^{-12}}{9}(2\times475)^{1/2}\frac{(9{,}000)^{3/2}}{(2\times10^{-3})^2} = 25.58\text{A/m}^2$$

$$A = \frac{F_{max}}{\dot{m}_pV} = \frac{F_{max}}{j_{max}I_{sp}g}\left(\frac{q}{m_q}\right) = \frac{6}{25.58\times2{,}000\times9.81}(475)$$

$$= 5.68\times10^{-3}\text{m}^2$$

$$d = \sqrt{\frac{4A}{\pi}} = \sqrt{\frac{4\times(5.68\times10^{-3})}{3.14}} = 0.085\text{m}$$

7.3.1.1 전자충돌형 이온 추력기(Electron Bombardment Thruster)

그림 7.10은 전자충돌형 이온 추력기의 개략도를 나타낸 것이다. 중성인 연료(주로 Xe)증기가 추력기 이온화실로 주입된 뒤 음극에서 전자를 발생시켜 이 전자가 추진제 원자에 충돌함으로서 추진제 원자에서 전자를 떨어뜨려 추진제를 양이온(Xe^+)으로 대전시킨다. 즉 약 10^{-3}torr 정도의 텅스텐, 몰리브덴을 가열하면 전자가 방출되고, 그 주위를 둘러싸고 있는 제논 가스가 전자에 의해 충격을 받으면 그 껍질에서 전자가 이동하여 나오고 제논 가스는 양전자로 대전된다. 이 대전된 추진제 입자를 (−)으로 대전된 스크린에 의해 정전 가속을 시키어 추력을 내는 추력기이다.

그림 7.10의 전자충돌형 이온 추력기의 개략도를 보면, 추력실이 두 영역으로 나누어져 있음을 알 수 있다. 먼저, 추진제가 중성 입자 상태로 이온화되는 영역에 들어간다. 추력실의 전 영역에 걸쳐 반경방향으로 전기장이 있고, 음극에서 전자가 방출된다. 전자는 반경방향으로 걸쳐져 있는 전기장에 의해 가속화되고, 충돌을 통해 중성화 상태의 추진제를 이온화시킬 수 있을 정도로 충분히 가속된다. 전자의 이동 경로를 증가시키고 중성 입자와 최대한 많이 충돌하기 위해서, 축 방향으로 자기장이 형성되어 있고, 이 때문에 전자는 나선방향으로 회전하면서 축 방향으로 이동한다.

음극에서 발생된 전자는 원통형의 양극에 일부 흡수되려 하지만, 축방향의 약한 자기장에 의해 영향을 받아 추력실 중앙에서 나선 회전 운동을 하면서 스크린 쪽으로 진행하며 진행

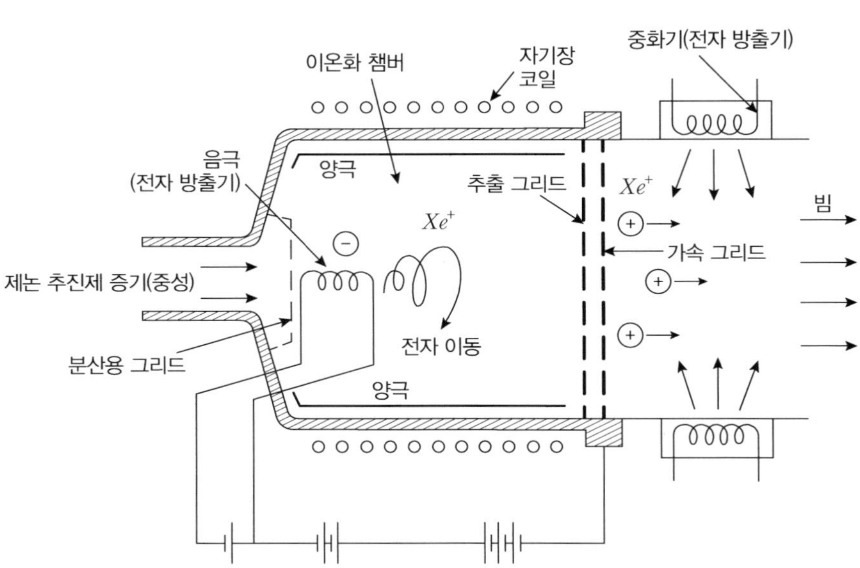

| 그림 7.10 | 전자충돌형 이온 추력기 개략도[1]

과정 중 추진제 원자와 충돌하고 그 원자를 이온화 한다. 추력실에는 양이온, 전자, 중성원자가 존재하게 된다. 추력실의 출구에는 한 쌍의 음으로 대전된 그리드가 있으며, 그리드의 구멍을 통해 양이온을 끌어 가속한다.

대전된 추진제 입자를 가속시키는 그리드는 입자 진행방향으로 천공이 되었으며 2~3개의 그리드로 구성되어있다. 첫 번째 그리드는 추력실 입구에 있는데, 음극으로부터 발생한 전자가 공간에 분산 유지 되고, 외부로 빠져나가지 못하게 막는 역할을 하는 분산용 그리드이며, 출구에 있는 2개의 그리드 중 첫 번째인 그리드는 추출(또는 스크린) 그리드(extraction grid)라고 불리며 양이온을 끌어당긴다. 추출 그리드와 거리 l만큼 떨어져있는 가속 그리드(acceleration grid)는 추출 그리드를 보다 아주 높은 음전압차이(약 1.5~2kV)가 걸리며 양전하를 더욱 가속시킨다. 추출 그리드와 가속 그리드에 의해 가속된 추진제 입자는 가속 그리드를 통과한 이후에 중성화기에 의해 발생한 전자에 의해 방전되어 중성화된다. 이러한 중성화기의 역할은 스크린을 지난 대전된 추진제 입자가 외부에 부착되는 것을 방지하며, 가속 영역에 의한 추력 손실을 줄이기 위해서이다.

그림 7.11은 추출 그리드와 가속 그리드의 상세 구조를 보여준다. 그리드 사이에는 매우 큰 약1.5~2.0kV의 전위차가 존재하며, 아주 작은 약 1~2mm 정도의 간격을 갖는다. 양전자가 오른쪽으로 움직일 때 빔 전류는 왼쪽으로 움직이며 식 (7.18)에 의해 빔 전류의 최댓값이 제한되고 추력도 제한된다. 이온화된 추진제는 추출 그리드를 통과하고 가속 그리드를 향해

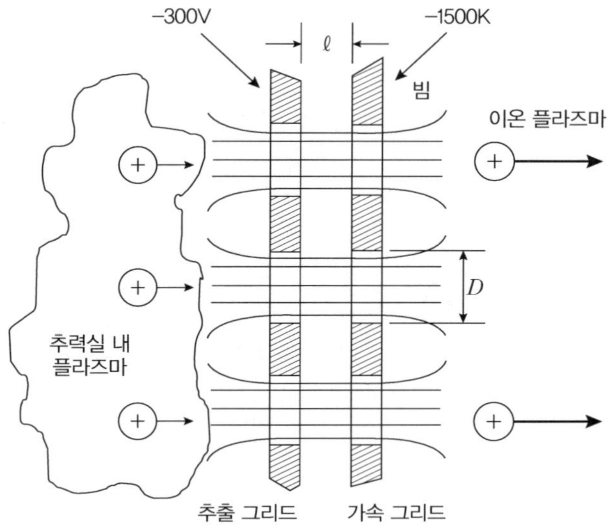

| 그림 7.11 | 추출 그리드와 가속 스크린 상세 구조[1]

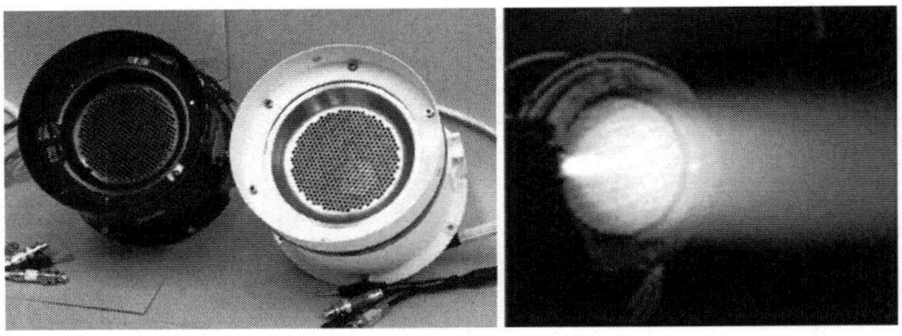

| 그림 7.12 | 이온 추력기 외관과 추력발생 사진

움직이면서, 매우 큰 전기장에 의해 에너지를 얻으며, 외부 그리드를 통과하면서 이온 빔으로 바뀐다.

전자충돌형 추력기의 높은 성능을 발현하기 위한 조건은 다음과 같다. 추진제의 경우 높은 분자량을 통해 추력을 높이고, 낮은 이온화 에너지로 쉽게 대전시킬 수 있으며, 안정한 물질이어야 한다. 전자충돌형 추력기의 추진제로 제논을 자주 사용하는 이유는 높은 분자량(131.3)과 낮은 이온화 에너지(12.08eV)를 가지고 있기 때문이다. 여기서 $1eV = 1.602\times10^{-19}J$이다. 또한 추력기의 추력실 압력을 거의 진공 상태로 매우 낮게 조절하는데 이는 양자의 발생을 쉽게 하기 위함이고, 낮은 압력 환경에서 추력이 낮게 발생하는데 이를 통해 정밀 추력 제어를 수행할 수 있기 때문이다.

전자충돌형 추력기는 일본과 미국, 영국 등에서 이온 로켓의 주류로 연구개발이 활발히 이뤄지고 있다. 원래는 1959년, NASA의 카우프만이 발명하여 카우프만형이라 불렸고, 이후 NASA 루이스 연구소를 중심으로 개발이 진행되어 왔다.

그림 7.12는 이온 추력기의 외관과 추력발생 사진을 나타낸다.

예제 7.4 제논을 추진제로 사용하여 90일 동안 작동할 수 있는 전자충돌형 이온 추력기를 설계하고자 한다. 제논은 분자량이 131.3이고 이온화 에너지는 12.08eV이다. $1eV = 1.602\times10^{-19}J$이다. 추출 그리드와 가속 그리드 사이에 걸리는 순수 전압은 800V이다. 두 그리드 사이 간격(l)은 2.5mm, 그리드 격자 직경(d)은 2.0mm, 추력기 전체 격자 수는 3,000개이다. 추력기에 공급된 전력은 200W이다. 이때 추력기의 추력, 배기가스속도, 비추력, 질량유량, 추진제 질량, 추력효율을 구하라.

| 풀이 | 식 (7.19)로부터,

$$F = A\frac{8}{9}\varepsilon_o\left(\frac{V_o}{l}\right)^2 = \frac{\pi}{4}\left(\frac{8}{9}\right)\varepsilon_o V_o^2\left(\frac{d}{l}\right)^2 = 6.18\times10^{-12}V_o^2\left(\frac{d}{l}\right)^2$$

$$= 6.18\times10^{-12}(800)^2\left(\frac{2}{2.5}\right)^2 = 2.53\times10^{-6}\text{N/그리드}$$

따라서 추력기의 전체 추력은 그리드 개수를 곱하면 구할 수 있다.

$$F = 2.53\times10^{-6}\times3{,}000 = 7.59\text{mV}$$

배기속도는 식 (7.11c)로부터 $V_e = \sqrt{\dfrac{2qV(x)}{m_q}} = 13{,}800\sqrt{\dfrac{800}{131.3}} = 34{,}064\text{m/s}$

비추력 $I_{sp} = \dfrac{V_e}{g_o} = \dfrac{34{,}064}{9.81} = 3{,}472\text{sec}$

추진제 질량유량($\dot{m}$)는 $F = \dot{m}_p V_e$로부터 $\dot{m}_p = \dfrac{F}{V_e} = \dfrac{7.59\times10^{-3}}{34{,}064} = 2.23\times10^{-7}\text{kg/sec}$

총 추진제 양은 $m_p = \dot{m}_p t = (2.23\times10^{-7})\times(90\times24\times3{,}600) = 1.73\text{kg}$

배기가스의 운동에너지 $E_{jet} = \dfrac{1}{2}\dot{m}_p V_e^2 = \dfrac{1}{2}\times(2.23\times10^{-7})\times(34{,}064)^2 = 129.4\text{W}$

추력효율 $\eta = \dfrac{\frac{1}{2}\dot{m}_p V_e^2}{P_E} = \dfrac{129.4}{200} = 64.7(\%)$

7.3.1.2 고주파 이온 추력기(RIT, Radio Frequency Ion Thruster)

이온 발생을 위해 가열이 아닌 고주파로 가스를 여기시켜 이온을 발생시켜 정전기 추력을 얻는 방식이 고주파 이온 추력기(RIT, Radio Frequency Ion Thrust)이다.

그림 7.13은 고주파 이온 추력기의 개략도를 나타낸다. 고주파 이온 추력기에서는 고주파로 이온을 발생시키므로 이온화기 내에 고온의 음극이 없으며 추진제는 고주파에 의한 전자기 가속 타입으로 이온화된다. 이 때문에 이온화기로 사용되는 챔버는 절연체로 만들어지며 고

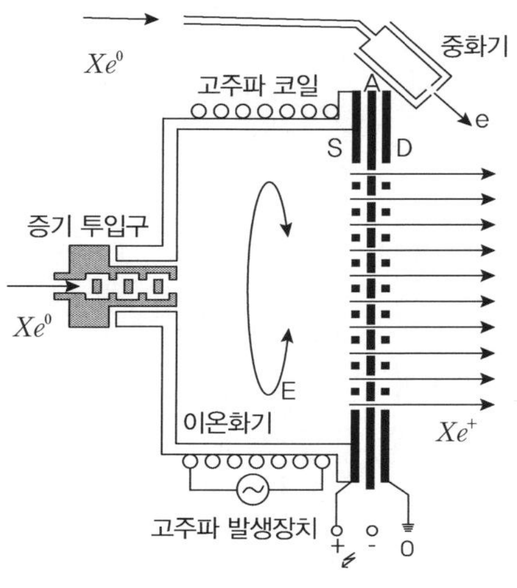

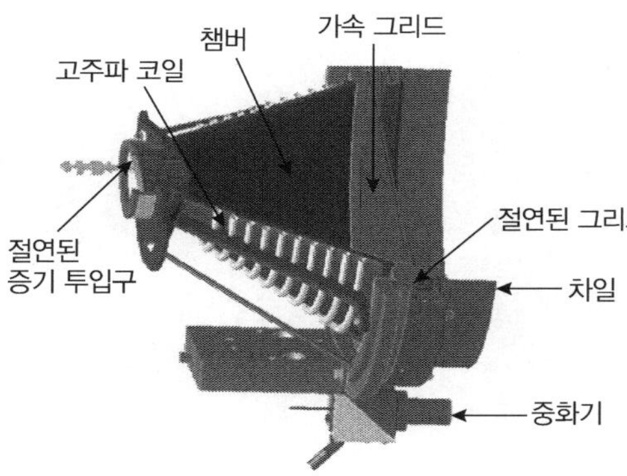

| 그림 7.13 | 고주파 이온 추력기 개략도

주파 코일로 둘러 쌓인 형상을 띈다. 고주파 코일은 축방향의 자기장을 양산한다. 맥스웰 법칙에 의하여 주자기장은 자유 전자가 이온이 되기 위하여 에너지를 얻는 원형의 보조 전기장을 형성한다. 이온화가 진행되면 제논 이온과 최소 하나 이상의 자유 전자가 도출된다. 한번 이온화가 촉진되면 자립된 플라즈마 방출이 이루어진다. 다른 이온 추력기처럼 이중, 삼중 그리드가 필요하다는 것과 생성된 이온 빔을 중성화할 시킬 장치가 필요하다.

7.3.1.3 이온접촉식 추력기(Ion Contact Thruster)

그림 7.14는 이온접촉식 추력기의 개략도를 나타내고 있다. 이온접촉식 추력기는 전자충돌형 추력기와 비슷하지만 이온을 만드는 방법이 다르다. 이온화 발생장치(이온화기)에서 이온화 일이 추진제 가스 이온화 전위차보다 크면 이온을 발생시킬 수 있다. 추진제(주로 세슘)가 1,400K 정도로 가열된 다공성 알칼리 금속(텅스텐)으로 만들어진 이온화기에 접촉하여 양이온이 만들어진 후에 가속용 전극에 의해 양이온이 정전가속 방식을 통하여 가속되어 추력을 얻는다. 텅스텐 이온화기를 약 1400K 정도로 가열을 하면 세슘(Cs)과 같은 추진제 가스의 원자를 이온화시킨다. 액화세슘이 7kPa 이하에서 다공성 텅스텐 이온화기를 통과하면 99~100% 이온화된다. 세슘은 이온화 전위차가 3.9eV로 다른 물질에 비해 비교적 낮다. 텅스텐 이온화기를 약 1,400K으로 가열하면 이온화 일은 약 4.5eV가 발생한다. 여기서 1eV = 1.602×10^{-19}J이다. 이온접촉식 추력기의 경우 고온으로 유지되어야 하는 이온화기의 복사로 인해 발생하는 열손실이 있고, 이온화되지 않은 원자나 중성원자가 텅스텐 표면에 축적되어 성능이 저하 되는 단점이 있다.

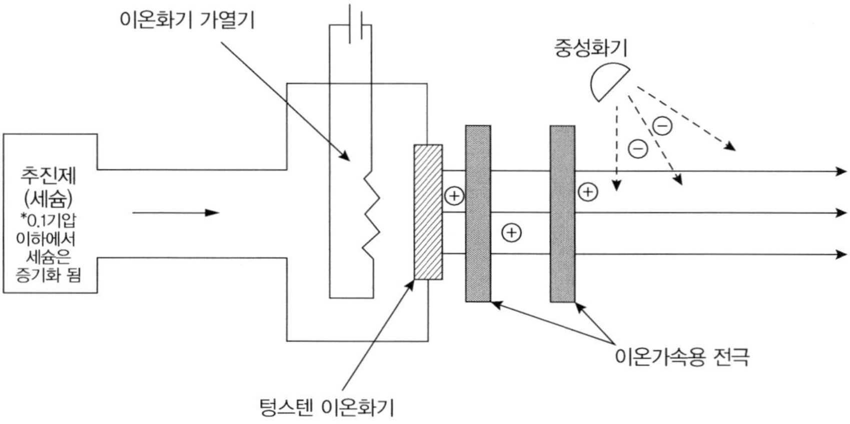

| 그림 7.14 | 이온접촉식 추력기 개략도

7.3.2 전계 방사형 전기추력기(FEEP, Field Emission Electric Propulsion)

그림 7.15는 전계 방사형 전기추력기(FEEP)의 개략도를 나타내고 있다. 전계 방사형 추력기(FEEP)에서는 정전기장에서 액체의 미립자가 생기고, 이 미립자가 양(+)으로 대전되어 정전 가속되는 이온 추력기이다. 전계 방사형 추력기는 금속 표면에 고 전기장의 전계를 인가하면 음극 표면의 전위 장벽이 얇아지면서 금속 표면에서 전자가 발생되는 현상이다. 10kV 정도의 강한 전계(electric field)가 금속에 가해지면 전계와 금속 표면장력 사이에 테일러 콘(Taylor cone)을 일으키는 표면 불안정에 의해 콘 팁에서 먼저 금속이 이온화 되고 그 후 양이온은 음극에 의해 정전기 가속된다. 추진제가 방출되는 관은 간극이 1~10μm 정도로 매우 작기 때문에 모세관 현상으로 인해 분사된 미립자는 **그림 7.15**와 같이 테일러 콘을 형성하고 구형이 아닌 표면이 찌그러진 모양이 된다. 추진제로는 분자량이 크고 이온화 에너지가 낮은 세슘(Cs)과 같은 액체 금속을 사용하는데 이는 분자량이 크고 이온 방출구역까지 일정한 흐름을 유지할 수 있고, 또 이온화 에너지가 낮은 특성을 가지고 있기 때문이다. **그림 7.16**은 외관

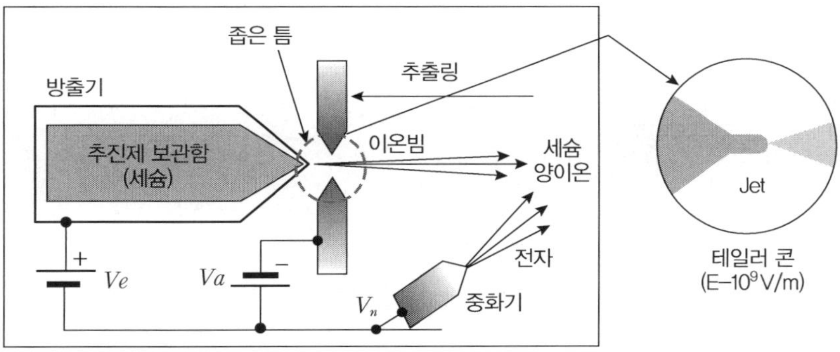

| 그림 7.15 | 전계 방사형 전기추력기 개략도와 테일러 콘[12]

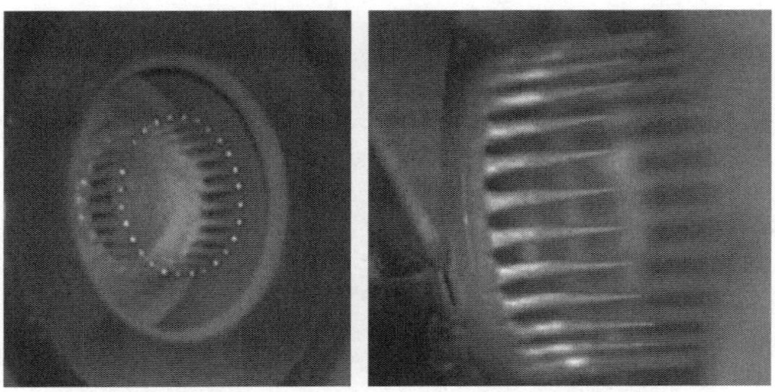

| 그림 7.16 | 전계 방사형 전기추력기의 외관과 추력발생 사진

과 추력발생 사진을 나타낸다.

7.3.3 콜로이드 추력기(Colloid thruster)

그림 7.17은 콜로이드 추력기의 개략도를 나타내고 있으며, **표 7.2**는 콜로이드 추력기와 전계 방사형 추력기를 비교한 것이다.

콜로이드 추력기는 양이온의 질량보다 수만 배가 더 무거운 콜로이드를 양이온 대신에 사용하는 정전기추력기이다. 콜로이드는 보통 분자나 이온보다 크며 1~1,000nm 정도의 분산질(미립자)이 분산매(용질)에 분산되어 있는 혼합물로 입자가 작아 부피당 표면적이 커서 입자 표면에 다른 분자나 이온이 쉽게 붙는 흡착성이 좋다. 어느 한 쪽 전극으로 대전된 콜로이드

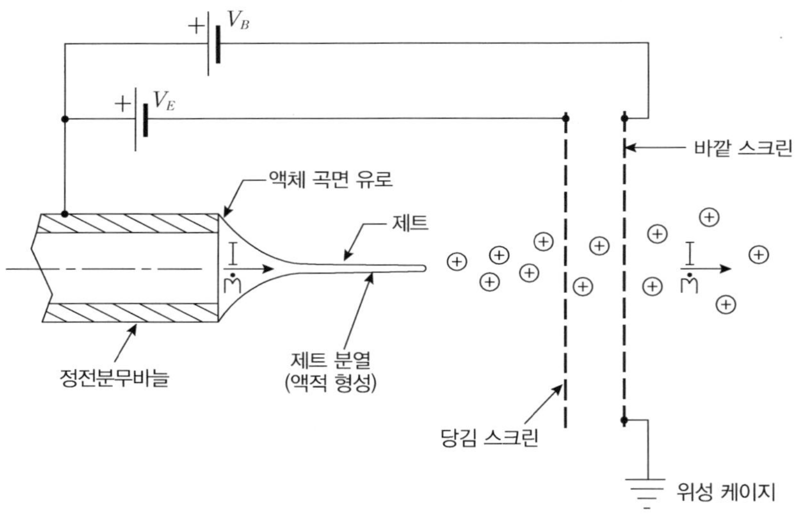

| **그림 7.17** | 콜로이드 추력기 개략도

표 7.2 전계 방사형 추력기(FEEP)와 콜로이드 추력기 성능 비교[12]

	콜로이드 추력기	전계 방사형 추력기(FEEP)
비추력(sec)	400~3,000	6,000~12,000
추력(N)	30μN~50mN	1μN~1mN
추진제	유기화합물	인듐/세슘
추진기 질량(g)	100~1,000	3~200
임펄스 비트(nN-sec)	1,000~1million	1~1,000
전기 추진기의 전도성(S/m)	0.05~2.0	100,000

는 다른 쪽 전극으로 끌리어 전기 이동 현상이 쉽게 일어난다. 또 콜로이드는 입자가 같은 종류의 이온으로 대전되어 있어서 입자간 반발력 때문에 침전이 잘 일어나지 않는다. 콜로이드 추력기는 전계 방사형 추력기(FEEP)와 작동 원리와 기본 구조는 비슷하다. 그러나 콜로이드 추력기에서는 전계 방사형 추력기(FEEP)처럼 방사기(emitter)에서 양이온을 방출하는 것이 아닌 콜로이드를 방출한다는 점에서 그 차이가 있다.

7.3.4 홀 추력기(Hall thruster or Stationary Plasma Thruster)

홀 추력기의 원리는 미국 NASA에서 특허를 먼저 얻었지만 1971년 러시아에서 Meteor 1-10 우주선용으로 SPT-60 홀 추력기로 실용화되었다. 홀 추력기는 그리드가 있는 이온 추력기와 비슷한 원리(정전가속)도 작동되지만 플라즈마 가속을 위해서 그리드를 사용하는 것이 아니라 홀 효과에 의해 환형유로에서 접선방향으로 돌면서 구속되는 전자가 추진제에 충돌하여 플라즈마를 이온화하고 이것이 정전 가속된다. 홀 추력기에는 추출과 가속 그리드가 없으므로 Child-Langmuir 법칙에 의한 그리드 간격 제한이 없어지므로 고출력으로 만들 수 있어 출력 범위도 0.01~2,000mN 정도 크게 할 수 있고, 비추력도 1,500~2,000sec 정도로 할 수 있다. 홀 효과는 자기장에 직각으로 전기장이 걸릴 경우 도체 혹은 반도체인 고체 전류를 흘릴 경우 두 방향 각각에 수직한 방향으로 전압이 걸리고 전류가 유도되는 효과를 말하며, 이때 걸리는 전압을 홀 기전력이라 하며, 유도되는 전류를 홀 전류라 한다. **그림 7.18**은 홀 추력기의 원리를 나타내고 있다. 자기장(B)에 수직한 곳에 전기장(E)이 걸리면 전

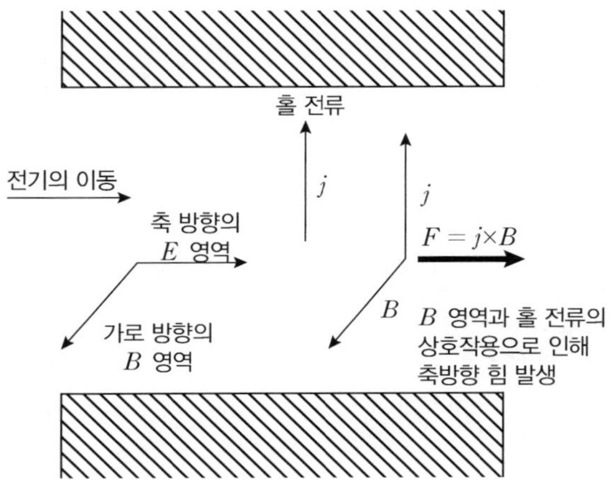

| 그림 7.18 | 홀 추력기에 작용하는 홀 전류, 자기장 및 힘

기장과 자기장에 수직한 방향으로 홀 전류가 발생하고(j) 또 이 전류와 자기장이 상호작용하여 축 방향으로 힘(F)을 발생시킨다. 홀 효과에 의한 전류의 흐름을 이용하면 자기장을 이용하는 것보다 더 빠르게 이온화된 입자를 가속시킬 수 있으며 10~50km/sec이상으로 입자를 가속시킬 수 있다. 이러한 장점 때문에 많은 홀 추력기가 인공위성에 사용되고 있으며 유럽에서는 2003년 SMART-1적용한 달 탐사 위성을 발사하여 2006년 성공적으로 임무를 완수하였다.

그림 7.19는 홀 추력기의 개념도를 나타내고 있다. 홀 추력기는 홀 전류나 홀효과를 이용하여 가속 그리드 없이 추진제를 가속시킨다. 음극에 열을 가하면 전자가 나오는데 일부 전자는 바깥쪽(**그림 7.19**의 오른쪽 방향)으로 가고 다른 일부 전자는 가속부 환형 통로를 통해 양극으로 끌려 이동한다. 이때 환형 통로로 이동한 전자는 홀 효과에 의해 접선 방향으로 돌면서 양극으로 이동한다. 추진제인 제논 가스(중성 Xe)를 양극 쪽에서 환형 통로로 공급하면 추진제는 환형 통로에서 홀 효과에 의해 접선방향으로 회전하는 전자와 충돌하여 Xe^+양이온으로 변하고, 이온화된 추진제(Xe^+)는 양극과 음극 사이의 전기장에 의해 가속되어 추력을 얻는다. 홀 추력기에서 전자는 홀 효과에 의해 추력기 채널 내부에 더 오랜 시간 머물러 구속되고 추진제가 구속된 전자와 충돌하면서 이온화되어 Xe^+가 되게 한다. 이온화된 추진제(Xe^+)는 추력기 내외부에 형성된 전기장에 의해 추력기 출구 방향으로 가속되어 추력을 얻는다. 홀 추력기의 전자석은 자기장으로 전자의 포획시간을 늘려 많은 중성 Xe이 이온화(Xe^+)될 수 있게 한다. 홀 추력기는 전자석의 자장에 의해 생긴 홀 효과로 유지되는 정전기장에 의해 이온화된 불활성 기체(주로 Xe^+)가 가속되어 추력을 발생시킨다. 홀 추력기는 자장이 있더라도 추진제의 가속이 쿨롱의 법칙에 의한 정전 가속에 의해 이루어지므로 정전기 추진

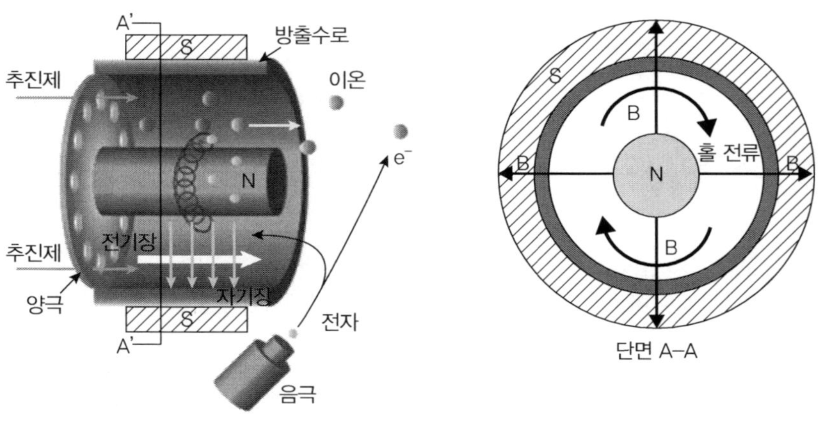

| **그림 7.19** | 홀 추력기의 개념도

으로 분류된다. 추력기의 자장은 홀 효과를 발생시켜 전자를 원주 방향으로 나선 회전을 하여 유로에 더 오래 머무르게 한다. 홀 추력기 원리를 다시 요약하면 다음과 같다. 가열된 히터를 음극에 충돌시키면 열전자가 방출되며 이 전자가 가속부 채널을 지나 양극 쪽으로 이동하게 되고 공급된 중성 추진제와 충돌하면 추진제 입자가 양이온이 된다. 양이온 추진제 입자는 정전가속을 통해 가속된다. 홀 추력기가 작동하기 위해서는 가속 채널 및 그 주변의 자기장 형태가 중요하며 전자석의 자장은 전자의 포획시간(trapping time)을 늘려서 많은 중성 추진제 입자가 이온화될 수 있도록 한다. 홀 추력기는 추출 그리드와 가속 그리드가 없기 때문에 이온 추력기에 있었던 그리드 간의 공간 제한이 없어져 빔 전류의 제한이 없고 공급 전압도 이온 추력기보다 상당히 낮은 300V 정도 걸어주어도 되고, 이때 배기속도는 다소 낮은 12,000~16,000m/s 정도이다. 환형 홀에서 이온대신 플라즈마가 있기 때문에 홀 추력기는 정지 플라즈마 추력기(SPT, Stationary Plasma Thrust)라고도 부른다. 홀 추력기의 배기 속도는 10~50km/s, 비추력은 약 1,000~5,000sec, 추력은 40~600mN 정도이고 효율은 45~60%이다. 식 (7.8b)에서 홀 추력기의 추력은 추력기에 투입된 전력 P_E에 비례한다. 더 구체적인 예로 SPT-140(5kW) 제논 홀 추력기는 전압차 450V에서 배기가스 속도가 22.5km/s이고 추력은 250mN, 효율은 57%이다. 실험실 레벨에서 홀 추력기의 추력은 100kW 투입 전력에서 5.4N까지 가능함을 보여서, 향후 추력이 N급으로 늘어날 수 있다. 홀 추력기의 배기가스속도는 정전 이온 추력기에 비해 낮지만 단위 면적당 추력은 정전 이온추력의 약 10배 정도이다.

그림 7.20은 NASA에서 개발한 13kW 급 홀 추력기의 외관과 추력발생 사진이다. 홀 추력기의 종류로는 실린더 홀 추력기(CHT), 정전 플라즈마 추력기(SPT), 자기 층 추력기(magnetic-layer), 그리고 양극 층 추력기(TAL, Thruster with Anode Layer) 등이 있다.

실린더 홀 추력기는 투입 전력이 낮을 때 적절하며 큐브샛(Cube Sat)등에 응용되고 있다. **그**

| 그림 7.20 | 홀 추력기의 외관과 추력발생 사진

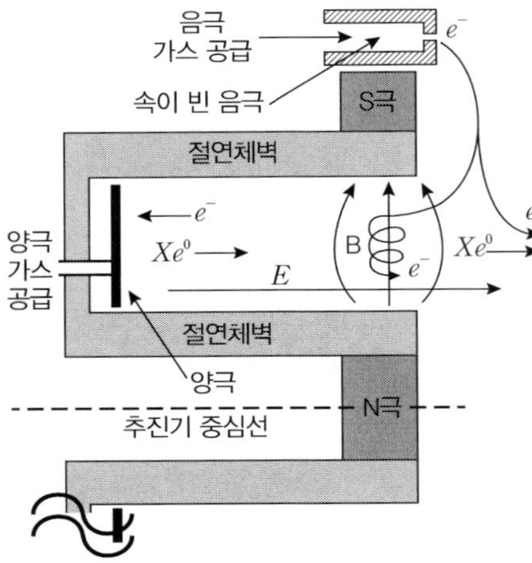

| 그림 7.21 | SPT 홀 추력기의 구조

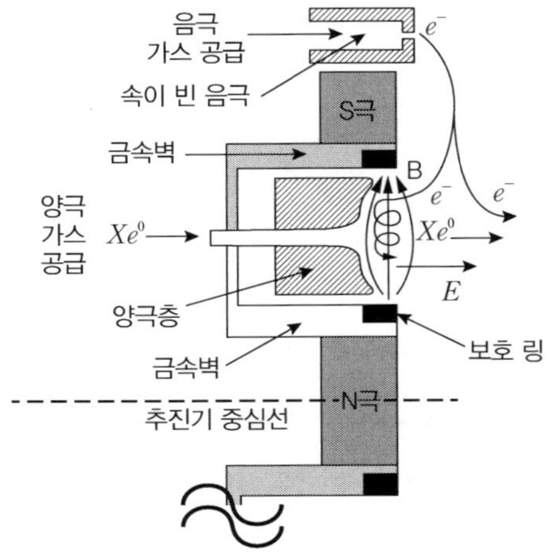

| 그림 7.22 | TAL 홀 추력기

림 7.21과 **그림 7.22**는 SPT 홀 추력기와 TAL 추력기의 개략도를 나타내고 있다. SPT 홀 추력기는 양극 가스가 공급되고 가속되는 챔버 주위가 절연벽으로 구성되어있어 이온화된 추진제와 이온화되지 않는 추진제를 잘 분리할 수 있어 추진 효율을 높일 수 있다. TAL 홀 추력기는 가속 챔버가 질화붕소와 같은 전도형 금속 벽으로 되어 있고 SPT 홀 추력기보다 가속 영역이 짧다. TAL 홀 추력기는 SPT 홀 추력기보다 높은 투입 전력과 자기장으로 전자 속도를 더 높일 수 있으며, 높은 비추력과 낮은 추력을 얻을 수 있다.

예제 7.5 비추력이 2000sec인 홀 추력기를 설계하고자 한다. 이 추력기의 추력 효율은 55%, 공급 동력은 4.5kW, 추력은 300mN이다. 6000시간 이상 작동될 때 이 시스템의 제논 배출량은 25kg 이상이다. 이때의 질량 유량과 효율을 구하라.

| 풀이 | 질량 유량과 추진효율은 다음과 같다.

$$\dot{m} = \frac{F}{I_{sp}g_0} = \frac{0.3}{(2000)(9.81)} = 15.3\times10^{-6}\text{kg/sec}$$

$$\eta = \frac{FI_{sp}g_0}{2P_e} = \frac{(0.3)(2000)(9.81)}{2(4500)} = 0.65$$

추진제의 질량 유량이 매우 적어 장기적인 추력기에 적절함을 알 수 있다. 계산된 효율은 문제에서 주어진 55%보다 크게 계산되었는데, 이는 시스템의 손실을 고려하지 않았기 때문이다.

7.4 전자기 가속형 추진

이온화된 가스가 서로 수직인 전기장과 자기장을 지날 때 로렌츠 법칙에 의해 힘을 받아 가속된다. 전자기 가속 추진 장치에서 이온화된 가스가 중립 가스에 충돌하여 에너지를 전달하므로 모든 가스가 완전히 이온화될 필요는 없고 일부의 가스만 이온화 상태로 존재하는 플라즈마가 사용된다.

플라즈마는 전자, 양이온, 중성자의 이온화된 상태의 혼합체로 5000~6000K에서 전도체가 된다. 플라즈마 안의 양이온의 수와 전자의 수는 거의 같아서 전기적으로는 준 중성상태를 유지한다. 플라즈마는 전기적으로 중성이나 플라즈마 덩어리는 전하의 압력구배, 전자와 이온사이의 전하 분리장 혹은 온도 구배, 입자 충돌 등에 의해서 가속될 수 있다. 플라즈마 안에 있는 전자나 또는 같은 양의 양전자, 중성자는 같이 가속되고 배출 빔은 중성이다. 이러한 플라즈마 특성을 이용하여 전자기 추진은 플라즈마 상태의 추진제를 로렌츠 법칙을 통해 전자기 가속하는 방식이며 **그림 7.23**에 그 원리를 나타내고 있다.

로렌츠힘이란 전하를 띤 물체가 자기장 안에서 받는 힘이다. 물체는 전기장 안에서는 $q\vec{E}$ 힘을 받고, 자기장 안에서는 $q\vec{V_q}\times\vec{B}$ 힘을 받는다. 전하가 전기장 $\vec{E}$나 자기장 B인 곳에서는 다음과 같은 힘을 받는다.

$$\vec{F} = q(\vec{E}+\vec{V_q}\times\vec{B})$$

여기는 q는 입자 전하량, $\vec{E}$는 전기량, V_q는 입자 속도, $\vec{B}$는 자기장을 나타낸다.

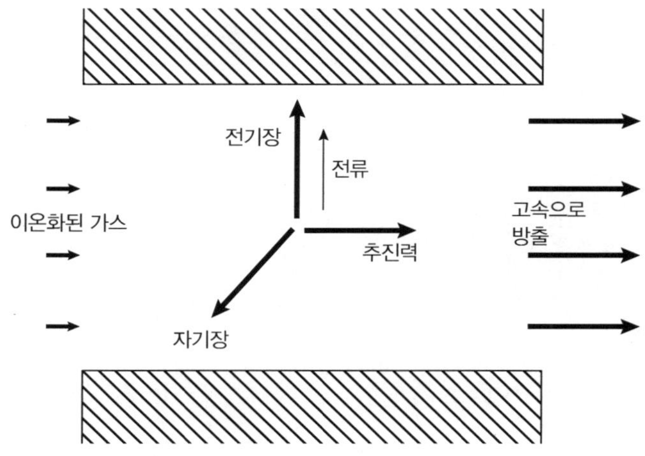

| 그림 7.23 | 전자기 가속형 추진기 원리

양전하를 띈 입자는 전기장 E 안에서 가속되며 자기장 B를 통과할때는 벡터곱 때문에 나선형으로 그리며 움직인다. 자기장 $\vec{B}$의 단위는 N(A·m)이고 이를 T(테슬라)라고 한다. 또 여기서 전류는 단위 시간당 전하 흐름이며, 단위는 A(암페어)이고 단위는 $[C/\sec]$이다.

정전기추력기는 대전된 추진제를 정전가속 하는 방식이지만 자기장 가속 추력기는 추진제를 가열하여 플라즈마 상태로 만들고 이 플라즈마를 로렌츠 힘에 의해 가속하는 방식이며, 추력기에 전하를 누적시키지 않으며, 단위 면적 당 추력인 추력 밀도는 보통 정전 이온 추력기보다 높다.

7.4.1 마그네토 플라즈마 다이나믹 추력기(Magneto Plasma Dynamic Thruster)

마그네토 플라즈마 다이나믹 추력기(MPDT)의 자장 생성이 자석에 의해 유도된 것의 여부에 따라 자석 없이 자장이 형성되는 자력 자기장(Self-field MPDT), 자석에 의한 자장이 형성되는 외부 자기장(Applied-field MPDT)으로 구분된다. **그림 7.24**는 자력 자기장 마그네토 플라즈마 다이나믹 추력기의 개념도를 나타내고 있다. 자석이 존재하지 않고 자장이 형성될 경우(Self-Field MPDT)에는 전자기유도를 통해 자장을 유도한다. 양극에서 음극으로 전류가 흐르면 이 전류 때문에 자기장이 생기고 자기장과 전기장에 의해 로렌츠힘이 생겨 추진제가 가속배출되어 추력을 얻는다.

마그네토 플라즈마 다이나믹 추력기(MPDT, Magneto Plasma Dynamic Thruster)는 기존 전기추력기의 단점인 낮은 추력밀도를 높이기 위해 고안된 방법으로 추진제로 리튬이나 베릴륨을 이용하여 추력 밀도를 높이고 두 전극사이에 발생하는 전기장과 자기장을 이용하여 이온화된 추진제를 가속하는 방식의 추력기이다. 마그네토 플라즈마 추력기의 추력밀도는 이온

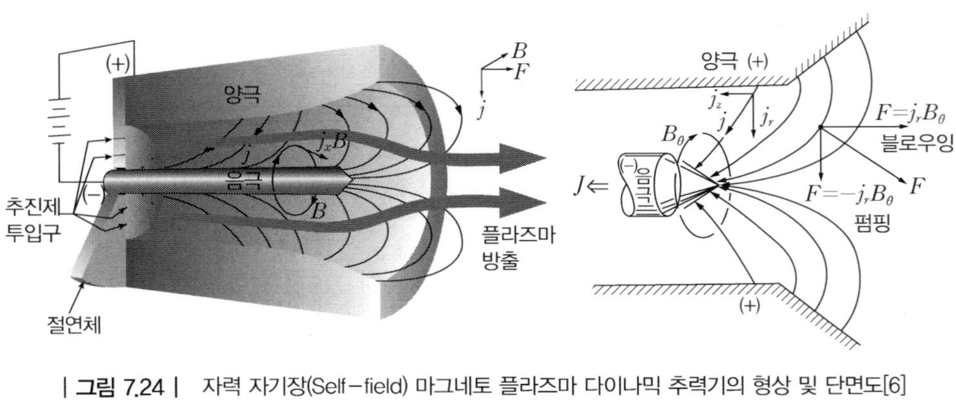

| 그림 7.24 | 자력 자기장(Self-field) 마그네토 플라즈마 다이나믹 추력기의 형상 및 단면도[6]

추력기의 10~100배 정도로 높다. 추진제로 수소, 아르곤, 제논 등을 사용하며 궤도간이나 행성 임무용 추력기도 연구 개발되고 있다. 마그네토 플라즈마 다이나믹 추력기(MPDT)의 경우 전원 공급 장치에서 전극으로 인가되는 전압과 전류의 양에 따라 추력의 크기를 조절 가능하기 때문에 임무에 따라 추력 제어를 통한 발사체 제어가 가능하고 기존 추력기보다 추력 효율을 높일 수 있다.

추진제 효율은 50% 이상이고 비추력은 2000~5000sec, 작동 수명은 1,000시간 이상 될 수 있다. 그러나 음극의 침식이 심한 단점이 있다. **그림 7.25**는 외부 자기장 마그네토 플라즈마 다이내믹 추력기의 개념도를 나타내고 있다. 외부 자기장이 유도될 경우(Applied-Field MPDT) 자석의 자기력에 의해서 균일한 속도 분포를 얻기 힘들다. **그림 7.26**은 마그네토 플라즈마 다이나믹 추력기의 외관과 추력발생 사진을 나타낸다.

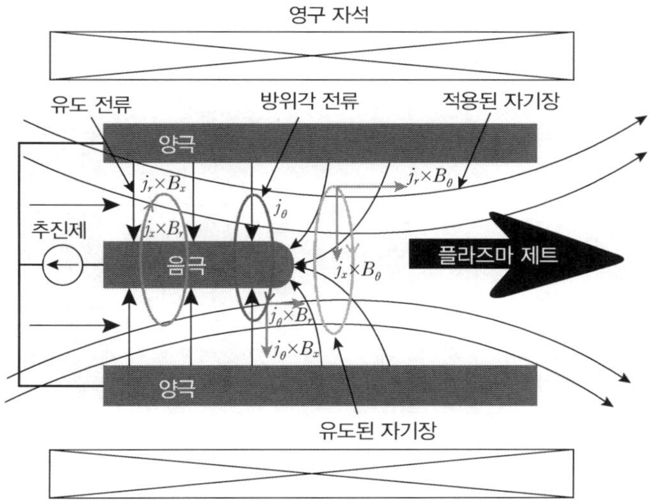

| 그림 7.25 | 외부 자기장 마그네토 플라즈마 다이나믹 추력기 개념도[7]

| 그림 7.26 | 마그네토 플라즈마 다이나믹 추력기의 외관과 추력발생 사진

7.4.2 펄스 플라즈마 추력기(Pulsed Plasma Thruster)

펄스 플라즈마 추력기는 다양한 형태가 있는데 그 중 가장 흔한 것이 테플론 펄스 플라즈마 추력기이다. 펄스 플라즈마 추력기(Pulsed Plasma Thruster, PPT)는 테플론을 추진제로 쓰는 전기추력기로 플라즈마에 의해 추진제가 가열되고 해리되어 이온화되고 두 전극사이에 발생한 전자기장에 의해 발생한 로렌츠 힘에 의해 가속된다는 점에서 마그네토 플라즈마 다이나믹 추력기(MPDT)와 작동원리는 동일하지만 펄스를 발생시켜 간헐적으로 사용 가능하며 추력제어가 가능하다. 이 테플론을 추진제로 사용하기 때문에 발생하는 플라즈마 밀도가 낮다. 그러나 초기에 시동 시에 점화기가 필요하며 음극-양극 사이에 큰 전압에 의해 아크방전이 일어나고 고체 추진제가 플라즈마 화되어 가속되는 방식으로 추력이 얻어진다.

그림 7.27은 전형적인 펄스 플라즈마 추력기의 개념도이며, 비활성 고체 추진제(테플론)와

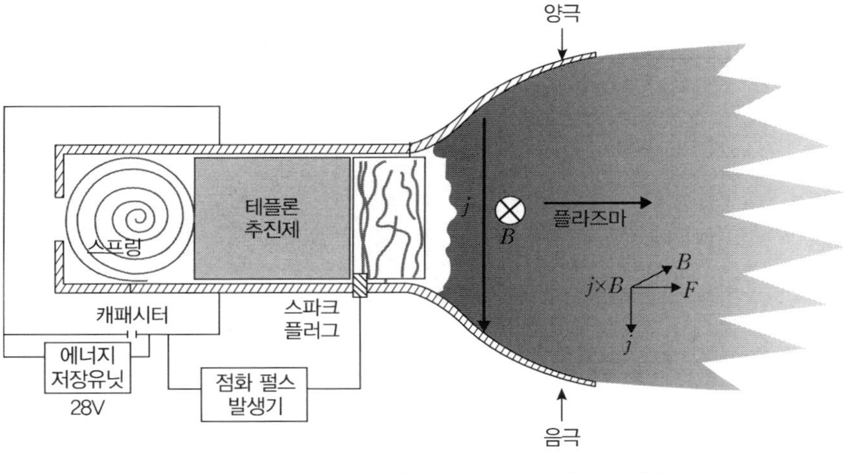

| 그림 7.27 | 테플론 펄스 플라즈마 추력기 개념도[7]

| 그림 7.28 | EO-1에 적용된 PPT의 외관과 추력발생 사진[8]

추진제를 미는 스프링, 양극과 음극, 정전 용량 공급 장치와 펄스 발생기, 스파크 플러그로 구성되어 있다. 위성체 버스를 통해 전력이 공급되어 축전기에 충전되었던 에너지가 스파크 플러그의 전극을 통해 1~2kV가 공급되어 방전되면서 음극에서 양극으로 아크가 발생될 때 고체 추진제가 이온화되고 플라즈마 상태가 된다. 이 시스템에 전류가 흐르면 자기장이 생기고 전기장과 자기장의 상호 작용에 의해 생성된 플라즈마는 로렌츠 힘에 의해 가속되고 추력을 발생시킨다. 축전기가 방전되면 다시 충전되어 같은 과정을 주기적으로 반복할 수 있는데, 펄스 주기는 1~10Hz 정도 가능하다. 처음 점화하기 위해 점화기가 필요하다. 큰 전압 차에 의해 아크가 발생하고 아크에 의해서 고체 추진제가 열분해되어 이온화되고 플라즈마 덩어리는 가속된다. 플라즈마 추력기의 고체 추진제로는 주로 쉽게 열분해되는 테플론이나 폴리메틸 메타크릴레이트(PMMA)를 사용한다. 혹은 제논, 수소, 아르곤들을 사용하며 비추력은 2000~5000sec, 약 1000시간의 수명을 가진다. 테플론에 충돌하면서 테플론은 탄소와 플루오르 입자로 분해되고, 열의 유입과 입자간의 충돌, 표면 반응 등으로 인해 펄스에서 이온이 형성된다.

사불화에틸렌(Polytetrafluoroethylene, PTFE) 수지의 상품명인 테플론은 우주 환경에서 고체 상태로 보관이 가능하고 취급이 쉬운 장점이 있다. 테플론을 사용한 전기 추진의 경우에 추진제 공급시스템이 매우 간단하여 밸브와 추진제 유량 공급을 하기 위한 시스템의 존재 불필요하여 효율적이다. 물질 특성상 불소 가스, 고온 액체의 알칼리 금속 외에 침식되지 않아 강한 내침식성이 있으며, 안정성이 좋다. 테플론 펄스 플라즈마 추력기 구동에 필요한 전력소비량이 낮기 때문에 소형위성이나 큐브셋(cubesat)에 적용하기 위하여 많은 개발이 이뤄지고 있다. **그림 7.28**은 NASA에서 개발한 지구관측위성인 EO－1에 적용한 펄스 플라즈마 추력기(PPT)의 외관과 추력발생 사진이다.

7.4.3 헬리컨 플라즈마 추력기(Helicon Plasma Thruster)

그림 7.29는 헬리컨 플라즈마 추력기의 개략도를 나타내고 있다. 헬리컨 플라즈마 추력기는 전극이 없이 나선형(헬리) 코일과 안테나를 사용한 고주파 진동에 의해 추진제에서 플라즈마를 생성시키고 가열시킨다. 이 플라즈마가 흐를 때 전류가 흐르면 전기장과 자기장(자기장은 전류에 의해 자체로 생길수도 있고 외부에서 가할 수도 있음)이 생겨 자기장 노즐을 통과하면서 로렌츠 힘에 의해 가속되어 추력이 발생한다. 헬리컨 추력기는 플라즈마 추진기의 한 종

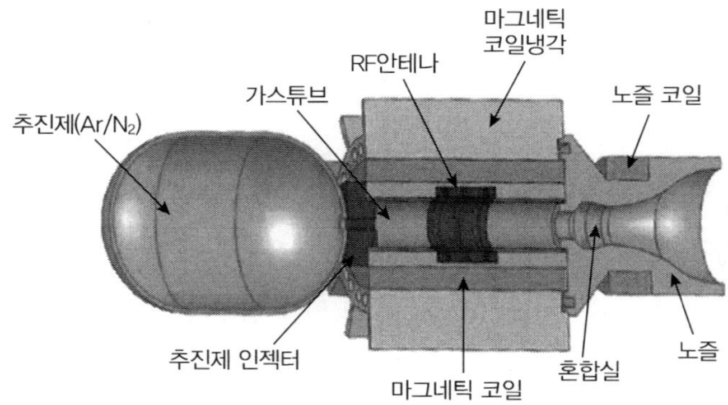

| 그림 7.29 | 헬리컨 플라즈마 추력기 개략도

류로 고속의 이온화 가스를 배출하여 추력을 얻는다. 이 추력기는 챔버 주위로 특수한 형태의 고주파 안테나(RF antenna)를 배치하고 있다. 이 안테나의 전자기장으로 인해 방출되는 전자기파가 추진제를 분해하여 플라즈마를 형성한다. 이 후 다시 안테나에서 플라즈마로 헬리컨 파동을 자극하여 플라즈마를 가열시킨다. 이러한 이유로 헬리컨 추력기는 다른 이온 추력기에 비해 고전압 그리드와 같은 신뢰도가 낮은 부품을 사용하지 않고 가속전기장을 만든다는 장점이 있다. 또한 동일한 수의 전자와 양이온이 발생하므로, 별도의 중화기가 필요하지 않아 기계적인 신뢰도와 내구성이 매우 높다는 장점이 있다. 반면에 헬리컨 추력기는 자기코일으로 일정한 자기장이 존재함에도 이 영역에서 멀어질수록 기하급수적으로 강도가 약해지고 발산한다는 점으로 일종의 자기장으로 구성된 노즐로 간주할 수 있다. 이 외에도 고밀도, 고효율, 저자장, 균일성, 저압에서의 작동등의 이점이 있다. 헬리컨형 소스를 사용할 경우 진동수는 13.56MHz, 기체압력은 0.5~10mtorr, 자기장세기 100~400G, 플라즈마 밀도 10^{12}~$10^{13}cm^{-3}$, 이온 전류 1~400mA/cm^2의 제원을 가진다. 추진제로 아르곤을 1~2kW의 고주파로 방전시키는 경우 플라즈마 밀도는 $10^{14}cm^{-3}$까지 가능하다. 이는 다른 방전기구들보다 약 100배 정도 높다.[13]

7.5 전자기 유동장 지배 방정식

전자기 유동장 해석 기법 중 가장 널리 쓰이는 전자유체역학(MHD, Magnetohydrodynamic)에 대해 간단히 알아보자. 전자유체역학 모델은 자성을 띄는 유체의 동적거동을 해석하기 위한 모델로써 플라즈마, 액상의 금속, 전해질을 포함한 물 등의 유동을 해석하는데 사용된다. 기본적인 개념은 자기장 내에서 유체가 흐를 때 전하량의 변화로 전류가 발생하고 이때 발생된 전류로 인해 자기장이 변화하는 원리를 적용한다. 즉, 자기장과 유체의 유동이 상호작용을 하여 유체의 방향을 변화시킨다. 이러한 유체의 유동과 자기장 변화의 상호작용관계를 해석하기 위해 나비에-스토크스 방정식과 맥스웰 방정식을 같이 고려하여 표현가능하며 전자기장 소산을 고려하지 않아도 되는 비점성, 비압축성 유체에 대한 전자유체역학(MHD) 방정식은 다음과 같이 나타낼 수 있다.[4]

$$\frac{\partial \rho}{\partial t} + \nabla \cdot (\rho V) = 0 \tag{7.21}$$

$$\partial\left(\frac{\rho}{\partial t} + V \cdot \nabla\right)V = J \times B - \nabla P \tag{7.22}$$

$$\nabla \cdot J = 0 \tag{7.23}$$

$$\nabla \times B = \mu_0 J \tag{7.24}$$

식 (7.21)과 식 (7.22)는 연속 방정식과 운동량 방정식이다. 운동량 방정식에서 우변의 $J \times B$은 전자기장에 의해 발생하는 로렌츠 힘을 의미한다. 여기서 J는 전류 밀도를, B는 자기력을 의미하며 두 변수에 대한 방정식은 식 (7.23)과 식 (7.24)로 표현할 수 있다. 전자유체역학 방정식은 전하를 띄고 있는 유체의 거동을 해석할 수 있기 때문에 태양풍, 지구 자기장 변화와 같은 천문현상 해석에 사용될 뿐만 아니라 플라즈마화 된 유체의 거동을 해석하는데 사용될 수 있기 때문에 핵융합/분열 반응, 전가기장을 이용한 캐스팅 작업 메커니즘을 연구하는 데에도 응용되고 있다.

연습문제

01 페이로드 150kg을 싣고 60일간 지구 저궤도를 도는 전기추력기를 설계하고자 한다. 이 추력기의 비추력은 3,000s, 추력은 0.2N이고 추진 효율은 0.6이다. 추력기 장치질량(구조물과 전력공급장치)의 무게는 출력 1kW당 10kg이다. 이 전기추력기의 필요한 전력, 전력공급장치질량, 총질량, 속도증분을 구하라.

02 비추력이 15,000인 추력기를 설계하고자 한다. 전기추력기의 추력효율은 80%이다. 추력기에 공급되는 전력은 1,500W이다. 이 추력기의 추력을 구하라.

03 출력 100kW이고, 추력기 장치질량(구조물과 전력공급장치의 질량)은 출력 1kW당 1.0kg이다. 추진제 질량은 2,000kg, 추력기 장치질량(페이로드와 구조물 질량)은 3,000kg일 때, 추력, 속도 증가량, 추력 비행시간을 구하라. 비추력은 2,500s, 효율은 0.8이다.

04 심 우주공간에서 120일 동안 속도증분 $\Delta V = 10$km/s로 움직이는 우주캡슐 추력기를 설계하고자 한다. 추력기 효율은 80%이다. 추력기 비전력은 20W/kg이다. 공급전력은 3kW이다. 최대하중을 싣기 위한 추력기의 배기속도와 유효하중비율을 구하라. 유효하중이 500kg일 때 초기질량을 구하라.

05 이온 소스와 가속 그리드 사이거리가 5mm일 때 평균 전하 밀도 2.5×10^4C/kg인 제논 0.02kg이 1kV/mm인 전기장에 놓일 때 전하의 속도를 구하라.

06 평균전하밀도 2.5×10^4C/kg인 추진제 제논이 이온화 챔버에서 추출 그리드에 의해 가속되고 있다. 가속 전위차는 2,500V이고 이온흐름에 의한 전류는 0.3A이다. 출구에서 이온의 속도와 추력을 구하라.

07 추력 1.0N을 낼 수 있는 이온 추력기를 제작하려고 한다. 가속그리드 사이 간격은 0.8mm이고 걸리는 전압은 2,500V이다. 이 추력기에 적합한 빔의 직경을 구하라.

08 크세논(원자량131.3)을 작동유체로 하는 다음 이온추력기의 추력, 비추력, 질량 유량, 전하 운동에너지 및 추력 효율을 구하라. 이 이온추력기의 그리드의 전체 전압은 1,500V, 그리드 사이의 거리는 2.0mm, 그리드 각 홀의 지름은 2.0mm, 그리드 홀의 개수는 2,500개, 부가전력은 800W이고, 양성자의 원자량은 1.602×10^{-19}kg이다.

09 평균전하량 10^4C인 세슘이온이 자기장 강도 1.0×10^{-3}T (Telsa)인 자기장에 수직으로 25m/s의 평균속도로 이동하고 있다. 자기장에 의해 세슘이온에 가해지는 힘을 구하라.

부록

표 A-1: 고도변화에 따른 공기의 성질(I)(SI 단위)(0~18km)

고도[m]	온도[℃]	압력[kPa]	중력 g[m/s²]	음속 c[m/s]	밀도 ρ[kg/m³]	점성계수 μ[kg/m · s]	열전도도 k[W/m · ℃]
0	15.00	101.33	9.807	340.3	1.225	1.789×10^{-5}	0.0253
200	13.70	98.95	9.806	339.5	1.202	1.783×10^{-5}	0.0252
400	12.40	96.61	9.805	338.8	1.179	1.777×10^{-5}	0.0252
600	11.10	94.32	9.805	338.0	1.156	1.771×10^{-5}	0.2510
800	9.80	92.08	9.804	337.2	1.134	1.764×10^{-5}	0.2500
1,000	8.50	89.88	9.804	336.4	1.112	1.758×10^{-5}	0.0249
1,200	7.20	87.72	9.803	335.7	1.090	1.752×10^{-5}	0.0248
1,400	5.90	85.60	9.802	334.9	1.069	1.745×10^{-5}	0.0247
1,600	4.60	83.53	9.802	334.1	1.048	1.739×10^{-5}	0.0245
1,800	3.30	81.49	9.801	333.3	1.027	1.732×10^{-5}	0.0244
2,000	2.00	79.50	9.800	332.5	1.007	1.726×10^{-5}	0.0243
2,200	0.70	77.55	9.800	331.7	0.987	1.720×10^{-5}	0.0242
2,400	−0.59	75.63	9.799	331.0	0.967	1.713×10^{-5}	0.0241
2,600	−1.89	73.76	9.799	330.2	0.947	1.707×10^{-5}	0.2400
2,800	−3.19	71.92	9.798	329.4	0.928	1.700×10^{-5}	0.0239
3,000	−4.49	70.12	9.797	328.6	0.909	1.694×10^{-5}	0.0238
3,200	−5.79	68.36	9.797	327.8	0.891	1.687×10^{-5}	0.0237
3,400	−7.09	66.63	9.796	327.0	0.872	1.681×10^{-5}	0.0236
3,600	−8.39	64.94	9.796	326.2	0.854	1.674×10^{-5}	0.0235
3,800	−9.69	63.28	9.795	325.4	0.837	1.668×10^{-5}	0.0234
4,000	−10.98	61.66	9.794	324.6	0.819	1.661×10^{-5}	0.0233
4,200	−12.30	60.07	9.794	323.8	0.802	1.655×10^{-5}	0.0232
4,400	−13.60	58.52	9.793	323.0	0.785	1.648×10^{-5}	0.0231
4,600	−14.90	57.00	9.793	322.2	0.769	1.642×10^{-5}	0.0230
4,800	−16.20	55.51	9.792	321.4	0.752	1.635×10^{-5}	0.0229
5,000	−17.50	54.05	9.791	320.5	0.736	1.628×10^{-5}	0.0228
5,200	−18.80	52.62	9.791	319.7	0.721	1.622×10^{-5}	0.0227
5,400	−20.10	51.23	9.790	318.9	0.705	1.615×10^{-5}	0.0226
5,600	−21.40	49.86	9.789	318.1	0.690	1.608×10^{-5}	0.0224
5,800	−22.70	48.52	9.785	317.3	0.675	1.602×10^{-5}	0.0223
6,000	−24.00	47.22	9.788	316.5	0.660	1.595×10^{-5}	0.0222
6,200	−25.30	45.94	9.788	315.6	0.646	1.588×10^{-5}	0.0221
6,400	−26.60	44.69	9.787	314.8	0.631	1.582×10^{-5}	0.0220
6,600	−27.90	43.47	9.786	314.0	0.617	1.575×10^{-5}	0.0219
6,800	−29.20	42.27	9.785	313.1	0.604	1.568×10^{-5}	0.0218
7,000	−30.50	41.10	9.785	312.3	0.590	1.561×10^{-5}	0.0217
8,000	−36.90	35.65	9.782	308.1	0.526	1.527×10^{-5}	0.0212
9,000	−43.40	30.80	9.779	303.8	0.467	1.493×10^{-5}	0.0206
10,000	−49.90	26.50	9.776	299.5	0.414	1.458×10^{-5}	0.0201
12,000	−56.50	19.40	9.770	295.1	0.312	1.422×10^{-5}	0.0195
14,000	−56.50	14.17	9.764	295.1	0.228	1.422×10^{-5}	0.0195
16,000	−56.50	10.53	9.758	295.1	0.166	1.422×10^{-5}	0.0195
18,000	−56.50	7.57	9.751	295.1	0.122	1.422×10^{-5}	0.0195

표 A-2: 고도변화에 따른 공기의 성질(II)(SI 단위)(0~300km)

고도(km)		온도(K)	대기압(N/m²)	대기밀도(kg/m³)
기하학고도(Z)	지오포텐셜고도(H)			
0	0	288.150	1.01325×10^{5}	1.22500
1	1.000	281.651	9.98763×10^{4}	1.11166
2	1.999	275.154	7.95014×10^{4}	1.00655
3	2.999	268.659	7.01212×10^{4}	9.09254×10^{-1}
4	3.997	262.166	6.16604×10^{4}	8.19347×10^{-1}
5	4.996	255.676	5.40483×10^{4}	7.36429×10^{-1}
6	5.994	249.187	4.72176×10^{4}	6.60111×10^{-1}
7	6.992	242.700	4.11053×10^{4}	5.90018×10^{-1}
8	7.990	236.215	3.56516×10^{4}	5.25786×10^{-1}
9	8.987	229.733	3.08017×10^{4}	4.67063×10^{-1}
10	9.984	223.252	2.64999×10^{4}	4.13510×10^{-1}
15	14.965	216.650	1.21118×10^{4}	1.94755×10^{-1}
20	19.937	216.650	5.52929×10^{3}	8.89097×10^{-2}
25	24.902	221.552	2.54921×10^{3}	4.00837×10^{-2}
30	29.859	226.509	1.19703×10^{3}	1.84101×10^{-2}
40	39.750	250.350	2.87143×10^{2}	3.99566×10^{-3}
50	49.610	270.650	7.97787×10^{1}	1.02587×10^{-3}
60	59.439	247.621	2.19586×10^{1}	3.09676×10^{-4}
70	69.238	219.585	5.22088	8.28284×10^{-5}
80	79.006	198.639	1.05247	1.84580×10^{-5}
90	88.748	186.87	1.8359×10^{-1}	3.416×10^{-6}
100	98.456	195.08	3.2011×10^{-2}	5.604×10^{-7}
110	108.135	240.00	7.1042×10^{-3}	9.708×10^{-8}
120	117.784	360.00	2.5382×10^{-3}	2.222×10^{-8}
130	127.403	469.27	1.2505×10^{-3}	8.152×10^{-9}
140	136.993	559.63	7.2028×10^{-3}	3.831×10^{-9}
150	146.553	634.39	4.5422×10^{-4}	2.076×10^{-9}
160	156.085	696.29	3.0395×10^{-4}	1.233×10^{-9}
170	165.587	747.57	2.1210×10^{-4}	7.815×10^{-10}
180	175.060	790.07	1.5271×10^{-4}	5.194×10^{-10}
190	184.504	825.31	1.1266×10^{-4}	3.581×10^{-10}
200	193.919	854.56	8.4736×10^{-5}	2.541×10^{-10}
250	240.571	941.33	2.4767×10^{-5}	6.073×10^{-11}
300	286.523	976.01	8.7704×10^{-6}	1.916×10^{-11}

기하학적고도(Z)는 해수면으로부터의 거리이다.
지오포테셜고도(H)는 지오포텐셜을 단위로 하여 측정한 고도로 중력을 보정한 고도이다.

표 A-3: 고도변화에 따른 공기의 성질(III)(British 단위)(0~60,000ft)

고도[ft]	온도[°F]	압력 [psia]	음속 c[ft/s]	밀도 ρ [slugs/ft^3]	밀도 ρ [lbm/ft^3]	점성계수 μ[lbm/ft · s]	열전도도 k[Btu/h · ft]
0	59.00	14.70	1,116	0.002378	0.07647	1.202×10^{-5}	0.0146
500	57.22	14.40	1,115	0.002343	0.07536	1.199×10^{-5}	0.0146
1,000	55.43	14.20	1,113	0.002309	0.07426	1.196×10^{-5}	0.0146
1,500	53.65	13.90	1,111	0.002275	0.07317	1.093×10^{-5}	0.0145
2,000	51.87	13.70	1,109	0.002242	0.07210	1.190×10^{-5}	0.0145
2,500	50.09	13.40	1,107	0.002209	0.07104	1.186×10^{-5}	0.0144
3,000	48.30	13.20	1,105	0.002176	0.06998	1.183×10^{-5}	0.0144
3,500	46.52	12.90	1,103	0.002144	0.06985	1.180×10^{-5}	0.0143
4,000	44.74	12.70	1,101	0.002112	0.06792	1.177×10^{-5}	0.0143
4,500	42.96	12.50	1,099	0.002080	0.06690	1.173×10^{-5}	0.0142
5,000	41.17	12.20	1,097	0.002049	0.06590	1.170×10^{-5}	0.0142
5,500	39.39	12.00	1,095	0.002018	0.06491	1.167×10^{-5}	0.0141
6,000	37.61	11.80	1,093	0.001988	0.06393	1.164×10^{-5}	0.0141
6,500	35.83	11.60	1,091	0.001957	0.06296	1.160×10^{-5}	0.0141
7,000	34.05	11.30	1,089	0.001928	0.06200	1.157×10^{-5}	0.0140
7,500	32.26	11.10	1,087	0.001898	0.06105	1.154×10^{-5}	0.0140
8,000	30.48	10.90	1,085	0.001869	0.06012	1.150×10^{-5}	0.0139
8,500	28.70	10.70	1,083	0.001840	0.05919	1.147×10^{-5}	0.0139
9,000	26.92	10.50	1,081	0.001812	0.05828	1.144×10^{-5}	0.0138
9,500	25.14	10.30	1,079	0.001784	0.05738	1.140×10^{-5}	0.0138
10,000	23.36	10.10	1,077	0.001756	0.05648	1.137×10^{-5}	0.0137
11,000	19.79	9.72	1,073	0.001701	0.05473	1.130×10^{-5}	0.0136
12,000	16.23	9.43	1,069	0.001648	0.05302	1.124×10^{-5}	0.0136
13,000	12.67	8.99	1,065	0.001596	0.05135	1.117×10^{-5}	0.0135
14,000	9.12	8.63	1,061	0.001545	0.04973	1.110×10^{-5}	0.0134
15,000	5.55	8.29	1,057	0.001496	0.04814	1.104×10^{-5}	0.0133
16,000	1.99	7.97	1,053	0.001448	0.04659	1.097×10^{-5}	0.0132
17,000	−1.58	7.65	1,049	0.001401	0.04508	1.090×10^{-5}	0.0132
18,000	−5.14	7.34	1,045	0.001355	0.04361	1.083×10^{-5}	0.0130
19,000	−8.70	7.05	1,041	0.001310	0.04217	1.076×10^{-5}	0.0129
20,000	−12.20	6.76	1,037	0.001267	0.04077	1.070×10^{-5}	0.0128
22,000	−19.40	6.21	1,029	0.001183	0.03808	1.056×10^{-5}	0.0126
24,000	−26.50	5.70	1,020	0.001103	0.03553	1.042×10^{-5}	0.0124
26,000	−33.60	5.22	1,012	0.001028	0.03311	1.028×10^{-5}	0.0122
28,000	−40.70	4.78	1,003	0.000957	0.03082	1.014×10^{-5}	0.0121
30,000	−47.80	4.37	995	0.000889	0.02866	1.000×10^{-5}	0.0119
32,000	−54.90	3.99	987	0.000825	0.02661	0.986×10^{-5}	0.0117
34,000	−62.00	3.63	978	0.000765	0.02468	0.971×10^{-5}	0.0115
36,000	−69.20	3.30	969	0.000704	0.02285	0.956×10^{-5}	0.0113
38,000	−69.70	3.05	968	0.000640	0.02079	0.955×10^{-5}	0.0113
40,000	−69.70	2.73	968	0.000582	0.01890	0.955×10^{-5}	0.0113
45,000	−69.70	2.15	968	0.000458	0.01487	0.955×10^{-5}	0.0113
50,000	−69.70	1.69	968	0.000361	0.01171	0.955×10^{-5}	0.0113
55,000	−69.70	1.33	968	0.000284	0.00922	0.955×10^{-5}	0.0113
60,000	−69.70	1.05	968	0.000224	0.00726	0.955×10^{-5}	0.0113

표 B-1: 세계의 주요 발사체 단별 제원

• 소형발사체*

	Rockot	Pegasus XL	Falcon	Vega
First stage	RS-18 ICBM first stage	Orio 50S-XL	Liquid propellant stage	P80 FW
Length/diameter	17.2m/2.5m	10.27m/1.28m	n.a./1.678m	7.7m/3m
Take-off mass	86,689kg	16,383kg	22,388kg	87,438kg
Propellant mass	80,994kg	15,014kg	21,092kg	80,000kg
Propellants	N_2O_4/UDMH	HTPB/AP	LOX/PR-1	HTPB-AL/AP
Burning duration	121s	68.6s	196s	105s
Main engine	4×RD-0233	Solid motor	1×Merlin 1	Solid motor
Thrust (vac/sl)	580kN/n.n.	594kN/486.7kN	320kN/318kN	2092kN/1440kN
Isp (vac/sl)	310s/285s	295s/n.n.	304s/255s	n.a./280s
Remarks		Launch from aircraft; winged	Parachute system for recovery	
Second stage	RS-18 ICBM second stage	Orion 50-XL	Liquid propellant stage	Zefiro 23
Length/diameter	3.9m/2.5m	3.11m/1.28m	n.a./1.678m	7.5m/1.897m
Take-off mass	15 481kg	4341kg	3745kg	25 900kg
Propellant mass	13 996kg	3926kg	3385kg	24 000kg
Propellants	N_2O_4/UDMH	HTPB/AP	LOX/PR-1	HTPB/AP
Burning duration	183s	89.4s	378s	71s
Main engine	1×RD-0235	Solid motor	1×Kestrel	Solid motor
Thrust (vac/sl)	240kN	153kN	33.6kN	959kN
Isp (vac/sl)	320s	289s	325s	289s
Remarks	4×RD-0236 vernier			
Third stage	Breeze-KM	Orion 38		Zefiro P9
Length/diameter	2.9m/2.5m	1.34m/0.97m		3.6m/1.9m
Take-off mass	6475kg	896kg		10 500kg
Propellant mass	5055kg	77kg		9500kg
Propellants	N_2O_4/UDMH	HTPB-AL/AP		HTPB/AP
Burning duration	1000s	68.5s		116s
Main engine	1×S5.98M	Solid motor		Solid motor
Thrust (vac/sl)	19.62kN	34.6kN		230kN
Isp (vac/sl)	325.5s	283.7s		294s
Remarks	8 ignitions			
Fourth stage				AVUM
Length/diameter				1.8m/1.9m
Take-off mass				719kg
Propellant mass				370kg
Propellants				Hydrazine/NTO
Burning duration				620s
Main engine				1×hot gas thruster+6×cold gas thrusters
Thrust (vac/sl)				2.2kN
Isp (vac/sl)				Attitude control for payload orientation
Remarks				
Payload fairings				
Volume	23.52m^3	1.95m^3	3.01m^3	19.68m^3
Mass	700kg	170kg	n.n.	n.n.
Length/diameter	6.73m/2.52m	2.139m/1.16m	2.79m/1.048m	6.3m/3.0m
Payload	1900kg LEO 90°	345kg LEO 90°	n.n.	1500kg LEO 90°

* Taken from Handbook of Space Technology, Wiley, 2009.

• 중형발사체*

	Soyuz FG/Fregat	CZ-4B Long March	Zenit 3-SL	H-IIA	Delta-IVM
Boost stages	4×liquid propellant stage			n.n.	2×GEM-60
Length/diameter	19.6m/2.68m				
Take-off mass	43,400kg				33,789kg
Propellant mass	39,600kg				29,920kg
Propellants	LOX/Kerosene RG-1				HTPB/AP
Burning duration	118s				90s
Main engine	1×RD-107A			Solid motor	Solid motor
Thrust (vac/sl)	810kN				608.1kN/n.n.
Isp (vac/sl)	319s/257s				278s/273s
Remarks	Four-chamber engine				
First stage	1×liquid propellant stage	1×liquid propellant stage	1×liquid propellant stage	1×liquid propellant stage	1×CBC
Length/diameter	27.14m/2.95m	24.66m/3.35m	32.9m/3.9m	37.2m/4.0m	n.a./5.0m
Take-off mass	101,900kg	192,700kg	353,870kg	113,600kg	226,400kg
Propellant mass	95 400kg	183,200kg	325,400kg	100,000kg	199,640kg
Propellants	LOX/Kerosene RG-1	UDMH/NTO	LOX/Kerosene	LOX/LH_2	LOX/LH_2
Burning duration	286s	170s	143s	397s	251s
Main engine	1×RD-108A	1×DaFY6-2	1×RD-171M	1×LE-7A	1×RS-68
Thrust (vac/sl)	780kN	n.n./2961kN	7850kN/n.n.	1080kN/40kN	3317kN/2910kN
Isp (vac/sl)	319s/248s	n.n./260s	337.2s/309.5s	443s/n.n.	410s/360s
Remarks	Four-chamber engine				
Second stage	1×Block L	1×liquid propellant stage	1×liquid propellant stage	1×liquid propellant stage	1×Centaur
Length/diameter	6.7m/2.66m	10.41m/3.35m	10.4m/3.9m	9.2m/4.0m	12.2m/4.0m
Take-off mass	25 200kg	39,600kg	92,473kg	19,600kg	24,170kg
Propellant mass	22 800kg	35,600kg	81,850kg	16,600kg	21,280kg
Propellants	LOX/Kerosene T-1	UDMH/NTO	LOX/Kerosene	LOX/LH_2	LOX/LH_2
Burning duration	240s	127s	293s	534s	850s
Main engine	1×RD-0110	1×YF-22	1×RD-120	1×LE-5B	1×RL-10B-2
Thrust (vacuum)	297.9kN	742kN	833kN	141kN	110kN
Isp (vacuum)	325s	296.7s	350s	447s	466s
Vernier engine		4×YF23	4×RD-8		
Thrust (vacuum)			78kN		
Isp (vacuum)			342s		
Remarks	Four-chamber engine, five vernier engines		4×RD-8 vernier engines with storable propellants		
Third stage	Fregat	1×liquid propellant stage	Block DM-SL		
Length/diameter	1.5m/3.35m	1.92m/2.9m	5.6m/3.7		
Take-off mass	6350kg	15,150kg	18,350kg		
Propellant mass	5350kg	14,152kg	15,200kg		
Propellants	UDMH/NTO	UDMH/NTO	LOX/Kerosene		
Burning duration	877s	135s	660s		
Main engine	1×S5.92	1×YF-40	1×11D58M		
Thrust (vacuum)	19.6kN	100kN	84kN		
Isp (vacuum)	331s	306s	355s		
Remarks	20 ignitions		7 ignitions		
Payload fairings	Type S				
Mass	1045kg	n.n.	2000kg	1716kg	1677kg
Length/diameter	5.87/3.44m	6.51m/3.0m	8.54m/4.94m	9.12m/4.6m	10.32m/4.53m
Payload	1200kg GTO	550kg GTO 4680kg LEO	6100kg GTO	4100kg GRO	5300kg GTO

* Taken from Handbook of Space Technology, Wiley, 2009.

• 대형발사체*

	Ariane 5E/CA	Proton K/DM3	Atlas V 551	STS
Boost stages	2×EAP		5×SRB Block-B	2×SRB
Length/diameter	31m/3m		20.4m/1.5m	45.46m/3.77m
Take-off mass	273,000kg		46,300kg	590,000kg
Propellant mass	240,000kg		42,600kg	502,000kg
Propellants	HTPB-AL/AP		HTPB/AP	
Burning duration	140s		n.n.	123.6s
Main engine	1×P240		Solid motor	Solid motor
Thrust (vac/sl)	n.n./6360kN		1655kN	11 790kN/n.n.
Isp (vac/sl)	273s/n.n.			267.3s/n.n.
Remarks	Parachute recovery possible			Parachute system for recovery
First stage	1×EPC	1×liquid propellant stage	1×CCB	1×External Tank
Length/diameter	30.7m/5.4m	21.18m/4.1m	32.46m/3.81m	47m/8.4m
Take-off mass	185,500kg	450,000kg	305,566kg	750,000kg
Propellant mass	171,400kg	419,410kg	284,289kg	721,000kg
Propellants	LOX/LH_2	UDMH/NTO	LOX/Kerosene	LOX/LH_2
Burning duration	540s	120s	250s	
Main engine	1×Vulcain 2	6×RD-253	1×RD-180	
Thrust (vac/sl)	1350kN/n.n.	1470kN/n.n.	4152kN/n.n.	
Isp (vac/sl)	433s/n.n.	316s/285s	337.8s/311.3s	
Remarks			Two-chamber engine	
Second stage	1×ESC-A	1×liquid propellant stage	1×Centaur III	Space Shuttle Orbiter
Length/diameter	4.7m/5.4m	17.05m/4.1m	11.89m/3.05m	37.24m/17.25m
Take-off mass	19,200kg	167,830kg	22,760kg	80,000kg
Propellant mass	14,600kg	156,113kg	20,830kg	14,200kg
Propellants	LOX/LH_2	UDMH/NTO	LOX/LHE2	UDMH/NTO
Burning duration	970s	210s	900	522s
Main engine	1×HM7b	4×RD-0210	1×RL-10A-4-1	3×SSME
Thrust (vacuum)	62.8kN	82kN	99.2kN	2278kN/1834kN
Isp (vacuum)	444s	327s	450.5s	452.5s/364s
Remarks				winged, reusable orbiter
Third stage		1×liquid propellant stage		
Length/diameter		4.11m/4.1m		
Take-off mass		50,747kg		
Propellant mass		46,562kg		
Propellants		UDMH/NTO		
Burning duration		230s		
Main engine		1×RD-0210		
Thrust (vacuum)		582kN		
Isp (vacuum)		327s		
Remarks		4 vernier RD-0214		
Fourth stage		Block D/DM		
Length/diameter		6.28m/3.7m		
Take-off mass		18,350kg		
Propellant mass		15,200kg		
Propellants		LOX/Kerosene		
Burning duration		600s		
Main engine		1×RD-58M		
Thrust (vacuum)		87kN		
Isp (vacuum)		353s		
Remarks		7 ignitions		
Payload fairings				
Mass	2900kg	n.n.	2255kg	n.n.
Length/diameter	15.87m/5.4m	7.29m/3.88m	11.86m/5.1m	18.6m/4.7m
Payload	9000kg GTO	4350kg GTO 2600kg GEO	n.n.	24 400kg LEO 28°

* Taken from Handbook of Space Technology, Wiley, 2009.

표 B-2: 세계의 주요 발사체 및 엔진 제원

• 1단

적용발사체	엔진	추진제 사이클	노즐 팽창비	연소실 압력[MPa]	연료	산화제	O/F 혼합비	추력 (해면)[kN]	비추력 (해면)[kN]
Delta Ⅳ	RS-68	가스 제너레이터	21.5	9.73	LH_2	LOX	5.97	2,949	365
Energya	RD-170	다단 연소	36.87	24.52	Kerosene	LOX	2.63	7,257	309
Atlas-Ⅲ	RD-180	다단 연소	36.87	26.66	RP-1	LOX	2.72	3,827	312
Soyuz	RD-107A	가스 제너레이터	18.86	6	Kerosene	LOX		839	263
Saturn-V	F-1	가스 제너레이터	16	7	RP-1	LOX	2.27	34,478	260
Falcon-1	Merlin-1A	가스 제너레이터	14.5	5.39	RP-1	LOX	2.17	325	254
ULA Vulcan	BE-4	다단 연소		13.44	Methane	LOX		4,893	307
Delta 6000	RS-27.2	가스 제너레이터	8		RP-1	LOX		843	254
Proton(Mk-2)	RD-253	다단 연소		14.71	UDMH	N_2O_4	2.69	8,841	285
Ariane 1	Viking5	가스 제너레이터		5.3	UDMH	N_2O_4	1.86	596	239
Space Shuttle	RS-25(100%)	다단 연소	77.5	20.65	LH_2	LOX		1,709	362
Ariane 5G	Vulcain	가스 제너레이터	45	11	LH_2	LOX	5.25	885	339
	Merlin 1-D								
	Raptor								

• 2단

적용발사체	엔진	추진제 사이클	노즐 팽창비	연소실 압력[Mpa]	연료	산화제	O/F 혼합비	추력 (진공)[kN]	비추력 (진공)[kN]
Saturn-V	J-2	가스 제너레이터		4.4	LH_4	LOX	4.8	5145	425
Energya-M	RD-0120M	다단 연소	85.7	21.45	LH_2	LOX		1,962	455
Zenit-3SL		다단 연소		17.81	Kerosene	LOX	2.58	912	350
Delta Ⅱ	AJ-10-118K	가압식		5.71	Aeorzine50	N_2O_4	1.8	44	319
Tiatan-ⅣB	LR-87-AJ -11A.2	가스 제너레이터	15	5.7	Aeorzine50	N_2O_4	1.9	2.458	304
Ariane 2,3	Viking 4B	가스 제너레이터	30.8	5.85	UH25	N_2O_4	1.71	785	291
Long March	YF-22B	가스 제너레이터			UDMH	N_2O_4	2.18	742	298
H-2A	LE-7A	가스 제너레이터	52					1,100	440

• 3단

적용발사체	엔진	추진제 사이클	노즐 팽창비	연소실 압력[Mpa]	연료	산화제	O/F 혼합비	추력 (진공)[kN]	비추력 (진공)[kN]
Delta Ⅲ	RL-10B-2-1	팽창식	285	4.36	LH_2	LOX	5.88	109	462
Saturn-V	J-2	가스 제너레이터			LH_4	LOX	4.8	876	425
Ariane 4	HM-7B+	가스 제너레이터			LH_2	LOX	4.61	65	444
Cz-3A, -3B, -3C	YF-75	가스 제너레이터	80	3.76	LH_2	LOX	5.1	157	438
H-2A	LE-5B	가스 제너레이터	110	3.65	LH_2	LOX	5.5	137	450
Proton	RD-0210	가스 제너레이터	81.3	14.71	UDMH	N_2O_4	2	2,400	327
Ariane 5G	Aestus	가압식	84	1	MMH	N_2O_4	1.9	29	321
Long March	YF-73				LH_2	LOX			420(vac)

표 C-1: 단위 환산(1)

Length	1cm = 0.01m = 10mm = 0.394in = 0.0328ft 1m = 100cm = 1000mm = 3.281ft = 39.37in 1km = 0.6214mile = 3281ft 1in = 0.0833ft = 0.0254m = 2.54cm 12in = 1ft 1ft = 0.3048m 1mile = 5280ft = 1.6093km 1nautical mile = 1852m
Area	$1cm^2 = 0.0001m^2 = 0.155in^2$ $1m^2 = 10{,}000cm^2 = 10.76ft^2 = 1550in^2$ $1in^2 = 0.00694ft^2 = 6.4516cm^2$ $1ft^2 = 144in^2 = 0.092903m^2 = 92.9cm^2$
Volume	$1cm^3$ = 0.001ñ = $0.061in^3$ 1ñ = $0.001m^3 = 1000cm^3 = 61.2in^3$ = 0.264gal $1m^3$ = 1000ñ = $35.32ft^3 = 10^6cm^3$ $1in^3 = 0.000574ft^3 = 16.39cm^3$ = 0.01639ñ $1ft^3 = 1728in^3$ = 7.481gal = 28.32ñ = $0.02832m^3$ 1gal = $0.1337ft^3 = 231in^3$ = 3.785ñ
Specific volume	$1m^3/kg = 16.018ft^3/lb_m$ $1ft^3/lb_m = 0.0624m^3/kg$
Density	$1kg/m^3 = 0.0624lb_m/ft^3$ $1lb_m/ft^3 = 1602kg/m^3$
Mass	1kg = $2.20462lb_m$ = 0.06852slug = 1.1023_10^{-3}U.S.ton = 10^{-3}ton = 9.8421_10^{4}U.K.ton $1lb_m$ = 0.4536kg 1slug = $32.174lb_m$
Force	1dyn = 2.248_$10^{-6}lb_f$ 1N = 10^5dyn = $0.225lb_f$ $1lb_f$ = 4.448N
Energy or Work	1kJ = 0.948Btu = $737.6ft{\cdot}lb_f$ 1cal(15℃) = 4.1855J 1Btu = $778.16ft{\cdot}lb_f$ = 1.055kJ = 252cal $1ft{\cdot}lb_f$ = 0.00129Btu = 0.00135582kJ 1PS·hr = 632.9kcal
Power	1kW = 1.341HP = 3412But/hr 1HP = 2545Btu/hr = $550ft{\cdot}lb_f$/sec = 0.7457kW 1Btu/h = 0.293W

표 C-2: 단위 환산(2)

Torque	$1N \cdot m = 0.738 lb_f \cdot ft$ $1 lb_f \cdot ft = 1.355 N \cdot m$
Pressure	$1kPa = 0.145psia$ $1psia = 6.895kPa$ $1atm = 101.325kPa = 14.696psia = 2116 lb_f \cdot ft^2 \doteqdot 1.033 kg_f \cdot cm^2$ $1atm = 76.0cmHg = 29.92inHg$ $1inHg = 70.73 lb_f \cdot ft^2$ $1 lb_f \cdot in^2 = 6894.76Pa$, $1 lb_f \cdot ft^2 = 4.882 kg_f \cdot m^2 = 47.88 N/m^2$
Velocity	1m/sec = 3.60kf/hr = 3.281ft/sec = 2.237mph = 1.9438kmots 1km/hr = 0.2778m/sec = 0.6214mph 1ft/sec = 0.682mph = 0.3048m/sec = 1.097km/hr 1mph = 1.467ft/sec = 1.609km/hr 1knot = nautical mile/hr = 0.514444m/s = 1.852km/h = 1.151mph
Acceleration	$1m/sec^2 = 3.281ft/sec^2$ $1ft/sec^2 = 0.305m/sec^2$
Rotational speed	1rpm = 0.0167rev/sec = 0.1047rad/sec 1rev/sec = 60rpm = 2πrad/sec
Mass flow rate	$1kg/sec = 2.205 lb_m/sec$ $1 lb_m/sec = 0.4536 kg/sec$
Specific energy or Heating value	$1kJ/kg = 4.299 Btu/lb_m$ $1 Btu/lb_m = 2.326 kJ/kg$
Specific heat or Gas constant	$1kJ/kg \cdot K = 0.2388 Btu/lb_m \cdot °R = 185.8 ft_f/lb_m \cdot °R$ $1Btu/lb_m \cdot °R = 778.2 lb_f/lb_m \cdot °R = 4.1868 kJ/kg \cdot K$ $1 lb_f/lb_m \cdot °R = 0.001285 Btu/lb_m \cdot °R = 0.005385 kJ/kg \cdot K$
Heat transfer coefficient	$1W/m^2 \cdot K = 0.1761 Btu/hr \cdot ft^2 \cdot °R$ $1Btu/hr \cdot ft^2 \cdot °R = 5.6782 W/m \cdot K$
Thermal conductivity	$1W/m \cdot K = 0.5778 Btu/hr \cdot ft \cdot °R = 0.8604 kcal/m \cdot hr \cdot ℃$ $1Btu/hr \cdot ft \cdot °R = 1.7307 Wm \cdot K$ $1cal/s \cdot m \cdot ℃ = 242 Btu/h \cdot ft \cdot °R$
Dynamic viscosity	$1kg/m \cdot sec = 0.672 lb_m/ft \cdot sec$ $1 lb_m/ft \cdot sec = 1.488 kg/m \cdot sec$
Shear force	$1N/m^2 = 0.0209 lb_f/ft^2$ $1 lb_f/ft^2 = 47.84 N/m^2$
Mass moment of inertia	$1kg \cdot m^2 = 23.74 lb_m/ft^2$ $1 lb_m/ft^2 = 0.0421 kg \cdot m^2$
Angular momentum	$1kg \cdot m^2/sec = 23.74 lb_m/ft^2/sec$ $1 lb_m/ft^2/sec = 0.0421 kg \cdot m^2/sec$

연습문제 해답

1장

01 $\varDelta V = 7{,}588\text{m/s},\ I_{sp} = \frac{V_e}{g_0} = \frac{4000}{9.8} = 4.8\text{s}$

2장

01 $R = 3.318$, $\text{MR} = 0.3013$, $\zeta = 0.6987$, $c = 3178.44\text{m/s}$, $a_0 = 7.5456g_0$,

$a_f = 2.50405g_0$, $I_t = 3331\text{kN}\cdot\text{s}$

02 $\varDelta V_{1단} = 5492\text{m/s}$, $\varDelta V_{2단} = 6810\text{m/s}$, $\varDelta V_{3단} = 7399\text{m/s}$

03 ① $\varepsilon = 0.05$, $\lambda_1 = 0.322$

② $\varDelta V_1 = 3{,}271\text{m/s}$, $\varDelta V_2 = 4{,}148\text{m/s}$, $\varDelta V_3 = 10.3\text{m/s}$

③ $\lambda = 0.44$, $\varepsilon = 0.66$

04 ① $m_{o1} = 140{,}000\text{kg}$, $m_{f1} = 60{,}000\text{kg}$, $MR_1 = 0.4285$, $c_1 = 4{,}312\text{m/s}$

② $m_{o2} = 42{,}000\text{kg}$, $m_{f2} = 10{,}000\text{kg}$, $MR_2 = 0.238$, $c_2 = 4{,}312\text{m/s}$

③ $\varDelta v_s = 8{,}349\text{m/s}$

④ 저항 2~3km/s, 지구탈출속도 11.2km/s에 미치지 못한다.

05 호만궤도: 교차하지 않는 두 궤도 사이의 전이에 최소에너지로 전이할 수 있는 궤도

① $a_{t,e} = 27{,}551\text{km}$

② $V_{parking} = 7{,}812\text{m/s}$, $V_{final} = 2{,}864.7\text{m/s}$

③ $(V_{e,A}) = 10{,}373\text{m/s}$, $(V_{e,B}) = 1{,}394\text{m/s}$

④ $\varDelta V_A = 2{,}561\text{m/s}$, $\varDelta V_B = 1{,}471\text{m/s}$

06 ① 전체질량비 $= 0.13$

② $m_{pl} = 275\text{kg}$

③ $m_i = 2{,}113\text{kg}$, $m_p = 1{,}855\text{kg}$

④ $m_{pl} = 44.65\text{kg}$

⑤ 2단으로 하면(multistage 다단) 높은 연소종료속도를 유지하면서 payload(운반능력)을 높일 수 있다.

07 ① $m_s = 111.1\text{kg}$, ② $V_{eq} = 3{,}433.5\text{m/s}$, ③ $R = 2.96$, ④ $t_b = 97.8\text{s}$,

⑤ $h_{max} = 492.3\text{km}$

08 $u = 3.075\text{km/s}$

09 $(m_s)_{solid} = 40{,}000\text{kg},\ (m_s)_{liquid} = 52{,}000\text{kg}$

① $R_{solid} = 10.2,\ R_{liquid} = 2.221$

② $(V_b)_{solid} = 6{,}177.6\text{m/s},\ (V_b)_{liquid} = 8{,}966.1\text{m/s}$

③ $\dfrac{(\Delta V)_{liquid}}{(\Delta V)_{solid}} = 1.45$

10 ① $m_s = 111.1\text{kg}$

② $V_{eq} = 3{,}433.5\text{m/s}$

③ $R = 2.956$

④ $t_b = 97.8\text{s}$

⑤ $h_{max} = 492.3\text{km}$

3장

03 $I_{sp} = 353$초, $A_t = 0.063,\ M_e = 15.8$

04 $\dot{m}_t = 1026.41\text{kg/s},\ A_e = 16.4\text{m}^2$

05 28.65% 감소

06 $F = 884267\text{N},\ C_F = 1.45,\ M_e = 2.9,\ V_e = 3444\text{m/s},\ \varepsilon = 9.7,\ I_{sp} = 361\text{sec}$

07 $P_0 = 9.59\text{MPa},\ I_{sp} = 442\text{s},\ F = 2.169 \times 10^6\text{N}$

08 ① $P_0 = 5.19\text{MPa}$

② $A_t = 0.06466\text{m}^2$

③ $M_e = 3.233$

④ $\dot{m} = 169.9\text{kg/s}$

⑤ $d_e = 0.6595\text{m}$

⑥ $C_F = 1.489$

⑦ $F = 523.2\text{kN}$

⑧ 부족팽창

⑨ $F_{redesign} = 533.7\text{kPa}$

09 ① $V_j = 2{,}605\text{m/s}$

② $I_s = 265.8\text{s}$

③ $\dot{m} = 1.919\text{kg/s}$

④ $A_t = 13.88\text{cm}^2$

⑤ $A_e = 616\text{cm}^2$

⑥ $C_F = 1.7419$

⑦ $\alpha = 16.3°$

10 ① $I_{sp} = 202.5\text{s}$

② $\dot{m} = 2{,}517\text{kg/s}$

③ $D^* = 0.7742\text{m}$

④ $D_e = 1.953\text{m}$

⑤ $C_F = 1.52$

⑥ 노즐에서 가스가 팽창함으로써 추력이 증배되는 비율

⑦ $F = 5{,}300\text{MN}$

⑧ 부족팽창

⑨ $F = 15.6\text{MN}$

⑩ $F = 5\times10^6\text{MN}$

11 ① $I_{sp} = 301.5\text{s}$

② $\dot{m} = 3.2154\text{kg/s}$

③ $A_t = 8.819\text{cm}^2$

④ $A_e = 864\text{cm}^2$

⑤ $C_F = 1.795$

4장

01 ① $\alpha = 23.07°$, ② $C_F = 1.801$, ③ $A_t = 0.0674\text{m}^2$, $D_t = 0.293\text{m}$,
④ $\dot{m} = 171.6\text{kg/s}$, ⑤ $\varepsilon = 42.9$, $M_e = 4.348$, ⑥ $A_e = 2.78\text{m}^2$,
⑦ $I_s = 434(\text{s})$, $c^* = 2{,}360\text{m/s}$, $c = 4249\text{m/s}$, ⑧ $V_c = 0.0607\text{m}^3$, ⑨ $\tau = 9.01\times10^{-4}\text{s}$

02 $L_c = 1.04\text{m}$

03 ① $A_t = 149.0\text{cm}^2$, ② $V_c = 10430\text{cm}^3$, $A_c = 298.0\text{cm}^2$, ③ $D_e = 162.9\text{cm}$,
④ $L_n = 222.9\text{cm}$

04 ① $V_e = 3{,}443.73\text{m/s}$, ② $(I_{sp})_{실제} = 340.51\text{s}$, ③ $(C_F)_{실제} = 1.72$, ④ $A_t = 37.5\text{cm}^2$,

$A_e = 0.155\text{m}^2$, $\varepsilon = 41.36$, ⑤ $\dot{w}_o = 10.3\text{kgf/s}$, $\dot{w}_f = 3.0\text{kgf/s}$, $\dot{w}_p = 133.3\text{kgf/s}$, ⑥ $\dot{V}_o = 0.00875\text{m}^3/\text{s}$, $\dot{V}_f = 0.00414\text{m}^3/\text{s}$, $\dot{V}_p = 0.01289\text{m}^3/\text{s}$, ⑦ $m_o = 1{,}564.8\text{kg}$, $m_f = 460.14\text{kg}$가 되도록 탱크를 설계해야 된다.

05 ① $\dot{m} = 304\text{kg/s}$, ② $T_e = 621.6\text{K}$, ③ $V_e = 3{,}408\text{m/s}$, ④ $M_e = 5.26$, ⑤ $\rho_e = 0.0375\text{kg/m}^3$, ⑥ $\varepsilon = 59.5$, ⑦ $F = 1.036\times10^6\text{N}$, ⑧ $c^* = 1{,}933\text{m/s}$, ⑨ $C_F = 1.76$, ⑩ $I_{sp} = 347.4\text{s}$

06 ① $D_t = 0.185\text{m}$, ② $D_e = 1.85\text{m}$, ③ $L_c = 2.718\text{m}$, ④ $L_{n,b} = 2.10\text{m}$

07 ① $\phi = 1.55$, ② $\eta_{c^*} = 0.969 = 96.9(\%)$, ③ $\eta_{C_F} = 0.959 = 95.9(\%)$, ④ $L^* = 2.07\text{m}$, ⑤ 특성길이가 너무 길어 적절하지 않음, ⑥ $L_c = 0.398\text{m}$ 혹은 $D_c = 0.399\text{m}$로 조절함.

08 ① $D_t = 0.083\text{m}$, ② $D_e = 0.83\text{m}$, ③ $t_b = 486\text{s}$

09 ① $\Delta V = 3.33\text{km/s}$, ② $V_e = 3288.9\text{m/s}$, ③ $m_p = 11215\text{kg}$, ④ $F = 20{,}900\text{N}$, ⑤ $m_{tank} = 214.6\text{kg}$, ⑥ $t_b = 1766\text{s}$

10 ① $V_e = 3324\text{m/s}$, ② $(I_{sp})_{\text{실제}} = 322\text{s}$, ③ $(C_F)_{\text{실제}} = 1.79$, ④ $A_t = 0.04\text{m}^2$, $A_e = 0.216\text{m}^2$, ⑤ $m_o = 1833\text{kg}$, $m_f = 573\text{kg}$, ⑥ $V_o = 1.60\text{m}^3$, $V_f = 1.35\text{m}^3$

11 4개 묶음의 클러스터드 로켓엔진은 기본 엔진과 동일한 추력을 발생할 수 있지만 중량은 1/2로 감소하기 때문에 중량당 추력비(F/W)를 두배로 증가시킬 수 있다.

12 A) ① $V_e = c = 2464\text{m/s}$, $I_{sp} = 251\text{s}$, $c^* = 1750\text{m/s}$
② $\dot{m} = 0.203\text{kg/s}$, $A_t = 177\times10^{-4}\text{m}^2$, $\dfrac{A_e}{A_t} = \varepsilon = 6.2$
③ $F = 610\text{N}$, $I_{sp} = 306.3\text{s}$, $c^* = 1750\text{m/s}$
B) $F = 707\text{N}$, $I_{sp} = 355\text{s}$, $c^* = 1750\text{m/s}$, 추력과 비추력은 증가하나, 특성속도는 배압과 노즐형상이 바뀌어도 일정함.

13 ① $I_{sp} = 450\text{s}$, ② $\dot{m}_f = 3.45\text{kg/s}$, $\dot{m}_o = 18.97\text{kg/s}$, ③ $V_f = 4.86\text{m}^3$, $V_o = 1.66\text{m}^3$

14 ① $\alpha = 23.07°$
② $C_F = 1.801124$
③ $A_t = 0.0674\text{m}^2$, $D_t = 0.293\text{m}$
④ $\dot{m} = 171\text{kg/s}$
⑤ $\varepsilon = 42.9$, $M_e = 4.348$
⑥ $A_e = 2.78\text{m}^2$

⑦ $I_{sp} = 434(\text{s})$, $c^* = 2{,}360\text{m/s}$, $c = 4249\text{m/s}$

⑧ $V_c = 0.0607\text{m}^3$

⑨ $\tau = 9.07\times10^{-4}\text{s}$

15 ① $\Delta H_{tf} = 2548.5\text{kJ/kg}$, $\Delta H_{tox} = 1167.4\text{kJ/kg}$

② $W_{tf} = 374.2\text{kJ/s}$, $W_{tox} = 121.6\text{kJ/s}$

③ $\dot{m}_{tf} = 0.293\text{kg/s}$, $\dot{m}_{tox} = 0.260\text{kg/s}$, ④ $c_{0f} = 2257.6\text{m/s}$, $c_{0o} = 1528.0\text{m/s}$,

⑤ $u_f = 338.6\text{m/s}$, $u_{ox} = 137.5\text{m/s}$, ⑥ $D_{3f} = 0.133\text{m}$, $D_{3ox} = 0.159\text{m}$

16 ① $NPSH_{ro} = 5.64\text{m}$, $NGSH_{rf} = 28.8\text{m}$, ② $NPSH_{ao} = 20.5\text{m}$, $NGSH_{rf} = 65.5\text{m}$

5장

02 ① $P_0 = 3.4\text{MPa}$, $F = 4.46\text{kN}$

② $P_0 = 7.93\text{MPa}$, $F = 10.3\text{kN}$

03 $A_t = 3.22\times10^{-4}\text{m}^2$, $c^* = 1523\text{m/s}$, $\dfrac{A_b}{A_t} = 18.65$, $w_b = 2.24\text{cm}$, $L = 26.98\text{cm}$,

$\varepsilon = 11.21$

04 $\dot{r} = 26.875\text{mm/s}$

05 $n = 0.5693$, $\dot{r} \approx 10$

06 ① $(C_F)_{real} = 1.536$

② $I_{sp} = 191\text{s}$

③ $A_t = 8.4\times10^{-4}\text{m}^2 = 8.4\text{cm}^2$

④ $A_e = 66.55\text{cm}^2$

⑤ $\dot{w} = 4.75\text{kgf/s}$

⑥ 49.44kgf

⑦ $I_t = 89000\text{N}\cdot\text{s}$

⑧ $A_b = 11.9\text{m}^2$

⑨ 14.06kgf

07 ① $n = 0.60$

② $a = 2.27\times10^{-7}\text{m/s}$

③ $K = 829$

④ $\sigma_p = 0.0088/^\circ\text{K}$

⑤ $\pi_k = 0.022/°K$

⑥ $\Delta P = 7.71MPa$, 27.2초

⑦ $\dot{r}_w = 3.269 \times 10^{-7}$

⑧ 39.6초

08 ① $A_t = 8.387cm^2$

② $K = 1,415$

③ $n = 0.5693$

④

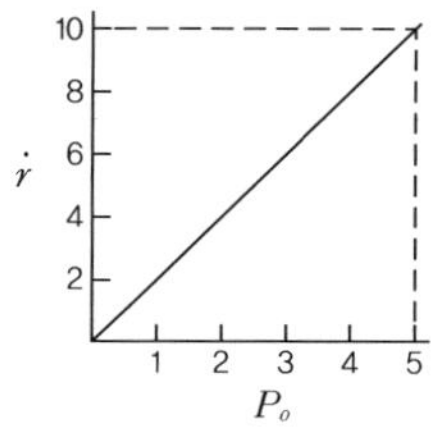

⑤ $\sigma_p = 0.005/°K$

⑥ $\Pi_p = 0.0116/°K$

⑦ $t = 12.7sec$

⑧ $\dot{r} = 12.5mm/s$

09 ① $V_{eq} = 2,450m/s$

② $t_b = 90.4sec$

③ $h_{max} = 256km$

10 ① $I_s = 278.4s$

② $m_p = 219.9kg$

③ $A_t = 27.5cm^2$

④ $w_b = 73.5cm$

⑤ $u_j = 2,728.32m/s$

⑥ $\dfrac{A_e}{A^*} = 47.763$

⑦ $D_e = 40.9cm$

11 ① $I_s = 294sec$

② $I_t = 444.5KN \cdot s$

③ $w_p = 157.4kgf$

④ $V_t = 1{,}149.7\text{m/s}$, $V_e = 2{,}886.4\text{m/s}$

⑤ $\dot{m} = 30.8\text{kg/s}$

⑥ $A_t = 75.7\text{cm}^2$

⑦ $A_e = 2{,}012\text{cm}^2$

⑧ $C_F = 1.726$

⑨ $V_b = 0.086\text{m}^3$

⑩ $w_b = 10\text{cm}$

12 ① 초킹된다

② $V_t = 1{,}457.5\text{m/s}$, $V_e = 3{,}994.8\text{m/s}$

③ $\dot{m} = 29.43\text{kg/s}$, $t = 33.98\text{s}$

④ $I_{sp} = 407.2\text{s}$

⑤ $A_t = 0.0183\text{m}^2$

⑥ $\varepsilon = 88$

⑦ $C_F = 1.8735$

⑧ 과대팽창

⑨ $A_b = 6.995\text{m}^2$

6장

01 ① $\dot{m}_p = 23.97\text{kg/s}$, $\dot{m}_f = 4.36\text{kg/s}$, $\dot{m}_{ox} = 19.975\text{kg/s}$

② $m_f = 353.9\text{kg}$, $m_{ox} = 1769.5\text{kg}$

③ $\dot{m}_{ox,p} = 2.85\text{kg/s}$, $\dot{m}_{p,i} = 0.0081\text{m}^2$, $G_{f,i} = 77.78\text{kg/m}^2\text{s}$, $D_{p,i} = 101\text{mm}$, $t_b = 88.59\text{sec}$

02 ① $\dot{m}_f = 1{,}540\text{kg/s}$, $\dot{m}_o = 3{,}079\text{kg/s}$

② $G_0 = 0.1062\text{kg/cm}^2-\text{sec}$

③ $\dot{r} = 0.35\text{cm/s}$

④ $L = 3{,}023\text{cm}$

⑤ swirl 부여, wire 삽입, port수 증가

7장

01 $P_e = 4.9\text{kW}$, $m_E = 49\text{kg}$, $m_o = 234.27\text{kg}$, $m_f = 199\text{kg}$, $\Delta V = 4{,}797.18\text{m/s}$

02 $F = 0.16\text{N}$

03 $\Delta V = 12{,}179.04\text{m/s}$, $F = 6.53\text{N}$, $t = 75.038 \times 10^5\text{s}$

04 $V_e = 12{,}770\text{m/s}$, $m_{pl} = 83.568\text{kg}$

05 $V_q = 1.581 \times 10^4\text{m/s}$

06 $V_q = 11{,}180\text{m/s}$, $F = 0.134\text{N}$

07 $d = 0.1286\text{m}$

08 $F_{total} = 34.75\text{mN}$, $I_{sp} = 3{,}873.3\text{s}$, $\dot{m} = 0.91549\text{mg/s}$, 운동에너지 $= 659.52\text{W}$, $\eta = 0.8244$

09 $F = 250\text{N}$

참고문헌

1장

[1] Sutton, George P., and Oscar Biblarz. Rocket Propulsion Elements. John Wiley & Sons, 2016.

[2] 구자예, 노태성, 문희장, 윤영빈, 이성택, 이창진, 조용호, 로켓공학, 교보문고, 2008.

[3] Heister, S., Anderson, W., Pourpoint, T., and Cassady.R., Rocket Propulsion, Cambridge University Press, 2019.

[4] Turner, M., Rocket and Spacecraft, Propulsion, Praxis Publishing ctd, 2009.

[5] Mishra, D. P., Fundamentals of Rocket Propulsion, CRC Press, 2017.

[6] Ramamurthi, K., Rocket Propulsion, Macmillan Publishers, 2010.

[7] Hamble, R., Heny G., and Larson, W., Space Propulsion Analysis and Design, McGraw－Hill, 1995.

[8] 홍용식, 우주추진공학, 청문각, 1990.

[9] 정규수, 로켓과학I: 로켓추진제와 관성유도, 지성사, 2015.

[10] 정규수, 로켓, 꿈을 쏘다, 갤리온, 2010.

[11] 노부유키, 가츠미, 유우지(노웅래, 이기주 역), 우주발사체 공학 개론, 경문사, 2016.

[12] 이츠로(윤웅섭, 김영수 역), 로켓공학, 경문사, 1993.

[13] https://www.nasa.gov/

[14] https://www.donga.com/

[15] https://history.msfc.nasa.gov/

[16] https://mins.englishforsciences.sfedu.ru/

[17] https://rarehistoricalphotos.com/

[18] http://afspacemuseum.org/displays/V2engine/

[19] https://www.universetoday.com/

[20] https://www.america.cgtn.com/

[21] https://www.airlinereporter.com/

[22] https://en.wikipedia.org/wiki/Falcon_Heavy/

[23] https://www.yonhapnews.co.kr/

[24] https://kari.re.kr/

[25] https://www.teslarati.com

[26] 브라이언 하베이(김지훈, 김유 역) 러시아 우주 개척사, 북스힐, 2006.

[27] https://www.blueorigin.com/new-glenn

[28] http://news.kbs.co.kr/news/view.do?ncd=4504544&ref=A, 2020.07.28.

[29] 정승민, 김귀순, 오세종, 최정열, 전기 펌프 사이클 엔진 등 민간 분야 우주 발사체 신기술 고찰, 한국항공우주학회제 제44권 2호, pp. 139-155, 2016.

[30] 한상엽, 전 세계 발사체 액체로켓엔진 기술개발현황, 항공우주산업 기술 동향 제10권 1호, pp. 132-144, 2012.

[31] 정석규, 배진현, 정기정, 구자예, 윤영빈, 재사용 우주발사체 개발 동향, 한국항공우주학회지 제45권 12호, pp. 1069-1075, 2017.

[32] 추교승, 문호균, 남승훈, 차지형, 고상호, 재사용 우주발사체의 회수기술 현황 및 분석, 한국추진공학회지 제22권 2호, pp. 138-151, 2018.

[33] 이금모, Space 발사체 개발 전략분석, 한국추진공학회지 제22권 6호, pp. 72-86, 2019.

[34] 김철웅, 조규석, 노웅래, 미국의 재사용 발사체 개발, 항공우주산업기술 동향 17권 1호. pp. 1-12, 2019.

[35] Patel, N., Standbridge, S., Berghe, M., and Devalaraju., Design and Additive Manufacturing Considerations for Liquid Rocket Engine Development, AIAA 2019-4392, 2019.

[36] Zhang, T., Yang, H., and Miyamoto, M., 3D Printing: A Cost Effective and Timely Approach to Manufacturing of Low-Thrust Engines, AIAA 2014-3502, 2014.

[37] https://ko.wikipedia.org/wiki/R-7

[38] NASA, EOS Science Steering Commitee Report, The Strategy of the Earth Observing System, 1977.

2장

[1] Larson, W. J., Henry, G. N., & Humble, R. W. (Eds.). Space Propulsion Analysis and Design. McGraw-Hill, 1995.

[2] https://heroicrelics.org/

[3] https://en.wikipedia.org/wiki/Standard_gravity/

[4] https://howthingsfly.si.edu/

[5] Sutton, G. P., & Biblarz, O., Rocket Propulsion Elements. John Wiley & Sons, 2017.

[6] 노웅래, 조상범, 선병찬, 최규성, 정동원, 박창수, 오준석 & 박태학, 나로호 후속 한국형 발사체 임무 및 시스템 설계 현황. 한국항공우주학회 학술발표회 논문집, 233-239, 2012.

[7] 최수진, 배종희, & 김은혁, 달 탐사선의 달 궤도 진입 기동에 관한 연구. 한국항공우주학회 학술발표회 논문집, 698-702, 2014.

[8] 제13회 국가우주위원회, 과학기술정보통신부

[9] 강상욱, 주광혁, 류동영, & 이상률, 연료 최소화를 위한 지구-달 천이궤적의 Delta-V 분석. 한국항공우주학회지, 40(1), 69-77, 2012.

[10] 황도순, 임재혁, 주광혁, & 김성훈, 한국형 달 탐사 프로그램. 대한기계학회 춘추학술대회, 1268-1270, 2013.

[11] 한국과학기술연구원 "KIST, 한국형 달 탐사 로버 기술 검증을 위한 모델 개발"

[12] 한국항공우주연구원 https://www.kari.re.kr/kor/sub03_04_01.do

[13] https://www.yonhapnews.co.kr/

[14] 이균호, 달 탐사위성용 추진시스템의 성능 및 최신 개발동향. 한국추진공학회지, 15(1), 90-101, 2011.

[15] https://ccar.colorado.edu/

[16] Foing, B. H., Racca, G. D., Marini, A., Evrard, E., Stagnaro, L., Almeida, M., ... & Grande, M., SMART-1 Mission to The Moon: Status, First Results and Goals. Advances in Space Research, 37(1), 6-13, 2006.

[17] Anderson, J.D., Introduction to Flight, McGraw-Hill, 2008.

[18] 양원석, 김소연, 최정열, 나로호와 한국형 발사체를 연계한 달 탐사 발사체 개념설계, 한국항공우주학회지, 42권 8호, 654-660, 2014.

[19] https://global.jaxa.jp

[20] 노웅래, 김정용, 민병주, 강상욱, 이상률, 재사용형 발사체에 의한 지구정지전이궤도 발사임무분석, 한국항공우주학회, pp.158-160 2018 춘계학술대회논문집, 2018.

[21] 홍용식, 우주추진공학, 청문각, 1990.

3장

[1] John, J. E. A., & Keith, T. G., Gas dynamics. Pearson., 2006.

[2] Cengel, Y. A., & Boles, M. A., Thermodynamics: an Engineering Approach. McGraw-Hill, 2014.

[3] Bartz, D. R., Turbulent Boundary-Layer Heat Transfer from Rapidly Accelerating Flow of Rocket Combustion Gases and of Heated Air. Advances in Heat Transfer, 2, 1-108, 1965.

[4] Sutton, G. P., & Biblarz, O., Rocket Propulsion Elements. John Wiley & Sons, 2017.

[5] Rao, G. V. R., Exhaust Nozzle Contour for Optimum Thrust. Journal of Jet Propulsion, 28(6), 377-382. 1958.

[6] https://www.grc.nasa.gov/WWW/CEAWeb/

[7] Ciniaref, G., D., Dorovoliski , M., B., "Theory of Liquid-Propellant Rockets", Moscow, 1957.

[8] Turner, M. J. L., Rocket and Space Propulsion, Springer, 2009,

[9] 홍용식, 항공우주추진공학, 청문각, 1993.

[10] Huzel, D. and Huang, D.H., Modern Engineering for Desing of Liquid-Propellant Rocket Engines, AIAA Progress in Astronautics and Aeronautics. 1992.

4장

[1] Sutton, George P., and Oscar Biblarz., Rocket Propulsion Elements, John Wiley & Sons, 2016.

[2] Hiroshi, M., Htoshi, S., Atsuta, W., Rocket Engineering, Space Engineering Series 2, Corona.

[3] Roh, Woong-rae et al., Mission and System Design Status of Korea Space Launch Vehicle-2 succeeding Naro Launch Vehicle, The Korean Society for Aeronautical and Space Sciences Conference, pp. 233-239, 2012.

[4] Burkhardt, H., Sippel, M., Herbertz, A., & Klevanski, J., Comparative Study of Kerosene

and Methane Propellant Engines for Reusable Liquid Booster Stages, 4th International Conference on Launcher Technology, Space Launcher Liquid Propulsion", Belgium, 2002, December.

[5] Huzel, D. K., Huang, D. H., & Arbit, H., Modern Engineering for Design of Liquid-Propellant Rocket Engines (Vol. 147). Washington, DC: American Institute of Aeronautics and Astronautics, 1992.

[6] http://watzlavick.com

[7] Brunno. B. V., Oskar J. H., Effect of Pintle Injector Element Geometry on Combustion in a Liquid Oxygen/Liquid Methane Rocket Engine. 7th European Conference for Aeronautics and Aerospace Sciences, 2017.

[8] Casiano, M. J., Hulka, J. R., & Yang, V., Liquid-propellant Rocket Engine Throttling: a Comprehensive Review, Journal of Propulsion and Power, 26(5), 897-923, 2010.

[9] Sutton, G. P., & Biblarz, O., Rocket Propulsion Elements, John Wiley & Sons, 2017.

[10] Cheng, G. C., Chen, Y. S., & Wang, T. S., Flow Distribution Around the SSME Main Injector Assembly Using Porosity Formulation, 1995.

[11] Mishra., D.P., Fundamentals of Rocket Propulsion. CRC Press, 2017.

[12] LEE, Han-Ju & OH, Seung-Hyub. KSLV-II 1st Stage Clustered Engine Arrangement Concept, Aerospace Engineering and Technology, Vol. 11, No.1, pp. 78-83., 2012.

[13] Oefelein, J. C. and Yang, V., Comprehensive Review of Liquid-Propellant Combustion Instabilities in F-1 Engines, Journal of Propulsion and Power, Vol. 9, No. 5, pp. 657-677, 1993.

[14] Richecoeur, F., Ducruix, S., Scouflaire, P., and Candel, S., Experimental Investigation of High-frequency Combustion Instabilities in Liquid Rocket Engine, Acta Astronautica, Vol. 62, No. 1, pp. 18-27, 2008.

[15] Culick, F. E. C., Combustion Instabilities in Propulsion Systems, In Unsteady Combustion, Springer, Dordrecht., pp. 173-241, 1996.

[16] 김선진, 이양석, 고영성, 친환경 추진제인 과산화수소와 메탄의 활용역사와 연구 동향, 한국추진공학회지, 제14권, 제4호, pp. 45-58, 2010.

[17] Oyediran, A, Darling, D, and Radhakrishnan, K, Review of Combustion - Acoustic

Instabilities AIAA 95－2469, 1995.

[18] Dressler, G. A., and Bauer J. Martin., TRW Pintle Engine Heritage and Performance Characteristics, AIAA 2000－3871, 2000.

[19] 기원근, 이재청, 이형진, 노태성, 허환일, 상단 추진 시스템에 적용을 위한 전기 펌프 사이클의 국내외 동향, 한국추진공학처지 제24권 1호, pp.64－77, 2020.

[20] Yang, V., Liquid Rocket Thrust Chambers: Aspects of Modeling, Analysis, and Design, in Progress in Astronautics and Aeronautics, Vol.200, 2004.

[21] Mizuno, T., Oguchis, H., Nhyama, K., Shimiya, N., Development of Turbopump for LE－9 Engine, HIH Engineering Review, Vol 51, No. 2, 2018.

[22] 이은석, 조원국, 문윤완, 정용현, 설우석, 한국형 발사체용 액체로켓엔진 개발 현황, 한국항공우주학회 학술발표대회 초록집, pp 240－249, 2012.

[23] 문윤완, 남창호, 정은환, 김진환, 한국형 75톤급 액체로켓 엔진 개발 현황, 한국추진공학회 2018년도 춘계학술대회 논문집, pp. 330－333, 2018.

[24] 노웅래, 조상범, 선병찬, 최규성, 정동원, 박창수, 오준석, 박태학, 나로호 후속 한국형 발사체 임무 및 시스템 설계 현황, 한국항공우주학회 학술대회 논문집, pp.233－239, 2012.

[25] https://kari.re.kr/

[26] Harrije, D. T., and Reardon, F. H., Liquid Propellant Rocket Combustion Instability, NASA SP194, 1972.

[27] 김철웅, 액체로켓엔진, 경문사, 2021.

[28] Haidn, Oskar J. Advanced Rocket Engines. Advances on Propulsion Technology for High－Speed Aircraft, 2008, 1: 6－1.

[29] Turner, M., Rocket and Spacecraft, Propulsion, Praxis Publishing ctd, 2009.

[30] Sankar, S.V., Brena, R, Isakovi, A., and Bachalo, W.d., Liquid Atomization by Coaxial Rocket Injector, AIAA 91－0691, 1991.

[31] Mota,F.A., Hinckel, J,N, Rocco, E, M, and Schlingloff, H, Modeling and Analysis of a LOx/Ethanol Liquid Rocket Engine, J. Aerosp. Technol. Manag., Vol.10, 2018.

[32] Pratt & Whitney Rocketdyne Catalog RL10, 2005.

[33] 조원국, 하성업, 문인상, 정은환, 김진한, 액체로켓엔진 기술 전망, 한국항공우주학회지

제44권 8호, pp.675 – 695, 2016.

[34] Edwards, T., Kerosene Fuels for Aerospace Propulsion – Composition and Properties, AIAA 2002 – 3874, 2002.

5장

[1] Sutton, G. P., & Biblarz, O., "Rocket Propulsion Elements," John Wiley & Sons. 2017.

[2] 이한주, 이정호, 오승현, KSLV – 1 상단 킥모터 개발개요, 한국추진공학회지 제18권 제1호 pp 91 – 96, 2014.

[3] Kubota, N., "Propellants and Explosive: Thermochemical Aspects of Combustion," Wiley – VCH Verlag, Weinheim, 2015.

[4] Green, L., Erosive Burning of Some Composite Solid Propellants, Jet Propulsion, 24(9): 8 – 15., 1954.

[5] Fleeman, E.L., Missile Design and System Engineering, AIAA, 2012.

[6] Kim, D., Lee, I, and Koo, J., Vortex Generation Using Fin – Slot Structures and A Submerged Noggle at A Wall – Injected Cylinder, Jounal of Visualigation Vol.17, No.1, pp.41 – 47, 2014.

[7] 노만균, 고체추진제, 민음사, 1998.

[8] Sforza, P.M., Theory of Aerospace Propulsion, 2017.

[9] 홍영식, 우주추진공학, 청문각, 1993.

[10] Razdan, M.K., and Kuo, J.K.M Fundamentals of Solid Propellant Combustion, AIAA, New York, 1983.

[11] Mishra, D.P., Fundamentals of Rocket Propulsion, CRC Press, 2017.

[12] 오석환, 장진성, 손지현, 노태성, 하이브리드 최적화 기법을 고려한 고체추진제 최적 설계, 한국추진공학회 2014년 춘계학술대회 논문집 pp.313 – 318, 2014.

[13] Mahjub, M., Mazian, N.M., Abdullah, M.Z., and Azam Q., Design Optimization of Solid Rocket Propulsion: A Survey of Recent Advancements, Journal of Spacecraft and Rockets, Vol. 57, No. 1, pp.3 – 7, 2020.

[14] Hartfield, R., Jenkins, R., Burkhalter, J., and Foster, W., A Rieview of Analytical Methods for Solid Rocket Motor Grain Analysis, AIAA 2003 – 4506, 2003.

6장

[1] Sutton, G. P., & Biblarz, O,. Rocket Propulsion Elements. John Wiley & Sons, 2016.

[2] Pastrone, D., "Approaches to Low Fuel Regression Rate in Hybrid Rocket Engines," International Journal of Aerospace Egineering, Vol. 2012, Article ID 649753, 2012.

[3] Karabeyoglu, M. A., Cantwell, B. J. and Altman, D., "Development and Testing of Paraffin-Based Hybrid Rocket Fuels", 37th AIAA/ASME/SAE/ASEE Joint Propulsion Conference & Exhibit, AIAA 2003-4592, Huntsville, AL, 2003.

[4] 김수종. "용융성 고체 연료-기체 산소 하이브리드 로켓의 연소특성 연구." 한국항공대박사학위 논문, 2010.

[5] 류성훈, et al. "파라핀/알루미늄 연료의 알루미늄 입자크기 및 함유비 변화에 따른 인장 및 압축강도 특성 연구." 한국추진공학회지 Vol 20, No.5: pp. 70-76, 2016.

[6] 박영훈, et al. "마이크로 알루미늄 입자 함유량에 따른 파라핀 연료의 연소 특성 연구." 한국추진공학회 학술대회논문집, pp. 489-494, 2017.

[7] 하성업, 권민찬, 서견수, & 한상엽, 발사체 추진제로서 과산화수소의 과거와 미래전망. 한국항공우주학회지, Vol 37, No 7, pp. 717-728, 2009.

[8] http://www.inchem.org

[9] Arif Karabeyoglu, "Hybrid Rocket Propulsion for Future Space Launch." Aero/Astro 50th Year Anniversary, 2008.

[10] Karabeyoglu, M., Altman, D., & Bershader, D. Transient Combustion in Hybrid Rockets. In 31st Joint Propulsion Conference and Exhibit p. 2691, 1998.

[11] Marxman, G. A., C. E. Wooldridge, and R. J. Muzzy. "Fundamentals of Hybrid Boundary-Layer Combustion." Progress in Astronautics and Rocketry. Vol. 15. Elsevier, pp. 485-522, 1964.

[12] Schlichting, H. Boundary-Layer Theory, 7th ed.; Kestin, J., Trans.; McGraw-Hill Book Company: New York, NY, USA, 1979.

[13] Karabeyoglu, M. Arif, Zilwa, Shane, De, Cantwell, Brain, and Zilliac, Greg, Modeling of Hybrid Rocket Low Frequency Instabilities. Journal of Propulsion and Power, Vol. 21, No. 6, 2005.

[14] Greiner, B. & Fredric, R. A. Jr, Hybrid Rocket Instability. AIAA/SAE/ASME/ASEE

29th Joint Propulsion Conference and Exhibit, AIAA 93-2553, 1993.

[15] Carmicino, C., Pastrone, D., Acoustic Excitation as Triggering Mechanism of the "DC Shift" in Hybrid Rockets, AIAA Journal, Vol. 57, No. 11, 2019.

7장

[1] Sutton, G. P., and Biblarz, O., Rocket Propulsion Elements. John Wiley & Sons, 2016.

[2] Heister, S. D., Anderson, W. E., Pourpoint, T. L., and Cassady, R. J., Rocket Propulsion (Vol. 47), Cambridge University Press, 2019.

[3] Goebel, D. M., and Katz, I., Fundamentals of Electric Propulsion: Ion and Hall Thrusters (Vol. 1), John Wiley & Sons., 2008.

[4] Jahn, R. G., Physics of Electric Propulsion, Mcgraw-Hill, 1968.

[5] VanderWyst, A. S., Field Emission Electric Propulsion Thruster Modeling and Simulation (Doctoral dissertation, The University of Michigan), 2006.

[6] David, J. H., Thomas, W. K., Jeffrey, S. H., and David H. M., Concept Design of High Power Solar Electric Propulsion Vehicles for Human Exploration, National Aeronautics and Space Administration, 2011.

[7] Chelem Mayigué, C., Kühn, C., and Groll, R., Performance Investigation of An Argon Fueled Magneto Plasma Dynamic Thruster with Applied Magnetic Field. Journal of Applied Physics, 124(22), 223301, 2018.

[8] Tajmar, M., and Genovese, A., Experimental Validation of A Mass-Efficiency Model for An Indium Liquid-Metal Ion Source. Applied Physics A, 76(6), 1003-1006, 2003.

[9] Jahn, R. G., and Choueiri, E. Y., Encyclopedia of Physical Science and Technology, Academic Press, 3, 125-141, 2002.

[10] Turner, M. J., Rocket and Spacecraft Propulsion: Principles, Practice and New Developments, Springer Science & Business Media, 2008.

[11] https://eo1.gsfc.nasa.gov/

[12] Wright, W. P. and Ferrer, P., Electric Micropropulsion Systems. Progress In Aerospace Sciences, 74, 48-61, 2015.

[13] Melazzi, D., Lancellotti, V., Trezzolani, F., Bosi, F., Manente, M., and Pavarin, D., Plasma Source Optimization for Multispecies Helicon Plasma Thruster, 50th AIAA/ASME/SAE/ASEE Joint Propulsion Conference, 2014.

색인

ㄱ

가가린 040
가스 발생기 189
가압식 추진제 공급시스템 186
개방 사이클 188
고다드 034
고주파 불안정성 245
고주파 이온 추력기 377
고체로켓 부스터 271
고체 추진제 로켓 022, 269
공동현상 255
과산화수소 217
구조계수 058
국제우주정거장 042
궤도 기동 089
궤도면 전환 091
그레인 287, 304
극저온 추진제 207
근지점 080
기체 상태방정식 111
기하 형상 함수 278

ㄴ

나로호 047
나선형 궤도 천이법 101
내부유동 294
내삽 노즐 295
내탄도 해석 289
냉각 149
노즐 322
노즐 설계 161
노즐 팽창비 162, 164

ㄷ

다단로켓 067
다단 비행체 066
다단 연소 방식 193
다중 포트 338
단열화염온도 124
단일 추진제 207
달 탐사선 096
대륙간탄도미사일 029
더블베이스 추진제 298, 307
동일 평면상 궤도 천이 088
동적 안정성 시험 246
동축 인젝터 232

ㄹ

라오 노즐 166
레이놀즈 수송 방정식 106
로렌츠 법칙 358, 385
로버트 법칙 276
로켓 냉각 149
로켓 운동방정식 062
리서징 244

ㅁ

마그네토 플라즈마 다이나믹 추력기 386
메탄 212
모터 케이스 321
미항공우주국 039
밀도 비추력 139, 209

밀폐 사이클 191

ㅂ

바츠 열전달식 155
발사체 053
밤 테스트 246
배플 247
벨형 노즐 161
변형 복합추진제 302
복합추진제 299, 309
부족 팽창 118
비속도 255
비추력 137
비행체 해석 060

ㅅ

사산화질소 219
산화제 과잉 다단 연소 193
산화제 질량유속 345
상단용 로켓 054
새턴 V 엔진 059, 067
소유즈 037, 038
속도 커플링 연소 반응도 318
수축 팽창 노즐 118
스케일링 148
스트랜드 버너 275
스푸트니크 1호 039
슬로싱 201
슬리버 287
씨스타(c*) 140
씨스타(c*) 효율 141

ㅇ

아크 제트 366
아폴로 11호 040, 098, 181
알코올 215
압력 커플링 연소 반응도 317
압출성형 306
앙가라 엔진 183
액체로켓 추진제 208
액체산소 215
액체 산화제 215, 333
액체수소 211
액체 연료 210
액체 추진제 206, 225
액체 추진제 로켓 019, 177
얼러지 200
에너지 보존 법칙 074
연료 과잉 다단 연소 194
연료 그레인 335
연소 가스 추출 방식 190
연소 불안정성 238, 296, 317, 350
연소실 설계 158
연소실 축소비 159, 224
연소 차폐재 295
열역학 제1법칙 106
열전달 153
예연소기 193
우주발사체 027
우주비행체 053
우주선 029
운동 방정식 076
원지점 080
원추형 노즐 161
위상 궤도 천이법 100
유효배기속도 136
융제냉각 150
이온접촉식 추력기 378

이온 추력기 369
이원 추진제 207
2-타원궤도 천이 092
인듀서 251
인젝터 227
임무속도 078

ㅈ

자발점화 178
잠입노즐 322
재사용 발사체 042
재생냉각 156
저장성 추진제 207
저주파 불안정성 243
적연질산 334
적층 제조 051
전계 방사형 전기추력기 379
전기추력기 358
전기 추진 025
전기 펌프식 추진제 공급시스템 187
전열 저항 추력기 365
전유동 다단 사이클 195
전자충돌형 이온 추력기 374
점화방식 178, 338
정전 가속형 전기 추진 368
젤 추진제 220
주연소기 193
주조성형 306
중량당 전충격량 147
중량당 추력 147
중주파 불안정성 245
지구 대기 구조 013
지구 정지궤도 012, 053
직접 천이법 097
질량비 147

ㅊ

창어 4호 041
천이궤도 012, 054
초과 팽창 118
최적팽창 142
추력 134
추력계수 142
추력방향 제어 205
추력방향 제어시스템 205
추력 선도 274
추력 수정 계수 162
추진제 소모율 147
추진제 탱크 200
충돌식 인젝터 229
치올코프스키 033
치올코프스키 식 016
침식연소 280

ㅋ

케로신 210
케플러 궤도 079
콜로이드 추력기 380
콩그리브 033
쿨롱의 법칙 358, 368
클러스터드 엔진 202
킥모터 273

ㅌ

타원궤도 086
타원궤도 천이 092
태양동기궤도 053
태양 에너지 추진 027

터보 펌프 251
터보 펌프식 추진제 공급시스템 187
특성속도 140

ㅍ

파라핀 연소 340
파이로젠형 점화기 314
파이로테크닉형 점화기 313
팰컨 9 183
팽창식 사이클 189, 192
펄스 플라즈마 추력기 388
펌프 효율 253
평형상태 126
포고 억제 탱크 246
포물선형 노즐 161
폰 브라운 034
표류궤도 054
플러그 노즐 161
핀틀 인젝터 235

ㅎ

하이드라진 214
하이브리드 로켓 023, 330
하이브리드 연소 337
하중비 058
한국형 발사체 049
핵반응 추진 027
헬리컨 플라즈마 추력기 389
형상함수 278
호만천이궤도 088
혼합비 197
홀 추력기 381
화학량론 120
화학평형 125
후퇴율 274, 341
흡입 헤드 257

A

A–50 215
adiabatic flame temperature 124
alcohol 215
Arc Jet 366

B

Bartz 155

C

Cast–modified Double Base Propellant 302
cavitation 255
CEA 128
characteristic velocity 140
Colloid thruster 380
composite propellant 299

D

DC–shift 350
Double Base Propellant 298

E

effective exhaust velocity 136
Electron Bombardment Thruster 374
Electrostatic 368
erosive buring 280

F

F–1 엔진 181
Falcon 9 183
FFT 변환 241, 353

Field Emission Electric Propulsion 379

G

gel propellants 220

H

Hall thruster 381

Helicon Plasma Thruster 389

HTPB 335

hybrid rocket 330

hydrazine 214

I

Ion Contact Thruster 378

Ion Thrust 369

M

Magneto Plasma Dynamic Thruster 386

Merlin 1D 183

methane 212

MMH 214

N

NASA 039

NPSH 256

NTO 220

P

pintle injector 235

propellant tank 200

Pulsed Plasma Thruster 388

R

R–7 로켓 037

Radio Frequency Ion Thruster 377

Rao Nozzle 166

Raptor Engine 183

Rayleigh 불안정 기준 239

RD–180 엔진 182, 196

Resisto Jet 365

RP–1 210

S

Saturn–V 179

spacecraft 029

Space Launch Vehicle 027

Spaceship 2 042

SpaceX 043

SSME 195

T

TEA 338

TEB 338

thrust coefficient 142

T 버너 320

U

UDMH 214

V

V–2 로켓 035, 178

W

WSB 천이 방식 100